装备科技译著出版基金　雷达与探测前沿技术译丛

压缩感知城市雷达

[美]毛泽尼斯·阿明　著
段　锐　张　瑛　王千里　译

国防工业出版社
·北京·

军－2016－129 号

图书在版编目(CIP)数据

压缩感知城市雷达/(美)毛泽尼斯·阿明著;段锐,张瑛,王千里译.—北京:国防工业出版社,2022.1

(雷达与探测前沿技术译丛)

书名原文:Compressive Sensing for Urban Radar

ISBN 978－7－118－12176－6

Ⅰ.①压… Ⅱ.①毛… ②段… ③张… ④王… Ⅲ.①城市－雷达－遥感技术 Ⅳ.①TN953

中国版本图书馆 CIP 数据核字(2021)第 209185 号

※

国防工業出版社出版发行
(北京市海淀区紫竹院南路 23 号 邮政编码 100048)
三河市腾飞印务有限公司印刷
新华书店经售

*

开本 710×1000 1/16 **插页** 8 **印张** 23¼ **字数** 410 千字
2022 年 1 月第 1 版第 1 次印刷 **印数** 1—2000 册 **定价** 188.00 元

(本书如有印装错误,我社负责调换)

国防书店:(010)88540777 书店传真:(010)88540776
发行业务:(010)88540717 发行传真:(010)88540762

前　言

我希望本书的内容有助于读者了解压缩感知在城市雷达上的适用性和实用性。全书由13章组成,广泛覆盖了本领域的各种分支课题,解答了在感知不透明场景和目标视线受阻挡时所面临的许多特殊问题。

压缩感知城市雷达是对压缩感知和城市感知两个领域知识相结合的产物。实际上,仅占总量很少比例的数据它就能够对室内目标可靠成像。虽然城市感知早已成为一个非常活跃的研究和发展领域,但本书是关注于把压缩感知和稀疏重构用在城市雷达上的第一本专著。它采用电磁方式进行封闭结构内的目标定位和建筑物内部感知。这些是行政执法、消防营救、紧急救援和军事行动中非常希望具备的能力。城市雷达感知面临的特殊问题包括:近场效应,复杂的多径和丰富的散射,低速度或无运动的感兴趣目标,墙壁外表对电磁波的阻挡和很强的信号反射,目标遮蔽和阻挡,以及同时从生物测量和生物力学两方面对人类运动进行检测和分类。

随着压缩感知和稀疏重构的出现,近来城市雷达的关注点转移到放宽信号采样方案的时间和空间约束条件,以及解决数据采集,尤其是当使用地基雷达时遇到的逻辑性困难上。这些挑战限制了雷达的实际带宽和孔径,并对它们各自的采样率施加了均匀性和边界条件,从而阻碍了传统高分辨率雷达成像的发展。

在面临及时提供城市环境内的行动情报需求的背景下,检验压缩感知方案和它对穿墙雷达成像的适用性变得越来越重要。最近大量的理论分析和实验数据研究成果,证明了利用城市场景稀疏特性可以获得性能的提高。压缩感知能够降低成本,简化硬件结构和实现高效率的墙后稀疏场景感知计算。因此,现在我们能够用全部数据量中的很少一部分来对建筑物内部进行稀疏重构,而以前的后向投影成像和目标定位算法需要使用全部的数据。均匀和奈奎斯特采样数据不再是数据采集的必然要求,也不再是各种成像或信号处理算法所需的必要数据。

本书试图捕捉近年来压缩感知城市雷达领域的最重要研究成果。所组成的13章论述了压缩感知城市雷达的各个方面,并均由其研究方向的引领人物撰写。在某些章节中处理的是静止场景,而其余章节针对的则是运动目标,同时地基和机载雷达均被考虑在内。各章节提供的分析和范例包括了步进频率、短时间脉冲和类似噪声的发射信号,同时雷达回波利用射线追踪法仿真、电磁模拟软件实验产生。

第1章简单介绍压缩感知，给出各种常用的、适用于城市雷达的稀疏重构技术。第2章介绍线性前向模型和字典矩阵构建，采用主要的经典室内信号反射器，例如墙和二面角。第3章使用地面穿透雷达处理地下目标，并且突出了对穿墙和穿地压缩雷达感知的类比。第4章演示在明显减少数据量的情况下，如何有效地实现外墙杂波抑制，以及提供一种对随机欠采样时－空和频－空雷达信号更稳健的新技术。第5章模拟来自外墙和内墙的混响和多径杂波，在稀疏重建框架内，使用这些模型来减少虚影和虚警率。第6章利用城市场景的先验知识和使用混合高斯模型来呈现各种各样的室内目标对象的信息，实现欠奈奎斯特采样条件下的高分辨率成像。第7章假设可获得同极化和交叉极化数据，并将城市雷达感知问题表示为存在一个公共字典的多测量向量，且支持对同一场景下的不同极化观察。第8章采用变化检测和目标速度像来引入稀疏性，通过对突发运动和平移运动的稀疏重建展示出成功的室内运动目标指示方案。第9章处理由微目标运动产生的非平稳雷达回波，并将压缩感知吸收在联合时频信号表示中。第10章介绍一种适用于时变多径环境的多目标跟踪稀疏算法，将多目标跟踪问题表示为一个块支持恢复问题。第11章讨论机载雷达系统三维宽角度合成孔径雷达(SAR)车辆成像，同时在方位和俯仰角度上使用稀疏采样孔径代替密集采样集合中的点，其中后者与传统傅里叶变换方法有关。第12章给出一个在城市场景设置下的压缩感知多输入多输出(MIMO)雷达实例，显示出利用目标回波在角度、距离和多普勒空间的稀疏性后，发射多个独立或相关波形的优越性。第13章介绍噪声波形，可以看出这些信号及其系统平台是怎样适用于实现压缩感知雷达成像的。

希望读者有兴趣阅读整本书或部分章节。并在此感谢所有撰稿人的辛勤工作，他对书中问题的描述精彩纷呈。

毛泽尼斯·阿明

2017年3月

作者简介

毛泽尼斯·阿明(Moeness G. Amin)博士于1984年在美国科罗拉多大学波尔得分校获得电子工程博士学位。自1985年起,他在美国维拉诺瓦大学电气与计算机工程系任教。2002年,他成为维拉诺瓦工程学院先进通信中心的主任。阿明博士是美国富兰克林研究所科学与艺术委员会电气社区的委员。他是IEEE会士和IET会士。他获得了IEEE第三个千年奖、2009年欧洲信号处理协会个人技术成就奖、北约科学成就奖、海军研究挑战领导奖、维拉诺瓦大学优秀教师研究奖,以及IEEE美国费城分会奖。

阿明博士在无线通信、时频分析、传感器阵列处理、波形设计与分集、宽带通信平台干扰抑制、卫星导航、目标定位与跟踪、测向、信道分集和均衡、超声成像和雷达信号处理等领域发表了超过700篇的期刊和会议文章。他在雷达信号处理领域进行了广泛的研究。阿明博士是CRC出版社2010年出版书籍*Through-the-Wall Radar Imaging*的编辑。他是2008年9月富兰克林研究所会刊(*Journal of the Franklin Institute*)"室内雷达成像进展"专题,2009年5月IEEE地球科学与遥感汇刊(*IEEE Transactions on Geoscience and Remote Sensing*)"建筑物内部遥感"专题,2014年EURASIP信号处理前沿杂志(*EURASIP Journal on Advances in Signal Processing*)"雷达与声呐信号处理中的稀疏感知"专题,2013年11月IEEE信号处理杂志(*IEEE Signal Processing Magazine*)"时频分析与应用"专题和2014年7月"合成孔径雷达成像最新进展"专题的特邀编辑。

共同作者介绍

Fauzia Ahmad
美国,宾夕法尼亚州,维拉诺瓦
维拉诺瓦大学
先进通信中心

Moeness G. Amin
美国,宾夕法尼亚州,维拉诺瓦
维拉诺瓦大学
先进通信中心

Junhyeong Bae
美国,俄克拉荷马州,诺曼
俄克拉荷马大学
电子与计算机工程学院及先进雷达研究中心

Abdesselam Bouzerdoum
澳大利亚,新南威尔士州,卧龙岗
卧龙岗大学
电气、计算机与电信工程学院

Phani Chavali
美国,密苏里州,圣路易斯
华盛顿大学圣路易斯分校
Preston M. Green 电气和系统工程系

Jacco de Wit
荷兰,海牙
荷兰应用科学研究组织
雷达技术部

Emre Ertin
美国,俄亥俄州,哥伦布
电气与计算机工程系
俄亥俄州立大学

Nathan A. Goodman
美国,俄克拉荷马州,诺曼
俄克拉荷马大学
电子与计算机工程学院及先进雷达研究中心

Yujie Gu
美国,俄克拉荷马州,诺曼
俄克拉荷马大学
电子与计算机工程学院及先进雷达研

究中心

Kyle R. Krueger
美国,亚特兰大州,佐治亚
佐治亚理工学院
电气与计算机工程学院

Michael Leigsnering
德国,达姆施塔特
达姆施塔特工业大学
电信研究所,信号处理组

Rabinder N. Madan
美国,弗吉尼亚州,安南代尔
Champana 科学有限责任公司

James H. McClellan
美国,亚特兰大州,佐治亚
佐治亚理工学院
电气与计算机工程学院

Ram M. Narayanan
美国,宾夕法尼亚州,大学公园
宾夕法尼亚州立大学
电气工程系

Arye Nehorai
美国,密苏里州,圣路易斯
华盛顿大学圣路易斯分校
Preston M. Green 电气和系统工程系

Irena Orovi′c
黑山,波德戈里察
黑山大学
电气工程系

Athina Petropulu
美国,新泽西州,皮斯卡塔韦
新泽西州立大学罗格斯分校
电气和计算机工程系

Muralidhar Rangaswamy
美国,俄亥俄州,赖特·帕特森空军基地
空军研究实验室
传感器管理局

Waymond R. Scott, Jr.
美国,亚特兰大州,佐治亚
佐治亚理工学院
电气与计算机工程学院

Mahesh C. Shastry
美国,宾夕法尼亚州,大学公园
宾夕法尼亚州立大学
电气工程系

Ljubiša Stankovi′
黑山,波德戈里察
黑山大学
电气工程系

Srdjan Stankovi′c
黑山,波德戈里察
黑山大学
电气工程系

Fok Hing Chi Tivive
澳大利亚,新南威尔士州,卧龙岗
卧龙岗大学
电气、计算机与电信工程学院

Wim van Rossum
荷兰,海牙
荷兰应用科学研究组织
雷达技术部

Michael B. Wakin
美国,科罗拉多州,戈尔登
科罗拉多矿业学院
电气工程与计算机科学系

Jack Yang
澳大利亚,新南威尔士州,卧龙岗
卧龙岗大学
电气、计算机与电信工程学院

Yao Yu
美国,新泽西州,皮斯卡塔韦
新泽西州立大学罗格斯分校
电气和计算机工程系

Yimin D. Zhang
美国,宾夕法尼亚州,维拉诺瓦
维拉诺瓦大学
先进通信中心

Abdelhak M. Zoubir
德国,达姆施塔特
达姆施塔特工业大学
电信研究所,信号处理组

目 录

第1章 压缩感知基础

Michael B. Wakin

1.1 引　　言

1.1.1 信号模型与降维

大数据时代的到来,使我们对各种感知和成像系统的要求越来越高。同时信号(如图像、视频等)分辨率或者典型样本(如像素、体素等)的数量也在不断提高。本书将用 N 表示感兴趣信号的样本数量。从初始的数据获取,到后继的传输、存储和分析各环节,越来越大的 N 对数据处理中的每一个环节造成越来越沉重的负担。

为了控制这种高维数据收集与处理系统的成本、复杂度和必要带宽,利用包含了感兴趣信号的先验信息的模型是非常有价值的。信号模型隐藏或显式的所体现的一个事实是:许多 N - 样本信号的自由度实际比 N 小得多。也就是说,许多信号的内在信息水平,仅用 K 个参数或者自由度就能够很好地描述,其中 K 可能远小于 N。这个较低的信息水平说明:通过利用该信号的内在信息水平 K,而不是其显示的维度 N 上,就可以减少由采集、处理和理解高维信号带来的负担。实际上,确实存在许多被称为降维的技术:使用低维模型来降低处理和理解高维信号与数据集合的难度。

(1) 数据压缩:减少存储高维信号所需要的比特数,且保留其中的关键信息。

(2) 参数估计:找到高维信号的潜在自由度的具体值。

(3) 特征提取:提取出原始高维信号所携带的特征信息。

(4) 流形学习:识别出高维信号集合的参数化形式。

对于许多信号来说,通过变换可以揭示出删去潜在的低维结构,例如,用类似的傅里叶基或小波基来计算信号的展开系数[125]。当基选择得合适时,通常大多数的变换系数的值很小,且只有少量的系数(如 K 个)值会很大。在某些情况下,K 个大系数的位置在不同信号之间是固定的,或者作为模型的一部分是事先已知的。这对应于低维线性信号模型的情况:在几何上,可以设想成可能的信号聚集在外部信号空间$\mathbb{R}^N$的 K 维线性子空间中。线性子空间模型是经典信号处理技术的基础[108,155]:带限信号集中在低频傅里叶基函数(正弦波)张成的子空间中;最小二乘问题可以通过向固定子空间投影来求解;最优子空间可以采用主成分分析方法(也称为卡洛南 - 洛伊(Karhunen - Loève)变换)得到。

在其他情况中,K 个大系数的位置还可能是随着信号的不同而变化的,或者是事先不知道的,这就是稀疏信号模型[82,125]。稀疏信号模型是非线性的:这类模型不能被包含在一个低维线性子空间中,而对应于外部信号空间$\mathbb{R}^N$的许多个候选 K 维子空间的集合,每个子空间对应了 K 个大系数的一个可能位置集合。因此,稀疏信号模型比线性子空间模型更灵活,为更广泛类型的信号提供了简洁的表示。近 20 年来,大量的信号处理研究致力于设计出各种高效的稀疏变换以及用于这些变换的降维技术。例如,图像压缩标准 JPEG - 2000 涉及图像的小波系数计算和对变换系数编码,因为大多数系数都很小,这个过程能够高效实现[158]。另外,许多信号降噪技术牵涉到对含噪信号进行系数变换,并保留住那些最大的变换系数(因为它们可能对应了信号能量)和丢弃那些最小的变换系数(因为它们可能仅是由噪声引起的)[65]。

1.1.2 压缩感知的动机

上述的所有降维技术实际都需要采集 N 个信号样本,接着才能识别和利用其内在的低维结构。也就是说,虽然信号可能只取决于 K 个自由度,但是在采集到信号的全部 N 个样本和计算出信号的变换系数之前,这些信息是无法识别的。不严格地说,这表明对许多信号的感知过程可能存在不必要的浪费(毕竟,感知大带宽和高分辨率的信号需要昂贵的硬件、消耗宝贵的能量等)。相应地,产生的一个问题:是否能够把降维引入感知过程本身中?例如,是否能够设计出一种传感器,它故意收集少量的信号样本,而被丢掉的那些样本希望能够随后根据收集到的样本恢复出来?

从直觉上,我们认为这个观点是合理的:当仅记录了关于信号的部分信息时,低维模型能够用来填补这些空白。数独拼图游戏提供了一个有趣的类比。数独拼图有一个 9 ×9 的数字网格。允许游戏者看到其中的一部分数字,然后填入缺失的数字(图 1 - 1)。由于没有额外的信息,缺失的数字似乎是无法确定的。然而,由于正确的拼图答案必须遵循一组简单的规则①,这些规则就是一个约束了可能解集合的模型。一个擅于利用规则的解题者可以通过这个模型找到

① 所有 9 列、所有 9 行以及所有 9 个 3 ×3 块都必须恰好只使用数字 1,2,…,9 各一次。

失去的信息。不难想象其他的一些例子,其中模型对于处理不完整的 obs_rv_ti_ns 是有用的(上句话本身就是一个例子)。

5	3			7				
6			1	9	5			
	9	8					6	
8				6				3
4			8		3			1
7				2				6
	6					2	8	
			4	1	9			5
				8			7	9

图 1-1 在数独拼图中,规则集合允许填入缺少的数字

也许能够设想到的效率最高的传感器是直接感知信号的 K 个自由度。但是,可能由于无法仅根据 K 个信号样本(如来自图像的 K 个像素)就明显地看出这 K 个自由度,因而常使用传感器产生的离散测量来替代,这些离散测量是对信号进行线性运算的结果,包含了滤波、调制、采样等。利用这些线性运算,可以记录信号的变换系数(傅里叶系数、小波系数等)。尽管如此,对于许多信号模型来说,事先给出一种只需要 K 个线性测量就能够捕获信号关键信息的测量方案还是不可能的。在稀疏模型情况下,原因很明显:虽然全部信号信息包含在 K 个变换系数中,但是,对于所有 N 个变换系数,事先并不知道其中哪些系数是非零的。任何仅测量其中 K 个确定变换系数的集合的测量方案都存在丢失关键信号信息的风险。

与之不同,压缩感知(CS)的核心思想是:收集一个信号的少量(比 K 略大,但远小于 N)线性测量样本,并利用这些测量重构出由传统传感器收集的全部 N 个样本的完整集合[41,44,66]。与前面介绍的直觉方案相比,主要区别在于:CS 中的测量通常不是直接去获取信号的自由度。例如,在稀疏模型中,线性 CS 测量通常不会对应于稀疏基中的变换系数。相反地,每个测量都混入了信号信息,其必须在随后进行解码。

1.1.3 压缩感知概述

对基本的 CS 设置存在许多变体,因此很难知道哪些问题适合用 CS 来解决。本节首先简单地介绍一个经典的 CS 问题,然后详细信息在本章其他节中补充:1.2 节讨论稀疏模型;1.3 节讨论压缩测量方法;1.4 节讨论利用压缩测量恢复稀疏信号。

一个典型的CS问题是：令$\boldsymbol{f}$表示理想信号的一个包含N个样点的集合。为了方便起见，假设把它们排成一个$N\times1$维向量；在图像或其他高维信号样本的情况下，可以使用任何排序规则将像素值堆叠在向量$\boldsymbol{f}$中，这里不直接记录$\boldsymbol{f}$的N个元素。代替地，我们记录$\boldsymbol{f}$的少量的M个线性测量；假设这些测量被排列成一个记为$\boldsymbol{y}$的$M\times1$向量。因为这些测量是线性的，所以可以将测量向量表示为

$$\boldsymbol{y}=\boldsymbol{\Phi f}$$

式中：$\boldsymbol{\Phi}$为一个$M\times N$维矩阵，称为测量矩阵。

在CS中，通常$\boldsymbol{\Phi}$是用某些随机元素设计的。另外，在CS中，观测数量M必须根据某个模型，与$\boldsymbol{f}$的信息水平K成正比。于是，尽管实际上方程组$\boldsymbol{y}=\boldsymbol{\Phi f}$是欠定的，并且因此有无穷多个候选解，仍然可以使用这个模型（与$\boldsymbol{\Phi}$的知识一起）从$\boldsymbol{y}$中恢复$\boldsymbol{f}$。

在CS中该采用什么样的随机测量？在某些情况下，仅收集信号的时域随机样本集就可以。例如，记录图像的10%像素的一个随机集合。在此情况下，$\boldsymbol{\Phi}$是一个二进制矩阵，其每一行都包含一个位置随机的1。在其他情况下，可以收集信号的频域随机测量集合，例如，记录$\boldsymbol{f}$的10%傅里叶系数的一个随机集合。在这种情况下，$\boldsymbol{\Phi}$包含了$N\times N$维离散傅里叶变换（DFT）矩阵的一个M行的随机集合。在其他情况下，$\boldsymbol{y}$中的每个测量都可能是$\boldsymbol{f}$中所有元素的随机线性组合。在这种情况下，$\boldsymbol{\Phi}$可以用独立同分布高斯或拉德马赫（±1）随机变量作为其元素。最终，哪种测量方案更适合，取决于用哪种模型来恢复$\boldsymbol{f}$。例如，如果一个信号在频域中是稀疏的，那么就不适合在频域中收集随机测量，如1.1.2节所解释的。元素为独立同分布高斯或拉德马赫分布的随机矩阵普遍具有吸引力，即它们具有很高的概率，适用于测量在任意确定基上的稀疏信号。这意味着在收集测量时不需要知道稀疏基。

现有的压缩测量装置能够直接产生随机测量向量$\boldsymbol{y}$，而无须明显地记录样本向量$\boldsymbol{f}$。1.3.3节列举了几个例子，包括成像和模－数转换装置。与传统的传感器相比，这些装置在成本、功耗和传输吞吐量等方面都具有优势。然而，在其他某些应用中，也可以使用传统的传感器获得样本向量$\boldsymbol{f}$，并对$\boldsymbol{f}$进行压缩计算，即将其乘以一个随机矩阵①。

何种技术适合用$\boldsymbol{y}$和$\boldsymbol{\Phi}$恢复出$\boldsymbol{f}$，取决于使用了哪种低维模型假设来捕获$\boldsymbol{f}$中的信息。从更高的层次上讲，所有CS恢复算法都可以解释为在方程$\boldsymbol{y}=\boldsymbol{\Phi f}$的候选解中搜索一个与低维模型最匹配的信号。在稀疏信号模型情况下（这是

---

① 在传统的信号压缩方法昂贵或难以实现的情况下，这可能是可取的。例如，使用CS可以压缩记录传感器网络中的相关稀疏信号的集合，而不需要在传感器之间进行任何通信[13]。

迄今为止在 CS 中最常用的模型)，人们可能会在已知的基上寻找最稀疏的候选解。如同 1.4 节中将介绍的，已有多种算法可以用于搜索这个最稀疏的候选解；一些算法涉及凸优化，而另外一些算法涉及迭代贪婪方法。众所周知，在某些随机测量方案下，K 稀疏信号 $\boldsymbol{f}$ 可以仅从与 $K\log(N/K)$ 成正比的 M 个测量中恢复出来。这个测量数量可以远小于 N，并且只比信息水平 K 多一个对数因子；这个对数因子是因为事先不知道稀疏系数的位置而付出的代价。值得注意的是，在无噪声存在和 $\boldsymbol{f}$ 是完全稀疏的假设情况下，这种恢复是精确的。当存在噪声或者 $\boldsymbol{f}$ 是几乎稀疏的假设下，可以证明这种恢复是鲁棒的。

1.2　稀疏建模

稀疏实际体现了许多高维信号的自由度很低。在稀疏模型中，当在某个基或字典中展开感兴趣的信号时，这些自由度表示为非零的系数。

1.2.1　稀疏性、可压缩性及范数

如果一个长度为 N 的实向量或复向量 $\boldsymbol{x}$ 仅包含 K 个非零元素，那么它是 K 稀疏的。ℓ_0 范数计算 $\boldsymbol{x}$ 的非零元素的数量(尽管它不符合范数的正式数学定义)。对 K 稀疏向量 $\boldsymbol{x}$，有 $\|\boldsymbol{x}\|_0=K$。把 $\boldsymbol{x}$ 中的非零元素的位置集合称为 $\boldsymbol{x}$ 的支撑集，并且将其表示为 $\mathrm{supp}(\boldsymbol{x})$。对于任何 $\boldsymbol{x}$，有 $|\mathrm{supp}(\boldsymbol{x})|=\|\boldsymbol{x}\|_0$。

对于任意向量 $\boldsymbol{x}\in\mathbb{R}^N$或$\mathbb{C}^N$，令 $\boldsymbol{x}_K$ 表示与 $\boldsymbol{x}$ 最相邻的 K 稀疏向量。这可以简单地通过保留 $\boldsymbol{x}$ 中幅度最大的 K 个元素，并将其余元素置零来获得。如果 $\|\boldsymbol{x}\|_0\leqslant K$，则 $\boldsymbol{x}=\boldsymbol{x}_K$。如果 $\boldsymbol{x}$ 到 $\boldsymbol{x}_K$ 的距离很小(但不一定为零)，那么 $\boldsymbol{x}$ 就是可压缩的。有序元素按照幂律衰减的向量通常认为是可压缩的[32]。

在讨论和处理稀疏信号时，除了 ℓ_0 范数外，也可以使用其他范数。ℓ_1 范数度量 $\boldsymbol{x}$ 中元素的绝对值之和为

$$\|\boldsymbol{x}\|_1=\sum_{n=1}^{N}|\boldsymbol{x}_n|$$

平方 ℓ_2 范数度量 $\boldsymbol{x}$ 中元素的幅度平方之和为

$$\|\boldsymbol{x}\|_2=\sqrt{\sum_{n=1}^{N}|\boldsymbol{x}_n|^2}$$

与 ℓ_0 范数不同，ℓ_1 和 ℓ_2 范数都符合范数的正式数学定义[119]，并且均为 $\boldsymbol{x}$ 的凸函数[27]。

ℓ_1 范数与稀疏性有着特殊的联系：对于稀疏信号，它往往是很小的。更正式地讲，对于任何 $\boldsymbol{x}\in\mathbb{R}^N$或$\mathbb{C}^N$，$\ell_1$ 范数必须始终满足边界条件：$\|\boldsymbol{x}\|_2\leqslant\|\boldsymbol{x}\|_1\leqslant\sqrt{N}\|\boldsymbol{x}\|_2$。对于具有相同 ℓ_2 范数的两个向量 $\boldsymbol{x}$ 和 $\boldsymbol{z}$，非零元素较少的向量往往

具有更小的 ℓ_1 范数。如图 1－2 所示，比较了具有相同 ℓ_2 范数的两个向量 $\boldsymbol{x}$（图 1－2(a)）和 $\boldsymbol{z}$（图 1－2(b)）的 ℓ_0 和 ℓ_1 范数。$\boldsymbol{x}$ 和 $\boldsymbol{z}$ 的长度均为 20，具有相同的 ℓ_2 范数（$\|\boldsymbol{x}\|_2=\|\boldsymbol{z}\|_2=2.012$），但是向量 $\boldsymbol{z}$ 拥有更少的非零元素。因此，$\boldsymbol{z}$ 的 ℓ_0 和 ℓ_1 范数比 $\boldsymbol{x}$ 的小，其中 $\|\boldsymbol{z}\|_0=3$ 而 $\|\boldsymbol{x}\|_0=20$，并且 $\|\boldsymbol{z}\|_1=3.285$ 而 $\|\boldsymbol{x}\|_1=7.496$。

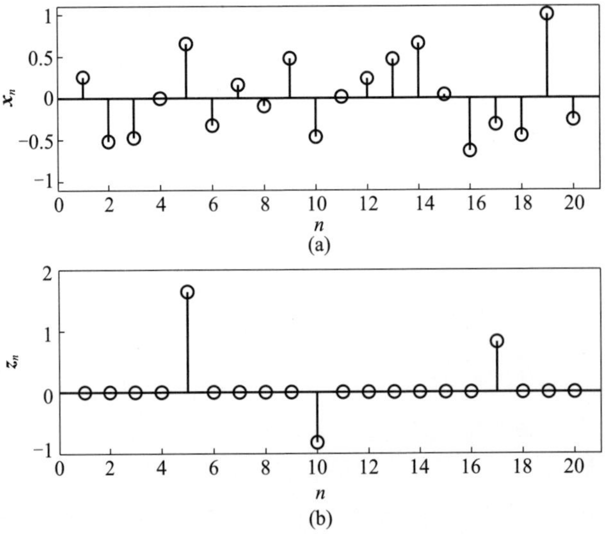

图 1－2　比较具有相同 ℓ_2 范数的两个向量 $\boldsymbol{x}$(a) 和 $\boldsymbol{z}$(b) 的 ℓ_0 和 ℓ_1 范数

(a)$\boldsymbol{x}$ 的 ℓ_0 和 ℓ_1 范数；(b)$\boldsymbol{z}$ 的 ℓ_0 和 ℓ_1 范数。

1.2.2　标准正交基中的稀疏性

某些信号向量 $\boldsymbol{f}$ 自身可能就是稀疏的或可压缩的，也就是说，它们可能只包含了几个重要的元素。一个简单的示例是某幅天文图像，因为恒星的原因，其中仅有少数的像素是亮的[26]。然而，常见的情况是，只有当信号被变换到一个合适的域时，其稀疏结构才能被揭示出来。例如，如果 $\boldsymbol{f}$ 只含有少量几个单音谐波，那么包含 $\boldsymbol{f}$ 的 DFT 系数向量是稀疏的。

对于任何酉变换，令 $\boldsymbol{\Psi}$ 表示一个用于逆变换的 $N\times N$ 维的实或复的基矩阵，系数向量为 $\boldsymbol{x}\in\mathbb{R}^N$ 或 $\mathbb{C}^N$，则相应的合成信号 $\boldsymbol{f}\in\mathbb{R}^N$ 或 $\mathbb{C}^N$ 为

$$\boldsymbol{f}=\boldsymbol{\Psi x} \tag{1-1}$$

酉变换的特性是：对于所有 $\boldsymbol{x}$，有 $\|\boldsymbol{x}\|_2=\|\boldsymbol{\Psi x}\|_2$。这个特性等效于要求 $\boldsymbol{\Psi}$ 的所有列都是单位正交的。正变换在基 $\boldsymbol{\Psi}$ 内分析信号 $\boldsymbol{f}\in\mathbb{R}^N$ 或 $\mathbb{C}^N$，生成系数向量 $\boldsymbol{x}\in\mathbb{R}^N$ 或 $\mathbb{C}^N$，由于 $\boldsymbol{\Psi}$ 的列正交性使其容易表示为

$$\boldsymbol{x}=\boldsymbol{\Psi}^*\boldsymbol{f} \tag{1-2}$$

式中：$\boldsymbol{\Psi}^*$ 为 $\boldsymbol{\Psi}$ 的转置（或者若 $\boldsymbol{\Psi}$ 是复的，表示共轭转置）。

用 $\boldsymbol{\Psi}$ 的列 $\boldsymbol{\Psi}_1,\boldsymbol{\Psi}_2,\cdots,\boldsymbol{\Psi}_N$ 来解释上面的方程，式(1-1)变为

$$\boldsymbol{f} = \sum_{n=1}^{N} x_n \boldsymbol{\Psi}_n \tag{1-3}$$

式中：$\boldsymbol{f}$ 表示为权重为 x_n 的基元素 $\boldsymbol{\Psi}_n$ 的线性组合。

式(1-2)变为

$$x_n = \boldsymbol{\Psi}_n^* \boldsymbol{f} = \langle \boldsymbol{f}, \boldsymbol{\Psi}_n \rangle \tag{1-4}$$

对 $n=1,2,\cdots,N$ 中每一个，从式(1-4)中可以发现，每一个系数都可以用 $\boldsymbol{f}$ 与 $\boldsymbol{\Psi}$ 的基元素(或列)的内积(也称为点积)来计算。

对于某些信号 $\boldsymbol{f}$，可以选择一个合适的基，使变换系数 $\boldsymbol{x}=\boldsymbol{\Psi}^*\boldsymbol{f}$ 是稀疏的。因为在求和式(1-3)中只有 K 个项是非零的，这意味着 $\boldsymbol{f}$ 可以仅写成 $\boldsymbol{\Psi}$ 的 K 个基元数(或列)的加权求和的形式。在这种情况下，$\boldsymbol{f}$ 在基 $\boldsymbol{\Psi}$ 中是 K-稀疏的。如果 $\boldsymbol{x}=\boldsymbol{\Psi}^*\boldsymbol{f}$ 是可压缩的，$\boldsymbol{f}$ 在基 $\boldsymbol{\Psi}$ 中是可压缩的。如果 $\boldsymbol{f}$ 本身就是一个稀疏向量，则可以简单地选择 $\boldsymbol{\Psi}=\boldsymbol{I}_N$，即 $N\times N$ 维单位矩阵。在这种情况下，$\boldsymbol{f}$ 在正则基、时域(若 $\boldsymbol{f}$ 表示一维信号的样本)或者空域(若 $\boldsymbol{f}$ 对应于 N-像素的图像)上是稀疏的。如果 $\boldsymbol{f}$ 为一致光滑信号样本或者少数单音谐波信号的线性组合，则可以选择 $\boldsymbol{\Psi}$ 为一个 $N\times N$ 维 DFT 矩阵，将其表示为 $\boldsymbol{F}_n$(假设 DFT 是归一化的，因此 $\boldsymbol{F}_n$ 的每一列都有单位 ℓ_2 范数)。如果 $\boldsymbol{f}$ 为一致光滑的或者分段光滑(包含少量不连续的或非光滑的点)的信号样本，则可以选择 $\boldsymbol{\Psi}$ 为离散小波变换(DWT)矩阵[125]。需要注意的是，信号的不连续性可能携带着重要的信息。例如，二维(2D)DWT 通常被用在图像处理中，边缘(表示对象的边界)负责生成图像中大部分的重要小波系数。

1.2.3　非标准正交字典中的稀疏性

有些信号呈现的稀疏结构很难用标准正交基表示。

1.2.3.1　合成稀疏性

在某些情况下，信号 $\boldsymbol{f}\in\mathbb{R}^N$ 或 $\mathbb{C}^N$ 可表示为属于某些感兴趣集合的少量向量的加权和，但是这些向量不一定是单位正交的。例如，包括用从多种标准正交基(如尖峰和正弦[70])中提取向量所组成的合成信号，或者用从比传统 DFT 更精细的网格中选择纯单音信号组合成的信号[76,87]。

为了适应这种情况，通过令 $\boldsymbol{\Psi}$ 表示 $N\times D$ 维实或复字典矩阵，其列 $\boldsymbol{\Psi}_1,\boldsymbol{\Psi}_2,\cdots,\boldsymbol{\Psi}_N$ 可用于合成感兴趣的信号，可以对 1.2.2 节中的框架进行推广。对于前面提到的尖峰和正弦信号的例子，可以通过联接 $\boldsymbol{I}_N$ 和 $\boldsymbol{F}_n$ 来构建 $\boldsymbol{\Psi}$；对于精细网格单音信号的例子，可以选择 $\boldsymbol{\Psi}$ 作为一个过采样的 DFT 矩阵。在雷达成像场景中，系数向量 $\boldsymbol{x}$ 可以是在空间网格上对稀疏目标位置的编码，并且信号 $\boldsymbol{f}$ 可

以表示成不同发射/接收器在统一频率范围内的拼接响应。在这种情况下，$\boldsymbol{\Psi}$对应于一个依赖于传输延时和接收频率的复指数矩阵[7]。

更普遍地，还有许多技术是从实际信号 $\boldsymbol{f}$ 的集合中学习出一个有效的稀疏化字典 $\boldsymbol{\Psi}$[6,106,112,115,122-123,151,181]。其中，一些技术保证学习到的字典元素遵循结构化模型，或者使学习到的字典矩阵 $\boldsymbol{\Psi}$ 及其共轭转置 $\boldsymbol{\Psi}^*$ 具有高效的计算实现（不需要显式的矩阵乘法）。

如果 $D>N$，则 $N\times D$ 维字典 $\boldsymbol{\Psi}$ 称为过完备的或冗余的。此时，认为 $\boldsymbol{\Psi}$ 的列不是单位正交的。如果字典是过完备的，那么 $\boldsymbol{\Psi}$ 的列就不可能都是单位正交的。对于系数向量 $\boldsymbol{x}\in\mathbb{R}^D$ 或 $\mathbb{C}^D$，可以再次使用式(1-1)来表示用系数 $\boldsymbol{x}$ 合成 $\boldsymbol{f}$，并简单地把求和上限由 N 改为 D，这样就可以使式(1-3)与普通字典相互兼容：

$$\boldsymbol{f} = \sum_{n=1}^{D} x_n \boldsymbol{\Psi}_n \tag{1-5}$$

如果 $\boldsymbol{x}$ 是一个 K-稀疏向量，可以再次看到：$\boldsymbol{f}$ 可写成 $\boldsymbol{\Psi}$ 的 K 个字典元素（或列）的加权和的形式，因为在求和式(1-5)中仅有 K 个项是非零的。

然而，对于指定的信号 $\boldsymbol{f}$，在一般字典情况中如何找到满足 $\boldsymbol{f}=\boldsymbol{\Psi x}$ 的稀疏系数向量 $\boldsymbol{x}$ 的问题可能更加复杂。通常难点不是找出任何可以用来合成 $\boldsymbol{f}$ 的 $\boldsymbol{x}$；实际上，如果 $\boldsymbol{\Psi}$ 是过完备的，那么就有无穷多的向量 $\boldsymbol{x}$ 可以通过式(1-1)或式(1-5)合成给定的信号 $\boldsymbol{f}$。如果 $\boldsymbol{\Psi}$ 是一类特殊的称为紧框架的字典（注意，每个标准正交基都是一个紧框架），那么实际上仍然可以使用式(1-2)和式(1-4)（可能需要重新标定）计算系数 $\boldsymbol{x}$ 的一个有效集合。真正的困难是由式(1-2)和式(1-4)所生成的系数不一定是稀疏的。也就是说，即使 $\boldsymbol{f}$ 最初是使用稀疏向量 $\boldsymbol{x}$ 生成的，这些稀疏系数也无法通过简单计算 $\boldsymbol{\Psi}^*\boldsymbol{f}$ 来恢复。早在 CS 之前，已有许多研究集中在如何为指定的信号 $\boldsymbol{f}$ 和过完备字典 $\boldsymbol{\Psi}$ 找到一个系数集合，其中的系数可以用来合成 $\boldsymbol{f}$，并且尽量地稀疏[28,67-68,163,165]。总之，字典元素的相关性越强，就越难解决这个稀疏近似问题。对该问题的深刻理解启发出一些寻找 CS 问题式(1-14)的稀疏解 $\boldsymbol{x}$ 的流行方法。1.4 节将回顾一些求解 CS 问题的算法，故在此不详细讨论怎样求解稀疏近似问题。

1.2.3.2 分析稀疏性

在其他情况中，合成的观点可能不适于以简洁的方式来描述信号的结构。与其希望把信号显式地构建为某个字典中元素的稀疏和，采用分析的观点可能更合适。我们希望当信号与字典元素进行相关（用内积）时，信号可以产生一个稀疏的系数集[83]。也就是说，对于给定的信号 $\boldsymbol{f}\in\mathbb{R}^N$ 或 $\mathbb{C}^N$ 以及实或复 $N\times D$ 维字典矩阵 $\boldsymbol{\Psi}$，期望使用式(1-2)或式(1-4)计算出的系数 $\boldsymbol{x}\in\mathbb{R}^D$ 或 $\mathbb{C}^D$ 是稀疏的或可压缩的。当 $\boldsymbol{\Psi}$ 是标准正交基时，合成稀疏性和分析稀疏性的假设是完全等价的。然而,当 $\boldsymbol{\Psi}$ 是过完备的时候,这些假设通常是不同的。到底是使用合成稀疏模型还是分析稀疏模型能够更好地描述信号,这取决于具体情况。当人们认为字典元素实际上是构成信号的分量时,合成稀疏性可能更好;当字典仅仅是一个用来观察信号的向量集合时,分析稀疏性可能更好。

用于分析稀疏模型的过完备词典的例子有以下三个:

(1) 过采样 DFT[36],其假设信号 $\boldsymbol{f}$ 的零填充 DFT 产生了一个稀疏的系数集。

(2) Gabor 字典[125],其假设信号 $\boldsymbol{f}$ 的时频分析是稀疏的。

(3) 曲小波字典[35],其假设图像信号 $\boldsymbol{f}$ 是分段光滑的,且其边缘沿着光滑曲线(对于某些特定的图像类,曲小波比其他小波提供了更好的压缩表示)。

分析稀疏模型的另一个重要示例是用全变差(TV)正则化促进重建分段光滑的图像[41,121,138,153]。在此情况下,令 $\boldsymbol{\Psi}^* = \nabla$为一个离散梯度算子。典型地,一种称为 TV 范数的量被用在 TV 正则化中;图像的 TV 范数定义为其梯度的 ℓ_1 范数。因此:如果图像的梯度 $\boldsymbol{\Psi}^*\boldsymbol{f} = \nabla\boldsymbol{f}$ 是稀疏的或可压缩的,则图像 $\boldsymbol{f}$ 倾向于有一个小的 TV 范数;如果图像中的亮度变化是沿着轮廓(如边缘)局部化的,则会产生此情况。

我们注意到,在所提议的稀疏补分析模型环境下,一种研究分析稀疏性的方式已经被规范化了。如果分析系数 $\boldsymbol{x} = \boldsymbol{\Psi}^*\boldsymbol{f}$ 包含多个零值,则信号 $\boldsymbol{f}$ 关于某字典 $\boldsymbol{\Psi}$ 是稀疏补的。这与前面给出的分析稀疏性的描述是密切联系的,但是在稀疏补分析模型中,尤其强调 $\boldsymbol{x}$ 中的零。对于这个模型的进一步讨论,读者可参阅文献[134]。

1.2.4　稀疏模型的扩展

大部分的压缩感知工作使用了我们前面介绍的基本稀疏模型。然而,还存在许多扩展的稀疏模型,尽管对于这些扩展模型的详细讨论远远超出了本章的范围,但是我们还要说明几种最常见的模型。

1.2.4.1　结构化稀疏模型

正如在 1.1.1 节中简单提到的,K - 稀疏信号模型是非线性的。几何上,在正交基 $\boldsymbol{\Psi}$ 中所有信号 $\boldsymbol{f}$ 的集合是 K - 稀疏的,它是由环境信号空间$\mathbb{R}^N$或$\mathbb{C}^N$ 内的$\binom{N}{K}$个不同 K 维子空间的并集所组成的。每个子空间是由 $\boldsymbol{\Psi}$ 的 K 个不同列张成的(如果 $\boldsymbol{\Psi}$ 是一个通用的 $N \times D$ 维字典,那么除了子空间的总数是$\binom{D}{K}$,同样的表述也是成立的)。

在某些情况下，可以通过排除某些不可能的系数模式来改进稀疏模型。例如，信号 $\boldsymbol{f}$ 和基 $\boldsymbol{\Psi}$ 的结构可能使系数向量 $\boldsymbol{x}$ 的非零元素趋向于聚合成少数的连续簇。在这种情况下，把支撑集中索引孤立的任意系数向量 $\boldsymbol{x}$ 排除在外是合理的[11,85]。在其他一些场景中，例如，当选择小波基作为 $\boldsymbol{\Psi}$ 时，系数向量 $\boldsymbol{x}$ 的非零元素可能会沿着连接的树结构聚合（小波变换产生的系数集可以自然地组织成树结构）。在这种情况下，把支撑集中对应于非连接树的任意系数向量 $\boldsymbol{x}$ 排除在外是合理的[11]。

从几何上，排除对某些子空间（从原始的 $\binom{N}{K}$ 个子空间中）的考虑，可以降低稀疏模型的复杂性。一些算法可以利用这种方法缩小子空间的并集结构，当这些算法有效时，与采用非结构化稀疏模型的传统算法相比，通常可用更少的测量来解决 CS 重构问题。感兴趣的读者可参阅文献[9,11,21,24,78,86]了解更多的信息。

我们还注意到，如文献[117－118]中所指出的，某些特定类型的参数化模拟信号（如尖峰串和分段多项式信号）可以看作来自无穷多的子空间的并集。这些工作推导了线性采样策略的前提条件，这种策略能够可逆地和稳定地表示属于该并集的信号。采用类似的方式，一些论文则强调具有有限新息率（FROI）的采样信号[18,75,94,116,126,176]。FROI 信号是指那些每单位时间内只取决于有限个参数的信号。许多（但不是所有）FROI 信号类型都可以看作一个子空间模型的并集。传统的对 FROI 信号处理感兴趣的问题包括设计产生数字测量的采样核，从低速率测量中估计未知参数，以及过采样一些信号而使估计过程对噪声具有鲁棒性。FROI 采样还通常与压缩采样模拟信号的广义框架 Xampling 有密切关系[131－132]，具体实现设备有调制宽带转换器（MWC）等[132]。将在 1.3.3 节讨论 MWC 的一个应用。

1.2.4.2 统计稀疏模型

虽然本章的重点是确定的信号模型，但是仍然可以建立一个概率模型，其中的可压缩信号有大的似然性，而不可压缩信号没有。一个典型的假设是，系数向量 $\boldsymbol{x}$ 的元素是根据拉普拉斯分布得到的[107]；在该假设下，系数向量的似然对数与它的 ℓ_1 范数成正比①。因此求系数向量的最大后验（MAP）估计可能涉及求解与式（1－23）相似的问题。在实践中，更复杂的分层先验知识和混合高斯模型（以及相应的信号恢复算法）可以改善性能[8,52,104,107]。

① 尽管拉普拉斯先验假设普遍存在，但是根据这种分布生成的向量 $\boldsymbol{x}$ 没有衰减得很快的项，而足以被认为是可压缩的。读者可以参阅文献[46]做进一步的讨论。

1.2.4.3 稀疏性之外的考虑

并非所有的关于信号结构的简单模型都恰好能够融入稀疏信号的表示框架中。为了让读者有直观的体验，本节简要地介绍几种可以替代稀疏模型的方案。

某些信号可能显式地和非线性地依赖于少数的连续值参数；但是这不同于稀疏模型，因为参数集是确定的并且与这些参数的关系是非线性的。例如，考察一个静止目标的图像，而相机的位置和方向均是自由度；另一个示例是，考察一个雷达脉冲，其频率和到达时间均是自由度。在几何上，与这些信号族相对应的不是子空间的并集，而是嵌入外部高维信号空间中的低维流形[69]。对于有足够多行的随机测量矩阵 $\boldsymbol{\Phi}$，可以保证 $\|\boldsymbol{\Phi f}\|_2 = \|\boldsymbol{f}\|_2$ 对沿着一个光滑、低维流形的所有信号 $\boldsymbol{f}$ 都是成立的[12]。这个事实类似于稀疏信号的有限等距特性（RIP）（见 1.3.1 节），因此它意味着在 CS 信号恢复中流形模型可以代替稀疏模型。已经提出了许多基于流形的信号恢复算法[21,60,157]，但是，这些算法往往不像稀疏信号恢复算法那样通用。我们还注意到，前面提到的高斯混合模型可以用来构造信号流形的分段线性逼近，从而可能为基于流形的信号恢复设计统计学方法[52]。

考虑用其他模型描述在一个信号集合的内部结构，例如，用传感器网络获取的结构。这些集合的某些模型可以用稀疏性表示。例如，假设集合中的所有信号在相同的基上都是稀疏的，并且系数向量的支撑集也是相同的[13,58]。这种模型与子空间的块稀疏性和并集有关[86]，并且当集合中的信号被排成一个矩阵时，可以提出一些特定的矩阵范数：当集合信号共享同一个稀疏支撑集时，范数值很小。从压缩测量中恢复信号集的算法（通常称为多测量向量问题）可以用最小化矩阵范数[58,86,168]或者用各种贪婪与迭代的策略[13,166]来形成。这种方法已经成功地用于雷达成像，解决多径效应导致的虚影问题[7]。该方法将测量模拟成稀疏信号（对应于不同路径的）的叠加，但是每个稀疏信号是由具有相同稀疏模式的目标系数向量产生的。

最后，通过假设数据矩阵是低秩的，可以很好地模拟其他类型的矩阵值数据集[37-38,147]。这相当于假设数据矩阵的所有列都在一个共同的低维子空间中，但是在处理矩阵数据时，该子空间可能是事先不知道的，并且可以同任何特定稀疏字典的元素是不同的。尽管技术细节不同，但是低秩矩阵模型与稀疏信号模型有许多相似的特性，它们也支持某些随机测量方法下的 RIP 类的嵌入[147]。目前，无论是从观察到的矩阵的随机项集合，还是从矩阵的随机（如高斯的）测量的集合，已经提出了从部分信息中恢复低秩矩阵的各种技术。最常见的技术有凸优化规划，其中为了鼓励低秩解，矩阵的核范数被最小化[38,147]（注意，矩阵的核范数等于矩阵奇异值的 ℓ_1 范数）。此外，贪婪与迭代阈值算法也被提出用于矩阵恢复[29,114]。

1.3 压缩测量方法

令 $\boldsymbol{f}\in\mathbb{R}^N$ 或 $\mathbb{C}^N$ 表示感兴趣信号的样本(或者像素、体素等)向量。大多数CS测量方案只收集 $\boldsymbol{f}$ 的少数线性测量;通常这可以通过不明显地收集 $\boldsymbol{f}$ 的样本来完成。例如,在雷达成像中(正如1.2.3节所讨论的那样,$\boldsymbol{f}$ 可以表示来自各种收发机在统一频率范围内的拼接响应),通过仅保留某个收发机的频率响应子集,就可以获得 $\boldsymbol{f}$ 的压缩测量集[7]。在这种情况下,没有必要从被忽略的收/发机或者频率上采集任何数据。

当收集信号 $\boldsymbol{f}$ 的任意类型的线性测量时,可以将测量向量 $\boldsymbol{y}\in\mathbb{R}^M$ 或 $\mathbb{C}^M$ 表示为

$$\boldsymbol{y}=\boldsymbol{\Phi f}+\boldsymbol{n} \tag{1-6}$$

式中:$\boldsymbol{\Phi}$ 为实或复 $M\times N$ 维测量矩阵;$\boldsymbol{n}\in\mathbb{R}^M$ 或 $\mathbb{C}^M$ 为测量噪声向量。

因为对测量数量 M 小于样本数量 N 的情况感兴趣,因此向量 $\boldsymbol{y}$ 通常包含 $\boldsymbol{f}$ 的压缩测量。用 N-长度向量 $\boldsymbol{\Phi}_1^*,\boldsymbol{\Phi}_2^*,\cdots,\boldsymbol{\Phi}_M^*$ 表示测量矩阵 $\boldsymbol{\Phi}$ 的行。观察式(1-6)发现,每个测量都可以用内积表示为

$$y_m=\boldsymbol{\Phi}_m^*\boldsymbol{f}+n_m=\langle\boldsymbol{f},\boldsymbol{\Phi}_m\rangle+n_m,\quad m=1,2,\cdots,M \tag{1-7}$$

这样,可以将 $\boldsymbol{\Phi}$ 的每一行看作一个测量向量,它与 $\boldsymbol{f}$ 做相关,从而产生单个测量。

本节将总结几种可能的测量方案,并讨论相应的测量矩阵的性质。尤其感兴趣的是压缩测量方案,它将促进恢复稀疏信号。为了确定什么样的矩阵适合测量稀疏信号,假设信号 $\boldsymbol{f}$ 在某标准正交基 $\boldsymbol{\Psi}$ 上是 K-稀疏的,并且回忆合成与分析式(1-3)和式(1-4)。如果事先已经知道哪 K 个基函数(总共有 N 个)有助于合成 $\boldsymbol{f}$,那么对 $\boldsymbol{f}$ 进行压缩测量的一种非常有效的方法就是简单地设置成 $M=K$,并选择与上述 K 个基函数完全对应的测量向量。通过这种方式(忽略噪声),将收集与稀疏系数向量 $\boldsymbol{x}$ 的非零元素准确对应的测量值。

但是,对于感兴趣信号,在实践中往往不知道其稀疏表示的非零元素的位置。因此,在测量开销有限的情况下,选择与 $\boldsymbol{\Psi}$ 的基向量相对应的测量向量是无用的:由此产生的许多测量结果都为零。因此,当信号 $\boldsymbol{f}$ 在某个基(或字典)中是稀疏的时,有效的压缩测量方案还要包含与 $\boldsymbol{\Psi}$ 的基向量完全不同的那些测量向量。这些向量可以通过下面几种方式获得。

1.3.1 随机高斯与次高斯矩阵

设计压缩测量矩阵 $\boldsymbol{\Phi}$ 的一种有效方法是简单地用随机数来填充它。直

觉上，随机数向量与在任何确定的稀疏基中所有基向量是以很高的概率高度不相关的。最常见的例子是用独立同分布高斯项设计的矩阵，其每一项的均值为零，方差为 $1/M$(选择这个方差仅仅是为了确保测量是单位化的，以便与我们在后面讨论的内容相一致；也可以使用不同的归一化方法，但应认识到这样可能对测量噪声敏感)。另一种选择是使用拉德马赫分布，矩阵中的每一项都是独立的，以 1/2 概率为 $1/\sqrt{M}$ 或 $-1/\sqrt{M}$。这两种分布均是次高斯分布的例子[175]。

由次高斯随机变量填充的随机测量矩阵对于获取稀疏信号的信息是非常有效的。正如将在 1.4 节中看到的，可以证明满足 RIP 条件的矩阵具有高效的算法来恢复稀疏信号。如稍后讨论的，由次高斯随机变量填充的随机测量矩阵将以很高的概率满足 RIP 条件。

定义 1.1[43]　对于 $N\times N$ 维正交基(或 $N\times D$ 维字典)$\boldsymbol{\Psi}$，且 $M\times N$ 维测量矩阵 $\boldsymbol{\Phi}$ 满足 K 阶 RIP，如果存在一个常数 $\delta_K\in(0,1)$，使

$$(1-\delta_K)\|\boldsymbol{x}\|_2^2\leqslant\|\boldsymbol{\Phi\Psi x}\|_2^2\leqslant(1+\delta_K)\|\boldsymbol{x}\|_2^2 \tag{1-8}$$

对于所有系数向量 $\boldsymbol{x}$ 且 $\|\boldsymbol{x}\|_0\leqslant K$ 均成立，则参数 δ_K 为 K 阶等距常数。

RIP 的本质要求是：在矩阵 $\boldsymbol{A}=\boldsymbol{\Phi\Psi}$ 中，任何包含 K 个列的子矩阵将作为一个近似等距(其 K 个列将近似为相互正交的)。虽然 RIP 的定义本身是一种确定性的陈述，但 RIP 矩阵的最有效构造是随机的。实际中，即使对给定的具有特定等距常数的矩阵，判断 RIP 是否成立，通常还是一个 NP(Nm - deterministu Polynomial)难题[164]。但是，在适当的条件下，能够以很高的概率确保这种性质是成立的。

定理 1.1[10,130]　令 $\boldsymbol{\Psi}$ 是 $\mathbb{R}^M$ 或 $\mathbb{C}^M$ 中任意确定的一个 $N\times N$ 维标准正交基，并且令 $\boldsymbol{\Phi}$ 是一个 $M\times N$ 维测量矩阵，其元素是均值为零、方差为 $1/M$ 的独立同分布次高斯量。如果

$$M\geqslant C_1\left(K\log\left(\frac{N}{K}\right)+\log\left(\frac{1}{\rho}\right)\right) \tag{1-9}$$

那么在概率至少为 $1-\rho$ 的情况下，关于等距常数 δ_K 的 $\boldsymbol{\Psi}$、$\boldsymbol{\Phi}$ 将满足 K 阶 RIP。这里的 C_1 依赖于 δ_K 和次高斯分布的类型；典型地，C_1 与 $1/\delta_K$ 的平方是成比例的。

我们发现次高斯随机矩阵不仅可以满足 RIP，而且可以通过使测量数量与信号稀疏度成正比来保证这一点(正如将在 1.4 节中看到的那样，对于某个小常数 c，如果 $\boldsymbol{\Phi}$ 仅以阶数 cK 满足 RIP，则通常是可以保证恢复出 K - 稀疏信号的)。因此，就测量数量而言，事先不知道非零系数位置的代价是一个常数因子乘以一个信号维数 N 的对数因子。关于次高斯矩阵的另一个明显事实是它们是普遍的：对于任何确定的标准正交基 $\boldsymbol{\Psi}$，关于 $\boldsymbol{\Psi}$ 随机生成的 $\boldsymbol{\Phi}$ 将以很高的概

率满足 RIP。因此，尽管在信号重建时必须指定稀疏基，但在设计测量过程时不必指定这个基。①

次高斯随机过程尽管具有一些吸引人的理论性质，但也存在一些实际的缺陷。第一，除了拉德马赫分布和类似的离散分布外，大多数次高斯随机变量都可以取任意的实数值，因此很难设计出与矩阵 $\boldsymbol{\Phi}$ 相对应的实际感知系统（注意到，在某些问题中，首先使用常规传感器显式地收集所有样本 $\boldsymbol{f}$，然后通过在软件中使用矩阵乘法计算测量值 $\boldsymbol{y}=\boldsymbol{\Phi f}$ 是可以接受的；关于这种情况，请参阅文献[13]）。第二，典型的 CS 重建算法要求能够用任意 N – 长度向量乘以 $\boldsymbol{\Phi}$，以及能够用任意 M – 长度向量乘以 $\boldsymbol{\Phi}^*$。对于用独立同分布随机元素填充 $\boldsymbol{\Phi}$ 时出现的这类非结构化矩阵，除了通过显式的矩阵乘法外，还没有计算这些乘积的快速方法。然而，对稍后将介绍的更结构化的测量过程，可能有应用于操作数 $\boldsymbol{\Phi}$ 和 $\boldsymbol{\Phi}^*$ 的快速方法，而不需要显式的矩阵乘法。还注意到，某些结构测量矩阵本身可能是不通用的，需要使用随机符号序列使矩阵的列随机化，才可以将其转换为通用的测量矩阵，详情见文献[110]。

定理 1.1 适用于 $\boldsymbol{\Psi}$ 是 $N\times N$ 维标准正交基的情况。当 $\boldsymbol{\Psi}$ 是一个通用的 $N\times D$ 维字典时，除非 $\boldsymbol{\Psi}$ 的列是近似正交的，否则关于 $\boldsymbol{\Psi\Phi}$ 很难满足 RIP 的要求（其他讨论见文献[146]）。然而，目前已经提出了一个与 RIP 相关的条件，用于恢复通用字典中稀疏的信号。

定义 1.2[36] 令 $\boldsymbol{\Psi}$ 是一个任意的 $N\times D$ 维字典。称 $M\times N$ 维测量矩阵 $\boldsymbol{\Phi}$ 满足等距常数为 $\delta_K\in(0,1)$ 的 K 阶 $\boldsymbol{\Psi}$ – RIP，如果

$$(1-\delta_K)\|\boldsymbol{\Psi x}\|_2^2\leqslant\|\boldsymbol{\Phi\Psi x}\|_2^2\leqslant(1+\delta_K)\|\boldsymbol{\Psi x}\|_2^2 \tag{1-10}$$

对所有系数向量 $\boldsymbol{x}$ 且 $\|\boldsymbol{x}\|_0\leqslant K$ 都成立。

这个特性与传统的 RIP（比较式(1-8)与式(1-10)）相比稍有不同，当 $\boldsymbol{\Psi}$ 包含高度相关的列时更容易满足。下述定理基本上是从文献[10]中定理 1.1 的证明中得出的。

定理 1.2 令 $\boldsymbol{\Psi}$ 是 $\mathbb{R}^M$ 或 $\mathbb{C}^M$ 中任意固定的一个 $N\times D$ 维字典，并且令 $\boldsymbol{\Phi}$ 是一个 $M\times N$ 维测量矩阵，其元素是均值为零、方差为 $1/M$ 的独立同分布次高斯项，如果

$$M\geqslant C_1\left[K\log\left(\frac{D}{K}\right)+\log\left(\frac{1}{\rho}\right)\right] \tag{1-11}$$

那么在概率至少为 $1-\rho$ 的情况下，$\boldsymbol{\Phi}$ 将满足等距常数为 δ_K 的 K 阶 $\boldsymbol{\Psi}$ – RIP。这里 C_1 与定理 1.1 中的常数相同。

---

① CS 的特点之一是，测量过程可以独立于信号来定义；然而，在可能从重建算法得到一些反馈的情况下，随着时间的推移适应测量过程可能具有优势[103,107]。

1.3.2 在正交基中的随机采样

另一种设计压缩测量矩阵的方案是从某种基上进行显式地测量。考虑一个列为 $\boldsymbol{u}_1,\boldsymbol{u}_2,\cdots,\boldsymbol{u}_N$ 的 $N\times N$ 维单位正交矩阵 $\boldsymbol{U}$,并且假设测量向量 $\boldsymbol{\Phi}_1,\boldsymbol{\Phi}_1,\cdots,\boldsymbol{\Phi}_M$ 是从 $\boldsymbol{U}$ 中选择的一个 M 列的随机集。可以把 $\boldsymbol{U}$ 看作测量基,测量 $\boldsymbol{y}=\boldsymbol{\Phi f}+\boldsymbol{n}$ 是在 $\boldsymbol{f}$ 转换为测量基后保留的 M 个系数的随机集合($\boldsymbol{y}$ 包含了一个随机选择的、有噪声的 $\boldsymbol{U}^*\boldsymbol{f}$ 项的集合)。在某些情况下,无须显式地获取 $\boldsymbol{f}$ 的所有元素或计算 $\boldsymbol{U}^*\boldsymbol{f}$ 的整组系数,就可以计算这些测量值。

$\boldsymbol{U}$ 的一种常见选择是 $\boldsymbol{U}=\boldsymbol{I}_N$,即 $N\times N$ 维单位矩阵。在这种情况下,$\boldsymbol{y}$ 是一个由随机选择的、有噪声的 $\boldsymbol{f}$ 元素的集合构成的。一个实际的示例是,如果 $\boldsymbol{f}$ 是一幅图像和 $M=N/10$,则 $\boldsymbol{y}$ 对应于一个占 10% 图像像素的随机集合。$\boldsymbol{U}$ 的另一个常见选择是 $\boldsymbol{U}=\boldsymbol{F}_N$,即 $N\times N$ 维归一化 DFT 矩阵。在这种情况下,$\boldsymbol{y}$ 是由随机选择的、有噪声的 $\boldsymbol{f}$ 的 DFT 系数的集合构成的。对于 $\boldsymbol{U}$ 的这两种选择,得到的矩阵 $\boldsymbol{\Phi}$ 及其共轭转置 $\boldsymbol{\Phi}^*$ 均有高效的实现方法(不需要进行明显的矩阵乘法)。这有助于开发快速算法来求解重建问题。

为了使这种测量方案有效,测量基 $\boldsymbol{U}$ 必须与稀疏基有足够的差异。$\boldsymbol{U}$ 与 $\boldsymbol{\Psi}$ 之间的差异可以量化如下。

定义 1.3 对于一对 $N\times N$ 维正交矩阵 $\boldsymbol{U}$ 和 $\boldsymbol{\Psi}$,$\boldsymbol{U}$ 和 $\boldsymbol{\Psi}$ 之间的互相关 $\mu(\boldsymbol{U},\boldsymbol{\Psi})$ 是 $\boldsymbol{U}$ 的某列和 $\boldsymbol{\Psi}$ 的某列之间的最大绝对相关值:

$$\mu(U,\boldsymbol{\Psi})=\max_{1\leqslant m,n\leqslant N}|\langle \boldsymbol{u}_m,\boldsymbol{\Psi}_n\rangle| \tag{1-12}$$

任意两个 $N\times N$ 维正交矩阵之间的互相关值不会小于 $1/\sqrt{N}$,且当 $\boldsymbol{U}=\boldsymbol{I}_N$ 和 $\boldsymbol{\Psi}=\boldsymbol{F}_N$(反之亦然)时取这个下限。互相关值不能大于 1,且当 $\boldsymbol{U}=\boldsymbol{\Psi}$ 时取这个上限。从与信号稀疏基不相关的测量基中取样可能是一种有效的测量方案,如下面的定理所述。

定理 1.3[144,152] 令 $\boldsymbol{U}$ 为一个 $N\times N$ 维实或复单位正交矩阵,并且假设测量向量 $\boldsymbol{\Phi}_1,\boldsymbol{\Phi}_1,\cdots,\boldsymbol{\Phi}_M$ 是从 $\boldsymbol{U}$ 中选择的一个 M 列的随机集。令 $\boldsymbol{\Psi}$ 为 $\mathbb{R}^N$ 或 $\mathbb{C}^N$ 的任意确定的 $N\times N$ 维单位正交基,如果

$$M\geqslant\frac{C_2K(\sqrt{N}\mu(\boldsymbol{U},\boldsymbol{\Psi}))^2(\log^4(N)+\log(1/\rho))}{\delta_K^2} \tag{1-13}$$

那么在概率至少为 $1-\rho$ 的情况下,$(1/\sqrt{M})\boldsymbol{\Phi}$ 关于等距常数为 $\delta_K<1/2$ 的 $\boldsymbol{\Psi}$ 将满足 K 阶 RIP。这里 C_2 是一个绝对值常数。当 $\boldsymbol{U}$ 和 $\boldsymbol{\Psi}$ 之间的相关性较小时,式(1-13)中的量 $(\sqrt{N}\mu(\boldsymbol{U},\boldsymbol{\Psi}))^2\approx1$,因此满足 K 阶 RIP 所需的测量数 M 实际上是稀疏水平 K 乘上一个额外的对数因子。最后,我们注意到,当 $\boldsymbol{U}$ 和 $\boldsymbol{\Psi}$ 之间有少量高度相关的原子时(但 $\boldsymbol{U}$ 中的大多数原子与 $\boldsymbol{\Psi}$ 中的大多数原子不相

关),仍然可能通过修改在 $\boldsymbol{U}$ 中选择列的方法来构造有效的测量矩阵。感兴趣的读者可参阅文献[111],以获得更多的细节。

1.3.3 测量系统

已开发出越来越多的用于收集压缩测量的硬件系统。在大多数情况下,测量过程的实际情况和结构限制了可收集的测量类型,这就是在测量矩阵 $\boldsymbol{\Phi}$ 上施加了某种形式的结构。但是,通常仍然把一定量的随机性引入感知矩阵中。关于结构化测量系统及其理论性质的综述,请读者参阅文献[78,144]。

1.3.3.1 一维信号

最简单的一种 CS 测量方案是在时域中收集信号的随机样本,如 1.3.2 节所述的选择 $\boldsymbol{U}=\boldsymbol{I}_N$。这些测量非常适合在平均采样率远低于奈奎斯特率的情况下捕获频谱稀疏的信号。在文献[177]中,介绍了收集这些样本的一个框架;该框架含有一个定制的采样 - 保持电路,并向电路馈送了一个非均匀的时钟信号。在实现中,样本的选择并不是完全随机的:时钟信号用伪随机比特序列(PRBS)产生,并且连续样本之间的间隔被限制为既不太短也不太长。该装置成功地数字化了 800MHz ~ 2GHz 频段信号(总共有 100MHz 的非连续频谱成分),平均样本速率仅为 236Msps①。关于时域随机采样的其他讨论,请参阅文献[95,142]。

还有其他几种结构用于收集压缩测量,通过组合一些基本操作,如调制、滤波、多路复用和低速率采样。随机解调器(RD)涉及用 PRBS 乘以输入信号,对结果进行低通滤波,并收集输出的低速率样本[113]。所得到的 $\boldsymbol{\Phi}$ 矩阵具有带状结构,并且以很高的概率满足关于稀疏基 $\boldsymbol{\Psi}=\boldsymbol{F}_N$ 的 RIP[169]。随机调制预积分器(RMPI)实质上是 RD[51,185]的多通道实现。这些设备不仅可用于捕获频谱稀疏的信号,还可用于捕获具有稀疏时频分布的信号。一种 RMPI 的硬件实现[186]验证了使用 13 倍的准奈奎斯特测量速率,捕获瞬时带宽跨越 100MHz ~ 2.5GHz 的雷达脉冲参数。压缩多路复用器(CMUX)是另一种多通道结构[159]。CMUX 包括将信号进行频带分解,随机调制每个频带,并且在单个模/数转换器(ADC)采样前,用来把这些频带重新加在一起。所得到的 $\boldsymbol{\Phi}$ 矩阵已证明满足具有稀疏多通道频谱信号的 RIP[159]。调制宽带转换器(MWC)基于一种称为 Xampling 的捕获方案[131-132]。文献[132]中描述的硬件原型可以仅用 280Msps 的平均样本速率数字化高达 2GHz 奈奎斯特率的信号(总共有 120MHz 的非连续频谱成分)。

在讨论其他测量方法和信号模型之前,先对稀疏频谱信号的恢复进行提示。在大多数实际设置中,常遇到频谱稀疏的信号(并且使用前面给出的设备),原始信号

① Msps 为兆样本数/秒。

为模拟信号,而稀疏性假设存在于该信号的连续时间傅里叶变换中。然而,当一个有限的、离散的样本向量 $\boldsymbol{f}$ 在 DFT 基中被展开时,它不一定会转化为稀疏谱。由于受采样和信号时长限制的影响,原始的频谱通常会发生扩展,这是俗称的频谱泄露现象。对于 CS 恢复来说,存在的问题是 DFT 不能有效地捕获信号的自由度[54]。为了解决这个问题已提出了若干方案,包括:在时域使用平滑窗口来减小频谱泄露[169,177];使用其他重建词典 $\boldsymbol{\Psi}$(而不是 DFT)[62,76];使用特殊的测量和重建方法[88,131-132]。

另一种不同的压缩测量概念是使用随机选择冲激响应[150,170]滤波器对输入信号进行滤波,然后以低速率采样输出。得到的 $\boldsymbol{\Phi}$ 矩阵包含从随机托普利茨矩阵中所选择的行,其中滤波器的冲激响应出现在矩阵的每一行。结果表明,该 $\boldsymbol{\Phi}$ 矩阵能够关于稀疏基 $\boldsymbol{\Psi}=\boldsymbol{I}_N$[109,154]满足 RIP 要求,所以这种随机卷积过程可用于捕获时域稀疏信号。这个事实的一个重要应用是信道感知[102,154],其目的是识别未知通信信道的冲激响应。如果信道可以模拟成具有稀疏冲激响应的线性时不变系统(如果在多径通信环境中有几个离散的反射体),那么可以通过发送随机产生的输入信号和采用少量的接收信号样本来识别信道(因为卷积是可交换的,所以这只是交换了输入信号和冲激响应的位置;如果一个是随机的和已知的,而另一个是稀疏的和未知的,则可以用少量的输出样本来恢复稀疏信号)。

1.3.3.2　图像和高维信号

另一个有趣的 CS 应用领域是成像。关于 CS 的光学成像系统应用的完整综述,请读者参阅文献[179]。一些早于 CS 出现的成像结构可以看作压缩测量镜头。例如,层析成像、磁共振成像(MRI)和一些显微系统有效地测量了在二维傅里叶平面上的图像样本[41,121,332]。尽管这些样本可能不总是随机选择的(尽管有时可能是这样),但是它们往往是不完备的:为了从获取的数据中重建图像,通常需要在傅里叶域对缺失的样本进行插值。使用与 CS 相同的原理,可以认为,如果未知图像在空间域中是稀疏的,或者如果它有稀疏的梯度(小的 TV 范数),则从有限数量的傅里叶域样本中要精确地重建图像是可能的。使用 CS 技术加速儿科 MRI 的可行性已在临床上得到了证实[174]。对于成像空间中有少量点状目标的探地雷达,也已经提出了随机频域采样[100]。文献[7]讨论了 CS 技术在穿墙雷达成像中的应用,文献[143]介绍了 CS 在雷达成像中的其他一些应用。

还有一些其他专门用于 CS 的成像架构。文献[77]提出了一种数码相机结构,能够随机地调制入射光场,其利用了随机位置数字微镜阵列,将光聚焦到单个光电检测器上,并且一次记录一个测量结果。通过在镜片上放置不同的模板,可以在时间上串行收集不同的测量;$\boldsymbol{\Phi}$ 矩阵的每一行包含一个随机二进制序列。二进制函数基 $\boldsymbol{U}$ 称为噪声小波[55],可有效用为测量模式序列。由于这种设备只需要一个感光元件,所以它称为单像素相机。在构建昂贵的高分辨率传感器阵列的情况下（如红外或太赫兹成像[48]），这种方案非常经济。压缩共焦显微镜也有类似的结构[183]。

有许多成像方案在采样前都使用随机设计的编码光阑来调制图像或者图像的傅里叶变换（或两者同时）[128-129,150,160]。由于这种调制（在傅里叶域或空域）对应于互补（空间或傅里叶）域中的卷积，由此产生的 $\boldsymbol{\Phi}$ 矩阵将具有托普利茨矩阵类似的结构，并可用于基于 RIP 的分析。随机卷积也在互补金属氧化物半导体效应晶体管（CMOS）成像仪中实现了[105]。文献[89]介绍了一种与随机透镜有关的结构。

CS 成像的几种架构——包括单像素相机[140]和编码孔径系统[127]——通过在时间上顺序地随机测量，可以很容易地扩展到获取运动场景（视频）的情况，尽管重建过程可能需要大量的计算。在多信号 CS 问题中，如视频采集（每帧可视为一个信号）或者当 CS 用于传感器网络中的信号集时，产生的 $\boldsymbol{\Phi}$ 矩阵具有块对角线结构。这类矩阵再次满足 RIP，但是只对某些稀疏基最有效[81]。当一次测量多维信号（如图像[148]或超光谱信号[162]）时，得到的 $\boldsymbol{\Phi}$ 矩阵具有可分性。这种可分性的含义在文献[78]中有介绍。

1.4 稀疏信号恢复算法及保证条件

现在讨论如何使用稀疏模型从压缩测量向量 $\boldsymbol{y}=\boldsymbol{\Phi f}+\boldsymbol{n}$ 中恢复信号 $\boldsymbol{f}$ 的问题。假设 $\boldsymbol{f}$ 在某正交基 $\boldsymbol{\Psi}$ 中是 K－稀疏的或可压缩的（在 1.4.5 节中讨论一般字典的情况）。这样，可以写成

$$\boldsymbol{y}=\boldsymbol{\Phi f}+\boldsymbol{n}=\boldsymbol{\Phi\Psi x}+\boldsymbol{n}=\boldsymbol{A x}+\boldsymbol{n} \tag{1-14}$$

式中：$\boldsymbol{y}$ 为一个长度为 M 的测量向量；$\boldsymbol{A}=\boldsymbol{\Phi\Psi}$ 为一个 $M\times N$ 维矩阵；$\boldsymbol{x}$ 为一个长度为 N 的 K－稀疏的或可压缩的向量；$\boldsymbol{n}$ 为一个长度为 M 的测量噪声向量。这些向量和矩阵可以是实值的或者复值的，除非另有说明，下面的讨论将同时适合这两种情况。大多数 CS 恢复算法被解释为对满足 $\boldsymbol{y}\approx\boldsymbol{A}\hat{\boldsymbol{x}}$ 的稀疏向量 $\hat{\boldsymbol{x}}$ 的求解。一旦估计出稀疏系数向量，就可以通过乘以 $\boldsymbol{\Psi}$：$\hat{\boldsymbol{f}}=\boldsymbol{\Psi}\hat{\boldsymbol{x}}$ 来合成对信号的估计。

1.4.1 准备工作

许多 CS 恢复算法的性能依赖于稀疏基 $\boldsymbol{\Psi}$ 和测量矩阵 $\boldsymbol{\Phi}$，这仅取决于它们的乘积特性：$\boldsymbol{A}=\boldsymbol{\Phi\Psi}$。1.3 节讨论了关于稀疏基 $\boldsymbol{\Psi}$ 使测量矩阵 $\boldsymbol{\Phi}$ 满足 RIP 的条件（定义 1.1）。但是，这个条件相当于要求

$$(1-\delta_K)\|\boldsymbol{x}\|_2^2\leqslant\|\boldsymbol{A x}\|_2^2\leqslant(1+\delta_K)\|\boldsymbol{x}\|_2^2 \tag{1-15}$$

对所有系数向量 $\boldsymbol{x}$ 且 $\|\boldsymbol{x}\|_0\leqslant K$ 均成立。因为这个要求只依赖于 $\boldsymbol{A}=\boldsymbol{\Phi\Psi}$，所以

把这个条件简称为矩阵 $\boldsymbol{A}$ 满足 RIP（K 阶的，且等距常数 δ_K）的条件。

$\boldsymbol{A}$ 的第二个性质对我们后面的讨论很有用。

定义 1.4　矩阵 $\boldsymbol{A}$ 的列为 $\boldsymbol{a}_1,\boldsymbol{a}_2,\cdots,\boldsymbol{a}_N$ 的相干性是 $\boldsymbol{A}$ 的任意两个不同列之间的最大归一化内积：

$$\mu(\boldsymbol{A}):=\max_{1\leqslant m,n\leqslant N,m\neq n}\frac{|\langle \boldsymbol{a}_m,\boldsymbol{a}_n\rangle|}{\|\boldsymbol{a}_m\|_2\|\boldsymbol{a}_n\|_2} \tag{1-16}$$

单个矩阵的相干性（定义 1.4）不要与一对正交基之间的互相关（定义 1.3）相混淆，尽管这两个概念是有关的：如果 $\boldsymbol{U}$ 和 $\boldsymbol{\Psi}$ 是 $N\times N$ 维单位正交矩阵，那么 $\boldsymbol{U}$ 和 $\boldsymbol{\Psi}$ 间的互相关 $\mu(\boldsymbol{U},\boldsymbol{\Psi})$ 就等于二者的 $N\times 2N$ 维拼接矩阵的相干性 $\mu([\boldsymbol{U}\ \boldsymbol{\Psi}])$。

$M\times N$ 维矩阵 $\boldsymbol{A}$ 的相干性大于 $\sqrt{(N-M)/M(N-1)}$（当 $M\ll N$ 时，近似正比于 $1/\sqrt{M}$）且小于 1[161]。较大的相干性说明 $\boldsymbol{A}$ 中至少存在一对高度相关的列。直观上，这种相关性使得式（1-14）难以恢复正确的稀疏解。其原因是，当 $\boldsymbol{x}$ 稀疏时，$\boldsymbol{Ax}$ 将是 $\boldsymbol{A}$ 的几个列的线性组合。当 $\boldsymbol{A}$ 具有较大的相干性时，很难从压缩测量中识别出正确的列。有效的压缩测量方案（见 1.3 节）保证 $\boldsymbol{A}=\boldsymbol{\Phi\Psi}$ 具有低的相干性。实际上，相干性与 RIP 有关。例如，如果 $\boldsymbol{A}$ 的列是归一化的，只要 $\mu(\boldsymbol{A})<1/K$，则 $\boldsymbol{A}$ 就满足 K 阶 RIP[31]。然而，当人们试图将恢复有效信号所需要的测量数 M 最小化时，相干性通常不是有效的分析工具。

为了进一步讨论 CS 背后的规律，假设当前的测量是无噪声的（$n=0$）。回想一下，当 $M<N$ 时，方程组 $\boldsymbol{y}=\boldsymbol{Ax}$ 有无穷多个候选解。然而，当 $\boldsymbol{A}$ 的相干性足够小（大小取决于 $\boldsymbol{x}$ 的稀疏度）时，实际上可以保证 $\boldsymbol{y}=\boldsymbol{Ax}$ 具有唯一的稀疏解。这在下面的定理中得到正式的表述。

定理 1.4[82]　假设 $\boldsymbol{x}$ 是 K-稀疏的，并令 $\boldsymbol{y}=\boldsymbol{Ax}$，如果

$$\mu(\boldsymbol{A})<\frac{1}{2K-1} \tag{1-17}$$

那么 $\hat{\boldsymbol{x}}=\boldsymbol{x}$ 是 $\boldsymbol{y}=\boldsymbol{A}\hat{\boldsymbol{x}}$ 的稀疏度为 K 的或更小的唯一解。

相关表述对 RIP 也成立。

定理 1.5　假设 $\boldsymbol{x}$ 是 K-稀疏的，并且令 $\boldsymbol{y}=\boldsymbol{Ax}$。如果 $\boldsymbol{A}$ 满足 $2K$ 阶 RIP，且等距常数 $\delta_{2K}<1$，则 $\hat{\boldsymbol{x}}=\boldsymbol{x}$ 是 $\boldsymbol{y}=\boldsymbol{A}\hat{\boldsymbol{x}}$ 稀疏度为 K 的或更小的唯一解。

实际问题是如何在给定矩阵 $\boldsymbol{A}$ 和测量 $\boldsymbol{y}=\boldsymbol{Ax}$ 情况下找到稀疏解。定理 1.4 和定理 1.5 保证了如果 $\boldsymbol{A}$ 具有足够低的相干性或者以任意等距常数满足 $2K$ 阶 RIP①，那么原则上可以通过求解下述问题，从测量 $\boldsymbol{y}=\boldsymbol{Ax}$ 中恢复原始的 K-稀

① 定理 1.4 和定理 1.5 证明的关键事实是，如果 $\mu(\boldsymbol{A})<1/2(K-1)$ 或者如果 $\boldsymbol{A}$ 满足 $2K$ 阶 RIP，且等距常数 $\delta_{2K}<1$，则 $\boldsymbol{A}$ 中的 $2K$ 个列的任意集合都是线性独立的。只要满足这个条件，则求解式（1-18）就会返回唯一的且正确的 K-稀疏解。

疏系数向量 $\boldsymbol{x}$：

$$\hat{\boldsymbol{x}} = \arg\min_{x'} \| \boldsymbol{x}' \|_0 \quad \text{s. t.} \quad \boldsymbol{y} = \boldsymbol{A}\boldsymbol{x}' \tag{1-18}$$

但是,这个 ℓ_0 最小化问题在一般情况下是 NP 难题[135,164]。在关于 $\boldsymbol{A}$ 的一些更严格的条件下,可以方便地采用基于优化或贪婪的算法来正确地恢复 K - 稀疏系数向量,下面的几节将简述其中的几个算法。对其他寻找线性逆问题稀疏解的方法的研究和讨论,请读者参阅文献[156,171,187]。

1.4.2 基于无噪声测量的最优恢复方法

1.4.2.1 问题描述

正如 1.2.1 节所讨论的,对于稀疏信号来说,其 ℓ_1 范数往往很小。ℓ_1 范数也是凸函数,这为求解式(1 - 14)自然地给出了一个易处理的凸优化问题的描述。在没有噪声的情况下(当 $\boldsymbol{n} = 0$ 时),可以求解①:

$$\hat{\boldsymbol{x}} = \arg\min_{x'} \| \boldsymbol{x}' \|_1 \quad \text{s. t.} \quad \boldsymbol{y} = \boldsymbol{A}\boldsymbol{x}' \tag{1-19}$$

这个优化问题通常称为基追踪(BP)[40,53,66]。

1.4.2.2 性能保证条件

如下面的定理所述,在没有噪声的情况下,如果 $\boldsymbol{A}$ 具有足够低的相干性,则 BP 能够准确地恢复稀疏向量。

定理 1.6[67] 假设 $\boldsymbol{A}$ 满足相干性条件式(1 - 17)。那么,对于任何 K - 稀疏向量 $\boldsymbol{x}$,当给定无噪声测量 $\boldsymbol{y} = \boldsymbol{A}\boldsymbol{x}$ 时,式(1 - 19)将正确地得到 $\hat{\boldsymbol{x}} = \boldsymbol{x}$。

但,要使 $\boldsymbol{A} = \boldsymbol{\Phi}\boldsymbol{\Psi}$ 达到式(1 - 17)所要求的相干性,就要求测量数 M 与稀疏水平 K 的平方成正比[167]。因此使用 RIP 可以减少对 M 的要求。②

定理 1.7[91] 假设 $\boldsymbol{A}$ 满足 $2K$ 阶 RIP,且等距常数 $\delta_{2K} < 0.4651$。那么,对于任何 K - 稀疏向量 $\boldsymbol{x}$,当给定无噪声测量 $\boldsymbol{y} = \boldsymbol{A}\boldsymbol{x}$ 时,式(1 - 19)将正确地返回 $\hat{\boldsymbol{x}} = \boldsymbol{x}$。

正如第 1.3 节所述的那样,对于测量矩阵 $\boldsymbol{\Phi}$ 的许多随机结构,只要测量数量 M 同稀疏度 K 和额外对数因子的乘积成正比,则 $\boldsymbol{A} = \boldsymbol{\Phi}\boldsymbol{\Psi}$ 将以很高的概率满足等距常数 δ_{2K} 的 $2K$ 阶 RIP。结合定理 1.7,这意味着在 CS 中,采用 $K\log(N/K)$ 个测量,就能够精确地恢复 K - 稀疏信号。更深入分析特定的随机分布

---

① 在某些情况下,这个最小化问题(以及本章中出现的其他问题)的最优解并不是唯一的。在这种情况下,人们可以选择 $\hat{\boldsymbol{x}}$ 作为使目标函数最小化的任意可行向量。

② 虽然我们的大部分讨论侧重于使用 RIP 可以导出的恢复保证上,但在实践中,RIP 比重建许多信号所需要的条件更严格;我们建议感兴趣的读者参阅文献[19 - 20,64,74,133]做进一步讨论。

矩阵 $\boldsymbol{\Phi}$(包括独立同分布高斯)的恢复问题(包括在测量数 M 上的陡降边界),请读者参阅文献[49,72,152]。

事实上,更严格的条件也是成立的。回忆一下,对于任意向量 $\boldsymbol{x}$,定义 $\boldsymbol{x}_K$ 是与 $\boldsymbol{x}$ 最近似的 K-稀疏向量。当 $\boldsymbol{x}_K=\boldsymbol{x}$ 时,$\boldsymbol{x}$ 是 K-稀疏的,但是当 $\boldsymbol{x}_K\approx\boldsymbol{x}$ 时,说 $\boldsymbol{x}$ 是可压缩的。

定理 1.8[34,91]　假设 $\boldsymbol{A}$ 满足 $2K$ 阶 RIP,且等距常数 $\delta_{2K}<0.4651$。令 $\boldsymbol{y}=\boldsymbol{A}\boldsymbol{x}$ 是任意向量 $\boldsymbol{x}$ 的无噪声测量。那么式(1-19)的解 $\hat{\boldsymbol{x}}$ 将满足

$$\|\boldsymbol{x}-\hat{\boldsymbol{x}}\|_2\leqslant C_3\frac{\|\boldsymbol{x}-\boldsymbol{x}_K\|_1}{\sqrt{K}} \tag{1-20}$$

式中:C_3 只依赖于 δ_{2K}。

正如已经讨论过的,在估计出稀疏系数向量之后,可以通过乘以 $\boldsymbol{\Psi}$: $\hat{\boldsymbol{f}}=\boldsymbol{\Psi}\hat{\boldsymbol{x}}$来合成一个信号估计。如果 $\boldsymbol{\Psi}$ 是标准正交基,则信号域中的误差将等于系数域中的误差:

$$\|\boldsymbol{f}-\hat{\boldsymbol{f}}\|_2=\|\boldsymbol{\Psi}\boldsymbol{x}-\boldsymbol{\Psi}\hat{\boldsymbol{x}}\|_2=\|\boldsymbol{\Psi}(\boldsymbol{x}-\hat{\boldsymbol{x}})\|_2=\|\boldsymbol{x}-\hat{\boldsymbol{x}}\|_2 \tag{1-21}$$

定理 1.8 是定理 1.7 的重要推广,它暗示了在 CS 中也可以利用 K 个数量的测量近似恢复可压缩信号(特别是那些接近 K-稀疏信号的信号)。定理 1.8 对 $\boldsymbol{x}$ 稀疏但其稀疏度未知的情况也提供了深入观察。正如我们前面讨论的,取决于如何产生 $\boldsymbol{\Phi}$ 的,M 行矩阵 $\boldsymbol{A}=\boldsymbol{\Phi}\boldsymbol{\Psi}$ 可以满足 K 阶的 RIP,K 为 $K\approx M/\log(N/K)$(直至常数)。定理 1.8 指出,如果 $\boldsymbol{x}$ 的稀疏度达到相同的数量级,则恢复误差将很小。

在实践中,BP 的性能通常可以通过重复迭代加权方法得到改善,其中 ℓ_1 最小化问题式(1-19)将被多次求解,并且在下一次迭代中,基于前面估计的 $\boldsymbol{x}$ 的项,作用突出的项将在 ℓ_1 范数中被小的系数加权,详见文献[45,50,136,180]。

1.4.2.3　计算方法

当 $\boldsymbol{x}$ 是实值时,BP 可以转化为一个线性规划。当 $\boldsymbol{x}$ 是复值时,BP 可以转化为一个二阶锥规划(SOCP)。标准凸优化技术,如单纯形法或内点法,可用来求解这些问题[27]。流行的软件包有 ℓ_1-MAGIC[39](用于解一组特定的稀疏恢复问题)和 CVX[98-99](用于解一般规模的凸优化问题)。对于 BP,ℓ_1-MAGIC 仅限于实向量 $\boldsymbol{x}$;而 CVX 可用于实向量,或者如果在求解前声明为复的,则可用于复向量。

然而,也可以使用显式设计的、利用了其结构的软件来更高效地求解 BP 问题。对于实向量 $\boldsymbol{x}$,同伦算法[80,139]就是这样一种技术,它利用了参数 λ 逼近(但不等于)零时,BP 与问题式(1-23)①之间的相似性。另一种适用于实向量的技

① 译者注:原文如此。

术是利用线性化的 Bregman 迭代[184]。最后,谱投影梯度算法(SPGL1)[3,173]和基于交替方向(YALL1)[182,189]的算法均可用于实数和复数情况下的 BP 问题求解。

1.4.3 基于有噪声测量的最优恢复方法

1.4.3.1 问题描述

当有噪声存在时,可以放松对式(1-19)的等式约束,改为求解下式:

$$\hat{\boldsymbol{x}} = \underset{\boldsymbol{x}'}{\operatorname{argmin}} \|\boldsymbol{x}'\|_1 \quad \text{s. t.} \quad \|\boldsymbol{y} - \boldsymbol{A}\boldsymbol{x}'\|_2 \leqslant \eta \tag{1-22}$$

式中:η 为反映期望测量噪声电平的参数。这个优化问题通常称为基追踪降噪(BPDN)[42,53,172]。虽然在这一节中主要讨论 BPDN 及其相关问题,但其他最优化方法,如 Dantzig 选择器[33],已被提出用于从噪声测量中恢复稀疏向量。

1.4.3.2 性能保证条件

如下面的定理所述,如果矩阵 $\boldsymbol{A}$ 满足 RIP,则 BPDN 能够提供对稀疏和可压缩信号的稳定恢复。

定理 1.9[34,91] 假设 $\boldsymbol{A}$ 满足 $2K$ 阶 RIP,且等距常数 $\delta_{2K} < 0.4651$。令 $\boldsymbol{y} = \boldsymbol{A}\boldsymbol{x} + \boldsymbol{n}$是任意向量 $\boldsymbol{x}$ 的噪声测量。如果 $\eta \geqslant \|\boldsymbol{n}\|_2$,那么式(1-22)的解 $\hat{\boldsymbol{x}}$ 将满足

$$\|\boldsymbol{x} - \hat{\boldsymbol{x}}\|_2 \leqslant C_3 \frac{\|\boldsymbol{x} - \boldsymbol{x}_K\|_1}{\sqrt{K}} + C_4 \eta$$

式中 C_3 如定理 1.8 所示;C_4 仅取决于 δ_{2K}。

定理 1.9 包含定理 1.7 和定理 1.8。

1.4.3.3 计算方法

标准的凸优化技术[27,39,98-99]可用于求解 BPDN 问题式(1-22)。然而,使用显式设计的、利用其结构的算法再次得到更好的性能。这方面的主要工作包括 SPGL1[3,173]、由 Nesterov(NESTA)启发的算法[1,16]、锥形式的问题表示(TFOCS)[5,17]、SPArse 模拟软件(SPAMS)工具箱[2,122-123]以及 YALL1[182,189]。大多数的这些技术都适用于实和复矩阵与向量。

对于给定的值 $\eta > 0$,通常存在一个参数 $\lambda > 0$,使得式(1-22)返回的解等于无约束优化问题的解:

$$\hat{\boldsymbol{x}} = \underset{\boldsymbol{x}'}{\operatorname{argmin}} \frac{1}{2} \|\boldsymbol{y} - \boldsymbol{A}\boldsymbol{x}'\|_2^2 + \lambda \|\boldsymbol{x}'\|_1 \tag{1-23}$$

这可以看作拉格朗日形式的 BPDN 问题。参数 λ 在求解 $\hat{\boldsymbol{x}}$ 的复杂度和从 $\boldsymbol{A}\hat{\boldsymbol{x}}$ 至测量向量 $\boldsymbol{y}$ 的距离之间进行权衡。当 λ 较大时,$\hat{\boldsymbol{x}}$ 趋于更稀疏;当 λ 较小

时，$\|y - Ax'\|_2$趋向于更小。已有大量的算法可以有效地求解式(1-23)。一些例子包括同伦算法(LARS)[80,124,139]、梯度投影技术(GPSR)[90]、连续定点法(FPC)[101]、利用线性化 Bregman 迭代的方法[184]、快速迭代收缩阈值算法(FISTA)[14]、坐标下降技术[92]、SPAMS 工具箱[2,122-123]和 YALL1[182,189]。其中一些技术仅限于实向量和矩阵，另一些技术，如 YALL1，适用于复矩阵和向量。关于设计求解凸优化问题的快速算法的一般性讨论，请读者参阅文献[15,56-57]。

1.4.3.4　参数选择

通常，选择参数 η(用于求解式(1-22))或 λ(用于求解式(1-23))的最佳值是一个难题。在选择 η 刚好等于 $\|n\|_2$的情况下，定理 1.9 给出了关于 BPDN 性能的最严格条件。然而，在实践中，$\|n\|_2$的确切值可能是不知道的。在给定先验噪声模型(如概率分布)的条件下，可以选择 η 略大于 $\|n\|_2$的期望值，从而使定理 1.9 对恢复性能提供保证。然而，在某些情况下，选择略小于该值的 η 可以提供更好的经验性能。

类似地，在 η 与 λ 之间的使式(1-23)和式(1-22)相等价的映射通常是未知的。同伦算法对于求解式(1-23)很有吸引力，因为当参数 λ 变化[80,124,139]时，同伦算法跟踪了式(1-23)的解路径。如果已有关于原始系数向量 x 的稀疏度的先验知识，则可以利用该解路径选择返回期望稀疏解的 λ 值。交叉验证[178]和统计方法，如 GSURE[84]，也可用来选择 λ。

1.4.4　贪婪方法

除了基于最优化的恢复方法外，CS 恢复的另一种选择是贪婪算法。典型的贪婪算法没有显式地在式(1-14)的候选解集之间进行搜索。相反，它们试图显式地建立方程的稀疏解。

1.4.4.1　正交匹配追踪

正交匹配追踪(OMP)是用于 CS 恢复的一种典型的贪婪算法[63,141,165,167]。OMP 的思想大致如下：假设在一段时间内测量是不含噪声的(因此 $y = Ax$)，并且矩阵 A 是方阵和正交的，在这种情况下，x 的恢复很简单：只需取 $\hat{x} = A^* y$，就可以保证 $\hat{x} = x$ 准确。也就是说，要恢复 x_n，只需要计算 y 和 A 的第 n 列之间的内积。当然，在实际应用中，感兴趣的是 A 的大小为 $M \times N$ 且 $M < N$ 的情况，这样就避免了要求 A 的列是正交的问题。但是，正如已经讨论过的，如果 A 满足 RIP，则 A 的少数列集合将近似为正交的，并且如果 x 是 K-稀疏的，那么 y 可以写成 A 的 K 个列的加权和。因此，尽管简单计算 $A^* y$ 不足以完全恢复 x，但它可以提供一个对 x 的大略的初始估计。OMP 试图纠正这个估计中由 A 的列之

间的弱相关性引起的误差。具体来说,OMP 依赖于迭代过程来一次识别一个 $\boldsymbol{x}$ 的支撑集元素。在每一次迭代中,残差向量与矩阵 $\boldsymbol{A}$ 的列进行相关,并且把具有最大内积的位置添加到支持估计中。然后用最小二乘技术计算在该支持上的 $\boldsymbol{x}$ 元素的候选值,并更新残差向量。一个关键的事实是:残差总是与前面选择矩阵 $\boldsymbol{A}$ 的列正交,所以每一次迭代时都会添加一个新的索引到支撑集中。

算法 1.1 详细描述了 OMP 算法。更新步骤中的最小二乘问题可以通过在索引 $\boldsymbol{\Lambda}^{\ell+1}$ 上令 $\boldsymbol{x}^{\ell+1}=(\boldsymbol{A}_{\Lambda^{\ell+1}})^{\dagger}\boldsymbol{y}$(并且在其他地方令 $\boldsymbol{x}^{\ell+1}=\boldsymbol{0}$)来求解;这里,上标"†"表示矩阵伪逆,而 $\boldsymbol{A}_{\Lambda^{\ell+1}}$ 表示将 $\boldsymbol{A}$ 限制在索引为 $\boldsymbol{\Lambda}^{\ell+1}$ 的列上得到的 $M\times(\ell+1)$ 维矩阵。如果 $\boldsymbol{x}$ 是 K-稀疏的,那么该算法可以在 K 次迭代后停止。但是,在首次 K 个迭代中,并不是始终能识别出正确的支撑集,而额外的迭代(但总数从不超过 M)可能会有所帮助。停止准则也可以基于残差向量 $\boldsymbol{r}^{\ell}$ 和其相对于期望噪声 $\boldsymbol{n}$ 的大小。如果已知测量是无噪声的,则可以在 $\boldsymbol{r}^{\ell}=\boldsymbol{0}$ 时停止 OMP。在 SPAMS 工具箱中,提供了 OMP 算法的快速实现[2,122-123]。

算法 1.1　正交匹配追踪

输入数据:矩阵 $\boldsymbol{A}$,测量 $\boldsymbol{y}=\boldsymbol{Ax}+\boldsymbol{n}$ 输入参数:停止准则(可能基于稀疏水平 K) 初始化:$r^0=0,x^0=0,\ell=0,\Lambda^0=\varnothing$ **while** 不满足停止条件 **do**
匹配:$h^{\ell}=A^{*}r^{\ell}$ 识别:$\Lambda^{\ell+1}=\Lambda^{\ell}\cup\{\mathrm{argmax}_j\lvert h^{\ell}(j)\rvert\}$ (如果存在多个最大值,仅选择一个) 更新:$x^{\ell+1}=\mathrm{argmax}_{z:\mathrm{supp}(z)\subseteq\Lambda^{\ell+1}}\lVert y-Az\rVert_2$ $r^{\ell+1}=y-Ax^{\ell+1}$ $\ell=\ell+1$
end while 输出:$\hat{\boldsymbol{x}}=\boldsymbol{x}^{\ell}$

如下面的定理所述,在没有噪声的情况下,如果 $\boldsymbol{A}$ 的相干性足够低,OMP 可以准确地恢复稀疏向量。

定理 1.10[165]　假设矩阵 $\boldsymbol{A}$ 的列具有单位范数,且假设 $\boldsymbol{A}$ 满足相干性条件式(1-17)。那么,对于任何 K-稀疏向量 $\boldsymbol{x}$,当给定无噪声测量 $\boldsymbol{y}=\boldsymbol{Ax}$ 时,经过 K 次迭代后,OMP 将正确返回 $\hat{\boldsymbol{x}}=\boldsymbol{x}$。

如前所述,要使 $\boldsymbol{A}=\boldsymbol{\Phi\Psi}$ 满足式(1-17)中所要求的相干性,就需要测量数 M 的规模是稀疏水平 K[167] 的平方。不同类的分析表明:规模为$K\log(N)$的测量数量,任何确定 K-稀疏信号 $\boldsymbol{x}$,如果 $\boldsymbol{\Phi}$ 是从合适的随机分布中产生的(且独立于 $\boldsymbol{x}$),都能够以很高的概率恢复[167]。请注意,这与定理 1.10 的结论略有不同,定理 1.10 保证使用一个 $\boldsymbol{A}$ 恢复所有的 K-稀疏信号。最近,基于 RIP 的 OMP

分析产生了类似的测量边界[188]，它确实对所有 K - 稀疏信号都成立，并且保证了对测量噪声的鲁棒性。

1.4.4.2　压缩采样匹配追踪

最近，一种称为压缩采样匹配追踪（CoSaMP）的算法[137]是对 OMP 思想的一个改进。与 OMP 一样，CoSaMP 试图识别一个稀疏的支撑集，其可以产生很小的残差。但是，与 OMP 不同的是，CoSaMP 一次性构造该支撑集的多个元素，并且在每次迭代时都可以在估计的支撑集中添加和删除元素。实际上，CoSaMP有意高估支撑集的大小，然后估计信号系数，再使用这些估计系数缩小支撑集。算法 1.2 详细地给出了 CoSaMP 算法。文献[137]讨论了该算法的停止准则和有用的变体。文献[137]还讨论了直接用于 CoSaMP 算法实现的输入参数 K 的选择策略，该方法适合信号稀疏度未知的情况。

如下述定理所示，CoSaMP 适用于基于 RIP 的可压缩信号和测量噪声的分析。

定理 1.11[137]　假设 $\boldsymbol{A}$ 满足 $2K$ 阶 RIP，且等距常数 $\delta_{2K}<0.0125$。令 $\boldsymbol{y}=\boldsymbol{A}\boldsymbol{x}+\boldsymbol{n}$是任意向量 $\boldsymbol{x}$ 的有噪测量。于是，由稀疏水平选择合适且迭代次数足够多的 CoSaMP（算法 1.2）所得到的解 $\hat{\boldsymbol{x}}$ 将满足

$$\|\boldsymbol{x}-\hat{\boldsymbol{x}}\|_2\leqslant C_5\left(\frac{\|\boldsymbol{x}-\boldsymbol{x}_K\|_1}{\sqrt{K}}+\|\boldsymbol{n}\|_2\right) \tag{1-24}$$

式中：C_5 只依赖于 δ_{2K}。

算法 1.2　压缩采样匹配追踪

输入数据：矩阵 $\boldsymbol{A}$，测量 $\boldsymbol{y}=\boldsymbol{A}\boldsymbol{x}+\boldsymbol{n}$ 输入参数：稀疏水平 K，停止准则 初始化：$r^0=0, x^0=0, \ell=0, \Lambda^0=\varnothing$ **while** 不满足停止条件 **do**
匹配：$h^\ell=A^* r^\ell$ 识别：$\Omega^\ell=h^\ell$ 中最大的 $2K$ 个元素的位置 合并：$\Lambda^\ell=\Omega^\ell\cup\Gamma^\ell$ 更新：$\widetilde{x}^\ell=\operatorname{argmax}_{z:\operatorname{supp}(z)\subseteq\Lambda^\ell}\|y-Az\|_2$ $\Gamma^{\ell+1}=\widetilde{x}^\ell$ 中最大的 K 个元素的位置 $x^{\ell+1}=\widetilde{x}_K^\ell$（保留 $\widetilde{x}^\ell$ 中最大的 K 个元素）
$r^{\ell+1}=y-Ax^{\ell+1}$ $\ell=\ell+1$
end while 输出：$\hat{x}=x^\ell$

一种称为子空间追踪(SP)[59]的算法具有与 CoSaMP 相似的处理步骤,当 $\boldsymbol{A}$ 满足 RIP 时有相似的性能保证。分段正交匹配追踪(StOMP)[73]是另一种高效算法,可以一次选择多个系数。

1.4.4.3 迭代硬阈值

另一种称为迭代硬阈值(IHT)[22]的方法也通过对支撑集的迭代估计来改善性能。算法 1.3 详细描述了 IHT 算法。在 IHT 的每一次迭代中,残差与 $\boldsymbol{A}$ 的列作相关,这些统计量被尺度化,并被添加到 $\boldsymbol{x}$ 前面的估计中。此外,这个估计被阈值化,只保留它的 K 个最大项。这些步骤都非常简单,并且如果 $\boldsymbol{A}$ 和 $\boldsymbol{A}^*$ 有高效的实现(不需要显式矩阵乘法),则可以非常快地执行 IHT 的每一次迭代。然而,步长参数 γ 的选择对于算法的收敛性很重要(详见文献[22,25])。IHT 适用于基于 RIP 的分析[23,25],该分析适合可压缩信号和噪声测量。IHT 本质上类似于为求解式(1-23)而提出的迭代软阈值方法,参见文献[14]和其中的参考文献。近似消息传递(AMP)[71]是一种类似于迭代阈值法的技术,但在阈值之前增加了一个项。

算法 1.3 迭代硬阈值

输入数据:矩阵 $\boldsymbol{A}$,测量 $\boldsymbol{y}=\boldsymbol{Ax}+\boldsymbol{n}$ 输入参数:稀疏水平 K,步进量 γ,停止准则 参数化:$x^0=0,\ell=0$ **while** 不满足停止条件 **do**
更新: $\tilde{x}^\ell=x^\ell+\gamma A^*(y-Ax^\ell)$ 阀值:$x^{\ell+1}=\tilde{x}^\ell_K$(保留 $\tilde{x}^\ell$ 中最大的 K 个元素) $\ell=\ell+1$
end while 输出:$\hat{x}=x^\ell$

1.4.5 非单位正交字典中的信号恢复

到目前为止,在 1.4 节中的所有分析都假设稀疏基 $\boldsymbol{\Psi}$ 是一个 $N\times N$ 单位正交矩阵。然而,正如 1.2.3 节所述,非单位正交字典 $\boldsymbol{\Psi}$ 可以出现在两种不同的建模背景中:合成稀疏性和分析稀疏性。特定的建模背景将决定合适的重建算法类型。

1.4.5.1 冗余字典中的合成稀疏性

迄今为止,在 1.4 节中提供的所有结果仅通过乘积特性 $\boldsymbol{A}=\boldsymbol{\Phi\Psi}$ 依赖于 $\boldsymbol{\Psi}$。事实上,所有这些结果都成立,没有例外。如果允许 $\boldsymbol{\Psi}$ 是一个通用的 $N\times D$ 维字典,并考虑 $\boldsymbol{f}=\boldsymbol{\Psi x}$ 形式的信号,其中 $\boldsymbol{x}$ 是一个稀疏的或可压缩的向量(唯一的

区别是现在未知系数向量 $\boldsymbol{x}$ 的长度为 D 而不是 N,以及 $\boldsymbol{A}$ 的大小为 $M\times D$ 而不是 $N\times D$)。

迄今 1.4 节所出现的所有界限中,成功恢复系数向量 $\boldsymbol{x}$ 的一个关键条件是 $\boldsymbol{A}$ 的列是不相关的;这已经通过利用相干性和 RIP 属性被正式确定了。然而,当 $\boldsymbol{\Psi}$ 是一个通用字典的时候,保证 $\boldsymbol{A}$ 具有低相干性(或 A 满足 RIP)可能要困难得多。如果 $\boldsymbol{\Phi}$ 是由 1.3 节所讨论的一种随机分布生成的,那么对于 $\boldsymbol{A}=\boldsymbol{\Phi\Psi}$ 要满足 RIP,实际上需要 $\boldsymbol{\Psi}$ 先满足 RIP(如果 $\boldsymbol{\Psi}$ 满足 RIP,保证 $\boldsymbol{A}$ 满足 RIP 确实是可能的[146])。注意到,有些工作强调从一个给定的训练数据集中学习一个稀疏化字典 $\boldsymbol{\Psi}$,并同一个非相干的感知矩阵 $\boldsymbol{\Phi}$[79] 相结合。

另一个须注意的地方是,迄今出现在 1.4 节中的界限涉及系数向量 $\boldsymbol{x}$ 可以恢复的精度。正如我们所提到的,在估计了稀疏系数向量之后,可以通过乘以 $\boldsymbol{\Psi}$:$\hat{\boldsymbol{f}}=\boldsymbol{\Psi}\hat{\boldsymbol{x}}$ 来合成一个信号估计。但是,当 $\boldsymbol{\Psi}$ 是通用字典时,信号域的误差通常不等于系数域的误差。也就是说,式(1-21)中最右边的等式将不成立。实际上,$\|\boldsymbol{f}-\hat{\boldsymbol{f}}\|_2$ 可能比 $\|\boldsymbol{x}-\hat{\boldsymbol{x}}\|_2$ 大得多或小得多。由于所有这些原因,对使用非正交字典进行信号恢复的方法必须小心谨慎。

此外,还有一些从不同角度出发的研究工作——在冗余字典中仍然假设合成稀疏性——研究不是精确地恢复原始系数向量 $\boldsymbol{x}$ 而是直接恢复信号 $\boldsymbol{f}$ 的方法。为此,提出对 IHT[21,157] 和 CoSaMP[61] 的扩展,这些算法分别处理 $\boldsymbol{\Phi}$ 和 $\boldsymbol{\Psi}$,而不仅仅依赖于乘积 $\boldsymbol{A}=\boldsymbol{\Phi\Psi}$。因此,对这些算法理论性能的保证不要求 $\boldsymbol{A}=\boldsymbol{\Phi\Psi}$ 满足 RIP,而是要求 $\boldsymbol{\Phi}$ 满足 $\boldsymbol{\Psi}$-RIP(见 1.3.1 节,这通常是一个更容易满足的条件)。目前,对这些技术的一个实际限制是它们依赖于投影运算,当 $\boldsymbol{\Psi}$ 的列相关时,这些投影运算可能很难计算。

1.4.5.2　分析稀疏性

对于信号模型,如果 $\boldsymbol{\Psi}$ 是一个通用字典,并且假设 $\boldsymbol{\Psi}^*\boldsymbol{f}$ 是稀疏的或可压缩的,则需要使用一套与迄今提供的算法所不同的恢复算法[36,83]。BP 自然地修改为

$$\hat{\boldsymbol{f}}=\arg\min_{f'}\|\boldsymbol{\Psi}^*\boldsymbol{f}'\|_1\quad \text{s.t.}\quad y=\boldsymbol{\Phi f}' \tag{1-25}$$

以及 BPDN 自然地修改为

$$\hat{\boldsymbol{f}}=\arg\min_{f'}\|\boldsymbol{\Psi}^*\boldsymbol{f}'\|_1\quad \text{s.t.}\quad \|\boldsymbol{y}-\boldsymbol{\Phi f}'\|_2\leqslant\eta \tag{1-26}$$

可以注意到,这些问题的表示没有用 $\boldsymbol{A}=\boldsymbol{\Phi\Psi}$ 来描述,而是分别地处理 $\boldsymbol{\Phi}$ 和 $\boldsymbol{\Psi}$。如果 $\boldsymbol{\Psi}$ 是标准正交基,则这些表示等效于原始的 BP 和 BPDN 表示。众所周知,NESTA[1,16]、TFOCS[5,17]、CVX[98-99] 和 YALL1[182,189] 是求解这个

ℓ_1 - 分析最小化问题的有用工具。大多数这些工具包都可以处理实值和复值的矩阵和向量。在一定条件下，ℓ_1 - 分析最小化可以恢复准确的信号估计。

定理 1.12[36] 假设 $\boldsymbol{\Psi}$ 是一个紧框架和假设 $\boldsymbol{\Phi}$ 满足 $2K$ 阶 Ψ - RIP，且等距常数 $\delta_{2K} < 0.08$。令 $\boldsymbol{y} = \boldsymbol{\Phi f} + \boldsymbol{n}$ 是对任意信号 $\boldsymbol{f}$ 的含噪声测量。如果 $\eta \geqslant \| \boldsymbol{n} \|_2$，则式(1-26)的解 $\hat{\boldsymbol{x}}$ 将满足

$$\| \boldsymbol{f} - \hat{\boldsymbol{f}} \|_2 \leqslant C_6 \frac{\| \boldsymbol{\Psi}^* \boldsymbol{f} - (\boldsymbol{\Psi}^* \boldsymbol{f})_K \|_1}{\sqrt{K}} + C_7 \eta \tag{1-27}$$

式中：$(\boldsymbol{\Psi}^* \boldsymbol{f})_K$ 为包含 $\boldsymbol{\Psi}^* \boldsymbol{f}$ 的 K 个最大元素（其他为零）的向量，C_6 和 C_7 是仅依赖于 δ_{2K} 的常数。

在式(1-27)界限中出现了一个 $\| \boldsymbol{\Psi}^* \boldsymbol{f} - (\boldsymbol{\Psi}^* \boldsymbol{f})_K \|_1$ 量；当字典 $\boldsymbol{\Psi}$ 中 $\boldsymbol{f}$ 的分析系数是稀疏的或可压缩的时，这个量最小。在基于合成的恢复界限中出现了类似的项，如式(1-20)和式(1-24)。另外，已经提出了一种 IHT[47] 的扩展，其是 ℓ_1 - 分析最小化的一个替代选择。

用于图像恢复的 TV 最小化算法通常为式(1-25)和式(1-26)的形式，但是有 $\boldsymbol{\Psi}^* = \nabla$，其为离散梯度算子[41,121,153]。因为 ∇^* 不是一个紧框架，TV 重建问题比传统的 CS 问题更难分析，特别是对定理 1.12 不适用。但是，最近的一篇论文[138]给出了类似于式(1-27)（有 $\boldsymbol{\Psi}^* = \nabla$）的 TV 重建的性能保证条件，但是在测量数量上增加了一个对数因子。对于该论文中的测量矩阵 $\boldsymbol{\Phi}$，可以使用次高斯项，也可以使用带有随机列符号的部分 DFT 矩阵（文献[138]）。分裂 Bregman 算法[97]、NESTA[1,16]、TFOCS[5,17]、ℓ_1 - MAGIC[39] 和 CVX[98-99] 均是解决 TV 最小化问题的有效方法。对基于 TV 的图像重建，基于小波的图像重建以及两者结合的性能的其他讨论，请读者参阅文献[30,120,149]。

对于稀疏补分析模型下的信号恢复，人们已经提出和研究了多种算法。这包括 ℓ_1 - 分析最小化[134]，称为贪婪分析追踪(GAP)的一种 OMP 变体[134]，以及分别命名为 ACoSaMP、ASP 和 AIHT 的 CoSaMP、SP 和 IHT 的变体[96]。类似于 Ψ - RIP的性质出现在这些算法的研究中。

1.5 致 谢

感谢 Moeness Amin、Stephen Becker、Mark Davenport、Armin Eftekhari、Marc Rubin、Borhan Sanandaji 和 Alejandro Weinstein 对本章提出的改进和评阅意见。

参考文献

1. NESTA. A fast and accurate first-order method for sparse recovery. http://www-stat.stanford.edu/~candes/nesta/.
2. SPAMS. SPArse modeling software. http://spams-devel.gforge.inria.fr/.
3. SPGL1. A solver for large-scale sparse reconstruction. http://www.cs.ubc.ca/~mpf/spgl1/.
4. Sudoku layout. http://en.wikipedia.org/wiki/File:Sudoku-by-L2G-20050714.svg.
5. TFOCS. Templates for first-order conic solvers. http://cvxr.com/tfocs/.
6. M. Aharon, M. Elad, and A. Bruckstein. K-SVD: An algorithm for designing overcomplete dictionaries for sparse representation. *IEEE Transactions on Signal Processing*, 54(11):4311–4322, 2006.
7. M. Amin and F. Ahmad. Compressive sensing for through-the-wall radar imaging. *Journal of Electronic Imaging*, 22(3):030901, 2013.
8. S. D. Babacan, R. Molina, and A. K. Katsaggelos. Bayesian compressive sensing using Laplace priors. *IEEE Transactions on Image Processing*, 19(1):53–63, 2010.
9. F. Bach. Sparsity-inducing norms through submodular functions. In *Advances in Neural Information Processing Systems (NIPS)*, Vancouver, British Columbia, Canada, 2010.
10. R. Baraniuk, M. Davenport, R. DeVore, and M. Wakin. A simple proof of the restricted isometry property for random matrices. *Constructive Approximation*, 28(3):253–263, 2008.
11. R. G. Baraniuk, V. Cevher, M. F. Duarte, and C. Hegde. Model-based compressive sensing. *IEEE Transactions on Information Theory*, 56(4):1982–2001, 2010.
12. R. G. Baraniuk and M. B. Wakin. Random projections of smooth manifolds. *Foundations of Computational Mathematics*, 9(1):51–77, 2009.
13. D. Baron, M. F. Duarte, M. B. Wakin, S. Sarvotham, and R. G. Baraniuk. Distributed compressive sensing. arXiv preprint arXiv:0901.3403, 2009.
14. A. Beck and M. Teboulle. A fast iterative shrinkage-thresholding algorithm for linear inverse problems. *SIAM Journal on Imaging Sciences*, 2(1):183–202, 2009.
15. A. Beck and M. Teboulle. Gradient-based algorithms with applications in signal recovery problems. In D. Palomar and Y. Eldar, editors, *Convex Optimization in Signal Processing and Communications*, pp. 33–88. Cambridge University Press, Cambridge, U.K., 2010.
16. S. Becker, J. Bobin, and E. J. Candès. NESTA: A fast and accurate first-order method for sparse recovery. *SIAM Journal on Imaging Sciences*, 4(1):1–39, 2011.
17. S. R. Becker, E. J. Candès, and M. C. Grant. Templates for convex cone problems with applications to sparse signal recovery. *Mathematical Programming Computation*, 3(3):165–218, 2011.
18. Z. Ben-Haim, T. Michaeli, and Y. Eldar. Performance bounds and design criteria for estimating finite rate of innovation signals. *IEEE Transactions on Information Theory*, 58(8):4993–5015, 2012.
19. J. D. Blanchard, C. Cartis, and J. Tanner. Compressed sensing: How sharp is the restricted isometry property? *SIAM Review*, 53(1):105–125, 2011.
20. J. D. Blanchard, C. Cartis, J. Tanner, and A. Thompson. Phase transitions for

greedy sparse approximation algorithms. *Applied and Computational Harmonic Analysis*, 30(2):188–203, 2011.

21. T. Blumensath. Sampling and reconstructing signals from a union of linear subspaces. *IEEE Transactions on Information Theory*, 57(7):4660–4671, 2011.
22. T. Blumensath and M. E. Davies. Iterative thresholding for sparse approximations. *Journal of Fourier Analysis and Applications*, 14(5–6):629–654, 2008.
23. T. Blumensath and M. E. Davies. Iterative hard thresholding for compressed sensing. *Applied and Computational Harmonic Analysis*, 27(3):265–274, 2009.
24. T. Blumensath and M. E. Davies. Sampling theorems for signals from the union of finite-dimensional linear subspaces. *IEEE Transactions on Information Theory*, 55(4):1872–1882, 2009.
25. T. Blumensath, M. E. Davies, and G. Rilling. Greedy algorithms for compressed sensing. In Y. C. Eldar and G. Kutyniok, editors, *Compressed Sensing: Theory and Applications*, pp. 348–393. Cambridge University Press, New York, 2012.
26. J. Bobin, J.-L. Starck, and R. Ottensamer. Compressed sensing in astronomy. *IEEE Journal of Selected Topics in Signal Processing*, 2(5):718–726, 2008.
27. S. P. Boyd and L. Vandenberghe. *Convex Optimization*. Cambridge University Press, Cambridge, U.K., 2004.
28. A. M. Bruckstein, D. L. Donoho, and M. Elad. From sparse solutions of systems of equations to sparse modeling of signals and images. *SIAM Review*, 51(1):34–81, 2009.
29. J.-F. Cai, E. J. Candès, and Z. Shen. A singular value thresholding algorithm for matrix completion. *SIAM Journal on Optimization*, 20(4):1956–1982, 2010.
30. J.-F. Cai, B. Dong, S. Osher, and Z. Shen. Image restoration: Total variation, wavelet frames, and beyond. *Journal of the American Mathematical Society*, 25(4):1033–1089, 2012.
31. T. T. Cai, G. Xu, and J. Zhang. On recovery of sparse signals via $\ell 1$ minimization. *IEEE Transactions on Information Theory*, 55(7):3388–3397, 2009.
32. E. Candès. Compressive sampling. In *Proceedings of the International Congress of Mathematicians*, Madrid, Spain, 2006.
33. E. Candès and T. Tao. The Dantzig selector: Statistical estimation when p is much larger than n. *The Annals of Statistics*, 35(6):2313–2351, 2007.
34. E. J. Candès. The restricted isometry property and its implications for compressed sensing. *Comptes Rendus Mathematique*, 346(9):589–592, 2008.
35. E. J. Candès and D. L. Donoho. New tight frames of curvelets and optimal representations of objects with piecewise C^2 singularities. *Communications on Pure and Applied Mathematics*, 57(2):219–266, 2004.
36. E. J. Candès, Y. C. Eldar, D. Needell, and P. Randall. Compressed sensing with coherent and redundant dictionaries. *Applied and Computational Harmonic Analysis*, 31(1):59–73, 2011.
37. E. J. Candès, X. Li, Y. Ma, and J. Wright. Robust principal component analysis? *Journal of the ACM*, 58(3):11, 2011.
38. E. J. Candès and B. Recht. Exact matrix completion via convex optimization. *Foundations of Computational Mathematics*, 9(6):717–772, 2009.
39. E. J. Candès and J. Romberg. $\ell 1$-MAGIC: Recovery of sparse signals via convex programming. http://users.ece.gatech.edu/~justin/l1magic/.
40. E. J. Candès and J. Romberg. Quantitative robust uncertainty principles and optimally sparse decompositions. *Foundations of Computational Mathematics*, 6(2):227–254, 2006.

41. E. J. Candès, J. Romberg, and T. Tao. Robust uncertainty principles: Exact signal reconstruction from highly incomplete frequency information. *IEEE Transactions on Information Theory*, 52(2):489–509, 2006.
42. E. J. Candès, J. K. Romberg, and T. Tao. Stable signal recovery from incomplete and inaccurate measurements. *Communications on Pure and Applied Mathematics*, 59(8):1207–1223, 2006.
43. E. J. Candès and T. Tao. Decoding by linear programming. *IEEE Transactions on Information Theory*, 51(12):4203–4215, 2005.
44. E. J. Candès and T. Tao. Near-optimal signal recovery from random projections: Universal encoding strategies? *IEEE Transactions on Information Theory*, 52(12):5406–5425, 2006.
45. E. J. Candès, M. B. Wakin, and S. P. Boyd. Enhancing sparsity by reweighted $\ell 1$ minimization. *Journal of Fourier Analysis and Applications*, 14(5-6):877–905, 2008.
46. V. Cevher. Learning with compressible priors. In *Advances in Neural Information Processing Systems (NIPS)*, Vancouver, British Columbia, Canada, 2009.
47. V. Cevher. An ALPS view of sparse recovery. In *IEEE International Conference on Acoustics, Speech and Signal Processing (ICASSP)*, Prague, Czech Republic, pp. 5808–5811, 2011.
48. W. L. Chan, K. Charan, D. Takhar, K. F. Kelly, R. G. Baraniuk, and D. M. Mittleman. A single-pixel terahertz imaging system based on compressed sensing. *Applied Physics Letters*, 93(12):121105–121105, 2008.
49. V. Chandrasekaran, B. Recht, P. A. Parrilo, and A. S. Willsky. The convex geometry of linear inverse problems. *Foundations of Computational Mathematics*, 12(6):805–849, 2012.
50. R. Chartrand and W. Yin. Iteratively reweighted algorithms for compressive sensing. In *IEEE International Conference on Acoustics, Speech and Signal Processing (ICASSP)*, Las Vegas, NV, pp. 3869–3872, 2008.
51. F. Chen, A. P. Chandrakasan, and V. Stojanovic. A signal-agnostic compressed sensing acquisition system for wireless and implantable sensors. In *IEEE Custom Integrated Circuits Conference (CICC)*, 2010.
52. M. Chen, J. Silva, J. Paisley, C. Wang, D. Dunson, and L. Carin. Compressive sensing on manifolds using a nonparametric mixture of factor analyzers: Algorithm and performance bounds. *IEEE Transactions on Signal Processing*, 58(12):6140–6155, 2010.
53. S. S. Chen, D. L. Donoho, and M. A. Saunders. Atomic decomposition by basis pursuit. *SIAM Journal on Scientific Computing*, 20(1):33–61, 1998.
54. Y. Chi, L. L. Scharf, A. Pezeshki, and A. R. Calderbank. Sensitivity to basis mismatch in compressed sensing. *IEEE Transactions on Signal Processing*, 59(5):2182–2195, 2011.
55. R. Coifman, F. Geshwind, and Y. Meyer. Noiselets. *Applied and Computational Harmonic Analysis*, 10(1):27–44, 2001.
56. P. L. Combettes and J.-C. Pesquet. Proximal splitting methods in signal processing. In H. H. Bauschke, R. S. Burachik, P. L. Combettes, V. Elser, D. R. Luke, and H. Wolkowicz, editors, *Fixed-Point Algorithms for Inverse Problems in Science and Engineering*, pp. 185–212. Springer, New York, 2011.
57. P. L. Combettes and V. R. Wajs. Signal recovery by proximal forward-backward splitting. *Multiscale Modeling & Simulation*, 4(4):1168–1200, 2005.
58. S. F. Cotter, B. D. Rao, K. Engan, and K. Kreutz-Delgado. Sparse solutions to linear inverse problems with multiple measurement vectors. *IEEE Transactions on Signal Processing*, 53(7):2477–2488, 2005.

59. W. Dai and O. Milenkovic. Subspace pursuit for compressive sensing signal reconstruction. *IEEE Transactions on Information Theory*, 55(5):2230–2249, 2009.
60. M. A. Davenport, C. Hegde, M. F. Duarte, and R. G. Baraniuk. Joint manifolds for data fusion. *IEEE Transactions on Image Processing*, 19(10):2580–2594, 2010.
61. M. A. Davenport, D. Needell, and M. B. Wakin. Signal space CoSaMP for sparse recovery with redundant dictionaries. *IEEE Transactions on Information Theory*, 59(10):6820–6829, 2013.
62. M. A. Davenport and M. B. Wakin. Compressive sensing of analog signals using discrete prolate spheroidal sequences. *Applied and Computational Harmonic Analysis*, 33(3):438–472, 2012.
63. G. M. Davis, S. G. Mallat, and Z. Zhang. Adaptive time-frequency decompositions. *Optical Engineering*, 33(7):2183–2191, 1994.
64. D. Donoho and J. Tanner. Observed universality of phase transitions in high-dimensional geometry, with implications for modern data analysis and signal processing. *Philosophical Transactions of the Royal Society A: Mathematical, Physical and Engineering Sciences*, 367(1906):4273–4293, 2009.
65. D. L. Donoho. De-noising by soft-thresholding. *IEEE Transactions on Information Theory*, 41(3):613–627, 1995.
66. D. L. Donoho. Compressed sensing. *IEEE Transactions on Information Theory*, 52(4):1289–1306, 2006.
67. D. L. Donoho and M. Elad. Optimally sparse representation in general (nonorthogonal) dictionaries via $\ell 1$ minimization. *Proceedings of the National Academy of Sciences*, 100(5):2197–2202, 2003.
68. D. L. Donoho, M. Elad, and V. N. Temlyakov. Stable recovery of sparse overcomplete representations in the presence of noise. *IEEE Transactions on Information Theory*, 52(1):6–18, 2006.
69. D. L. Donoho and C. Grimes. Image manifolds which are isometric to Euclidean space. *Journal of Mathematical Imaging and Vision*, 23(1):5–24, 2005.
70. D. L. Donoho and X. Huo. Uncertainty principles and ideal atomic decomposition. *IEEE Transactions on Information Theory*, 47(7):2845–2862, 2001.
71. D. L. Donoho, A. Maleki, and A. Montanari. Message-passing algorithms for compressed sensing. *Proceedings of the National Academy of Sciences*, 106(45): 18914–18919, 2009.
72. D. L. Donoho and J. Tanner. Precise undersampling theorems. *Proceedings of the IEEE*, 98(6):913–924, 2010.
73. D. L. Donoho, Y. Tsaig, I. Drori, and J.-L. Starck. Sparse solution of underdetermined systems of linear equations by stagewise orthogonal matching pursuit. *IEEE Transactions on Information Theory*, 58(2):1094–1121, 2012.
74. C. Dossal, G. Peyré, and J. Fadili. A numerical exploration of compressed sampling recovery. *Linear Algebra and Its Applications*, 432(7): 1663–1679, 2010.
75. P. Dragotti, M. Vetterli, and T. Blu. Sampling moments and reconstructing signals of finite rate of innovation: Shannon meets Strang-Fix. *IEEE Transactions on Signal Processing*, 55(5):1741–1757, 2007.
76. M. F. Duarte and R. G. Baraniuk. Spectral compressive sensing. *Applied and Computational Harmonic Analysis*, 35(1):111–129, 2013.
77. M. F. Duarte, M. A. Davenport, D. Takhar, J. N. Laska, T. Sun, K. F. Kelly, and R. G. Baraniuk. Single-pixel imaging via compressive sampling. *IEEE Signal Processing Magazine*, 25(2):83–91, 2008.
78. M. F. Duarte and Y. C. Eldar. Structured compressed sensing: From theory to

applications. *IEEE Transactions on Signal Processing*, 59(9):4053–4085, 2011.
79. J. M. Duarte-Carvajalino and G. Sapiro. Learning to sense sparse signals: Simultaneous sensing matrix and sparsifying dictionary optimization. *IEEE Transactions on Image Processing*, 18(7):1395–1408, 2009.
80. B. Efron, T. Hastie, I. Johnstone, and R. Tibshirani. Least angle regression. *Annals of Statistics*, 32(2):407–499, 2004.
81. A. Eftekhari, H. L. Yap, C. J. Rozell, and M. B. Wakin. The restricted isometry property for random block diagonal matrices. arXiv preprint arXiv:1210.3395, (in press). http://www.sciencedirect.com/science/article/pii/S1063520314000220.
82. M. Elad. *Sparse and Redundant Representations: From Theory to Applications in Signal and Image Processing*. Springer, New York, 2010.
83. M. Elad, P. Milanfar, and R. Rubinstein. Analysis versus synthesis in signal priors. *Inverse Problems*, 23(3):947, 2007.
84. Y. C. Eldar. Generalized sure for exponential families: Applications to regularization. *IEEE Transactions on Signal Processing*, 57(2):471–481, 2009.
85. Y. C. Eldar, P. Kuppinger, and H. Bolcskei. Block-sparse signals: Uncertainty relations and efficient recovery. *IEEE Transactions on Signal Processing*, 58(6):3042–3054, 2010.
86. Y. C. Eldar and M. Mishali. Robust recovery of signals from a structured union of subspaces. *IEEE Transactions on Information Theory*, 55(11):5302–5316, 2009.
87. A. Fannjiang and W. Liao. Coherence pattern-guided compressive sensing with unresolved grids. *SIAM Journal on Imaging Sciences*, 5(1):179–202, 2012.
88. P. Feng and Y. Bresler. Spectrum-blind minimum-rate sampling and reconstruction of multiband signals. In *IEEE International Conference on Acoustics, Speech and Signal Processing (ICASSP)*, Atlanta, GA, pp. 1688–1691, 1996.
89. R. Fergus, A. Torralba, and W. T. Freeman. Random lens imaging. Technical Report MIT-CSAIL-TR-2006-058, MIT Computer Science and Artificial Intelligence Laboratory, 2006.
90. M. A. T. Figueiredo, R. D. Nowak, and S. J. Wright. Gradient projection for sparse reconstruction: Application to compressed sensing and other inverse problems. *IEEE Journal of Selected Topics in Signal Processing*, 1(4):586–597, 2007.
91. S. Foucart. A note on guaranteed sparse recovery via $\ell 1$-minimization. *Applied and Computational Harmonic Analysis*, 29(1):97–103, 2010.
92. J. Friedman, T. Hastie, and R. Tibshirani. Regularization paths for generalized linear models via coordinate descent. *Journal of Statistical Software*, 33(1):1, 2010.
93. S. Gazit, A. Szameit, Y. C. Eldar, and M. Segev. Super-resolution and reconstruction of sparse sub-wavelength images. *Optics Express*, 17:23920–23946, 2009.
94. K. Gedalyahu, R. Tur, and Y. Eldar. Multichannel sampling of pulse streams at the rate of innovation. *IEEE Transactions on Signal Processing*, 59(4):1491–1504, 2011.
95. A. C. Gilbert, M. J. Strauss, and J. A. Tropp. A tutorial on fast Fourier sampling. *IEEE Signal Processing Magazine*, 25(2):57–66, 2008.
96. R. Giryes, S. Nam, M. Elad, R. Gribonval, and M. E. Davies. Greedy-like algorithms for the cosparse analysis model. *Linear Algebra and its Applications*, 441:22–60, 2013.
97. T. Goldstein and S. Osher. The split Bregman method for $\ell 1$-regularized problems. *SIAM Journal on Imaging Sciences*, 2(2):323–343, 2009.
98. M. Grant and S. Boyd. CVX: Matlab software for disciplined convex programming. http://cvxr.com/cvx.

99. M. Grant and S. Boyd. Graph implementations for nonsmooth convex programs. In V. Blondel, S. Boyd, and H. Kimura, editors, *Recent Advances in Learning and Control, Lecture Notes in Control and Information Sciences*, pp. 95–110. Springer-Verlag, Berlin, Germany, 2008.
100. A. C. Gurbuz, J. H. McClellan, and W. R. Scott. A compressive sensing data acquisition and imaging method for stepped frequency GPRs. *IEEE Transactions on Signal Processing*, 57(7):2640–2650, 2009.
101. E. T. Hale, W. Yin, and Y. Zhang. Fixed-point continuation for $\ell 1$-minimization: Methodology and convergence. *SIAM Journal on Optimization*, 19(3):1107–1130, 2008.
102. J. Haupt, W. U. Bajwa, G. Raz, and R. Nowak. Toeplitz compressed sensing matrices with applications to sparse channel estimation. *IEEE Transactions on Information Theory*, 56(11):5862–5875, 2010.
103. J. D. Haupt, R. G. Baraniuk, R. M. Castro, and R. D. Nowak. Compressive distilled sensing: Sparse recovery using adaptivity in compressive measurements. In *Asilomar Conference on Signals, Systems and Computers*, Pacific Grove, CA, pp. 1551–1555. IEEE, 2009.
104. L. He and L. Carin. Exploiting structure in wavelet-based Bayesian compressive sensing. *IEEE Transactions on Signal Processing*, 57(9):3488–3497, 2009.
105. L. Jacques, P. Vandergheynst, A. Bibet, V. Majidzadeh, A. Schmid, and Y. Leblebici. CMOS compressed imaging by random convolution. In *IEEE International Conference on Acoustics, Speech and Signal Processing (ICASSP)*, Taipei, Taiwan, pp. 1113–1116, 2009.
106. R. Jenatton, J. Mairal, F. R. Bach, and G. R. Obozinski. Proximal methods for sparse hierarchical dictionary learning. In *Proceedings of the 27th International Conference on Machine Learning (ICML)*, Haifa, Israel, 2010.
107. S. Ji, Y. Xue, and L. Carin. Bayesian compressive sensing. *IEEE Transactions on Signal Processing*, 56(6):2346–2356, 2008.
108. I. Jolliffe. Principal component analysis. In *Encyclopedia of Statistics in Behavioral Science*. Wiley Online Library, 2005. ISBN 9780470013199.
109. F. Krahmer, S. Mendelson, and H. Rauhut. Suprema of chaos processes and the restricted isometry property. arXiv preprint arXiv:1207.0235, (in press). http://onlinelibrary.wiley.com/doi/10.1002/cpa.21504/abstract.
110. F. Krahmer and R. Ward. New and improved Johnson–Lindenstrauss embeddings via the restricted isometry property. *SIAM Journal on Mathematical Analysis*, 43(3):1269–1281, 2011.
111. F. Krahmer and R. Ward. Stable and robust sampling strategies for compressive imaging. *IEEE Transactions on Image Processing*, 23(2):612–622, February 2014.
112. K. Kreutz-Delgado, J. F. Murray, B. D. Rao, K. Engan, T. -W. Lee, and T. J. Sejnowski. Dictionary learning algorithms for sparse representation. *Neural Computation*, 15(2):349–396, 2003.
113. J. N. Laska, S. Kirolos, M. F. Duarte, T. S. Ragheb, R. G. Baraniuk, and Y. Massoud. Theory and implementation of an analog-to-information converter using random demodulation. In *IEEE International Symposium on Circuits and Systems (ISCAS)*, New Orleans, LA, pp. 1959–1962, 2007.
114. K. Lee and Y. Bresler. ADMiRA: Atomic decomposition for minimum rank approximation. *IEEE Transactions on Information Theory*, 56(9):4402–4416, 2010.
115. M. S. Lewicki and T. J. Sejnowski. Learning overcomplete representations. *Neural Computation*, 12(2):337–365, 2000.
116. Y. Lu and M. Do. A geometrical approach to sampling signals with finite rate

of innovation. In *IEEE International Conference on Acoustics, Speech and Signal Processing (ICASSP)*, Montreal, QC, Canada, 2004.
117. Y. Lu and M. Do. Sampling signals from a union of subspaces. *IEEE Signal Processing Magazine*, 25(2):41–47, 2008.
118. Y. Lu and M. Do. A theory for sampling signals from a union of sub-spaces. *IEEE Transactions on Signal Processing*, 56(6):2334–2345, 2008.
119. D. G. Luenberger. *Optimization by Vector Space Methods*. John Wiley & Sons, New York, 1968.
120. M. Lustig, D. Donoho, and J. M. Pauly. Sparse MRI: The application of compressed sensing for rapid MR imaging. *Magnetic Resonance in Medicine*, 58(6):1182–1195, 2007.
121. M. Lustig, D. L. Donoho, J. M. Santos, and J. M. Pauly. Compressed sensing MRI. *IEEE Signal Processing Magazine*, 25(2):72–82, 2008.
122. J. Mairal, F. Bach, J. Ponce, and G. Sapiro. Online dictionary learning for sparse coding. In *Proceedings of the 26th Annual International Conference on Machine Learning (ICML)*, Montreal, QC, Canada, pp. 689–696. ACM, 2009.
123. J. Mairal, F. Bach, J. Ponce, and G. Sapiro. Online learning for matrix factorization and sparse coding. *The Journal of Machine Learning Research*, 11:19–60, 2010.
124. D. M. Malioutov, M. Cetin, and A. S. Willsky. Homotopy continuation for sparse signal representation. In *IEEE International Conference on Acoustics, Speech and Signal Processing (ICASSP)*, Philadelphia, PA, 2005.
125. S. Mallat. *A Wavelet Tour of Signal Processing: The Sparse Way*, 3rd edn. Academic Press, Orlando, FL, 2008.
126. I. Maravić and M. Vetterli. Sampling and reconstruction of signals with finite innovation in the presence of noise. *IEEE Transactions on Signal Processing*, 53(8):2788–2805, 2005.
127. R. Marcia and R. M. Willett. Compressive coded aperture video re-construction. In *Proceedings of 2008 16th European Signal Processing Conference (EUSIPCO)*, Lausanne, Switzerland, 2008.
128. R. F. Marcia, Z. T. Harmany, and R. M. Willett. Compressive coded aperture imaging. In *Proceedings of the 2009 IS&T/SPIE Electronic Imaging: Computational Imaging VII*, volume 7246, San Jose, CA, 2009.
129. R. F. Marcia and R. M. Willett. Compressive coded aperture super-resolution image reconstruction. In *IEEE International Conference on Acoustics, Speech and Signal Processing (ICASSP)*, Las Vegas, NV, pp. 833–836, 2008.
130. S. Mendelson, A. Pajor, and N. Tomczak-Jaegermann. Reconstruction and subgaussian operators in asymptotic geometric analysis. *Geometric and Functional Analysis*, 17(4):1248–1282, 2007.
131. M. Mishali and Y. C. Eldar. From theory to practice: Sub-Nyquist sampling of sparse wideband analog signals. *IEEE Journal of Selected Topics in Signal Processing*, 4(2):375–391, 2010.
132. M. Mishali, Y. C. Eldar, O. Dounaevsky, and E. Shoshan. Xampling: Analog to digital at sub-Nyquist rates. *IET Circuits, Devices & Systems*, 5(1):8–20, 2011.
133. H. Monajemi, S. Jafarpour, M. Gavish, Stat 330/CME 362 Collaboration, and D. L. Donoho. Deterministic matrices matching the compressed sensing phase transitions of Gaussian random matrices. *Proceedings of the National Academy of Sciences*, 110(4):1181–1186, 2013.
134. S. Nam, M. E. Davies, M. Elad, and R. Gribonval. The cosparse analysis model and algorithms. *Applied and Computational Harmonic Analysis*, 34(1):30–56, 2013.

135. B. K. Natarajan. Sparse approximate solutions to linear systems. *SIAM Journal on Computing*, 24(2):227–234, 1995.
136. D. Needell. Noisy signal recovery via iterative reweighted $\ell 1$-minimization. In *Asilomar Conference on Signals, Systems and Computers*, Pacific Grove, CA, pp. 113–117, 2009.
137. D. Needell and J. A. Tropp. CoSaMP: Iterative signal recovery from incomplete and inaccurate samples. *Applied and Computational Harmonic Analysis*, 26(3):301–321, 2009.
138. D. Needell and R. Ward. Stable image reconstruction using total variation minimization. *SIAM Journal on Imaging Sciences*, 6(2):1035–1058, 2013.
139. M. R. Osborne, B. Presnell, and B. A. Turlach. On the LASSO and its dual. *Journal of Computational and Graphical Statistics*, 9(2):319–337, 2000.
140. J. Y. Park and M. B. Wakin. A multiscale algorithm for reconstructing videos from streaming compressive measurements. *Journal of Electronic Imaging*, 22(2):021001, 2013.
141. Y. C. Pati, R. Rezaiifar, and P. S. Krishnaprasad. Orthogonal matching pursuit: Recursive function approximation with applications to wavelet decomposition. In *Asilomar Conference on Signals, Systems and Computers*, Pacific Grove, CA, pp. 40–44. IEEE, 1993.
142. S. Pfetsch, T. Ragheb, J. Laska, H. Nejati, A. Gilbert, M. Strauss, R. Baraniuk, and Y. Massoud. On the feasibility of hardware implementation of sub-Nyquist random-sampling based analog-to-information conversion. In *IEEE International Symposium on Circuits and Systems (ISCAS)*, Seattle, WA, pp. 1480–1483. IEEE, 2008.
143. L. C. Potter, E. Ertin, J. T. Parker, and M. Cetin. Sparsity and compressed sensing in radar imaging. *Proceedings of the IEEE*, 98(6):1006–1020, 2010.
144. H. Rauhut. Compressive sensing and structured random matrices. In M. Fornasier, editor, *Theoretical Foundations and Numerical Methods for Sparse Recovery*, pp. 1–92. De Gruyter, Berlin, Germany, 2010.
145. H. Rauhut, J. Romberg, and J. A. Tropp. Restricted isometries for partial random circulant matrices. *Applied and Computational Harmonic Analysis*, 32(2):242–254, 2012.
146. H. Rauhut, K. Schnass, and P. Vandergheynst. Compressed sensing and redundant dictionaries. *IEEE Transactions on Information Theory*, 54(5):2210–2219, 2008.
147. B. Recht, M. Fazel, and P. A. Parrilo. Guaranteed minimum-rank solutions of linear matrix equations via nuclear norm minimization. *SIAM Review*, 52(3):471–501, 2010.
148. R. Robucci, L. K. Chiu, J. Gray, J. Romberg, P. Hasler, and D. Anderson. Compressive sensing on a CMOS separable transform image sensor. In *IEEE International Conference on Acoustics, Speech and Signal Processing (ICASSP)*, pp. 5125–5128, Las Vegas, NV, 2008.
149. J. Romberg. Variational methods for compressive sampling. In *Proc. SPIE 6498*, San Jose, CA, 2007. http://proceedings.spiedigitallibrary.org/proceeding.aspx?articleid=1298718.
150. J. Romberg. Compressive sensing by random convolution. *SIAM Journal on Imaging Sciences*, 2(4):1098–1128, 2009.
151. R. Rubinstein, M. Zibulevsky, and M. Elad. Double sparsity: Learning sparse dictionaries for sparse signal approximation. *IEEE Transactions on Signal Processing*, 58(3):1553–1564, 2010.
152. M. Rudelson and R. Vershynin. On sparse reconstruction from Fourier and

Gaussian measurements. *Communications on Pure and Applied Mathematics*, 61(8):1025–1045, 2008.
153. L. I. Rudin, S. Osher, and E. Fatemi. Nonlinear total variation based noise removal algorithms. *Physica D: Nonlinear Phenomena*, 60(1):259–268, 1992.
154. B. M. Sanandaji, T. L. Vincent, and M. B. Wakin. Concentration of measure inequalities for Toeplitz matrices with applications. *IEEE Transactions on Signal Processing*, 61(1):109–117, 2013.
155. L. L. Scharf. The SVD and reduced rank signal processing. *Signal Processing*, 25(2):113–133, 1991.
156. M. Schmidt, G. Fung, and R. Rosales. Optimization methods for $\ell 1$-regularization. University of British Columbia, Technical Report TR-2009-19, 2009.
157. P. Shah and V. Chandrasekaran. Iterative projections for signal identification on manifolds: Global recovery guarantees. In *Allerton Conference on Communication, Control, and Computing*, Monticello, IL, pp. 760–767, 2011.
158. A. Skodras, C. Christopoulos, and T. Ebrahimi. The JPEG 2000 still image compression standard. *IEEE Signal Processing Magazine*, 18(5):36–58, 2001.
159. J. P. Slavinsky, J. N. Laska, M. A. Davenport, and R. G. Baraniuk. The compressive multiplexer for multi-channel compressive sensing. In *IEEE International Conference on Acoustics, Speech and Signal Processing (ICASSP)*, Prague, Czech Republic, pp. 3980–3983, 2011.
160. A. Stern and B. Javidi. Random projections imaging with extended space-bandwidth product. *IEEE Journal of Display Technology*, 3(3):315–320, 2007.
161. T. Strohmer and R. W. Heath. Grassmannian frames with applications to coding and communication. *Applied and Computational Harmonic Analysis*, 14(3):257–275, 2003.
162. T. Sun and K. Kelly. Compressive sensing hyperspectral imager. In *OSA Computational Optical Sensing and Imaging (COSI)*, San Jose, CA, 2009.
163. V. N. Temlyakov. Greedy approximation. *Acta Numerica*, 17:235–409, 2008.
164. A. M. Tillmann and M. E. Pfetsch. The computational complexity of the restricted isometry property, the nullspace property, and related concepts in compressed sensing. *IEEE Transactions on Information Theory*, 60(2):1248–1259, 2014.
165. J. A. Tropp. Greed is good: Algorithmic results for sparse approximation. *IEEE Transactions on Information Theory*, 50(10):2231–2242, 2004.
166. J. A. Tropp. Algorithms for simultaneous sparse approximation. Part II: Convex relaxation. *Signal Processing*, 86(3):589–602, 2006.
167. J. A. Tropp and A. C. Gilbert. Signal recovery from random measurements via orthogonal matching pursuit. *IEEE Transactions on Information Theory*, 53(12):4655–4666, 2007.
168. J. A. Tropp, A. C. Gilbert, and M. J. Strauss. Algorithms for simultaneous sparse approximation. Part I: Greedy pursuit. *Signal Processing*, 86(3):572–588, 2006.
169. J. A. Tropp, J. N. Laska, M. F. Duarte, J. K. Romberg, and R. G. Baraniuk. Beyond Nyquist: Efficient sampling of sparse bandlimited signals. *IEEE Transactions on Information Theory*, 56(1):520–544, 2010.
170. J. A. Tropp, M. B. Wakin, M. F. Duarte, D. Baron, and R. G. Baraniuk. Random filters for compressive sampling and reconstruction. In *IEEE International Conference on Acoustics, Speech and Signal Processing (ICASSP)*, Toulouse, France, 2006.

171. J. A. Tropp and S. J. Wright. Computational methods for sparse solution of linear inverse problems. *Proceedings of the IEEE*, 98(6):948–958, 2010.
172. Y. Tsaig and D. L. Donoho. Extensions of compressed sensing. *Signal Processing*, 86(3):549–571, 2006.
173. E. Van Den Berg and M. P. Friedlander. Probing the Pareto frontier for basis pursuit solutions. *SIAM Journal on Scientific Computing*, 31(2):890–912, 2008.
174. S. S. Vasanawala, M. T. Alley, B. A. Hargreaves, R. A. Barth, J. M. Pauly, and M. Lustig. Improved pediatric MR imaging with compressed sensing. *Radiology*, 256(2):607–616, 2010.
175. R. Vershynin. Introduction to the non-asymptotic analysis of random matrices. In Y. C. Eldar and G. Kutyniok, editors, *Compressed Sensing: Theory and Applications*, pp. 210–268. Cambridge University Press, New York, 2012.
176. M. Vetterli, P. Marziliano, and T. Blu. Sampling signals with finite rate of innovation. *IEEE Transactions on Signal Processing*, 50(6):1417–1428, 2002.
177. M. Wakin, S. Becker, E. Nakamura, M. Grant, E. Sovero, D. Ching, J. Yoo, J. Romberg, A. Emami-Neyestanak, and E. Candès. A non-uniform sampler for wideband spectrally-sparse environments. *IEEE Journal on Emerging and Selected Topics in Circuits and Systems*, 2(3):516–529, 2012.
178. R. Ward. Compressed sensing with cross validation. *IEEE Transactions on Information Theory*, 55(12):5773–5782, 2009.
179. R. M. Willett, R. F. Marcia, and J. M. Nichols. Compressed sensing for practical optical imaging systems: A tutorial. *Optical Engineering*, 50(7):072601–072601, 2011.
180. D. Wipf and S. Nagarajan. Iterative reweighted $\ell 1$ and $\ell 2$ methods for finding sparse solutions. *IEEE Journal of Selected Topics in Signal Processing*, 4(2):317–329, 2010.
181. Z. J. Xiang, H. Xu, and P. J. Ramadge. Learning sparse representations of high dimensional data on large scale dictionaries. In *Advances in Neural Information Processing Systems (NIPS)*, Vancouver, BC, Canada, 2011.
182. J. Yang and Y. Zhang. Alternating direction algorithms for $\ell 1$-problems in compressive sensing. *SIAM Journal on Scientific Computing*, 33(1):250–278, 2011.
183. P. Ye, J. L. Paredes, G. R. Arce, Y. Wu, C. Chen, and D. W. Prather. Compressive confocal microscopy. In *IEEE International Conference on Acoustics, Speech and Signal Processing (ICASSP)*, Taipei, Taiwan, pp. 429–432, 2009.
184. W. Yin, S. Osher, D. Goldfarb, and J. Darbon. Bregman iterative algorithms for $\ell 1$-minimization with applications to compressed sensing. *SIAM Journal on Imaging Sciences*, 1(1):143–168, 2008.
185. J. Yoo, S. Becker, M. Monge, M. Loh, E. Candès, and A. Emami-Neyestanak. Design and implementation of a fully integrated compressed-sensing signal acquisition system. In *IEEE International Conference on Acoustics, Speech and Signal Processing (ICASSP)*, Kyoto, Japan, pp. 5325–5328, 2012.
186. J. Yoo, C. Turnes, E. Nakamura, C. Le, S. Becker, E. Sovero, M. Wakin et al. A compressed sensing parameter extraction platform for radar pulse signal acquisition. *IEEE Journal on Emerging and Selected Topics in Circuits and Systems*, 2(3):626–638, 2012.
187. G. -X. Yuan, K. -W. Chang, C. -J. Hsieh, and C. -J. Lin. A comparison of optimization methods and software for large-scale $L1$-regularized linear classification. *The Journal of Machine Learning Research*, 11:3183–3234, 2010.
188. T. Zhang. Sparse recovery with orthogonal matching pursuit under RIP. *IEEE Transactions on Information Theory*, 57(9):6215–6221, 2011.
189. Y. Zhang, J. Yang, and W. Yin. YALL1 basic solver code. http://yall1.blogs.rice.edu.

第2章

用于建筑物特征提取的过完备字典设计

Wim van Rossum 和 Jacco de Wit

2.1 引　言

有时希望从建筑外部用雷达进行感知和监视，以获取建筑物的内部布局。这些情况可能是：在地震之后，建筑物可能变得非常不稳定，或者建筑物入口被非法的人质劫持或犯罪行为阻塞时。

本章将介绍几种提取建筑物特征的方法。点目标匹配滤波和碎化滤波是两种基于经典奈奎斯特定律的方法。第三种方法是使用稀疏重建的过完备字典（OCD）法，它是本章的重点。需要强调的是，尽管在本章结尾部分所示的稀疏重建结果是基于非压缩感知数据得到的，但是正如在理论阐述中所指出的，这种方法可以很容易地扩展到包括压缩测量的情况。此外，为了完备性，还将介绍其他概念，但它们没有被用在所示的结果中。

2.1.1 穿墙雷达测绘概述

实际中确实存在使用商用雷达系统远距离监视建筑物内部的情况，但是主要集中在对墙（第一面）后的人和物体的探测和成像方面。获取建筑物内的布局通常不是首要需求。从远距离测绘完整建筑物结构的雷达技术仍处于研究中。对穿墙雷达技术及其系统的更详细的描述可在 NATO RTO（2011）、Huffman 和 Ericson（2012）以及 Miller（2012）等人的研究中找到。

这些年来，已有许多关于从穿墙雷达数据中提取建筑物结构信息的方法的报道。一种方法是使用完整的建筑结构模型预测雷达测量。在此方法中，根据选定的建筑物布局，进行详细的电磁建模，并对测量结果进行正向预测（Subotic 等，2008）。根据预测的测量向量和实际测量向量之间的差异，再对布局进行更新。这些算法把有限元方法与其他算法，如模拟退火算法（Lavely 等，2008）或者跳跃扩散算法（Nikolic 等，2009）结合起来更新建筑物的布局。这里所提到的基于模型的方法是为了内容完整起见，本章不会对其作更多的阐述。

本章的重点集中在特征提取方法上。特征提取方法允许对建筑物的基本结构(如墙壁、天花板和角落)进行检测、分类和定位。根据这些基本结构的位置可以合成建筑物的布局。不同的特征提取方法可用来提取建筑物的基本元素,它们要么利用了聚焦后的雷达图像,要么利用原始的雷达数据。

建筑物内部的聚焦雷达图像可以通过点散射聚焦的方式获得,如采用传统的合成孔径雷达技术。这些技术使用点目标的点扩展函数对雷达数据进行匹配滤波。但是,这类滤波器并不能很好地表示出二面角和三面角、墙壁和天花板的雷达响应,从而造成分类混淆。在通常情况下,点散射聚焦会对多径反射也形成聚焦,产生干扰图像的虚警。由于存在混淆和虚警,当缺乏关于建筑物结构的先验知识时,对聚焦雷达图像的解释是很困难的(Sévigny 等,2011 和 2012)。此外,根据(单站)成像的概念,不太可能探测到与雷达视线平行的墙壁,因为它们会在雷达方向上产生漫散射。为了获得完整的布局,需要从不同的侧面对建筑物进行成像(Le 等,2009;Sévignyand 和 DiFilippo,2013)。

在一些文献中,已取得的共识是利用一种散射体模型的方法能够更靠地提取建筑物特征(Marble 和 Hero,2006;Baranoski 等,2008;Subotic 等,2008;Ertin 和 Moses,2009;Lagunas 等,2013a)。在这种方法中,建筑物结构单元用典型散射体来表示,如球、圆柱、角和平面表面。对于这些典型散射体,模型被用来描述雷达响应的幅度、相位和极化特征(Potter 和 Moses,1997)。这种由先验知识定义的散射模型对于杂波和多径反射(假设这些模型与定义的散射模型不匹配)具有鲁棒性。

上述方法通过分别定义的、相互独立的匹配滤波器来实现,每个滤波器调谐到一类对应的典型散射体的散射模型上。将各种滤波器依次独立地用于雷达测量数据。在 Davenport 等(2007)的论文中,这种方法称为碎化滤波器,以强调它与传统匹配滤波器的相似性,同时也强调了其压缩特性。滤波器的输出结果被馈送给检测、图提取和分类过程,以获得一个最可能的典型散射体的集合。

一种新的方法是使用 OCD,其中假设每个体素的响应是对不同类别的典型散射体响应的加权叠加。实质上,不同的匹配滤波器被同时应用于雷达数据。其结果是一个测量模型,其中输出向量的维数比输入向量更高。这就产生了一个欠定的系统方程组,并且需要基于稀疏表示算法来实现建筑物特征的提取。因此,对于 OCD 处理,即使数据满足奈奎斯特采样率,但由于是多个模型同时处理,系统也就变为欠定的,需要基于稀疏表示的算法。

点目标聚焦、碎化滤波和使用 OCD 是三种不同的利用反演来提取建筑物特征的方法。这些方法首先进行某种形式的反演来获得表示向量。经过检测、图提取和分类后,将所得到的建筑物特征馈送到绘图算法中,得到建筑物的布局。这种方法可以迭代实现。在迭代方法中,可以更新典型散射体的散射模型,以包含干扰结构的影响。高介电常数的厚墙壁使信号衰减,并改变了墙背后的散射体的相位关系。因此,需要墙壁的厚度和介电常数来更新散射模型。如果进行极化测量,则可以从不同极化通道的幅度响应中得到介电常数。例如,当某个极化通道消失时,这可能表明与墙壁或天花板之一的散射角等于布鲁斯特角。布鲁斯特角与墙体材料的介电常数直接相关。更新后的散射模型甚至可以包含多径效应和衍射效应。

2.1.2　典型测量几何

穿墙雷达建筑物测绘的一种实际操作是基于固定在移动车辆侧面的垂直线阵天线。雷达视线垂直于运动方向。在驶过感兴趣的建筑物时,得到一个三维数据集。通过利用距离压缩、合成孔径雷达技术和近场波束形成,获得三维分辨率。所描述的测量几何如图 2－1 所示。

本章中的术语“孔径”是指实际天线孔径或通过数字信号处理形成的合成孔径。术语“平行”和“垂直”用来表示建筑结构单元相对于孔径的方向。平行结构与孔径平行,即在方位和俯仰方向上延伸的墙壁。垂直结构与孔径垂直,即在距离和方位方向上伸展的天花板或地板,或在距离和俯仰方向上延伸的墙壁。平行墙壁和垂直墙壁如图 2－1 中所示。

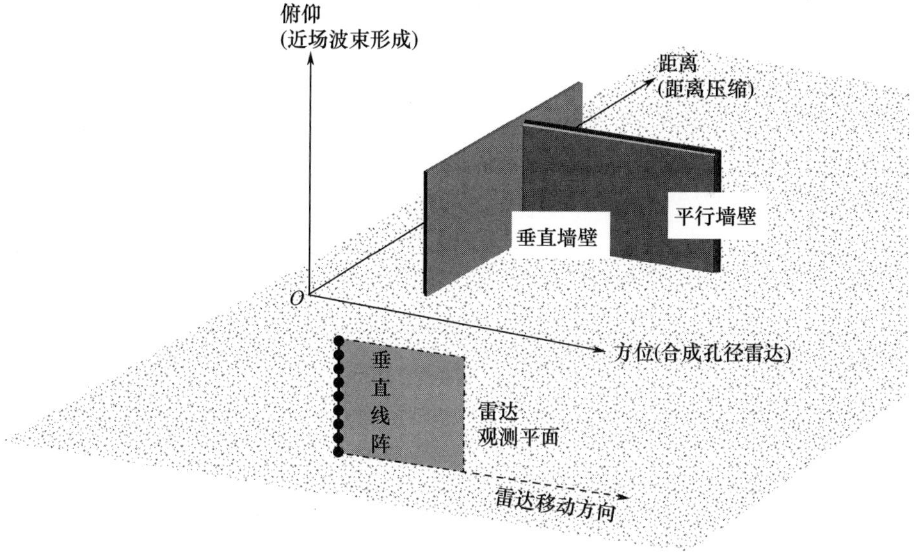

图 2－1　雷达测绘建筑物的典型测量几何示意图

2.1.3　基、框架和过完备字典

在线性代数中,具有内积的向量空间 $\boldsymbol{V}$ 的正交基是 $\boldsymbol{V}$ 的一个元素集合

$\{\boldsymbol{e}_k\}$，这些元素是归一化的（$\forall k\ \|\boldsymbol{e}_k\|=1$），并对所有 $\boldsymbol{v}\in\boldsymbol{V}$ 都满足 $\sum_k|\langle\boldsymbol{v},\boldsymbol{e}_k\rangle|^2=\|\boldsymbol{v}\|^2$。该空间的框架是对一个线性相关元素集合的一个基的推广。框架是满足下述框架条件的 $\boldsymbol{V}$ 的元素集合 $\{\boldsymbol{e}_k\}$：

$$A\|\boldsymbol{v}\|^2\leqslant\sum_k|\langle\boldsymbol{v},\boldsymbol{e}_k\rangle|^2\leqslant B\|\boldsymbol{v}\|^2,\boldsymbol{v}\in\boldsymbol{V}\tag{2-1}$$

式中，$0<A\leqslant B<\infty$。A 和 B 均独立于 k，它们只与集合有关。框架还张成向量空间 $\boldsymbol{V}$。如果 $A=B$，则称框架为紧的；如果 $A=B=1$，则称框架为归一化的。对于一个一致的框架，集合中每个元素的范数是相等的。元素范数为 1 的一致归一化紧框架是一个标准正交基。

框架是基的集合的过完备形式。它们具有一定的冗余性，这对于表示的鲁棒性是有利的，但同时会降低效率（更大的矩阵和更长的向量）。

OCD 是测量空间的一个框架。集合中的元素通常称为原子，这个术语将在下面使用。复杂的信号，如在语音、图像和雷达测量中获得的信号，通常包含了在任何基上都不能很好地由几个原子表示的结构。例如，在雷达测量中，描述点目标响应的模型可以看作测量空间的基的原子。一个点散射体被描述为单个点目标，而墙壁则由大量的点散射体来描述。另一种基是使用墙壁的响应作为原子。使用这个基会对一堵墙产生一个单独的元素，但是描绘一个点散射体会对应大量的墙壁。因此，同时包含墙壁和点目标的测量将产生许多原子，对这两种基中的任何一个元素都有贡献。

OCD 包含多种模式。这可以增加原子系数向量的稀疏性。与墙壁模型一起使用点散射体模型将增加成像雷达输出的稀疏性：墙壁－点目标结构会把一面墙当成一个点目标而不是当成多个点散射体或多面墙壁来处理。稀疏性的增加可以改善压缩、降噪、模式识别和在逆问题中的应用。

使用包含 K 个原子列的 OCD 矩阵 $\boldsymbol{D}\in\Re^{n\times K}$，$\{\boldsymbol{d}_j\}_{j=1}^K$，信号 $\boldsymbol{y}\in\Re^n$ 可以表示为这些原子的线性组合。$\boldsymbol{y}$ 可以精确地表示为

$$\boldsymbol{y}=\boldsymbol{D}\boldsymbol{x}\tag{2-2}$$

或近似地为

$$\|\boldsymbol{y}-\boldsymbol{D}\boldsymbol{x}\|_p\leqslant\varepsilon\tag{2-3}$$

这里，向量 $\boldsymbol{x}\in\Re^K$ 包含信号 $\boldsymbol{y}$ 的原子系数，称为 $\boldsymbol{y}$ 的表示。在近似法中，用于测量偏差的典型范数是 p 为 1、2 和∞ 的 p 范数，其中 $p=2$ 应用最广泛。

如果 $n<K$ 且 $\boldsymbol{D}$ 是满秩矩阵，则该表示有无穷多个解，因此必须对解进行约束。非零系数最少的解被认为是稀疏的，并且是一种合理的表示。该最稀疏表示是下述任意两问题之一的解

$$\min_{\boldsymbol{x}}\|\boldsymbol{x}\|_0\quad \text{s.t.}\quad \boldsymbol{y}=\boldsymbol{D}\boldsymbol{x}\tag{2-4}$$

或

$$\min_{x}\|\boldsymbol{x}\|_0 \quad \text{s. t.} \quad \|\boldsymbol{y}-\boldsymbol{D}\boldsymbol{x}\|_2 \leqslant \varepsilon \tag{2-5}$$

式中：$\|\cdot\|_0$ 为 ℓ_0 范数，计算向量非零项的数量。提取最稀疏表示是一个 NP 难题。广泛研究的是寻找近似解的算法，例如基于 ℓ_1 范数的算法。

2.1.4　本章安排

在 2.2 节中，将详细讨论三种不同的提取建筑物特征的方法。2.3 节将专门讨论 OCD 及其构造。我们将实现三种特征提取方法，并将其应用于穿墙雷达测量数据处理。如 2.4 节所述，该实现基于典型散射体的后向散射模型。2.5 节将给出获得的结果。2.6 节总结本章。

2.2　建筑特征提取

本节不再对各种处理技术进行介绍，并假设三维远距离雷达数据可用于我们感兴趣的建筑物。在后文中，快时间记为 t_f，发射天线序号记为 n_t，接收天线序号记为 n_r，以及在方位角上的扫描或慢时间记为 t_s。

2.2.1　点散射聚焦

在点散射聚焦中，匹配滤波器的表示将基于点散射体而得到。这种方法以点散射模型为基础，基于 ℓ_2 范数寻找表示。对于三维图像中的每一个体像素 (x,y,z)，可以获得一个单独的匹配滤波器。例如，考虑线性调频连续波雷达，瞬时频率为

$$f=f_{\text{start}}+\gamma\cdot t_f=f_{\text{start}}+\gamma\cdot n_f\cdot\Delta t_f \tag{2-6}$$

式中：f_{start} 为起始频率；γ 为调频斜率。式(2-6)的最右侧部分是以 Δt_f 间隔采样的量化信号，变量 n_f 是快时间采样数。匹配滤波器工作在差拍频率域中，即在接收信号解调后，可以表示为(忽略残留的视频相位)

$$I(x,y,z)=\sum_{n_s=1}^{N_S}\sum_{n_t=1}^{N_T}\sum_{n_r=1}^{N_R}\sum_{n_f=1}^{N_F} m(n_s,n_t,n_r,n_f)\cdot\exp(-\mathrm{j}\cdot 2\cdot \pi\rightarrow\exp(-\mathrm{j}\cdot 2\cdot\pi)) \tag{2-7}$$

$$R_{n_t}=\sqrt{(x-x_{n_t})^2+(y-y_{n_t})^2+(z-z_{n_t})^2} \tag{2-8}$$

$$R_{n_r}=\sqrt{(x-x_{n_r})^2+(y-y_{n_r})^2+(z-z_{n_r})^2} \tag{2-9}$$

式中：I 为匹配滤波后的信号强度；m 为测量值。

由于阵列的运动，发射和接收单元的位置是慢时间样本数 n_s 的函数。四次求和分别表示在慢时间 n_s 上的运动雷达平台方位处理或者运动目标指示的多

普勒处理，在独立的发射机 n_t 上和接收机 n_r 上的依赖于体像素距离的远场或近场波束形成（在仰角），以及在快时间 n_f 上的距离压缩。当然，每个处理步骤可以按照传统习惯依次执行（距离压缩、波束形成以及合成孔径雷达（SAR）处理）。

式（2－7）写成矩阵形式为

$$\boldsymbol{I}_{xyz} = \boldsymbol{G}_{(xyz),(n_s n_t n_r n_f)} \boldsymbol{m}_{n_s n_t n_r n_f} \tag{2-10}$$

式中：$\boldsymbol{I}_{xyz}$ 为输出向量，其元素表示在三维空间中某体像素位置处的强度；$\boldsymbol{G}$ 为前向模型矩阵的伪逆；$\boldsymbol{m}$ 为一个按词典顺序排列的所有测量的向量。

前向模型或测量矩阵 $\boldsymbol{A}$ 将像素特征映射到测量值：

$$\boldsymbol{m}_{n_s n_t n_r n_f} = \boldsymbol{A}_{(n_s n_t n_r n_f),(xyz)} \boldsymbol{I}_{(xyz)} \tag{2-11}$$

例如，对应于式（2－7）中的 $\boldsymbol{A}$ 可表示为

$$A_{(n_s n_t n_r n_f),(xyz)} = \exp(\mathrm{j} \cdot 2 \cdot \pi \rightarrow \exp(\mathrm{j} \cdot 2 \cdot \pi)) \tag{2-12}$$

这里描述的合成孔径雷达处理对时域徙动使用几何方法，称为后向投影（Ulander 等，2003）或者衍射求和（Miller 等，1987）。该算法没有考虑波动方程：由于沿路径吸收和自由空间损耗造成的衰减。这些方法实现简单且灵活，因为不需要规律的测量网格，而只需要知道发射机与接收机的位置，并且输出网格由用户定义。另外，这些算法需要相当大的计算能力，因为每个体像素的处理都是独立于其他体像素的。类似的方法是基尔霍夫偏移（Yilmaz 和 Doherty，1987）。它以标量波动方程的解为基础。基尔霍夫偏移理论提供了在传播速度可变环境中获得沿波前的幅度和相位的描述，而且提供了波前的形状。后向投影中使用的双曲线被更一般的形状所取代。基于波动方程的偏移也可以在频域中实现。$\omega - k$ 算法或 Stolt 偏移（Stolt，1978）使用傅里叶变换解决徙动问题。这种方法速度快，计算复杂度低，但不灵活：算法依赖于慢时间测量的规则网格，并创建规则的输出网格。

上述算法依赖于足够正确的模型来计算匹配滤波器。对于厚度和电磁特性未知的墙壁，滤波是失真的，不再与信号匹配。此外，传感器的位置误差也会产生模型误差。迭代法可用来估计这些特性。例如，在 Önhon 和 Çetin（2009）的论文中，运动误差被估计出来，并用于更新原子。

在获得基于点散射体的三维图像后，需要应用传统的检测方法如恒虚警率（CFAR）、图像提取和分类来获取有关建筑物单元的信息，如墙壁和角落。例如，可以在提取的图上使用 Hough 变换来寻找图像中的线性结构（墙壁）（Aftanas，2009；Aftanas 和 Drutarovský，2009）。

2.2.2 碎化滤波器处理

建筑内部可能存在可识别特征的结构。例如，两面墙壁相交形成的二

面角反射器,而多面墙壁与天花板或地板之间的相交形成三面角反射器。两种散射类型都可以在建筑物模型中提供关键的锚点。多个二面体可能被连接起来,以指示因为不利视角而形成不可见的墙壁。这表明使用典型散射类型的扩展散射体,可能产生比基于点散射体成像更好、更稳健的结果。

第二种方法使用多个匹配滤波器。根据 Davenport 等(2007)的工作,该算法可以描述如下。

(1) 对于不同的模型创建不同的假设:

$$H_i: y = \Phi(f_i(\theta_i) + n) \tag{2-13}$$

式中:Φ 为在压缩感知中使用的投影算子;f 为模型 i 的映射函数;θ 为状态变量,n 为加性高斯白噪声。

(2) 对于每个假设 H_i,获得参数向量的最大似然估计:

$$\hat{\theta}_i = \underset{\theta_i}{\operatorname{argmin}} \| y - \Phi f_i(\theta_i)_2^2 \| \tag{2-14}$$

(3) 进行最大似然分类:

$$C(y) = \underset{i=1,2,\cdots,P}{\arg\max} p(y \mid \hat{\theta}_i, H_i) \tag{2-15}$$

这对假设为 H_i 的 y 进行标注。

在不使用压缩感知的情况下,该算法可以看作为每一个不同的模型应用不同的基。每个模型建立其自己的基,并将数据投影到这个基上。通过应用广义似然 H 检测,选择合适的假设。

不同匹配滤波器的结果可作为检测、图像提取和分类方案的输入,以获得不同的建筑物特征。

2.2.3 稀疏表示 OCD

第三种方法是基于 OCD 的使用。在这种方法中,使用不同的模型作为一个单一的、大的观测矩阵的原子。尽管每个模型都创建了一个基 $\boldsymbol{A}_i$,但 p 个不同基的组合创建了一个框架:

$$\boldsymbol{A} = [\boldsymbol{A}_1 \quad \boldsymbol{A}_2 \quad \cdots \quad \boldsymbol{A}_p] \tag{2-16}$$

如前所述,为了获得唯一的解表示问题需要某种正则化。在给定位置处,原子系数直接指示建筑物特征的存在。检测、定位和分类是直接执行的。

同时使用所有模型的好处是不同模型的非正交性。在碎化滤波器方法中,需要仔细考虑如何解释最终输出的扩展对象。当使用点散射滤波器时,墙壁会产生许多点目标响应,这可能会影响(CFAR)检测、图提取和分类算法的性能。在 OCD 方法中,只存在墙壁模型项,而没有点散射模型项(在理想情况下)。

2.3 如何创建 OCD

有两种方法寻找字典:使用已知的原子或者使用自适应字典技术。

2.3.1 基于知识的字典

第一种方法相对更简单,并且在许多情况下都有简单和快速的算法,例如,过完备小波、曲小波和短时傅里叶变换。这种方法还包括使用物理模型。每个原子表示一个基于物理假设的信号:例如,点散射体或墙壁的雷达响应,这样很容易解释结果,代表向量的每个元素与已知模型直接相关。输出产生期望的信息,模型的合适性表明所表示信号被定义得有多好。

这些模型可以基于自由空间传播,或者基于前述的纯粹几何关系。这些模型主要考虑信号的相位。极化信息(幅度和相位同时)也可以包括在模型中。

在建立 OCD 时,需要特别小心。字典 $\boldsymbol{A}$ 的互相关性,记为 $\mu(\boldsymbol{A})$,定义为在 $\boldsymbol{A}$ 中两个不同归一化原子(a_i, a_j)之间的绝对标量积的最大值:

$$\mu(\boldsymbol{A}) = \max_{i \neq j} \frac{|a_i \cdot a_j|}{|a_i||a_j|} \tag{2-17}$$

式中:点(·)为标量积。字典的互相关性产生了原子间的相似性量度。对于正交矩阵,互相关性为 0。对于过完备矩阵,互相关性大于 0。若互相关性等于 1 时,存在两个平行的原子,这在表示的重构过程中会引起混淆。

对于大小为 $n \times k$ 的满秩字典,Strohmer 和 Heath(2004)得到了互相关的一个下界值为

$$\mu \geqslant \sqrt{\frac{k-n}{n(k-1)}} \tag{2-18}$$

当 $k \gg n$ 时,互相关的量级为 $1/\sqrt{n}$。

字典 $\boldsymbol{A}$ 的稀疏度是构成线性相关集的最小列数(Donoho 和 Elad,2003)。稀疏度 $\sigma(\boldsymbol{A})$ 和互相关性 $\mu(\boldsymbol{A})$ 之间的一个平凡关系为

$$\sigma(\boldsymbol{A}) \geqslant 1 + \frac{1}{\mu(\boldsymbol{A})} \tag{2-19}$$

根据 Donoho 和 Elad(2003),对于式(2-4),当 $m < \sigma(A)/2$ 时,$(m < \sigma(\boldsymbol{A})/2)$ 在 m 个原子($\|x\|_0 = m$)上的线性表示是唯一的。对于式(2-5),不能保证准确的唯一性,但是可以声明一个允许有界偏差的近似。

寻找式(2-4)和式(2-5)的准确解是一个 NP 难题,已经开发了解决这些问题的近似算法。例如,匹配追踪(MP)和基追踪(BP)使用 ℓ_1 范数:

$$\min_x \|\boldsymbol{x}\|_1 \quad \text{s.t.} \quad y = \boldsymbol{D}\boldsymbol{x} \tag{2-20}$$

或

$$\min_{x} \| \boldsymbol{x} \|_1 \quad \text{s. t.} \quad \| \boldsymbol{y} - \boldsymbol{D}\boldsymbol{x} \|_2 \leqslant \varepsilon$$

在 Donoho 和 Elad（2003）文献中，如果 x 满足 $\| x \|_0 < 1/2(1 + (1/\mu(\boldsymbol{A})))$，则对式(2－4)BP 和 MP 对 x 的恢复是准确的。类似地，在其他工作中，对式(2－5)已显示了 x 恢复表示的稳定性。这说明近似算法可以成功地恢复非零项小于 $O(\sqrt{n})$ 的表示。

从前面的推理中可以得出结论：$\mu(\boldsymbol{A})$ 的字典越小，恢复表示向量 x 的概率越高。

2.3.2 基于知识的自适应字典

这些模型的适用性可能会受到测量误差或环境模型误差的影响。例如，雷达的运动可能无法以足够的准确度测量，或者散射模型中可能没有包含中间墙体。自聚焦技术会改变运动模型，从而改变原子。类似地，若考虑了中间墙体时，原子也会改变。这些新原子对所考虑的测量是特定的，不再像纯粹的基于知识的原子那样普遍。自适应表示向量中的元素与非自适应表示仍然具有相同的物理解释。这些元素仍然表示出现的墙壁、二面角和三面角。

为了说明和抑制雷达平台的运动误差，在 Önhon 和 Çetin（2009）中同时对表示向量和相位误差进行优化。组合优化以迭代的方式实现。对于每一次迭代，首先进行正则化优化：

$$\hat{\boldsymbol{x}}^t = \underset{x}{\operatorname{argmin}} \frac{1}{2} \| \boldsymbol{y} - \boldsymbol{D}(\hat{\boldsymbol{\varphi}}^t) \|_2^2 + \boldsymbol{\lambda} \| \boldsymbol{x} \|_1 \tag{2-21}$$

式中：t 为迭代次数；$\boldsymbol{D}(\hat{\boldsymbol{\varphi}}^t)$ 为使用估计相位误差向量 $\hat{\boldsymbol{\varphi}}^t$ 而改编的字典。

对于第 m 个孔径位置更新相位误差：

$$\hat{\boldsymbol{\varphi}}_m^{t+1} = \widehat{\Delta\boldsymbol{\varphi}_m}^{t+1} + \hat{\boldsymbol{\varphi}}_m^t \tag{2-22}$$

$$\widehat{\Delta\boldsymbol{\varphi}_m}^{t+1} = \measuredangle\{(\hat{\boldsymbol{x}}^t)^H \boldsymbol{D}_m(\hat{\boldsymbol{\varphi}}_m^t)^H \boldsymbol{y}_m\} \tag{2-23}$$

式中：“$\measuredangle$”为复数的相位。

然后更新对应于第 m 个孔径位置的字典：

$$\mathbf{D}_m(\hat{\boldsymbol{\varphi}}_m^{t+1}) = e^{i\widehat{\Delta\boldsymbol{\varphi}_m}^{t+1}} \mathbf{D}_m(\hat{\boldsymbol{\varphi}}_m^t) \tag{2-24}$$

在下一次迭代中使用更新的字典，直到达到收敛（停止规则）为止。

2.3.3 学习到的词典

另一种方法是完全的自适应字典，例如，从某个数据集学习。优化后的 OCD 试图以最小的误差和最大的稀疏度表示各种信号。表示结果同原始原子表示信号的适合程度无关。但是，学习数据集要求表示能够覆盖以后将遇到的信号。然而,当应用于逆问题时,其可能不再与信息内容有任何相关性。这种方法非常适合用于去噪和压缩,但是可能不适合用于表示向量的物理解释。

对于所有学习字典,目标不再是从测量值中基于已知字典去恢复表示向量,而是恢复学习数据集$\{\boldsymbol{y}_i\}_{i=1}^{N}$的表示向量的基数最高的字典,每个表示向量都是字典$\boldsymbol{D}\in\Re^{n\times K}$上的稀疏线性组合。其中,$n$是每个测量的长度,$N$是不同测量的总数,$K$是字典中的原子数。因此,对于每个测量$\boldsymbol{y}_i$,存在一个表示向量$\boldsymbol{x}_i$,使得

$$\boldsymbol{y}_i=\boldsymbol{D}\boldsymbol{x}_i \text{ 和 } \|\boldsymbol{x}_i\|_0\leqslant T \tag{2-25}$$

式中,T为已知的基数,且$T\ll n$。

将所有学习信号列排在矩阵$\boldsymbol{Y}\in\Re^{n\times K}$中,并通过类似地排列的系数向量作为$\boldsymbol{X}\in\Re^{n\times K}$的列,得到期望的分解:

$$\boldsymbol{Y}=\boldsymbol{D}\boldsymbol{X} \tag{2-26}$$

于是该问题表述如下:当给定矩阵$\boldsymbol{Y}$时,找到归一化列的任意字典$\boldsymbol{D}$的因子分解和每列非零项不超过T的稀疏矩阵$\boldsymbol{X}$。例如,K-SVD算法(Aharon等,2006)可以用来获得$\boldsymbol{D}$的期望解。

由于建筑物的实际特性和所获得原子之间相关性的丢失,在我们的工作中不会使用学习的字典。

2.4 实际的原子定义

本节将讨论匹配滤波器和OCD原子的实际实现。这里采用的方法是使用基于实际假设的已知原子;每个原子被调到特定建筑物结构单元的后向散射特性上。

2.4.1 出发点

原子定义的主要出发点是建筑物是由直接相交的墙组成的。因此,建筑物的墙壁要么近似平行于孔径,要么近似垂直于孔径。在墙壁的相交处,墙壁会形成二面角或三面角。通过检测建筑物内的墙壁和角,可以合成建筑物的布局。

墙壁,即平面表面,以及角都是典型散射体,其模型描述了后向散射的幅度、相位和极化特性。这些特征可以用来从雷达数据中提取典型散射体。这里,由不同类型的散射体引起的相位变化可用于检测、分类和定位。在三维雷达数据中,典型散射体会在孔径的俯仰和方位上引起不同的相位变化。当只考虑镜面反射时,平面表面、二面角和三面角的相位特性变化如下:

(1) 平面是由与孔径大致平行的墙壁形成的。大的平面墙壁在孔径的方位

和俯仰上引起线性的相位变化。

(2) 水平二面角在方位上引起线性相位变化和在俯仰上引起二次相位变化。水平角由墙壁和房间的天花板或地板的相交而形成。

(3) 垂直二面角在方位上引起二次相位变化和在俯仰上引起线性相位变化。垂直角由房间的两面墙壁相交而形成。

(4) 三面角在方位和俯仰上均引起二次相位变化。三面角由两面墙和房间的地板或天花板的相交而形成。

垂直于孔径的墙壁很难探测到,因为它们在雷达的方向上只产生漫散射。垂直墙的存在需要从检测到的房间角落中推测出来。

对于特定类型散射体的理想相位变化受到穿墙传输的影响,但相位变化的多项式次数保持不变。值得注意的是,在探地雷达应用中,二次距离徙动曲线在各种土壤类型中都可以被观察到。这里表明,根据图 2-2(a)提供的几何关系,多项式次数在经过单个墙壁传输后确实保持不变。假设厚度为 d 的墙壁是均匀的,相对介电常数为 $\varepsilon_{r,2}$。墙壁周围的介质也认为是同质的,但是相对介电常数为 $\varepsilon_{r,1}$。

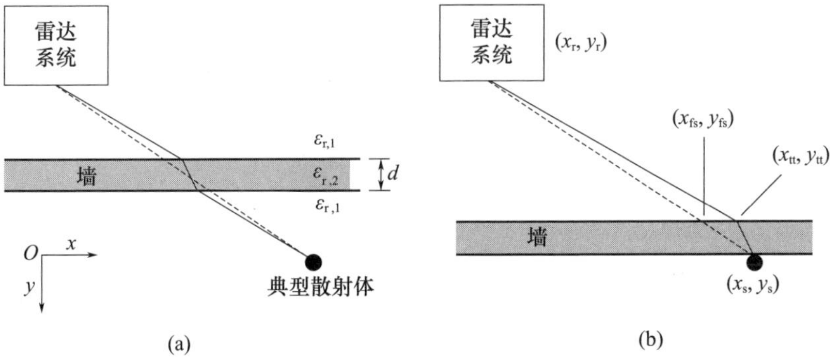

图 2-2 穿墙传输对散射体相位变化的影响

(a)雷达波穿过单面墙壁传播的几何示意图;(b)用于计算路径长度的重新排列的布局。

雷达系统在(x_r, y_r),散射体在(x_s, y_s)。雷达电磁波穿过墙壁传播到散射体并返回至雷达的真实路径用实线表示。虚线表示自由空间路径,即没有墙壁时的传播路径。为了确定真正的穿墙传播路径的长度,重新排列三个层,如图 2-2(b)所示。现在,通过使用下面的线性近似(Johansson 和 Mast,1994),可以获得折射点(x_{tt}, y_{tt}):

$$x_{tt} = x_s + \sqrt{\frac{\varepsilon_{r,1}}{\varepsilon_{r,2}}} \cdot (x_{fs} - x_s) \tag{2-27}$$

式中:(x_{fs}, y_{fs})为自由空间路径与墙壁表面的交点。

一旦获得了折射点，就可以确定真正双程路径的长度，相应的真正双程时间延迟为

$$\Delta t_{tt} = \frac{2\sqrt{(x_r - x_{tt})^2 + (y_r - y_{tt})^2}}{c} + \sqrt{\varepsilon_{r,2}} \cdot \frac{2\sqrt{(x_{tt} - x_s)^2 + d^2}}{c} \qquad (2-28)$$

式中：c 为光速。

与自由空间路径相关的双程时间延迟为

$$\Delta t_{fs} = \frac{-2\sqrt{(x_r - x_s)^2 + (y_r - y_s)^2}}{c} \qquad (2-29)$$

在图 2-3 中，当转换为相应的相位误差（频率为 2.3GHz）时，真正的时间延迟和自由空间时间延迟之间的双程差异被显示出来。相位误差是孔径长度的函数，即在图 2-3 中 0.8m 长的孔径位于 -0.4～0.4m 之间。散射体位于对准孔径中心的与雷达相距 10m 的位置上。该图给出了穿过 15cm 厚墙壁（实线）和 25cm 厚墙壁（点画线）传播的相位误差。假设墙体是干燥混凝土，即 $\varepsilon_{r,2}$ = 8（Thajudeen 等，2011），而介质为空气，即 $\varepsilon_{r,1}=1$。25cm 厚的混凝土墙被认为是最坏的情况，在典型的住宅和办公楼中，混凝土墙的厚度预计不会超过 25cm。

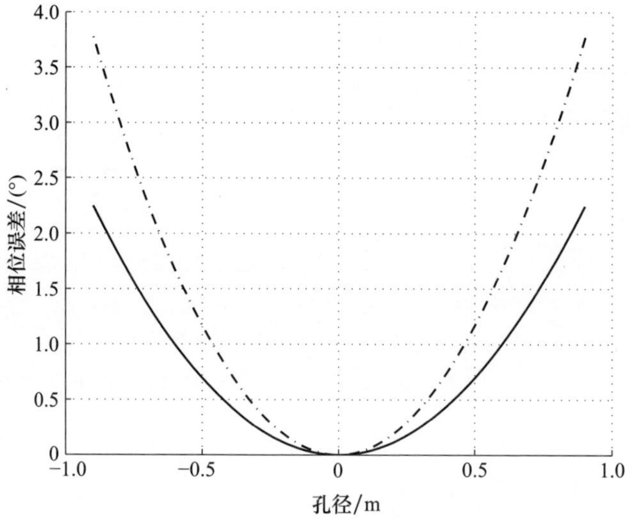

图 2-3 分别穿过 15cm 厚（实线）和 25cm 厚（点画线）单面混凝土墙的电磁波传播和自由空间电磁波传播之间的双程相位差

从图 2-3 可以看出，相位变化的多项式次数确实保持不变。与理想自由空间相位变化的偏差很小。例如，在距离 10m 处 50cm 分辨率需要的孔径长度为 1.40m，对应于图中 -0.7～0.7m 的孔径。在要求孔径的边缘处，15cm 和 25cm

厚的墙壁的相位误差分别为 1.4°和 2.3°。对于所描述的特征提取和表示过程，可以假设这些相位误差是忽略不计的。

自由空间时间延迟和真正时间延迟之间的双程偏移对 15cm 和 25cm 厚的墙壁分别为 1.83ns 和 3.05ns，导致距离误差分别为 27cm 和 46cm。考虑到建筑物主要结构单元的表示是在一个相当粗糙的网格上，例如，50cm 的网格间距，这些距离误差是可以接受的。

本节中所讨论的近似表示在相对粗糙网格上是有效的。如果想要获得墙壁后面物体的高分辨率图像（暗示为长孔径），则需要考虑到穿墙传播的影响（Zhang 等，2011）。当混凝土墙壁厚度超过 25cm，并且当它们含有砾石以及当它们是非均匀的或是钢筋混凝土时，预计表示结果会恶化。

2.4.2　原子定义

本节将讨论原子的定义。为简明起见，这里的讨论仅限于二维平面上的原子定义。这足以获得建筑物的平面图，因为它可以从建筑物平面扫描（B－scan）中墙壁和角的位置推断出来。因此，只处理与平面墙、二面角和点散射体有关的相位变化。但在二维平面中，由于三面角和二面角会引起相同的二次相位变化，因此无法区分它们。

三面角出现在两堵墙和房间的地板或天花板的相交处。因此，三面角提供了关于房间高度的主要信息。要提取三面角，表示过程需要先在 B－scan 上进行，接着在俯仰向扫描（E－scan）上进行。当两次扫描都显示在对应网格点上出现了二面角时，则很可能存在一个三面角。另一种选择是定义完整的三维原子，但这将明显增加所表示问题的维度，从而增加了需要的处理负荷。

如 2.4.1 节所述，相位变化的多项式次数在穿过单个墙壁传播后是保持不变的。因此，原子是基于自由空间相位变化的，而忽略了在一堵或多堵墙中传播时带来的影响。此外，已定义好的原子是基于来自墙壁和角的镜面反射的。这种方法可以减少多径反射，因为假设了这些反射与已定义的相位变化是不匹配的。

应用原子的二次相位变化使对二面角和三面角的检测和分类成为可能。在雷达数据中可以观测到的相位变化的抛物线部分取决于角相对于孔经的方向，如图 2－4 所示。对于单侧垂直于孔径的二面角朝向，只有 1/2 的相位抛物线是可观测的。因此，为了区分左（标签 1）和右（标签 3）二面角，必须能够区分前视的和后视的原子，每种原子定义了 1/2 的相位抛物线。前视相位变化（标签 1）定义为

$$\varphi_i(x)=\frac{4\pi}{\lambda}\sqrt{R_0^2+x^2},\ -L\leqslant x\leqslant 0 \tag{2-30}$$

式中：λ 为雷达波长；R_0 为孔径和散射体之间的最短距离；L 为孔径长度；x 为沿着孔径的方位角位置。

后视相位变化（标签3）定义为

$$\varphi_i(x)=\frac{4\pi}{\lambda}\sqrt{R_0^2+x^2},0\leqslant x\leqslant L \tag{2-31}$$

对于双T形的角（标签2），在雷达数据中可观察到完整的相位抛物线。这类散射体可以用第三种原子定义的完整相位抛物线来提取。但是，为了防止分类混淆，原子应该是正交的。前视的和后视的原子是正交的，但它们都与全抛物线原子相关。因此，全抛物线原子没有应用在碎化滤波器和OCD稀疏表示中；对于在表示网格中单个格点上的前视和后视原子，当表示都产生一个特定的最小值时，就假设出现了T形角。这两个值的比值指示了T形角关于孔径的角度（Chen 等，2013a，b）。

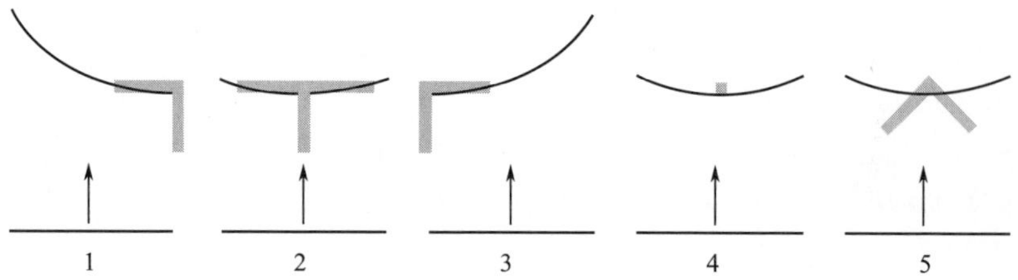

图2－4　5种二次相位原子的示意图

如图2－4所示，点状散射体（标签4）也会引起全抛物线相位变化。对于不同类型的散射体（灰色），图2－4显示了孔径（水平线）上的有关二次相位变化的示意图（黑色曲线），其中箭头表示雷达视线。通过应用定义好的前视和后视原子，点状散射体和T形角是无法被区分的。建筑物内的物体就成为点散射体，如家具等；并且就建筑物测绘而言，这会导致虚警。通过先检测建筑物的内墙，接着只在找到墙壁的距离单元中寻找角，可以解决这个问题（Lagunas 等，2012，2013a，b）。由于是在数量有限的网格点上搜索角，这种方法还能降低处理负担。该方法的潜在缺点是可能会漏掉办公楼内的建筑结构单元，如独立的混凝土柱子。需要注意的是，点状散射体包括开口方向朝向孔径一侧的二面角（标签5）。

与雷达孔径大致平行的平面墙会在孔径上引起线性相位变化。在实际中，墙壁相对于孔径的确切方向是未知的，需要定义几个调到不同墙壁方向的原子（图2－5）。图2－5显示出墙壁（灰色）和孔径（黑线）之间的不同角度需要定义不同的原子，且最小角步长 $\Delta\theta$ 由频率分辨率决定，其中箭头表示雷达视线；另外，请注意该图考虑了墙壁的镜面反射。为了获得正交原子，定义在连续原子的墙壁方向间的角度差 $\Delta\theta$ 是由频率分辨率决定的。

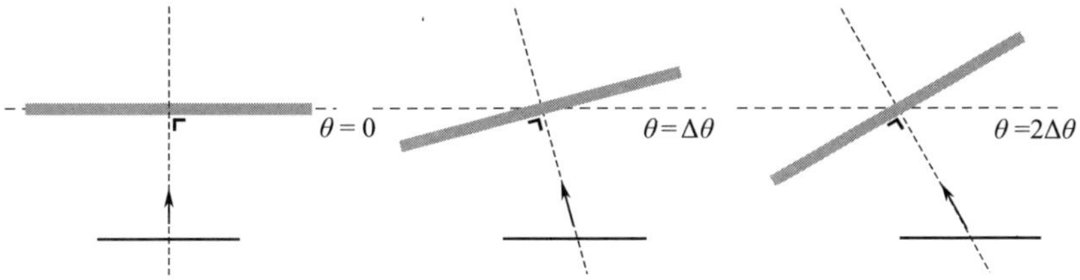

图 2-5　三种线性相位变化原子的示意图

当给定频率分辨率时,最小角步长 $\Delta\theta$ 是借助于图 2-5 推导出的。在孔径长度内,至墙壁的距离可以写为

$$R_i(x)=R_0+x\cdot\tan(i\cdot\Delta\theta),\ -L/2\leqslant x\leqslant L/2 \tag{2-32}$$

式中:$i\cdot\Delta\theta$ 为墙壁与孔径之间的夹角($i=0,1,\cdots,n$),n 为相位线性变化的原子的数量。

敏感原子的数量受以下条件的限制:$n\cdot\Delta\theta\ll 90°$。与式(2-32)有关的(线性)相位变化为

$$\varphi_i(x)=\frac{4\pi}{\lambda}R_i(x) \tag{2-33}$$

以及相应的频率为

$$f_i(x)=\frac{1}{2\pi}\frac{\mathrm{d}\varphi_i(x)}{\mathrm{d}x}=\frac{2\tan(i\cdot\Delta\theta)}{\lambda} \tag{2-34}$$

应选择角步长 $\Delta\theta$,使与两个连续原子 $\boldsymbol{A}^i$ 和 $\boldsymbol{A}^{i+1}$ 有关的频率差大于频率分辨率,即

$$f_{i+1}-f_i\geqslant\Delta f=\frac{1}{L} \tag{2-35}$$

如果满足式(2-35),则原子是正交的,这是因为 θ 角度的墙壁响应和 $\theta+\Delta\theta$ 角度的墙壁响应在不同的频率单元中。结合式(2-34)和式(2-35),可以推导出最小角步长的前提条件如下:

$$\tan(\Delta\theta)\geqslant\frac{\lambda}{2L} \tag{2-36}$$

已定义的线性和抛物线原子的形式如下:

$$\boldsymbol{A}_i=R_0^{\alpha}\cdot\exp(\mathrm{j}\varphi_i),\alpha>0 \tag{2-37}$$

式中:α 为衰减参数;φ_i 为要么由式(2-30)和式(2-31),要么由式(2-33)定义的相位变化。衰减参数用于补偿信号衰减。与基尔霍夫偏移算法比较,它可以为补偿自由空间损失($\alpha=2$)或穿墙($\alpha>2$)衰减而进行调整。对于匹配滤波处理而言,在距离维上补偿传播损失,以保证恒定的检测概率不是必需的,因为在距离范围内的所有单元都遭受到相同的损耗。对于稀疏表示,衰减参数 α 有重要的作用,因为稀疏表示是一种同时考虑所有网格点的优化过程。通过将衰

减参数设置为更高的值,对靠近孔径的网格点进行惩罚,从而能够更好地对建筑物内较深的典型散射体进行检测和分类。

如前所述,原子必须是正交的,以防止分类混淆。然而,单个模型中的原子可能不是正交的,例如,过采样时。此外,因为抛物线可以分段近似,二次和线性相位变化原子可能是相关的。相关程度取决于测量几何和被测网格点的位置。

2.5 穿墙雷达测量

本节将使用实测的三维雷达数据评估所提出的方法。我们用 SAPPHIRE 穿墙雷达(Smits 等,2009)进行测量。SAPPHIRE 是一部远距雷达系统,通过移动与建筑物平行的垂直阵列对观测物体进行采样(见 2.1.2 节)。该系统在 10m 距离上获得的三维分辨率优于 50cm。基于这些指标,至少使离雷达轨迹最近的第一间房能够以全分辨率测量出来。设定的分辨率允许检测门廊和隔墙,即使在非常小的房间里也满足这一点。换句话说,考虑到典型房间的大小,预计在每个分辨单元内最多只有一个建筑结构单元。SAPPHIRE 采用调频连续波雷达原理。载波频率为 2.3GHz。可测量四种线性极化对(即 VV、VH、HV 和 HH)。

在 2.5.1 节中,将详细描述所测量的建筑物。在后继的各小节中,给出了前三种不同特征提取方法的测量结果。所有的 B - scan 图像均通过后向投影三维自由空间来获得。因为必须考虑合成孔径长度的边缘,它们将具有不同的方位角范围。

2.5.1 建筑布局

穿墙雷达测量的是一栋三层楼的建筑物。底层的布局如图 2 - 6 所示(注意,雷达轨迹在方位轴上)。灰色区域表示建筑物内部。该建筑物由两侧的大小不同的房间和中央走廊组成。地板和天花板是混凝土的。建筑物的外墙含有混凝土支柱,在支柱之间有砖墙和窗户(1 号房间柱子之间没有窗户而只有砖墙),如图 2 - 6 所示。分隔房间的墙壁都是砖墙。3 号房间被一面带门的玻璃墙分成两半。窗户都装有金属百叶帘。在雷达测量期间,除了 2 号、7 号、8 号和 9 号房间外,百叶窗都是打开的。

走廊两侧的房间都用作储藏室或办公室,里面有桌子、椅子和金属橱柜等家具。特别是在作为储藏室的 4 号房间,四个金属橱柜直接放在窗户后面。3 号房间是空的。在这个房间的中央,一个雷达角反射器被放在 1.5m 高的三脚架上当做参考。

走廊的两侧由混凝土柱和砖墙组成,形成开放的壁龛、橱柜,或者封闭空间。

橱柜约 70cm 深,有木制的架子,用木门关上。图 2-6 中有交叉线的橱柜是带金属门的配电柜。封闭空间内的存物是未知的。房间的门都是木质的。

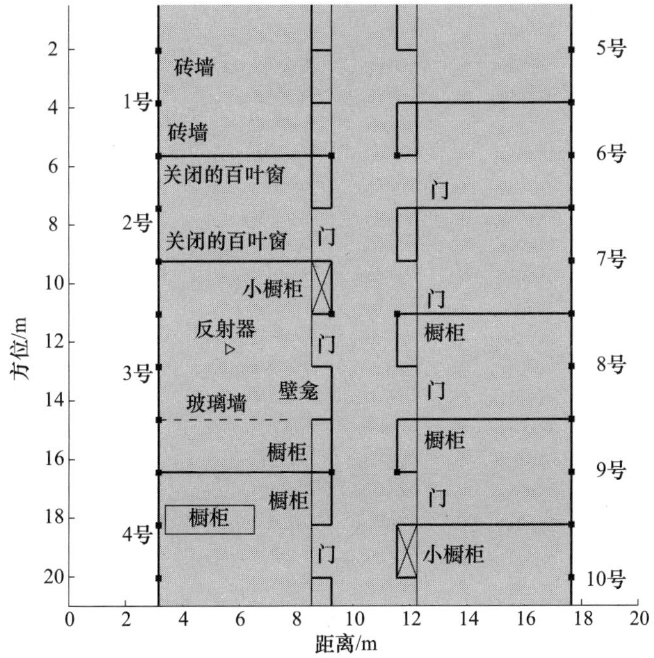

图 2-6 建筑布局示意图(方块表示混凝土柱,粗线表示砖墙,细线表示木门或金属门)

2.5.2 点散射聚焦

传统的聚焦基于散射体的点散射特性。也就是说,数据基本上是使用 $\alpha=0°$ 的完整抛物线原子进行匹配滤波的。因此,其无法区分点散射体、角和 T 形角(图 2-4)。

2.5.2.1 反射率图

在图 2-7(a)中,显示了采用 VV 极化所获得的雷达图像。该图提供了在 1.5m 高度上的 B-scan 图。所选择的体像素在三维中的大小为 25cm。显示的 B-scan 正好处在同放于 3 号房间中的参考反射器相同的高度上。因此,反射器的响应是明显可见的;它包括与 50cm 分辨率相匹配的四个体像素。在图像的下边缘,可以看见 4 号房间的金属橱柜的反射。

距离 3.5m 处的建筑外墙在整个方位测量范围内都产生了明显的响应。特别是 2 号房间关闭的金属百叶窗引起了很强的反射。同时,它们屏蔽了建筑物内部的反射,在关闭的百叶窗后面,看不见内部建筑的特征。另外,第二面平行墙,约距离 9m,除了被百叶窗遮蔽的区域之外,还出现一个可探测的响应。3 号房间的交换机柜由于其金属门而具有较强的反射。通常,约距离 12m 的第三面平行墙是无法探测的。这是因为穿过两面墙后的能量损失。与 3 号房间门相对的第三面墙的反射是可以观察到的,因为穿过木门造成的损失相对较小(在测量期间,门是关闭的)。在 17.5m 距离处的第四面平行墙是看不见的,除了在 14m 方位附近的强反射之外。这个反射与 3 号房间里的壁龛是一致的,即一面砖墙和 8 号房间的门。因此,在这个特定的方位位置上,传播损耗相对较低。此外,在测量期间,8 号房间窗户前的金属百叶窗是关闭的。请注意,垂直于合成孔径的墙壁确实是不可探测的。正如前面所解释的,这是因为垂直墙在雷达的方向上只引起漫反射。

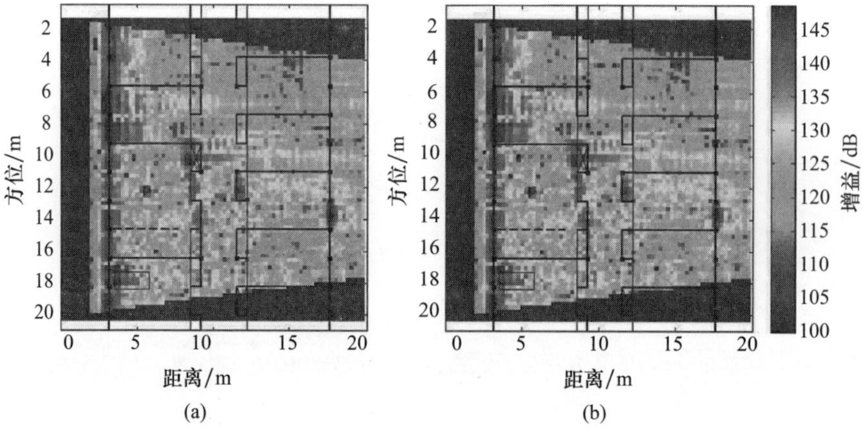

图 2 - 7　用调整到点状散射体的匹配滤波器获得的 B - scan 图(见彩图)

(a)VV 极化;(b)HH 极化。

图 2 - 7(b)显示了对 HH 极化获得的雷达图像。在图中,再次给出了在 1.5m 高度的 B - scan 图。HH 极化图像同 VV 极化图像相似,即揭示了相同的建筑特征。这是符合预期的,因为主要的建筑结构是大的平坦表面(墙壁),均能良好地反射两种极化。考虑的波长为 12.6cm,即使是关闭的 2 号房间百叶窗帘也对 VV 和 HH 极化均形成一个光滑的、无法穿透的表面。此外,建筑结构不包括特定的垂直或水平朝向的单元,这些单元可产生同极化相关的后向散射,除了供热系统的金属管之外。然而,这些垂直管道附着在外墙的混凝土柱上,使得支柱和附着的管道处于同一个分辨率单元内。因此,由于柱子的后向散射占主导地位,并且与极化无关,因此无法探测到管道。

2.5.2.2　散射体分类

从图 2 - 7 可以清楚地看到,在没有实际建筑物布局知识的情况下,对穿墙雷达图像很难做出直观的解释。作为建筑物特征提取的第一步,可以将一个固定阈值的检测器应用于 B - scan。固定阈值检测器会忽略距离上的信号衰减,而在后向投影中使用的积分长度是随距离的增大而增大的,由此可以保持一定的分辨率,并部分地补偿了信号损耗。

所得到的检测结果如图 2 - 8 所示。这些结果证实了在 VV 和 HH 像极化中,相同的建筑结构单元确实都被突显出来,因为能检测到的大多数体像素都能在 VV 和 HH 极化中被探测到。仅有一个体像素只能在 VV 极化中被检测到。由于 VV 极化和 HH 极化图像看起来都包含相似的信息,所以在本章的剩余部分中只显示了 VV 极化的结果。

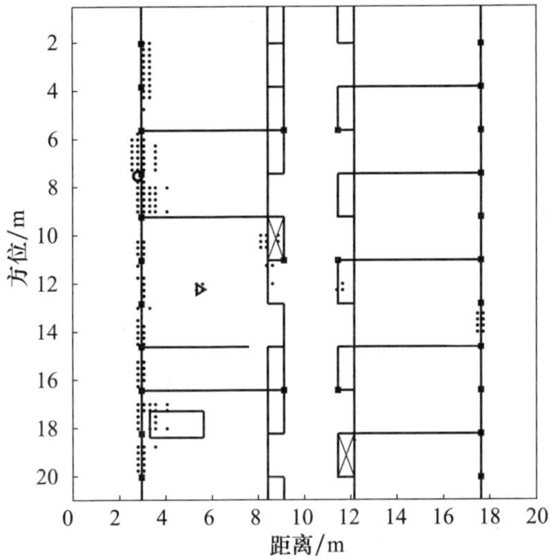

图 2 - 8　从 VV 极化 B - scan 图中得到的检测结果(这些点表示在 VV 极化 B - scan 和 HH 极化 B - scan 中检测到的体像素)

很明显,检测结果是以成簇的形式出现的。这是由所选体像素的大小以及检测到旁瓣的原因造成的。所选的体像素的大小比分辨率小,因此相邻体素是相关的。考查 3 号房间中基准反射器的响应是可以清楚知道的;对应于 50cm × 50cm 单个分辨率单元的情况,它产生了四个体素。2 号房间的金属百叶窗存在强反射和相应产生高的旁瓣电平,这时会检测到旁瓣。因此,自动特征提取的第二步是图像提取,即检测后的聚类。

首先,在距离上对检测结果进行聚类,以去掉检测到的旁瓣和关联的体素。对于相邻距离单元的连续检测点,只保留反射最强的体像素所对应的检测结果,去除其他检测。然后,在方位上对剩余的检测进行聚类,把属于同一个类的检测对齐,即移到一个距离单元上。图 2 - 9(a)中显示了聚类和对齐之后的图像。提取后的图像被送入自动特征提取的第三步:图像组合。第三步将提取的图像翻译成建筑物测绘过程中合适的建筑布局信息。

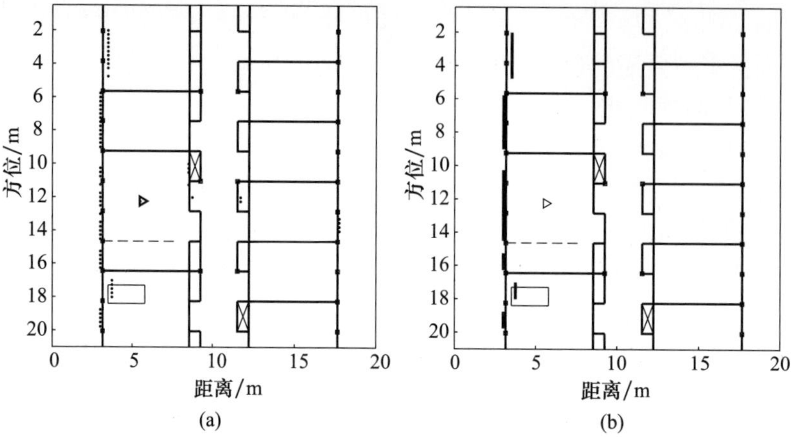

图 2－9　VV 极化

（a）聚类后的图像；（b）使用霍夫变换的线性提取结果。

使用匹配滤波法得到的图不能用于区分不同类型的散射体。因此，通过图组合获得的信息是有限的。一种可能方法是使用霍夫变换来提取线状图结构的起点和终点。线状图结构是由细长的散射表面造成的，很可能与墙壁有关。使用霍夫变换得到的结果如图 2－9（b）所示。可以看出，建筑物的外墙几乎被完全重建。还可以看出，霍夫变换方法并不能保留单个图或小的簇图。这些小的簇图也可能包含关于建筑结构的信息。因此，在这一点上，将非组合的和组合的图都交给分析终端似乎是明智的。

2.5.3　碎化滤波器处理

实际上，应用几个对应不同散射体类型的匹配滤波器同碎化滤波器方法一样，可以为散射体分类提供额外的信息。

对于这种特殊的测量设置，已知关于雷达平台轨迹，所有的墙壁要么是平行的，要么是垂直的。因此，可以仅使用一个线性相位变化的匹配滤波器进行调整，即滤波器被调整为 $\theta=0°$。衰减参数 α 也被置为零。

2.5.3.1　反射率图

图 2－10 给出了用碎化滤波器获得的 B－scan 结果。2 号和 8 号房间的金属百叶窗的反射、3 号房间的配电柜金属门和 4 号储藏室的金属柜的反射均清楚地显示在三个 B－scan 图中。来自这些金属表面的反射非常强，无论匹配滤波器中使用的参考相位如何，它们都会在背景上凸显出来。注意，3 号房间的配电柜的反射，可以看出，前向滤波器的最强响应正好位于房间的角落，这表明了

二面体的强散射现象。后向滤波器最强的响应位于柜门上,同时房间角落的响应较弱。另外,对于前向和后向滤波器,基准反射器的响应都是很强的,因为该反射器被当作一个点散射体。这些结果意味着用原子定义作为出发点是明智的。请注意,基准反射器的响应在使用线性相位滤波器获得的 B - scan 图中也是明显的。这是因为在侧视图中,在抛物线最小值附近的相位变化可以用一个与合成孔径平行的线段来逼近。

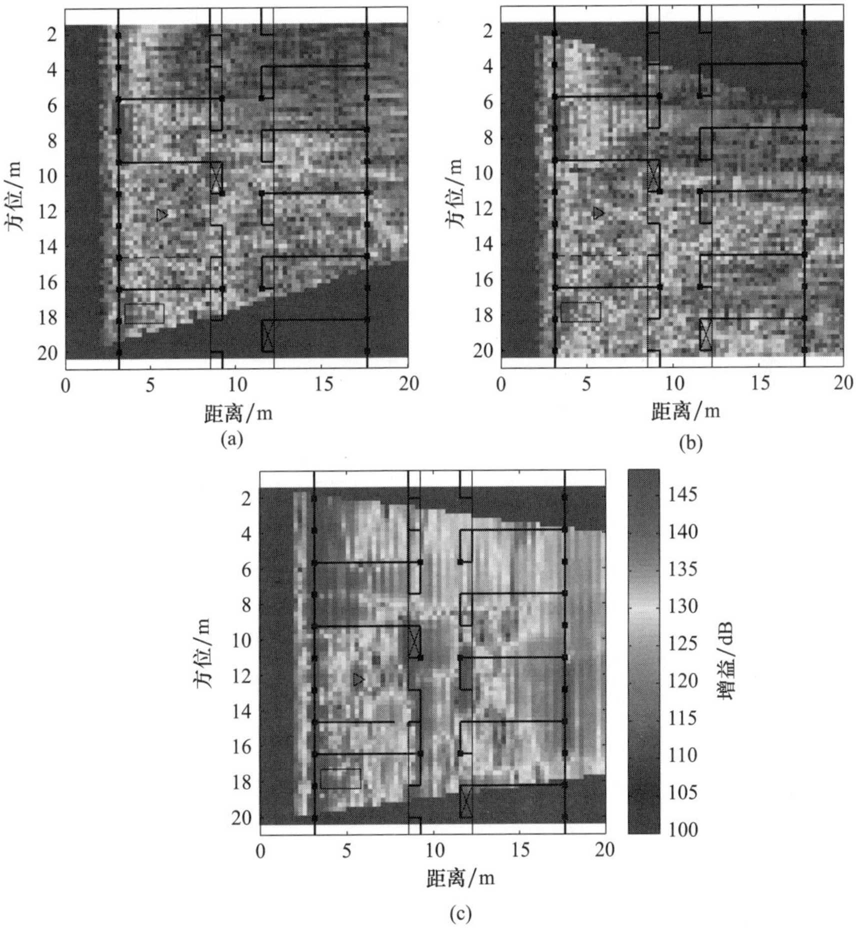

图 2 - 10　不同滤波器获得的 VV 极化 B - scan 图(见彩图)

(a)前向匹配滤波器;(b)后向匹配滤波器;(c)线性相位匹配滤波器。

与调谐到点散射体的单个匹配滤波器的应用相比,碎化滤波器提供了额外的信息;现在可以区分墙壁、左角和右角。为了帮助分析人员的视觉检查,仍然希望可对建筑物特征进行自动提取。例如,检测到重合的左右角,意味着存在一个双角或者点散射体。

2.5.3.2 散射体分类

对于检测和图像提取,执行与 2.5.3.1 节中描述的匹配滤波器方法相同的处理步骤。从不同的 B－scan 图中得到的检测结果如图 2－11 所示,相应的提取图像如图 2－12 所示。

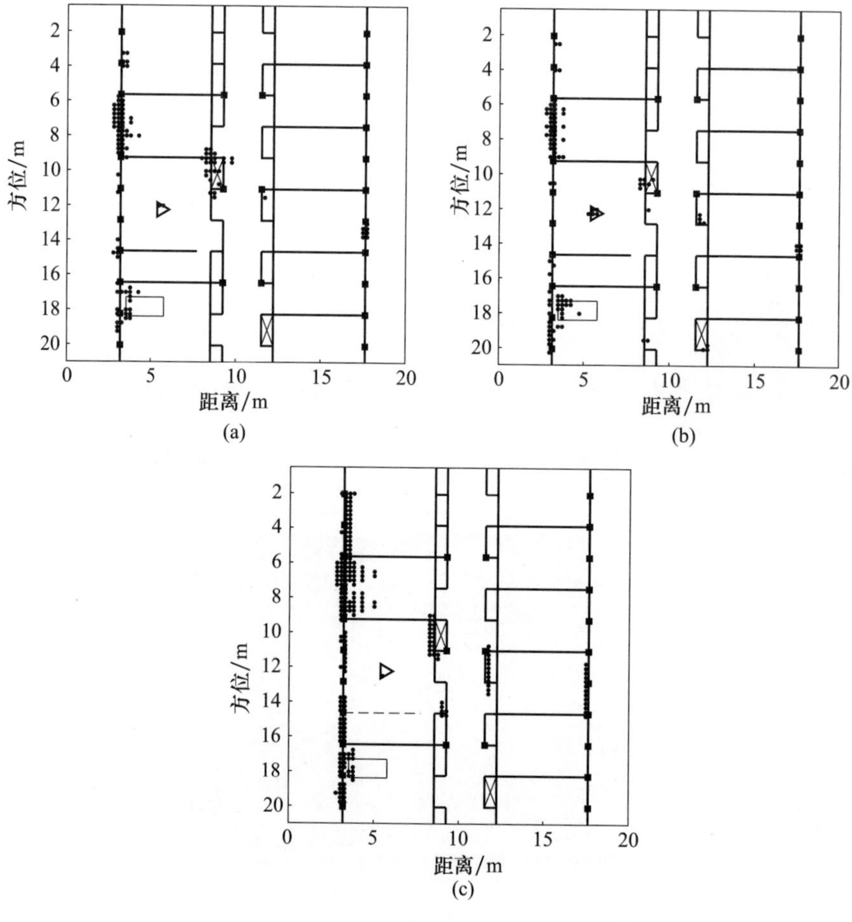

图 2－11 不同滤波器得到的 VV 极化的检测结果

(a)前向匹配滤波器;(b)后向匹配滤波器;(c)线性相位匹配滤波器。

现在对由不同滤波器得到的图像进行组合。图像组合基于以下规则。

(1) 一行至少有四个相似角且没有被中断的行被认为是同一面墙。检视 B－scan图,可以推断出平面表面所引起的强反射被所有三个匹配滤波器都检测到了。而且,对于一般的典型建筑物,垂直于孔径的墙壁不太可能如此接近。因此,这一规则被认为是合理的。

(2) 与左角和右角重合的角被解释为一个双 T 形角。如果角在任意方向上相距小于四个体素(两个分辨率单元),则视为是重合的。如果几个图均重合,则把最接近的左角和右角组合为一个双角。

(3)与左角相关的其余图如果相距小于四个体素,则组合为一个左角。该规则也适用于右角。

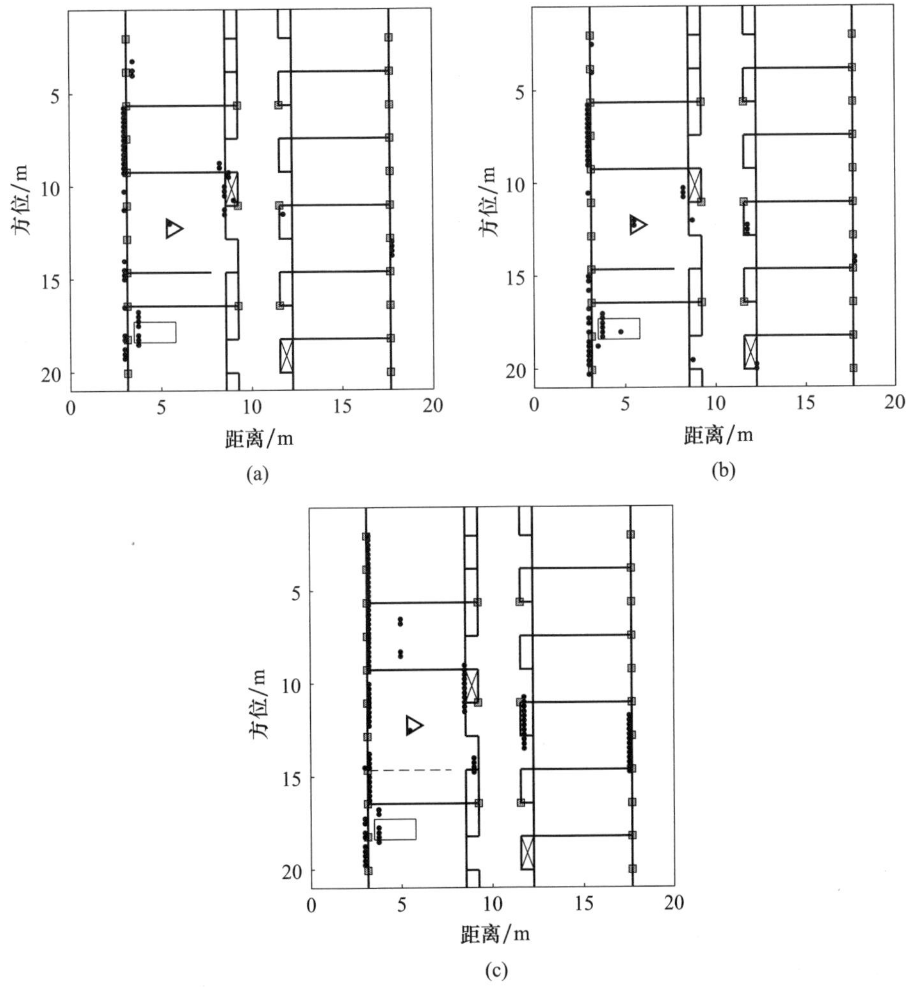

图 2-12　不同滤波器得到的 VV 极化的提取图像

(a)前向匹配滤波器;(b)后向匹配滤波器;(c)线性相位匹配滤波器。

图 2-13 给出了对不同滤波器结果组合后的图像。被归类为墙壁的散射体对应于平坦表面。这些平面并不都是实际的建筑物墙壁。另外,4 号房间的橱柜也形成平面,因此被正确地归类为墙壁。分类的双角与点散射体有关,如建筑外墙的混凝土支柱和参考反射器。然而,强反射区域也被归类成双角,如 3 号房间的配电柜的金属门和 8 号房间里闭合的金属百叶窗。正如前面所解释的,无

论在匹配滤波器中使用的相位参考如何，这种强反射都会在背景中凸显出来。与配电柜相邻的3号房间的角落被正确地归类为左角。其他被识别的单角似乎是因为物体的强反射和表现像点散射体造成的，或者可能是因为在拥挤区域中的分类混淆所致，如4号房间。

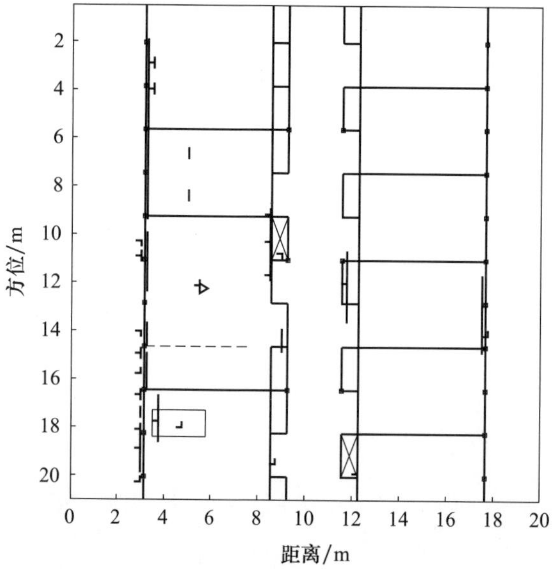

图2-13 碎化滤波后得到的组合(VV极化)图像

组合图像提供了可以送给建筑物测绘过程的建筑特征信息。然而，图2-12中的未组合图像似乎包含在图像组合的决策过程中被丢弃的信息。因此，向分析人员同时提交没有组合的和组合的图像似乎也是有价值的。原因之一是，通过使用已列出的规则，组合图像提供了一个明确的分类。在检测到许多彼此靠近的角区域时，现行规则是将这些结果组合在一起，仅得到少量的图像信息，如3号房间的配电柜周围的区域。经验丰富的分析员可能认为角云更可能是由分类混淆造成的，如由于房间中的家具或强反射，而不是因为它们与构建结构单元相关。

图像提取和图像组合规则基于雷达测量的实际基础和对典型建筑布局的约束条件。然而，这些规则是有争议的，也可以应用其他规则。这另外一个分析未组合图像是明智的原因。分析人员能够判决图组合结果，并可能根据经验来修改结果。

2.5.4 稀疏表示OCD

本节将使用OCD来获得建筑物特征。这里所用的 ℓ_1 正则化最小二乘求解法是复近似信号传递法(CAMP)。2.5.5 节中将对此算法进行更详细的描述。得到的结果与碎化滤波法相似:对于每一种散射类型,都得到一种有噪声的表示。然后,有噪声的表示被用作检测、图像提取和分类算法的输入。

2.5.4.1　CAMP 算法

CAMP(Anitori 等,2013 及其参考文献)是一种基于 ℓ_1 正则的最小二乘算法,也称为 LASSO 或基追踪去噪(BPDN)。LASSO 表示为

$$\boldsymbol{x} = \arg\min_{x} \frac{1}{2} \| \boldsymbol{y} - \boldsymbol{D}\boldsymbol{x} \|_2^2 + \lambda \| \boldsymbol{x} \|_1 \tag{2-38}$$

式中:$\boldsymbol{x}$ 和 $\boldsymbol{y}$ 为复数量;λ 为正则化参数。

算法 2.1 中给出了理想的算法。因为使用了真正信号 $\boldsymbol{x}_0$ 的先验知识,该算法被认为是理想的。

算法 2.1　CAMP 算法

输入:$\boldsymbol{y}, \boldsymbol{D}, t, \boldsymbol{x}_0, \varepsilon$ 初始化:$\hat{\boldsymbol{x}}^0 = 0; z^0 = 0; t = 0 \quad r^0 = 0, x^0 = 0, \ell = 0, \Lambda^0 = \varnothing$ 重复 $t = t + 1$;
$\tilde{\boldsymbol{x}}^t = \boldsymbol{D}^{\mathrm{H}} z^{t-1} + \hat{\boldsymbol{x}}^{t-1}$; $\sigma^t = \mathrm{std}(\tilde{\boldsymbol{x}}^t - \boldsymbol{x}_0)$; $z^t = \boldsymbol{y} - \boldsymbol{D}\tilde{\boldsymbol{x}}^{t-1} + z^{t-1}\frac{1}{2\delta}\left\{\left\langle \frac{\sigma\eta_R}{\sigma x_R}(\hat{\boldsymbol{x}}^t; \tau\sigma^t) \right\rangle + \left\langle \frac{\sigma\eta_l}{\sigma x_l}(\tilde{\boldsymbol{x}}^t; \tau\sigma^t) \right\rangle\right\}$; $\hat{\boldsymbol{x}} = \eta(\tilde{\boldsymbol{x}}^t; \tau\sigma^t)$ 直到:$\| \hat{\boldsymbol{x}}^t - \hat{\boldsymbol{x}}^{t-1} \|_2 < \varepsilon$ 输出:$\tilde{\boldsymbol{x}}, \hat{\boldsymbol{x}}, \sigma$

在算法 2.1 中,$\hat{\boldsymbol{x}}^t$ 是 $\boldsymbol{x}_0$ 的稀疏表示,$\hat{\boldsymbol{x}}^t$ 是 $\boldsymbol{x}_0$ 的一个非稀疏、有噪声的估计,σ^t 是输出噪声的估计,t 表示迭代次数,δ 是测量数除以要恢复的样本数,ε 是停止规则阈值。软阈值函数 η 被应用于元素上,定义为

$$\eta(\boldsymbol{x}; \lambda) \triangleq (|x| - \lambda) e^{i\measuredangle x} 1(|x| > \lambda) \tag{2-39}$$

式中:1 为指示函数。

在 Anitori 等(2013)中,给出了 CAMP 中 τ 与 LASSO 中 λ 的关系。在非理想情况下,需要基于重构结果来估计输出噪声,例如考虑输出向量的中值。

CAMP 算法用于有噪声的输出,这允许使用 CFAR 检测,也允许算法是自适应的(Anitoriet 等,2013),这就解决了选择最优正则化参数值的问题(CAMP 中的 τ 或 LASSO 中的 λ)。在自适应 CAMP 中,最优正则化参数 τ 是通过最小化输出噪声而估计到的。

2.5.4.2 反射率图

对算法 2.1 的输入数据下采样到奈奎斯特率，以便当使用 CAMP 去获取表示向量时有一个欠定的问题。此外，为了使计算负担足够的小，这里仅使用最远距离为 10m 的数据。对于 OCD 包含的全部三种不同模型，算法 2.1 的输出是一个含噪声的表示向量。这些表示也可以作为等效的反射率图来使用（图 2－14）。

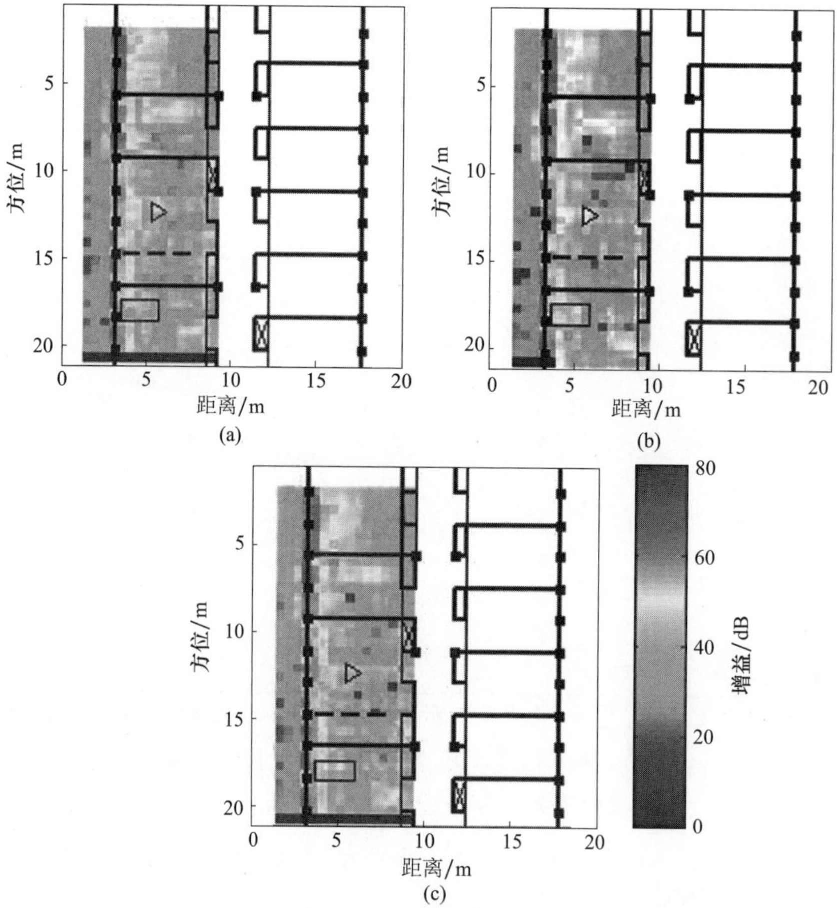

图 2－14　VV 极化下，用 OCD 获得的等效 B－scan 图（见彩图）
（a）前视部分；（b）后视部分；（c）线性相位部分。

2.5.4.3 散射体分类

这里获得分类散射体的规则与碎化滤波器法所用的规则相同。检测结果如图 2－15 所示；聚类结果如图 2－16 所示，而组合图像如图 2－17 所示。

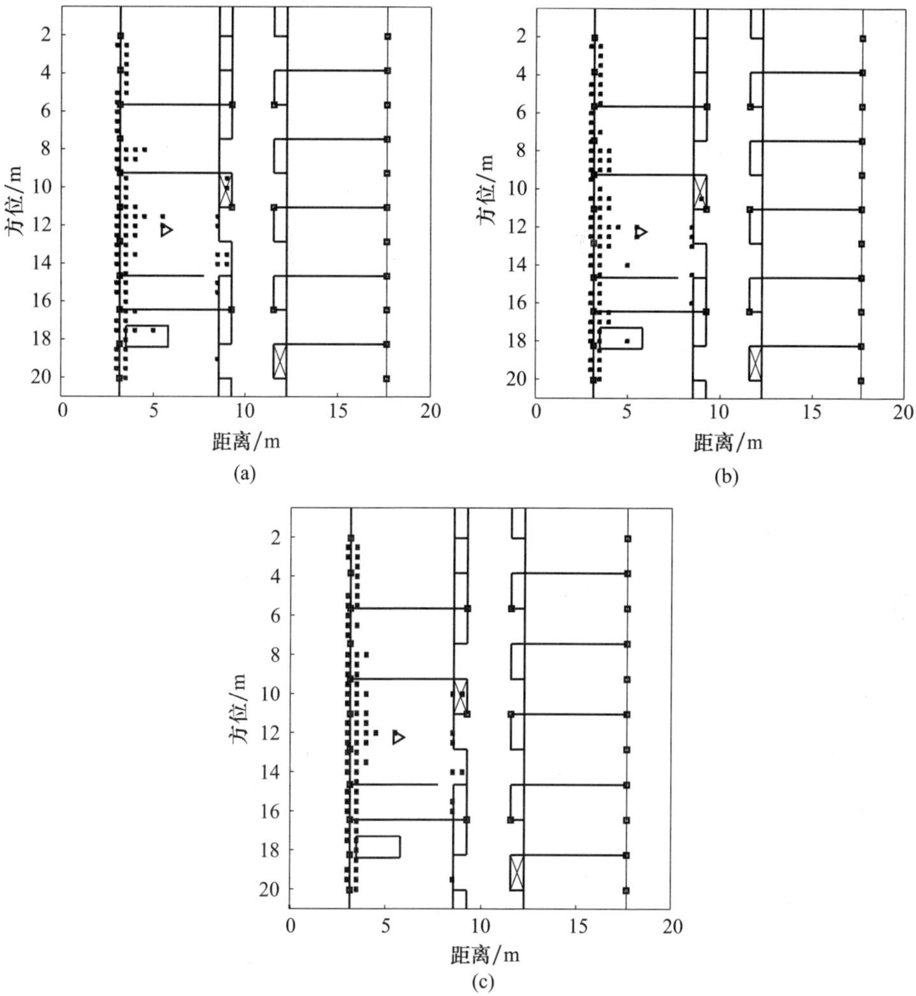

图 2－15　VV 极化下,OCD 得到的检测结果

(a)前向部分;(b)后向部分;(c)线性相位部分。

用于稀疏重建的矩阵的大小是其他方法的 3 倍。这对需要考虑的网格点数量产生了一些实际限制。从而 OCD 重建中所考虑的网格范围要小得多。这就是为什么只检测到第一面墙和第二面墙,而在其他的结果中还检测到了第三面墙和第四面墙。

虽然 OCD 对数据的重建效果最好,但是由于原子间的相关性,仍然存在一些混淆。在考虑数据重建时,这种相关性并不重要,但对于建筑测绘可能很重要。当一面大的墙壁被重建为一排连续的点散射体时,聚类算法将产生一个长的簇,最终仍将被识别为一面墙。所以建筑重建不会受到影响。但是,当墙被重建为分离孤立的点目标时,它们不会聚集在一起,也就不会被认为是一面墙。在下面的例子中,分析人员仍然可以根据关于建筑物的一般信息来判定这是一面墙。

2.6 总结

本章研究了 OCD 在建筑物内部特征提取中的应用。将 OCD 方法与传统的单散射体模型(常规合成孔径雷达方法)或独立使用多个模型的方法进行了比较。碎化滤波器和 OCD 考虑了三种不同的模型:左角、右角和墙壁。下面,使用测量的穿墙雷达数据对这三种方法进行了评估。

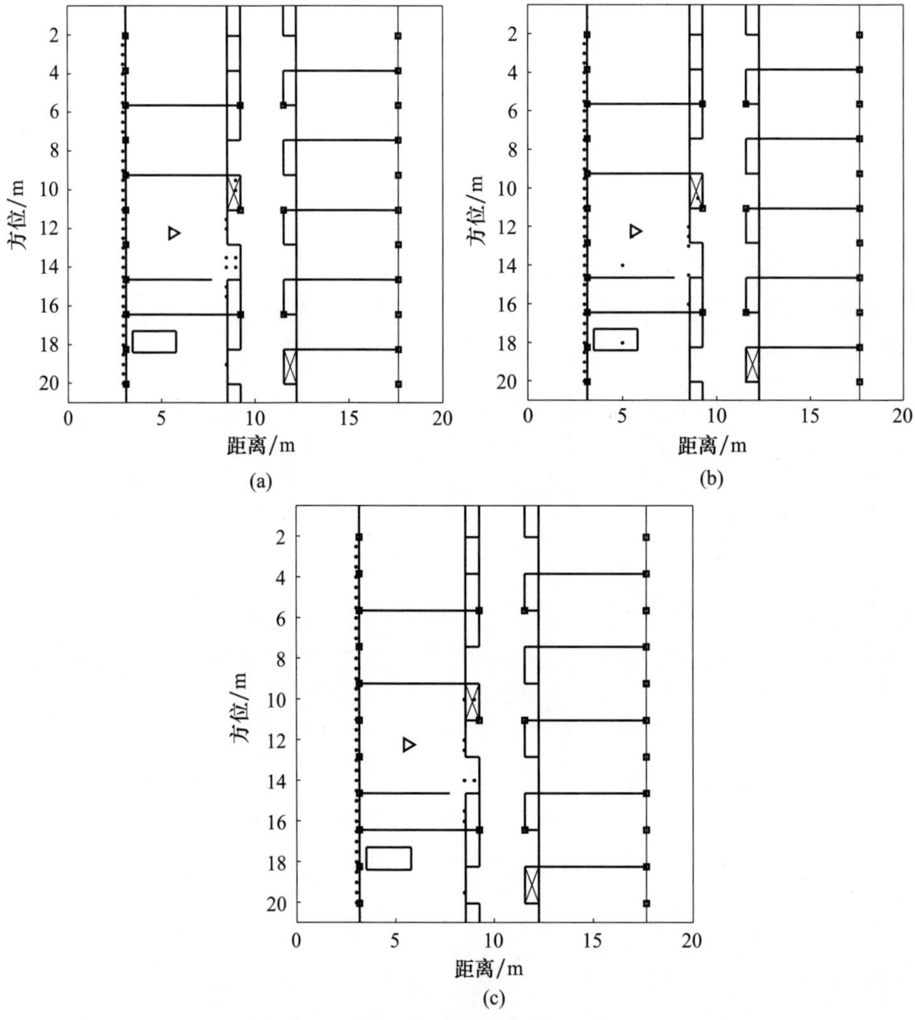

图 2-16 VV 极化下,OCD 获得的聚类结果

(a)前视部分;(b)后视部分;(c)线性相位部分。

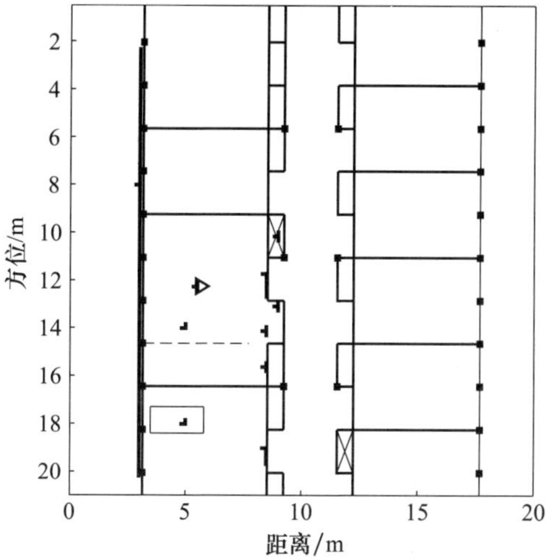

图 2-17 VV 极化下,用 OCD 得到的组合图像

OCD 同其他两种方法相比,其优势是可以同时重建所有模型。这允许对所有的散射体进行正则化。OCD 的一个缺点是具有大的前向建模矩阵。该 OCD 矩阵的大小是其他方法中的 N 倍,N 表示稀疏重建算法同时重建的模型数量。

在实验中,使用了三种不同的方法检测来自前墙壁的强反射,并使用特殊系统将其归类为一面大墙。在点散射聚焦中,假设墙壁是行不通的。在这种情况下,可以利用与墙相关的点散射体位于一条线上确定墙壁,如使用霍夫变换。碎化滤波器和 OCD 方法之间的差别很小。

通过组合三种不同模型的输出,可以对墙壁、二面角和点状散射体进行分类。这里没有给出如何基于这些特征进行建筑物内部图像的重建。基于提取特征的地图进行自动重建是测绘建筑内部所面临的挑战之一。其他挑战还包括区分结构特征和家具,以及检测建筑物内的人员。

参考文献

Aftanas, M. Through wall imaging with UWB radar system. PhD dissertation, Technical University of Košice, Košice, Slovakia, 2009.

Aftanas, M. and M. Drutarovský. Imaging of the building contours with through the wall UWB radar system. *J. Radioeng*. 18 (3), 2009, 258–264.

Aharon, M., M. Elad, and A.M. Bruckstein. K-SVD: An algorithm for designing overcomplete dictionaries for sparse representation. *IEEE Trans. Signal Process.* 54 (11), 2006, 4311–4322.

Anitori, L., A. Maleki, M.P.G. Otten, R.G. Baraniuk, and P. Hoogeboom. Design and analysis of compressed sensing radar detectors. *IEEE Trans. Signal Process.* 61 (4), 2013, 813–827.

Baranoski, E.J. Through-wall imaging: Historical perspective and future directions. *J. Franklin Inst.* 345 (6), 2008, 556–569.

Chen, B., T. Jin, Z. Zhou, and B. Lu. Estimation of pose angle for trihedral in ultrawideband virtual aperture radar. *Progr. Electromagnet. Res.* 138, 2013a, 307–325.

Chen, B., T. Jin, Z. Zhou, and B. Lu. Estimation of trihedral pose angle from virtual aperture radar image. In *Proceedings of the 43rd European Microwave Conference (EuRAD)*, Nuremberg, Germany, 2013b, pp. 507–510.

Davenport, M.A., M.F. Duarte, M.B. Wakin et al. The smashed filter for compressive classification and target recognition. In *Proceedings of the Computational Imaging V at SPIE Electronic Imaging*, San Jose, CA, 2007.

Donoho, D.L. and M. Elad. Optimally sparse representation in general (non-orthogonal) dictionaries via l^1 minimization. *PNAS* 100 (5), 2003, 2197–2202.

Ertin, E. and R.L. Moses. Through-the-wall SAR attributed scattering center feature estimation. *IEEE Trans. Geosci. Rem. Sens.* 47 (5), 2009, 1338–1348.

Huffman, C. and L. Ericson. Through-the-wall sensors for law enforcement market survey. Technical Report of National Institute of Justice NLECTC, 2012.

Johansson, E.M. and J.E. Mast. Three-dimensional ground-penetrating radar imaging using synthetic aperture time-domain focusing. *Proc. SPIE* 2275, 1994, 205–214.

Lagunas, E., M.G. Amin, F. Ahmad, and M. Nájar. Sparsity-based radar imaging of building structures. In *Proceedings of the 20th European Signal Processing Conference (EUSIPCO)*, Bucharest, Romania, 2012, pp. 864–868.

Lagunas, E., M.G. Amin, F. Ahmad, and M. Nájar. Determining building interior structures using compressive sensing. *J. Electron. Imag.* 22 (2), 2013a, 021003-1–021003-15.

Lagunas, E., M.G. Amin, F. Ahmad, and M. Nájar. Improved interior wall detection using designated dictionaries in compressive urban sensing problems. *Proc. SPIE* 8717, 2013b, 87170K-1–87170K-7.

Lavely, E.M., Y. Zhang, E.H. Hill, Y. Lai, P. Weichman, and A. Chapman. Theoretical and experimental study of through-wall microwave tomography inverse problems. Special issue, Ed. M.G. Amin. *J. Franklin Inst.* 345 (6), 2008, 592–617.

Le, C., T. Dogaru, L. Nguyen, and M.A. Ressler. Ultrawideband (UWB) radar imaging of building interior: Measurements and predictions. *IEEE Trans. Geosci. Rem. Sens.* 47 (5), 2009, 1409–1420.

Marble, J.A. and A.O. Hero. See through the wall detection and classification of scattering primitives. *Proc. SPIE* 6210, 2006, 62100B-1–62100B-6.

Miller, D., M. Oristaglio, and G. Beylkin. A new slant on seismic imaging: Migration and integral geometry. *Geophysics* 52 (7), 1987, 943–964.

Miller, R.J., W.L. van Rossum, L. Hyde, and J.J.M. de Wit. Radar technology for inside building awareness (RIBA). Technical Report EDA Contract 11.R&T.OP.131, 2012.

NATO RTO. Sensing-through-the-wall technologies. Technical Report RTO-TR-SET-100 AC/323(SET-100)TP/360, 2011.

Nikolic, M.M., M. Ortner, A. Nehorai, and A.R. Djordjevic. An approach to estimating building layouts using radar and jump-diffusion algorithm. *IEEE Trans. Antenn. Propag.* 57 (3), 2009, 768–776.

Önhon, N.Ö. and M. Çetin. A nonquadratic regularization-based technique for joint SAR imaging and model error correction. *Proc. SPIE* 7337, 2009, 73370C-1–73370C-10.

Potter, L.E. and R.L. Moses. Attributed scattering centers for SAR ATR. *IEEE Trans.*

Image Process. 6 (1), 1997, 79–91.

Sévigny, P. and D.J. DiFilippo. A multi-look fusion approach to through-wall radar imaging. In *Proceedings of the IEEE Radar Conference*, Ottawa, Ontario, Canada, 2013.

Sévigny, P., D.J. DiFilippo, T. Laneve et al. Concept of operation and preliminary experimental results of the DRDC through-wall SAR system. *Proc. SPIE* 7669, 2010, 766907-1–766907-11.

Sévigny, P., D.J. DiFilippo, T. Laneve, and J. Fournier. Indoor imagery with a 3-D through-wall synthetic aperture radar. *Proc. SPIE* 8361, 2012, 83610K-1–83610K-7.

Smits, F.M.A., J.J.M. de Wit, W.L. van Rossum et al. 3D Mapping of buildings with SAPPHIRE. In *Proceedings of the EMRS DTC Technical Conference*, Edinburgh, U.K., 2009.

Stolt, R.H. Migration by Fourier transform. *Geophysics* 43 (1), 1978, 23–48.

Strohmer, T. and R.W. Heath. Grassmannian frames with applications to coding and communication. *Appl. Comput. Harmon. Anal.* 14 (3), 2004, 257–275.

Subotic, N., E. Keydel, J. Burns et al. Parametric reconstruction of internal building structures via canonical scattering mechanisms. In *Proceedings of the International Conference on Acoustics, Speech, and Signal Processing (ICASSP)*, Las Vegas, NV, 2008, pp. 5189–5192.

Thajudeen, C., A. Hoorfar, F. Ahmad, and T. Dogaru. Measured complex permittivity of walls with different hydration levels and the effect on power estimation of TWRI target returns. *Progr. Electromagnet. Res.* B 30 (2011): 177–199.

Ulander, L., H. Hellsten, and G. Stenstrom. Synthetic aperture radar processing using fast factorized backprojection. *IEEE Trans. Aerosp. Electron. Syst.* 39 (3), 2003, 760–776.

Yilmaz, O. and S.M. Doherty. *Seismic Data Processing. (Investigations in Geophysics, vol. 2).* Society of Exploration Geophysics, Tulsa, OK, 1987.

Zhang, W., A. Hoofar, and C. Thajudeen. Building layout and interior target imaging with SAR using an efficient beamformer. In *Proceedings of the IEEE International Symposium on Antennas and Propagation (APSURSI 2011)*, Spokane, WA, 2011, pp. 2087–2090.

第3章 基于压缩感知的地下目标雷达成像

Kyle R. Krueger、James H. McClellan
和 Waymond R. Scott，Jr.

掩埋目标的识别是一个持久和重要的研究课题，其应用领域包括公用设施定位、宝藏探寻、地质勘探、考古、冰雪覆盖测量、结构状态监测、地雷定位等。许多的应用与城市感知有关。目前已设计出不同的工具、采集系统及检测算法来解决这个重要而应用广泛的问题。这一章我们将讨论关于掩埋目标识别的几个重要方面，包括利用探地雷达(GPR)结合 CS 方法进行地雷定位。我们将展示基于 CS 的检测算法的优点，并说明使用这种算法来解决实际三维成像问题所需要注意的事项。

3.1 引　　言

因为 GPR 对介电常数和地下导电率的变化很敏感，因此，GPR 已被证实是一种对多种地下目标都能成像的有效工具[3,16,33]。用于 GPR 数据采集的两种常见发射模式为时域脉冲模式和步进频率模式。因为两种模式下的发射信号构成一组傅里叶变换对，因此在实际采集的过程中，两种方法各有其优、缺点。时域脉冲系统可以通过自动增益控制(AGC)调节接收机在不同时间/深度的增益以增加深处目标回波的信噪比。然而，它容易受到通信系统窄带干扰的影响。步进频率 GPR 对于窄带噪声更稳健，但是其接收增益不能根据深处目标情况进行调节。对于许多应用，两种系统都受限于其冗长的数据采集时间，步进频率系统通常会更慢一些。

许多 GPR 需要大孔径天线来获取高空间分辨率。当试图定位浅埋目标时，所需的分辨率是厘米级。探地雷达通常是一个可移动的收发平台，它可以扫描一定的感兴趣区域，例如，一些 GPR 具有手持式探测棒，因此，它自然而然地能够通过使用合成孔径方法来获取相干的大孔径数据。SAR 已有效应用于 GPR[14,22-23,31,33,37-38]。

SAR 作为一种数据采集技术，它可以将单个天线沿已知路径移动到不同位置，并沿路径将接收的信号样本进行相干叠加，从而形成沿路径维的高分辨率图像(当路径为线性时)[7,15,26]。系统不会在每个扫描位置独立成像,取而代之的是使用许多扫描位置的数据集实现最优成像。取代合成孔径的一个折中办法是进行多次测量,但这会增加问题的计算复杂度。因此,数据存储器是制约 GPR 的另一个重要因素,因为在成像之前必须采集许多信号。当在移动环境中使用 GPR 时,处理过程必须要求设备就地实时完成。其他情况下,数据收集可以在整个实验过程中进行,然后通过计算机群脱机离线处理。

在解决 GPR 面临的问题时,对分辨率和数据采样效率的极高要求促使许多不同的反演技术相继被研究出来。CS 作为一个越来越广为人知的技术,其在图像领域已经得到了广泛的研究。它在分辨率和数据采样效率上都具有优势[5,12,17]。CS 利用信号的稀疏表示将信号投影到较低维度的测量空间以达到减少数据采集量的目的。CS 也可用于稀疏成像,Gurbuz 等和 Soldovieri 等证明利用 CS 获得的探测雷达的检测分辨率高于其他常用检测算法[22,37]。虽然没有被直接证明,但是 CS 给出的稀疏解可以作为一个自动检测器,并且也不需要对反演后的图像进行判读。CS 的另外一个优点是适用于像 GPR 这种表示矩阵 $\boldsymbol{\Psi}$ 可以明确定义的应用。通常 $\boldsymbol{\Psi}$ 是一个显式的字典矩阵,它可以通过枚举期望目标响应生成。另外,也可以利用函数对 $\boldsymbol{\Psi}$ 进行表示。因为一个三维成像问题需要枚举二维扫描网格、三维成像空间以及步进频率或时间采样数,所以生成字典的计算量会相当大。如果所有变量的维数都等于 N,则字典的维数为 $O(N^6)$。对于一个 $N=100$ 的普通规模问题,在计算机内存中则需要存储 10^{12} 个复数。CS 能帮助减少离散值的数量,于是只需要存储几个变量。但是,我们将证明这种优点通常不够强大。通过函数表示修正 $\boldsymbol{\Psi}$ 的结构和应用,可以大幅减少构造 CS 框架的约束条件,从而使得 CS 在 GPR 问题中变得实用。预计这种方式还可以应用在其他城市遥感问题,包括穿墙成像中[1-2]。

本章的余下内容分为四个部分:3.2 节对 GPR 成像的基础知识背景进行简要介绍;3.3 节讨论基于 CS 框架的 GPR 数据获取系统和表示模型;3.4 节介绍对 $\boldsymbol{\Psi}$ 的一些结构性修改,从而获得巨大的计算优势;3.5 节通过实测数据评估 CS 的性能;3.6 节为本章结论。

3.2　GPR 成像背景

GPR 问题可以描述为一个基于模型反演的参数检测问题。数据流和处理模块检测系统如图 3-1 所示。数据来源有两种:基于数据采集系统对环境进行感知,以及基于数据采集系统结构信息和待提取模型参数的模型字典矩阵 $\boldsymbol{\Psi}$。在反演时,结合使用数据采集系统获得的测量值和字典 $\boldsymbol{\Psi}$ 来获得描述环境的三维图像。

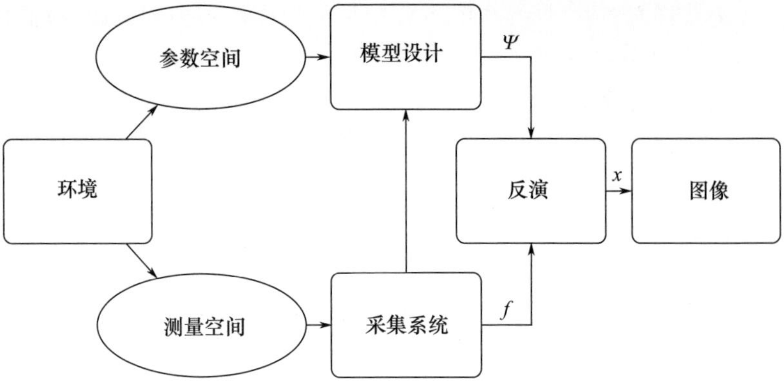

图 3－1　基于模型反演的 GPR 检测流程

典型的 GPR 数据采集系统可以分为两类:时域脉冲和步进频率。它们对应的响应模型分别如式(3－1)和式(3－2)所示。它们构成一对时频变换对,但是具有非常不同的特性,以不同的方式影响 CS 框架。

传统的时域脉冲 GPR(TPGPR)发射一个持续时间非常短的电磁脉冲(纳秒级)。发射脉冲从目标反射回来后被接收机检测到。接收和发射脉冲之间的时延被记录下来用于确定目标位置[16]。GPR 数据采集技术包括通过移动一个传感器的位置 $\boldsymbol{l}_s=(x_s,y_s,z_s)$ 来形成合成孔径。对于一张三维图像,扫描位置 $\boldsymbol{l}_S$ 被标记为二维平面的网格点,如图 3－2 所示。

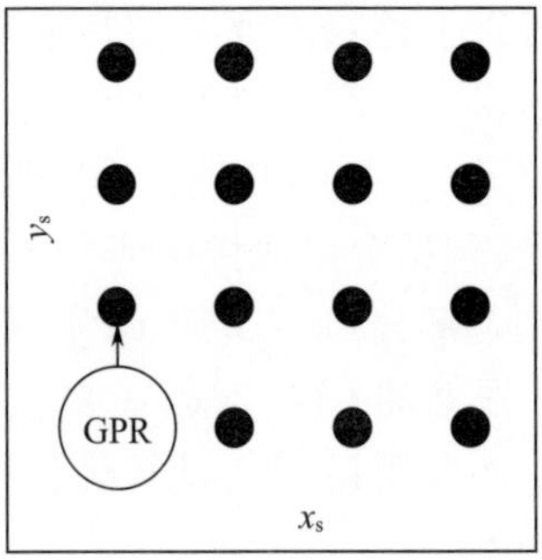

图 3－2　GPR 数据采集二维扫描网格

如果发射机和接收机一起扫描,标量点目标模型为

$$\gamma(t,\boldsymbol{l}_s,\boldsymbol{l}_t)=\frac{\rho_1}{S}p(t-\tau(t,\boldsymbol{l}_s,\boldsymbol{l}_t,c,v)) \tag{3-1}$$

式中:$p(t)$ 为发射机在 $\boldsymbol{l}_s$ 位置上发射的脉冲,然后被位置在 $\boldsymbol{l}_t=(x_t,y_t,z_t)$ 的目标反射回来,反射因子是 ρ_1;S 为已知或未知的电磁传播函数;τ 为以速度 v 通过基于斯涅尔定律近似计算的空气和介质边界的波的时延。

图 3 - 3 所示是一条双站 GPR 发出的波入射地面并从目标反射的路径。仿真的时域测量值如图 3 - 4(a)所示。

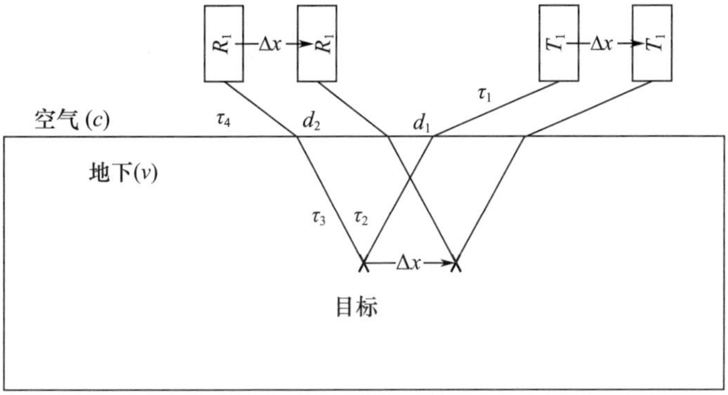

图 3 - 3　多种介质中的 EM 传播途径

地面和空气交界处也会有反射,消除这种地面反射仍是一个活跃的研究课题。例如,Tuncer 等介绍了利用 CS 消除 GPR 地面反射的方法,但本章不会具体讨论[40]。为了简化描述,本章给出的仿真中考虑速度不变的单种介质。

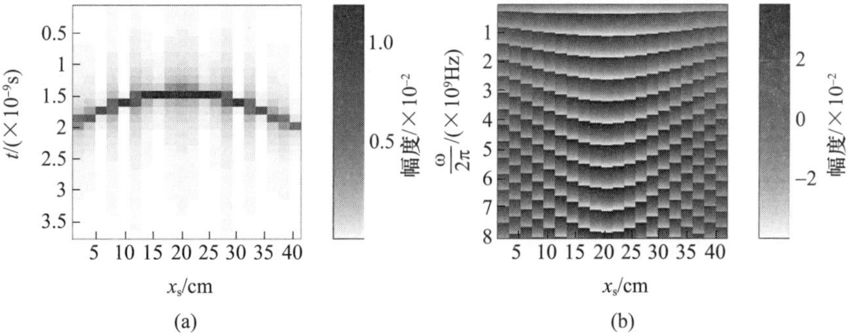

图 3 - 4　单个点目标的测量值仿真

(a)时域;(b)频域(相位)。

此外,3.5.2 节中的地表下实验是在一个具有可控均匀地层响应的环境中完成的,由于实验室中传感器的高度是已知的,所以可以从其后的测量中减去地面反射。

用 GPR 采集数据的另一种方法是使用步进频率探地雷达(SFGPR)。它不再发送短脉冲,而是在一个特定带宽内发送出一系列不同频率的正弦信号。然后 GPR 在不同频率对信号的振幅和相位进行测量。例如,3.5.2 节中讨论的 SFGPR 系统频段范围为 60MHz ~ 8GHz,包含 401 段等距频带。这些测量值是短脉冲傅里叶变换后的采样值,所以其相位变化与时延有关,可以用于目标定位。步进频率法相比时间脉冲法的优势在于它允许以相等的功率覆盖更大的带宽,因为每个窄带正弦波可以被独立控制[3]。因为可通过选择频率来避免通信信号,窄瞬时带宽还可以抗噪声和干扰[42]。步进频率的缺点是可能需要很长时间获取数据,因为必须发送不同频率的正弦脉冲。SFGPR 的目标响应为

$$R(\omega,\boldsymbol{l}_s,\boldsymbol{l}_t)=\frac{\rho_2}{S}e^{-j\omega\tau(t,\boldsymbol{l}_s,\boldsymbol{l}_t,c,v)} \tag{3-2}$$

式中包含的是相移而不是时延。若 $p(t)=\delta(t)$,则式(3-2)就是式(3-1)的频域形式。一个仿真的频域测量的相位的示例如图 3-4(b)所示。

模型字典矩阵 $\boldsymbol{\Psi}$ 可利用一些不同的成像技术通过枚举式(3-2)中所有的离散参数来构造。首先,确定哪些参数与测量值有关,哪些参数将用于寻找目标。GPR 检测系统中优先级最高的变量是目标位置 $\boldsymbol{l}_t$。扩散因子 S 和目标强度 ρ_2 可以近似为单个幅度值 $s(\boldsymbol{l}_t)$,并且不需要穷举。对于本节下面的部分,仅考虑 SFGPR,因此测量参数包括频率 ω 和传感器位置 $\boldsymbol{l}_s$。类似的方法也可用来构造 TPGPR 字典矩阵。单个目标的 SFGPR 模型可以重写为

$$\begin{aligned}R(\omega,\boldsymbol{l}_s,\boldsymbol{l}_t)&=s(\boldsymbol{l}_t)e^{-j\omega\tau(d(\boldsymbol{l}_s,\boldsymbol{l}_t),c,v)}\\&=s(\boldsymbol{l}_t)\Psi(\omega,\boldsymbol{l}_s,\boldsymbol{l}_t)\end{aligned} \tag{3-3}$$

式中,$d(\boldsymbol{l}_s,\boldsymbol{l}_t)$ 为三维距离函数。测量在有限的频率集合 ω 和有限的传感器位置 $\boldsymbol{l}_s=(x_s,y_s)$ 上进行。

字典矩阵 $\boldsymbol{\Psi}$ 的列向量 $\boldsymbol{\Psi}(l_t)$ 是通过计算确定 $\boldsymbol{l}_t$ 的模型 $R(\omega,\boldsymbol{l}_s,\boldsymbol{l}_t)$,和枚举三个测量空间参数 ω、x_s 和 y_s 的所有三元组而获得的。最终的字典是由所有目标位置响应向量张成的列空间构成:

$$\boldsymbol{\Psi}=\lfloor\boldsymbol{\Psi}(l_t^1)\mid\boldsymbol{\Psi}(l_t^2)\mid\cdots\mid\boldsymbol{\Psi}(l_t^{N_{l_t}})\rfloor \tag{3-4}$$

式中,N_{l_t} 为目标可能的位置 $\boldsymbol{l}_t$ 的总数,通过枚举所有可能的目标三维位置参数 x_t、y_t 和 z_t 获得。如果每个参数的数量是 N,那么 $\boldsymbol{\Psi}$ 将是 $N^3\times N^3$ 的矩阵。例如,当 $N=100$,字典矩阵大小将为 $10^6\times10^6$,共一万亿(10^{12})项。

使用式(3-4)中的字典矩阵 $\boldsymbol{\Psi}$,响应向量可以表示为

$$\boldsymbol{f}=\sum\nolimits_{l_t}s(\boldsymbol{l}_t)\boldsymbol{\Psi}(\boldsymbol{l}_t)=\boldsymbol{\Psi x} \tag{3-5}$$

式中,$\boldsymbol{x}$ 为一个稀疏向量,其元素仅在目标位置处非零。向量 $\boldsymbol{f}$ 中元素的排列顺序与用于测量向量 $\boldsymbol{\Psi}(\boldsymbol{l}_t)$ 的三个参数 ω、x_s 和 y_s 的枚举顺序对应。$\boldsymbol{x}$ 中元素的排列顺序与目标三维位置(x_t,y_t,z_t)的顺序对应。

反演处理是从测量值 $\boldsymbol{f}$ 中恢复 $\boldsymbol{x}$。但是,$\boldsymbol{\Psi}$ 的大小以及反演算法的计算复杂度使三维成像在现实应用中成为难题。为了解决这个问题,可以用 $\boldsymbol{\Psi}$ 的一些结构性质来简化字典的创建、存储以及在不同反演算法中的应用。

用于 GPR 反演的最常见方法是标准反向投影法(BP)。在式(3-5)中,标准投影像可简单地通过测量值 $\boldsymbol{f}$ 与伴随矩阵 $\boldsymbol{\Psi}^*$ 相乘得到,即

$$\boldsymbol{x}_{BP}=\boldsymbol{\Psi}^*\boldsymbol{f}=(\boldsymbol{\Psi}^*\boldsymbol{\Psi})\boldsymbol{x} \tag{3-6}$$

输出向量 $\boldsymbol{x}_{BP}$ 必须被重构为二维矩阵显示成像结果，如图 3-5 所示。图 3-5(a)显示的是一个 $\boldsymbol{l}_t$ 离散值为 2cm 的单目标像，图 3-5(b)显示了同一目标在 $\boldsymbol{l}_t$ 离散值为 1cm 时的图像。即使只有一个点目标，也很容易发现，图像中的像素点不仅仅在目标的真实位置具有能量，在其他一些像素点上也有能量。这是因为 $\boldsymbol{\Psi}$ 不是正交矩阵，不同列向量之间的相关性并不总是为零。根据字典相关性的定义：任意两列的相关系数的最大值，因此采用更细的网格，即减少 $\boldsymbol{l}_t$ 的间距将增加字典的相关性。这一事实对离散化 $\boldsymbol{l}_t$ 来生成字典非常重要。图 3-5表明了图像的实际分辨率并不能通过采用更细的离散网格来改善。

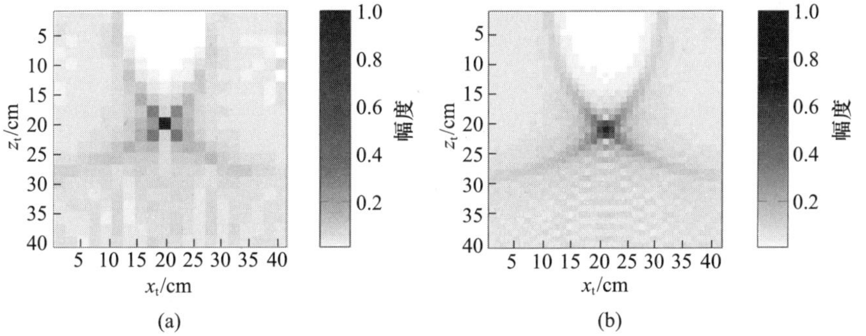

图 3-5　$\boldsymbol{l}_t$ 的离散值分别取 2cm 和 1cm 时的仿真目标 BP 成像结果

(a)2cm；(b)1cm。

3.3　CS 的系统框架

对于 GPR，搭建 CS 框架有很多需要考虑的地方。使用 CS 的一般原因是为了减少对数据采集的限制，在本质上有利于稀疏求解。正如前面所讨论的那样，SFGPR 受限于冗长的数据采集时间，特别是对于多个发射天线没有同时使用的阵列系统。例如，如果假设 GPR 有 5 个发射天线并需要 100μs 来获取每个频率数据，那么车辆移动的最大速度可以近似估计为

$$\text{maxspeed}=\frac{\text{aperture spacing}}{\text{freq. duration}\times\text{num. TX antennas}\times\text{num. freqs.}}=\frac{0.02}{0.0001\times5\times400}=0.1\text{m/s}$$

这对于许多应用来说是不切实际的。

例如，在日内瓦国际中心，其就人道主义排雷(GICHD)已发表了一份最先进的 GPR 地雷探测器的规格清单[19]。在 GICHD 分析中，手持式探测器具有 0.2～1m/s 的最佳扫描速度，这是 GPR 手持装置实现最佳检测精度可达到的空间移动速度。1m/s 的扫描速度对手持式 GPR 可能足够了，而 0.2m/s 的扫描速度则在使用中不太舒服。

数据采集速度对于车载 GPR 系统来说非常关键,因为它们可用于搜索较大的区域,因此期望车辆速度更快。在日内瓦国际中心的设备目录中,安装 GPR 的车辆移动速度为 0.2～2m/s,这比期望值要慢得多。对于 TPGPR,数据采集时间问题不如 SFGPR 严重,但仍然是个问题。对于 TPGPR,CS 可以简化硬件设计,同时减少数据采集时间并达到所需的检测精度。CS 也可以用来减小合成孔径间隔或增加手持及车载 GPR 系统的天线阵尺寸。所有这些情形的目的是提高系统性能,同时仍然能够形成精确的地下图像。本节的剩余部分将介绍运用 CS 算法进行 GPR 检测的数据流设计问题。

3.3.1 $\boldsymbol{\Phi}$ 的设计

该过程的第一步是设计一个采样方案来减少 CS 的采样时间,或在不增加数据采集时间的前提下提升系统性能。在压缩采样中,压缩矩阵 $\boldsymbol{\Phi}$ 需要满足约束等距性(RIP)。如果 $\boldsymbol{A}=\boldsymbol{\Phi\Psi}$,则

$$1-\varepsilon_{\mathrm{RIP}}\leqslant\frac{\|\boldsymbol{Ax}\|_2}{\|\boldsymbol{x}\|_2}\leqslant 1+\varepsilon_{\mathrm{RIP}} \tag{3-7}$$

式中:$\varepsilon_{\mathrm{RIP}}>0$;$\boldsymbol{x}$ 为待估计的稀疏向量[10]。

如果 $\boldsymbol{A}$ 是一个随机矩阵,则当下式成立时,其以高概率满足 RIP,即

$$M\geqslant\mu^2(\boldsymbol{\Phi},\boldsymbol{\Psi})\log(N)K \tag{3-8}$$

式中:K 为向量 $\boldsymbol{x}$ 中非零元素的个数;M 为压缩测量值个数或 $\boldsymbol{\Phi}$ 的行数;$N=N_\omega N_{l_s}$为未压缩的测量值,或者是 $\boldsymbol{\Psi}$ 的行数或者 $\boldsymbol{\Phi}$ 的列数,并且

$$\mu(\boldsymbol{\Phi},\boldsymbol{\Psi})=\max_{\substack{\boldsymbol{\varphi}_k\in\mathrm{Rows}(\boldsymbol{\Phi})\\ \boldsymbol{\Psi}_t\in\mathrm{Cols}(\boldsymbol{\Psi})}}|\langle\boldsymbol{\varphi}_k,\boldsymbol{\Psi}_t\rangle| \tag{3-9}$$

是互相关系数[9]。$\boldsymbol{\Phi}$ 的行向量归一化为 $\|\boldsymbol{\varphi}_k\|_2^2=N$,$\boldsymbol{\Psi}$ 的列向量归一化为 ℓ_2 范数为 1 的向量。$\mu(\boldsymbol{\Phi},\boldsymbol{\Psi})$的理想值尽量接近于 1。为了完备性,$D=N_{l_t}$是参数的个数,或者 $\boldsymbol{\Psi}$ 的列数。

常见的三种不同类型的 $\boldsymbol{\Phi}$ 包括:高斯(Ⅰ型)、伯努利 ±1(Ⅱ型)和一个单位矩阵的随机子集(Ⅲ型)。Gurbuz 等对这些 $\boldsymbol{\Phi}$ 的结构特性和命名规范进行了讨论和分析[23]。选择用于图像图 3-5 的矩阵 $\boldsymbol{\Psi}$,计算其采样边界和互相关系数。采样参数设为 $N_{\mathrm{f}}=N_{\mathrm{t}}=401$,$N_{l_s}=20$,$N_{l_t}=20\times20=400$。

3.3.1.1 时域脉冲系统的 $\boldsymbol{\Phi}$

Ⅰ型 $\boldsymbol{\Phi}$ 在 CS 的文献中被广泛地使用,其中,$\boldsymbol{\Phi}$ 的每个元素服从正态分布 $\mathcal{N}(0,1)$。而且,根据定义,时域脉冲测量值在时间维上稀疏,使用散布的 $\boldsymbol{\Phi}$ 是有益的,因为它与 $\boldsymbol{\Psi}$ 非常不同。表 3-1 给出了Ⅰ型、Ⅱ型和Ⅲ型矩阵的互相关系数 $\mu(\boldsymbol{\Phi},\boldsymbol{\Psi})$。类型Ⅰ的互相关系数是4.5,这意味着仅需要 3% 的总测量数据实现重建。

表 3-1　TPGPR 中不同 $\boldsymbol{\Phi}$ 的互相关系数

类型	描述	$\mu(\boldsymbol{\Phi},\boldsymbol{\Psi})$	$\approx M$
Ⅰ	$\mathcal{N}(0,1)$	4.5	240
Ⅱ	贝努利	2.5	80
Ⅲ	随机抽样	20	5200

类型Ⅱ矩阵的元素服从伯努利 ±1 分布。Ⅱ型矩阵具有与Ⅰ型矩阵类似的属性，即它们可以散布在 $\boldsymbol{\Psi}$ 是稀疏的维度上。这种相似性使得 $\mu(\boldsymbol{\Phi},\boldsymbol{\Psi})$ 甚至具有一个更低的值为 2.5，对应地仅需要大约总测量值的 1% 来恢复单个目标。

对于Ⅲ型矩阵，它是一个随机选择矩阵，如它的名字所示，它是所有测量值的一个随机子集。然而，Ⅲ型矩阵的结构并不适合时域脉冲系统，因为矩阵 $\boldsymbol{\Phi}$ 和 $\boldsymbol{\Psi}$ 在测量域都是稀疏的。例如，当对稀疏度为 1，长度为 50 的向量进行采样时，进行 50 次采样是保证随机选择矩阵能够得到信号全部信息的唯一方法。Ⅲ型矩阵的 $\mu(\boldsymbol{\Phi},\boldsymbol{\Psi})$ 高达 20，对应地至少需要过半的采样样本。

当可以通过某种硬件设计、脉冲设计或创造性的采样结构使得矩阵 $\boldsymbol{\Phi}$ 能有效应用于数据采集过程中时，对矩阵 $\boldsymbol{\Phi}$ 的分析是重要的。例如，在 Gurbuz 等的工作中描述的，可以使用混频器和低通滤波器来实现与一个随机信号的内积，从而得到Ⅰ型和Ⅱ型矩阵。然而，以雷达速度（通常为吉赫）产生高斯随机脉冲较困难。使用状态机来产生Ⅱ型随机信号向量则更为合理[23]。Ⅲ型矩阵则非常容易通过在传感器位置域或者时域进行欠采样来实现。如图 3-6 所示，其中，垂直的黑线对应未进行采样的 l_s 位置。这对于非匀速运动但采样时刻均匀的系统是理想的。只要对每个采样信号的 l_s 位置记录准确，随机空间采样则是有效的。

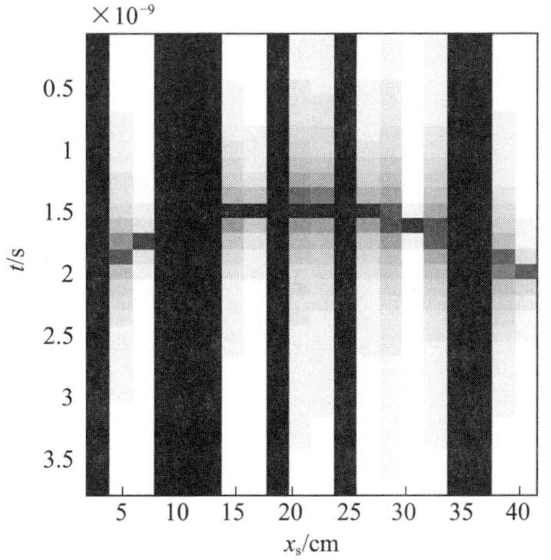

图 3-6　省略部分传感器位置的时域欠采样

随机向量也可以用其他方式得到应用，而不需要硬件完成随机内积。Romberg 引入了一种称为随机卷积的方法，其基于这样一种理念：常规随机矩阵符合 RIP 条件，对于随机 Toeplitz 和循环矩阵，理论上同样适用[4,34]。使用这些结构化矩阵的额外优点在于它们可以通过快速傅里叶变换（FFT）有效地实现，因为它们是卷积运算的矩阵表示。

式（3-1）可以重写为卷积式：

$$\gamma(t,\boldsymbol{l}_s,\boldsymbol{l}_t)=\frac{\rho_1}{S}p(t)*\delta(t-\tau(t,\boldsymbol{l}_s,\boldsymbol{l}_t,c,v)) \tag{3-10}$$

设接收端发送信号为 $p(t)$，如果 $p(t)$ 可以被构造为一个已知的、服从 $N(0,1)$ 或伯努利 ±1 分布的伪随机信号，则随机向量投影可以通过发射脉冲和目标响应的卷积获得，而没有额外的硬件需求。对应的互相关系数和Ⅰ型、Ⅱ型矩阵 $\boldsymbol{\Phi}$ 的类似。取决于 $p(t)$ 的长度，所得到的测量响应实际上将在时间上散布。这使得可以在卷积之后通过随机采样来实现压缩测量。要表示和 $p(t)$ 的卷积及随后对 $\boldsymbol{\Psi}$ 的随机采样，只需要在 $\boldsymbol{\Phi}$ 的左边乘上托普利茨矩阵 $\boldsymbol{P}$，然后应用Ⅲ型矩阵 $\boldsymbol{\Phi}$。矩阵 $\boldsymbol{P}$ 可由 $p(t)$ 的离散化向量 $\boldsymbol{p}$ 构建。

使用随机卷积方法可以显著降低 GPR 硬件的复杂度。事实上，采用伪随机 M 序列脉冲作为发射信号的 GPR 已经存在[36]。此外，已经证实时域伪随机采样是典型 GPR 系统的一种有效方式，因为它不需要使用信号延迟线[18,25]。随机抽样可以在比传统的顺序采样小得多的扫描时间内达到相似的准确性。使用随机卷积和随机采样的 GPR 使得 CS 看似是直接在雷达应用中实现的。随机卷积方法也可以很容易地与随机空间采样结合来进一步减少数据采集量。

3.3.1.2 步进频率系统的 $\boldsymbol{\Phi}$

可以采用与前一节中 TPGPR 相同的方式来分析 SFGPR。通过表 3-2 可以很明显地看到，对于 SFGPR，所有类型的 $\boldsymbol{\Phi}$ 都有效。其中最大的利好是迄今为止，在实际系统中最容易实现的Ⅲ型矩阵的效果最好。这些矩阵与 SFGPR 创建的 $\boldsymbol{\Psi}$ 是完全不相关的，因为 $\boldsymbol{\Psi}$ 与傅里叶矩阵类似，而与单位阵非常不同。基于这个事实，除Ⅲ型矩阵之外，在这种场景下根本就没有使用其他矩阵的理由。通过使用Ⅲ型矩阵可以大幅度减少采样数量，从而可以显著缩短 SFGPR 数据采集时间，避免了数据采集时间过长这一阻碍实际应用的缺陷。

表 3-2 SFGPR 中不同 $\boldsymbol{\Phi}$ 的互相关系数

类型	描述	$\mu(\boldsymbol{\Phi},\boldsymbol{\Psi})$	$\approx M$
Ⅰ	$\mathcal{N}(0,1)$	3.2	≈135
Ⅱ	贝努利	3	≈120
Ⅲ	随机抽样	1	≈15

3.3.2 CS 反演

CS 算法的实际反演通常是依靠对 ℓ_0 最小化的凸松弛，即压缩的 ℓ_1 最小化（$C\ell_1M$）实现。因为使用这些算法的目的是要在实际系统中实现反演，而噪声成为需要考虑的因素，使得基追踪算法失效。代替地，应该对测量值构造不等式约束来考虑加性噪声向量 $\boldsymbol{n}$：

$$\boldsymbol{y}=\boldsymbol{\Phi f}+\boldsymbol{n}=\boldsymbol{\Phi\Psi x}+\boldsymbol{n}=\boldsymbol{Ax}+\boldsymbol{n} \tag{3-11}$$

优化可以通过针对噪声使用近似测量匹配：

$$\hat{\boldsymbol{x}}=\min_x\|\boldsymbol{x}\|_1 \quad \text{s. t} \quad \|\boldsymbol{Ax}-\boldsymbol{y}\|_2<\varepsilon_2 \tag{3-12}$$

式（3 - 12）中的优化称为基追踪去噪（BPDN）[13]。BPDN 对估计的信号响应与接收到的信号响应之间的残差设置了一个允许的上界。

这些问题中另一个重要的去噪方法是 Dantzig Selector[11]，它将优化问题式（3 - 12）变为

$$\hat{\boldsymbol{x}}=\min_x\|\boldsymbol{x}\|_1 \quad \text{s. t} \quad \|\boldsymbol{A}^*(\boldsymbol{Ax}-\boldsymbol{y})\|_\infty<\varepsilon_d \tag{3-13}$$

Dantzig 选择器式（3 - 13）约束了残差与 CS 矩阵 $\boldsymbol{A}$ 的相关性，而不仅是残差大小。这种方式已被证明在 GPR 应用中是一种有效的去噪方法[22]。

常规的用于求解 ℓ_1 最小化问题的方法仅适用于实数，如 ℓ_1 - MAGIC[8]。实数约束对于频域数据通常是不适用的，因为 $\boldsymbol{A}$ 和 $\boldsymbol{y}$ 都是复数。

一个将复数转化为实数的简单方法是将复数向量表示为实部和虚部向量的组合，即

$$\boldsymbol{A}=\begin{bmatrix}\Re(\boldsymbol{A})\\ \Im(\boldsymbol{A})\end{bmatrix},\boldsymbol{y}=\begin{bmatrix}\Re(\boldsymbol{y})\\ \Im(\boldsymbol{y})\end{bmatrix} \tag{3-14}$$

然而，还有其他工具（如 CVX 和 SPGL1）可以处理复数，所以式（3 - 14）并不总是必需的[20,41]。对于 TPGPR，复数不是问题，除非发射器发射的是复值脉冲，这时则可以采取上述措施。

最后，还需要考虑参数 ε 的选择。对于式（3 - 12）中的 ε_2，如果噪声功率 σ^2 是已知的，那么我们可以使用 $\varepsilon_2=\sqrt{N}\sigma$。对于式（3 - 13）中的 ε_d，如果噪声功率已知，则 $\varepsilon_d=\sqrt{2\log(N)\sigma}$。但是，对于实际系统，准确估计噪声水平可能很困难；如果是这样，在依赖数据的训练模式下，还有其他可用于参数选择的技术。第一个是使用 L 曲线法，其理论很简单，但是计算量极大。它是一个迭代的方法，描绘稀疏度随 ε 的变化曲线。对于一系列的 ε 值，需要重复求解式（3 - 12）或式（3 - 13）并计算稀疏度。由此产生稀疏度随 ε 的变化曲线，该曲线会有一个明显的拐点，选择曲线拐点处对应的 ε 值来获得最优解。图 3 - 7 所示为 L 曲线的一个例子。

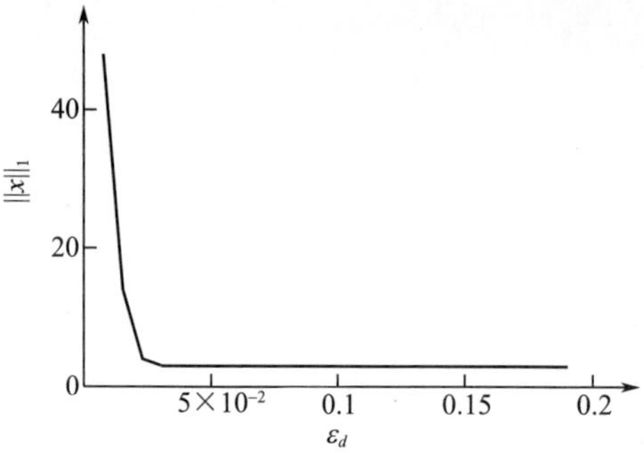

图 3-7 用于选择 ε_d 的 L 曲线

计算效率更高的第二个方法是交叉验证(CV)[6]。Gurbuz 等已经证明 CV 方法对于 GPR 中的 CS 应用是有效的[22]。这个过程将测量值划分为两组：压缩测量长度为 M 的向量 $\boldsymbol{y}$ 被分解成一个长度为 $E<M$ 的估计集合和一个长度为 $V=M-E$ 的 CV 集合。算法 3.1 给出 Gurbuz 等提出的可用于 GPR 的 Dantzig 选择问题的 CV 算法[23]。在式(3-12)中采用二次约束的 CV 算法可以在 Boufounos等人的原作[6]中找到。α 的值设置为 0.99 以确保数据欠拟合。

算法 3.1 Dantzig 选择器的 CV 算法

输入：评估字典 $\boldsymbol{A}_{\mathrm{E}}$；评估测量向量 $\boldsymbol{y}_{\mathrm{E}}$；验证字典 $\boldsymbol{A}_{\mathrm{V}}$；验证测量向量 $\boldsymbol{y}_{\mathrm{V}}$
输出：容许误差参数 ε_{d}
初始化 $\alpha=0.99$；
初始化 $\hat{\boldsymbol{b}}=0$；
初始化 $\varepsilon_d=\alpha\|\boldsymbol{A}_{\mathrm{E}}^*\boldsymbol{y}_{\mathrm{E}}\|_\infty$；
while $\|\boldsymbol{A}_{\mathrm{V}}^*(\boldsymbol{y}_{\mathrm{V}}-\boldsymbol{A}_{\mathrm{V}}\hat{\boldsymbol{b}})\|_\infty<\varepsilon_d$ do
  $\hat{\boldsymbol{b}}=\min\limits_{\boldsymbol{b}}\|\boldsymbol{b}\|_1 \quad \text{s.t} \quad \|\boldsymbol{A}_{\mathrm{E}}^*(\boldsymbol{y}_{\mathrm{E}}-\boldsymbol{A}_{\mathrm{E}}\hat{\boldsymbol{b}})\|_\infty<\varepsilon_{\mathrm{d}}$；
  $\varepsilon_d=\|\boldsymbol{A}_{\mathrm{V}}^*(\boldsymbol{y}_{\mathrm{V}}-\boldsymbol{A}_{\mathrm{V}}\hat{\boldsymbol{b}})\|_\infty$；
end

3.3.3 压缩正交匹配追踪

求解式(3-12)和式(3-13)的算法的计算量可能相当巨大。文献[21]中引入了一种 GPR 的替代求解算法，它采用少量测量值简单地解决了 CS 正交匹配追踪(COMP)问题而不是通过 $C\ell_1M$。COMP 方法不能保证得到和 $C\ell_1M$ 一样的最小值解，但实验已经证实其在检测精度方面具有与其他算法相当的性能，因为它也能够得到稀疏解。COMP 还具有更高的计算效率，因为它在每次迭代中只需要求一次矩阵共轭，并且迭代次数大致等于稀疏度。文献[21]中的实验表明使用 COMP 替代 $C\ell_1M$ 将使计算时间可减少三个数量级。算法 3.2 给出了

COMP 方法，该方法以 Tropp 等进行信号恢复的 OMP 为基础[39]。

算法 3.2　COMP 算法

输入：压缩字典 $\boldsymbol{A}$，其中 $\boldsymbol{a}_t$ 表示矩阵 $\boldsymbol{A}$ 的第 t 列；压缩测量向量 $\boldsymbol{y}$；迭代停止准则
输出：估计像 $\boldsymbol{\Xi}$，下标向量 $\boldsymbol{\lambda}$，最小二乘矩阵的更新 $\boldsymbol{\Gamma}$；$\boldsymbol{y}$ 的近似向量 $\boldsymbol{\theta}$；残差的更新 $\boldsymbol{\eta}$；
初始化 $\boldsymbol{\eta}=\boldsymbol{y}$；
初始化 $\boldsymbol{\Gamma}$ 为空；
初始化 $\boldsymbol{\lambda}$ 为空；
while 迭代停止条件不满足 do
　　$t=\arg\max\limits_{t}|\langle \boldsymbol{a}_t,\boldsymbol{\eta}\rangle|$；
　　$\boldsymbol{\lambda}=\boldsymbol{\lambda}\cup t$；
　　$\boldsymbol{\Gamma}=\boldsymbol{\Gamma}\cup \boldsymbol{a}_t$；
　　$\boldsymbol{p}=\arg\min\limits_{p}\|\boldsymbol{\eta}-\boldsymbol{\Gamma}\boldsymbol{p}\|_2$；
　　$\boldsymbol{\theta}=\boldsymbol{\Gamma}\boldsymbol{p}$；
　　$\boldsymbol{\eta}=\boldsymbol{y}-\boldsymbol{\theta}$；
end
$\boldsymbol{\Xi}(\boldsymbol{\lambda})=\boldsymbol{p}$

3.3.4　基本 CS 仿真

使用式(3－13)的 Cℓ_1M 算法对图 3－4(b)所示的 SFGPR 的仿真测量值进行反演，ε_d 的选择使用了算法 3.1 中的 CV 方案，其中各 50% 的测量值用于估计和 CV。SNR 为 5dB 时，在每个 $\boldsymbol{l}_s$ 使用 6 个随机频率来创建一个Ⅲ型矩阵 $\boldsymbol{\Phi}$，得到的总的压缩测量点的长度为 $M=6\times20=120$。将频率点数从 400 个降低到 6 个可以减少数据采集时间，同时 $\boldsymbol{\Psi}_1$ 的储存空间可减少大约两个数量级。仅使用 6 个频点可以将车辆的最大速度从 3.3 节例子中不实际的 0.2m/s 提高到 10m/s 以上，这对于 GPR 系统来说足够了。图 3－8 所示为得到的稀疏解。图 3－8 中只有一个像素点非零，其对应目标的确切位置，并且没有因字典的相关性造成的如图 3－5 中 BP 算法中的虚假目标。因为只有一个目标，因此不需要做额外分析。

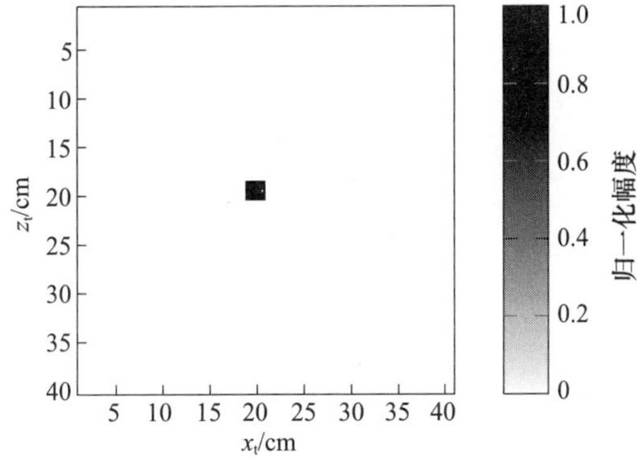

图 3－8　在空气中单个目标的模拟 Cℓ_1M 解，SNR＝5dB，在 20 个传感器位置从 400 个频率测量了 6 个随机频率

可以再运行一个简单的仿真来评估 CS 相对其他方法(如 BP 和 OMP)的准确性。OMP 可以得到稀疏解,但它不能确保一个 ℓ_1 最小化的解。为了评估解的精度,需要合适的度量。通常,像检测概率或均方根误差(MSE)都可用作性能评估指标。对于这个具体应用,由于关注更多的是估计的位置而不是幅度,因此可以使用一个称为地动距离(EMD)的度量[35]。EMD 考虑了支撑集以及幅度的误差。与 MSE 一样,较低的 EMD 表示更精确的解。例如,如果检测到一颗地雷,其位置存在 1cm 偏差,则对应的 EMD 应比在同一位置有 30cm 偏差的 EMD 要低。但是,假设这两种情况的幅度相同,如果使用 MSE,则误差也是相同的。EMD 和 MSE 的简单一维(1D)示例如图 3-9 所示。

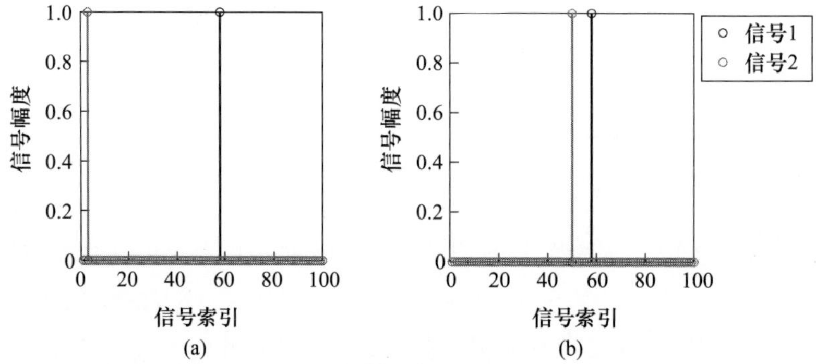

图 3-9　等 MSE 信号的高 EMD 和低 EMD
(a)高 EMD; (b)低 EMD。

为了比较不同算法的性能,用 BP、OMP、COMP 和 Cℓ_1M 方法对有三个目标的 SFGPR 仿真场景进行成像,测量是在空中进行的,信噪比(SNR)从 -20 dB变化到 30 dB。Cℓ_1M 和 COMP 取测量值 M 为 20 ~ 500,对应每个 $\boldsymbol{l}_s$ 随机选择 1 ~ 20 个步进频率。用 EMD 随 SNR 的变化和 EMD 随 M 的变化对结果进行比较。另外,M 最高取到 2000 用于比较 Cℓ_1M 和 COMP 算法的运行时间。

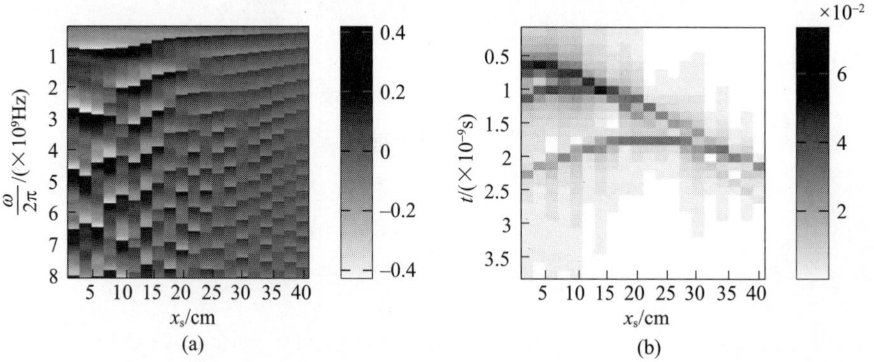

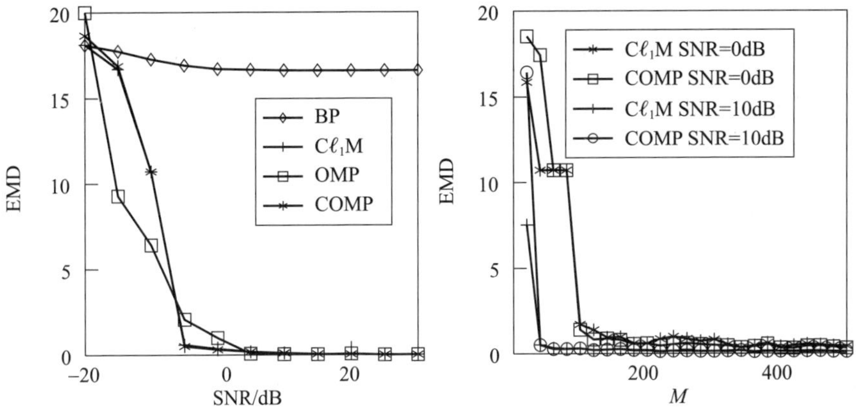

图 3-10 三个目标仿真图

(a)SFGPR 测量值；(b)TPGPR 测量值；(c)不同 SNR 下不同反演算法的 EMD 对比图；(d)两种 SNR 下，比较 $C\ell_1M$ 和 COMP 在不同 M 下的 EMD 图。

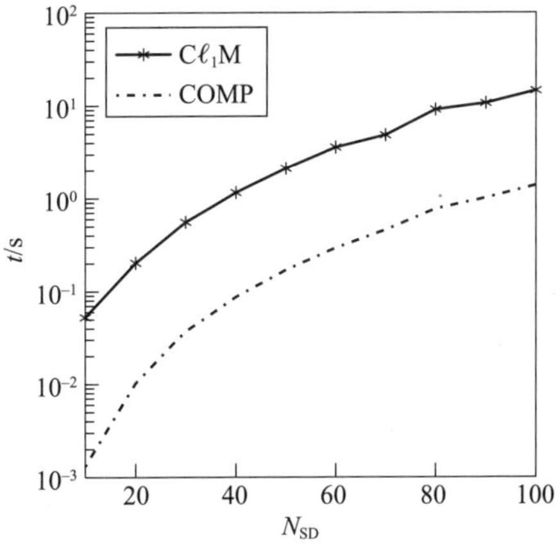

图 3-11 97 个随机频率下 $C\ell_1M$ 和 COMP 的运算时间比较

存储 25 次运行结果的中值用于精度分析，如图 3-10 所示。图 3-10(a)，(b)分别表示频率和时间测量值，图 3-10(c)比较了各种反演方法的 EMD。图 3-10(d)显示了当 SNR 为 0dB 或 10dB 时要求的 M 值。EMD 通过 Pele 和 Werman 提出的快速方法计算得到[32]。一个重要发现是，使用 EMD 有利于获得稀疏解，正如可以看到 BP 算法的 EMD 很高，而 $C\ell_1M$、OMP 或 COMP 算法则不是这样的。文献[21]最早给出了 $C\ell_1M$ 与 COMP 的性能比较结果。图 3-11 中比较了 $C\ell_1M$ 和 COMP 的计算时间。实际上，COMP 的计算效率非常高，甚至比 SPGL1 的 ℓ_1 求解器的效率约高两个数量级。因为 COMP、$C\ell_1M$ 是迭代算法，因此加速将会是可变的。加速不会像文献[21]中首次给出的那么明显，因为已经有比 CVX 效率更高的 ℓ_1 求解器出现[20,41]。

为了展示 CS 在 GPR 中的有效性,从仿真的测量值中合成小的二维图像的问题已经解决。创建三维图像更具挑战性。因为对于一般大小的三维图像来说,$\boldsymbol{\Psi}$ 的存储扩展对大多数计算机都是不可实现的,因此通常会利用二维切片去获得三维图像。当每个变量集合都有 100 个离散元素时,$N = N_f N_{l_s} = 10^6$,$P = N_{l_t} = 10^6$,那么,需要存储的元素总数为 $NP = 10^{12}$①。使用 CS,如果从 N 到 M 有两个数量级的减少,那么存储要求变为 $MP = 10^{10}$。每个元素是 64 位复双精度型,则需要创建 80 GB 的存储空间。由于这些类型的应用通常是小型移动设备,算法需要的 80 GB 存储空间是不可实现的。解决这个问题的方法将在 3.4 节中讨论。

3.4 减少运算量

CS 在 GPR 应用中的有效性已经在前面讨论过了。然而,反演算法的计算量限制它用于实际应用。为了解决这个问题,需要对字典 $\boldsymbol{\Psi}$ 的创建及其在 CS 反演中的应用方式进行一些结构上的改变。

3.4.1 平移不变性

因为 GPR 采集系统具有强大的空间移不变特性[27-29],因此对 $\boldsymbol{\Psi}$ 进行简化是可能的。图 3-12 是对一个在相同深度的目标进行了水平移动的时域测量仿真。

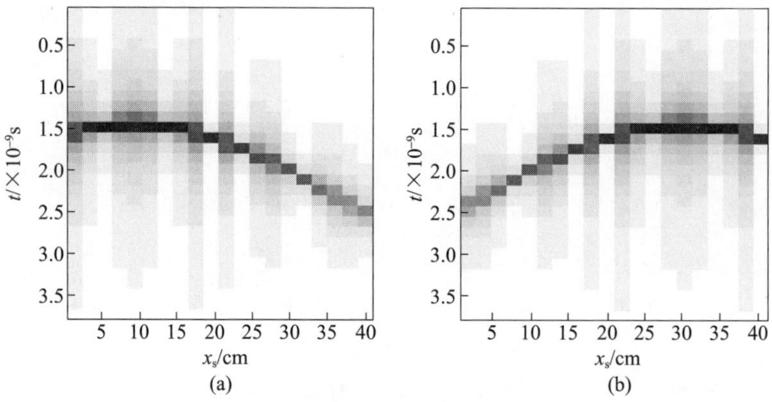

图 3-12 对移动目标的时域测量仿真

(a) $x_t = 10$cm; (b) $x_t = 30$cm。

---

① 译者注:测量对应的变量集是频率集合 $\{\omega\}$ 和传感器位置集合 $\{l_s \mid (x_s, y_s)\}$,见式(3-3);稀疏矢量 x 的非零元素对应目标位置,含有三个变量:x_t、y_t 和 z_t。当这些变量分别被离散化为有 100 个元素的集合时,$N = N_f N_{l_s} = 10^6$,$P = N_{l_t} = 10^6$。

平移不变特性的关键思想是在一个确定的深度上，传感器水平孔径的模型响应式(3-2)会跟随目标位置的水平移动而平移。这可以从图 3-3 中得到，在传感器和目标的水平位移相同时，距离函数 $d(\boldsymbol{l}_s,\boldsymbol{l}_t)$ 不会发生改变。然而，对于位置 $\boldsymbol{l}_s$ 和 $\boldsymbol{l}_t$ 的计算发生在离散的网格，因此测量和模型网格也必须支持移不变性。虽然在一般情况下传感器位置 $\boldsymbol{l}_s$ 不一定是均匀间隔的，但是在这一节中将假设间隔是均匀的。如果间隔在物理上非均匀，那么可以通过内插得到均匀间隔网格。下面，将通过在空气中目标的二维图像展示移不变性如何简化 SAR 测量集的计算量。因为目标和传感器都在空气中，波的传播媒介没有变化，因此波速将从方程式中省去以使符号更简单。

首先，把响应矢量式(3-5)重写为积之和的形式

$$\boldsymbol{r}(\omega,x_s) = \sum_{z_t}\sum_{x_t}\boldsymbol{s}(x_t,z_t)\mathrm{e}^{-\mathrm{j}\omega t(x_s,x_t,z_t)} \tag{3-15}$$

在只有少数目标时，$\boldsymbol{s}(x_t,z_t)$ 是稀疏的。接下来，在 x 方向进行离散化：将 x_s 离散化为 $m\Delta x(m=1,2,\cdots,N_{x_s})$，将 x_t 离散化为 $(h+a)\Delta x(h=1,2,\cdots,N_{x_t})$，其中，$a$ 是满足 $0\leqslant a<\Delta x$ 的常数。

对响应向量，x 方向的离散化创建了一个新的表达式：

$$\boldsymbol{r}(\omega,m\Delta x)=\sum_{z_t}\sum_{h=1}^{N_{x_t}}\boldsymbol{s}((h+\alpha)\Delta x,z_t)\mathrm{e}^{-\mathrm{j}\omega t(m\Delta x,h\Delta x,\alpha,z_t)} \tag{3-16}$$

对 x_t 进行求和。如果在单介质中单站测量系统检测到时延 $\boldsymbol{\tau}$，可得

$$\boldsymbol{\tau}(m\Delta x,h\Delta x,\alpha,z_t)=\left(\frac{1}{c}\right)\sqrt{(m\Delta x-(h+\alpha)\Delta x)^2+z_t^2}=$$

$$\left(\frac{1}{c}\right)\sqrt{((m-h)-\alpha)^2(\Delta x)^2+z_t^2} \tag{3-17}$$

因此，时间延迟取决于索引差 $m-h$，可以证明式(3-16)中的内层求和是离散卷积。时延函数 $\boldsymbol{\tau}$ 即使在系统不是单站的情况下依然保持水平位移不变性。一般来说，如图 3-3 所示，当介质速度是在 z 方向而不是 x 方向或 y 方向改变时，水平位移不变性都是成立的。在图 3-3 中，如果目标、发射机 T_1 和接收机 R_1 的移动量相同，则 d_1 和 d_2 的移动量相同，那么时间延迟 $\boldsymbol{\tau}$ 会与移动之前的值相同。因此，给定 Δx，式(3-16)中的指数部分是索引差 $m-h$ 的函数：

$$\mathrm{e}^{-\mathrm{j}\omega t(m\Delta x,h\Delta x,\alpha,z_t)}=\mathrm{e}^{-\mathrm{j}\omega t((m-h)\Delta x,\alpha,z_t)} \tag{3-18}$$

基于索引平移不变性可以重写式(3-16)的内层求和为卷积形式：

$$\begin{aligned}\boldsymbol{r}(\omega,m\Delta x) &= \sum_{z_t}\underbrace{\sum_{h=1}^{N_{x_t}}\boldsymbol{s}((h+\alpha)\Delta x_t,z_t)\mathrm{e}^{-\mathrm{j}\omega t((m-h)\Delta x,\alpha,z_t)}}_{\text{关于}m\text{的卷积}}\\ &= \sum_{z_t}\boldsymbol{s}((m+\alpha)\Delta x,z_t)*_m\mathrm{e}^{\mathrm{j}\omega t((m)\Delta x,\alpha,z_t)}\\ &= \sum_{z_t}\boldsymbol{s}((m+\alpha)\Delta x,z_t)*_m\boldsymbol{\Psi}(\omega,m\Delta x,\alpha,z)\end{aligned} \tag{3-19}$$

式中所示的卷积使用了与式(3-3)中完全相同的字典,但是对 x_t 的离散已被常数 α 代替。将 x_t 的离散改为 α 是重要的,因为它将存储要求从 N_{x_t} 降低到 1。然而,如果对图像位置有上采样的需求,则需要使用多个 α 值,并且对每个 α 重复上述过程。例如,要获得两倍的上采样,可以使用 $\alpha_1=0$ 和 $\alpha_2=0.5\Delta x$。如果用矩阵表示,移位不变性使得 $\boldsymbol{\Psi}$ 是一个 Toeplitz 或块 Toeplitz 矩阵。为简单起见,考虑一个示例 α_1、α_2 和 $N_\alpha=2$,这个示例很容易扩展到其他情况。列向量对应于传感器位置 x_s,行向量对应于仿真目标位置 x_t,$\boldsymbol{D}^*$ 矩阵中的元素对应于 x_s 和 x_t 的间距。x_s 和 x_t 的间距将为 $|m-h-\alpha_i|$。此处所做的一个合理假设是 $N_{x_t}=N_{x_s}$。当它们不相等时,托普利茨矩阵不是方阵。

例如,有两个 a 值时的差分矩阵为

$$\boldsymbol{D}^*=\begin{bmatrix} \alpha_1 & \Delta x-\alpha_1 & \cdots & (N_{x_s}-1)\Delta x-\alpha_1 \\ \alpha_2 & \Delta x-\alpha_2 & \cdots & (N_{x_s}-1)\Delta x-\alpha_2 \\ \Delta x+\alpha_1 & \alpha_1 & \cdots & (N_{x_s}-2)\Delta x-\alpha_1 \\ \Delta x+\alpha_2 & \alpha_2 & \cdots & (N_{x_s}-2)\Delta x-\alpha_2 \\ \vdots & \vdots & & \vdots \\ (N_{x_t}-1)\Delta x-\alpha_1 & (N_{x_t}-2)\Delta x-\alpha_1 & \cdots & \alpha_1 \\ (N_{x_t}-1)\Delta x-\alpha_2 & (N_{x_t}-2)\Delta x-\alpha_2 & \cdots & \alpha_2 \end{bmatrix} \tag{3-20}$$

若矩阵不是 Toeplitz,但是对矩阵的行稍微进行调整,则可以得到一个有 N_α 块的块 Toeplitz 矩阵:

$$\boldsymbol{D}^*=\begin{bmatrix} \alpha_1 & \Delta x-\alpha_1 & \cdots & (N_{x_s}-1)\Delta x-\alpha_1 \\ \Delta x+\alpha_1 & \alpha_1 & \cdots & (N_{x_s}-2)\Delta x-\alpha_1 \\ \vdots & \vdots & & \vdots \\ (N_{x_t}-1)\Delta x+\alpha_1 & (N_{x_t}-2)\Delta x+\alpha_1 & \cdots & \alpha_1 \\ \alpha_2 & \Delta x-\alpha_2 & \cdots & (N_{x_s}-1)\Delta x-\alpha_2 \\ \Delta x+\alpha_2 & \alpha_2 & \cdots & (N_{x_s}-2)\Delta x-\alpha_2 \\ \vdots & \vdots & & \vdots \\ (N_{x_t}-1)\Delta x+\alpha_2 & (N_{x_t}-2)\Delta x+\alpha_2 & \cdots & \alpha_2 \end{bmatrix} \tag{3-21}$$

差分矩阵 $\boldsymbol{D}$ 可直接写入矩阵表示中,即

$$\boldsymbol{\Psi}(\omega_1,\boldsymbol{D},z_t)=\mathrm{e}^{\mathrm{j}\omega\tau(D,t_{z_1})} \tag{3-22}$$

使得 $\boldsymbol{\Psi}$ 具有块结构,一共具有 $N_\alpha N_\omega N_{z_t}$ 个大小为 $N_{x_s}\times N_{x_t}$ 的块。块 Toeplitz 矩阵可对每个块使用单个向量存储矩阵(本节给出的示例中,假设传感器间距和仿真目标间距是相等的,因此 $N_\alpha=1$,$\alpha_1=0$)。

利用托普利茨矩阵已被证明是降低 CS 中的随机采样矩阵计算复杂度的有效方法[4,34]。图 3 - 13 直观展示了时域二维成像中储存和应用矩阵 $\boldsymbol{\Psi}$ 需要对 $\boldsymbol{\Psi}$ 的结构的调整。图 3 - 13(a)显示了传统字典，其中，$\boldsymbol{\Psi}$ 的列需要穷举仿真目标的所有位置 $\boldsymbol{l}_t$，整个字典矩阵需要利用标准的矩阵向量乘法。图 3 - 13(b)显示了一个降维的 $\boldsymbol{\Psi}$，其中，$N_\alpha = 1$，无须在水平维度上进行枚举，并且可以用水平位置上的卷积运算来代替标准的矩阵向量乘法。图 3 - 13(b)所示的 $\boldsymbol{\Psi}$ 的特殊结构还可以利用每个维度上的移不变性通过 FFT 获得计算复杂度 $O(N\log(N))$ 而非 $O(N^2)$。当所有测量和参数都是均匀离散时，传统(显式)的用于三维成像的 $\boldsymbol{\Psi}$ 的储存和应用复杂度是 $O(N^6)$。另外，当 $\boldsymbol{\Psi}$ 在 $\boldsymbol{l}_t$ 和 $\boldsymbol{l}_s$ 两个水平维度都具有托普利茨结构时，利用 FFT 可以把存储空间和计算复杂度降低到 $O(N^4)$。此外，利用 CS 反演在频域使用 $M \ll N$ 个频点，可以进一步降低存储空间和计算复杂度。图 3 - 14 所示为利用 CS 和移不变性来减少矩阵元素的图例。从图 3 - 14 可知，每种表示均可准确地反演出一组测量，而采用 FFT 和移不变性的方法更高效。如果将 3.3.4 节中给出的示例利用这些数据缩减技术重新处理，那么前面示例中所需要的存储量将由 $MP = 10^{10}$ 个元素降低到 $MP = 10^6$ 个元素。这将使计算机存储空间从 80GB 减少到 8MB。

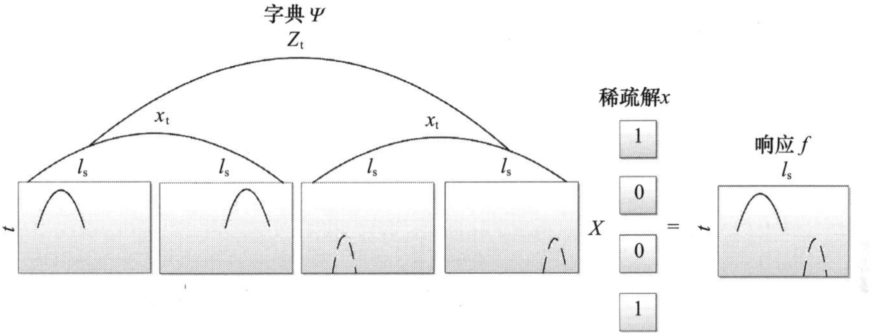

(a)

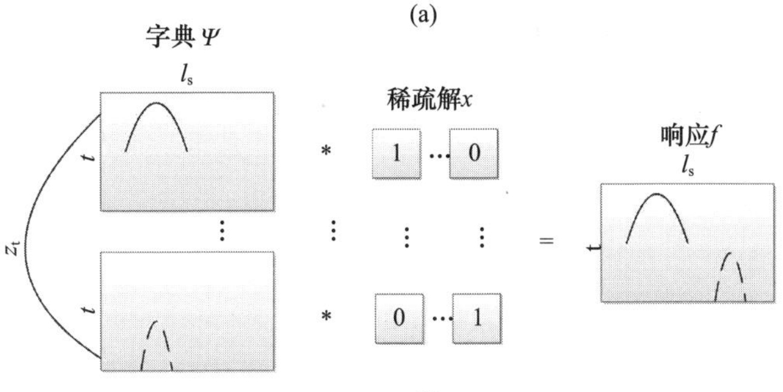

(b)

图 3 - 13　字典实现

(a)使用矩阵乘法的显式枚举；(b)利用相关性来实现移位不变性。

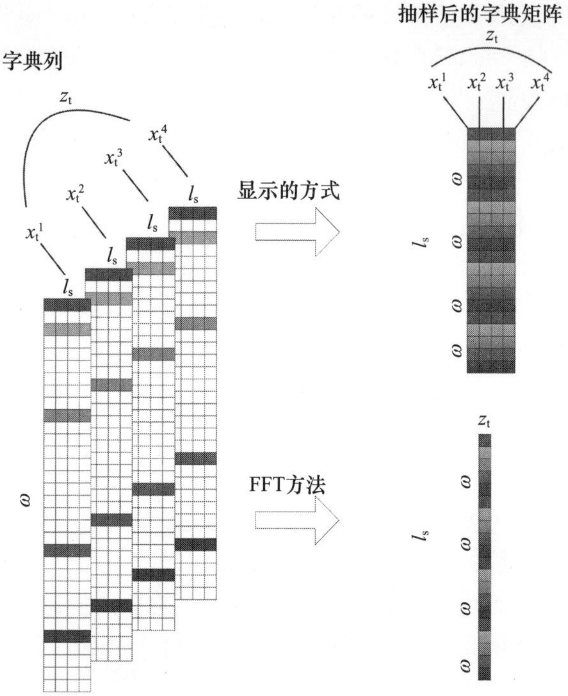

图 3 – 14　三种不同 $\boldsymbol{\Psi}$ 表示的数据容量

3.4.2　改变结构的实现细节

既然字典的结构已知，那么反演算法可以不再对 $\boldsymbol{\Psi}$ 使用简单的矩阵向量乘法。可以设计专门的函数来取代矩阵向量乘法实现等价的前向 g_A、伴随 g_A^* 运算，从而由简化的矩阵 $\boldsymbol{\Psi}_\alpha$ 得到稀疏向量 $\boldsymbol{x}$[27]。值得注意的是，$\boldsymbol{\Psi}_\alpha$ 是通过穷举式(3 – 3)构建的。其中，$\boldsymbol{l}_t$ 只需要在 z 方向而不是 x 方向或 y 方向进行穷举。

第一步是确保 3.4.1 节讨论的离散化 $\boldsymbol{l}_s$ 和 $\boldsymbol{l}_t$ 具有移不变性。首先，将说明如何实施图 3.13(b)所示的卷积运算来利用移不变性，FFT 可用来高效地进行循环卷积。然后通过补零操作 Z，实现线性卷积。只有当每个传感器上的采样相同，即对于所有 $\boldsymbol{l}_s$，在相同时间集（对于 TPGPR）或相同的频率集（对于 SFGPR）采样，才能在水平维度进行 FFT。因为 $\boldsymbol{l}_s$ 的两个维度都有移不变性，因此补零运算需在两个维度上同时进行。最简单的是在 x_s 维的头尾分别添加 $N_{x_s}/2$ 离散值，y 方向也做相同处理。补零操作允许在所需的 $\boldsymbol{l}_s$ 范围内产生平移，并且不受循环卷积的卷折影响。一个略微更有效的方式是基于空域的天线最大波束宽度来决定补零个数。补零之后，需要在 $\boldsymbol{l}_s$ 的 x 方向和 y 方向进行 FFT。相应地，需要在稀疏向量 $\boldsymbol{x}$ 的 $\boldsymbol{l}_t$ 的 x 方向和 y 方向进行同样的操作。这些及一系列索引相乘都在算法 3.3 中给出了具体步骤。关于 z_t 的求和可以理解为在深度维上的一个 for 循环，其对于每个深度上的 FFT（水平）卷积结果进行求和。

最后一步是当采用压缩算法时，利用 $\boldsymbol{\Phi}$ 减少测量值。在不需要压缩时，可以去掉 $\boldsymbol{\Phi}$，或等价地设置为单位矩阵。

算法 3.3　SFGPR 的前向函数算法 $\boldsymbol{y}=g_A(\boldsymbol{\Phi},\boldsymbol{\Psi}_\alpha,\boldsymbol{x})$

```
输入：压缩矩阵 Φ；响应字典 Ψ_α；稀疏向量 x
输出：压缩测量向量 y
重排 Ψ_α 和 x 使得每个变量对应一维（对于三维成像，Ψ_α 是四维的，x 是三维的）
for 所有的 ω 执行
    f~ = 0;
    for 所有的 z_t do
        x~(k_x, k_y, z_t) = FFT_x(FFT_y(Z(x(x_t, y_t, z_t))));
        Ψ~_α(ω, k_x, k_y, z_t) = FFT_x(FFT_y(Z(Ψ_α(ω, k_t, k_t, z_t))));
        f~(ω, k_x, k_y) = f~(ω, k_x, k_y) + Ψ~_α(ω, k_x, k_y, z_t) x~(k_x, k_y, z_t);
    end
    f(ω, x_s, y_s) = Z^{-1}{IFFT_{k_y}{IFFT_{k_x}{f~(ω, k_x, k_y)}}}
end
重排 f(ω, k_x, k_y) 得到向量 f;
y = Φf
```

利用前向操作函数，类似地可以定义伴随操作的函数。伴随矩阵 $\boldsymbol{\Psi}^*$ 是 $\boldsymbol{\Psi}$ 的共轭转置，因此具有块 Toeplitz 结构，可以进行 FFT 卷积。实际上，可以用前向算法求逆来构造伴随矩阵。伴随算子 g_A^* 的具体实施细节见算法 3.4。

算法可以略作修改得到一种时间效率更高的实现。其中的许多步骤可以脱机执行，例如，计算 $\tilde{\boldsymbol{\Psi}}_\alpha$ 和 $\boldsymbol{y}$ 的变换操作。另外，当使用 MATLAB 时，for 循环可以用运算速度更快的向量化操作取代。

常规的 $\boldsymbol{\Phi}$ 被用于压缩算法，算法 3.3 和算法 3.4 中给出了 g_A 和 g_A^* 的构造方法。然而，使用常规的 $\boldsymbol{\Phi}$ 需要在数据采集过程中获取完整的采样，失去了压缩算法在数据采集中的优势。确保 $\boldsymbol{\Phi}$ 是一个随机采样矩阵，其中随机频率或随机时间采样在每个 $\boldsymbol{l}_s$ 是相等的，使得 $\boldsymbol{\Phi}$ 可以在补零和 FFT 之前应用于 $\boldsymbol{\Psi}_\alpha$。在补零和 FFT 之前应用 $\boldsymbol{\Phi}$，使在数据采集过程中可以进行压缩采样。换句话说，如果 $\boldsymbol{\Phi\Psi}$ 具有与 $\boldsymbol{\Psi}$ 相同的移不变性，则 $\boldsymbol{\Phi}$ 可以应用在补零和 FFT 之前。

算法 3.4　SFGPR 的伴随函数算法 $\boldsymbol{x}=g_A^*(\boldsymbol{\Phi},\boldsymbol{\Psi}_\alpha,\boldsymbol{y})$

输入:压缩矩阵 $\boldsymbol{\Phi}$;响应字典 $\boldsymbol{\Psi}_\alpha$;压缩测量向量 $\boldsymbol{y}$
输出:稀疏向量 $\boldsymbol{x}$
重排 $\boldsymbol{\Psi}_\alpha$ 使得每个变量对应一维(对于三维成像,$\boldsymbol{\Psi}_\alpha$ 是四维的)
$\boldsymbol{f}=\boldsymbol{\Phi}^*\boldsymbol{y}$;
for 所有的 z_t 执行
　　$\tilde{\boldsymbol{x}}=0$;
　　for 所有的 ω 执行
　　$\tilde{\boldsymbol{f}}(\omega,k_x,k_y)=\mathrm{FFT}_x(\mathrm{FFT}_y(Z(\boldsymbol{f}(\omega,x_s,y_s))))$;
　　$\tilde{\boldsymbol{\Psi}}_\alpha(\omega,k_x,k_y,z_t)=\mathrm{FFT}_x(\mathrm{FFT}_y(Z(\boldsymbol{\Psi}_\alpha(\omega,x_t,y_t,z_t))))$;
　　$\tilde{\boldsymbol{x}}(k_x,k_y,z_t)=\tilde{\boldsymbol{x}}(k_x,k_y,z_t)+\tilde{\boldsymbol{\Psi}}_\alpha^*(\omega,k_x,k_y,z_t)\tilde{\boldsymbol{f}}(\omega,k_x,k_y)$;
　　end
　　$\tilde{\boldsymbol{x}}(x_t,y_t,z_t)=Z^*\{\mathrm{IFFT}_{k_y}\{\mathrm{IFFT}_{k_x}\{\tilde{\boldsymbol{x}}(k_x,k_y,z_t)\}\}\}$;
end

在本章其余部分,BPDN 将用在 $C\ell_1M$ 中,式(3-12)变为

$$\hat{\boldsymbol{x}}=\min_x\|\boldsymbol{x}\|_1\quad \text{s. t}\quad \|g_A(\boldsymbol{x})-\tilde{\boldsymbol{y}}\|_2<\varepsilon_2 \tag{3-23}$$

在之前的工作中使用 BPDN 而不是 Dantzig 选择器是因为 SPGL1 包支持 BPDN,并且较其他算法(如 ℓ_1-MAGIC 和 CVX[8,20,41])计算更高效。可以在式(3-23)中发现一个小小的改动。$\tilde{\boldsymbol{y}}$ 替代 $\boldsymbol{y}$ 用作了压缩测量向量,所以需要重点记住,测量值必须要补零并通过 FFT 以匹配 g_A 的输出。

3.4.3　利用函数字典的仿真

下面设计了一个仿真测试算法 3.3 和算法 3.4。测试的关键是函数设计的准确性,并与使用显式矩阵时的结果进行比较。遗憾的是,不能得到对足够大的三维区域成像的一个显式矩阵,因此用快速的二维成像来比较显式方法与函数方法。图 3-15 中给出了分别使用 SPGL1 显式字典和函数字典求解二维 $C\ell_1M$ 问题的运行时间,压缩采样的频点数为 97。当空间离散点总数约增加到

$$N_{SD}=N_{x_s}=N_{x_t}=N_{z_t}=100$$

时,加速比接近 15。由于显示模型不能直接用于三维成像,因此图 3-16 仅给出了预估的二维和三维的时间和存储空间的节省比例。因为有尺度因子和额外开销,所以该预估比不能与实时例子相匹配。三维情况下随着 N_{SD} 的增加,节省是相当显著的,当 $N_{SD}=100$ 时,时间和存储空间可减少约三个数量级。

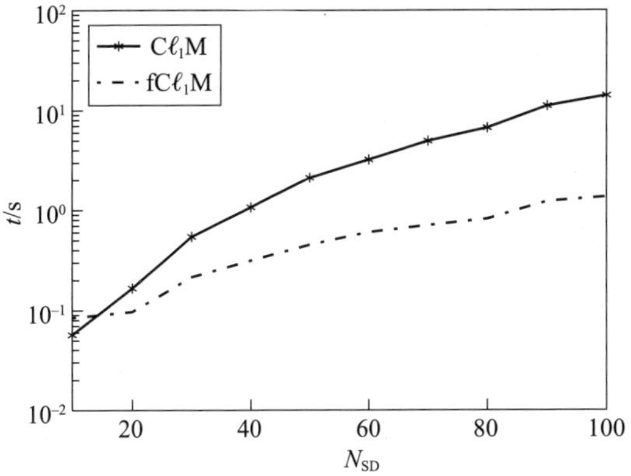

图 3-15　函数型 $C\ell_1M$ 和显型 $C\ell_1M$ 在不同的空间离散值 N_{SD} 下的时间比较

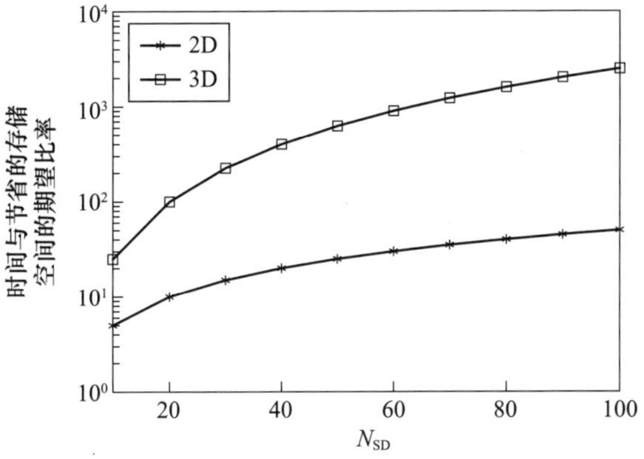

图 3-16　在不同的 N_{SD} 下，利用 g_A 和 g_A^* 较矩阵显示相乘所获得的存储空间和时间节省的近似比例

在三维中不大可能将显式方法与函数方法进行比较，但如之前[22]的工作一样，使用二维切片再拼接的方式是可行的。比较这两种方法的关键是想说明为什么解决大型三维问题很重要。此外，注意到函数方法也可以在二维中完成，并且比使用显式方法更高效。该比较是一个相对规模较小的实验，它用于建立一个概念，并给出一些简单的统计量来预测算法会如何应用于实际数据。

实验包含在三维空间中随机放置两个目标，使用 $C\ell_1M$ 进行反演和成像。频率范围为 0MHz ~ 5.02GHz，有 $N_\omega = 158$ 个均匀采样频点。扫描位置对应于共置的发射机和接收机。发射机间隔均匀地分布在二维正方形内：$y_s = -96 \sim 90$cm，以 6cm 为间隔，$N_{y_s} = 32$；$x_s = -96 \sim 90$cm，以 6cm 为间隔，$N_{x_s} = 32$。目标水平位置位于 $y_t = -90 \sim 84$cm，以 6cm 为间隔，$N_{y_t} = 32$；x_t 与之相同。扫描位置和目标位置具有相同的水平离散，简单地使目标位置偏移造成相同的测量值偏移。扫描间隔与图像位置间隔相等不是必需的，但是它们的比值必须是一个整数才能保证块托普利茨性质。深度位置没有约束，但是对于这个实验，z 方向的范围为 270 ~ 420cm，以 6cm 为间隔，产生 $N_{z_t}=26$。压缩测量值的数量 M 选择在总测量数 $N=N_{\omega}N_{l_s}=158\times32^2\approx10^5$ 的 0.1% ~ 2.4% 之间。离散的目标位置参数为 $P=N_{l_t}=30^2\times30\approx10^4$。不使用 CS 或函数表示的话，显式矩阵的大小将为 $N\times P\approx10^9$。然而，若采用 CS 和函数表示，N 变为 M，$P=26$，利用总测量数的 2.4% 的矩阵所占用的总存储需求变为 $M\times P=2400\times26\approx10^5$。

图 3-17 显示了全三维成像相较于二维切片来对三维物体进行成像的检测优势。不解决全三维成像问题，其他维度的合成孔径就不能被直接利用。如图 3-17(a) 所示，全三维反演可以通过使用函数表示的 g_A 和 g_A^* 实现，得到精确的空间重建。图 3-17(b) 所示的二维分层图像中的稀疏特性反映了 x_t 维的分辨率问题。全三维反演在 x_t 维可以给出比二维分层更高分辨率的成像。更高的分辨率是全三维反演利用了完整二维阵列孔径的副产品。

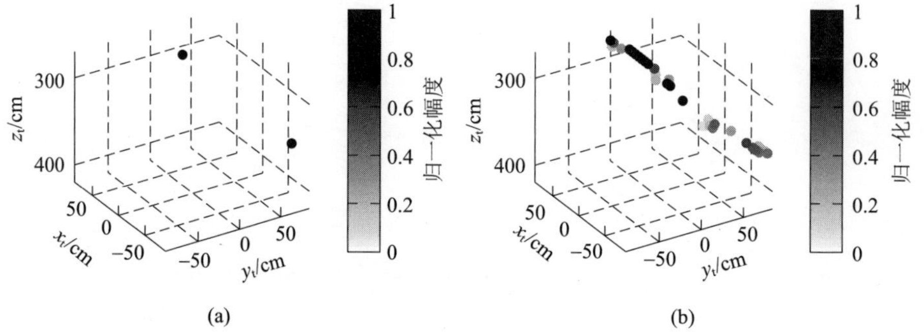

图 3-17 精确三维重建和分层二维重建的比较

(a) 使用精确重建的 FFT 方法的全三维 Cℓ_1M 解；(b) 二维分层得到的解。

3.5 应用性能：实验室数据

本节的实验结果来自 Krueger 等人[28]。本节介绍了 Counts 等人所描述的实验，并比较了 Gürbüz 等和 Krueger 等描述的方法[14,22,27]。用于这些实验的 CS 算法是 Cℓ_1M。

数据采集中使用的频率 ω 为 $2\pi\times60$MHz ~ $2\pi\times8.06$GHz，共有 $N_{\omega}=401$ 个均匀采样点。第一个实验是针对地面上的目标；第二个实验是掩埋在沙中的目标群。下面将对采用二维切片进行三维区域成像的显式字典 CS 方法和所提出的全三维成像 CS 方法进行比较。

采用了 SPGL1 对 l_1 最小化问题进行求解，使用它的原因是它允许前向矩阵和转置矩阵运算的函数表示，并且通常快于 ℓ_1 - MAGIC 或 CVX[8,20,41]。SPGL1

用于 BPDN 时必须由用户设置式(3－23)中的容差 ε_2。全三维成像求解中的容差 ε_2 使用 CV 得到。增大 ε_2 会增加解的稀疏度，但如果太大，一些目标将会被遗漏。

3.5.1　空中目标实验

空中目标设置如图 3－18(a)所示[22]。一个直径为 2.54cm 的金属球被放置在泡沫平台上，雷达从上方对其进行扫描。该实验的三维时域测量如图 3－18(b)所示，从测量中可以很容易地看到目标。

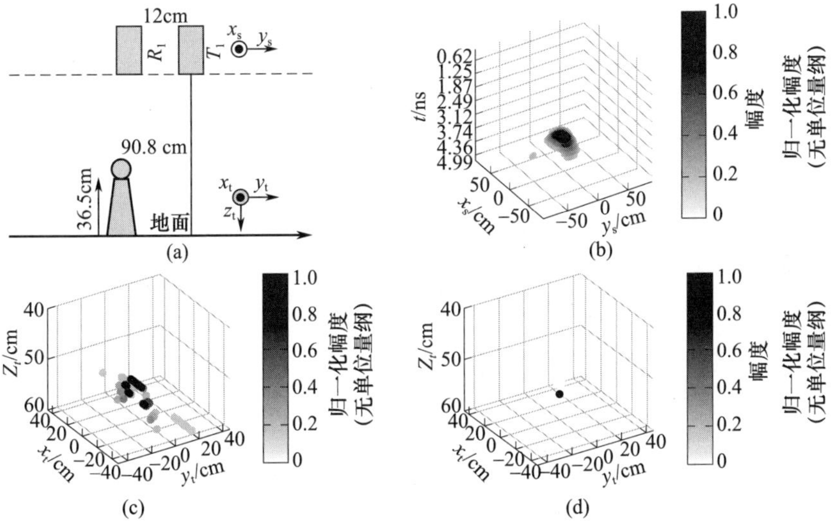

图 3－18　1 英寸金属球体的空中实验

(a)实验设置，其中高度是从天线的相位中心处开始测量；(b)时域测量值；(c)二维切片得到的解；(d)使用 FFT 的全三维 CS 解。

针对此问题所做的离散化如下：x_s 和 y_s 都从 －50cm 采样到 48cm，间隔 2cm；x_t 和 y_t 都从 －48cm 采样到 46cm，间隔 2cm；z_t 从 40cm 采到 60cm，间隔 1cm。这将对应一个大小为$\lfloor 379\times50^2\times48^2\times21\rfloor$的显式字典，数量级为 10^{10}。使用 CS 并将频点数降低到 50，可以减少约七成的数据采集时间。但是，字典大小依然是 10^9。这意味着要使用显式字典必须通过二维切片求解，这就不能利用到在其他扫描维度上的合成孔径，造成空间分辨率下降。如果使用函数方法，可以去掉非压缩字典大小为$\lfloor 379\times50^2\times21\rfloor$($10^7$ 量级)的水平空间域图像中的一些位置，以及 50 个压缩采样频点，大约为 10^6 量级。使用 CS 和函数方法可以比用显式字典 CS 的情况获得三个数量级的下降。

图 3－18(c)所示为使用显式字典创建的二维切片所构建成的三维图像。

该图像在 y 方向的分辨率是可接受的，因为这是二维 CS 的计算维度，但是 x 方向因为没有利用该维度的合成孔径，因此具有较低的分辨率。最后，图 3－18(d)所示为利用字典的函数表示的全三维 CS 得到的结果。三维方法得到的结果比二维切片方法要稀疏得多，因为它可以利用两个扫描维度中的合成孔径，而不仅是其中之一。

3.5.2 地下目标实验

最后一个实验是之前 Counts 等使用标准 BP 算法实施和记录过的[14]。地下目标成像采集设置如图 3－19(a)所示，地下目标的真实位置如图 3－19(b)所示。Gürbüz 等采用二维切片的 CS 算法进行了反演[22]，在 3.4 节中看到了这种反演存在的问题。但是，如果希望继续使用二维切片方法的话，可以通过移不变性对其进行改进。因为每个切片的计算时间都可以得到改进，所以它在计算切片时将比使用显式方法具有更快的运算速度和更高的存储效率。再次反演目的是为了表明之前对处理实测数据计算量过大的全三维成像 CS 算法现在可以利用移不变性进行三维成像。对于这个问题的离散方式如下：x_s 和 y_s 都从 －60cm 采样到 60cm，以 2cm 为间隔；x_t 和 y_t 都从 －58cm 采样到 56cm，以 2cm 为间隔；z_t 从 1cm 采样到 20cm，以 0.5cm 为间隔。图 3－19(c)，(d)分别给出了用未压缩频率数为 379 的 BP 法和频率数为 100 的 CS 法创建的图像的俯视图。这两种方法都是通过前向和伴随操作函数实现的。在 BP 图像中很难将一些弱目标所在位置区分出来，但是在 CS 图像中它们变得更加清晰。例如，$(x_t, y_t) = (-45, 5)$ 和 $(x_t, y_t) = (0, 50)$ 处的地雷，$(x_t, y_t) = (45, 50)$ 处的圆柱体。CS 的成像质量超过了 BP 法，并且需要的测量数更少，这就是 CS 比 BP 更常用的原因。在 Gürbüz 等的工作中，利用 $C\ell_1M$ 的全三维 CS 反演是不可能的，但现在随着对 $\boldsymbol{\Psi}$ 的存储和应用的改进，可以做到全三维反演。

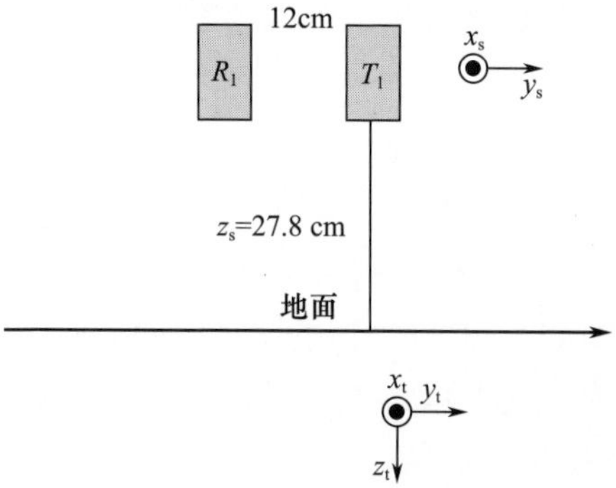

(a)

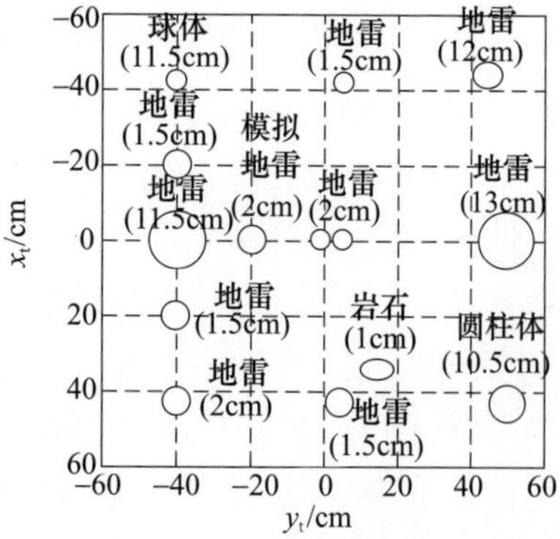

(b)

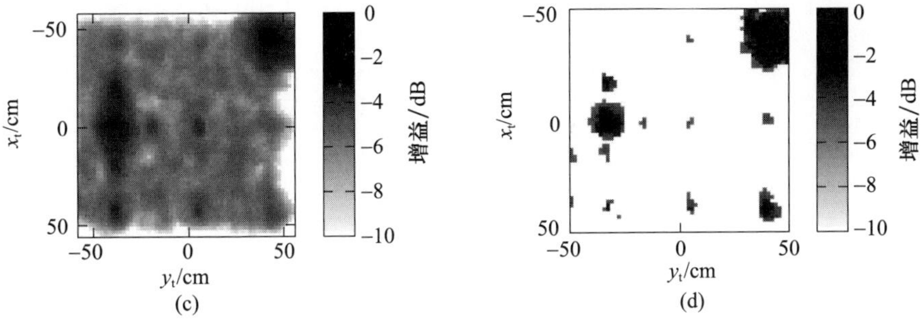

图 3－19　多个物体的地下实验

（a）传感器设置，其中 z_s 是从天线的相位中心测量到的；（b）目标位置，括号中的值对应各个目标的深度；（c）使用 BP 法的解决方案；（d）使用函数 g_A 方法的完整 3D CS 法的解决方案。

在这个例子中，对各种目标成像的一个问题是其中一些目标比其他的大很多，所以点目标模型不是提高图像稀疏性的理想建模方法。通过观察图 3－19（d），每个像素点对应一个点目标，对所有点目标计数以确定图像的稀疏度。如果可以使用更准确的目标模型对较大的地雷进行建模，通过对地雷而不是点目标进行计数确定稀疏性，那么 CS 将只需要更少的测量获得更好的性能。从式（3－8）可以看到，以大概率精确重建所需的测量数取决于图像的稀疏性。

3.6　总　　结

本章详细讨论了 CS 在 GPR 中的应用，其数据采集的优势相当巨大。地雷检测问题常常受数据采集时间过长的影响，而使用 CS 可以消除该影响，同时稀疏结果可以提高检测能力。即使在数据采集时间不受限的情况下，CS 算法反演所需的测量数也要少很多。测量数少有利于反演算法的存储和计算。另外，本章还介绍了通过使用平移不变性来降低创建字典的复杂性，从而提高 CS 的实用性。

参考文献

1. M. Amin and F. Ahmend. Compressive sensing for through the wall radar imaging. *Journal of Electronic Imaging*, 22(3):021003–021003, 2013.
2. M. G. Amin. *Through-the-Wall Radar Imaging*. CRC Press, Boca Raton, FL, 2011.
3. S. R. J. Axelsson. Analysis of random step frequency radar and comparison with experiments. *IEEE Transactions on Geoscience and Remote Sensing*, 45(4):890–904, 2007.
4. W. U. Bajwa, J. D. Haupt, G. M. Raz, S. J. Wright, and R. D. Nowak. Toeplitz-structured compressed sensing matrices. In *Workshop on Statistical Signal Processing*, Madison, WI, pp. 294–298, August 2007.

5. R. G. Baraniuk. Compressive sensing [lecture notes]. *IEEE Signal Processing Magazine*, 24(July):118–121, 2007.
6. P. Boufounos, M. F. Duarte, and R. G. Baraniuk. Sparse signal reconstruction from noisy compressive measurements using cross validation. In *Workshop on Statistical Signal Processing*, Madison, WI, pp. 299–303, 2007.
7. W. M. Brown and L. J. Porcello. An introduction to synthetic-aperture radar. *IEEE Spectrum*, 6(September):52–62, 1969.
8. E. J. Candès and J. Romberg. ℓ1-magic, October 2005. http://users.ece.gatech.edu/~justin/l1magic/.
9. E. J. Candès and J. Romberg. Sparsity and incoherence in compressive sampling. *Inverse Problems*, (3):1–20, 2007.
10. E. J. Candès, J. Romberg, and T. Tao. Robust uncertainty principles: Exact signal reconstruction from highly incomplete frequency information.*IEEE Transactions on Information Theory*, 52(2):1–41, 2006.
11. E. J. Candès and T. Tao. The Dantzig selector: Statistical estimation when p is much larger than n. *The Annals of Statistics*, 40698:1–37, 2007.
12. E. J. Candès and M. B. Wakin. An introduction to compressive sampling. *IEEE Signal Processing Magazine*, 25(March):21–30, 2008.
13. S. S. Chen, D. L. Donoho, and M. A. Saunders. Atomic decomposition by basis pursuit. *SIAM Journal on Scientific Computing*, 43(1):129–159, 2001.
14. T. Counts, A. C. Gürbüz, W. R. Scott Jr., J. H. McClellan, and K. Kim. Multistatic ground-penetrating radar experiments. *IEEE Transactions on Geoscience and Remote Sensing*, 45(8):2544–2553, August 2007.
15. L. J. Cutrona and E. N. Leith. On the application of coherent optical processing techniques to synthetic-aperture radar. *Proceedings of the IEEE*, 54(8):1026–1032, 1966.
16. D. J. Daniels. Surface-penetrating radar. *Electronics & Communication Engineering Journal*, 8(August):165–182, 1996.
17. D. L. Donoho. Compressed sensing. *IEEE Transactions on Information Theory*, 52(4):1289–1306, April 2006.
18. G. J. Frye and N. S. Nahman. Random sampling oscillography. *IEEE Transactions on Instrumentation and Measurement*, 13(1):8–13, 1964.
19. Geneva International Centre for Humanitarian Demining. *Detectors and Personal Protective Equipment Catalogue*, 2009. http://www.gichd.org/mine-action-resources/documents/detail/publication/detectors-and-personal-protective-equipment-catalogue-2009/#.U1kqMlc0w0w.
20. M. Grant and S. Boyd. Cvx: Matlab software for disciplined convex programming, 2008. http://cvxr.com/cvx/.
21. A. C. Gürbüz. Sparsity enhanced fast subsurface imaging with GPR. In *International Conference on Ground Penetrating Radar (GPR)*, Lecce, pp. 1–5, June 2010. doi: 10.1109/ICGPR.2010.5550130. http://ieeexplore.ieee.org/xpls/abs_all.jsp?arnumber=5550130&tag=1.
22. A. C. Gürbüz, J. H. McClellan, and W. R. Scott Jr. A compressive sensing data acquisition and imaging method for stepped frequency GPRs. *IEEE Transactions on Signal Processing*, 57(7):2640–2650, July 2009.
23. A. C. Gürbüz, J. H. McClellan, and W. R. Scott Jr. Compressive sensing for subsurface imaging using ground penetrating radar. *Signal Processing*, 89(10):1959–1972, October 2009.
24. E. M. Johansson and J. E. Mast. Three-dimensional ground-penetrating radar imaging using synthetic aperture time-domain focusing. *Proceedings of SPIE*, 2275:205–214, September 1994.

25. M. Kahrs. 50 years of RF and microwave sampling. *IEEE Transactions on Microwave Theory and Techniques*, 51(6):1787–1805, 2003.
26. J. C. Kirk. A discussion of digital processing in synthetic aperture radar. *IEEE Transactions on Aerospace and Electronic Systems*, 11(3):326–337, 1975.
27. K. R. Krueger, J. H. McClellan, and W. R. Scott Jr. 3-D imaging for ground penetrating radar using compressive sensing with block-Toeplitz structures. In *The Seventh IEEE Sensor Array and Multichannel Signal Processing Workshop (SAM)*, Hoboken, NJ, pp. 229–232, June 2012.
28. K. R. Krueger, J. H. McClellan, and W. R. Scott Jr. Dictionary reduction technique for 3D stepped-frequency GPR imaging using compressive sensing and the FFT. *Proceedings of SPIE*, 8365:83650Q–83650Q-9, 2012.
29. K. R. Krueger, J. H. McClellan, and W. R. Scott Jr. Sampling techniques for improved algorithmic efficiency in electromagnetic sensing. In *International Conference on Sampling Theory and Applications*, Bremen, Germany, July 2013.
30. R. M. Lerner. Ground radar system, US Patent 3831173, 1974.
31. P. Millot and A. Berges. Ground based SAR imaging tool for the design of buried mine detectors. In *International Conference on the Detection of Abandoned Land Mines*, October 7–9, 2006, Edinburgh, U.K., Pub. No. 431, 1996.
32. O. Pele and M. Werman. Fast and robust earth mover's distances. In *IEEE 12th International Conference on Computer Vision (ICCV)*, Kyoto, Japan, 2009.
33. L. P. Peters Jr., J. J. Daniels, and J. D. Young. Ground penetrating radar as a subsurface environmental sensing tool. *Proceedings of the IEEE*, 82(12):1802–1822, 1994.
34. J. Romberg. Compressive sensing by random convolution. *SIAM Journal on Imaging Science*, 2(4):1098–1128, December 2009.
35. Y. Rubner, C. Tomasi, and L. J. Guibas. A metric for distributions with applications to image databases. In *International Conference on Computer Vision*, Bombay, India, 1998.
36. J. Sachs. M-sequence ultra-wideband-radar: State of development and applications. In *Proceedings of the International Radar Conference*, Adelaide, Australia, pp. 224–229, 2003.
37. F. Soldovieri, R. Solimene, L. Lo Monte, M. Bavusi, and A. Loperte. Sparse reconstruction from GPR data with applications to rebar detection. *IEEE Transactions on Instrumentation and Measurement*, 60(3):1070–1079, 2011.
38. G. F. Stickley. Synthetic aperture radar for the detection of shallow buried objects. In *International Conference on the Detection of Abandoned Land Mines*, October 7–9, 2006, Edinburgh, U.K., Pub. No. 431, 1996.
39. J. A. Tropp and A. C. Gilbert. Signal recovery from random measurements via orthogonal matching pursuit. *IEEE Transactions on Information Theory*, 53(12):4655–4666, 2007.
40. M. A. C. Tuncer and A. C. Gurbuz. Ground reflection removal in compressive sensing ground penetrating radars. *IEEE Geoscience and Remote Sensing Letters*, 9(1):23–27, 2012.
41. E. van den Berg and M. P. Friedlander. SPGL1: A solver for large-scale sparse reconstruction, June 2007. http://www.cs.ubc.ca/labs/scl/spgl1.
42. J. D. Young, L. Peters Jr., and C. Chen. Characteristic resonance identification techniques for buried targets seen by ground penetrating radar. In *Detection and Identification of Visually Obscured Targets*, pp. 103–162. Taylor & Francis, Boca Raton, FL, 1999.

第4章
建筑内部压缩成像的墙体杂波抑制

Fauzia Ahmad

外墙回波会影响城市感知和穿墙雷达成像应用中场景成像的精确度和保真度。为了得到可靠的室内静止场景图像，前墙的反射需要进行适当的抑制。在本章中，将介绍步进频率雷达 CS 背景下的墙体杂波抑制。墙体杂波抑制方案，最初针对使用全部测量数据成像而提出。但是，当每个可用天线位置上的频点减少量相同时，其在测量数据较少的情况下仍然能保持一定的性能。因此，所有天线的频率观测点相同并不是经常可行的。为了应对不同天线上频点减少量不一致的这一更具挑战性的情况，可以采用基于离散长球序列（DPSS）和局部稀疏的两种方法：前者通过 DPSS 基在每个天线上单独捕捉墙体杂波能量，再将其从压缩测量值集合中去除；后者则解决当外墙和内墙对应的图像支撑集是先验已知时的静止场景重构问题。

4.1 概　　述

使用雷达对封闭结构内的静止目标进行定位和检测在许多民用和军用领域中都有应用，包括人质救援任务、搜救任务和城市环境侦察监视。在所有因素中，外墙的电磁散射造成的杂波使得想要实现上述目标非常具有挑战性。对于陆基 SAR，前墙的反射通常比感兴趣目标的反射更强，例如，人员和武器，因此透视成像墙后的静止目标是困难的。更复杂的问题是当目标离附近的墙体非常近，尤其是多层的墙或空心砖墙时，前墙内的多次反射将导致沿距离维的墙体残差。这些墙体的混响会掩盖和模糊附近的目标。因此，在没有进行有效的杂波抑制而限制它对成像场景精确度和保真度的影响时，静止目标通常不能被检测到。

背景消除是一个简单有效的方法。如果收到的信号可以被近似为墙体和目标的反射，那么从带有目标的数据中减去不带有目标信号的原始数据（参考场景），将可以移除成像中墙体的影响，并且消除它在图像中潜在的压倒性的信号。但是，在很多情况下得不到参考场景。对于动目标，多普勒处理或者对在不同时间得到的数据进行相减可以缓解这个问题,并移除墙体的反射和对静止背景进行抑制。然而,当感兴趣的目标本身是静止的,则必须采取其他手段来应对强劲和持续的墙体反射。

对于基于波束形成的传统成像,在不依赖背景数据的情况下,有三种方法用来解决强烈的墙体电磁反射问题。在第一种方法中,在第一次波束到达时,对墙体参数,例如,厚度和介电常数进行估计。估计得到的参数可以被用于电磁回波建模,然后将其从完整的雷达回波中减去,从而得到无墙体反射的信号。尽管这个方法是有效的,但是需要一个校准的步骤,包括在相同或者相似的工作环境中,测量与前墙距离相同的金属板的雷达回波。第二种方法是使用空域滤波方法抑制墙体杂波,其需要平行于前墙的阵列孔径的测量,并且依赖对天线位置具有不变性的墙体回波。通过空域滤波去掉对应墙体回波的空间谱的零频部分。第三种方法认为墙体反射是雷达回波中最强的部分,并且在整个阵列孔径中墙体回波是不变的[17-18]。通过对测量数据矩阵进行奇异值分解(SVD),墙体回波属于低维子空间并且对应主奇异值对应的奇异向量。因此,可以把每个天线上的数据测量向量向墙体正交空间进行投影来去除墙体杂波。

最近,CS 和稀疏重构技术作为波束形成的代替用于揭示墙后目标位置已经得到了应用[20-24]。这样做可以显著减少数据采集时间。进一步讲,用更少的观测量生成室内场景图像是很重要的,因为这样可以省去一些难以获得的空间和频率观测数据。假设前墙的电磁反射已经被去除,文献[20-22]中提出了基于 CS 的穿墙雷达成像(TWRI)。没有这个假设,强烈的墙体杂波会在距离维扩展,降低场景的稀疏度,阻碍 CS 的应用。

在本章,将介绍基于 CS 的静止目标成像中的墙体杂波抑制。在测量数据量较少时,结合稀疏场景重构验证了最初针对完整数据提出的空间滤波和子空间投影方法的有效性。针对步进频率,考虑阵列天线或合成孔径阵列这两种情况的压缩频率测量方式。对于第一种情况,每个天线采用相同的频率集合;另一种情况则允许在随机或预设的情况下,对不同天线减少不同的频点。对于空域滤波和子空间投影方法,分析表明当每个天线的频率集合相同时,这两种方法可以保持与使用完整数据集时一样的性能。在减少相同的测量值时,可以应用 CS 图像重建技术,但需要更高的信号－杂波比。另外,不同天线上使用不同的频率会阻碍这两种方法的应用。这是因为不同的天线上的回波有不同的相位,使得基于空间不变性和杂波低维子空间投影的墙体杂波抑制算法不能应用。

为了克服在采用一般的、无限制的降低数据量方式时墙体杂波抑制方法的缺点,首先使用一个基于离散长球状序列的字典[26]表示墙体回波;然后用块稀疏方法进行处理。这要在每个可用的天线上独立完成。从每个天线的测量数据中减去墙体回波而得到无杂波的数据,从而可以将 CS 应用于图像重建[27]。值得注意的是，与最原始的墙体杂波消除方法不同，这个方案不需要一个与前壁平行的阵列孔径。它可以应用于单个雷达单元，也可应用于显著减小的阵列孔径。

另外，部分稀疏的概念还可应用于在不同天线上使用不同频率的室内静止场景成像[28]。部分稀疏场景重建认为场景由两部分组成：一个是稀疏的；另一个是已知支撑集的密集部分[29-30]。密集部分对应的是内墙和外墙。关于密集部分的支持集的先验知识既可以通过建筑图纸，也可以通过事先的测绘得到。

本章的安排如下：在4.2节中，给出穿墙信号模型，并简要回顾在全数据下的基于空间滤波和子空间投影的墙体杂波抑制技术；测量集减少时的墙体杂波抑制方法性能在4.3节中讨论；4.4节研究了基于DPSS的墙体杂波抑制方法；4.5节给出了部分稀疏的方法；4.6节为本章结论。

4.2 基于空域滤波和子空间投影的墙体杂波抑制技术

4.2.1 穿墙信号模型

考虑在 x 轴上有一堵厚度为 d、介电常数为 ε 的均匀墙体，墙外成像的区域在 y 的正半轴。如图4-1所示，假设在与墙体相隔 y_{off} 的距离上有一个与墙体平行的具有 m 个单元的收发器线阵。假设第 m 个收发器的坐标为 $\boldsymbol{x}_m=(x_m,-y_{\text{off}})$，发射带宽 $f_{K-1}-f_0$ 上均匀分布的具有 K 个频率的步进频率信号：

$$f_k=f_0+k\Delta f,k=0,1,\cdots,K-1 \tag{4-1}$$

式中：f_0 为所需频带中的最低频率值；$\Delta f=(f_{K-1}-f_0)/(K-1)$ 为频率步进长度。

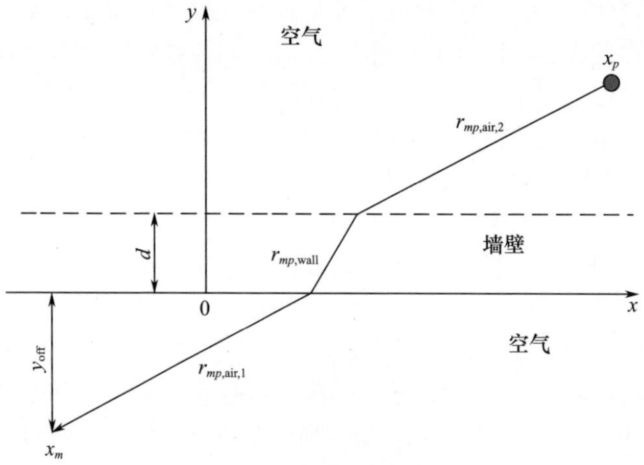

图4-1 场景的几何结构

场景中任意目标的反射只在相同收发器位置进行测量。第 m 个收发器上对应第 k 个频率的墙体回波由下式给出：

$$z_m^{\mathrm{w}}(f_k) = \sum_{l=0}^{L} \sigma_{\mathrm{w}} a_l \exp(-\mathrm{j}2\pi f_k \tau_{\mathrm{w}}^{(l)}) \tag{4-2}$$

式中：σ_{w} 为墙体的复反射系数；L 为墙体反射体数量；$\tau_{\mathrm{w}}^{(0)}$ 为墙体前表面回波的传播延迟；$\tau_{\mathrm{w}}^{(l)}, l>0$ 为墙体反射的传播延迟；a_l 为第 l 条墙体回波的路径损耗因子。

高次反射信号的幅度衰减由对应的路径损耗因子 a_l 决定。延迟 $\tau_{\mathrm{w}}^{(l)}$ 由下式给出：

$$\tau_{\mathrm{w}}^{(l)} = \frac{2y_{\mathrm{off}}}{c} + l\frac{2d\sqrt{\varepsilon}}{c} \tag{4-3}$$

式中：c 为自由空间中的光速。

假设墙后场景包含 P 个点目标，第 m 个收发器上对应第 k 个频率的目标回波可以表示为

$$z_m^{\mathrm{t}}(f_k) = \sum_{p=0}^{P-1} \sigma_p \exp(-\mathrm{j}2\pi f_k \tau_{p,m}) \tag{4-4}$$

式中：σ_p 为第 P 个目标的复反射系数；$\tau_{p,m}$ 为第 m 个收发器和第 P 个目标之间的双向传播时间，由下式给出：

$$\tau_{p,m} = \frac{2r_{mp,\mathrm{air},1}}{c} + \frac{2r_{mp,\mathrm{wall}}\sqrt{\varepsilon}}{c} + \frac{2r_{mp,\mathrm{air},2}}{c} \tag{4-5}$$

式中，$r_{mp,\mathrm{air},1}$、$r_{mp,\mathrm{wall}}$ 和 $r_{mp,\mathrm{air},2}$ 分别为从第 m 个收发器到第 p 个目标的信号在穿墙前、中和后的传播距离，如图 4－1 所示。并且，自由空间路径损耗、墙反射/透射系数和墙体损耗都假设包含在反射系数 σ_p 中。

第 m 个收发器上对应第 k 个频率的总的基带信号是墙体和目标回波的叠加：

$$z_m(f_k) = z_m^{\mathrm{w}}(f_k) + z_m^{\mathrm{t}}(f_k) = \sum_{l=0}^{L} \sigma_{\mathrm{w}} a_l \exp(-\mathrm{j}2\pi f_k \tau_{\mathrm{w}}^{(l)}) + \sum_{p=0}^{P-1} \sigma_p \exp(-\mathrm{j}2\pi f_k \tau_{p,m}) \tag{4-6}$$

4.2.2　墙体杂波抑制技术

4.2.2.1　空域滤波

由式(4－3)和式(4－6)可以看到，由于阵列平行于墙体，$\tau_{\mathrm{w}}^{(l)}$ 不随收发器的位置不同而变化。此外，由于墙体是均匀的并且假定大于天线的波束宽度，式

(4-6)中墙体的反射在整个阵列孔径上相同。与 $\tau_{\mathrm{w}}^{(l)}$ 不同,由于从某一个收发器到目标的路径不同于其他,式(4-5)中给出的时延 $\tau_{p,m}$ 在不同位置的收发器上是不同的。对于第 k 个频率,接收到的信号是与变量 $\tau_{p,m}$ 有关的 m 的函数。下面可以将式(4-6)重写如下:

$$z_{f_k}(m) = z_{f_k}^{\mathrm{w}} + z_{f_k}^{\mathrm{t}}(m) = \sum_{l=0}^{L} v_{f_k}^{l} + \sum_{p=0}^{P-1} u_{p,f_k}(m) \tag{4-7}$$

其中

$$v_{f_k}^{l} = \sigma_{\mathrm{w}} a_l \exp(-\mathrm{j}2\pi f_k \tau_{\mathrm{w}}^{(l)})$$

$$u_{p,f_k}(m) = \sigma_p \exp(-\mathrm{j}2\pi f_k \tau_{p,m})$$

因此,将墙体反射从目标反射中分离相当于在收发器上从非常数值信号中分离常数信号,可以通过对阵列应用一个合适的空域滤波器来实现[13]。

空域滤波器中消除或明显减弱零空间频率分量的最简单方式可以通过减掉收发器所有雷达回波的平均值实现,即

$$\tilde{z}_{f_k}(m) = z_{f_k}(m) - \frac{1}{M}\sum_{m-1}^{M-1} z_{f_k}(m) = z_{f_k}^{\mathrm{t}}(m) - \frac{1}{M}\sum_{m-1}^{M-1} z_{f_k}^{\mathrm{t}}(m) \tag{4-8}$$

因此,减法运算消除了墙体回波对应的空域零频分量,使得滤波输出数据中几乎没有来自墙体反射的贡献。

4.2.2.2 子空间投影

将 M 个收发器接收到的 K 个频率信号排列成一个 $K \times M$ 的矩阵:

$$\boldsymbol{Z} = [\boldsymbol{z}_0 \quad \cdots \quad \boldsymbol{z}_m \quad \cdots \quad \boldsymbol{z}_{M-1}] \tag{4-9}$$

其中

$$\boldsymbol{z}_m = [z_m(f_0) \quad z_m(f_1) \quad \cdots \quad z_m(f_{K-1})]^{\mathrm{T}} = \boldsymbol{z}_m^{\mathrm{w}} + \boldsymbol{z}_m^{\mathrm{t}} \tag{4-10}$$

式中:$z_m(f_k)$ 由式(4-6)给出;$\boldsymbol{z}_m^{\mathrm{w}}$ 和 $\boldsymbol{z}_m^{\mathrm{t}}$ 分别为在第 m 个收发器上墙体和目标的分量。

成像场景的特征结构通过对 $\boldsymbol{Z}$ 的奇异值分解得到:

$$\boldsymbol{Z} = \boldsymbol{U}\boldsymbol{\Lambda}\boldsymbol{V}^{\mathrm{H}} \tag{4-11}$$

式中:H 为汉密尔顿(Hermitian)转置;$\boldsymbol{U}$ 和 $\boldsymbol{V}$ 分别为包含左和右奇异值向量的酉矩阵;$\boldsymbol{\Lambda}$ 为对角阵,可定义为

$$\boldsymbol{\Lambda} = \begin{bmatrix} \lambda_1 & \cdots & 0 \\ \vdots & \ddots & \vdots \\ 0 & \cdots & \lambda_M \\ \vdots & \ddots & \vdots \\ 0 & \cdots & 0 \end{bmatrix} \tag{4-12}$$

式中:$\lambda_1 \geqslant \lambda_2 \geqslant \cdots \geqslant \lambda_M$ 为奇异值。

不失一般性,假设频点数大于天线位置数,也就是 $K>M$。子空间投影法假设墙体反射和目标回波属于不同的子空间。因为墙体反射比目标回波强,因此用矩阵 $\boldsymbol{Z}$ 的 J 个主要奇异向量构造墙体子空间:

$$\boldsymbol{S}_{\text{wall}} = \sum_{i=1}^{J} \boldsymbol{u}_i \boldsymbol{v}_i^{\text{H}} \tag{4-13}$$

在理想情况下,均匀墙体的子空间由主奇异值对应的第一个奇异向量展开,也就是 $J=1$。但是,天线未对齐和墙体的异质性等因素会提高墙体子空间的维度。确定墙体子空间维度 J 的方法可参阅文献[17,33]。

墙体子空间的正交子空间定义为

$$\boldsymbol{S}_{\text{wall}}^{\perp} = \boldsymbol{I} - \boldsymbol{S}_{\text{wall}} \boldsymbol{S}_{\text{wall}}^{\text{H}} \tag{4-14}$$

式中:$\boldsymbol{I}$ 为单位矩阵。

为了抑制墙体回波,将数据矩阵 $\boldsymbol{Z}$ 在正交子空间上投影[17,25]:

$$\tilde{\boldsymbol{Z}} = \boldsymbol{S}_{\text{wall}}^{\perp} \boldsymbol{Z} \tag{4-15}$$

得到的数据矩阵几乎没有来自前墙壁的贡献。

4.2.3 场景重建

式(4-8)和式(4-15)中无墙体杂波信号的一种等价的矩阵向量表示形式可以按如下方式得到。假设待成像的场景被分为横向距离和纵向距离的 $N_x \times N_y$ 个像素点。将横向-纵向的图像向量化为 $N_x N_y \times 1$ 的反射系数向量 $\boldsymbol{\sigma}$。如果第 p 个点目标存在于第 q 个像素点,$\boldsymbol{\sigma}$ 的第 q 个元素则取值为 $\boldsymbol{\sigma}_p$,否则为零。

基于式(4-4),第 m 个收发器对应的无墙体杂波信号向量 $\tilde{z}_m$ 可以用矩阵-向量形式表示为

$$\tilde{z}_m \approx z_m^{\text{t}} = \boldsymbol{\Psi}_m \boldsymbol{\sigma} \tag{4-16}$$

式中:$\boldsymbol{\Psi}_m$ 为一个维度为 $K \times N_x N_y$ 的矩阵,第 q 列的第 k 个元素表示为

$$[\boldsymbol{\Psi}_m]_{k,q} = \exp(-\text{j}2\pi f_k \tau_{q,m}),\ k=0,1,\cdots,K-1,\ q=0,1,\cdots,N_x N_y -1 \tag{4-17}$$

式中:$\tau_{q,m}$ 为第 q 个像素和第 m 个收发器之间的双向传播时间。

把所有 M 个收发器位置上的信号放入 $MK \times 1$ 的测量向量 $\tilde{z}$ 中[24-25],则

$$\tilde{z} = \boldsymbol{\Psi} \boldsymbol{\sigma} \tag{4-18}$$

其中

$$\tilde{z} = [\tilde{z}_0^{\text{T}} \quad \tilde{z}_1^{\text{T}} \quad \cdots \quad \tilde{z}_{M-1}^{\text{T}}]^{\text{T}},\ \boldsymbol{\Psi} = [\boldsymbol{\Psi}_0^{\text{T}} \quad \boldsymbol{\Psi}_1^{\text{T}} \quad \cdots \quad \boldsymbol{\Psi}_{\text{M}-1}^{\text{T}}] \tag{4-19}$$

一个图像 $\hat{\boldsymbol{\sigma}}$ 可以通过延迟求和波束形成,对于无墙杂波信号 $\tilde{z}$ 左乘伴随算子 $\boldsymbol{\Psi}^{\text{H}}$ 得到,即

$$\hat{\sigma} = \boldsymbol{\Psi}^{\text{H}} \tilde{z} \tag{4-20}$$

4.2.4 示例

维拉诺瓦大学的雷达成像实验室建立了一个宽带穿墙 SAR 系统。沿 x 轴分布，单元间隔为 0.0187m 的 67 单元的线阵平行放置于一面 0.14m 厚、3.05m 长的坚实混凝土墙前，与墙的距离为 1.24m。采用间隔为 2.75MHz 的步进频率信号覆盖 1 ~3GHz 的频率范围。相应地，在每一个扫描位置，雷达一共收集 728 个频率测量。一个垂直金属二面角被用作目标放置在墙壁另一边，坐标为 (0,4.4)m。二面体的每个面的面积为 0.39m ×0.28m。房间的后壁和侧壁覆盖着射频吸波材料以减少杂波。对于没有二面体目标的空场景也进行了测量，以用于抑制墙体杂波。

用于成像的是中心位于 (0,3.7)m 的面积为 4.9m ×4.5m 的区域，分成了 33 ×73 个像素。图 4 -2(a) 给出了波束形成获得的原始数据对应的图像。在本章，这一幅图和后面的所有图中，每幅图像的灰度最大值归一化为 0。真正的目标位置用一个实心的红色矩形表示，而墙的位置由一个红色虚线矩形表示。在获得了空场景测量的情况下，背景相减可以得到很容易识别目标的图像，如图 4 -2(b) 所示。图 4 -2(c) 显示了对原始数据应用基于子空间投影的墙体杂波抑制后的波束形成图像。在本章的子空间投影法中，数据矩阵 $\boldsymbol{Z}$ 的第一个主奇异向量用于构造墙子空间 ($J=1$)。我们观察到，虽然墙体回波没有被完全抑制，但是它的遮蔽效果显著降低，可以对目标进行检测。基于空域滤波的方法获得了相似的结果[25]。

4.3 压缩测量时的空间滤波和子空间投影

式 (4 -6) 的数据模型和 4.2 节中的墙体杂波抑制技术需要利用 M 个收发器的全部 K 个频率的所有测量值。假设只有随机的 M_1 ($<M$) 个收发器可用于数据收集。设 $i_g \in [0,1,\cdots,M-1]$，$g=0,1,\cdots,M_1-1$ 是选中的收/发器的下标。再假设每个收/发器上仅有 $K_1<K$ 个频率测量值。将式 (4 -10) 中定义的 $K\times 1$ 向量 z_{i_g} 用来表示在第 i_g 个收发器上的所有频率测量，对应的数据量减少的频率测量集可以表示为

$$\breve{z}_{i_g}=\boldsymbol{\varphi}^{(g)}z_{i_g}=\boldsymbol{\varphi}^{(g)}z_{i_g}^{\mathrm{w}}+\boldsymbol{\varphi}^{(g)}z_{i_g}^{\mathrm{t}}=\breve{z}_{i_g}^{\mathrm{w}}+\breve{z}_{i_g}^{\mathrm{t}} \tag{4-21}$$

式中：$\boldsymbol{\varphi}^{(g)}$ 为一个 $K_1\times K$ 的测量矩阵，通过 $K\times K$ 单位矩阵中随机选取 K_1 行构造[24-25]。矩阵 $\boldsymbol{\varphi}^{(g)}$ 决定了第 i_g 个收/发器减少后的频率集合。请注意每个收/发器上减少的频率集可能不同（见式 (4 -21) 中隐含的情况）也可能相同 ($\boldsymbol{\varphi}^{(g)}=\boldsymbol{\varphi}$，$g=0,1,\cdots,M_1-1$)。

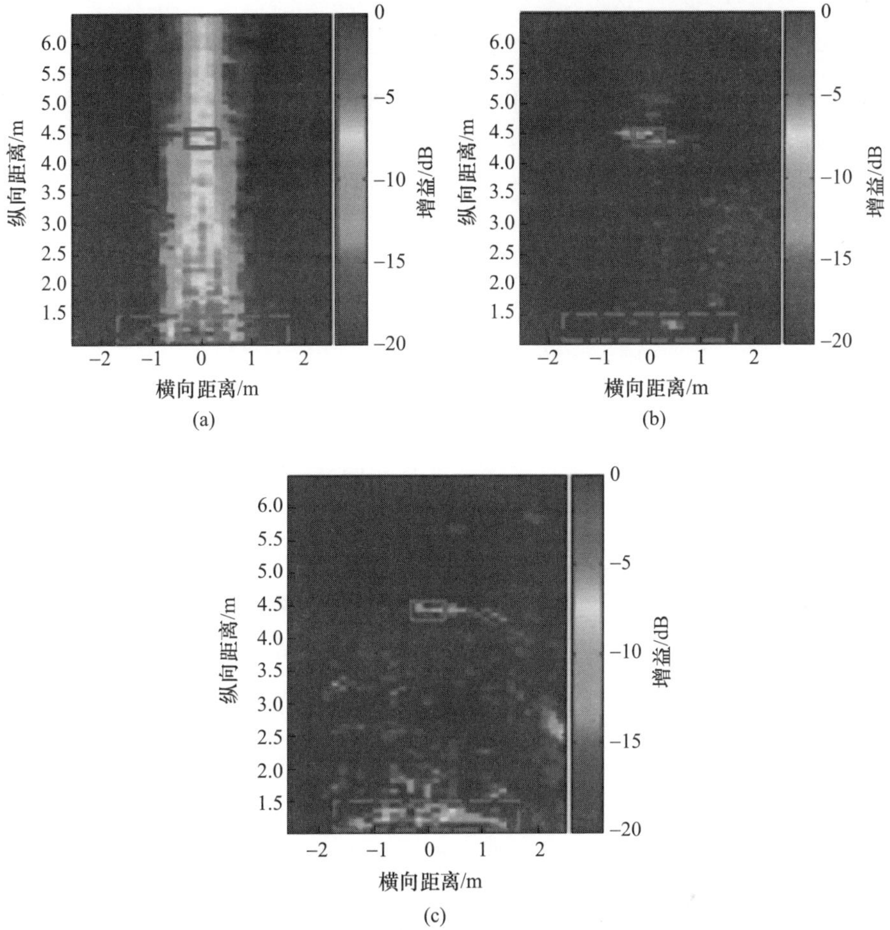

图 4－2　三种成像结果的对比(见彩图)

(a)原始数据基于波束形成的成像结果；(b)背景相减后的基于波束形成的成像结果；
(c)基于子空间投影的墙体杂波抑制后波束形成成像结果。

4.3.1　压缩采样时的墙体杂波抑制

空域滤波和子空间投影的墙体杂波抑制方法假设不同收/发器位置上的墙体反射即使不相等也非常接近。当所有收/发器使用相同的频率集,也就是 $\boldsymbol{\varphi}^{(g)}=\boldsymbol{\varphi},\forall g$ 时,墙体反射的空间不变性条件是成立的。这允许直接将空域滤波和子空间投影方法作为场景图像重建的预处理步骤[24－25]。

但是,各个收/发器上使用不同的压缩采样频率集会导致墙体反射回波的相位在各天线阵元上不同。这将使得墙体杂波抑制算法默认的墙体杂波空间不变性这一个基本假设不再成立,从而导致墙体杂波抑制方法无效。

4.3.2 基于 CS 的场景重建

在利用压缩采样的测量集进行墙体杂波抑制之后，可以通过如下稀疏重建方案进行成像。假设墙体杂波被有效地抑制，使用式(4－16)和式(4－21)，可以将第 i_g 个收/发器上预处理后的压缩采样频率测量表示为

$$\tilde{\breve{z}}_{i_g} \approx \breve{z}_{i_g}^{\mathrm{t}} = \boldsymbol{\varphi}^{(g)} z_{i_g}^{\mathrm{t}} = \boldsymbol{\varphi}^{(g)} \boldsymbol{\Psi}_{i_g} \boldsymbol{\sigma}, g = 0, 1, \cdots, M_1 - 1 \tag{4-22}$$

考虑所有 M_1 个收/发器的预处理后的测量向量，得到 $M_1K_1 \times 1$ 测量向量 $\tilde{\breve{z}}$：

$$\tilde{\breve{z}} = \boldsymbol{\Phi\Psi\sigma} \tag{4-23}$$

其中

$$\boldsymbol{\Psi} = [\boldsymbol{\Psi}_{i_0}^{\mathrm{T}} \quad \boldsymbol{\Psi}_{i_1}^{\mathrm{T}} \quad \cdots \quad \boldsymbol{\Psi}_{i_{M_1-1}}^{\mathrm{T}}]^{\mathrm{T}} \tag{4-24}$$

式中：$\boldsymbol{\Phi} = \mathrm{bdiag}(\boldsymbol{\varphi}^{(0)}, \boldsymbol{\varphi}^{(1)}, \cdots, \boldsymbol{\varphi}^{(M_1-1)})$ 或 $\boldsymbol{\Phi} = \mathrm{bdiag}(\boldsymbol{\varphi}, \boldsymbol{\varphi}, \cdots, \boldsymbol{\varphi})$ 取决于压缩采样频率集在可用的收/发器上是不同的还是相同的，bdiag(·)表示块对角矩阵运算。

给定 $\tilde{\breve{\mathbf{Z}}}$，可以通过求解下列优化问题重建 $\boldsymbol{\sigma}$：

$$\hat{\sigma} = \arg\min \|\boldsymbol{\sigma}\|_{l_1} \quad \mathrm{s.t.} \quad \tilde{\breve{z}} \approx \boldsymbol{\Phi\Psi\sigma} \tag{4-25}$$

式(4－25)中的问题可以用凸松弛、贪婪追踪或组合算法解决[34－39]。本章采用正交匹配追(OMP)，这是一种贪婪追踪算法，具有快速和简单的求解方案。

4.3.3 示例

考虑与 4.2.4 节中相同的实验设置。对于 CS，使用 20% 的频点和 51% 的阵元位置，共计占总数据量的 10.2%。图 4－3(a)描绘了直接对经压缩采样的原始数据集应用 OMP 获得的测量场景图像。OMP 的迭代次数通常与场景的稀疏度有关。这里，OMP 的迭代次数设置为 100 次。可以观察到，稀疏重建算法只重建了墙体的反射而完全遗漏了目标。因为现实中仅得到背景是不可能的，因此从图 4－3 中可以看到，在 CS 重构之前必须应用墙体杂波抑制的方法进行预处理，以检测墙体背后的目标。

首先，考虑每一个使用的收/发器上采用相同的压缩采样频率集。这里进行了 100 次实验，每一次都随机选择 20% 的频点和 51% 的阵元。对于每一次实验，首先将子空间投影法应用于降维的 146×34 的 **Z** 矩阵；然后使用迭代次数为 25 次的 OMP 对场景进行重构。图 4－3(b)显示了相应的 100 次实验平均的图像。很明显，即使空间和频率的观测点都减少了，杂波抑制和 CS 技术仍成功地抑制了前壁杂波，并发现了目标。

其次，考虑不同的收发器随机选择 20% 的频点的情况。在子空间投影后进行 25 次迭代的 OMP，相应的 100 次实验平均后的重建图像如图 4－3(c)所示。正如预期的那样，由于不满足空间不变性，墙体杂波抑制方法并不成功，导致重

建的图像只包含墙体杂波。空域滤波法在以上两种情况下得到类似的结果。

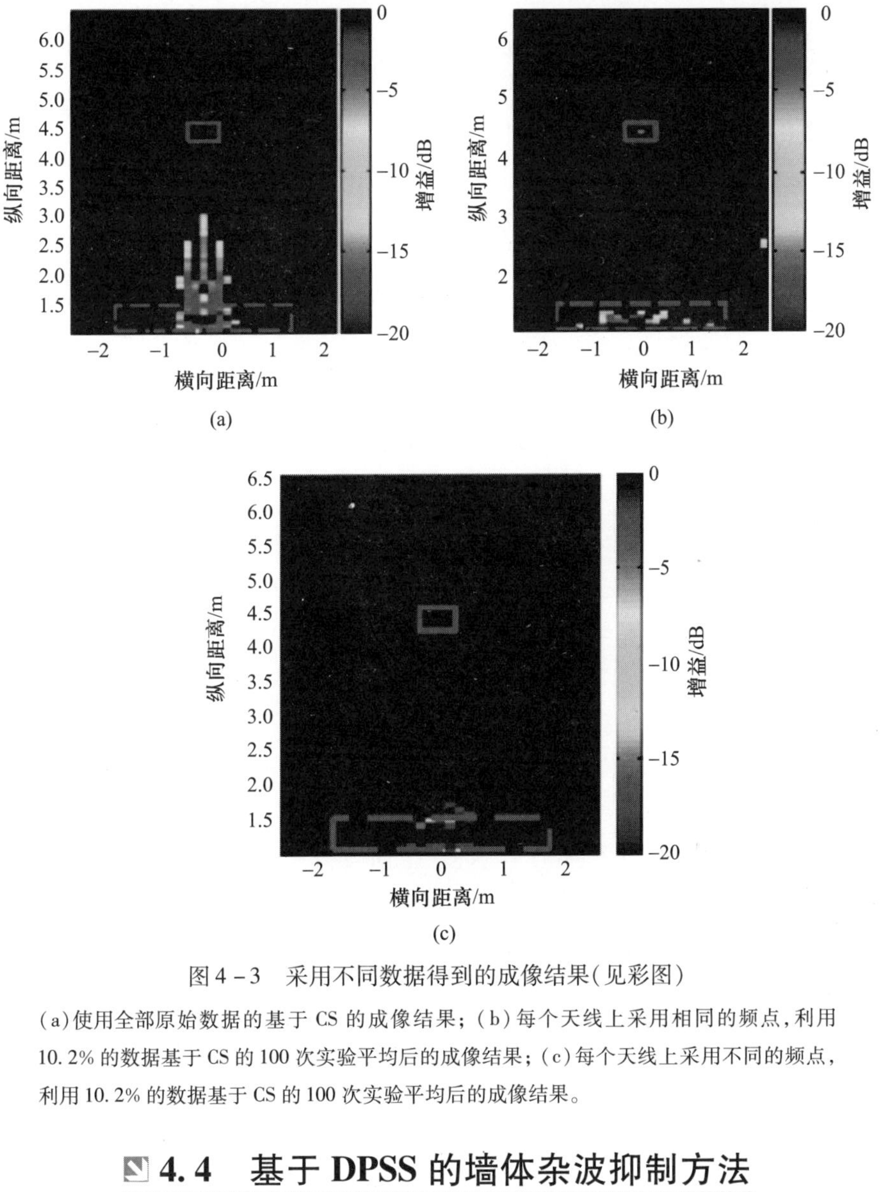

图 4－3　采用不同数据得到的成像结果(见彩图)

(a)使用全部原始数据的基于 CS 的成像结果；(b)每个天线上采用相同的频点，利用 10.2% 的数据基于 CS 的 100 次实验平均后的成像结果；(c)每个天线上采用不同的频点，利用 10.2% 的数据基于 CS 的 100 次实验平均后的成像结果。

4.4　基于 DPSS 的墙体杂波抑制方法

正如 4.1 节所讨论的，使用的所有天线具有相同的观测频率并非总是可行的。为了克服空域滤波和子空间投影墙体杂波抑制方法要求所有收/发器具有相同频率测量集这个缺点，一种基于离散长球序列的替代方法将在下面进行介绍。

4.4.1 离散长球序列

离散长球序列是一个在给定频带内最大能量聚集的有限序列的集合[26]。DPSS 构成了能量聚集在给定频带内时间有限的有限能量信号的一组有效基。考虑一个由 K 个频率组成的频率步进信号，我们解决传统 DPSS 的对偶问题，也就是说，寻找频域序列 $s[k]$，频率索引集属于 $\{0,1,\cdots,K-1\}$，该序列的能量集中在有限的时间区间 $[-\bar{T},\bar{T})$ 内。由于步长 Δf 对应的无模糊时间区间为 $[0,1/\Delta f)$ 或 $[-1/2\Delta f,1/2\Delta f)$，那么 $\bar{T}$ 介于 $0\sim1/2\Delta f$ 之间。令 T 为被 $1/\Delta f$ 归一化的时间 $\bar{T}$，使得 $0<T<1/2$。那么，利用时域和频域的对偶性，频域 $K-$ 长度 DPSS 定义为下式的解[27,40-41]：

$$\boldsymbol{A}\boldsymbol{s}_i=\lambda_i\boldsymbol{s}_i,\ i=0,1,\cdots,K-1 \tag{4-26}$$

式中：$\boldsymbol{s}_i$ 为元素为 $s_i[k]$，$k=0,1,\cdots,K-1$ 的 $K\times1$ 向量；λ_i 为矩阵 $\boldsymbol{A}$ 的特征值。矩阵 $\boldsymbol{A}$ 由下式给出：

$$[\boldsymbol{A}]_{i,k}=\frac{\sin(2\pi T(i-k))}{\pi(i-k)} \tag{4-27}$$

DPSS 在集合 $\{0,1,\cdots,K-1\}$ 上标准正交[40-41]。

4.4.2 DPSS 基础

考虑第 m 个天线接收到的所有 K 个频率的信号向量 z_m，由式(4-10)给出。M 个接收到的信号集 $\{z_m\}_{m=0}^{M-1}$ 中的每一个信号在时域是在时间区间 $[-1/2\Delta f,1/2\Delta f)$ 内的所有回波的集合。在点目标情况下，每个间隔将包含一个分辨单元。然而，在实际中，由于大多数室内目标（包括墙壁）都会在空间上扩展，使得相应的回波超出了单个分辨单元。特别地，对于墙体反射，决定于墙的介电常数、厚度和信号带宽的反射的影响可能是不可分离的。因此，将接收到的信号称为多持续信号。下面首先使用 DPSS 构建一组基，来有效地捕获这种信号的结构。

把无模糊时间 $[-1/2\Delta f,1/2\Delta f)$ 划分为 $N=\lfloor(2/\Delta fD)-1\rfloor$ 个长度为 D 的重叠区间，其中，D 为 $1/(K-1)\Delta f$ 的整数倍。第 n 个时间区间中心在 $-1/2\Delta f+nD/2$，长度为

$$\Delta n=\left[-\frac{1}{2\Delta f}+\frac{nD}{2}-\frac{D}{2},-\frac{1}{2\Delta f}+\frac{nD}{2}+\frac{D}{2}\right],n=1,2,\cdots,N$$

可以注意到，选择非重叠区间是不充分的，因为雷达波从不同的散射体返回的时延可能并不正好落在选择的网格上。设 $T=D\Delta f/2$ 和 $t_n=(-(1/2\Delta f)+nD/2)\Delta f$。考虑 $K-$ 长度频域 DPSS 的 $K\times K$ 矩阵 $\boldsymbol{S}_{K,T}$：

$$\boldsymbol{S}_{K,T}=[\boldsymbol{s}_0\quad \boldsymbol{s}_1\quad \cdots\quad \boldsymbol{s}_{K-1}] \tag{4-28}$$

式中：$\{\boldsymbol{s}_i\}_{i=0}^{K-1}$ 由式(4-26)定义。

构造 $K\times K$ 对角矩阵为

$$\boldsymbol{E}_{t_n}=\mathrm{diag}(1,\exp(-\mathrm{j}2\pi t_n),\cdots,\exp(-\mathrm{j}2\pi(K-1)t_n)) \tag{4-29}$$

可以定义对应 Δ_n 的时移 DPSS 基为 $\boldsymbol{E}_{t_n}\boldsymbol{S}_{K,T}$。它的前$\lceil 2KT\rceil+1$ 个特征值接近于 1 而剩下的接近于 0，前$\lceil 2KT\rceil+1$ 个时变 DPSS 形成有效的信号基，可以捕获频域序列在时间间隔 Δ_n 的能量[40-41]。我们考虑 $K\times(\lceil 2KT\rceil+1)$ 矩阵 $\boldsymbol{\Sigma}_n$ 包含 $\boldsymbol{E}_{t_n}\boldsymbol{S}_{K,T}$ 的前$\lceil 2KT\rceil+1$ 列作为支撑集 Δ_n 上的信号的有效基。因此，多持续信号的 $K\times(\lceil 2KT\rceil+1)N$ 维 DPSS 基 $\boldsymbol{\Sigma}$ 可以定义为 N 个时移 DPSS 基的并置[27,41]：

$$\boldsymbol{\Sigma}=[\Sigma_1\quad \Sigma_2\quad \cdots\quad \Sigma_N] \tag{4-30}$$

利用 DPSS 基 $\boldsymbol{\Sigma}$，第 $\boldsymbol{m}$ 个接收到的信号 z_m 可以表示为

$$z_m=z_m^{\mathrm{w}}+z_m^{\mathrm{t}}=\Sigma\boldsymbol{\rho}_m^{\mathrm{w}}+\Sigma\boldsymbol{\rho}_m^{\mathrm{t}} \tag{4-31}$$

式中：$\boldsymbol{\rho}_m^{\mathrm{w}}$ 和 $\boldsymbol{\rho}_m^{\mathrm{t}}$ 分别为墙体和目标回波的 $K\times(\lceil 2KT\rceil+1)N$ 长度的系数向量。由于雷达的多持续性质，墙体和目标的贡献 z_m^{w} 和 z_m^{t} 可以只用 $\boldsymbol{\Sigma}$ 中它们所占用时间间隔对应的列来表示。$\boldsymbol{\rho}_m^{\mathrm{w}}$ 和 $\boldsymbol{\rho}_m^{\mathrm{t}}$ 具有块稀疏结构，其中的非零系数仅具有少量的簇。

根据式(4-21)给出的减少数据的公式，式(4-31)对应的 K_1 频率和 M_1 收发器位置的压缩采样模型可以表示为

$$\breve{z}_{i_g}=\varphi^{(g)}z_{i_g}=\varphi^{(g)}z_{i_g}^{\mathrm{w}}+\varphi^{(g)}z_{i_g}^{\mathrm{t}}=\breve{z}_{i_g}^{\mathrm{w}}+\breve{z}_{i_g}^{\mathrm{t}}=\varphi^{(g)}\boldsymbol{\Sigma}\boldsymbol{\rho}_{i_g}^{\mathrm{w}}+\varphi^{(g)}\boldsymbol{\Sigma}\boldsymbol{\rho}_{i_g}^{\mathrm{t}} \tag{4-32}$$

式中：$i_g\in[0,1,\cdots,M-1]$；$g=0,1,\cdots,M_1-1$。

4.4.3　块稀疏重建

我们的目标是首先使用压缩测量后的向量 $\breve{z}_{i_g}$ 分别重构每个天线位置上墙体的贡献；然后将其从 $\breve{z}_{i_g}$ 中减去，以获得第 i_g 个天线的无杂波雷达回波。因为 $\boldsymbol{\rho}_{i_g}^{\mathrm{w}}$ 和 $\boldsymbol{\rho}_{i_g}^{\mathrm{t}}$ 的块稀疏性质，使用正交匹配追踪的扩展块正交匹配追踪(BOMP)方法恢复对应墙体的信号分量。

BOMP 方法中迭代次数的选择至关重要。太小的值可能无法完全捕捉到墙体的回波。然而，一个过大的值可能将来自较深距离的目标回波作为了墙体响应的一部分。为了在不去除较深距离目标的情况下充分抑制墙体回波，算法 4.1中给出了修正的 BOMP 方法，它使用了更多的迭代次数，将重构的墙体回波和墙体正面的距离约束在 1.5m 以内。这个约束距离是通过对不同的均匀和非均匀的墙壁的电磁仿真得到的。

算法 4.1　修正的 BOMP 方法

输入:迭代次数 $\boldsymbol{I}$,矩阵 $\boldsymbol{\Xi}=\boldsymbol{\varphi}^{(g)}\Sigma$,测量值$\breve{z}_{i_g}$ 容许的墙体支持集 Ω_w

初始化:支撑集 $\Omega_0=\varphi$,残差 $\boldsymbol{r}_0=\breve{z}_{i_g}$,迭代次数 $\bar{i}=1$

while $\bar{i}\leqslant I$

1) $\Omega_{\bar{i}}=\Omega_{\bar{i}-1}\cup\{\arg\max_n\|\boldsymbol{\Xi}_n^{\mathrm{H}}\boldsymbol{r}_{\bar{i}-1}\|_2\}$,其中,$\boldsymbol{\Xi}_n=\boldsymbol{\varphi}^{(g)}\Sigma_n$

2) $\boldsymbol{r}_{\bar{i}}=\breve{z}_{i_g}-\boldsymbol{\Xi}_{\Omega\bar{i}}\boldsymbol{\Xi}^+$,$\boldsymbol{\Xi}_{\Omega\bar{i}}$ 表示 $\boldsymbol{\Xi}$ 的子矩阵只包括对应于 $\Omega_{\bar{i}}$ 的列,上标“ + ”表示求伪逆。

3) $\bar{i}=\bar{i}+1$

end

合并:$\Omega_I'=\Omega_I\cap\Omega_w$

输出:重构信号,$\breve{z}_{i_g}\mid_{\Omega_I'}=\boldsymbol{\Xi}_{\Omega_I'}\boldsymbol{\Xi}_{\Omega_i'}^+,\breve{z}_{i_g}$ 和 $\hat{z}_{i_g}\mid_{(\Omega'_I)^C}=0$,其中上标“$c$”表示补集。

修正的 BOMP 方法只会捕捉到墙体的贡献,这就意味着输出 $\hat{z}_{i_g}\approx\breve{z}_{i_g}^{\mathrm{w}}$。因此,目标的贡献可以通过简单地减去重构后墙体的贡献来得到:

$$\breve{z}_{i_g}-\hat{z}_{i_g}\approx\breve{z}_{i_g}^{\mathrm{t}}\tag{4-33}$$

一旦每个天线位置上的墙体杂波得到了抑制,就可以利用压缩采样数据通过求解稀疏重建问题式(4-25)成像。

4.4.4　示例

一个在维拉诺瓦大学雷达成像实验室建立的步进频率 SAR 系统用于数据测量。线性合成孔径由 93 个间隔为 0.02m 的单元组成。这个孔径平行于 3.13m 外的一面 0.2m 厚的混凝土墙。步进频率信号包含从 1GHz 到 3GHz 的 641 个频率,步长为 3.125MHz。一个位于侧向 -0.29m 和前墙另一边 2.05m 的垂直金属二面角作为目标。侧墙覆盖了射频吸收材料而 0.3m 厚的钢筋混凝土后墙是裸露的;前墙的后面和后墙的前面的距离是 3.76m。

成像的场景选为以(0,4.75)m 为中心的 4m×5.5m 区域,并划分为 33×77 个像素。图 4-4(a)画出了完整原始数据通过波束形成获得的图像。除了墙体反射,天线的振荡在图 4-4(a)中前墙前面的纵向距离上清晰可见。对于基于 CS 的重构,首先随机选择 20% 的天线位置以及在每个天线上随机选择 20% 的频率集,这相当于总数据量的 4%。在应用了基于 DPSS 的抑制方案后,对场景进行了 100 次重构实验。每一次实验,首先采用不同的随机测量矩阵用于生成压缩采样测量集;然后进行墙体杂波抑制;最后进行稀疏场景重建。参数 D 的值选为 5.5ns,修正的 BMOP 方法的迭代次数为 8 次。图 4-4(b)显示了 100 次实验平均后的重构图像。用于场景重构的 OMP 方法的迭代次数选为 5 次。从图 4-4(b)中观察到,基于 DPSS 的墙体杂波抑制成功地移除了大部分的墙体回波和天线振荡,得到了目标和后墙清晰可见的图像。

接下来,随机选择的 20% 的频率被使用于所有选定的 20% 的天线位置。在应用基于 DPSS 的墙体抑制方案对场景进行 100 次重构。BOMP、OMP 的迭代次数和 D 的选择与图 4-4(b)中的相同。图 4-4(c)显示了相应的稀疏重建图像。同样,基于 DPSS 的方法成功地移除了天线振荡和墙体回波,从而使得随后的稀疏重建能够对目标和后墙进行成像。

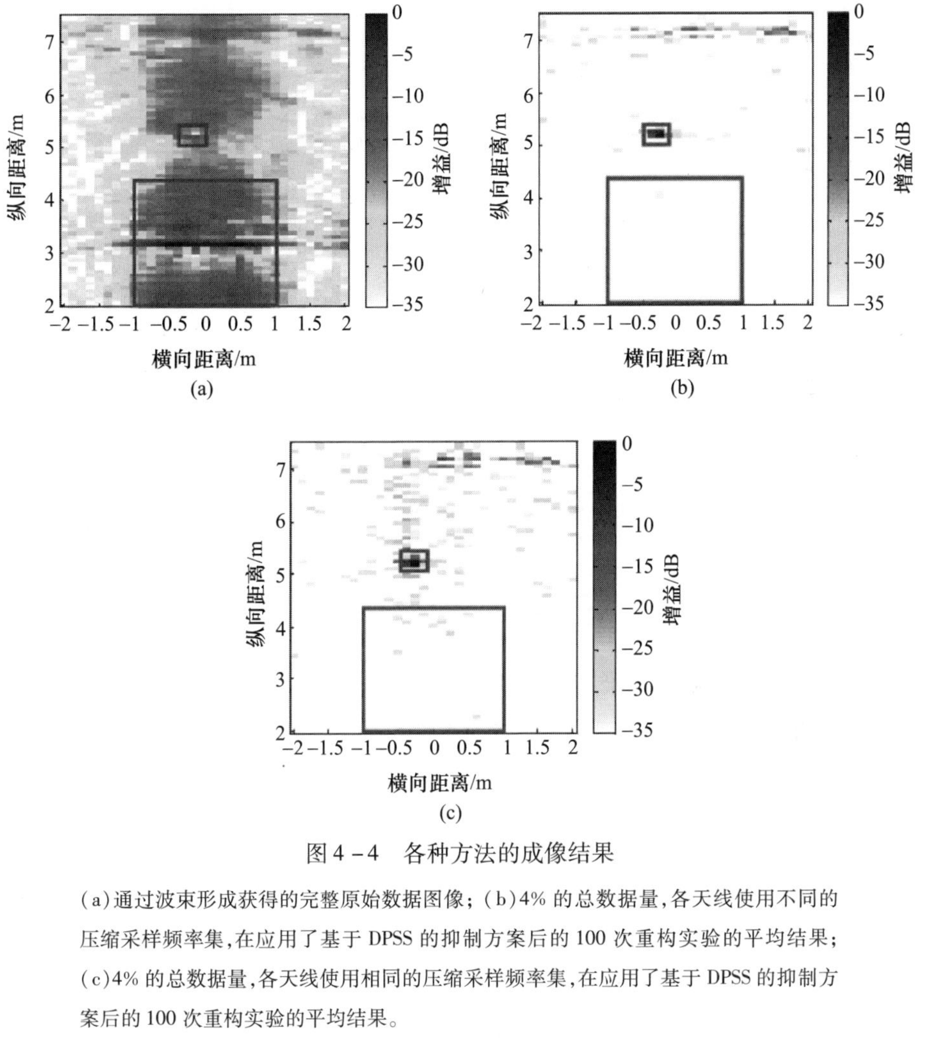

图 4-4 各种方法的成像结果

(a)通过波束形成获得的完整原始数据图像;(b)4% 的总数据量,各天线使用不同的压缩采样频率集,在应用了基于 DPSS 的抑制方案后的 100 次重构实验的平均结果;(c)4% 的总数据量,各天线使用相同的压缩采样频率集,在应用了基于 DPSS 的抑制方案后的 100 次重构实验的平均结果。

4.5 室内场景的部分稀疏重建

本节假设对建筑布局有一些先验信息,利用这些信息在部分稀疏框架下对墙后的静止目标进行成像。

4.5.1 部分稀疏信号模型

同样，考虑一个具有 K 个等间隔频率的步进频率和 M 个天线的位于 y_{off} 的单基 SAR，其平行于沿 x 轴的均匀前壁。前墙后面的场景由 P 个点目标、N_I-1 个平行于前墙并朝着雷达扫描方向的内墙，以及 N_C-1 个相互连接且垂直的二面墙角组成。注意到，由于墙体反射的镜面性，一个与前墙平行的 SAR 系统只能接收到平行于前壁的内部墙体的后向散射信号。垂直于前墙的墙体贡献主要来自于墙角的后向散射[44]。

选择相位中心为 $\boldsymbol{x}_m=(x_m,-y_{\text{off}})$，第 m 个天线在第 k 个频率上接收到的信号由下式给出：

$$\begin{aligned}z_m(f_k) &= \sum_{p=0}^{P-1}\sigma_p\exp(-\mathrm{j}2\pi f_k\tau_{p,m}) + \sum_{l=0}^{N_I-1}\sigma_{\mathrm{w},l}\exp(-\mathrm{j}2\pi f_k\tau_{\mathrm{w},l}) + \\ &\quad \sum_{i=0}^{N_c-1}\Gamma_{i,m}\bar{\sigma}_i\mathrm{sinc}\left(\frac{2\pi f_k\bar{L}_i}{c}\right)\sin(\theta_{i,m}-\bar{\theta}_i)\exp(-\mathrm{j}2\pi f_k\tau_{i,m})\end{aligned} \tag{4-34}$$

式中：σ_p、$\sigma_{\mathrm{w},l}$和 $\bar{\sigma}_i$分别为与第 p 个目标、第 l 面墙和第 i 个角落的复振幅；$\tau_{p,m}$、$\tau_{\mathrm{w},l}$和 $\tau_{i,m}$分别为从第 m 个天线到第 p 个目标、第 l 面墙和第 i 个角落的双向传播时间；$\bar{L}_i$为长度；$\bar{\theta}_i$为第 i 个角落的方向角；$\theta_{i,m}$为与第 i 个角落和第 m 个天线的方向角；$\Gamma_{i,m}$为一个指示函数，当第 m 个天线照射到第 i 个角的凹面时为 1。

可以注意到，σ_p、$\sigma_{\mathrm{w},l}$和 $\bar{\sigma}_i$ 包含了自由空间路径损耗、穿墙的衰减以及散射体的反射率。此外，由于扫描方向与墙体平行，时延 $\tau_{\mathrm{w},l}$与变量 m 无关，仅仅是第 l 面墙和阵列基线之间的纵向距离的函数。

设 $\boldsymbol{z}_m$表示第 m 个天线位置接收到的 K 个频率的信号构成的向量。假设建筑布局已知，$N_xN_y\times1$ 维场景反射率向量 $\boldsymbol{\sigma}$ 可以表示为 $\boldsymbol{\sigma}=[\boldsymbol{\sigma}_1^{\mathrm{T}}\quad\boldsymbol{\sigma}_2^{\mathrm{T}}]^{\mathrm{T}}$，其中，$Q_1\times1$ 维向量 $\boldsymbol{\sigma}_1$是支撑集已知的密集部分，$Q_2\times1$ 维向量 $\boldsymbol{\sigma}_2$是稀疏部分，且 $Q_2=N_xN_y-Q_1$。注意到，$\boldsymbol{\sigma}_1$对应平行于天线基线的墙体。此外，由于墙体的连接点在平行墙体上，因此墙体角落位置是 $\boldsymbol{\sigma}_1$的子集的支撑集，设该子集是 $R\times1$ 维向量 $\bar{\boldsymbol{\sigma}}_1$，其中 $R<Q_1$。然后，得到矩阵－向量形式的式(4－34)：

$$\boldsymbol{z}_m=\boldsymbol{\Psi}_{\mathrm{wall},m}\boldsymbol{\sigma}_1+\boldsymbol{\Psi}_{\mathrm{corner},m}\bar{\boldsymbol{\sigma}}_1+\boldsymbol{\Psi}_{\mathrm{tgt},m}\boldsymbol{\sigma}_2 \tag{4-35}$$

式中：$\boldsymbol{\Psi}_{\mathrm{wall},m}$、$\boldsymbol{\Psi}_{\mathrm{corner},m}$和 $\boldsymbol{\Psi}_{\mathrm{tgt},m}$分别为墙、角落反射和点目标方向对应的字典。

维度为 $K\times Q_2$的矩阵 $\boldsymbol{\Psi}_{\mathrm{tgt},m}$的第$(k,q_2)$元素为

$$[\boldsymbol{\Psi}_{\mathrm{tgt},m}]_{k,q_2}=\exp(-\mathrm{j}2\pi f_k\tau_{q_2,m}) \tag{4-36}$$

式中：$\tau_{q_2,m}$为第 m 天线和稀疏部分的第 q_2 个网格点之间的双向传播时间。

墙体字典 $\boldsymbol{\Psi}_{\mathrm{wall},m}$是 $K\times Q_1$维矩阵，其中第(k,q_1)个元素为

$$[\boldsymbol{\Psi}_{\text{wall},m}]_{k,q_1}=\exp\left(\left(\frac{-\text{j}2\pi f_k 2(y_{q_1}+y_{\text{off}})}{c}\right)\tilde{s}_{q_1,m}\right) \tag{4-37}$$

式中：y_{q_1}为密集部分第 q_1像素的沿迹坐标；$\tilde{s}_{q_1,m}$为指示函数，只有当 q_1网格点位于第 m 天线的前面时为 1。

角落字典 $\boldsymbol{\Psi}_{\text{corner},m}$是 $K\times R$ 维矩阵，其第(k,r)个元素为

$$[\boldsymbol{\Psi}_{\text{coner},m}]_{k,r}=\exp(-\text{j}2\pi f_k\tau_{r,m})\Gamma_{r,m}\left(\left(\frac{2\pi f_k\bar{L}_r}{c}\right)\sin(\theta_{r,m}-\bar{\theta}_r)\right) \tag{4-38}$$

式(4-35)只考虑了一个天线位置的贡献。将 M 个天线的测量构成一个向量，得到线性模型：

$$\boldsymbol{z}=\boldsymbol{\Psi}_{\text{wall}}\boldsymbol{\sigma}_1+\boldsymbol{\Psi}_{\text{corner}}\bar{\boldsymbol{\sigma}}_1+\boldsymbol{\Psi}_{\text{tgt}}\boldsymbol{\sigma}_2 \tag{4-39}$$

其中

$$\begin{cases}\boldsymbol{z}=[\boldsymbol{z}_0^{\text{T}}\quad \boldsymbol{z}_1^{\text{T}}\quad\cdots\quad \boldsymbol{z}_{M-1}^{\text{T}}]^{\text{T}}\\ \boldsymbol{\Psi}_{\text{corner}}=[\boldsymbol{\Psi}_{\text{corner},0}^{\text{T}}\quad \boldsymbol{\Psi}_{\text{corner},1}^{\text{T}}\quad\cdots\quad \boldsymbol{\Psi}_{\text{corner},M-1}^{\text{T}}]^{\text{T}}\\ \boldsymbol{\Psi}_{\text{wall}}=[\boldsymbol{\Psi}_{\text{wall},0}^{\text{T}}\quad \boldsymbol{\Psi}_{\text{wall},1}^{\text{T}}\quad\cdots\quad \boldsymbol{\Psi}_{\text{wall},M-1}^{\text{T}}]^{\text{T}}\\ \boldsymbol{\Psi}_{\text{tgt}}=[\boldsymbol{\Psi}_{\text{tgt},0}^{\text{T}}\quad \boldsymbol{\Psi}_{\text{tgt},1}^{\text{T}}\quad\cdots\quad \boldsymbol{\Psi}_{\text{tgt},M-1}^{\text{T}}]^{\text{T}}\end{cases} \tag{4-40}$$

对于压缩采样的情况，假设随机选择 M_1个收/发器位置，每个收/发器只有 K_1个频率测量。参考式(4-35)中由 $K\times1$ 维向量 $\boldsymbol{z}_{i_g}$表示的第 i_g个收/发器的全频率测量，相应的压缩采样的频率测量可以表示为

$$\breve{\boldsymbol{z}}_{i_g}=\boldsymbol{\varphi}^{(g)}\boldsymbol{z}_{i_g}=\boldsymbol{\varphi}^{(g)}\boldsymbol{\Psi}_{\text{wall},i_g}\boldsymbol{\sigma}_1+\boldsymbol{\varphi}^{(g)}\boldsymbol{\Psi}_{\text{corner},i_g}\bar{\boldsymbol{\sigma}}_1+\boldsymbol{\varphi}^{(g)}\boldsymbol{\Psi}_{\text{tgt},i_g}\boldsymbol{\sigma}_2 \tag{4-41}$$

式中：$i_g\in[0,1,\cdots,M-1]$，$g=0,1,\cdots,M_1-1$。

结合所有 M_1个天线的贡献，得到与式(4-39)对应的线性模型为

$$\breve{\boldsymbol{z}}=\boldsymbol{\Phi}\boldsymbol{\Psi}_{\text{wall}}\boldsymbol{\sigma}_1+\boldsymbol{\Phi}\boldsymbol{\Psi}_{\text{corner}}\bar{\boldsymbol{\sigma}}_1+\boldsymbol{\Phi}\boldsymbol{\Psi}_{\text{tgt}}\boldsymbol{\sigma}_2 \tag{4-42}$$

式中：$K_1M_1\times KM$ 块对角矩阵 $\boldsymbol{\Phi}$ 已在 4.3.2 节中定义。

4.5.2　稀疏场景重建

给定压缩采样测量向量$\breve{\boldsymbol{z}}$、墙壁和墙角的支持集，我们的目标是重建感兴趣的静止目标图像的稀疏部分。首先，需要从$\breve{\boldsymbol{z}}$中移除场景密集部分的贡献。令 $\boldsymbol{P}_{\text{wall}}$为矩阵 $\boldsymbol{\Phi\Psi}_{\text{wall}}$的列空间正交补的正交投影。如果 $\boldsymbol{\Phi\Psi}_{\text{wall}}$是满秩矩阵，则 $\boldsymbol{P}_{\text{wall}}$可以表示为

$$\boldsymbol{P}_{\text{wall}}=\boldsymbol{I}_{M_1K_1}-(\boldsymbol{\Phi\Psi}_{\text{wall}})(\boldsymbol{\Phi\Psi}_{\text{wall}})^{\dagger} \tag{4-43}$$

式中：$\boldsymbol{I}_{M_1K_1}$为 $K_1M_1\times K_1M_1$单位矩阵；$(\boldsymbol{\Phi\Psi}_{\text{wall}})^{\dagger}$为 $\boldsymbol{\Phi\Psi}_{\text{wall}}$的广义逆矩阵。

另外，如果 $\boldsymbol{\Phi\Psi}_{\text{wall}}$非满秩，则不得不对 $\boldsymbol{\Phi\Psi}_{\text{wall}}$进行奇异值分解(SVD)以获得 $\boldsymbol{P}_{\text{wall}}$：

$$\boldsymbol{P}_{\text{wall}}=\boldsymbol{U}_{\text{wall}}\boldsymbol{U}_{\text{wall}}^{\text{H}} \tag{4-44}$$

式中：$\boldsymbol{U}_{\text{wall}}$为由零奇异值对应的左奇异向量构成的矩阵。

对于观测向量 $\breve{z}$ 应用投影矩阵 $\boldsymbol{P}_{\text{wall}}$得到

$$\breve{z}_A \equiv \boldsymbol{P}_{\text{wall}}\breve{z}=\boldsymbol{P}_{\text{wall}}\boldsymbol{\Phi\Psi}_{\text{corner}}\bar{\boldsymbol{\sigma}}_1+\boldsymbol{P}_{\text{wall}}\boldsymbol{\Phi\Psi}_{\text{tgt}}\boldsymbol{\sigma}_2 \tag{4-45}$$

然后，考虑投影矩阵 $\boldsymbol{P}_{\text{corner}}$：

$$\boldsymbol{P}_{\text{corner}}=\begin{cases}\boldsymbol{I}_{M_1K_1}-(\boldsymbol{P}_{\text{wall}}\boldsymbol{\Phi\Psi}_{\text{corner}})(\boldsymbol{P}_{\text{wall}}\boldsymbol{\Phi\Psi}_{\text{corner}})^{\dagger}, \boldsymbol{P}_{\text{wall}}\boldsymbol{\Phi\Psi}_{\text{corner}}\text{满秩}\\ \boldsymbol{U}_{\text{corner}}\boldsymbol{U}_{\text{corner}}^{\text{H}}, \text{其他}\end{cases} \tag{4-46}$$

式中，$\boldsymbol{U}_{\text{corner}}$为矩阵 $\boldsymbol{P}_{\text{wall}}\boldsymbol{\Phi\Psi}_{\text{corner}}$的零奇异值对应的左奇异向量构成的矩阵。

对于观测向量 $\breve{z}$ 应用 $\boldsymbol{P}_{\text{corner}}$得到

$$\breve{z}_{BA} \equiv \boldsymbol{P}_{\text{corner}}\breve{z}_A=\boldsymbol{P}_{\text{corner}}\boldsymbol{P}_{\text{wall}}\boldsymbol{\Phi\Psi}_{\text{tgt}}\boldsymbol{\sigma}_2 \tag{4-47}$$

因此，在连续应用两个投影矩阵之后，测量向量 $\breve{z}_{BA}$ 只包含图像稀疏部分的贡献，$\boldsymbol{\sigma}_2$可以通过求解如下问题来重构：

$$\hat{\boldsymbol{\sigma}}_2=\operatorname{argmin}\|\boldsymbol{\sigma}_2\|_{l_1} \quad \text{s. t.} \quad \breve{z}_{BA}\approx \boldsymbol{P}_{\text{corner}}\boldsymbol{P}_{\text{wall}}\boldsymbol{\Phi\Psi}_{\text{tgt}}\boldsymbol{\sigma}_2 \tag{4-48}$$

式(4－48)的问题属于 CS 经典问题，因此，可以利用现有的稀疏重建算法解决[34－39]。

4.5.3 示例

利用 Xpatch 进行仿真，这是一款基于近似射线跟踪/物理光学法的计算电磁软件。如图 4－5 所示，建立一个总尺寸为 7m×10m×2.2m 的单层建筑的计算机模型，包含四个人（标号 1～4）和一些家具。坐标系原点在建筑的中心，x 轴和 y 轴的方向如图 4－5(b)所示。外墙由 0.2m 厚的砖砌成，有玻璃窗户和木制的门。内部的墙壁是由 5cm 厚的石膏制成，并有一扇木门。天花板/屋顶是平的，由 7.5cm 厚的混凝土板制成。整个建筑被放置在一个电介质地面上。家具用品，如床、沙发、书架、梳妆台和桌子及四把椅子，都是用木头制成，床垫和垫子是由普通的泡沫/织物材料制成。1～4 号人物位于建筑物内部的不同位置，分别对应 45°、0°、20°和 10°方位朝向角。注意，0°方向角是人面朝正 x 的方向，正角度对应水平面逆时针旋转方向。室内的 3 号人物携带步枪。人体模型假设是由性质接近皮肤的均匀介质材料制成。步枪是由金属和木头制成。所使用的各种材料的介电常数见表 4－2。

表 4－1 为一个 6m 长的单基合成孔径阵列用于数据收集，每个单元间隔 2.54cm，与距离 4m 的建筑物正面平行。采用覆盖 0.7～2GHz 频带，步长为 8.79MHz 的步进频率信号。因此，在 239 个扫描位置中，雷达在超过 1.3GHz 带宽上收集到 148 个频率测量值。

成像区域选为中心位于原点的 9m×12m 的区域，共分割为 121×161 个像

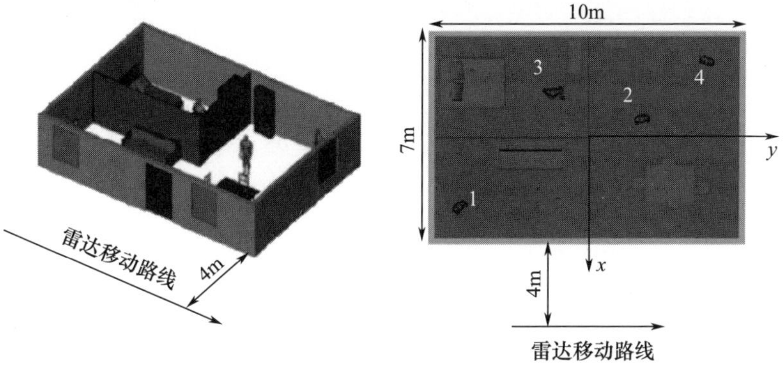

(a)　　(b)

图 4－5　仿真场景

(a)场景分布的三维示意图; (b)场景分布的俯视图。

素。图 4－6 显示了基于波束形成的全数据集图像。汉宁窗应用到数据频率维以降低图像中的旁瓣。人在图像中用红色圆圈表示。从图像中可以清楚地看到前墙、一些墙角及人物 1 和人物 2。发射信号穿过外墙和内墙导致的额外电磁损耗使得几乎看不到内部房间里的人物 3。同样地,要检测离前墙最远的人物 4 也是一项挑战。

表 4－1　电磁模拟中使用的材料的介电常数

材料	ε'	ε''
砖	3.8	0.24
混凝土	6.8	1.2
玻璃	6.4	0
木材	2.5	0.05
石膏板	2.0	0
泡沫垫和织物	1.4	0
地面	10	0.6
人	50	12

下面用基于部分稀疏的方法进行场景重建,采用 118 个随机选择的频率和 79 个随机选择的天线位置,即总共 26% 的总数据量。场景中的密集部分对应平行于阵列和墙角的外墙和内墙,由 7196 个像素组成,而稀疏部分包含剩下的 12285 个像素。OMP 迭代次数设置为 10 次。场景中稀疏部分的重建结果如图 4－6(b)所示,每一个像素都是 100 次实验的平均结果,每次实验随机选择数据。从图 4－6(b)中观察到,基于部分稀疏的方法能够成功地探测和定位人物 1 ~ 人物 3,而丢失了人物 4。此外,部分杂波(由左边的椅子和桌子上产生)和

背景噪声也在重建图像中可见。在每个选择的收发器位置使用相同的压缩采样频率集时,部分稀疏方法也有类似性能。

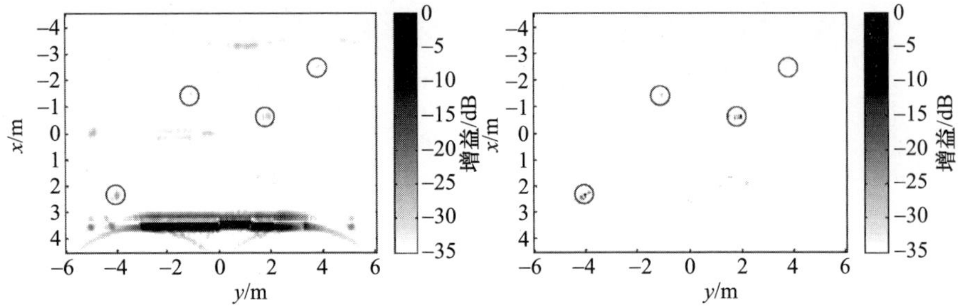

(a) (b)

图 4-6　多种方法的成像结果

(a)基于波束形成的全数据集图像;(b)基于部分稀疏方法的场景重建结果。

4.6 总　　结

这一章对应用于步进频率 SAR 墙后静止目标成像的基于 CS 的墙体杂波抑制方法进行了讨论。首先,对采用完整数据量的两种主要墙体杂波抑制方法,即空间滤波和子空间投影方法在压缩采样时的性能进行了研究。利用实验室环境下的实测数据,在每个天线使用相同的压缩采样频率集时,展示了这两种方法的性能。随后的稀疏重建成功地检测和准确地定位了目标。然而,当不同的天线上使用不同的频率集时,上述方法未能成功地去除前墙的杂波,稀疏重建也不能定位目标。其次,给出了一种基于 DPSS 的墙体杂波消除方法用于捕捉和消除每个天线上的墙体杂波能量。真实数据证明这种方法可以在每个天线位置使用不同频率集数据。最后,给出了对室内静止目标成像的基于部分稀疏的场景重建方法。这项技术利用场景中密集部分的支撑集信息,设计与建筑布局对应的投影矩阵来消除内外墙体和房间角落的反射。基于单层建筑的计算电磁数据验证并展示了当天线采用相同和不同频率测量集时部分稀疏重构方法的有效性。

参 考 文 献

1. M.G. Amin (Ed.), *Through-the-Wall Radar Imaging*, CRC Press, Boca Raton, FL, 2011.
2. M.G. Amin (Ed.), Special issue on advances in indoor radar imaging, *Journal of the Franklin Institute*, 345 (6), 556–722, September 2008.
3. M. Amin and K. Sarabandi (Eds.), Special issue on remote sensing of building interior, *IEEE Transactions on Geoscience and Remote Sensing*, 47 (5), 1270–1420, 2009.
4. H. Burchett, Advances in through wall radar for search, rescue and security

applications, in *Proceedings of the Institute of Engineering and Technology Conference on Crime and Security*, London, U.K., June 2006, pp. 511–525.

5. C.P. Lai and R.M. Narayanan, Ultrawideband random noise radar design for through-wall surveillance, *IEEE Transactions on Aerospace and Electronic Systems*, 46 (4), 1716–1730, 2010.
6. E.F. Greneker, RADAR flashlight for through-the-wall detection of humans, in *Proceedings of the SPIE: Targets and Backgrounds: Characterization and Representation IV*, Vol. 3375, Orlando, FL, 1998, pp. 280–285.
7. M.G. Amin and F. Ahmad, Wideband synthetic aperture beamforming for through-the-wall imaging, *IEEE Signal Processing Magazine*, 25 (4), 110–113, July 2008.
8. C. Le, T. Dogaru, L. Nguyen, and M.A. Ressler, Ultrawideband (UWB) radar imaging of building interior: Measurements and predictions *IEEE Transactions on Geoscience and Remote Sensing*, 47 (5), 1409–1420, May 2009.
9. F. Soldovieri and R. Solimene, Through-wall imaging via a linear inverse scattering algorithm, *IEEE Geoscience and Remote Sensing Letters*, 4 (4), 513–517, 2007.
10. L.P. Song, C. Yu, and Q.H. Liu, Through-wall imaging (TWI) by radar: 2-D tomographic results and analyses, *IEEE Transactions on Geoscience and Remote Sensing*, 43 (12), 2793–2798, 2005.
11. M. Dehmollaian and K. Sarabandi, Refocusing through building walls using synthetic aperture radar, *IEEE Transactions on Geoscience and Remote Sensing*, 46 (6), 1589–1599, 2008.
12. C. Thajudeen, A. Hoorfar, F. Ahmad, and T. Dogaru, Measured complex permittivity of walls with different hydration levels and the effect on power estimation of TWRI target returns, *Progress in Electromagnetics Research B*, 30, 177–199, 2011.
13. Y.-S. Yoon and M.G. Amin, Spatial filtering for wall-clutter mitigation in through-the-wall radar imaging, *IEEE Transactions on Geoscience and Remote Sensing*, 47 (9), 3192–3208, 2009.
14. P. Setlur, M. Amin, and F. Ahmad, Analysis of micro-Doppler signals using linear FM basis decomposition, in *Proceedings of the SPIE Security and Defense Conference, Radar Sensor Technology*, Vol. 6210, Orlando, FL, May 2006, pp. 62100M.
15. A. Martone, K. Ranney, and R. Innocenti, Automatic through the wall detection of moving targets using low-frequency UWB radar, in *Proceedings of the IEEE International Radar Conference*, Washington D.C., May 2010, pp. 39–43.
16. M.G. Amin and F. Ahmad, Change detection analysis of humans moving behind walls, *IEEE Transactions on Aerospace and Electronic Systems*, 49 (3), 1410–1425, July 2013.
17. F.H.C. Tivive, A. Bouzerdoum, and M.G. Amin, An SVD-based approach for mitigating wall reflections in through-the-wall radar imaging, in *Proceedings of the IEEE Radar Conference*, Kansas City, MO, 2011, pp. 519–524.
18. R. Chandra, A.N. Gaikwad, D. Singh, and M.J. Nigam, An approach to remove the clutter and detect the target for ultra-wideband through wall imaging, *Journal of Geophysics and Engineering*, 5 (4), 412–419, 2008.
19. J. Zhang and Y. Huang, Extraction of dielectric properties of building materials from free-space time-domain measurement, in *Proceedings of the High Frequency Postgraduate Student Colloquium*, Leeds, U.K., September 1999, pp. 127–132.
20. Y.-S. Yoon and M. G. Amin, Compressed sensing technique for high-resolution radar imaging, *Proceedings of SPIE*, 6968, 69681A-1–69681A-10, 2008.

21. Q. Huang, L. Qu, B. Wu, and G. Fang, UWB through-wall imaging based on compressive sensing, *IEEE Transactions on Geoscience and Remote Sensing*, 48 (3), 1408–1415, 2010.
22. M. Leigsnering, C. Debes, and A.M. Zoubir, Compressive sensing in through-the-wall radar imaging, *Proceedings of the IEEE International Conference on Acoustics, Speech and Signal Processing*, Prague, Czech Republic, 2011, pp. 4008–4011.
23. F. Ahmad and M.G. Amin, Through-the-wall human motion indication using sparsity-driven change detection, *IEEE Transactions on Geoscience and Remote Sensing*, 51 (2), 881–890, February 2013.
24. M.G. Amin and F. Ahmad, Compressive sensing for through-the-wall radar imaging, *Journal of Electronic Imaging*, 22 (3), 030901, July 2013.
25. E. Lagunas, M.G. Amin, F. Ahmad, and M. Nájar, Joint wall mitigation and compressive sensing for indoor image reconstruction, *IEEE Transactions on Geoscience and Remote Sensing*, 51 (2), 891–906, February 2013.
26. D. Slepian, Prolate spheroidal wave functions, Fourier analysis, and uncertainty. V—The discrete case, *Bell System Technical Journal*, 57 (5), 1371–1430, 1978.
27. F. Ahmad, J. Qian, and M.G. Amin, Wall mitigation using discrete prolate spheroidal sequences for sparse indoor image reconstruction, in *Proceedings of the 21st European Signal Processing Conference*, Marrakech, Morocco, September 9–13, 2013.
28. F. Ahmad and M.G. Amin, Partially sparse reconstruction of behind-the-wall scenes, *Proceedings of SPIE*, 8365, 83650W, 2012.
29. N. Vaswani and W. Lu, Modified-CS: Modifying compressive sensing for problems with partially known support, *IEEE Transactions on Signal Processing*, 58 (9), 4595–4607, 2010.
30. A.S. Bandeira, K. Scheinberg, and L.N. Vicente, On partially sparse recovery, preprint 11–13, Department of Mathematics, University of Coimbra, Coimbra, Portugal, 2011. Available at: http://www.optimization-online.org/DB_FILE/2011/04/2990.pdf.
31. M. Leigsnering, F. Ahmad, M.G. Amin, and A.M. Zoubir, Multipath exploitation in through-the-wall radar imaging using sparse reconstruction, *IEEE Transactions on Aerospace and Electronic Systems*, 50(2), 2014.
32. F. Ahmad and M.G. Amin, Noncoherent approach to through-the-wall radar localization, *IEEE Transactions on Aerospace and Electronic Systems*, 42 (4), 1405–1419, 2006.
33. F. Tivive, M. Amin, and A. Bouzerdoum, Wall clutter mitigation based on eigen-analysis in through-the-wall radar imaging, in *Proceedings of the 17th International Conference on Digital Signal Processing*, Corfu, Greece, 2011.
34. S. Boyd and L. Vandenberghe, *Convex Optimization*, Cambridge University Press, Cambridge, U.K., 2004.
35. S.S. Chen, D.L. Donoho, and M.A. Saunders, Atomic decomposition by basis pursuit, *SIAM Journal of Scientific Computing*, 20 (1), 33–61, 1999.
36. S. Mallat and Z. Zhang, Matching pursuit with time-frequency dictionaries, *IEEE Transactions on Signal Processing*, 41 (12), 3397–3415, 1993.
37. J.A. Tropp, Greed is good: Algorithmic results for sparse approximation, *IEEE Transactions on Information Theory*, 50 (10), 2231–2242, 2004.
38. J.A. Tropp and A.C. Gilbert, Signal recovery from random measurements via orthogonal matching pursuit, *IEEE Transactions on Information Theory*, 53 (12), 4655–4666, 2007.
39. D. Needell and J.A. Tropp, CoSaMP: Iterative signal recovery from incomplete

and inaccurate samples, *Applied and Computational Harmonic Analysis*, 26 (3), 301–321, May 2009.

40. T. Zemen and C. Mecklenbräuker, Time-variant channel estimation using discrete prolate spheroidal sequences, *IEEE Transactions on Signal Processing*, 53 (9), 3597–3607, 2005.
41. M.A. Davenport and M.B. Wakin, Compressive sensing of analog signals using discrete prolate spheroidal sequences, *Applied and Computational Harmonic Analysis*, 33 (3), 438–472, 2012.
42. Y. Eldar, P. Kuppinger, and H. Bolcskei, Block-sparse signals: Uncertainty relations and efficient recovery, *IEEE Transactions on Signal Processing*, 58 (6), 3042–3054, 2010.
43. NAVY SBIR FY08.1 Solicitation, *Radio Frequency (RF) Modeling of Layered Composite Dielectric Building Materials*, pp. 94–95. Available: http://www.acq.osd.mil/osbp/sbir/solicitations/sbir20081/navy081.pdf
44. E. Lagunas, M.G. Amin, F. Ahmad, and M. Najar, Determining building interior structures using compressive sensing, *Journal of Electronic Imaging*, 22 (2), April 2013. doi: 10.1117/1.JEI.22.2.021003.
45. F. Ahmad, M.G. Amin, and T. Dogaru, A beamforming approach to imaging of stationary indoor scenes under known building layout, in *Proceedings of the Fifth IEEE International Workshop on Computational Advances in Multi-Sensor Adaptive Processing*, Saint Martin, December 15–18, 2013.
46. T. Dogaru, L. Nguyen, and C. Le, Computer models of the human body signature for sensing through the wall radar applications, ARL-TR-4290, U.S. Army Research Laboratory, Adelphi, MD, 2007.
47. T. Dogaru and C. Le, Through-the-wall small weapon detection based on polarimetric radar techniques, ARL-TR-5041, U.S. Army Research Lab, Adelphi, MD, 2009.
48. F. Ahmad and M. Amin, Stochastic model based radar waveform design for weapon detection, *IEEE Transactions on Aerospace and Electronic Systems*, 48 (2), 1815–1826, 2012.

第5章 基于压缩感知的城市多径利用

Michael Leigsnering 和 Abdelhak M. Zoubir

5.1 引　言

在穿墙雷达图像处理(TWRI)[10,15,31-32,43]中,多径利用已经受到了越来越多的关注。其关键思想在于对包含在信号中的通过非直达传播路径到达接收机的额外信息进行利用。利用多径可以带来多种潜在的好处,如去除虚影目标,提高信杂比(SCR),检测被遮挡目标及提高图像分辨率等。

本章将介绍基于 CS 的室内环境中静止和移动目标的多径利用。考虑前壁的多个内部反射对成像结果的不利影响和部分信号通过非直达路径到达接收机的多径传播,即在内壁或前壁表面处的额外的镜面反射。多径可以大致分为两种,分别为:目标多径和墙体混响。这里将前者称为非直达传播路径,它涉及与感兴趣目标的相互作用。在成像过程中,多径的附加延迟导致能量聚焦在了目标以外的位置——产生虚影目标。这个虚影可能会与真实的目标混淆,从而使场景的解译变得复杂[32]。然而,墙体混响是前墙内的多重反射,而与目标无任何交互。因此,这些回波没有给出关于感兴趣场景的任何信息,而是导致图像中沿距离维的赝像。因此,墙体混响可能掩盖目标,特别是那些靠近墙体的目标,其应该被去除[11,35-36,39]。

在城市场景下,多径已经被证明会影响雷达成像[2,10,13]。这给出了进一步的工作方向——处理多径效应,它属于多径消除和多径利用两大类之一。前者旨在减轻如虚影等不利影响,从而获得更清晰的图像[2]。后者通过利用非直达回波中包含的额外能量和信息来获取多径带来的好处[20,32]。我们将研究多径利用,因为与多径消除相比,它具有更大的优势。

CS 已被证明是解决当前问题的有力工具。鉴于数据采集中的测量减少,CS 已由 Yoon 和 Amin 首次应用于 TWRI[38]。之后,其他结果也显示,只要场景是稀疏的,CS 就能够重建出非常清晰、高分辨率的图像[1,25,38]。然而,多径效应导致的虚影目标和墙体混响使得场景不那么稀疏,因此削弱了 CS 的优势和适用性。因此,在 CS 框架中建立测量模型和重构问题时应仔细考虑多径传播。下面,将介绍在接收信号模型中包含并叠加各种多径传播的方法[22,24,26]。通过联合考虑多径来恢复场景。这本质上是通过求解一个逆问题来找到可以对所有接收到的目标和墙体的直达和非直达回波进行最好“解译”的场景。本章假设前壁特性和内壁位置是已知的。在处理墙体混响时也作了类似的假设。对墙体和目标回波进行联合建模及重建,以便在接收到的信号中将两者的贡献分开。

相关工作包括由 Kidera 等提出的多径利用[20],其中多径回波用于获取被遮蔽或模糊目标的细节。Setlur 等通过对已知墙体布局的房间回波进行建模,奠定了 TWRI 中多径利用的基础[32]。他们首先预测虚影目标的位置;然后将它们映射到相应的实际目标上,实现了对虚影目标的额外能量的利用。因此,可以获得具有改进 SCR 的清晰图像。然而,文献[32]中没有考虑 CS。基于 CS 框架已经出现了多种针对 TWRI 的墙体杂波消除方法。经典的墙体杂波消除方法已被证明可以从 CS 框架推导得到[21]。此外,如文献[3]所述,将测量在墙体空间上进行正交投影可以减弱前壁的回波。以上方法具有一个共同点,就是在目标成像之前对墙体回波进行预处理。下面将介绍一种联合进行墙体回波消除和目标成像的方法。

本章的结构如下。首先,简要介绍 TWRI 宽带接收信号模型。在 5.3 节中,介绍接收信号中的几种多径贡献并对其进行建模。在 5.4 节中介绍如何在有静止和移动目标的情况下恢复场景。5.5 节详细描述墙体混响的处理方法。每一个章节都附有使用仿真和实验数据的简短示例。最后,在 5.6 节中进行本章总结。

5.2　超宽带信号模型

在这一部分,介绍包含一个发射机与 N 个接收机的超宽带雷达系统信号模型。虽然该模型可以轻松地扩展到多个发射机的情况(可参见文献[29]),但为了简化符号表示,这里仅研究单发射机情况下的模型。在 TWRI 中,我们感兴趣的是对静止场景和有移动目标的场景进行成像。文献[1,29]中提出了可用于对移动目标进行成像的宽带脉冲雷达模型。因为静止目标是移动目标的特例,因此静止目标也适用于该模型。此外,也会将脉冲雷达模型与步进频率雷达相关联,后者常用于静止场景成像[2]。

首先,基于目标在二维空间中遵循均匀线性运动模型的假设设计一个目标模型。假设 K 个宽带脉冲以 T_r 为脉冲重复间隔(PRI)进行发射。脉冲编号 $k = 0,1,\cdots,K-1$ 是慢时间。如果 PRI 足够小,则室内目标应该是以大致恒定并且足够慢的速度移动，使得它们都在一个距离单元内。基于这些假设，可以认为第 k 个脉冲时，第 p 个目标在笛卡儿坐标系中的位置坐标为

$$z_p(k)=(x_p+v_{xp}kT_r,y_p+v_{yp}kT_r),k=0,1,\cdots,K-1 \tag{5-1}$$

式中，(x_p,y_p) 和 (v_{xp},v_{yp}) 分别为第 $p=0,1,\cdots,P-1$ 个目标的初始位置和速度。

假设 N 个接收机构成一个平行于 x 轴的线阵。将阵列与厚度为 d 的均匀墙壁隔开一定距离放置。单个发射机也与墙体间隔一定距离，该距离可能与接收机阵列与墙体的距离不相等。发射机发射持续时间为 T_p 的调制宽带脉冲，用 $\Re\{s(t)\exp(\mathrm{j}2\pi f_c t)\}$ 表示。其中，t 为快时间，$s(t)$ 为复基带脉冲，f_c 为载波频率。场景和雷达系统的几何示意如图 5－1 所示。对应于接收机 $n=0,1,\cdots,N-1$，脉冲 $k=0,1,\cdots,K-1$，目标 $p=0,1,\cdots,P-1$ 的复基带接收信号可以表示为

$$y_{nk}^p(t)=\sigma_p s(t-kT_r-\tau_{pn}(k))\cdot\exp(-\mathrm{j}2\pi f_c(kT_r+\tau_{pn}(k))) \tag{5-2}$$

式中：$\tau_{pn}(k)$ 为双基地双向时延；σ_p 为第 p 个点目标的反射率。

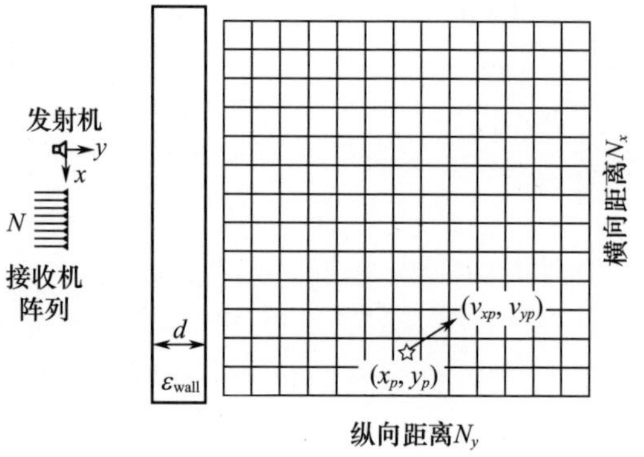

图 5－1　成像系统的几何示意图

考虑到目标移动缓慢，可以假设时延在宽带脉冲信号持续时间内是恒定的。因此，时延不取决于快时间 t。然而，当目标从其初始位置缓慢移动时，时延与脉冲数 k 有关。现在，假设没有多径传播存在，有多径的情况将在 5.3 节中讨论。每个接收机收集到的是所有目标对第 k 个脉冲的响应的叠加，可以写为

$$y_{nk}(t)=\sum_{p=0}^{P-1}\sigma_p s(t-kT_r-\tau_{pn}(k))\cdot\exp(-\mathrm{j}2\pi f_c(kT_r+\tau_{pn}(k))) \tag{5-3}$$

注意，对第 p 个静止目标，设目标速度向量 $(v_{xp},v_{yp})=(0,0)$。在这种情况下，时延不会随着慢时间指数 $k=0,1,\cdots,K-1$ 变化。

另外，作为镜面反射体的前壁也会作用于接收信号。对应接收机 n 和脉冲 k 的墙体响应可以表示为

$$y_{nk}^{\mathrm{wall}}(t)=\sigma_{\mathrm{wall}}s(t-kT_r-\tau_n^{\mathrm{wall}})\cdot\exp(-\mathrm{j}2\pi f_c(kT_r+\tau_n^{\mathrm{wall}}))+y_{nk}^{\mathrm{wall,reverb}}(t) \tag{5-4}$$

式中：σ_{wall}为墙体的复反射率；τ_n^{wall}为从发射机到墙体并返回接收机 n 的双向时延；$y_{nk}^{\text{wall,reverb}}(t)$为墙体混响。

墙体混响源自墙内的多次反射，将在 5.5 节中详细介绍。请注意，因为墙体是固定的，因此墙体回波时延不随慢时间指数 k 变化。

目标回波式(5-3)和墙体回波式(5-4)被同时接收，使得总的接收信号为

$$y_{nk}^{\text{tot}}(t)=y_{nk}(t)+y_{nk}^{\text{wall}}(t),n=0,1,\cdots,N-1,k=0,1,\cdots,K-1,t\in R \tag{5-5}$$

首先，仅处理目标回波。式(5-3)给出的模型可以在时间、速度和空间上进行离散并向量化来获得系统的离散模型。假设目标位于大小为 $N_x\times N_y$的离散网格上，类似地，将速度在大小为 $N_{vx}\times N_{vy}=N_v$ 的离散网格上进行采样(图 5-1)。在这个 4D 空间中，可以描述任何可能的目标，而不存在的目标由零反射率表示。因此，对于每条路径，总共存在 $N_xN_yN_{vx}N_{vy}=P$ 个可能的目标状态，可以将其构建为一个 $N_xN_yN_{vx}N_{vy}\times 1$ 向量 $\boldsymbol{\sigma}$。最后，为了获得完全离散的模型，需要对快时间变量 t 进行采样。因此，对于每个脉冲 k，接收信号 $y_{nk}(t)$以采样间隔 T_s进行 T 次均匀采样。注意，采样间隔的选择应满足宽带发射脉冲 $s(t)$ 的奈奎斯特率。随后，可以将采样构建成 $T\times 1$ 向量 $\boldsymbol{y}_{nk}$，定义为

$$\boldsymbol{y}_{nk}=\boldsymbol{\Psi}_{nk}\boldsymbol{\sigma},n=0,1,\cdots,N-1,k=0,1,\cdots,K-1 \tag{5-6}$$

式中：$\boldsymbol{\Psi}_{nk}\in R^{T\times P}$为通过离散化(5-2)的右侧而获得的字典矩阵，定义为

$$[\boldsymbol{\Psi}_{nk}]_{i,p}=s(t-kT_r-\tau_{pn}(k))\cdot\exp(-j2\pi f_c(kT_r+\tau_{pn}(k))),$$
$$i=0,1,\cdots,T-1,p=0,1,\cdots,P-1 \tag{5-7}$$

最后，将所有 $\boldsymbol{y}_{nk}$放在一个向量中，构建一个 $TNK\times 1$ 的测量向量 $\boldsymbol{y}$ 和 $TNK\times P$ 的过完整字典矩阵 $\boldsymbol{\Psi}$，得到下式：

$$\boldsymbol{y}=\boldsymbol{\Psi}\,\boldsymbol{\sigma} \tag{5-8}$$

其中

$$\boldsymbol{\Psi}=[\boldsymbol{\Psi}_{00}^{\text{T}}\quad\boldsymbol{\Psi}_{10}^{\text{T}}\quad\cdots\quad\boldsymbol{\Psi}_{N-1K-1}^{\text{T}}]^{\text{T}} \tag{5-9}$$

下面将基于这个线性观测模型得到 CS 推导，首先应了解这个模型与静态场景模型以及步进频率的关系。

5.2.1　与静态场景模型的关系

静止目标自然地作为零速度目标包括在式(5-3)中。如果只对场景的静态重建感兴趣，应将 N_v设置为 1，目标状态向量 σ 仅描述在空域。在这种情况下，时延不依赖于慢时间指数 k，因此可以等效地使用单个脉冲。应该注意的是，发送更少的脉冲将导致 SNR 的降低。

静态场景模型本身适用于频域公式。式(5-3)的脉冲雷达模型可以转换到频域(FD)，假设只有一个脉冲时，有

$$y_{\mathrm{FD}}[m,n] = \sum_{p=0}^{N_xN_y-1} S(f)\sigma_p \exp(-\mathrm{j}2\pi(f+f_{\mathrm{c}})\tau_{pn}) \tag{5-10}$$

式中：f 为连续频率变量；$S(f)$ 为宽带发射脉冲 $S(t)(t\in R)$ 的傅里叶变换。

当离散为 M 个频率时，$\{f_M\}_{m=0}^{M-1}$ 通常以 f_{c} 为中心频率覆盖期望的带宽范围，式(5-10)可以改写为

$$y_{\mathrm{FD}}[m,n] = \sum_{p=0}^{N_xN_y-1} S(f_m)\sigma_p \exp(-\mathrm{j}2\pi f_m \tau_{pn}) \tag{5-11}$$

式(5-11)同步进频率模型，可参阅文献[2,24]。

此模型还可以通过向量矩阵的形式表示，其中字典 $\boldsymbol{\Psi}_{\mathrm{FD}} \in R^{MN\times N_xN_y}$ 包含变换到频域的延迟脉冲：

$$\boldsymbol{y}_{\mathrm{FD}} = \boldsymbol{\Psi}_{\mathrm{FD}}\boldsymbol{\sigma} \tag{5-12}$$

式中：$\boldsymbol{y}_{\mathrm{FD}} = [y_{\mathrm{FD}}[0,0] \quad y_{\mathrm{FD}}[1,0] \quad \cdots \quad y_{\mathrm{FD}}[M-1,N-1]]^{\mathrm{T}}$。

5.2.2 传统的成像

传统的 TWRI 成像采用后向投影或延迟求和波束形成（DSBF）[4,5,33]。这些仅适用于静态场景，可以轻松应用于频域模型式(5-11)。通过对相移后的 MN 个信号复本求和可以获得第 p 个网格点 (x_p, y_p) 上的复图像值 I_p[4]：

$$I_p = \frac{1}{MN}\sum_{n=0}^{N-1}\sum_{m=0}^{M-1} y_{\mathrm{FD}}[m,n]\exp(\mathrm{j}2\pi f_{\mathrm{m}}\tau_{pn}) \tag{5-13}$$

式中，τ_{pn} 为第 n 个收发器和第 p 个网格点的聚焦延迟。

直观地，预期的相移在接收信号中被补偿，然后在所有频率及阵元上相加。可以等价地表示为

$$\hat{\boldsymbol{\sigma}} = \boldsymbol{\Psi}_{\mathrm{FD}}^{\mathrm{H}}\boldsymbol{y}_{\mathrm{FD}} \tag{5-14}$$

式中：$\hat{\boldsymbol{\sigma}}$ 为目标的空间状态向量，即图像的估计。式(5-14)是式(5-12)的伴随运算。

在动目标情况下，不能采用标准后向投影，因为动目标将会模糊并且可能错位。因此，传统的多普勒处理用于辨识场景中出现的多普勒速度。后者可以通过在慢时间维 k 上进行离散傅里叶变换（DFT）。因此，获得 K 个测量集，每个测量集对应于特定的多普勒速度单元。现在，传统的 DSBF 算法可以分别应用于每个多普勒单元以获得每个离散速度的图像。假设目标移动缓慢，在发射脉冲内，相位延迟被认为是恒定的。使用包括静止和移动目标的完整模型式(5-3)，可以对每个速度进行后向投影，并最终对所有 N 个阵元和 K 个脉冲求和。这可以表示为式(5-8)的伴随运算：

$$\hat{\boldsymbol{\sigma}} = \boldsymbol{\Psi}^{\mathrm{H}}\boldsymbol{y} \tag{5-15}$$

式中，$\hat{\boldsymbol{\sigma}}$ 包含每个考虑的目标速度 (v_{xp}, v_{yp}) 的向量化图像。这类速度匹配的波

束形成结果将被用于稍后的比较。成像的分辨率受经典的点扩散函数或瑞利分辨率限制[30]。

注意,传统的成像通常限于全部测量数据可用的情况。在数据丢失或欠采样的情况下,DSBF 的图像质量会严重下降。因此,为了实现从较少测量值重建场景的目的,CS 可用来获得高分辨率的图像。这将在以下部分中详细说明。

5.3　多径传播模型

在本节中,将讨论多径传播的多种情况及其特点和建模。这些将进一步用于设计接收信号模型,从而准确地获取所有非直达传播路径。直达路径,即没有受到任何二次反射阻断以及前壁影响的路径。在雷达和感兴趣的目标之间,发射波在外部建筑墙体的前后界面反射了两次。后向散射波在到达接收机前也是进行了相同的两次反射。前壁被建模为均匀介质板,此处不考虑更复杂的或者未知的墙面结构。在平面波及均匀前壁的情况下,这些现象可以由斯涅尔定律准确描述[2]。

多径传播除了与感兴趣目标的漫反射有关外,还与一次或更多的二次反射中的反射非直达路径有关。根据反射的特性,多径可以分为以下类型[24]。

(1) 内墙目标多径:一个或多个内墙的镜面反射。

(2) 地板/天花板目标多径:地板/天花板的镜面反射。

(3) 环形墙多径:波向目标发射或者来自目标接收时在前壁内的多次反射。

(4) 目标交互多径:波传播路径中与一个以上的目标交互。

(5) 目标无关多径:来自内墙的反射。

仅考虑内墙目标多径和环形墙多径回波。目标无关多径不会在孔径上进行相关叠加,因此可以忽略。当天线具有窄的垂直波束时,地板/天花板目标多径不需要考虑。这些多径可以按与处理内墙多径相同的方式进行处理。目标交互多径也不需考虑。内墙多径回波可以进一步被分为以下类型。

(1) 一次多径:这种散射情景包括发射向目标的直达传播和经过内墙的二次反射后再传至接收机,反之亦然。因此,发射向目标的路径与到接收机的路径不同。这是 TWRI 多径中的主要情况。注意,即使对于单基雷达,目标散射也是具有双基特性的。

(2) 二次多径:信号在往返路径上被内墙反射了两次。进一步可以区分为两种情况。

① 准单基:两次反射发生在同样的内墙,分别在发射和接收路径上。与小基线双基雷达的一次多径情况相比,这对应于单基雷达目标的单基散射,或者至少相当于一个非常小的双基角。

② 双基地:两次镜面反射发生在不同的墙上。

(3) 高次多径:往返路径中也有可能发生三次或更多次的镜面反射。

后面的章节仅考虑来自内墙的一次多径和准单基二次多径。信号在每次的二次墙体反射时会衰减。因此,二次及高次多径回波通常足够微弱以至于可以被忽略。假设来自室内目标的(准)单基反射强于双基反射,则模型中包含准单基二次多径。

当对建筑布局,即前壁的位置、厚度、介电常数以及内墙的位置有完整的信息时,就可以准确地描述多径。利用对平面波有效的几何光学(GO)模型,可以计算每条路径的精确延时,参考来源于文献[2,24,32]。采用 GO 是基于其简单性、易于计算以及较低的计算复杂度。更进一步,它允许将多径建模为有限数目的离散路径,可以在随后的 CS 重建方法中使用。更一般的传播模型,如 FDTD[13]或线性散射[15],也可用于描述多径响应,但是其代价是需要更高的计算复杂度。

5.3.1 内墙多径

通过引入虚拟目标可以简单地描述内墙多径,如图 5-2 所示为单基雷达的示例说明。为简单起见,忽略前壁的几何结构。该场景包含位于 $z_p=[x_p, y_p]^{\mathrm{T}}$的目标和平行于 y 轴且位于 $x=x_w$的内墙(房间的侧墙)。现在考虑目标信号沿着路径 P'经过内墙的二次反射回到接收机这一多径传播。由于建筑物表面的粗糙程度一般远小于 TWRI 的波长,因此可以假设为镜面反射。所以,多径可以表示为来自位于$z_p'=[2x_w-x_p, y_p]^{\mathrm{T}}$的虚拟目标的直接回波路径 $\tilde{\mathcal{P}}'$,其位置可以简单地通过在墙面对原始目标作镜像找到。从接收机的角度来看,这两条路径在时延和入射角上是等价的。从而,内墙多径的单向传播时延可以通过假设的直接传播来进行计算。来自不同墙体的发射路径和反射可以进行相似的处理。

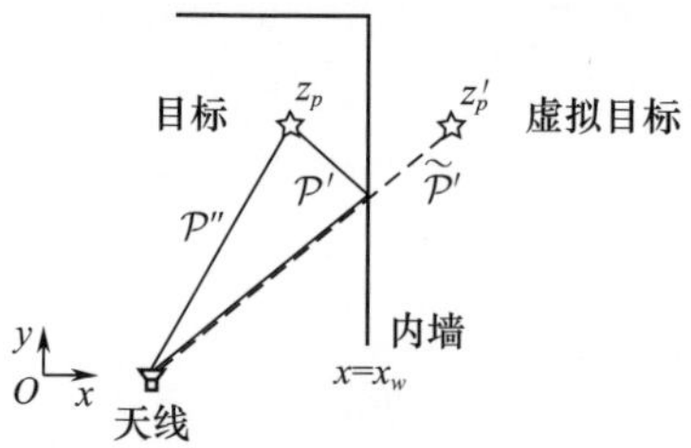

图 5-2 经过内墙反射的多径传播

在镜面反射下传播的几何路径可以从另一个方面来看。除了将目标关于内墙进行镜像,天线也可以同样地被镜像。这就产生了虚拟发射机和接收机。这种情况可以看作虚拟的 MIMO 构型。然而,对虚拟的发射机和接收机无任何限制。虚拟发射机与对应的真实发射机发射完全一致的信号。类似地,真实的接收机及其虚拟接收机将同步地接收信号并输出其位置上接收到的叠加信号。即使没有对虚拟阵列单元进行控制,也可以利用空间分集来获取目标的更多信息,这将在下面的内容中介绍。

对于接收机 n 和目标 p,将延迟表示为 $\tau_{pn}^{(\mathcal{P}')}$,与 $\tau_{pn}^{(\tilde{\mathcal{P}}')}$ 相等。当忽略前壁时,时延可以简单地计算为欧几里得距离除以传播速度。如果前壁存在,则必须考虑在墙体两个界面处的两次反射。由于路径 $\mathcal{P}'$ 和 $\tilde{\mathcal{P}}'$ 是相等的,可以使用与菲涅尔定律直接路径相同的方式来计算[2]。这类传播也是后续讨论的环形墙多径的一种特殊情况($l=0$)。

5.3.2 环形墙多径

当电磁波来到媒介 A 和媒介 B 的交界面时,它会部分被折射进入媒介 B,部分被反射回媒介 A[8]。因此,到目标去/从目标来的信号可能会在前壁进行多次反射[19]。这种效应可以分为两种情况,即墙体振铃和墙体混响。墙体混响描述了波从未到达目标而是仅在前壁内交互的情况。这将导致一些墙体响应具有等间隔的延迟以及呈指数衰减的幅度。在波束形成得到的图像中,墙体沿着距离向等间隔地重复。到达目标的信号部分也可能在前壁内经历多次反射,称为墙体振铃。这对成像目标的影响与墙体混响对墙体的成像影响类似:在距离向上等间隔地出现多个衰减的目标。首先,考虑墙体振铃效应;墙体混响效应将在 5.5 节中进行分析。

图 5-3 描绘了前壁及与某个目标/接收机对相关联的入射、反射和折射。目标与接收机之间的横向距离 Δx 可以表示为

$$\Delta x=(\Delta y-d)\tan\theta_{\mathrm{dir}}+d(1+2l)\tan\theta_{\mathrm{wall}} \tag{5-16}$$

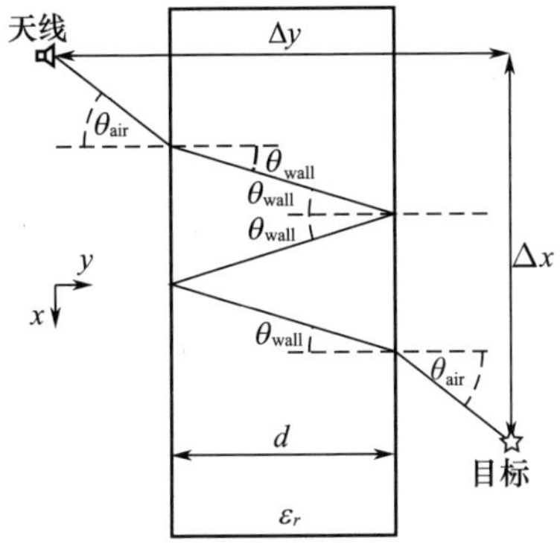

图 5-3 $l=1$ 的内部反弹墙体振铃传播

式中：Δy 为目标和阵元在距离向上的距离；θ_{dir} 和 θ_{wall} 分别为空气和墙壁介质中的角度。整数 l 表示墙体内部反射的次数。$l=0$ 描述了直达路径[2]。

入射角和折射角之间的关系由斯涅尔定律给出：

$$\frac{\sin\theta_{\text{dir}}}{\sin\theta_{\text{wall}}}=\sqrt{\varepsilon_{\text{r}}} \tag{5-17}$$

式(5－16)和式(5－17)构成了一个非线性方程组，可以通过数值求解得到未知角度，如使用牛顿法。得到角度后则可以计算墙体振铃多径的单向传播延迟如下[2]：

$$\tau(\Delta x,\Delta y,l)=\frac{(\Delta y-d)}{c\ \cos\theta_{\text{dir}}}+\frac{\sqrt{\varepsilon_{\text{r}}}d(1+2l)}{c\ \cos\theta_{\text{wall}}} \tag{5-18}$$

式中，c 为真空中的传播速度。

注意到式(5－18)与传播方向无关，也就是说可以以完全相同的方式获得从发射机到目标的单向延迟。还要注意，已经假设墙体介质与频率无关。对于真实的墙体介质，如混凝土，介电常数可能取决于频率，这可能导致宽带脉冲失真。

5.3.3　双基接收信号模型

本节的目的是得到一个广泛的多径传播双向接收信号模型，可以利用上述的多径机理来找到描述期望回波信号的模型。现在，假设测量只包含目标回波，前壁散射已被消除。这可以通过5.5节中描述的墙体回波消除技术来实现。在这一节中，将会处理包括墙体回波以及墙体混响的情况。

任何往返路径 $\mathcal{P}$ 可以通过两条单向路径的组合来描述，即从发射机到目标的路径 $\mathcal{P}''$ 和从目标到接收机的路径 $\mathcal{P}'$。如前所述，单向路径 $\mathcal{P}'$ 可以是直达路径或任何可行的多径，即内墙或墙体振铃多径。因此，存在 R_1 条从目标到接收机的路径，将其表示为 $\mathcal{P}'_{r_1}(r_1=0,1,\cdots,R_1-1)$。对于单向发射路径也是一样，将其表示为 $\mathcal{P}''_{r_2}(r_2=0,1,\cdots,R_2-1)$。因此，对于往返路径 $\mathcal{P}_r(r=0,1,\cdots,R-1)$，可以得出的路径最大数量 $R<R_1R_2$，代表单向路径的所有可能组合。可以通过建立将往返路径编号 r 映射到单向路径的一对索引 $r\to(r_1,r_2)$ 的函数来描述这些组合。应该注意到，R_1R_2 是往返路径的最大可能数量。然而，一些 $\mathcal{P}_r$ 属于二次多径并且严重衰减，因此可以忽略不计。接下来，将考虑 $\mathcal{P}_0$ 作为直达路径，即没有任何多径的情况。这个模型由图5－4描述，图中描绘了三条可能的回波路径，即"直达传播""侧壁的二次反射"以及"墙体振铃"。三条等效发射路径将用于描述从发射机到散射体的传播。三条发射路径和三条接收路径的组合导致总共9条往返路径，如图5－5所示。路径 $\mathcal{P}_1$、$\mathcal{P}_2$、$\mathcal{P}_3$ 和 $\mathcal{P}_6$ 对应一次多径，$\mathcal{P}_4$ 作为准单基二次多径也包括在内。往返路径 $\mathcal{P}_5$ 和 $\mathcal{P}_7$ 是有较高衰减而被忽略的

一般二次多径。具有两个墙体振铃的往返路径(如 $\mathcal{P}_8$)可以根据前壁的衰减特性包括或不包括进去。请注意,一次多径在单基布局中以对称对的形式出现。

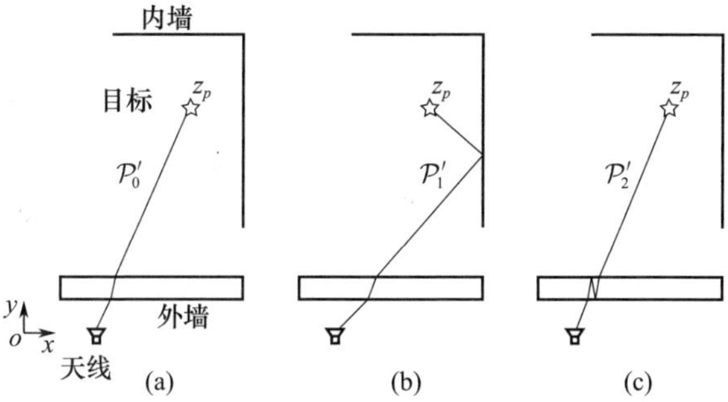

图 5 - 4　三种可能的单向接收路径的示例

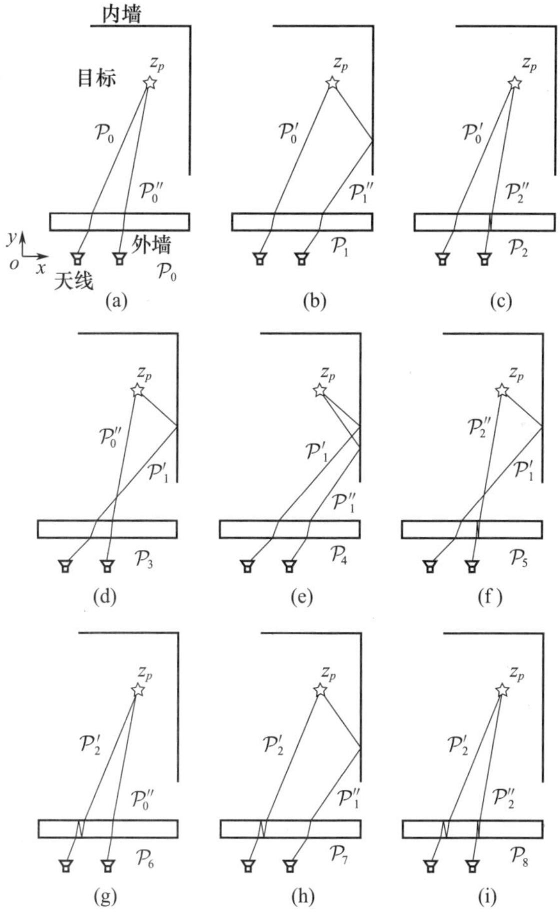

图 5 - 5　对应图 5 - 4 所示的部分路径的收/发机和目标之间的往返路径

在多径传播条件下的往返时延的计算将在下面给出。由于往返路径 P_r 由单程路径 $\mathcal{P}'_r$ 和 $\mathcal{P}''_r$ 组成，往返时延表示为

$$\tau_{pn}^{(\mathcal{P}_r)}=\tau_{pn}^{(\mathcal{P}'_{r_1})}+\tau_{pn}^{(\mathcal{P}''_{r_2})} \tag{5-19}$$

本节前面已经介绍了非直达单向路径得到正确时延的方法。简单起见，第 n 个阵元的第 p 个目标与路径 $\mathcal{P}_r$ 关联的往返时延记为 $\tau_{pn}^{(r)}$。

用类似的方式，可以计算与路径、收/发机和目标的每个可能组合相关联的复振幅 $T_{pn}^{(\mathcal{P}_r)}\in\mathbb{C}$。对于每次反射和折射，行波将遭受衰减并且可能发生相移。对于每一条单程路径，复振幅 $T_{pn}^{(\cdot)}$ 可以从前壁和侧壁的介电性质以及相应的入射角和折射角得到。例如，直接路径的复振幅 $T_{pn}^{(\mathcal{P}'_0)}$ 是在相应入射角下空气－墙体和墙体－空气界面的两个反射系数的乘积。如果在内壁发生额外的二次反射，则也必须考虑各界面处的反射系数。详细的推导可以参阅文献[24,32]。总路径振幅是两个单向路径振幅的乘积：

$$T_{pn}^{(\mathcal{P}_r)}=T_{pn}^{(\mathcal{P}'_{r_1})}T_{pn}^{(\mathcal{P}''_{r_2})}$$

接下来，我们做了两个简化。

如果入射、折射和反射角在整个阵列上没有太大的变化，则可以假设

$$T_{pn}^{(\mathcal{P}_r)}\approx T_{p}^{(\mathcal{P}_r)},n=0,1,\cdots,N-1,p=0,1,\cdots,P-1 \tag{5-20}$$

换句话说，每条路径的复振幅仅取决于目标位置。这种近似通常仅在远场条件下适用，因为所有角度在所有目标/阵元对上大致相等。然而，一个小的数值示例表明，对于典型的 TWRI 情景，这种近似也是适用的。分析了一个 1.5m 单基阵列与一个 4m×5m 的房间在不同距离上的相对误差。表 5－1 给出相对误差超过可接受水平 10% 的频率。很明显，对于大于 2.5m 的间距，近似值是足够准确的。只有在非常近场的情况下，才能观察到明显的误差。

表 5－1　式(5－20)的相对误差超过 10% 的频率

相隔距离/m	直达路径/%	左墙壁/%	后墙壁/%	后墙角/%
0.5	21	18	8	5
2.5	1	7	0	0
5	0	0	0	0

此外，由于直达路径通常是穿过墙体传播的最强路径，因此所有复振幅都用直达路径进行归一化以避免过度参数化：

$$w_p^{(r)}=\frac{T_p^{(\mathcal{P}_r)}}{T_p^{(\mathcal{P}_0)}},r=0,1,\cdots,R-1,p=0,1,\cdots,P-1 \tag{5-21}$$

因此，由式(5－19)和式(5－20)，一个复路径权值 $w_p^{(r)}$ 可以从与第 p 个像素相对应的每一条可能路径中获得，直达路径的权值 $w_p^{(0)}=1$。

计算了聚焦延迟和路径权值后，可以得到多径传播条件下的目标信号模型。

接收机收到对应于所有可能传播路径 $r=0,1,\cdots,R-1$ 的发射信号的延迟和加权的叠加。因此,式(5-3)可扩展为

$$\boldsymbol{y}=\boldsymbol{\Psi}^{(0)}\bar{\boldsymbol{\sigma}}^{(0)}+\boldsymbol{\Psi}^{(1)}\boldsymbol{W}^{(1)}\bar{\boldsymbol{\sigma}}^{(1)}+\cdots+\boldsymbol{\Psi}^{(R-1)}\boldsymbol{W}^{(R-1)}\bar{\boldsymbol{\sigma}}^{(R-1)} \tag{5-22}$$

式中,路径加权矩阵由 $\boldsymbol{W}^{(r)}=\mathrm{diag}(w_0^{(r)},w_1^{(r)},\cdots,w_{p-1}^{(r)})\ (r=0,1,\cdots,R-1)$ 给出。字典 $\boldsymbol{\Psi}^{(r)}$ 由式(5-7)和式(5-9)定义,其中 $\tau_{pn}(k)$ 被 $\tau_{pn}^{(r)}(k)$ 代替。因为目标的相位和幅度通常对双基角和方面角变化,因此对每条路径假设一个单独的目标反射率向量 $\bar{\boldsymbol{\sigma}}^{(r)}$。不失一般性,可以为式(5-22)中的每个目标假设相同数量的路径,因为如果对应的路径不可用于该目标,可以将对应的路径权值设为零。

为了表示方便,将路径权值合并到目标反射率向量中,因为它只是每个像素的缩放 $\boldsymbol{\sigma}^{(r)}=\boldsymbol{W}^{(r)}\bar{\boldsymbol{\sigma}}^{(r)}$。测量模型如下:

$$\boldsymbol{y}=\boldsymbol{\Psi}^{(0)}\boldsymbol{\sigma}^{(0)}+\boldsymbol{\Psi}^{(1)}\boldsymbol{\sigma}^{(1)}+\cdots+\boldsymbol{\Psi}^{(R-1)}\boldsymbol{\sigma}^{(R-1)} \tag{5-23}$$

同样地,步进频率方法的静态场景测量模型为

$$\boldsymbol{y}_{\mathrm{FD}}=\boldsymbol{\Psi}_{\mathrm{FD}}^{(0)}\boldsymbol{\sigma}^{(0)}+\boldsymbol{\Psi}_{\mathrm{FD}}^{(1)}\boldsymbol{\sigma}^{(1)}+\cdots+\boldsymbol{\Psi}_{\mathrm{FD}}^{(R-1)}\boldsymbol{\sigma}^{(R-1)} \tag{5-24}$$

注意到,式(5-23)和式(5-24)分别是非多径传播模型(5-3)和(5-10)的一般形式。如果传播路径数目设为 $R=1$,则多径信号模型与直达路径模型是一致的。利用这些线性测量模型,CS 可以用来实现准确的场景重建。注意,在实际中多径的数量受到大的平坦表面的数量限制。因此,对单个房间成像的单基雷达可以有 $K=4$ 条传播路径:一条直达路径和三条内墙多径路径。如果考虑到二次多径、墙体振铃或者双基布局,这个数目将会增加。

现在,应当强调式(5-23)与多输入多输出(MIMO)雷达公式的关系。MIMO 雷达是一个新兴的概念,在雷达检测、估计和成像方面具有潜在的巨大优势[18,27,40-41]。当考虑几个可开关的发射天线时,给出的模型可以被看作时分复用 MIMO 雷达配置[29]。内壁的镜面反射产生虚拟发射机和接收机,从而扩展了真实阵列孔径。然而,根据定义,虚拟发射机与真实发射机发射完全相同的信号。同样,真实接收机测量的信号也包含虚拟接收机的贡献。因此,在模型中对所有可能的往返路径进行了求和。该模型与文献[40]中的 MIMO 设置非常相似;然而,加入多径是它的推广。它不仅包含对应于直达路径传播的 MIMO,而且还包括 SIMO 中的多径传播。请注意,如果能够解析并将接收的信号与其传播路径相关联,则来自单个发射机的多路径可以被视为MIMO系统。在这种情况下,虚拟发射机的作用等同于多个源。

5.4 利用多径的压缩感知重建

本节的目标是通过高效数据采集,仅使用全部测量的一部分基于 CS 实现

稀疏场景的高质量重建。然而，由于多径传播，成像场景中充斥着许多不需要的虚影目标，使得场景的稀疏度减小。我们旨在 CS 框架内消除虚影，通过多径测量模型实现只保留真实目标场景的重建。

本章讨论了三种不同的情况：步进频率测量的静态场景，使用宽带脉冲雷达的移动/静止目标场景，以及具有连接墙体重建的静止场景。在本节中，假设墙体回波已从测量中消除，对前两种情况进行介绍。下面通过使用墙体回波模型对墙体回波进行考虑。对于每种情况，测量模型和重建问题都有各自的属性。此外，也会讨论数据采集过程的选择，即如何获取压缩测量数据。

5.4.1 静态场景

首先把注意力转至静态场景中的目标重建。假设进行了步进频率测量，并且对墙体回波已经进行了适当补偿。目前已经提出了多种用于步进频率雷达的数据采集方案[6,16,38]。这些方案的共同特征是它们都选择了全部测量的一个随机子集。作为在所有阵元和频点上进行测量的替代，仅获取少数阵元/频点上的测量数据即可。这可以看成对完整测量向量使用了一个二进制随机测量矩阵 $\boldsymbol{\Phi}_{\mathrm{FD}} \in \{0,1\}^{J\times MN}$。可以想到，$\boldsymbol{\Phi}_{\mathrm{FD}}$是一个只保留了 J 行的 $MN\times MN$ 的单位阵。因此，从模型式(5－24)可以获得一个欠采样的测量向量：

$$\bar{\boldsymbol{y}}_{\mathrm{FD}} = \boldsymbol{\Phi}_{\mathrm{FD}}\boldsymbol{y}_{\mathrm{FD}} = \boldsymbol{\Phi}_{\mathrm{FD}}(\boldsymbol{\Psi}_{\mathrm{FD}}^{(0)}\boldsymbol{\sigma}^{(0)} + \boldsymbol{\Psi}_{\mathrm{FD}}^{(1)}\boldsymbol{\sigma}^{(1)} + \cdots + \boldsymbol{\Psi}_{\mathrm{FD}}^{(\mathrm{R}-1)}\boldsymbol{\sigma}^{(\mathrm{R}-1)}) \tag{5-25}$$

使用式(5－25)中的缩减数据模型，可以将成像转化为稀疏重建问题。

5.4.2 静态场景的组稀疏重建

在实际情况下，散射体是非均质的，即反射率的大小和相位随方面角和双基角变化。因此，子图像 $\boldsymbol{\sigma}^{(r)}$ 与对应路径 $r=0,1,\cdots,R-1$ 之间的确切关系通常是未知的。然而，已知子图像 $\boldsymbol{\sigma}^{(0)},\boldsymbol{\sigma}^{(1)},\cdots,\boldsymbol{\sigma}^{(R-1)}$ 描述了潜在稀疏场景中相同位置上的目标。假设传播路径没有被阻断，通过一条路径观察到的目标也可以通过所有其他路径观察到。因此，一个目标将填充所有子图像中的相同像素位置。相同的理论也适用于场景中的空白处，即如果在一幅子图像中为空，则在所有其他子图像中也应为空。换句话说，R 幅子图像的支撑集是相同的。即使某些路径被阻断或低于一些散射体的噪声水平，支撑集也至少应近似相等。该性质使得未知向量 $\boldsymbol{\sigma}$ 具有特定的稀疏结构。子图像呈现出组稀疏结构，其中各组沿每个像素的路径延伸，如图 5－6 所示。

为了说明，图像向量 $\boldsymbol{\sigma}^{(r)}$ 被描绘为图像矩阵。文献[24]中给出了一种基于组稀疏性的重建方法。为此，式(5－25)中的所有未知向量被堆叠形成一个高的向量：

$$\tilde{\boldsymbol{\sigma}} = [(\boldsymbol{\sigma}^{(0)})^{\mathrm{T}} \quad (\boldsymbol{\sigma}^{(1)})^{\mathrm{T}} \quad \cdots \quad (\boldsymbol{\sigma}^{(R-1)})^{\mathrm{T}}] \in \mathbb{C}^{N_x N_y R \times 1} \tag{5-26}$$

压缩采样的测量向量 $\bar{\boldsymbol{y}}_{\mathrm{FD}}$ 可以表示为

$$\bar{\boldsymbol{y}}_{\mathrm{FD}} = \boldsymbol{\Phi}_{\mathrm{FD}} \tilde{\boldsymbol{\Psi}}_{\mathrm{FD}} \tilde{\boldsymbol{\sigma}} \tag{5-27}$$

式中,新的字典矩阵具有 $\tilde{\boldsymbol{\Psi}}_{\mathrm{FD}} = [\boldsymbol{\Psi}_{\mathrm{FD}}^{(0)} \quad \boldsymbol{\Psi}_{\mathrm{FD}}^{(1)} \quad \cdots \quad \boldsymbol{\Psi}_{\mathrm{FD}}^{(R-1)}] \in \mathbb{C}^{MN \times N_x N_y R}$ 的形式。在 MIMO 构型中,构造 $\tilde{\boldsymbol{\Psi}}_{\mathrm{FD}}$ 时,多径的不可分离性会导致非块对角矩阵结构。

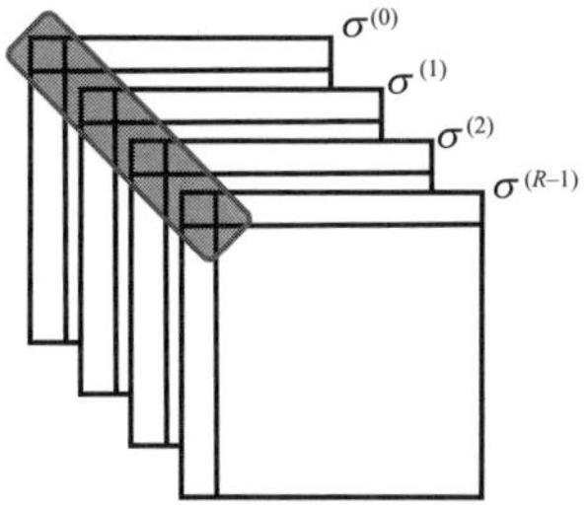

图 5－6　子图像组稀疏结构

下面利用模型(5－27)和组稀疏假设来重构未知反射向量或图像 $\tilde{\boldsymbol{\sigma}}$。已经表明,通过混合的 l_1/l_2 范数正则化可以实现组稀疏重建[9,12,37,42]。给出重建问题:

$$\hat{\tilde{\boldsymbol{\sigma}}} = \arg\min_{\tilde{\sigma}} \frac{1}{2} \| \bar{\boldsymbol{y}}_{\mathrm{FD}} - \boldsymbol{\Phi}_{\mathrm{FD}} \tilde{\boldsymbol{\Psi}}_{\mathrm{FD}} \tilde{\boldsymbol{\sigma}} \|_2^2 + \lambda \| \tilde{\boldsymbol{\sigma}} \|_{2,1} \tag{5-28}$$

其中

$$\begin{aligned} \| \tilde{\boldsymbol{\sigma}} \|_{2,1} &= \sum_{p=0}^{N_x N_y - 1} \| [\sigma_p^{(0)}, \sigma_p^{(1)}, \cdots, \sigma_p^{(R-1)}]^{\mathrm{T}} \|_2 \\ &= \sum_{p=0}^{N_x N_y - 1} \sqrt{\sum_{r=0}^{R-1} \sigma_p^{(r)} (\sigma_p^{(r)})^*} \end{aligned} \tag{5-29}$$

式中,λ 为正则化参数。凸优化问题(5－28)可以使用 SparSA[37] 或其他可用方案求解[9,12,14]。SparSA 通过有效解决一系列子问题收敛到全局最优解。该方法可以应用于复值和大规模问题,如当矩阵 $\tilde{\boldsymbol{\Psi}}_{\mathrm{FD}}$ 超过内存时。

通过将多径模型引入 CS 重建中,未知的数量已经与路径的数量相乘。然而,可以通过约束解的稀疏结构来减少问题的自由度。因此,测量数量不必相应地增加[12]。组稀疏问题建模可以改善重建性能。

一旦获得 $\hat{\tilde{\boldsymbol{\sigma}}}$,就可以将子图像组合起来获得整幅图像。由于各子图像之间的相位关系取决于目标的雷达散射截面(RCS)特征,其通常是未知的。因此,组合子图像的最佳方式是非相干积累。形成每组的 l_2 范数,以获得组合图像的最终像素值,即

$$[\tilde{\boldsymbol{\sigma}}_{GS}]_p = \|[\boldsymbol{\sigma}_p^{(0)}, \boldsymbol{\sigma}_p^{(1)}, \cdots, \boldsymbol{\sigma}_p^{(R-1)}]^{\mathrm{T}}\|_2, p = 0, 1, \cdots, N_x N_y - 1 \tag{5-30}$$

子图像的非相干组合不会改善 SNR，因为空间白噪声也将被积累。然而，最终图像的 SCR 可以得到改善。由于在建模中考虑了多径回波，所以很大程度上抑制了虚影目标引起的杂波。如果剩余的杂波仍然被保留在重建中，例如，由模型中未考虑的传播路径或物理效应引起，它们也会在最终的图像中被衰减。可以预计，残留的杂波在空间上是非白且相对于子图像独立分布。因此，在非相干组合之后，这些残留在结果中被平均。请注意，这种方法的性能依赖于多径回波有足够大的功率。如果多径回波非常弱，那么它们不能帮助改善图像，应该被忽略。

请注意，在处理实际情况时有两个困难。首先，为了获得良好的重建性能，模型中应包括主要的多径路径。忽略重要的路径将导致虚影目标，从而在最终图像中增加杂波。包括多条路径会导致未知量的不必要增加，因此，CS 重建性能将下降。所以，主要的路径必须从建筑布局的先验知识中进行推断。其次，对内墙位置的准确了解非常重要。一条特定路径的所有回波被相干处理，使得内墙位置的误差等价于阵元位置误差。此外，通过不同路径观察到的目标位置只有在内壁位置误差足够低的时候重叠。因此，如果误差太大，组稀疏特性将丢失。对上述问题的一个可能解决方案是在模型中引入额外的参数，这些参数在重建过程中进行估计。然而，这增加了计算复杂度。此外，如果内墙位置被参数化了，则测量模型变为非线性，使得重建问题更加复杂。

5.4.3 示例

对于仿真实验，都假设采用相同的测量设置和房间布局，如图 5－7 所示。一个元素间距为 1.9cm 的 77 元均匀单站线阵用于成像。选择阵列的中心作为坐标系原点。厚度 $d = 20$cm 的混凝土前壁平行于阵列，纵向距离 2.44m，相对介电常数 $\varepsilon_{\mathrm{v}} = 7.6632$。左侧壁位于横向距离 1.83m 处，后壁则位于纵向距离 6.37m 处。此外，在横向距离 3.4m、纵向距离 4.57m 的交叉点处，有一个凸出的角落。因此，式(5－20)中的近似是足够准确的。覆盖1～3GHz频带的 $M = 801$ 的均匀频率间隔的步进频率信号被用于场景测量。

5.4.3.1 仿真结果

基于目标模型式(5－25)，对位于(0.31,3.6)m 和(－0.62,5.2)m 处的两点目标进行仿真。我们考虑 $R = 5$ 个往返传播路径，第一个单向路径是直达路径；第二个单向路径对应于直达路径、后壁多径、左侧壁多径、凸出的右角落的多径和墙体振铃多径。对路径加权以解决由二次反射造成的额外损耗，权值设置为 1、1、0.3、0.5 和 0.4。为简单起见，假设权重仅随传播路径变化。0dB SNR 的白噪声被添加到了仿真的测量中。作为比较，使用全部数据的波束形成图像在图 5－8(a)

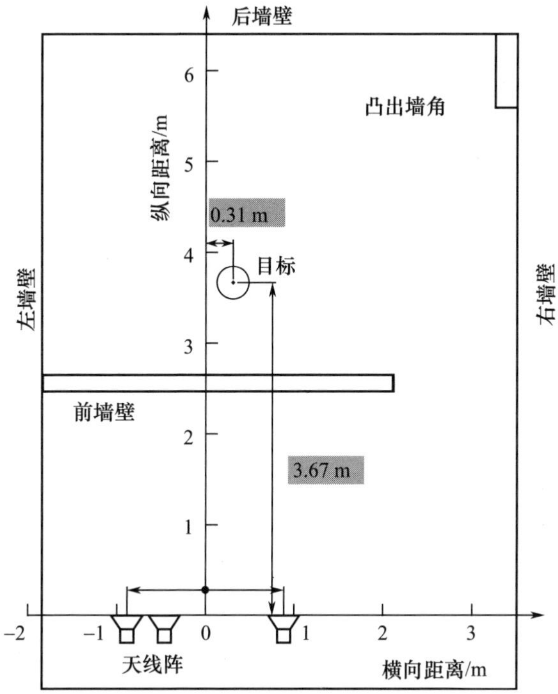

图 5 -7　测量设置和房间布局

中给出。对于图 5 -8 中给出的 CS 结果,仅 1/4 的阵元和 1/8 的频率测量用于场景重建。阵元和频率是随机选择的,对 100 次蒙特卡罗重建结果进行了平均。

图 5 -8(b)显示了不利用多径的常规 CS 方法的重建结果[38]。从本质上,这对应于将路径数设置为 1 的如前所述的方法,即仅考虑直达传播。可以看到,真正的目标和所有虚影目标都被重建,导致高度凌乱的场景。图 5 -8(c)所示的组稀疏重建方法则提供了更好的性能。所有虚影目标都被抑制,而仅有两个正确目标完全可见。

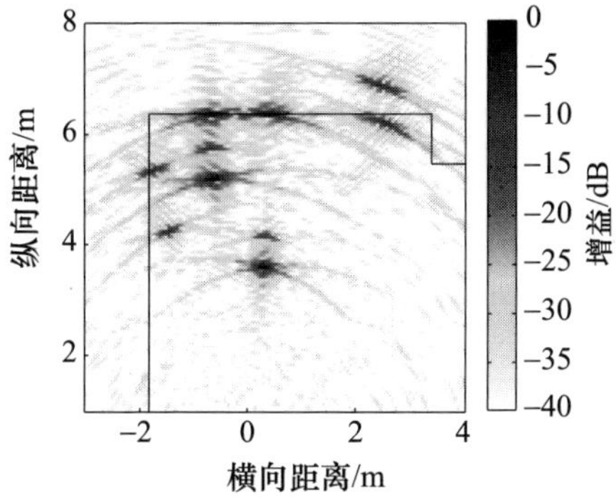

(a)

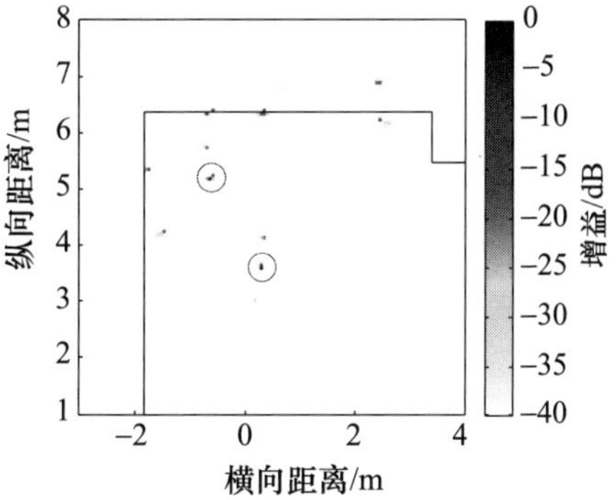

(b)

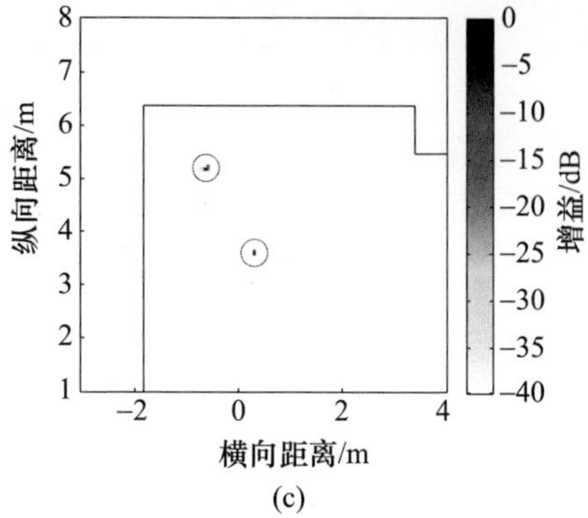

图 5－8　使用不同算法对两个点目标的仿真场景进行重建的结果，1/4 阵元和 1/8 频率测量用于场景重建得到(b)和(c)，(a)是完整数据的波束形成图像(见彩图)
(a)常规 DSBF；(b)常规 CS；(c)组稀疏 CS。

5.4.3.2　实验结果

此外，使用在维拉诺瓦大学雷达成像实验室的半受控环境中收集数据的实验结果。将一个铝(Al)管(长 61cm，直径 7.6cm)直立放置在距离向 3.67m，方位向 0.31m，高 1.2m 的泡沫基座上。左侧壁和右侧壁用 RF 吸箔材料覆盖，但凸出的右角和后壁未进行覆盖。数据进行了背景消减[2,28]，目的是仅针对目标多径进行处理。

图 5－9(a)描绘了使用所有可用数据的波束形成图像。与仿真数据进行对比，可以得出结论，只有由后壁导致的多径伪影和右侧后面的凸出角是可见的。因此，在组稀疏重构中，只考虑直达路径和这两条多径传播，即 $R=3$。1/4 阵元和 1/8 频率测量被用于 CS 重建。传统的 CS 重建结果如图 5－9(b)所示，其中后壁上的多径虚影仍然可见。利用多径的组稀疏重建方法能够抑制这种虚影(图 5－9(c))。

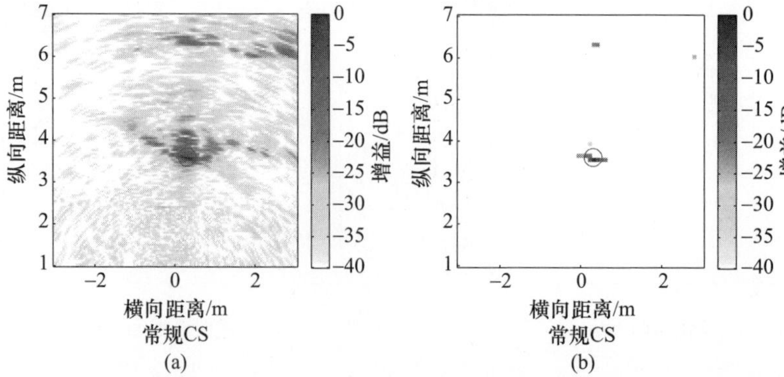

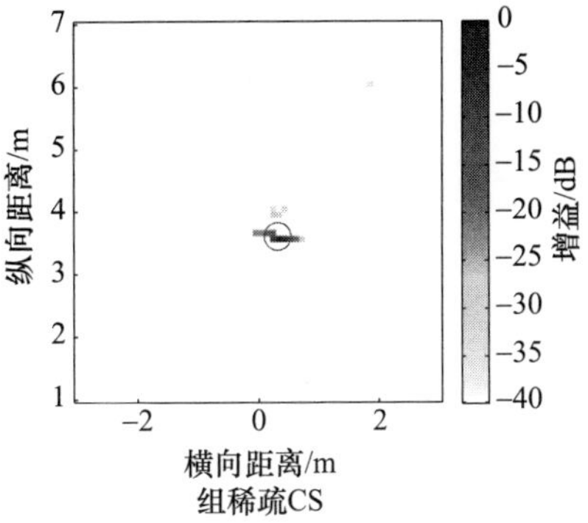

(c)

图 5－9 使用不同算法对 Al 管道场景的成像结果

(a)使用所有测量值的常规 DSBF 重建；(b)使用 1/4 阵元和 1/8 频率测量的常规 CS 重建；(c)使用 1/4 阵元和 1/8 频率测量的组稀疏 CS 重建。

5.4.4 动目标

在处理动目标时，我们在测量和图像中添加了额外的维度。显然，未知向量必须包括目标速度。所有可能的目标状态都在两个空间和两个速度维度上进行离散化，如 5.2 节所述。同样，我们在测量信号中获得另一个维度，即慢时间索引 k。为了分辨目标运动，发送 K 个脉冲并进行相干处理。往返时延的微妙变化导致接收信号的相位变化，而信号相位反过来被用于分辨目标速度。

为了从 CS 中获得最大的收益，信号在所有三个维度，即快时间、慢时间和阵元上，都是欠采样的。对于阵元，大多数的减少通过简单地省略某些阵元来实现，得到一个稀疏的阵列。对脉冲进行随机欠采样不会在减少时间或成本方面带来好处。如果保留第一个和最后一个脉冲，则发送/接收的总持续时间不会改变。然而，减少脉冲数使得能量节约，这在便携式应用中可能是有用的。应该注意的是，这是以降低接收信号的 SNR 降低为代价的。已经有各种方法来对时域信号，即时间，进行压缩采样。采用随机混合方案，其中每个脉冲与一组随机信号相关，仅对对应的相关部分进行采样。关于这个方案的详细讨论，读者可以参阅文献[17,29]。

压缩的采样信号可以表示为

$$\bar{\boldsymbol{y}} = \boldsymbol{\Phi y} = \boldsymbol{\Phi}(\boldsymbol{\Psi}^{(0)}\boldsymbol{\sigma}^{(0)} + \boldsymbol{\Psi}^{(1)}\boldsymbol{\sigma}^{(1)} + \cdots + \boldsymbol{\Psi}^{(R-1)}\boldsymbol{\sigma}^{(R-1)}) \tag{5-31}$$

式中：$\boldsymbol{\Phi} \in \mathbb{R}^{J \times NKT}$表示测量矩阵的欠采样操作。

考虑阵元数减少为 N_d，慢时间数减少为 K_d，快时间数减少为 T_d，测量矩阵通过下式构建：

$$\boldsymbol{\Phi} = (\boldsymbol{\Phi}_1 \otimes \boldsymbol{I}_{T_d K_d})(\boldsymbol{\Phi}_2 \otimes \boldsymbol{I}_{T_d N})\,\mathrm{diag}(\boldsymbol{\Phi}_3^{(0)}, \boldsymbol{\phi}_3^{(1)}, \cdots, \boldsymbol{\Phi}_3^{(NK-1)}) \tag{5-32}$$

式中：$\otimes$表示克罗内克积；I_a为维数为 a 的单位矩阵。

因此，测量值总数由 $J = T_d N_d K_d$ 给出。矩阵 $\boldsymbol{\Phi}_1 \in \mathbb{R}^{T_d \times N}$ 和 $\boldsymbol{\Phi}_2 \in \mathbb{R}^{K_d \times K}$ 由从单位矩阵随机选择的行组成以实现上述减少测量值的目的。时域中的随机混合通过高斯随机矩阵 $\boldsymbol{\Phi}_3 \in \mathbb{R}^{T_d \times T}$ 得到的，其中的元素通过标准正态分布得到。也可以采用其他随机矩阵，如 Bernoulli 分布的随机矩阵，实现运行与性能之间的权衡[17]。为了实现简化接收机和减少数据，下采样操作必须通过硬件实现。所考虑的方案可使用微波混频器和低通滤波器硬件实现[29]。

5.4.5　静态/非静态场景的组稀疏重建

接下来，使用 CS 重建目标的完整信息，即位置和速度[23]。鉴于静态情况的组稀疏重建方法，构建一个高维模型以考虑所有传播路径。模型式(5－31)可以重写为

$$\bar{\boldsymbol{y}} = \boldsymbol{\Phi}\tilde{\boldsymbol{\Psi}}\tilde{\boldsymbol{\sigma}} \tag{5-33}$$

式中：$\tilde{\boldsymbol{\Psi}} = [\boldsymbol{\Psi}^{(0)} \quad \boldsymbol{\Psi}^{(1)} \quad \cdots \quad \boldsymbol{\Psi}_D^{(R-1)}] \in \mathbb{C}^{TNK \times N_x N_y N_v R}$ 是所有可能路径的超完备字典的并置。式(5－33)中的未知向量 $\tilde{\boldsymbol{\sigma}}$ 如式(5－26)所示堆叠成一个高的向量。

式(5－33)中给定缩减的测量值，我们的目标是使用 CS 重建恢复目标状态信息。如果不存在多径传播，则可以通过文献[29]中的标准 l_1 最小化来实现。然而，这种方法在多径存在的情况下是次优的。如 5.4.4 节所述，需要获取各幅子图像 $\boldsymbol{\sigma}^{(r)}, r=0,1,\cdots,R-1$ 的先验信息。并且，由于每个目标被假设为从所有路径可见，或者至少来自多于一条路径，这些子图像应有大致相同的支持集。因此，重构算法应该考虑目标状态信息 $\boldsymbol{\sigma}$ 的稀疏结构。注意，对于特定目标，当通过不同的路径观察时，显示出的多普勒速度可能不同，即载波的多普勒频移可能不同。然而，这被纳入模型中，因为时延 $\boldsymbol{\tau}_{pn}^{(r)}(k)$ 取决于慢时间，并且是基于相同的坐标系计算的。这种情况下，回波中由相同目标带来的不同多普勒频移带来附加的分集使得重建受益。

重建问题可以再次被设计为混合的 l_1/l_2 范数最小化问题：

$$\hat{\tilde{\boldsymbol{\sigma}}} = \arg\min_{\tilde{\sigma}} \| \bar{\boldsymbol{y}} - \boldsymbol{\Phi}\tilde{\boldsymbol{\Psi}}\tilde{\boldsymbol{\sigma}} \|_2 + \lambda \| \tilde{\boldsymbol{\sigma}} \|_{1,2} \tag{5-34}$$

其中

$$\| \tilde{\boldsymbol{\sigma}} \|_{1,2} = \sum_{p=0}^{N_x N_y N_v - 1} \| [\sigma_p^{(0)} \quad \sigma_p^{(1)} \quad \cdots \quad \sigma_p^{(R-1)}]^{\mathrm{T}} \|_2 \tag{5-35}$$

式中：λ 为一个正则化参数。

部分结果以非相干的方式结合到如(5－30)所示的 l_2 范数中。最终的重建结果包含所有目标的位置和平移运动的信息。脉冲多普勒雷达场景中的静止目标对应零横向和纵向距离速度的情况。

5.4.6 示例

5.4.6.1 仿真结果

采用由一个发射机和 $N=11$ 个接收机的均匀线阵构成的宽带实孔径脉冲多普勒雷达进行仿真。发射信号是以 $f_c=2\text{GHz}$ 为中心频率的高斯调制脉冲，相对带宽为 50%。PRI 设置为 10ms，发射 $K=15$ 个脉冲并进行相干处理。在接收端，在相关间隔内，以 $f_s=4\text{GHz}$ 的采样率采样对目标和多径回波采样，得到 $T=150$ 个快时间采样。阵元间隔为 10cm 的接收阵列以发射机为中心，距离墙壁 3m。平行于阵列的墙体的厚度为 $d=20\text{cm}$，相对介电常数 $\varepsilon_r=7.66$。成像区域以阵列法向方向上纵向距离 4m 的点为中心，横向距离为 6m，纵向距离为 4m。两个侧壁位于 ±2m 处，从而导致三条不同的多径。总共有四条一次多路径和两条二次准单站多径，它们都被假设为比直达路径弱 6dB。因此，在接收信号中总共考虑了 $R=7$ 条路径。我们不考虑任何墙体回波或混响，因为在双基雷达中它们通常可以有效地去掉[29]。我们感兴趣的场景在空间上离散成 $N_x \times N_y = 32 \times 32$ 个像素网格。目标速度在方位－距离向上被离散化为 $N_{vx} \times N_{vy} = 5 \times 7$ 个网格，覆盖目标速度分量 ±0.9m/s。结果以 40dB 进行显示，各速度对应的图像并排显示。

考虑一个两个强静止反射器阻挡两个移动目标的视线的场景。两个静止目标位于坐标(0.5,3.2)m 和(－1.5,3.2)m 处，每个静止目标后面有一个距离 1m 的动目标。动目标比静止目标弱 8dB，速度分别为(0.45,0)m/s 和(0,0.3)m/s。由于假设动目标的视线被静止散射体阻挡，只接收到它们的准单基多径信号。然而，对于所有 $R=7$ 条可能的路径，静止目标是可见的。因此，来自动目标的累积接收功率比来自固定目标的弱 20dB。

首先在图 5－10 中给出使用全部测量值得波束形成结果，其中每幅图的波束形成器已经根据式(5－15)对相应的速度进行了匹配。由于多径响应，图像看起很混乱并且不能识别动目标。这是符合预期的，因为标准波束形成算法仅考虑了直达传播路径。由于动目标的信息只包含在多径中，所以无法在不利用多径的前提下获得动目标的信息。

接下来，在图 5－11 中显示了使用全部奈奎斯特测量的 7.8% 的数据，并基于组稀疏重建的 10 次蒙特卡罗运行的平均结果。式(5－32)的下采样参

数设置为 $T_d=20$，$N_d=8$ 和 $K=12$，在快时间维使用高斯随机混合矩阵进行线性测量。显然，目标的位置和速度都已正确重建。即使 7 条路径中仅有 2 条可用于动目标，动目标仍然可以被准确定位。虚影目标已被大大抑制，只存在少数弱的杂乱的像素点。杂波可能主要归因于相邻方位速度字典的高相关性，导致一定的“泄露”。总体而言，CS 重建具有高分辨率和精确度，图像非常干净。

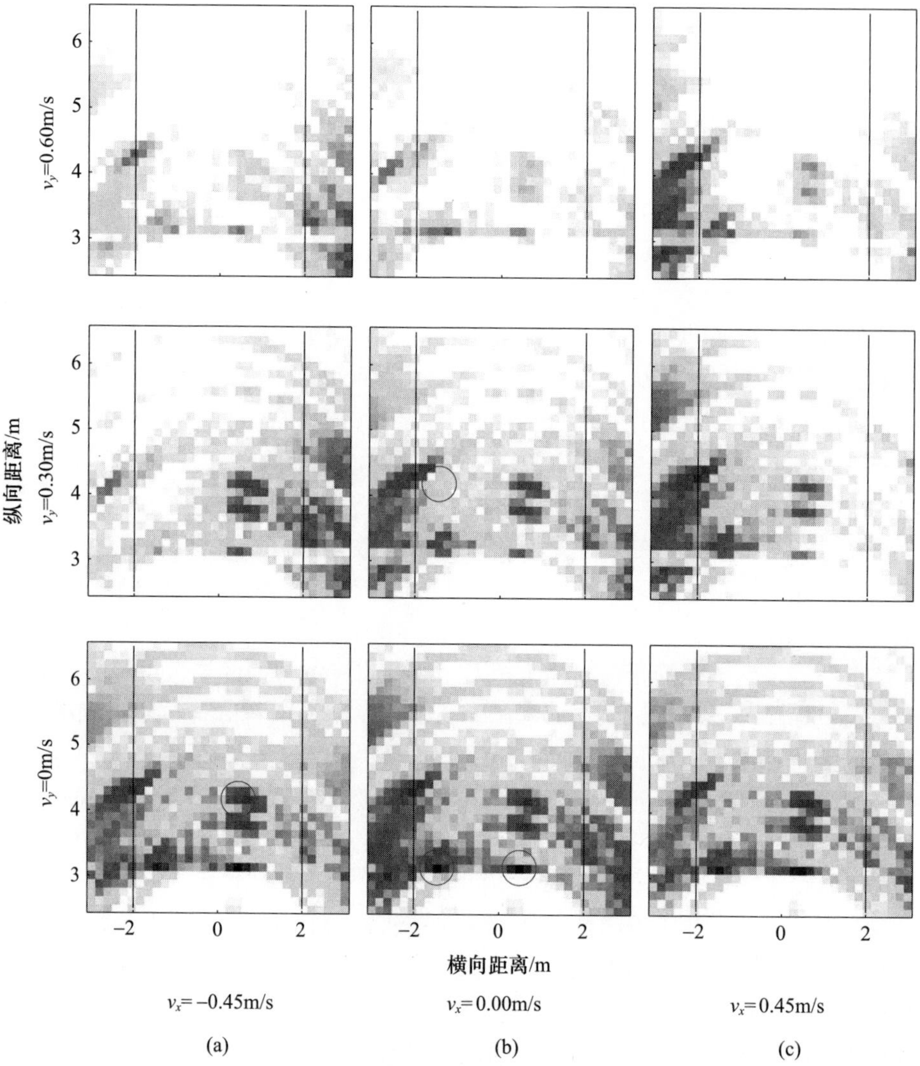

图 5－10 使用完整数据的延迟求和波束形成结果（见彩图）

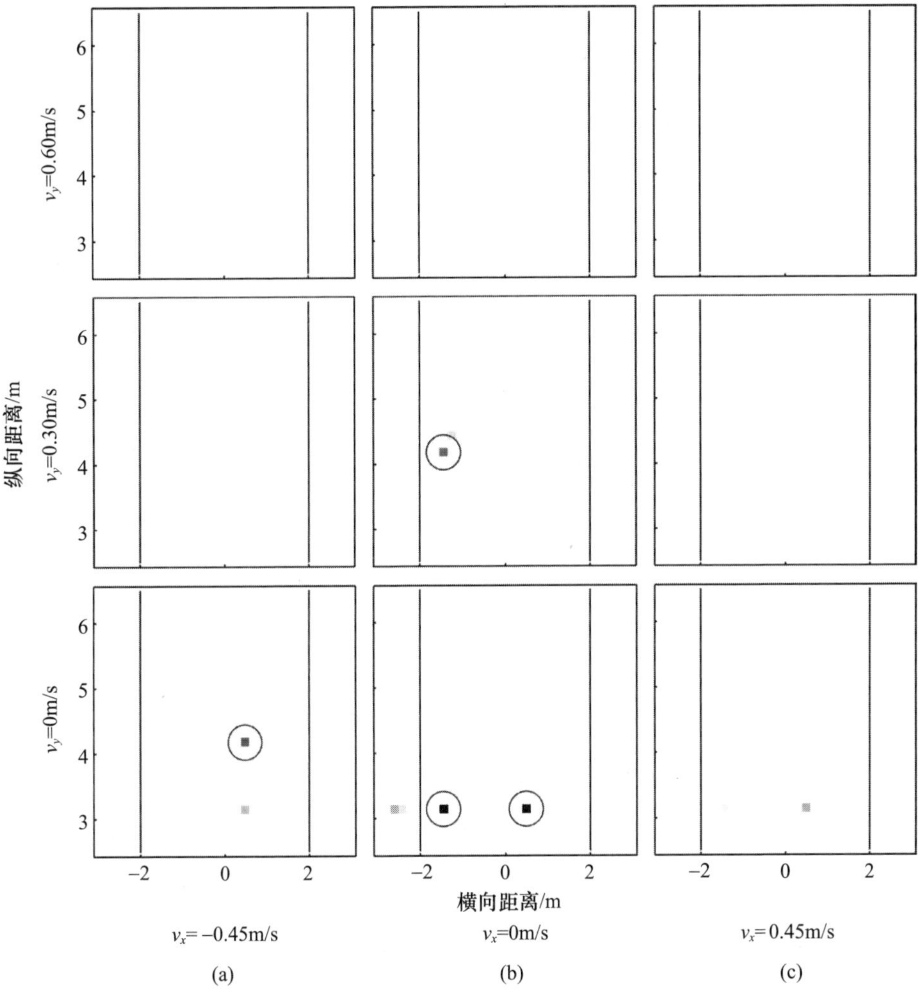

图 5－11　采用 7.8% 的测量值的 CS 重建结果(见彩图)

5.4.6.2　实验结果

给出了由一个发射机和 $N=8$ 个接收机的均匀线阵构成的宽带实孔径脉冲多普勒雷达的实验结果。在可控的实验室设置下,数据已经由维拉诺瓦大学的雷达成像实验室记录。发射信号是高斯调制脉冲,覆盖 1.5 ~4.5GHz 的频率范围。以采样率 $f_s=7.68$GHz 记录了 768 个快时间采样,并去掉了早期和晚期回波,得到 $T=153$ 个采样。发射机放置在距离侧壁 61cm 处,接收阵列(阵元间距 6cm)放置在发射机的另一侧,在相同基线上距离 29.2cm(相对于第一个阵元)处。测量中没有包括墙体,因为它们通常可以在双基脉冲雷达测量中去掉[29]。

预计总共有 $R=4$ 条可能的传播路径：直达路径、两条一次多径和一条通过侧壁的二次多径。感兴趣的场景在空间上离散化为 $N_x \times N_y = 32 \times 32$ 个像素网格。目标速度在 $N_{vx} \times N_{vy} = 5 \times 7$ 的网格上离散化，覆盖目标速度分量为 ± 0.9m/s。人沿对角走向雷达的场景被记录了下来。对于人体来说，预计所有的传播路径都可以被观察到。

使用全部奈奎斯特测量值的 20% 的群稀疏重建结果如图 5－12 所示。式(5－32)的下采样参数设置为 $T_d=15$，$N_d=5$ 和 $K_d=50$，在快时间维使用高斯随机混合矩阵进行线性测量。人作为一个移动的目标，其位置和速度被大致正确地重建。重建得到的运动方向与实验一致。相邻速度单元存在一些泄露，可能是由于测量矩阵中的高相关性或人体运动的性质导致。此外，静态图像的一些残留杂波可以被观察到。这可能可以解释为实验室中存在的一些静态物体的反射。

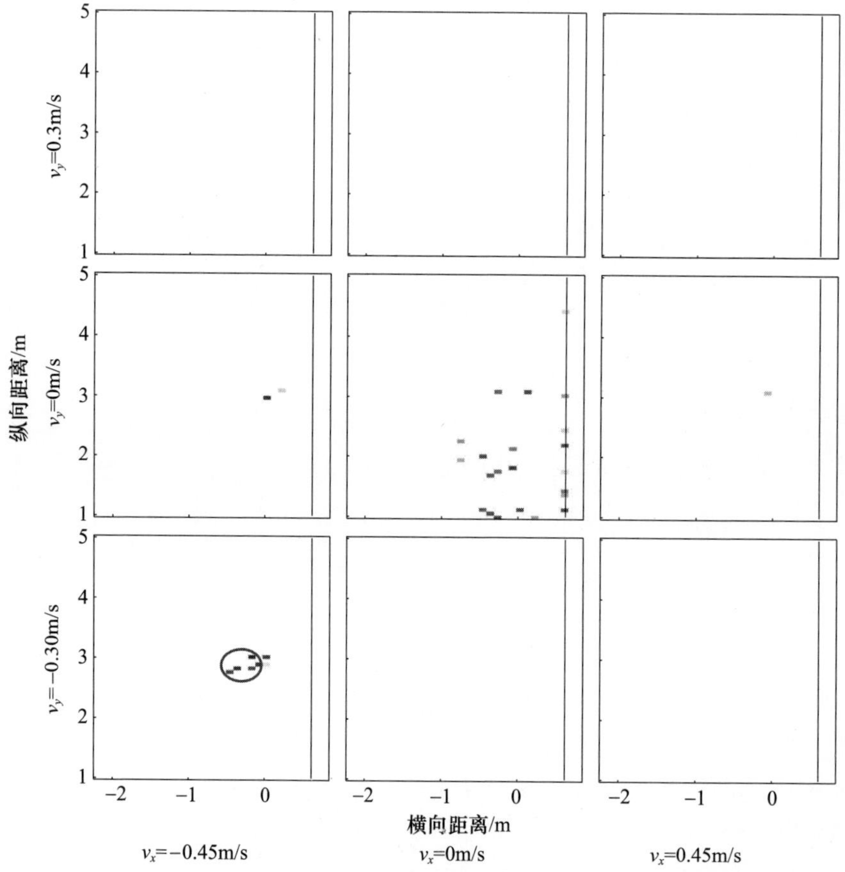

(a) (b) (c)

图 5－12　使用 20% 测量值的行人 CS 重建

5.5 包含墙体的压缩感知重建

目前,还没有考虑前壁的直达回波。然而,在 TWRI 中,前壁是非常强的固定反射器,其可以潜在地掩盖掉房间内的目标,特别是当使用单站雷达时。由于前壁内的混响,回波甚至可能远远超出墙体本身并泄露到房间内。在 CS 框架中,这是一个额外的挑战。墙体作为宽大和强烈的反射体占据了场景中的大量像素。因此,我们感兴趣的向量变得不那么稀疏,这对重建性能有不利的影响。通常,在前壁回波没有消除时,前壁回波可以使得常规的 CS 方法失效[21]。因此,各种用于墙体去除或墙体杂波去除的方案已经出现。

一种广泛使用的方法是背景相消[2,28],它从目标场景中相干地减去背景数据。假设背景数据可用,这种方法在稀疏重建中性能良好[25,38]。如果背景数据不可用,可以使用变化检测。假设目标移动缓慢,在短时间间隔内进行两次测量,然后相减[1,6-7]。这种方法的缺点是它不能与静止目标一起使用。对于纯静态场景,有文献提出了其他方法。空间滤波[39]和子空间投影[36]方法已经被提出用于完整数据测量。这些方法也被证明在 CS 框架内表现良好[21]。进一步的方法包括对相减后的墙体回波建模[11]或时域门控[29]。

在本节,介绍一种概念上不同的方法[24]。与分别处理墙体杂波消除和目标场景重建不同,这两者是同时实现的。采用了两个信号模型:一个用于目标回波建模;另一个用于匹配墙体回波。基于这些模型,墙体和目标场景被联合恢复。目标和墙壁回波被重建信号的不同部分捕获,因此,它们在过程中可分。如前所述,在动目标情况下,墙体回波可以被有效处理。下面将重点介绍使用步进频率测量的纯静态场景这一具有挑战性的问题。

5.5.1 墙体混响模型

如第 5.2 节所述,墙体回波由直达回波和混响组成。现在将详细描述墙体回波模型式(5-4)。墙体混响可以通过类似于墙体振铃的目标多径方式来处理,但是信号不与目标交互,它仅在前壁内反射。

墙体内每个内部反射的回波可以被认为是等同于式(5-4)的第一部分的附加贡献。然而,与每个混响回波的延迟将会不同,因为内部反射会导致额外的延迟。同时,振幅会衰减,因为部分能量穿过了墙体,墙壁介质中会有衰减。在双站设置中,混响回波的幅度通常很弱,可以通过简单的时域门控来处理[29]。下面将重点关注单站模式,可能存在明显的混响回波。

在单站雷达中,墙体回波以相同的时延到达所有收发器。因此,直达回波和每个混响回波只有一个时延。假设墙体回波的总数是 R_w,相应的时延 $\tau_w^{(r)}$($r=0$,

$1,\cdots,R_w-1$)可以根据式(5-18)计算。每个时延对应一个幅度 $\boldsymbol{\sigma}_w^{(r)}$。其取决于墙体混响的衰减和反射率[8]。对所有墙体回波进行叠加得到一个墙体混响模型：

$$y_w[m,n]=\sum_{r=0}^{R_w-1}\boldsymbol{\sigma}_w^{(r)}\exp(-\mathrm{j}2\pi f_m\tau_w^{(r)}) \tag{5-36}$$

式中，$\boldsymbol{\tau}_w^{(0)}$ 依然描述直达路径，所有 $\boldsymbol{\tau}_w^{(r)}(r>0)$ 则对应于墙体混响的贡献。在墙体反射率 $\boldsymbol{\sigma}_w^{(r)}\in\mathbb{C}$ 中考虑了高阶混响路径振幅的衰减。注意，即使是单站，通常也只能最多观察到三个墙体混响响应[34]。由于墙体材料的高衰减特性，高阶混响通常低于本底噪声。另外，大多数墙体材料表现出频率依赖的衰减特性，为了简单起见，这点已经被忽略。请注意，双站墙体混响可以用类似的方式进行建模。然而，由于墙体反射角与接收机位置有关，延迟和衰减通常与阵元标号 n 有关。

为了便于表示和实现，一个修正后的墙体模型被用于 CS 重建。墙体被等效地建模为目标图像网格对应的小的墙体分段的合成。这为源自完全均匀的墙体的回波建模提供了额外的灵活性。此外，即使已知前壁的参数，这些参数也通常是包含错误估计的。所提出的修正模型在处理墙体参数误差时具有足够的自由度来描述墙体回波。这在墙体回波建模和相关相减方面存在潜在的优势[11]，因为即使小的参数偏差也可能导致相关相减失败。与式(5-24)类似，向量化的墙体混响模型可以表示为

$$\boldsymbol{y}_{\mathrm{FD,w}}=\boldsymbol{\Psi}_w^{(0)}\boldsymbol{\sigma}_w^{(0)}+\boldsymbol{\Psi}_w^{(1)}\boldsymbol{\sigma}_w^{(1)}+\cdots+\boldsymbol{\Psi}_w^{(R_w-1)}\boldsymbol{\sigma}_w^{(R_w-1)} \tag{5-37}$$

式中：$\boldsymbol{\sigma}_w^{(r)}$ 为墙体的向量化反射率；$\boldsymbol{\Psi}_w^{(r)}$ 包含路径 r 的相位信息。

矩阵 $\boldsymbol{\Psi}_\omega^{(r)}$ 与 $\boldsymbol{\Psi}_{\mathrm{FD}}^{(r)}$ 相同。然而，仅保留了镜面反射的贡献。这可以通过掩蔽操作来描述：

$$\boldsymbol{\Psi}_w^{(r)}=\boldsymbol{M}\circ\boldsymbol{\Psi}_{\mathrm{FD}}^{(r)} \tag{5-38}$$

式中：“$\circ$”表示元素(或 Schur)乘积；$\boldsymbol{M}\in\{0,1\}^{MN\times N_xN_y}$ 是二进制矩阵。如果第 p 个墙体段对于沿着第 r 个路径行进的第 n 个阵元可见，则元素 $[\boldsymbol{M}]_{pn}=1$，否则 $[\boldsymbol{M}]_{pn}=0$。在单站情况下，所有不直接在天线前面的镜面目标的贡献应该被 $\boldsymbol{M}$ 所掩蔽。任何不完全在阵列法向方向上的墙体段都不可见，因为发射波将被反射而远离收发机。我们注意到在双基情况下，传播路径的几何构型会随着混响阶数 r 和考虑的阵元变化[29]。因此，需要为每条路径假设不同的掩蔽操作。镜面反射模型式(5-38)通常导致墙体字典矩阵 $\boldsymbol{\Psi}_w^{(r)}$ 包含许多零元素[3]。

对于 CS 重建，类似于式(5-25)，对测量信号中目标和墙体贡献的叠加进行下采样：

$$\bar{\boldsymbol{y}}_{\mathrm{FD}}=\bar{\boldsymbol{y}}_t+\bar{\boldsymbol{y}}_w=\boldsymbol{\Phi}_{\mathrm{FD}}\boldsymbol{y}_t+\boldsymbol{\Phi}_{\mathrm{FD}}\boldsymbol{y}_w \tag{5-39}$$

其中，目标的贡献在式(5-25)中定义。对于墙体响应，对式(5-37)进行下采样得到

$$\bar{\boldsymbol{y}}_{\mathrm{FD}} = \boldsymbol{\Phi}_{\mathrm{FD}}(\boldsymbol{\Psi}_{\mathrm{w}}^{(0)}\boldsymbol{\sigma}_{\mathrm{w}}^{(0)} + \boldsymbol{\Psi}_{\mathrm{w}}^{(1)}\boldsymbol{\sigma}_{\mathrm{w}}^{(1)} + \cdots + \boldsymbol{\Psi}_{\mathrm{w}}^{(R_{\mathrm{w}}-1)}\boldsymbol{\sigma}_{\mathrm{w}}^{(R_{\mathrm{w}}-1)}) \tag{5-40}$$

5.5.2　分别重建

利用描述目标和墙体回波的模型,得到场景的稀疏重建方法。首先,描述一种简单的方法,分别对墙体和目标图像进行重建。

对于 CS 多径利用,可以应用式(5-28)。该方法被应用两次:首先重建目标场景模型式(5-25);然后使用模型(5-40)重建墙体。从测量值 $\bar{\boldsymbol{y}}_{\mathrm{FD}}$ 可以重建两个图像($\boldsymbol{\sigma}$ 和 $\boldsymbol{\sigma}_{\omega}$),分别描述目标和墙体。请注意,这两个重建是独立的,因为没有使用来自墙体图像的信息来得到目标图像,反之亦然。

5.5.3　联合组稀疏重建

更复杂的重建方法基于接收到的是墙体和目标回波的叠加。如前所述,墙体和目标图像应该被联合重建[24]。为此,使用了类似 5.4.2 节所述的组稀疏方法。首先,结合墙体和目标模型(5-25)和(5-40),得到

$$\bar{\boldsymbol{y}}_{\mathrm{FD}} = \boldsymbol{\Phi}_{\mathrm{FD}}\tilde{\boldsymbol{\Psi}}_j\tilde{\boldsymbol{\sigma}}_j \tag{5-41}$$

式中:向量 $\tilde{\boldsymbol{\sigma}}_j \in C^{N_xN_y(R+R_\omega)\times 1}$ 通过堆叠感兴趣场景的所有向量得到,即

$$\tilde{\boldsymbol{\sigma}}_j = [(\boldsymbol{\sigma}^{(0)})^{\mathrm{T}} \quad \cdots \quad (\boldsymbol{\sigma}^{(R-1)})^{\mathrm{T}} \quad (\boldsymbol{\sigma}_{\omega}^{(0)})^{\mathrm{T}} \quad \cdots \quad (\boldsymbol{\sigma}_{\omega}^{(R-1)})^{\mathrm{T}}]^{\mathrm{T}} \tag{5-42}$$

然后,新的测量矩阵具有如下形式:

$$\tilde{\boldsymbol{\Psi}}_j = [\boldsymbol{\Psi}_{\mathrm{FD}}^{(0)}\boldsymbol{\Psi}_{\mathrm{FD}}^{(1)}\cdots\boldsymbol{\Psi}_{\mathrm{FD}}^{(R-1)}\boldsymbol{\Psi}_{\omega}^{(0)}\boldsymbol{\Psi}_{\omega}^{(1)}\cdots\boldsymbol{\Psi}_{\omega}^{(R-1)}] \in \mathbb{C}^{MN\times N_xN_y(R+R_\omega)} \tag{5-43}$$

基于式(5-41)~式(5-43)给出的上述高维联合模型,可以使用群稀疏正则化给出重建问题。凸优化问题与式(5-28)中的相同:

$$\hat{\tilde{\boldsymbol{s}}}_j = \arg\min_{\tilde{s}_j}\frac{1}{2}\|\bar{\boldsymbol{y}}_{\mathrm{FD}} - \boldsymbol{\Phi}_{\mathrm{FD}}\tilde{\boldsymbol{\Psi}}_j\tilde{\boldsymbol{s}}_j\|_2^2 + \lambda\rho_j(\tilde{\boldsymbol{s}}_j) \tag{5-44}$$

其中

$$\begin{aligned}\rho_j(\tilde{\boldsymbol{s}}_j) := &\sum_{p=0}^{N_xN_y-1}\|[\boldsymbol{\sigma}_p^{(0)},\boldsymbol{\sigma}_p^{(1)},\cdots,\boldsymbol{\sigma}_p^{(R-1)}]^{\mathrm{T}}\|_2 \\ &+\sum_{p=0}^{N_xN_y-1}\|[\boldsymbol{\sigma}_{\omega,p}^{(0)},\boldsymbol{\sigma}_{\omega,p}^{(1)},\cdots,\boldsymbol{\sigma}_{\omega,p}^{(R-1)}]^{\mathrm{T}}\|_2\end{aligned} \tag{5-45}$$

请注意,式(5-45)中的正则项与仅考虑目标时的情况不同。这仍然是针对目标的组稀疏问题,正如正则项的第一部分反映的那样。所有墙体的子图像表现应相同,因为所有混响都源自同一真实墙体。然而,墙体和目标子图像之间不希望出现关联。因此,为了实现分离其各自回波信号的目的,两者通过单独的项进行正则化。在建模重建问题时,使用单一的正则化参数 λ 来调节解的稀疏

度。在式(5-45)中的两个部分引入独立的参数可以改善重建结果。然而,它加剧了正则化参数的正确选择问题,其对于性能至关重要。已有文献提出了基于交叉验证的方法来找出正则化参数的良好估计[16]。

还注意到,在式(5-41)中,测量或字典矩阵被扩展为包括所有可能路径的目标和墙体的原子。使用这个字典,$\bar{\boldsymbol{y}}$ 中的墙体和目标的贡献可以用稀疏的方式进行表达。然而,由于墙体和目标测量矩阵非常相似,它们的列之间可能存在相当大的相干性。这可能会对重建产生不利影响,因为墙体和目标的贡献可能无法完全分开。这两个模型的互相关性的详细的研究可以在文献[24]中找到。

为了获得最终的图像,式(5-44)的结果必须进行累积。如5.4节所述,非相干组合再次被使用。然而,应该获得两幅独立的图像,即墙体和目标图像。因此,对于目标图像 $\hat{\hat{\boldsymbol{\sigma}}}_{\mathrm{GS}}$ 和墙体图像 $\hat{\hat{\boldsymbol{\sigma}}}_{\mathrm{GS},\omega}$ 分别进行非相干组合。

5.5.4 示例

最后,给出了一些目标与墙体一起重建的示例结果。使用与静态目标情况相同的雷达设置和房间布局。前壁的回波包括混响被考虑进来。

5.5.4.1 仿真结果

首先,对于墙体模型,仿真了总共具有 $R_\omega=4$ 条传播路径的接收信号,假设墙体直达响应比目标回波强6dB。然后,墙体内混响对墙体回波产生8dB的衰减。SNR=0的加性高斯白噪声加到仿真测量值中。使用所有测量的波束形成结果如图5-13(a)所示。可以清楚地看到,前两个墙体的回波位于前壁的内外表面。然而,高阶回波出现在房间内,并可能掩盖对应位置上的目标。

1/4阵元和1/4的频点测量值用于CS重建。对应的100次蒙特卡罗运行的结果平均以后显示在图5-13(b)~(e)中。利用多径的独立墙体和目标图像重建如图5-13(b),(c)所示。目标得到了重建,并且虚影目标被很好地抑制。然而,墙体响应在目标的图像中被显示出来,因为它被视为目标响应。在重建之前采用墙体消除方案可以显著改善这一结果。文献[21]已经讨论了各种基于CS的墙体消除方法。采用5.5.3节所述的联合组稀疏CS重建,得到了两个目标非常干净的重建结果(图5-13(d))。通过这种重建方法,虚影目标和墙体回波都被很好地抑制了。

独立和联合组稀疏CS对墙体的重建结构非常相似,如图5-13(c),(e)所示。墙体响应出现在孤立的像素中,大致对齐为两行。请注意,对应于从墙体背面返回的第一个混响视为有效的目标而不是多径回波。因此,在重建墙体图像中它作为第二行变得可见。

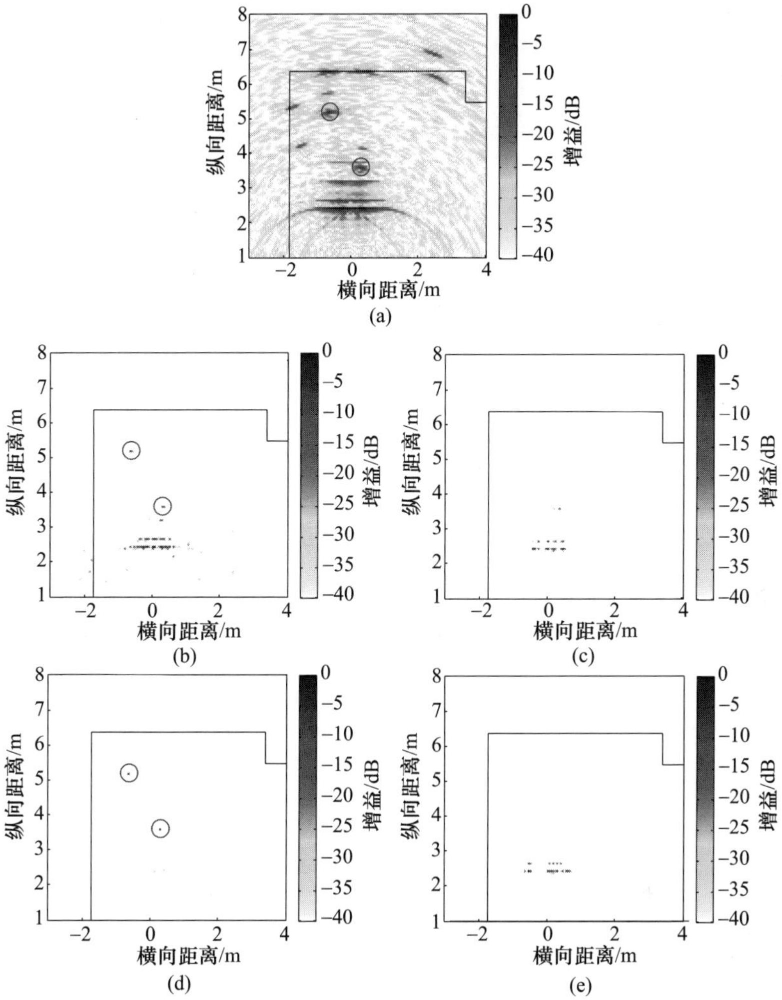

图 5 - 13　不同算法对包括墙体响应的仿真场景的成像结果(1/4 的阵元和频点用于稀疏重建)
(a)常规 DSBF；(b)独立 CS 重建,目标；(c)独立 CS 重建,墙壁；
(d)联合组稀疏重建,目标；(e)联合组稀疏重建,墙壁。

5.5.4.2　实验结果

最后,给出实验数据的重建结果。使用之前描述的单个铝管的测量场景,但不进行背景消除。原始数据受天线不匹配的影响,在频域上使用汉明窗来减轻这种影响。此外,去掉所有前壁前面和远离后墙的回波以进一步清理数据。这些样本不可能包含任何目标或墙体信息,而只能使重建的图像失真。

图 5 -9(a)描绘使用所有可用数据的波束形成图像。对比仿真,墙体响应比目标强大约 15dB。墙体前、后表面的响应清晰可见。此外,可以识别出经过

房间后壁的多径传播。因此,在 CS 重建算法中,只考虑直达路径和经过后壁的一条多径。1/4 的阵元和 1/2 的频点用于重建。图 5-14(b)和图 5-14(c)显示了独立的目标和墙体场景 CS 重建结果,联合组稀疏 CS 方法的结果如图 5-14(d),(e)所示。后者获得了一个更清晰的目标图像,其超过前壁的杂波像素点较少。然而,这两种方法都不能令人满意地分离墙体和目标。此外,墙体图像重建性能不佳,因为不能清楚地识别墙体的正面和背面。

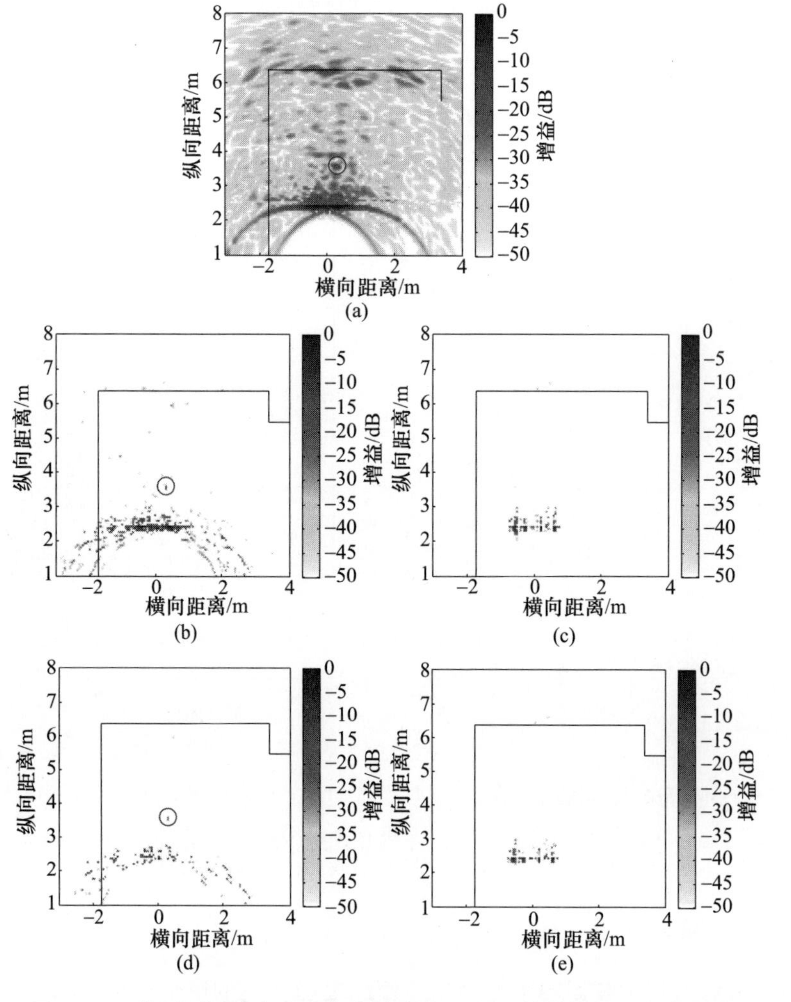

图 5-14 使用不同算法不进行背景消除时对 AI 管道场景的成像结果,
(a)中显示了使用所有测量值的常规 DSBF 重建,其他图使用 1/4 阵元和 1/2 频率测量进行 CS 重建
(a)传统 DSBF;(b)独立 CS 重建,目标;(c)独立 CS 重建,墙壁;
(d)联合组稀疏重建,目标;(e)联合组稀疏重建,墙壁。

分离墙体和目标响应的能力受限可归因于两个方面。第一,由于天线严重失配,导致旁瓣泄露。这部分信号没有被建模,因此有损于 CS 重建。第二,前壁是通过堆放固体混凝土块构成,而没有进行任何砂浆或石膏填充,导致墙壁具有空气间隙,表面不光滑。因此,与前壁的均匀性和镜面反射的假设冲突。这导致墙体模型失配,使得墙体严重地“泄露”进目标图像。

5.6 总　　结

本章概述了在 TWRI 中处理多径传播效应的几种 CS 方法。给出了镜面多径以及前壁内多重反射的一般模型。该模型可使得在接收信号中包含进多径回波。使用 CS,可以将模型进行转换以便在多径回波中利用额外的能量来重建稀疏的地面真实情况。

然后又处理了各种不同的情况:首先,考虑了没有前壁回波的静态场景。已经表明,由镜面多径和墙体振铃导致的虚影目标可以被抑制,从而得到清晰的图像。其次,给出了对静止和移动目标的扩展。使用类似的方法,具有非静止目标的场景也可以获取多径利用的好处。最后,将前壁回波包含入静止场景的传播模型中。利用这些信息,可以对前壁和目标的响应进行分离。因此,可以获得具有较少墙体杂波的更干净的目标图像以及对墙体本身的重建。本章采用仿真和实验数据说明了所有这三种情况的性能。

致　　谢

感谢宾夕法尼亚州维拉诺瓦维拉诺瓦大学先进通信中心的 Moeness Amin 博士和 Fauzia Ahmad 博士进行的丰富的讨论和提供的实验数据。

参考文献

1. F. Ahmad and M.G. Amin. Through-the-wall human motion indication using sparsity-driven change detection. *IEEE Transactions on Geoscience and Remote Sensing*, 51(2):881–890, February 2013.
2. F. Ahmad and M.G. Amin. Multi-location wideband synthetic aperture imaging for urban sensing applications. *Journal of the Franklin Institute*, 345(6):618–639, September 2008.
3. F. Ahmad and M.G. Amin. Partially sparse reconstruction of behind-the-wall-scenes. In *Proceedings SPIE Symposium on Defense, Security, and Sensing, Compressive Sensing Conference*, Vol. 8365, Baltimore, MD, April 2012.
4. F. Ahmad, M.G. Amin, and S.A. Kassam. A beamforming approach to stepped-frequency synthetic aperture through-the-wall radar imaging. In *Proceedings of the IEEE First International Workshop on Computational Advances in Multi-Sensor Adaptive Processing*, Puerto Vallarta, Mexico, December 2005.

5. F. Ahmad, G.J. Frazer, S.A. Kassam, and M.G. Amin. Design and implementation of near-field, wideband synthetic aperture beamformers. *IEEE Transactions on Aerospace and Electronic Systems*, 40(1):206–220, January 2004.
6. M. Amin, F. Ahmad, and Wenji Zhang. A compressive sensing approach to moving target indication for urban sensing. In *IEEE Radar Conference (RADAR)*, pp. 509–512, Kansas City, MO, May 2011.
7. M.G. Amin and F. Ahmad. Change detection analysis of humans moving behind walls. *IEEE Transactions on Aerospace and Electronic Systems*, 49(3):1410–1425, July 2013.
8. C.A. Balanis. *Advanced Engineering Electromagnetics*. Wiley, New York, 1989.
9. R.G. Baraniuk, V. Cevher, M.F. Duarte, and Chinmay Hegde. Model-based compressive sensing. *IEEE Transactions on Information Theory*, 56:1982–2001, April 2010.
10. R.J. Burkholder. Electromagnetic models for exploiting multi-path propagation in through-wall radar imaging. In *International Conference on Electromagnetics in Advanced Applications*, pp. 572–575, Torino, Italy, September 2009.
11. M. Dehmollaian and K. Sarabandi. Refocusing through building walls using synthetic aperture radar. *IEEE Transactions on Geoscience and Remote Sensing*, 46(6):1589–1599, 2008.
12. W. Deng, W. Yin, and Y. Zhang. Group sparse optimization by alternating direction method. *Proceedings of SPIE 8858*, Wavelets and Sparsity XV, 88580R, September 26, 2013.
13. T. Dogaru and C. Le. SAR images of rooms and buildings based on FDTD computer models. *IEEE Transactions on Geoscience and Remote Sensing*, 47(5):1388–1401, May 2009.
14. Y.C. Eldar, P. Kuppinger, and H. Bolcskei. Block-sparse signals: Uncertainty relations and efficient recovery. *IEEE Transactions on Signal Processing*, 58(6):3042–3054, June 2010.
15. G. Gennarelli and F. Soldovieri. A linear inverse scattering algorithm for radar imaging in multipath environments. *IEEE Geoscience and Remote Sensing Letters*, 10(5):1085–1089, September 2013.
16. A.C. Gurbuz, J.H. McClellan, and W.R. Scott. A compressive sensing data acquisition and imaging method for stepped frequency GPRs. *IEEE Transactions on Signal Processing*, 57(7):2640–2650, July 2009.
17. A.C. Gurbuz, J.H. McClellan, and W.R. Scott. Compressive sensing for subsurface imaging using ground penetrating radar. *Signal Processing*, 89(10):1959–1972, October 2009.
18. A.M. Haimovich, R.S. Blum, and L.J. Cimini. MIMO radar with widely separated antennas. *IEEE Signal Processing Magazine*, 25(1):116–129, 2008.
19. A. Karousos, G. Koutitas, and C. Tzaras. Transmission and reflection coefficients in time-domain for a dielectric slab for UWB signals. In *IEEE Vehicular Technology Conference*, pp 455–458, Singapore, May 2008.
20. S. Kidera, T. Sakamoto, and T. Sato. Extended imaging algorithm based on aperture synthesis with double-scattered waves for UWB radars. *IEEE Transactions on Geoscience and Remote Sensing*, 49(12):5128–5139, December 2011.
21. E. Lagunas, M. G. Amin, F. Ahmad, and M. Najar. Joint wall mitigation and compressive sensing for indoor image reconstruction. *IEEE Transactions on Geoscience and Remote Sensing*, 51(2):891–906, February 2013.
22. M. Leigsnering, F. Ahmad, M.G. Amin, and A.M. Zoubir. Compressive sens-

ing based specular multipath exploitation for through-the-wall radar imaging. In *IEEE International Conference on Acoustics, Speech, and Signal Processing (ICASSP)*, Vancouver, British Columbia, Canada, May 2013.
23. M. Leigsnering, F. Ahmad, M.G. Amin, and A.M. Zoubir. General MIMO framework for multipath exploitation in through-the-wall radar imaging. In *International Workshop on Compressed Sensing Applied to Radar (CoSeRa)*, Bonn, Germany, September 2013.
24. M. Leigsnering, F. Ahmad, M.G. Amin, and A.M. Zoubir. Multipath exploitation in through-the-wall radar imaging using sparse reconstruction. *IEEE Transactions on Aerospace and Electronic Systems*, 50(2), April 2014. http://ieee-aess.org/publications/upcoming-transactions/all.
25. M. Leigsnering, C. Debes, and A.M. Zoubir. Compressive sensing in through-the-wall radar imaging. In *IEEE International Conference on Acoustics, Speech and Signal Processing (ICASSP)*, Prague, Czech Republic, May 2011.
26. M. Leigsnering, F. Ahmad, M.G. Amin, and A.M. Zoubir. CS based wall ringing and reverberation mitigation for through-the-wall radar imaging. In *IEEE Radar Conference (RADAR)*, Ottawa, Ontario Canada, April 2013.
27. J. Li and P. Stoica. MIMO radar with colocated antennas. *IEEE Signal Processing Magazine*, 24(5):106–114, September 2007.
28. J. Moulton, S. Kassam, F. Ahmad, M. Amin, and K. Yemelyanov. Target and change detection in synthetic aperture radar sensing of urban structures. In *IEEE Radar Conference (RADAR)*, Rome, Italy, May 2008.
29. J. Qian, F. Ahmad, and M.G. Amin. Joint localization of stationary and moving targets behind walls using sparse scene recovery. *Journal of Electronic Imaging*, 22(2):021002, June 2013.
30. M. A. Richards, J.A. Scheer, and W.A. Holm, editors. *Principles of Modern Radar: Basic Principles*. SciTech Publishing, Raleigh, NC, 2010.
31. P. Setlur, G. Alli, and L. Nuzzo. Multipath exploitation in through-wall radar imaging via point spread functions. *IEEE Transactions on Image Processing*, PP(99):1–1, 2013.
32. P. Setlur, M. Amin, and F. Ahmad. Multipath model and exploitation in through-the-wall and urban radar sensing. *IEEE Transactions on Geoscience and Remote Sensing*, 49(10):4021–4034, October 2011.
33. M. Soumekh. *Synthetic Aperture Radar Signal Processing with MATLAB Algorithms*. John Wiley and Sons, New York, 1999.
34. C. Thajudeen, A. Hoorfar, F. Ahmad, and T. Dogaru. Measured complex permittivity of walls with different hydration levels and the effect on power estimation of TWRI target returns. *Progress in Electromagnetic Research B*, 30: 177–199, 2011.
35. F.H.C. Tivive, M.G. Amin, and A. Bouzerdoum. Wall clutter mitigation based on eigen-analysis in through-the-wall radar imaging. In *Proceedings 17th International Conference on Digital Signal Processing (DSP)*, pp 1–8, Corfu, Greece, July 2011.
36. F.H.C. Tivive, A. Bouzerdoum, and M.G. Amin. An SVD-based approach for mitigating wall reflections in through-the-wall radar imaging. In *IEEE Radar Conference (RADAR)*, pp. 519–524, Kansas City, MO, May 2011.
37. S.J. Wright, R.D. Nowak, and M.A.T. Figueiredo. Sparse reconstruction by separable approximation. *IEEE Transactions on Signal Processing*, 57(7):2479–2493, July 2009.
38. Y.-S. Yoon and M.G. Amin. Compressed sensing technique for high-resolution

radar imaging. In *Proceedings of SPIE Signal Processing, Sensor Fusion, and Target Recognition XVII*, volume 6968, p. 69681A, Orlando, FL, March 2008.
39. Y.-S. Yoon and M.G. Amin. Spatial filtering for wall-clutter mitigation in through-the-wall radar imaging. *IEEE Transactions on Geoscience and Remote Sensing*, 47(9):3192 –3208, September 2009.
40. Y. Yu, A.P. Petropulu, and H.V. Poor. MIMO radar using compressive sampling. *IEEE Journal of Selected Topics in Signal Processing*, 4(1):146–163, February 2010.
41. Y. Yu, A.P. Petropulu, and H.V. Poor. Power allocation for CS-based colocated MIMO radar systems. In *IEEE Sensor Array and Multichannel Signal Processing Workshop (SAM)*, pp. 217–220, Hoboken, NJ, June 2012.
42. M. Yuan and Y. Lin. Model selection and estimation in regression with grouped variables. *Journal of the Royal Statistical Society, Series B*, 68(1):49–67, December 2006.
43. W. Zheng, Z. Zhao, and Z.-P. Nie. Application of TRM in the UWB through wall radar. *Progress in Electromagnetics Research*, 87:279–296, 2008.

第6章 距离高分辨率城市目标成像之测量核函数设计

Nathan A. Goodman、Yujie Gu 和 Junhyeong Bae

城市应用环境中探测的目标通常是一些较小尺寸的目标,例如椅子、桌子、门,以及一些潜在的如手持武器等禁运品。因此,实现对这些目标的高分辨率成像要求雷达具有极大的带宽和天线孔径。通常获得大带宽的方式是用瞬时带宽较小的窄带信号通过扫频或者步进的方式实现一段时间内的大带宽。另外,一些现实场景下需要实现相对快速的数据收集和获取瞬时大带宽信号,从而使得高速模/数(A/D)转换或压缩采样、欠奈奎斯特采样成为必要。本章将讲述瞬时宽带信号的欠奈奎斯特采样,其目标是要实现用于城市小目标成像和分类的模拟压缩核函数的优化。混合高斯模型将用于表征一大类目标的先验信息,同时适用于基于梯度的核函数优化和城市场景先验知识推断。基于时域有限差分获取的目标信息将用于模型训练。此外,干扰目标,如雷达和感兴趣目标间的墙体等也会被考虑在优化过程中。核函数优化后的压缩采样的性能会与随机压缩采样及降带宽信号的奈奎斯特采样的性能进行比较。

6.1 引　言

传统雷达应用场景中感兴趣的目标是诸如卡车、坦克和飞机等的大型装备。这些装备的最相邻散射中心通常相隔几米,因此数十兆赫兹量级的带宽足够在距离单元上对这些目标的散射中心进行分辨。然而,城市场景应用中的雷达通常是针对一些较小尺寸的目标,如椅子、桌子、门,以及一些潜在的如手持武器等的禁运品。通常这些目标最大的尺寸不超过1m,甚至最小的尺寸为数厘米。要想获得这些目标的高分辨率距离像,需要信号具有吉赫兹量级的带宽。例如,对于一支长度为1m、宽度为几厘米的来复枪,当雷达波从正侧面入射时,雷达系统至少需要数吉赫的带宽才可能分辨目标上的散射中心。当雷达波从与正侧面

30°方向入射时,雷达系统也需要 500MHz 的带宽才能在距离上分辨出来福枪的散射中心。

为了获得如此大的带宽,通常需要线性调频信号(LFM)波形或步进频率信号。这些信号通过在时间维对频率进行编码和去斜处理[1]或频率序贯采样(步进频率信号)降低对模/数转换器(ADC)高速率的要求。换句话说,虽然 LFM 和步进频率信号都是瞬时窄带信号,但它们通过时间积累形成大的带宽。因此,采用这些信号获取大带宽时需要增加采样时间,潜在导致严重的盲区,可能并不适用于城市环境。例如,发射带宽为 1GHz 的 LFM 信号,仅当 LFM 脉冲宽度至少是目标长度跨越时间的 10 倍时,通过去斜处理,信号可以以 100MHz 的采样速率进行数字化。假设有一个长度为 20m 的中等尺寸的目标,其所需要的脉冲宽度约为 1.3μs,即对应 200m 的盲区范围。在城市环境中,感兴趣的场景距离会很接近 200m,导致场景被雷达盲区所遮挡。

另外一种选择是使用瞬时宽带波形,如宽带脉冲或相位编码信号,但奈奎斯特采样定理要求以整个带宽进行模数转换。但是,目前能以吉赫兹进行模数转换的器件非常昂贵,并且相比在兆赫兹进行模数转换消耗多得多的能量。

本章介绍以 CS 的方式来缓解上述用于城市环境的宽带雷达系统的问题。CS 在欠奈奎斯特采样率情形下具有在脉冲雷达系统中实现大带宽的潜力。入射到压缩雷达接收机中的宽带雷达信号中包含的固有信息以及 CS 准则表明,如果感兴趣的信号具有稀疏表示,那么信息可以通过欠奈奎斯特采样被保留。但是,在压缩测量核函数的选择和后续的信号处理中采取了略微不同的方法。通过一组城市目标的训练数据将先验知识注入问题中。目标中某些是普通目标(如椅子),而另一些目标是潜在的违禁品(如突击步枪)。这些目标预期的高分辨率距离(HRR)像是可压缩的,而不是严格稀疏的。将不同角度下的 HRR 模板作为训练数据来学习感兴趣信号的概率密度函数(pdf)的高斯混合近似。我们给出了一种使用高斯混合 pdf 优化 CS 测量核函数和从压缩采样数据获得 HRR 像的最小均方误差(MMSE)方法。对于高斯混合 pdf,该 MMSE 估计量有封闭表达式,并且本章中提出的所有结果是通过 MMSE 估计而不是与 CS 密切相关的稀疏重建方法得到的。因此,本章的重点是欠奈奎斯特数据采集方法,以及将这些方法与可由低秩高斯分量混合建模的可压缩信号的先验 pdf 进行关联。

在本章中,首先描述压缩接收机的一般结构,包括可行的测量核函数约束。其次介绍采用的信号和目标模型,并用高斯混合 pdf 拟合了一个通过电磁建模获得的 HRR 像训练库。然后描述互信息准则下接收机测量核函数的优化方法,并将其应用于高斯混合 pdf。最后对优化的核函数的 HRR 成像性能进行评估,并与利用随机测量核函数和窄带信号的奈奎斯特采样进行对比。

6.2　欠奈奎斯特采样的实现、模型和约束

本章所使用的欠奈奎斯特采样结构是文献[2-3]中所提出的几种欠奈奎斯特结构的基本构成单元。一般来说，这些结构将含噪声的输入模拟信号 $f(t)$ 与作为测量核函数的另一个模拟信号 $\phi(t)$ 相乘，如图 6-1 所示。乘法运算对期望信号进行了时变调制，在频域表现为创建了信号的多个重叠移位副本。乘法运算之后，在 ADC 降采样之前，产生的信号通过积分器或低通滤波器完成投影运算。

当测量核函数是伪随机二进制序列时，该结构通常称为随机解调器[2]。将期望的信号分割成多个分支，采用不同周期测量核函数对每个分支进行如图 6-1中的采样，这种结构称为调制宽带转换器[3]。甚至可以将信号分成多个分支，对每个分支乘以不同的子载波，这种情况下接收机可获得整个信号带宽范围内的窄带子集数据[4]。

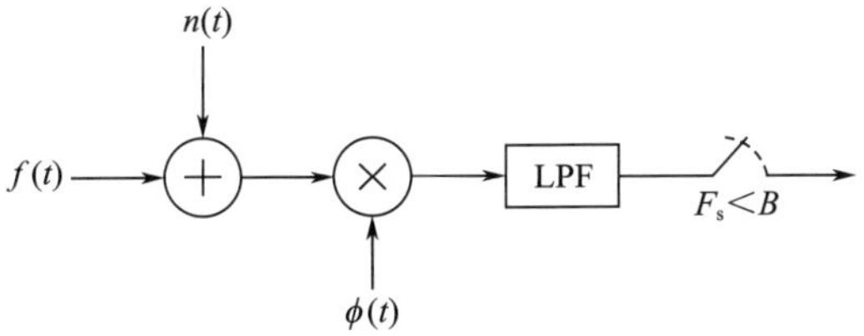

图 6-1　单分支欠奈奎斯特采样结构

6.2.1　欠奈奎斯特采样实现

图 6-2 所示为由一个现场可编程控制门阵列（FPGA）控制的更具体的实现图，其中测量核函数是任意的，由数/模转换器（DAC）产生。FPGA 为 ADC 完成数据处理、对后续将介绍的感知核函数进行优化计算、将核函数加载入 DAC，并且可以完成成像计算。上下变频环节可以灵活地看成射频到中频（IF）或射频到基带环节。此外，接收机可以具有第二种结构，用于正交解调后的信号，或者使多个分支并行运行[5]。因为测量核函数具有与被采集的信号相近的带宽，所以模拟乘法器必须能够处理两个宽带信号。因为常规混频器通常有一个为特定功率的窄带单频信号设计的振荡器端口，所以简单的微波混频器可能不能满足要求。此外，模拟乘法器的输出信号带宽会大于两个输入信号中任意一个。

作为考虑了带宽和一些其他系统因素的示例，考虑下变频输出是以 1.5GHz 为中心频率、带宽为 1GHz 的中频信号（考虑硬件要求，中频中心频率必须大于信号带宽，所以不可能直接将中频信号搬移到 0～1GHz）。该中频信号的频谱

如图 6-3(a)所示。一般来说,测量核函数具有连续谱,但是为了简化讨论,假设测量核函数由如图 6-3(b)所示的三个单频组成。信号与测量核函数在时域上相乘,相当于在频域卷积。如图 6-3(c)所示,根据卷积,测量核函数的每一个单频信号产生一个平移和尺度变化了的期望信号。图 6-3(c)对单频信号产生的信号用颜色进行了标注,并且其线型与图 6-3(b)中对应的单频信号相同。单频信号产生的信号幅度也根据单频信号的相对幅度进行了改变。时域相乘之后,产生的基带信号具有 2GHz 的(双边)带宽,是信号和测量核函数的带宽之和。因此,接收机中的模拟乘法器组件必须能够接收两个任意宽带信号,并产生更大带宽的输出信号。

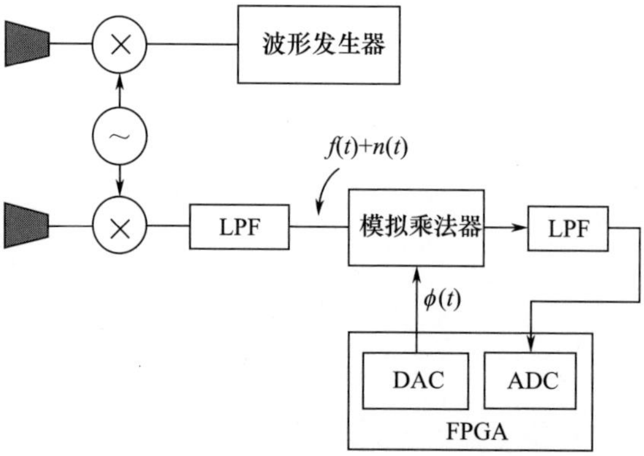

图 6-2　具有任意测量核函数的压缩射频接收机的实现

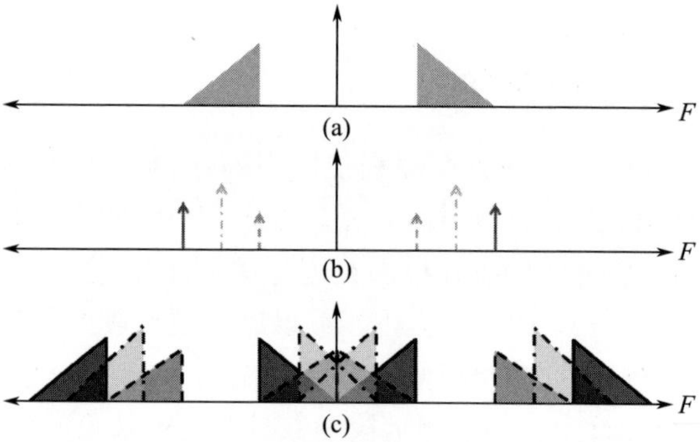

图 6-3　信号和测量核函数的频域卷积(见彩图)

(a)原始信号的频谱;(b)测量核函数的频谱;(c)信号和测量核函数的时域乘积后的频谱。

相乘后得到的信号通过低通滤波器,然后进行采样。当用欠奈奎斯特率采样时,低通滤波器的截止频率远低于图 6-3(c)所示的基带频谱。根据之前给出的示例数据,原始信号的带宽为 1GHz,而相乘后的信号具有 2GHz 的带宽(-1 ~ +1GHz)。如果预期的采样速率如为 100MHz,那么低通滤波器应去除

50MHz 以上的所有频率。这样,不仅大部分信号的能量被消除,而且根据卷积过程中的位移和尺度变化,可以看到原始频谱的不同部分会被保留下来。我们的目标是,通过精心设计的频谱混叠保留原始频谱的所有信息。因此,测量核函数的带宽应该与原始信号带宽大致相同,否则仅会有一小部分原始带宽被保留。例如,如果测量核函数是只由图 6-3(b)中的单频信号组成,那么只有原始频谱中心的小部分信号被保留。如图 6-3 所示,最高频率的单频信号负责将原始信号的最高频率移动到采样带宽内,而最低频率的单频信号则负责将原始信号的最低频率移到采样带宽内。将其扩展到任意的一个核函数和多采样情况,我们观察到每个数据样本都是在采样带宽内原始频谱的唯一编码结果(位移和尺度变化后的频谱的唯一叠加),这使得信号的稀疏性或其他先验结构信息可用于有效地重建原始信号。

6.2.2 功率和成本优势

图 6-2 所示的压缩接收机结构引入了传统接收器设计中不需要的额外硬件操作。因此,有必要考虑压缩结构产生的系统相对高奈奎斯特采样率接收机的好处。这一分析的最终结论取决于特定的工作频率和带宽、ADC 中所需的有效位数、可满足的功率以及成本预算。初步计算表明,在一般情况下,压缩接收极有可能节省大量的功率及成本。这些节省量是因为大带宽的 DAC 与相同带宽的 ADC 相比,成本低,耗能少。例如,考虑一部雷达系统的瞬时带宽为 1GHz,中心频率为 500MHz,则信号频谱为 0 ~ 1GHz(如前面提到的,以虽然得到具有这种频谱的信号对于实际硬件来说十分困难,但是这种假设可以使分析更简单,并有利于传统非压缩系统)。对该信号直接采样的采样速率至少要为 2GS/s。压缩接收机需要一个工作速率也为 2GS/s 的 DAC、一个模拟乘法器,以及一个降速率的 A/D 转换器。假设压缩比(CR)为 10,压缩接收机的 ADC 的工作速率将达到 200MS/s。考虑当前的商业器件,压缩接收机中额外的 DAC 估计将增加约 1W 的功率和约 100 美元的额外成本。模拟乘法器估计将增加约 0.7W 的功率和不超过 50 美元的额外成本。另外,与 2GS/s、12 位 ADC 的功耗和费用相比,200MS/s、12 位 ADC 的功耗降低了近 5W,成本降低了接近 2000 美元。综合考虑,压缩系统可节省 3W 的功耗和超过 1500 美元的成本。虽然我们没有考虑数据吞吐量或实时处理要求,但是该分析表明了欠奈奎斯特采样的潜在优势。此外,随着 ADC 技术的进步,以上分析结果的绝对数值会改变,但是可以预测,在当前 ADC 技术性能/成本曲线"拐点"上的宽带雷达系统仍将继续受益。只要在产生宽带信号时,DAC 比相同工作速率的 ADC 具有更低的成本和功耗,那么 CS 就为系统设计带来了新的而有趣的自由度。

6.2.3 预投影加性噪声测量模型

本章中使用的欠奈奎斯特测量模型可以从图 6－1 中得到。假设从雷达接收机的接收天线观察到一个有限持续时间的近似带限信号。为了验证本章提出的数学推导和仿真，假设存在一个复基带模型，其携带信息的信号 $f(t)$ 的频谱范围为 $-B/2<F<B/2$。一旦信号到达天线终端、传输线或其他电子元件，信号就会被加性接收噪声污染。另外，噪声项 $n(t)$ 也可包括外部干扰，如地面杂波的反射或外部干扰。将噪声信号建模为零均值、复值的、自相关函数为 $C_{nn}(\Delta t)$ 的广义平稳高斯随机过程。

受噪声污染的信号与测量核函数 $\phi(t)$ 相乘，结果为 $r(t)=\phi(t)[f(t)+n(t)]$，其作为低通滤波器的输入。用 $h(t)$ 表示滤波器的冲激响应，则滤波器输出为

$$y(t)=\int\phi(\gamma)[f(\gamma)+n(\gamma)]h(t-\gamma)\mathrm{d}\gamma \tag{6-1}$$

接着，用 ADC 对低通滤波器的输出进行采样，采样间隔 $T_s=1/F_s$。如果从 $t=T_i$ 时刻起采样得到了 M 个数据样本，那么第 m 次采样的时刻为 $t_m=T_i+(m-1)T_s(0\leqslant m\leqslant M-1)$。记第 m 个采样为 $y_m=y(t_m)$，有

$$y_m=y(t_m)=\int\phi(\gamma)[f(\gamma)+n(\gamma)]h(T_i+(m-1)T_s-\gamma)\mathrm{d}\gamma \tag{6-2}$$

式(6－2)描述的测量模型可以得到许多有趣的观察结果。第一个得到的观察是低通滤波器是因果的，并且具有有限持续时间冲激响应。令冲激响应时间为 T_h，并假设脉冲响应从 $t=0$ 开始，则积分的上、下限可以确定为

$$y_m=y(t_m)=\int_{t_m-T_h}^{t_m}\phi(\gamma)[f(\gamma)+n(\gamma)]h(T_i+(m-1)T_s-\gamma)\mathrm{d}\gamma \tag{6-3}$$

式(6－3)表明第 m 个数据样本只是模拟乘法器在最近的 T_h 内而不是在输入信号的整个持续时间内的输出结果。冲激响应对噪声信号和测量核函数引入了一种由卷积运算产生的滑动窗口效应。如果冲激响应持续时间 T_h 大于采样间隔 T_s，那么对相邻采样的部分贡献是相同的。如果 $T_h\leqslant T_s$，那么每一个采样数据将来自唯一且间隔不重叠的输入信号。

第二个观察是测量核函数 $\phi(t)$ 的相对尺度变化对 SNR 没有影响。因为噪声是在与测量核函数相乘之前加进去的，因此核函数对期望信号和加性噪声产生相同影响。第三，不能从重复或相关的测量核函数中获取有用信息。在 CS 的某些实际应用中，场或信号可以在用传输线携带这些信号之前完成压缩处理，正确的模型应在信号压缩之后再加噪声。在这种情况下，由于重复测量具有独立加性噪声的信号可以有效提高 SNR，因此多次重复测量是有益的。但是，在预投影噪声模型中无法如此进行，因为重复测量将产生相同的信号值和噪声值，

进而产生相同的测量。因此,不同数据样本的测量核函数应该是正交的,以使它们的作用最大化。定义第 m 个测量核函数为

$$\phi_m(t)=\begin{cases}\phi(t), & t_m-T_\mathrm{h}\leqslant t\leqslant t_m\\0, & \text{其他}\end{cases} \tag{6-4}$$

第 m 个测量可以表示为

$$y_m=y(t_m)=\int_{-\infty}^{\infty}\phi_m(\gamma)[f(\gamma)+n(\gamma)]h(T_i+(m-1)T_\mathrm{s}-\gamma)\mathrm{d}\gamma \tag{6-5}$$

对于正交核函数,要求

$$\int_{-\infty}^{\infty}\phi_m(t)\phi_l^*(t)\mathrm{d}t=0 \tag{6-6}$$

对 $m\neq l$ 成立。当 $T_\mathrm{h}\leqslant T_\mathrm{s}$,不同测量核函数在时间上是不重叠的,且可保证满足式(6-6)。当 $T_\mathrm{h}>T_\mathrm{s}$时,核函数在一些非零时间间隔内是重叠和相同的,因此不满足式(6-6)。因此,应选择冲激响应持续时间小于欠奈奎斯特采样间隔的低通滤波器。最后,结合这两个关于测量核函数的相对尺度变化和正交性的观测结果,要求测量核函数是正交的,即

$$\int_{-\infty}^{\infty}\phi_m(t)\phi_l^*(t)\mathrm{d}t=\begin{cases}1, m=l\\0, m\neq l\end{cases} \tag{6-7}$$

用这种方式归一化核函数的好处是如果加性噪声是高斯白噪声,即 $C_{nn}(\Delta t)=\sigma_n^2\delta(\Delta t)$,则输出噪声样本也将像具有相同平均噪声功率的输入随机过程一样不相关。虽然正交表示对感知核函数方便进行优化,但是实际的尺度变化和动态范围与实现压缩的硬件的最佳工作参数有关。

6.2.4　矩阵-向量测量模型

为了便于数学表达和处理,将数据采样值组成一个 $M\times 1$ 的向量:

$$\boldsymbol{y}=[y_1\quad y_2\quad\cdots\quad y_M]^\mathrm{T} \tag{6-8}$$

式中:$[\cdot]^\mathrm{T}$为矩阵转置算子。

此外,式(6-5)中的积分运算子可以近似为离散表示的信号和测量核函数之间的向量点积。矩阵-向量表示法的目的是,引入低通滤波器的作用来定义第 m 个测量核函数的向量形式。因此,第 m 个测量核函数是由 $\phi_m(t)h(T_i+(m-1)T_\mathrm{s}-t)$ 的离散表示构成的行向量 $\boldsymbol{\Phi}_m$。

同样,信号和噪声分别由离散化的$f(t)$和$n(t)$构成的向量$\boldsymbol{f}$和$\boldsymbol{n}$来表示,则第 m 个测量值为

$$y_m=\boldsymbol{\Phi}_m(\boldsymbol{f}+\boldsymbol{n}) \tag{6-9}$$

为了使得式(6-9)成为连续时间表示式(6-5)的精确近似,测量核函数、信号和噪声应以远高于奈奎斯特采样频率的速率来表示。此外,由于 $\phi_m(t)f(t)$ 的

带宽将大于任何核函数或信号的带宽,应该有足够高的采样率以避免采样的乘积信号出现混叠。定义测量核函数、信号、噪声的向量表示的长度为 Q,即 $\boldsymbol{\Phi}_m$ 为 $1\times Q$的向量,而 $\boldsymbol{f}$ 和 $\boldsymbol{n}$ 为 $Q\times 1$ 的向量。

完整的测量向量表示为

$$\boldsymbol{y}=\boldsymbol{\Phi}(\boldsymbol{f}+\boldsymbol{n}) \tag{6-10}$$

式中:$\boldsymbol{\Phi}$ 为 $M\times Q$ 的矩阵,即

$$\boldsymbol{\Phi}=\begin{bmatrix}\boldsymbol{\Phi}_1\\ \boldsymbol{\Phi}_2\\ \vdots\\ \boldsymbol{\Phi}_M\end{bmatrix} \tag{6-11}$$

式(6-7)定义的正交核函数要求现在表明传感矩阵 $\boldsymbol{\Phi}$ 是行正交的,式(6-3)中滑动窗结构表明 $\boldsymbol{\Phi}$ 为块对角类型结构。块对角结构是由 T_{h}和 T_{s}的相对值定义的。作为一个示例,在 $T_{\mathrm{h}}=T_{\mathrm{s}}$时,传感矩阵的结构如图 6-4 所示。

式(6-10)的另一个等价表示为

$$\boldsymbol{y}=\boldsymbol{\Phi f}+\boldsymbol{\Phi n}=\boldsymbol{\Phi f}+\tilde{\boldsymbol{n}} \tag{6-12}$$

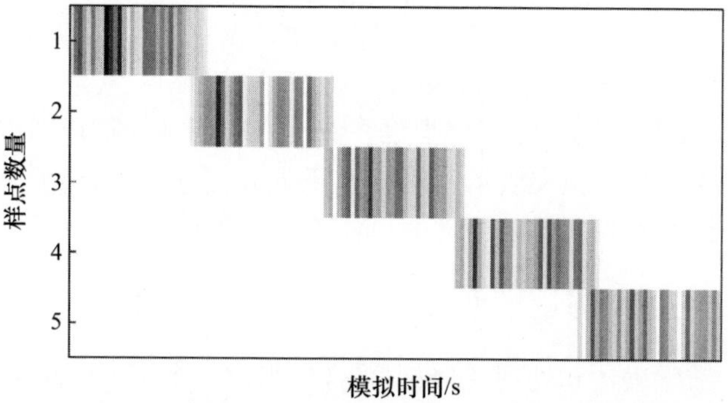

图 6-4　时间采样结构的传感矩阵与硬件实现相一致的示例

定义输入噪声向量 $\boldsymbol{n}$ 的协方差矩阵为 $\boldsymbol{C}_{nn}=E[\boldsymbol{nn}^*]$(噪声随机过程的自相关函数 $\boldsymbol{C}_{nn}(\Delta t)$的矩阵形式),$\tilde{\boldsymbol{n}}$ 的协方差矩阵为

$$\boldsymbol{C}_{\tilde{n}\tilde{n}}=E[\tilde{\boldsymbol{n}}\tilde{\boldsymbol{n}}^*]=\boldsymbol{\Phi C}_{nn}\boldsymbol{\Phi}^* \tag{6-13}$$

式中:$E[\cdot]$为统计期望。

如果输入噪声为白噪声,那么 $\boldsymbol{C}_{nn}=\sigma_n^2\boldsymbol{I}_Q$,再由传感矩阵的正交结构有 $\boldsymbol{C}_{\tilde{n}\tilde{n}}=\sigma_n^2\boldsymbol{I}_M$。式(6-12)的模型似乎与压缩感知文献中的后投影噪声模型一致;然而,这种说法具有误导性,因为后投影噪声向量 $\tilde{\boldsymbol{n}}$ 的统计特性取决于输入噪声的协方差矩阵和传感矩阵的结构。如果直接使用式(6-12)中的模型,很容易得出

一个错误的结论，即噪声与传感矩阵相互独立。即使对于白噪声和正交传感矩阵，预投影和后投影噪声协方差矩阵都是同样的单位矩阵这一特殊情况，式(6-12)中的模型也可能会产生误导，因为看似可通过增大传感矩阵幅值来提高 SNR。而式(6-13)清楚地表明，增大传感矩阵幅值会导致噪声成比例增加。

6.3　雷达目标和回波信号模型

本章前面介绍了带噪声信号的快时间维压缩采样数学模型。本节将描述雷达波形，其与物体相互作用后被反射回接收机，及与 6.2 节中描述的采样模型兼容的表示形式。

6.3.1　线性目标模型

雷达发射的基带信号表示为 $\psi(t)$。该信号在 $t=0$ 时刻开始发射，在 $t=T_p$ 时刻结束，雷达脉冲总宽度 T_p。信号传播到目标并与之相互作用，再反射回雷达。后向散射信号可看成线性系统的输出，其中，目标冲激响应的基带表示为 $x(t)$。假设 $x(t)$ 以零传播延迟为参考；因此，如果目标的最近距离是 R 米，则目标冲激响应为 $\alpha x(t-\tau)$，其中，$\tau=2R/c$，α 是考虑天线增益、传播损耗和载频相位旋转的复值全局尺度因子，c 是波的传播速度。那么，传播到雷达的信号为

$$f(t) = \psi(t) * \alpha x(t-\tau) = \int_{t-T_p}^{t} \alpha x(\gamma-\tau)\psi(t-\gamma)\mathrm{d}\gamma \tag{6-14}$$

式中，积分上、下限由信号持续时间决定。线性目标模型将接收到的信号描述为延迟的发射波形的叠加，即信号延迟 γ，并根据与目标、距离有关的尺度因子决定 $\alpha x(\gamma-\tau)$。将这些时延和尺度变化后的信号在所有延迟时间 γ 上叠加就可得到总接收信号。

用离散求和来近似式(6-14)中的积分，得到

$$f(t) \approx \alpha T_0 \sum_{p=0}^{P-1} x(pT_0-\tau)\psi(t-pT_0) \tag{6-15}$$

式中：T_0 为积分的离散近似后的单元格宽度；P 为表示采样间隔为 T_0 的整个波形持续时间所需的样本数。

回顾矩阵-向量测量模型需要 $f(t)$ 的离散表示，将 $f(t)$ 的采样网格设置为与离散近似式(6-15)的相同。设 $f(t)$ 的第 $q(0\leqslant q\leqslant Q-1)$ 个采样点在 $t_q=qT_0$ 产生，将 qT_0 代入式(6-15)，得到

$$\begin{aligned} f(t_q=qT_0) &\approx \alpha T_0 \sum_{p=0}^{P-1} x(pT_0-\tau)\psi(qT_0-pT_0) \\ &= \alpha T_0 \sum_{p=0}^{P-1} x(pT_0-\tau)\psi((q-p)T_0) \end{aligned} \tag{6-16}$$

考虑$f(t)$的初始采样值,有

$$\begin{cases}f(t_0)\approx\alpha T_0x(-\tau)\psi(0)\\f(t_0)\approx\alpha T_0(x(-\tau)\psi(T_0)+x(T_0-\tau)\psi(0))\end{cases}\tag{6-17}$$

换句话说,采样信号$f(t)$可通过采样的发射信号与采样的目标冲激响应的离散卷积获得。令长度为D的延迟目标冲激响应的采样信号为$\boldsymbol{x}_\tau$,则离散卷积可表示为

$$\boldsymbol{f}=\boldsymbol{\Psi}\boldsymbol{x}_\tau\tag{6-18}$$

其中,循环波形矩阵为

$$\boldsymbol{\Psi}=\begin{bmatrix}\psi(0)&0&\cdots&0\\\psi(T_0)&\psi(0)&\cdots&\vdots\\\vdots&\psi(T_0)&\cdots&0\\\psi((P-1)T_0)&\vdots&\ddots&\psi(0)\\0&\psi((P-1)T_0)&\cdots&\psi(T_0)\\\vdots&0&\ddots&\vdots\\0&0&\cdots&\psi((P-1)T_0)\end{bmatrix}\tag{6-19}$$

将式(6-18)代入式(6-10),结合雷达、目标和压缩测量线性模型,得到

$$\boldsymbol{y}=\boldsymbol{\Phi}(\boldsymbol{\Psi}\boldsymbol{x}_\tau+\boldsymbol{n})\tag{6-20}$$

该线性模型是匹配滤波和基于相关法雷达成像的基础,便于将 HRR 像解释为目标的散射强度与不同距离单元时间延迟的关系。

我们希望能在 HRR 成像应用中恢复出离散化的目标冲激响应$\boldsymbol{x}_\tau$。考虑将接收信号$\boldsymbol{f}$用延迟波形基展开,其中,过完备基是定义在相对时延的间隔为T_0的网格上的延迟的发射波形集合。因为这个细网格需要以高于奈奎斯特采样率采样来近似模拟信号,因此其网格间距远小于经典的$1/B$分辨率限。可能存在另一种表示基使得目标具有更稀疏的表示。然而,精确估计的 HRR 像$\boldsymbol{x}_\tau$才是期望的系统输出。此外,各种目标和不同方向的电磁模型为$\boldsymbol{x}_\tau$提供了一个直接的训练数据库,使得既可以定义$\boldsymbol{x}_\tau$的先验分布,也可以进行贝叶斯 MMSE 重建。最后,使用精细的网格间距会使得矩阵$\boldsymbol{\Psi}$的列之间具有较强的互相关性,不过这并不重要,因为我们会使用基于先验 pdf 的闭式 MMSE 进行重建,而不是对相关性有很高要求的稀疏重建方法。

6.3.2 压缩比

定义输入信号$f(t)$的基带带宽为B和具有有限的持续时间。如果持续时间定义为T_f,那么表示$f(t)$所需的奈奎斯特采样样本数量是$L\approx BT_f$,也称为信号基本自由度[6]。压缩比(CR)在本章中定义为信号的基本自由度与测量向量

$\boldsymbol{y}$ 的长度之比,即 $CR = L/M$。对从目标反射回来的雷达脉冲进行欠奈奎斯特采样,接收信号的持续时间 T_f 则不仅包括目标的持续时间,也包括脉冲结束后从目标远端返回雷达所需的时间。因此,接收信号的持续时间为 $T_f = T_p + T_x$,使得相同目标在相同压缩比下具有不同的采样长度 M,取决于发射脉冲持续时间。这一影响将在本章后面介绍仿真参数时给出更详细地描述。

值得注意的是,对于压缩过程的精确表示,模拟信号向量表示的长度(先前定义为 Q)应远大于输入信号、测量核函数及它们乘积的基本自由度。因此,精确的矩阵 - 向量表示需要满足 $Q \gg L$。

6.3.3　信噪比

一般来说,欠奈奎斯特采样和射频压缩感知的缺点是:与全采样系统相比,SNR 会降低。根据压缩应用和方法,SNR 损失可以看作由采集样本较少或噪声折叠效应[8]带来的采集信号的能量损失[7]。一般来说,平均 SNR 损失等于系统的 CR。将表明,在高信噪比下,发射额外带宽信号获得的分辨率增益可超过后续欠奈奎斯特采样导致的 SNR 损耗。

6.4　基于信息的测量核函数优化

用于 CS 测量的典型核函数是一种随机核函数,因为它以更高的可能性重建基于任何稀疏基的信号[9]。尽管随机核函数具有更好的灵活性和稳健性,但是除了假设信号在某些基上是稀疏的,它不会利用信号的任何先验信息。相反,考虑能够获得感兴趣信号很多先验信息的情况,并且这些先验信息可以用于测量核函数设计来改进性能。因为这里考虑的是目标冲激响应重建,并且由于最小均方误差和香农信息之间的内在关系[10],给出一种基于信息的测量核函数设计方法。

6.4.1　特定任务信息

我们的目标是,重建物体的 HRR 像并通过优化的压缩测量来提高重建性能。一旦重建,距离像可以用来识别或标记目标,以进行额外的监督和观测。用于测量核函数优化的度量是特定任务信息(TSI)[11-12]。TSI 定义为特定任务的源变量和最终测量间的互信息[13]。例如,在一个检测问题中,源变量是定义目标存在或不存在的二进制指示变量。因为二进制随机变量的最大熵是一位的(当两个假设可能性相同时),任何检测任务的测量值可获得的特定任务互信息最大值也是 1 位。对于一个参数估计问题,源变量是待估计的参数,它的熵和最大 TSI 由参数的先验分布确定。在一个高分辨重建问题中,源变量是待重建的

像 $\boldsymbol{x}_\tau$。因此,源变量是具有先验 pdf $p(\boldsymbol{x}_\tau)$ 的连续值随机向量,TSI 是测量值 $\boldsymbol{y}$ 和源变量 $\boldsymbol{x}_\tau$ 之间的香农信息。从熵的角度,TSI 的定义为

$$I(\boldsymbol{y};\boldsymbol{x}_\tau)=h(\boldsymbol{y})-h(\boldsymbol{y}|\boldsymbol{x}_\tau) \tag{6-21}$$

因为测量值 $\boldsymbol{y}$ 取决于观测矩阵 $\boldsymbol{\Phi}$,观测核函数的设计问题是在物理实现的约束下,设计 $\boldsymbol{\Phi}$ 来最大化式(6-21)。这些物理实现约束包括如前所述的正交限制。另外,一些接收机架构需要执行如图 6-4 所示的顺序采样结构。

下面描述基于高斯混合分布的观测核函数设计方法。式(6-21)中的目标函数显然取决于 $\boldsymbol{x}_\tau$ 的先验分布和式(6-20)的测量模型。一种设计 $\boldsymbol{\Phi}$ 的方法是执行全局搜索。在这种方法中,对于每个观测矩阵计算式(6-21),选择具有最大 TSI 的观测矩阵。然而,除了少数特殊情况外,式(6-21)的闭式表达式是不可得的,因此要求式(6-21)对于每一个可能的 $\boldsymbol{\Phi}$ 进行数值计算。$\boldsymbol{\Phi}$ 的大维度使得这种方法很难实现。基于梯度的搜索方法可以对 $\boldsymbol{\Phi}$ 进行优化,并且不需要尝试每个可能的值,但是如果梯度计算必须通过数值计算,那么维度问题仍然存在。因此,我们将寻求一种基于梯度的优化策略,它能够不在高维空间进行数值计算而求到梯度。

为了实现这个方法,采用两个"近似"。使用高斯混合模型"近似" $\boldsymbol{x}_\tau$ 的 pdf。使用高斯混合模型有以下几个原因:第一,它可以用来近似多种分布,包括稀疏或可压缩信号的分布;第二,近似的准确性取决于混合模型中混合成分的数量,因此,可以在精确度和计算复杂度之间进行取舍;第三,对于高斯混合模型描述的源信号的线性测量,存在一个闭式的 MMSE 估计。但即使使用高斯混合模型近似,想得到一个关于观测矩阵 TSI 的梯度的闭式表达式仍然是不可能的。因此,将通过对高斯混合分布的对数进行泰勒展开"近似"熵的表达式。

6.4.2 高斯混合模型的 TSI 梯度近似

在本章的其余部分中,我们明确提醒,对应目标延迟 τ 的目标冲激响应用 $\boldsymbol{x}$ 而不是 $\boldsymbol{x}_\tau$ 表示。在实际中,目标冲激响应取决于许多参数,包括目标的延迟及其相对于雷达的姿态或方向。当将目标冲激响应的训练库映射到用于观测核函数优化的高斯混合分布时,将使用这些未知参数。这个推导基于复基带信号模型的假设。

用一个 K-分量混合分布模型来表示 $\boldsymbol{x}$ 的 pdf:

$$p(\boldsymbol{x}) = \sum_{k=1}^{K} P_k p^{(k)}(\boldsymbol{x}) \tag{6-22}$$

其中,第 k 个分量是零均值复高斯随机向量,其 pdf 可表示为

$$p^{(k)}(\boldsymbol{x})=\frac{1}{\pi^D|\boldsymbol{C}_{xx}^{(k)}|}\exp(-\boldsymbol{x}^*(\boldsymbol{C}_{xx}^{(k)})^{-1}\boldsymbol{x})=\mathrm{CN}(0,\boldsymbol{C}_{xx}^{(k)}) \tag{6-23}$$

式中:x^* 为 x 的共轭转置。零均值假设对于雷达成像应用是有效的,因为目标的全局相位通常是未知的。目标在距离上的不确定性较小——载波波长量级,使得载波在传播阶段具有 2π 的不确定量。对于具有均匀分布相位的复随机变量,平均值为零。

对于零均值情况,高斯混合模型由 K 个协方差矩阵($\boldsymbol{C}_{xx}^{(k)}$)和 K 个概率权值定义。对于有效的 pdf,必须有

$$\sum_{k=1}^{K} P_k = 1 \tag{6-24}$$

将噪声假设为加性零均值复高斯噪声,其 pdf 可表示为

$$p(\boldsymbol{n}) = \mathrm{CN}(0, \boldsymbol{C}_{nn}) \tag{6-25}$$

如式(6-20)所示,将信号 $\boldsymbol{x}$ 与测量 $\boldsymbol{y}$ 联系起来的模型是线性的。给定这种线性关系和加性噪声,测量结果也可以由一个高斯混合模型来描述:

$$p(\boldsymbol{y}) = \sum_{k=1}^{K} P_k p^{(k)}(\boldsymbol{y}) \tag{6-26}$$

其中

$$p^{(k)}(\boldsymbol{y}) = \mathrm{CN}(0, \boldsymbol{C}_{yy}^{(k)}) \tag{6-27}$$

$$\boldsymbol{C}_{yy}^{(k)} = \boldsymbol{\Phi}(\boldsymbol{\Psi}\boldsymbol{C}_{xx}^{(k)}\boldsymbol{\Psi}^* + \boldsymbol{C}_{nn})\boldsymbol{\Phi}^* \tag{6-28}$$

$\boldsymbol{y}$ 的微分熵定义为

$$h(\boldsymbol{y}) = -\int p(\boldsymbol{y}) \log p(\boldsymbol{y}) \mathrm{d}\boldsymbol{y} \tag{6-29}$$

只能在几种情况下(不包括高斯混合模型)得到闭式结果。因此,首先进行对数的零阶泰勒展开。由于构成分布的各高斯分量均为零均值,因此合适的泰勒展开点为 $\boldsymbol{y}_0 = E(\boldsymbol{y}) = \boldsymbol{0}$,得到

$$\log\left[\sum_{k=1}^{K} P_k p^{(k)}(\boldsymbol{y})\right] \approx \log\left[\sum_{k=1}^{K} P_k p^{(k)}(\boldsymbol{y} = 0)\right] \tag{6-30}$$

将式(6-26)和式(6-30)代入式(6-29),得到

$$\begin{aligned} h(\boldsymbol{y}) &= -\int \sum_{i=1}^{K} P_i p^{(i)}(\boldsymbol{y}) \log\left[\sum_{k=1}^{K} P_k p^{(k)}(\boldsymbol{y} = 0)\right] \mathrm{d}\boldsymbol{y} \\ &= -\sum_{i=1}^{K} P_i \int p^{(i)}(\boldsymbol{y}) \log\left[\sum_{k=1}^{K} P_k p^{(k)}(\boldsymbol{y} = 0)\right] \mathrm{d}\boldsymbol{y} \end{aligned} \tag{6-31}$$

式(6-31)中的对数项是在泰勒级数的展开点上计算的,因此它不再依赖于 $\boldsymbol{y}$,可以从积分中提出。同样,对数项与求和下标无关,也可以从求和中提出。这样可以得到

$$h(\boldsymbol{y}) \approx -\log\left[\sum_{k=1}^{K} P_k p^{(k)}(\boldsymbol{y} = 0)\right] \sum_{i=1}^{K} P_i \int p^{(i)}(\boldsymbol{y}) \mathrm{d}\boldsymbol{y}$$

$$= -\log\left[\sum_{k=1}^{K} P_k p^{(k)}(\boldsymbol{y}=0)\right]\sum_{i=1}^{K} P_i$$

$$= -\log\left[\sum_{k=1}^{K} P_k p^{(k)}(\boldsymbol{y}=0)\right] \tag{6-32}$$

最后,我们注意到

$$p^{(k)}(\boldsymbol{y}=0) = \frac{1}{\pi^M |\boldsymbol{C}_{yy}^{(k)}|} \tag{6-33}$$

$\boldsymbol{y}$ 的熵的近似表达式为

$$h(\boldsymbol{y}) \approx -\log\left[\sum_{k=1}^{K} \frac{P_k}{\pi^M |\boldsymbol{C}_{yy}^{(k)}|}\right] \tag{6-34}$$

式(6-21)的 TSI 表达式中的第二项是 $\boldsymbol{y}$ 在 $\boldsymbol{x}$ 下的条件熵。但是给定 $\boldsymbol{x}$,唯一剩余的随机项是具有协方差矩阵 $\boldsymbol{C}_{nn}$ 的加性高斯噪声。高斯随机向量的熵是已知的,因此,式(6-21)中的第二项熵为

$$h(\boldsymbol{y}|\boldsymbol{x}) = h(\boldsymbol{\Phi n}) = \log|\pi e \boldsymbol{\Phi C}_{nn}\boldsymbol{\Phi}^*| \tag{6-35}$$

结合式(6-34)和式(6-35)得到 TSI 的近似表达式为

$$I(\boldsymbol{y};\boldsymbol{x}) = h(\boldsymbol{y}) - h(\boldsymbol{y}|\boldsymbol{x}) \approx -\log\left[\sum_{k=1}^{K}\frac{P_k}{\pi^M |\boldsymbol{C}_{yy}^{(k)}|}\right] - \log|\pi e \boldsymbol{\Phi C}_{nn}\boldsymbol{\Phi}^*| \tag{6-36}$$

优化过程的下一步是计算式(6-36)相对于观测矩阵的梯度。这里的关键是,根据式(6-28),描述 $\boldsymbol{y}$ 的混合分布的组分的协方差矩阵与 $\boldsymbol{\Phi}$ 有关。将式(6-28)代入式(6-36),关于 $\boldsymbol{\Phi}$ 求梯度,并使用行列式的导数的性质[14],可以得到

$$\nabla_{\boldsymbol{\Phi}}\{I(\boldsymbol{y};\boldsymbol{x})\} = \nabla_{\boldsymbol{\Phi}}\left\{-\log\left[\sum_{k=1}^{K}\frac{P_k}{\pi^M |\boldsymbol{\Phi}(\boldsymbol{\Psi C}_{xx}^{(k)}\boldsymbol{\Psi}^* + \boldsymbol{C}_{nn})\boldsymbol{\Phi}^*|}\right] - \log|\pi e \boldsymbol{\Phi C}_{nn}\boldsymbol{\Phi}^*|\right\} = -\frac{1}{\displaystyle\sum_{k=1}^{K}\frac{P_k}{\pi^M |\boldsymbol{\Phi}(\boldsymbol{\Psi C}_{xx}^{(k)}\boldsymbol{\Psi}^* + \boldsymbol{C}_{nn})\boldsymbol{\Phi}^*|}} \times$$

$$\nabla_{\boldsymbol{\Phi}}\left\{\sum_{k=1}^{K} P_k \pi^{-M} |\boldsymbol{\Phi}(\boldsymbol{\Psi C}_{xx}^{(k)}\boldsymbol{\Psi}^* + \boldsymbol{C}_{nn})\boldsymbol{\Phi}^*|^{-1}\right\} - (\boldsymbol{\Phi C}_{nn}\boldsymbol{\Phi}^*)^{-1}\boldsymbol{\Phi C}_{nn} \tag{6-37}$$

行列式的梯度的最终表达式为

$$\nabla_{\boldsymbol{\Phi}}\{I(\boldsymbol{y};\boldsymbol{x})\} = \frac{\displaystyle\sum_{k=1}^{K} P_k |\boldsymbol{\Phi}(\boldsymbol{\Psi C}_{xx}^{(k)}\boldsymbol{\Psi}^* + \boldsymbol{C}_{nn})\boldsymbol{\Phi}^*|^{-1}(\boldsymbol{\Phi}(\boldsymbol{\Psi C}_{xx}^{(k)}\boldsymbol{\Psi}^* + \boldsymbol{C}_{nn})\boldsymbol{\Phi}^*)^{-1}\boldsymbol{\Phi}(\boldsymbol{\Psi C}_{xx}^{(k)}\boldsymbol{\Psi}^* + \boldsymbol{C}_{nn})^*}{\displaystyle\sum_{k=1}^{K} P_k |\boldsymbol{\Phi}(\boldsymbol{\Psi C}_{xx}^{(k)}\boldsymbol{\Psi}^* + \boldsymbol{C}_{nn})\boldsymbol{\Phi}^*|^{-1}} - (\boldsymbol{\Phi C}_{nn}\boldsymbol{\Phi}^*)^{-1}\boldsymbol{\Phi C}_{nn} \tag{6-38}$$

这是本章中用于搜索最优感知矩阵的梯度近似最终表示。

在白噪声这一个特殊情况下，$\boldsymbol{C}_{nn}=\sigma_n^2\boldsymbol{I}$，并且在行正交假设下，式(6-38)中的最后一项可以简化为

$$(\boldsymbol{\Phi}\boldsymbol{C}_{nn}\boldsymbol{\Phi}^*)^{-1}\boldsymbol{\Phi}\boldsymbol{C}_{nn}=\frac{1}{\sigma_n^2}(\boldsymbol{\Phi}\boldsymbol{\Phi}^*)^{-1}\boldsymbol{\Phi}\sigma_n^2=\boldsymbol{\Phi} \tag{6-39}$$

白噪声场景有助于了解式(6-38)中两项的作用。第一项给出梯度的结构，并将搜索指向正确的方向。然而，预投影噪声模型的结果表明，简单地缩放感知矩阵不能提高性能。第二项去除了与 $\boldsymbol{\Phi}$ 相同方向的梯度部分。换句话说，第二项使梯度正则化来防止梯度搜索得到一个仅仅是缩放了当前感知矩阵的解。

6.4.3　HRR 成像应用

在 6.4.2 节中，得到一个矩阵梯度，当输入信号可以用高斯混合模型描述时，可以搜索基于 TSI 的最优感知矩阵。我们现在解释如何使用梯度来改善城市雷达成像问题的性能。我们为给定的应用程序设置一组目标。对于城市雷达应用，可能的目标是手持武器、爆炸物和其他违禁品。对于这些目标，可以使用电磁建模软件对其宽带脉冲的时域响应进行建模。如果建模中使用的宽带脉冲具有比发射雷达脉冲更大的带宽，则建模的时域响应实际上是仿真中定义的特定取向处的目标的冲激响应。为了构建目标冲激响应模板库，可以针对不同的方向角重复该过程。这个模板库有时与用于自动目标识别的库是同一类型的[15,16]；此外，模板有时被平均以便于对库进行基于高斯近似的分类[17]。在本章中，模板库被用于训练先验高斯混合模型，后者被用于观测核函数的优化和基于 MMSE 的重建。

早期学习高斯混合模型的一种方法是使用期望最大化[18]或其他直接从全部训练数据中学习高斯混合模型的参数的方法。然而，在示例中，通过将相似的参数值，例如，方向角和目标距离，分组来训练高斯混合模型分量。相似方向角和距离的目标冲激响应具有相似的结构，可以用秩亏高斯分布近似。考虑对方向角参数 θ 具有依赖性的目标冲激响应 $\boldsymbol{x}(\theta)$。在本章前面的建模中，$\boldsymbol{x}(\theta)$ 是一个长度为 D 的向量，对于特定的 θ 值，它定义了空间中的一个点。随着 θ 变化，冲激响应也会变化，$\boldsymbol{x}(\theta)$ 的顶端在整个 D 维空间中移动。对于单个参数（如 θ），$\boldsymbol{x}(\theta)$ 的顶端在 D 维空间中沿着一维非线性流形。对于两个参数，$\boldsymbol{x}(\theta)$ 的顶端将位于 D 维空间中的二维流形上，依此类推。我们的方法是将连续参数空间分成一组非重叠的相邻间隔。例如，如果 θ 表示方位姿态角，则第 k 个扇区对应于包含 $\theta_{k-1}<\theta<\theta_k$ 的模板库中。第一个高斯分量表示从 θ_0 到 θ_1 方向的第一个

目标;第二个分量表示从 θ_1 到 θ_2 的第二个目标。换句话说,分配不同的高斯分量来表示描述目标的低维非线性流形的相邻部分,并且高斯混合模型方法可以被解释为对流形的分段拟合[19]。

令 $\boldsymbol{S}_{l,k}$ 为第 l 个目标类型满足 $\theta_{k-1}<\theta<\theta_k$ 的所有 D 维目标冲激响应模板的集合。通过利用集合中的元素计算协方差矩阵来定义混合模型中的高斯分量。因此,第 l 个目标类型的第 k 个参数间隔的协方差矩阵为

$$\boldsymbol{C}_{xx}^{(l,k)} = \frac{1}{K_l}\sum_{\boldsymbol{x}(\theta)\in \boldsymbol{S}_{l,k}} \boldsymbol{x}(\theta)\boldsymbol{x}^*(\theta) \tag{6-40}$$

式中:K_l 为集合 $\boldsymbol{S}_{l,k}$ 的势。换句话说,从参数区间内的所有目标模板计算得到的样本协方差矩阵定义了近似该段目标流形的高斯分量。载波相位仍然是未知的;因此,混合模型中的分量为零均值,第 l 个目标的第 k 组参数对应的高斯分布为 $\mathrm{CN}(0,\boldsymbol{C}_{xx}^{(l,k)})$。根据局部分组的参数值形成混合组分的好处是混合模型概率可以从各个目标及其参数化的先验概率得到。在许多情况下,混合模型概率都是相等的,表明完全不具备目标类型、方向、距离等方面的先验信息。但是在可以从早期报告或以前的雷达测量中获得先验信息的情况下,可以通过将先验信息映射到混合概率来利用这些先验信息进行压缩测量设计。这种方法也允许了潜在的自适应感知策略,该过程从无先验信息开始,逐渐使观测核函数更好地适应随后基于先验数据的测量值。一旦每个目标的高斯分量被计算出来,来自所有目标的分量被组合成一个混合分布。

6.4.4 基于 MMSE 的 HRR 估计

给定目标冲激响应 $\boldsymbol{x}$ 的混合高斯先验分布、已知的波形矩阵 $\boldsymbol{\Psi}$、已知的测量矩阵 $\boldsymbol{\Phi}$ 和压缩测量值 $\boldsymbol{y}$,可以得到 $\boldsymbol{x}$ 的 MMSE 估计的闭式表达。从文献[20]中可以得到,MMSE 估计即为

$$\hat{\boldsymbol{x}} = E[\boldsymbol{x}\mid \boldsymbol{y}] = \sum_{k=1}^{K} P_{k|\boldsymbol{y}}\boldsymbol{C}_{xx}^{(k)}(\boldsymbol{\Phi\Psi})^*(\boldsymbol{C}_{yy}^{(k)})^{-1}\boldsymbol{y} \tag{6-41}$$

其中

$$P_{k|\boldsymbol{y}} = \frac{P_k p^{(k)}(\boldsymbol{y})}{p(\boldsymbol{y})} \tag{6-42}$$

是得到 $\boldsymbol{y}$ 之后,第 k 个混合分量的后验概率。在实际中,式(6-42)的分母不需要计算,因为它是所有后验概率的一个共有比例因子。对于所有混合分量计算式(6-42)的分子,然后对后验概率进行归一化使得它们的和为 1。高斯分量的零均值假设也被用来简化式(6-41)。

6.5 仿真结果

本节使用数值电磁软件生成的高保真目标模型来评估基于 TSI 的城市目标成像核函数优化方法的性能优势。高保真目标模型用来生成训练数据，对核函数优化中的高斯混合分布进行学习以及 MMSE 成像。然后，对目标参数的各种先验分布、各种波形与压缩核函数的组合进行蒙特卡罗试验。

6.5.1 训练数据和高斯混合模型计算

这里使用了美国宾夕法尼亚州立学院的 Remcom 公司开发的 XFdtd 软件，对多个对象生成高保真目标冲激响应。这些对象在城市应用中很常见或有很高的关注度，包括 AK－47 步枪、M－16 步枪、柜橱和扶手椅。结果是基于这些对象的公开 CAD 模型生成的。

假设对 CAD 模型生成的模板目标发射具有 2GHz 带宽（FDTD 时间步长为 0.5 ns）的脉冲，并且方位姿态角度以 0.1°的增量从 0°增加至 90°。因此，对每个目标我们获得 901 个模板。得到的模板样本长度 $D=25$，对应于 12.5ns 的冲激响应持续时间，或 1.875m 的距离范围。四个物体的大致宽度、长度和高度如下：

（1）AK－47：5cm×122cm×28cm；

（2）M－16：6cm×88cm×23cm；

（3）柜橱：46cm×87cm×64cm；

（4）扶手椅：56cm×58cm×83cm。

混合模型分量根据方位角参数以 1°为间隔将物体分组得到。例如，每个目标对应于从 0°到 1°方位角的 11 个模板被平均以得到该目标的第一个高斯分量的协方差矩阵。对应于从 1°到 2°的方位角的 11 个模板被平均为第二个协方差矩阵。每个角度扇区端点处的模板在混合分量之间共享。通过该过程，我们获得了每个目标的 90 个分量，在完整高斯混合模型中总共有 $K=360$ 个分量。每个混合分量的协方差矩阵的维数为 25×25。在仿真的所有场景中，四个目标等概率出现。然而，不同情况下目标方向的概率分布是不同的。

6.5.2 波形和压缩比

本节不仅将优化后的感知核函数与随机感知核函数进行了比较，而且还比较了这些感知核函数与不同波形的相互作用。由于不同的调制策略，可以产生具有相同带宽但不同脉冲宽度的波形。传统上，调制波形用于在不牺牲带宽的前提下增加发射波形的脉冲宽度和能量。

另外比较了欠奈奎斯特采样配对四种不同波形的性能。

第一个波形是带宽为500MHz的未调制简单脉冲。该波形的脉冲宽度是带宽的倒数，$T_p = 10\text{ns}$。接收机的总观察时间是脉冲宽度和冲激响应持续时间的总和，总共14.5ns。在奈奎斯特采样率为500MHz时，样本数量约为8个。在压缩比为5的情况下，压缩样本的数量是1.6，四舍五入按2计算。

第二个波形是带宽为500MHz，持续时间 $T_p = 38\text{ns}$ 的线性调频脉冲。因此，其调频斜率为13150MHz/μs。总观测时间为50.5ns，奈奎斯特率为500MHz时，采样数约为25。在压缩比为5时，压缩样本数为5。

第三个波形是具有500MHz带宽并且与LFM信号有大致相同持续时间的相位编码信号。因此，奈奎斯特采样的样本数量依然约等于25，压缩样本的数量为5个。

最后考虑一个带宽仅为100MHz的简单、未调制的波形。我们使用该波形作为参考，以便以100MHz的奈奎斯特速率仿真采样，这等价于我们在压缩比为5时的500MHz的采样率。该"窄带"波形的性能应作为参考，以确定进行欠奈奎斯特采样所需的额外的带宽值。如果压缩方法性能不如窄带情况，则对更大带宽信号不存在欠奈奎斯特采样值。窄带波形的脉冲宽度是其带宽的倒数，$T_p = 10\text{ns}$，该基带参考信号的奈奎斯特样本数为2。信号参数总结在表6-1中。

表6-1 性能仿真中用到的信号参数

波形	带宽/MHz	脉宽/ns	在500MHz的采样数	在100MHz的采样数
宽带脉冲	500	2	~8	~2
LFM脉冲	500	38	25	5
相位编码脉冲	500	38	25	5
窄带脉冲	100	10	N/A	2

6.5.3 信号示例

本节展示了核函数和测试信号在系统中的一些定性结果。在这些示例中，基带信号已经被搬移到了中频以便绘制实际信号。图6-5显示了M-16步枪在零方位角上（从枪管末端看）的目标冲激响应。冲激响应的包络包含有关目标结构的信息。图6-6显示了由LFM波形产生的反射信号。因为LFM波形的脉冲宽度远大于目标冲激响应的持续时间，因此反射信号比原始冲激响应长得多。图6-6中的信号是根据目标上不同散射点的多种延迟和比例因子得到的反射信号的多重叠加的结果。

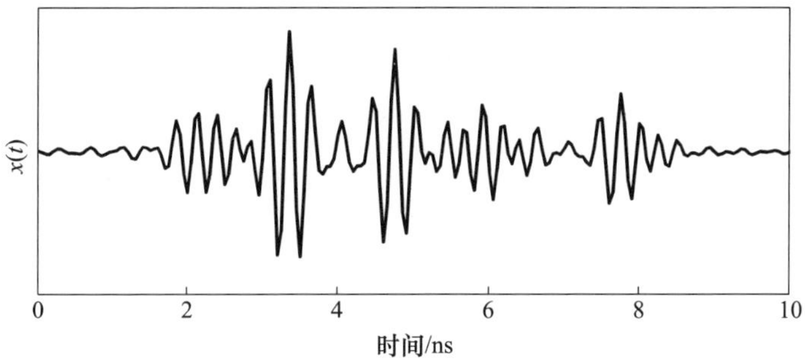

图 6－5 M－16 步枪整体的目标脉冲响应

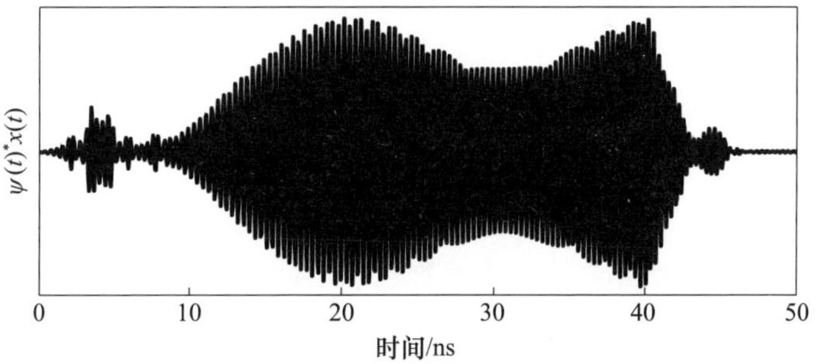

图 6－6 目标与 LFM 波形相互作用后的反射信号

如图 6－1 的采样结构所示，下一步是用接收波形乘以测量核函数。基于 TSI 的最优测量核函数的乘法结果如图 6－7 所示。现在，由于两个信号频谱的卷积，可以很容易地看到存在多个时间尺度。高频分量仍然需要一个低通滤波器来去除，以对最终采样进行信号平滑。

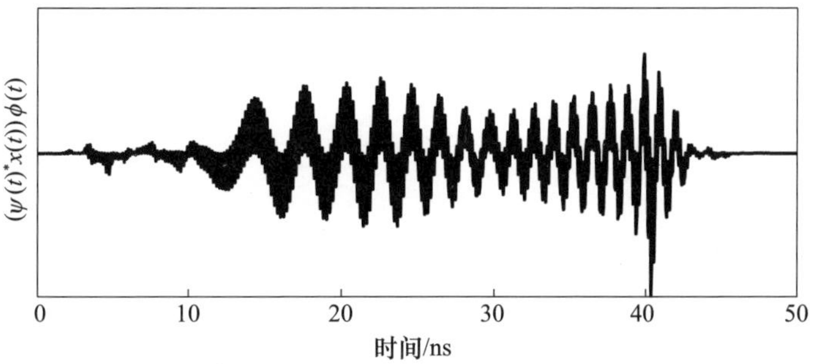

图 6－7 反射信号和测量核函数的乘积（模拟乘法器输出）

图 6－8 显示了最终的低通滤波器的输出，该输出用时域矩形冲激响应来建模。因此，它具有高频旁瓣，并且一些残留的高频项仍然存在。一般来说，必须对硬件滤波器的冲激响应进行仔细地表征，并结合到用于重建或其他处理过程的 CS 模型中。5 个压缩采样的位置也在图 6－8 中用圆圈表示。在 100MHz 的

压缩采样率下，最终的采样间隔为10ns。

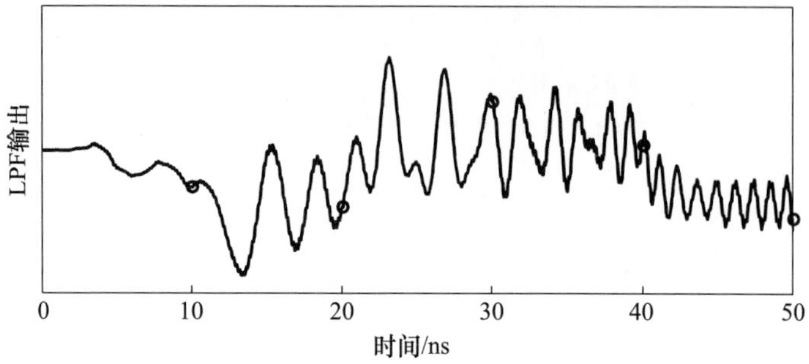

图6－8　低通滤波器输出及5个压缩采样的位置

6.5.4　量化性能结果

图6－9～图6－12显示了将奈奎斯特采样下的窄带传输与压缩采样下的宽带传输的仿真性能进行比较的结果。我们还将随机压缩核函数与使用TSI/高斯混合方法优化的核函数进行了比较。执行这些仿真时假设接收机的采样率保持恒定在100MHz。我们认为，由于成本和功耗的增加，以更高的速率进行采样是不合适的。由于采样率保持不变，奈奎斯特与欠奈奎斯特采样是通过发射波形的带宽来进行控制的。对于奈奎斯特采样，发送带宽不能超过采样率；因此，奈奎斯特采样是参考100MHz的未调制窄带脉冲。对于欠奈奎斯特采样，传输带宽增加到500MHz。因此，必须在接收机中实现某种形式的压缩，并且将随机压缩与我们的优化方法进行了比较。如前所述，有三个宽带发射信号，分别为未调制脉冲、LFM脉冲和相位编码脉冲。

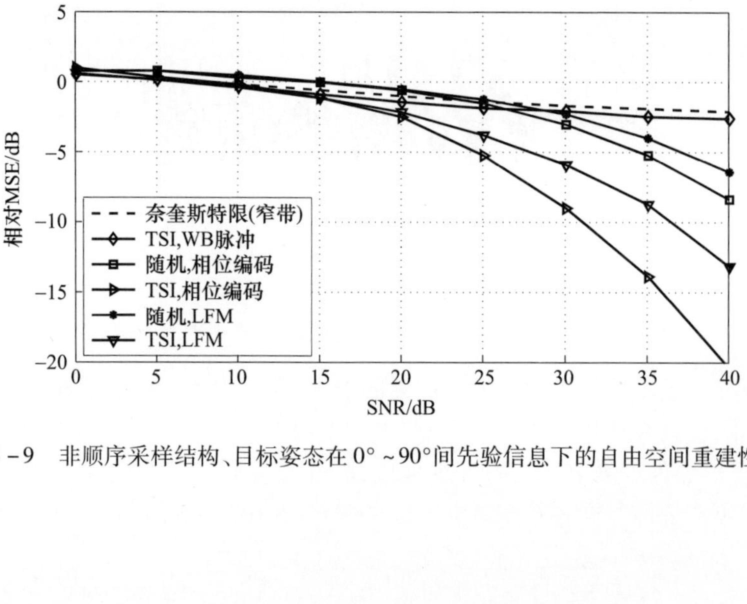

图6－9　非顺序采样结构、目标姿态在0°～90°间先验信息下的自由空间重建性能

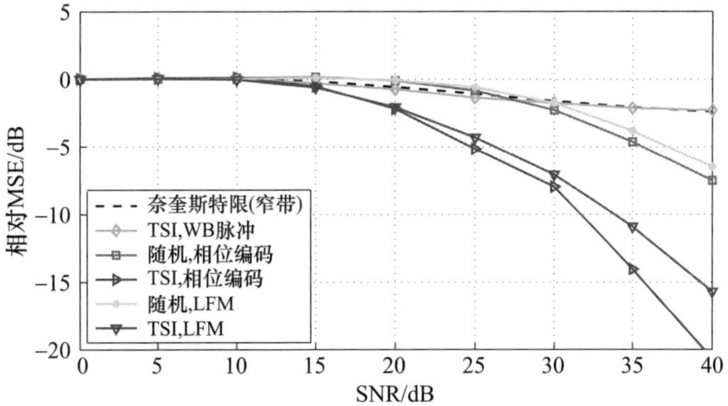

图6-10　非顺序采样结构、目标姿态在20°~50°间先验信息下的自由空间重建性能(见彩图)

性能结果是通过蒙特卡罗实验得到的。对于每个试验,其目标对象是以等概率选出的。一旦选择了目标类型,则从均匀分布中随机生成目标的方位角。均匀分布有两种不同的情况,表示不同程度的先验知识。在先验知识最少的情况下,目标姿态角是0°~90°的均匀分布产生的。而在先验知识更多的情况下,目标姿态角为20°~50°的均匀分布。一旦针对特定实验产生了目标方向,则通过在目标模板库中最近的两个模板之间进行内插来获得真实冲激响应。

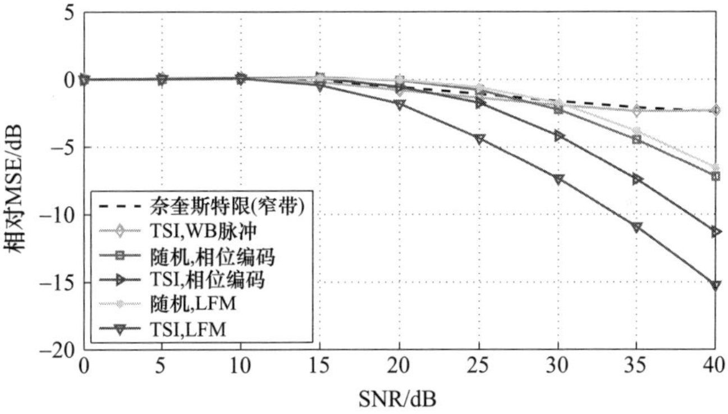

图6-11　采用顺序采样结构、目标姿态在20°~50°间先验信息下的自由空间重建性能(见彩图)

在产生真实目标响应之后,根据式(6-20)针对每个波形及随机与优化的感知核函数生成数据。对于随机压缩,每次蒙特卡罗实验生成一个新的测量核函数。对于优化的压缩,在蒙特卡罗模拟开始之前计算该核函数,并在整个仿真期间保持不变。在获得数据 $\boldsymbol{y}$ 之后,使用式(6-41)计算目标像的MMSE估计,并计算平方误差,为后面的求平均做准备。这里得到的所有MMSE性能结果都以目标能量进行归一化;因此,低SNR方案的最差情况是相对MMSE为0。图6-9显示了相对均方重建误差随SNR变化的性能结果。噪声功率被归一化为

1,并且通过波形矩阵的相对缩放来控制 SNR。对于图 6-9,可用的先验知识表明目标方向在 0°~90°之间。该物体位于自由空间(紧接着会考虑墙体后的物体),图 6-4 中所示的顺序采样结构没有实施。

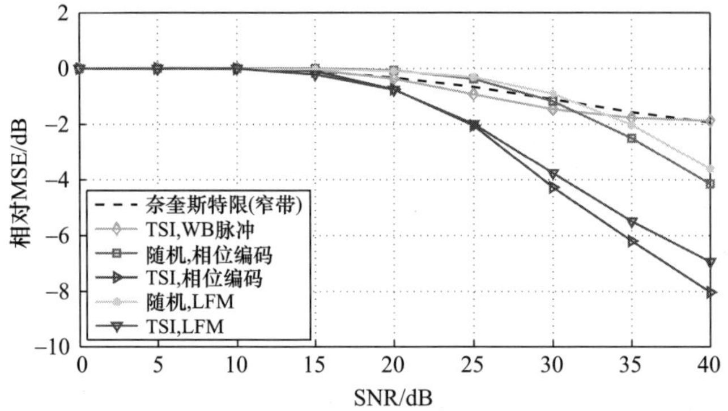

图 6-12 位于墙后方并且靠近不确定厚度和介电常数的墙壁的物体的重建性能。目标姿态先验 pdf 窗口取为 20°~50°(见彩图)

正如期望的那样,奈奎斯特采样的窄带波形的分辨率不足以分辨目标的任何特征,并且即使对于高 SNR,重建性能也较差。对于具有压缩采样的宽带波形,重构误差在高信噪比下得到改善。一旦 SNR 足够高,即使通过欠奈奎斯特接收机,更大的发射带宽的固有分辨率也可以被利用。注意到压缩结果对发射波形类型具有一定依赖性,但是压缩结果的最大差异在于利用了先验知识的优化的测量核函数与相同重建性能时的随机核函数相比,节省了至少 10dB 的发射功率。

图 6-10 显示了将先验知识增加到 20°~50°之间的方位角方向的结果,而图 6-11 显示了相同 20°~50°范围的采用顺序采样结构的性能。在优化的感知矩阵的梯度搜索期间,通过屏蔽操作强制执行顺序采样结构。顺序采样结构对感知矩阵的结构提出了更严格的要求;因此性能应该会下降。实际上,比较图 6-11(结构)与图 6-10(无结构)时,可以观察到性能下降。强制顺序采样结构特别影响了相位编码波形优化压缩的性能。然而,即使使用了额外的附加相位编码波形结构,两个信号的优化观测核函数都明显优于随机压缩及奈奎斯特采样的窄带波形。

最后,在图 6-12 中考虑了以下仿真,即在雷达和正在成像的物体之间加入一面墙。为了对墙体进行建模,允许墙体的未知厚度在 15~20cm 之间变化,并且墙体的未知相对介电常数在 4~10 之间变化。对墙体参数在二维精细间隔的网格上进行离散,并使用介质板理论计算有效脉冲响应和传输系数[21]。反射的冲激响应被用来计算考虑噪声协方差矩阵 $\boldsymbol{C}_{nn}$ 的平均干扰协方差矩阵。定义 $\boldsymbol{x}_{\mathrm{w}}$ 为墙壁反射的冲激响应,计算

$$C_{ww} = E\lfloor x_w x_w^* \rfloor$$

作为预期墙体冲激响应的协方差矩阵，其中通过对墙体参数平均来求期望。由于墙体反射的信号被建模为 Ψx_w；因此，由于墙体的存在而引起的额外的干涉协方差项为

$$C_{nn}^{wall} = \Psi C_{ww} \Psi^* \tag{6-43}$$

对于测量核函数优化和 MMSE 重建，式(6-43)被包含在干扰项中，并且传输系数(小于1)分解为来自目标的接收信号的强度。因此，墙体产生一个来自目标的信号损失以及一个与信号有关的干扰项。在蒙特卡罗实验的信号生成中，随机选择了墙体参数，并从这些参数中计算出了墙体影响。

在图6-12中看到，正如预期的那样，整体性能出现了下降。关于早期结果的一些性能下降可以从传播到目标的信号在通过墙体和背面时产生了3~5dB的信号损失来解释。额外的损失则是由于墙体干扰。无论如何，关于结果的定性解释与目标在自由空间中的定性解释基本相同。

6.6 总　　结

雷达 CS 可以在城市应用中提供重要的优势，特别是在性能受到分辨率而不是信噪比限制的场景中。尤其，城市应用中的小型物体可能对接收机的 ADC 的采样率提出苛刻的需求。在这种情况下，与传统的奈奎斯特相比，在支持传输更大的带宽方面，压缩感知可以具有更好的成本效益和更有效的性能。为了传输更大的带宽，必须使用欠奈奎斯特采样的 CS 方法。

本节已经给出了一种 HRR 成像应用中测量核函数优化的方法。这个基于信息的方法使用了有关目标和成像任务的先验知识来优化欠奈奎斯特压缩核函数。优化过程基于高斯混合先验，可以从目标训练数据中学习。通过基于仿真的定量性能分析，我们以重建 MSE 的形式展示了测量核函数优化的潜在效用。

可用的先验信息和描述感兴趣目标的先验分布的能力取决于任务运行观念。尤其重要的是高分辨率压缩雷达可以与可能提供先验信息给压缩系统的其他传感器结合使用。压缩系统另一个有趣的潜力是可以从弱先验信息和通用测量核函数开始，然后从先前的测量中提取信息再对测量核函数进行微调。虽然精确的压缩核函数设计的未来实现情况尚未知晓，但是相信这里提供的结果将为未来系统中考虑 CS 核函数设计提供论证和潜在的方法。

致　　谢

感谢 Remcom 提供的 XFdtd 软件。这项工作部分得到美国国防高级研究计

划局(DARPA)的支持,项目号 N66001 - 10 - 1 - 4079,我们表示由衷的感谢。

参考文献

1. M.A. Richards. *Fundamentals of Radar Signal Processing*. (New York: McGraw-Hill, 2005).
2. J.A. Tropp, J.N. Laska, M.F. Duarte et al. Beyond Nyquist: Efficient sampling of sparse bandlimited signals. *IEEE Trans. Inform. Theory* 56(1), (2010): 520–544.
3. M. Mishali and Y.C. Eldar. From theory to practice: Sub-Nyquist sampling of sparse wideband analog signals. *IEEE J. Sel. Top. Signal Process.* 4(2), (2010): 375–391.
4. O. Bar-Ilan and Y.C. Eldar. Sub-Nyquist radar via Doppler focusing. *IEEE Trans. Signal Process.* 62(7), (2014): 1796–1811.
5. B. Pollock and N.A. Goodman. Detection performance of multibranch and multichannel compressive receivers. *Proceedings of the 2012 IEEE 7th Sensor Array and Multichannel Signal Processing Workshop*, Hoboken, NJ, 2012, pp. 341–344.
6. H.J. Landau and H.O. Pollak. Prolate spheroidal wave functions, Fourier analysis and uncertainty – III: The dimension of the space of essentially time- and band-limited signals. *Bell Sys. Tech. J.* 41 (1962): 1295–1336.
7. B. Pollock and N.A. Goodman. An examination of the effects of sub-Nyquist sampling on SNR. *Proceedings 2012 SPIE Defense, Security, and Sensing: Compressive Sensing I*, Baltimore, MD, 2012.
8. E. Arias-Castro and Y.C. Eldar. Noise folding in compressed sensing. *IEEE Signal Process. Lett.* 18(8), (2011): 478–481.
9. E.J. Candes and T. Tao. Near-optimal signal recovery from random projections: Universal encoding strategies? *IEEE Trans. Inform. Theory* 52(12), (2006): 5406–5425.
10. D. Guo, S. Shamai, and S. Verdu. Mutual information and minimum mean-square error in Gaussian channels. *IEEE Trans. Inform. Theory* 51(4), (2005): 1261–1282.
11. M.A. Neifeld, A. Ashok, and P.K. Baheti. Task-specific information for imaging system analysis. *J. Opt. Soc. Am.* 24(12), (2007): B25–B41.
12. H. Kim and N.A. Goodman. Waveform design by task-specific information. *Proceedings of the 2010 IEEE Radar Conference*, Washington, DC, 2010, pp. 848–852.
13. T.M. Cover and J.A. Thomas. *Elements of Information Theory*. (New York: John Wiley & Sons, 1991).
14. K.B. Petersen and M.S. Pedersen. *The Matrix Cookbook*. (Lyngby, Denmark: Technical University of Denmark, 2012). (Online: www.imm.dtu.dk/pubdb/views/edoc_download.php/3274/pdf/imm3274.pdf).
15. P. Tait. *Introduction to Radar Target Recognition*. (London, U.K.: Institution of Electrical Engineers, 2005).
16. K.M. Pasala and J.A. Malas. HRR radar signature database validation for ATR: An information theoretic approach. *IEEE Trans. Aerosp. Electron. Syst.* 47(2), (2011): 1045–1059.
17. S.P. Jacobs and J.A. O'Sullivan. Automatic target recognition using sequences of high resolution radar range-profiles. *IEEE Trans. Aerosp. Electron. Syst.* 36(2), (2000): 364–382.
18. A.P. Dempster, N.M. Laird, and D.B. Rubin. Maximum likelihood from incom-

plete data via the EM algorithm. *J. Roy. Stat. Soc. Ser B* 39(1), (1977): 1–38.
19. G. Yu, G. Saprio, and S. Mallat. Solving inverse problems with piecewise linear estimators: From Gaussian mixture models to structured sparsity. *IEEE Trans. Image Processing* 21(5), (2012): 2481–2499.
20. J.T. Flam, S. Chatterjee, K. Kansanen et al. On MMSE estimation: A linear model under Gaussian mixture statistics. *IEEE Trans. Signal Process.* 60(7), (2012): 3840–3845.
21. D.K. Cheng. *Field and Wave Electromagnetics*, 2nd edn. (Reading, MA: Addison-Wesley, 1989).

第7章

压缩感知多极化穿墙雷达成像

Abdesselam Bouzerdoum、Jack Yang
和 Fok Hing Chi Tivive

通过分析散射电磁波的极化特征,可以极大地提高对目标的识别能力。在雷达成像中,可以通过组合来自不同极化的测量来增强目标图像。本章提出了一种联合的图像形成与融合方法,用于实现压缩感知(CS)的多极化穿墙雷达成像。使用多测量向量(MMV)模型联合处理来自不同极化通道的测量,以生成场景的若干幅图像,每幅图像对应于一个极化通道。此外,测量向量被融合在一起形成了复合测量向量,从而产生场景的复合图像。在图像形成之前对测量向量进行融合的优点是降低了测量噪声并且增强了目标信息,这产生了包含更多信息的复合图像。通过增强跨通道的目标信息和衰减噪声,MMV 模型对所有形成的图像施予了相同的稀疏支撑集。本章将给出仿真和实际数据的实验结果。实验结果的分析与比较证明了所提出的穿墙雷达成像方法的有效性,特别是在测量噪声较高的情况下。

7.1 引　　言

穿墙雷达成像(TWRI)正在成为一项实际可行的技术,用来获取墙壁背后或封闭建筑物结构内部的高分辨率图像。TWRI 系统使用电磁(EM)波来穿透不透明的材料,如墙壁和门,以检测、识别和跟踪建筑物里的目标。这项技术有许多民事和军事应用,例如搜索和营救、执法以及城市监视与侦察[3-4,6-7]。然而,人们对 TWRI 系统的要求越来越高,要求它们能够在不增加数据采集和处理时间的情况下,有效地辨识感兴趣的目标和杂波。

通过对场景中目标散射的电磁波极化特性进行分析,可以显著地提高对目标的辨识能力[11,19]。已有报道讨论了几种基于多极化信号的目标检测和分类方法。在文献[13]中,提出了两种用于多极化雷达图像的联合目标检测与融合的统计检测器。在文献[15]中,提出了一种利用目标极化特征进行穿墙检测小型武器的方法。研究发现,同极化和交叉极化回波之比可以用来区分携带武器的人员和没有武器的人员。在文献[20]中,利用从多极化图像中提取的特征,实现了目标分割和分类。在文献[26]中,提出了一种利用人体全极化散射模型进行人员检测的方法。

然而,上述研究并不涉及多极化的图像形成问题。多极化成像问题是:当被不同的极化信号作用时,目标可能表现出不同的响应,因此,一个实用的全极化 TWRI 系统的主要关注点是有效地结合所有极化通道接收到的雷达数据,用以产生低杂波背景和高目标反射的图像。在文献[22]中,采用图像融合技术对来自不同极化通道的图像进行了融合。在本章中,我们提出了一种基于压缩感知(CS)的同时图像形成与融合技术,该技术针对多个测量信号。

最近,CS 已被考虑用于雷达成像,因为它能够从一个缩小的测量集中重建高分辨率的图像[2,5,17,18,23-24,31]。场景重建是一个逆问题,由雷达测量形成空间反射图。大多数基于 CS 的 TWRI 方法只利用了单个极化通道中的稀疏性,或者假设目标在不同的极化上有不变的反射;换句话说,图像形成过程没有充分利用通道间的相关性。

本章提出了一种基于 MMV 模型的 CS 方法,该方法将来自几个极化的多个测量在 CS 框架中组合在一起,以计算出场景的稀疏表示。初步结果已展示在文献[29]中。把使用多极化通道进行场景重构的问题表述为找出一个满足测量约束的稀疏矩阵。与现有的基于 CS 的方法相比,该方法实现了同时的图像形成和融合,并在所有通道上都施予相同的稀疏支撑集。本章提供了基于合成数据和实际数据的实验结果,实际数据是用步进频率雷达获得的。结果表明:通过增强目标反射和衰减背景杂波,所提出的方法改善了图像质量。

本章的其余部分安排如下。7.2 节回顾了现有的 TWRI 成像技术,包括时延-求和波束形成和压缩感知。该节还提供了从单通道 CS 模型到多极化的一种扩展。7.3 节描述了提出的基于 MMV 的图像形成方法。7.4 节给出了实验结果,说明了该方法的有效性。最后,7.5 节总结本章。

7.2　穿墙雷达成像

为了获得能够显示封闭建筑物内部目标的高分辨率图像,需要一部阵列孔径长和带宽大的地基 TWR。阵列孔径可以是物理的,也可以是通过与前壁平行移动而合成的。然后,收集和处理在所有天线位置接收的数据,以形成墙后场景的图像。在这里,我们假设前墙壁反射在图像形成之前被移除[27-28]。在讨论 TWRI 的压缩感知之前,我们首先在下节中简要回顾一下传统的时延-求和

(DS)波束形成技术在成像中的应用。

7.2.1 时延 - 求和波束形成

考虑一部有 M 个天线的合成阵列孔径的单基地步进频率 TWR 系统[4]。在每个天线位置,收发机发射和接收一组包含 N 个频率的信号:

$$f_n = f_1 + (n-1)\Delta f, n = 1, 2, \cdots, N \tag{7-1}$$

式中:f_1 为初始频率;Δf 为步进频率大小。收发机平行于墙壁地水平移动,以合成一个大阵列孔径。假设场景中有 P 个目标,在第 m 个天线位置处接收到的单频率信号 f_n 由下式给出:

$$z_{mn} = \sum_{p=1}^{P} \sigma_p \exp(-\mathrm{j}2\pi f_n \tau_{mp}) \tag{7-2}$$

式中:σ_p 为第 p 个目标的复反射率;τ_{mp}为从第 m 个天线位置到第 p 个目标的信号往返传播延时。时延 τ_{mp}由下式给出:

$$\tau_{mp} = \frac{2(d_{\mathrm{a}} + \sqrt{\varepsilon_{\mathrm{w}}} d_{\mathrm{w}})}{c} \tag{7-3}$$

式中:d_{a} 为在空气中传播的距离;ε_{w} 为墙的介电常数;d_{w} 为穿墙传播的距离;c 为空气中的光速。假设墙背后的场景被表示为一个矩形网格,它沿着横向距离和纵向距离方向分别有 N_x 和 N_y 个像素。令 $\boldsymbol{x}$ 表示包含按字典顺序排列的图像像素的一维向量。

$$\boldsymbol{x} = [x_1 \quad \cdots \quad x_q \quad \cdots \quad x_Q]^{\mathrm{T}} \tag{7-4}$$

式中:$Q = N_x N_y$。通过把在所有 M 个天线位置和 N 个频率上接收的延时单频率信号相加,可以得到第 q 个像素的复幅度为

$$x_q = \frac{1}{MN} \sum_{m=1}^{M} \sum_{n=1}^{N} z_{mn} \exp(\mathrm{j}2\pi f_n \tau_{mq}) \tag{7-5}$$

式中:τ_{mq}为在第 m 个天线位置和第 q 个像素点之间的聚焦时延。DS 波束形成利用所有测量来计算每个像素的复幅度,从而对数据采集和计算成本提出了更高的要求。为了缓解这个问题,提出了一种基于 CS 的 TWRI 成像方法,用一个缩小的测量集通常足以恢复稀疏场景。在下一节中,单极化的 TWRI 场景重建被表示为单测量向量(SMV)CS 模型。

7.2.2 使用 SMV 模型的单极化成像

随着对大规模信号处理需求的迅速增长,CS 成为最近 10 年来最重要的一个研究领域也就不足为奇了。CS 最近因为其能够同时实现数据采集和压缩的能力而受到大量关注[1,9,16,21]。它可以用比采样定理要求得更少的测量,近似重建稀疏或者可压缩信号。在 TWRI 中,这具有减少测量样本数量和数据采集与

处理时间的优势。近年来,对 TWRI 提出了许多基于 CS 的方法[5,8,23-24,30-31]。在这一节中,我们简要回顾基于 CS 方法来解决成像问题,它可以作为一个使用单测量向量模型的逆问题。

假设接收到的单色信号排列成维数为 MN 的列向量 z:

$$z = [z_{11} \quad z_{21} \quad \cdots \quad z_{mn} \quad \cdots \quad z_{MN}]^{\mathrm{T}} \tag{7-6}$$

式中:z_{mn}为第 m 个天线在第 n 个频率上接收的信号,参见式(7-2)。于是,式(7-2)可以表示成矩阵-向量形式:

$$\boldsymbol{z} = \psi \boldsymbol{x} \tag{7-7}$$

式中:$\psi = [\psi_{ij}]$是感知或者导引矩阵。元素 ψ_{ij}由下式给出:

$$\psi_{ij} = \exp(-\mathrm{j}2\pi f_n \tau_{mj}) \tag{7-8}$$

式中:$m = i \bmod M; n = 1 + (i-m)/M; \tau_{mj}$为在第 m 个天线位置和第 j 个像素点之间的双程传播时延。

在没有测量噪声和杂波存在的情况下,第 q 个像素值由下式理想地给出:

$$x_q = \begin{cases} \sigma_p, & \text{如果第 } q \text{ 个像素包括第 } p \text{ 个目标} \\ 0, & \text{其他} \end{cases} \tag{7-9}$$

式中:σ_p 为第 p 个目标的复反射率。换句话说,只有当目标存在于该像素位置时,像素值才是非零的。在实践中,由于多径和目标间的多重反射形成阴影和虚影,所以情况可能不是这样的。然而,在 TWRI 中,成像场景通常是稀疏的,因此,非零像素的数量要比图像大小小得多。

假设向量 $\boldsymbol{x}$ 是 K-稀疏的;也就是说,$\boldsymbol{x}$ 最多包含 K 个非零元素且 $K \ll Q$。给定一个线性测量过程,用 $R \times MN$(其中 $R < Q$)大小的矩阵 $\boldsymbol{\Phi}$ 表示,测量向量 $\boldsymbol{y}$ 可以表示为

$$\boldsymbol{y} = \boldsymbol{\Phi z} = \boldsymbol{\Phi \Psi x} = \boldsymbol{D x} \tag{7-10}$$

式中:$\boldsymbol{D} = \boldsymbol{\Phi\Psi}$ 称为字典(dictionary),CS 理论允许通过求解以下问题来从测量值 $\boldsymbol{y}$ 中恢复 K-稀疏向量 $\boldsymbol{x}$:

$$\min \|\boldsymbol{x}\|_1 \quad \text{s. t.} \quad \boldsymbol{y} = \boldsymbol{D x} \tag{7-11}$$

式中:$\|\cdot\|_1$表示 p 范数($p=1$)。如果测量向量被噪声破坏,则稀疏信号 $\boldsymbol{x}$ 可以通过求解下式来恢复:

$$\min \|\boldsymbol{x}\|_1 \quad \text{s. t.} \quad \|\boldsymbol{y} - \boldsymbol{D x}\|_2 \leqslant \varepsilon \tag{7-12}$$

式中:ε 为噪声电平的上限(见 Candes 和 Wakin[1])。

现在的问题是如何设计一个测量矩阵 $\boldsymbol{\Phi}$,以确保 K-稀疏向量 $\boldsymbol{x}$ 能够从一个减小的测量集 $\boldsymbol{y}$ 中稳定地恢复。稳定恢复的一个充分条件是矩阵之间 $\boldsymbol{\Phi}$ 和 $\boldsymbol{\Psi}$ 是非相干的。对于正交测量矩阵 $\boldsymbol{\Phi}$,只要所提供的测量数量为 $R \approx 0(K^2\mu(\boldsymbol{\Phi},\boldsymbol{\Psi}))\log(Q)$,信号 $\boldsymbol{x}$ 就几乎可以完全地恢复[8],其中 $\mu(\boldsymbol{\Phi},\boldsymbol{\Psi})$ 是 $\boldsymbol{\Phi}$ 和 $\boldsymbol{\Psi}$ 之间的互相关性。如果 $\boldsymbol{\Phi}$ 在每一行中只包含一个非零元素,那么这就相当于选择

天线和频率的一个子集来进行测量;在这种情况中,$\boldsymbol{\Phi}$ 称为选择矩阵。

7.2.3 使用 SMV 模型的多极化成像

SMV 模型在多极化通道上的扩展形式在本节中给出。假设有 L 个极化通道。每个通道的测量向量可以表示为

$$\boldsymbol{y}_i = \boldsymbol{D}_i \boldsymbol{x}_i, i = 1, 2, \cdots, L \tag{7-13}$$

式中:$\boldsymbol{D}_i = \boldsymbol{\Phi}_i \boldsymbol{\Psi}$;$\boldsymbol{x}_i$ 为包含按字典顺序排列的第 i 个极化通道图像的列向量。

这里,不失一般性,我们假设所有极化通道都具有相同的感知矩阵 $\boldsymbol{\Phi}$,式(7-12)给出的 SMV 模型可以分别应用于每个极化通道。或者,可以将问题描述为包含所有通道的单 SMV 模型。$\tilde{y} = [y_1^{\mathrm{T}} \quad y_2^{\mathrm{T}} \quad \cdots \quad y_L^{\mathrm{T}}]^{\mathrm{T}}$ 和 $\tilde{x} = [x_1^{\mathrm{T}} \quad x_2^{\mathrm{T}} \quad \cdots \quad x_L^{\mathrm{T}}]^{\mathrm{T}}$ 分别表示组合测量向量和图像向量。相应的组合字典 $\tilde{\boldsymbol{D}}$ 是通过沿着主对角线排列的各个通道字典 $\boldsymbol{D}_i(i = 1, 2, \cdots, L)$ 和将非对角线元素设置为零得到的:

$$\tilde{\boldsymbol{D}} = \begin{bmatrix} \boldsymbol{D}_1 & 0 & 0 \\ 0 & \ddots & 0 \\ 0 & 0 & \boldsymbol{D}_L \end{bmatrix} \tag{7-14}$$

SMV 模型现在可以应用于恢复组合向量 $\tilde{\boldsymbol{x}}$,通过求解下式:

$$\min \|\boldsymbol{x}\|_1 \quad \text{s. t.} \quad \|\tilde{\boldsymbol{y}} - \tilde{\boldsymbol{D}}\tilde{\boldsymbol{x}}\|_2 \leqslant \varepsilon \tag{7.15}$$

虽然 SMV 模型到多极化 TWRI 的扩展非常直接,但缺点是恢复后的向量 $\boldsymbol{x}_i(i=1,2,\cdots,L)$ 不能保证具有相同的稀疏支持。此外,式(7-15)的 SMV 模型没有利用通道间的相关性。最后,问题的复杂性会随着矩阵 $\tilde{\boldsymbol{D}}$ 的增大而增加,从而需要更大的存储空间和更多的计算时间来解决式(7-15)的 CS 问题。在下一节中,我们提出了一个利用通道间相关性的模型,该模型使用联合稀疏表示来对被恢复的信号施加相同的稀疏支持。

7.3 使用 MMV 模型的多极化成像

在本节中,我们提出一种基于 MMV 的多极化 TWRI 图像形成方法。首先,对多测量向量 CS 模型进行了简要的回顾。然后,将多极化 TWRI 问题表示为一个逆 MMV 问题。

7.3.1 MMV CS 模型

MMV 模型同时处理多个测量向量以产生稀疏矩阵解[10,12]。考虑一个由 L

个测量向量组成的测量矩阵 $\boldsymbol{Y} \in \mathbb{C}^{R \times L}$，以及一个包含 Q 个原子的已知字典 D。MMV 模型的目的是通过求解以下问题来找到一个稀疏矩阵 $\boldsymbol{X}$[10]：

$$\min \mathbb{S}_0(\boldsymbol{X}) \quad \text{s. t.} \quad \boldsymbol{Y} = \boldsymbol{D}\boldsymbol{X} \tag{7-16}$$

式中：$\mathbb{S}_0(\boldsymbol{X})$ 表示矩阵 $\boldsymbol{X}$ 的稀疏秩，即矩阵 $\boldsymbol{X}$ 的非零行数。换句话说，它的目的是找到一个稀疏矩阵解，它的列都具有相同稀疏构形。令 $\boldsymbol{r}_i$ 表示矩阵 $\boldsymbol{X}$ 的第 i 行。此外，定义一个列向量 $\boldsymbol{s}$，它的第 i 个元素为 $\boldsymbol{s}_i = \| \boldsymbol{r}_i \|_p (p \geqslant 2)$。矩阵的稀疏秩由下式给出：

$$\mathbb{S}_0(\boldsymbol{X}) = \| \boldsymbol{s} \|_0 \tag{7-17}$$

式中：$\|\cdot\|_0$ 表示零伪范数或者参数向量的势。

然而，最小化 $\mathbb{S}_0(\boldsymbol{X})$ 是一个 NP 难题，因为需要对 $\boldsymbol{X}$ 中所有可能的非零行位置进行穷举。因此，零伪范数往往被 1 范数 $\|\cdot\|_1$ 代替，从而产生下面的问题：

$$\min \mathbb{S}_0(\boldsymbol{X}) = \| \boldsymbol{s} \|_1 \quad \text{s. t.} \quad \boldsymbol{Y} = \boldsymbol{D}\boldsymbol{X} \tag{7-18}$$

在文献[10]中，作者证明了当矩阵 $\boldsymbol{X}$ 的秩足够低时，最小化 $\mathbb{S}_1(\boldsymbol{X})$ 等价于最小化 $\mathbb{S}_0(\boldsymbol{X})$。

7.3.2　使用 MMV 的联合图像融合与形成

对于步进频率 TWRI 系统，感知矩阵 $\boldsymbol{\Psi}$ 是与信号带宽和图像大小有关的，见式(7-8)。因为雷达探询的是同一场景，所有的极化通道都共享同一个感知矩阵，即 $\boldsymbol{\Psi}_i = \boldsymbol{\Psi}(i = 1, 2, \cdots, L)$。此外，对于所有通道，我们可以选择相同的选择矩阵，$\boldsymbol{\Phi}_i = \boldsymbol{\Phi}\ \forall\ i$。这意味着同一个字典可以在所有通道上使用，$\boldsymbol{D}_i = \boldsymbol{D}(i = 1, 2, \cdots, L)$。用 $\boldsymbol{D}$ 代替式(7-13)中的 $\boldsymbol{D}_i$ 得到单通道测量向量：

$$\boldsymbol{y}_i = \boldsymbol{D}\boldsymbol{x}_i, i = 1, 2, \cdots, L \tag{7-19}$$

由于向量 $\boldsymbol{x}_i (i = 1, 2, \cdots, L)$ 表示同一场景的图像，因此使用图像融合技术可以很容易地获得场景的最终合成图像[22]。通过比较，这里我们提出先将不同极化通道的原始测量向量组合起来，然后在融合测量向量的基础上进行图像重建。具体来说，组合测量向量 $\hat{\boldsymbol{y}}$ 定义为不同极化通道测量向量的线性组合：

$$\hat{\boldsymbol{y}} = \sum_{i=1}^{L} \boldsymbol{w}_i \boldsymbol{y}_i = \boldsymbol{D} \sum_{i=1}^{L} \boldsymbol{w}_i \boldsymbol{x}_i = \boldsymbol{D}\hat{\boldsymbol{x}} \tag{7-20}$$

式中：$\boldsymbol{w}_i$ 为满足 $\sum_{i=1}^{L} \boldsymbol{w}_i = 1$ 的正权值。在这里，我们使用一个基于互信息(MI)的准则来计算权重 w_i。互信息被用来估计两个测量向量 $\boldsymbol{y}_i$ 和 $\boldsymbol{y}_j$ 之间的相干性：

$$\boldsymbol{I}(\boldsymbol{y}_i, \boldsymbol{y}_j) = H(\boldsymbol{y}_i) + H(\boldsymbol{y}_j) - H(\boldsymbol{y}_i, \boldsymbol{y}_j), i \neq j \tag{7-21}$$

式中：$H(\boldsymbol{y}_i)$ 为边缘熵；$H(\boldsymbol{y}_i, \boldsymbol{y}_j)$ 为联合熵。

权重 $w_i=(i=1,2,\cdots,L)$ 使用下式计算：

$$w_i=\frac{H(\boldsymbol{y}_i)^2-\sum_{j\neq i}^{L}I(\boldsymbol{y}_j,\boldsymbol{y}_i)+\sum_{j\neq i}^{L}I(\boldsymbol{y}_j,\boldsymbol{y}_i\mid \mathrm{U}_{k\neq i,j}\boldsymbol{y}_k)}{H(\boldsymbol{y}_1,\boldsymbol{y}_2,\cdots,\boldsymbol{y}_L)H(\boldsymbol{y}_i)} \tag{7-22}$$

式中：$I(\boldsymbol{y}_j,\boldsymbol{y}_i\mid \mathrm{U}_{k\neq i,j}\boldsymbol{y}_k)$ 是条件互信息。式(7-22)分子中的第一项定义了第 i 个测量向量相对其他测量向量的重要性，而第二项和第三项用于去掉在第一项中的重复信息。计算加权平均测量向量的理由是为了有一个稀疏解，它能以更好的信噪比表示最终输出图像。这相对简单地表明，对于加性独立同分布测量噪声来说，同 $\boldsymbol{y}_i$ 中的噪声方差相比，加权线性组合式(7-20)降低了 $\hat{\boldsymbol{y}}$ 中的噪声方差。

由于雷达是对同一场景进行成像，所以假设 L 个极化通道的图像享有相同的稀疏支持是合理的，但可能具有不同的非零系数。因此，使用增广测量矩阵 $\boldsymbol{Y}=[\boldsymbol{y}_1\quad \boldsymbol{y}_2\quad \cdots\quad \boldsymbol{y}_L\quad \hat{\boldsymbol{y}}]$，利用式(7-18)的 MMV 模型可以同时重构向量 $\boldsymbol{x}_i$ 和组合向量 $\hat{\boldsymbol{x}}=\sum_{i=1}^{L}\boldsymbol{w}_i\boldsymbol{x}_i$。然而，一般情况下，测量会被噪声污染，因此，我们把 MMV 问题式(7-18)替换为以下混合范数正则化最小二乘问题：

$$\min \|\boldsymbol{X}\|_{1,2}\quad \text{s. t.}\quad \|\boldsymbol{Y}-\boldsymbol{D}\boldsymbol{X}\|_{\mathrm{F}}\leqslant\varepsilon \tag{7-23}$$

式中：$\|\cdot\|_{1,2}$ 为混合(1,2)-范数，它是 $\boldsymbol{X}$ 的行的欧几里得范数的和；$\|\cdot\|_{\mathrm{F}}$ 为 Frobenius 范数；ε 为噪声水平的上限。所得到的解矩阵 $\boldsymbol{X}$ 在它的前 L 列包含了与各极化通道对应的图像，并且在最后一列中包含对应于组合测量向量的图像。因此，该方法可以看作联合图像融合与图像形成。

7.4 实验结果

在这一节中，在合成和真实雷达数据上评估提出的基于 MMV 方法的多极化 TWRI。作为比较，实现了 DS 波束形成和 SMV 模型，并进行了测试。根据所选测量的数量和接收信号的信噪比，验证了所提方法的有效性。为了评估不同的图像形成算法，采用目标杂波比(TCR)作为性能度量：

$$\mathrm{TCR}=10\log\left(\frac{1/N_B\sum_{q\in B}|x_q|^2}{1/N_C\sum_{q\in C}|x_q|^2}\right) \tag{7-24}$$

式中：x_q 表示图像的第 q 个像素；B 和 C 表示目标区和杂波区；N_B 和 N_C 分别为在 B 区域和 C 区域中的像素数。

7.4.1 使用合成数据的实验结果

在本节中，使用合成数据进行实验。仿真 TWRI 系统是一部由 71 个收发机组成的，孔径为 2m 的单基地合成孔径雷达。步进频率信号覆盖了 2GHz 带宽，范围为 1 ~ 3GHz，频率步长为 5MHz。因此，雷达系统发射和接收 28471 (71 ×401) 个单频率信号。所成像的场景在厚度为 0.15cm、介电常数为 $\varepsilon_w = 7.5$ 的墙后面。它覆盖了 5.0m ×5.0m 的区域，即宽 5m 和深 5m。场景沿着横向距离和纵向距离方向被划分为 128 像素 ×128 像素。在墙后坐标 (−1.5,4) m、(0,1.5) m、(1.5,3) m 处放置了三个目标。这里，假设散射矩阵是对称的，因此只考虑三个极化通道，即 HH、VV 和 HV。图 7 −1 说明了使用 DS 波束形成的完整测量集从三个极化通道重建的图像。可以观察到，形成的图像在目标周围包含了许多大的旁瓣。

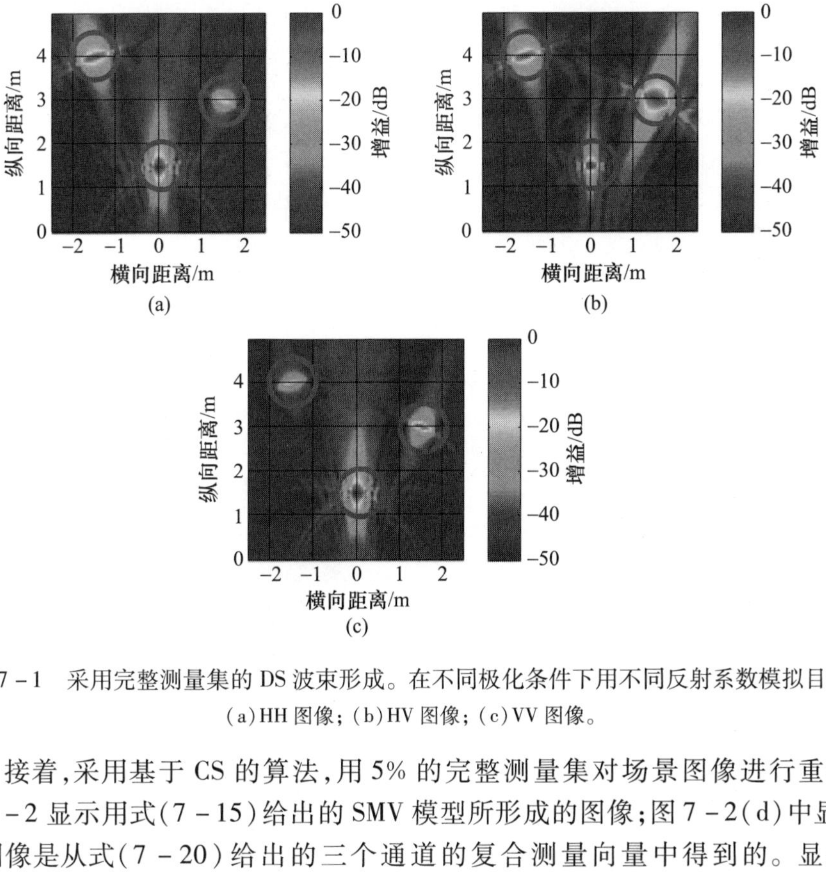

图 7 −1　采用完整测量集的 DS 波束形成。在不同极化条件下用不同反射系数模拟目标
(a) HH 图像；(b) HV 图像；(c) VV 图像。

接着，采用基于 CS 的算法，用 5% 的完整测量集对场景图像进行重构。图 7 −2 显示用式(7 −15)给出的 SMV 模型所形成的图像；图 7 −2(d)中显示的图像是从式(7 −20)给出的三个通道的复合测量向量中得到的。显然，图 7 −2中的图像不具有相同的支撑集，并且一些图像无法检测到所有目标。可能原因之一是 SMV 模型没有利用通道间的相关性，也没有对重建图像施加相同的稀疏构形。相比之下，图 7 −3 描述了式(7 −23)中所提出的 MMV 模型所形成的图像。这些图像具有相同的支撑集，目标清晰可见，且杂波明显减少。

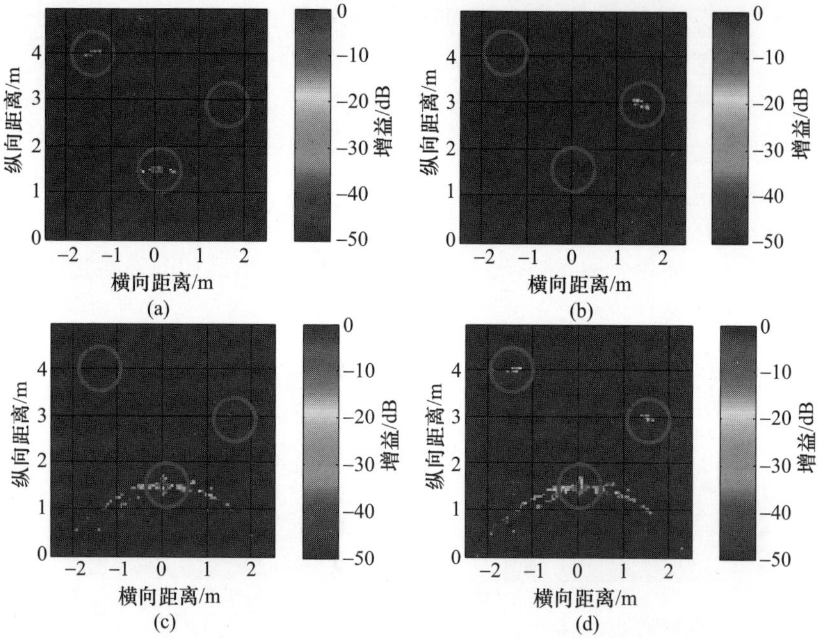

图 7-2　用式(7-15)的 SMV 模型和 5% 的测量形成的图像

(a) HH 图像；(b) HV 图像；(c) VV 图像；(d) 复合图像。

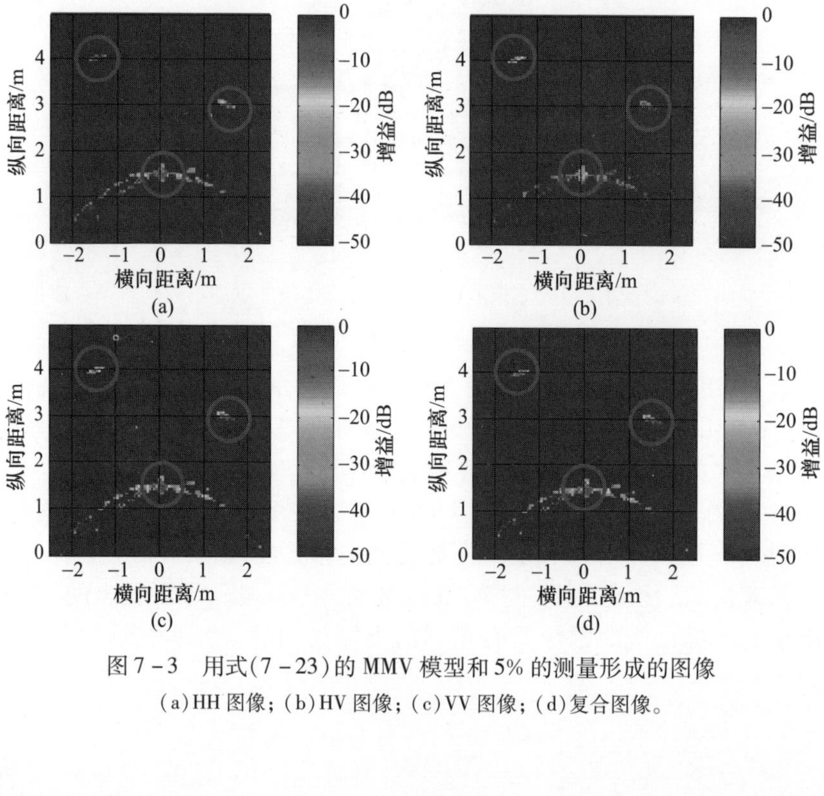

图 7-3　用式(7-23)的 MMV 模型和 5% 的测量形成的图像

(a) HH 图像；(b) HV 图像；(c) VV 图像；(d) 复合图像。

为了进一步评估基于 CS 方法的效果，在测量受到噪声破坏时，对 MMV 和 SMV 模型进行了测试。通过改变 SNR 和用来重建场景图像的测量数量来分析各种场景。每个实验重复 20 次，并将平均 TCR 记录下来作为性能度量。TCR 是从通过复合测量向量 $\hat{y}$ 得到的最终输出图像中计算出来的（图 7－2(d)和7－3(d)）。图 7－4 显示平均 TCR 是不同 SNR 条件下的测量数量的函数。正如预期的那样，增加测量的百分比可以提高 SMV 和 MMV 模型的图像重建质量；然而，基于 MMV 的方法相比基于 SMV 的方法获得了更高的 TCR。

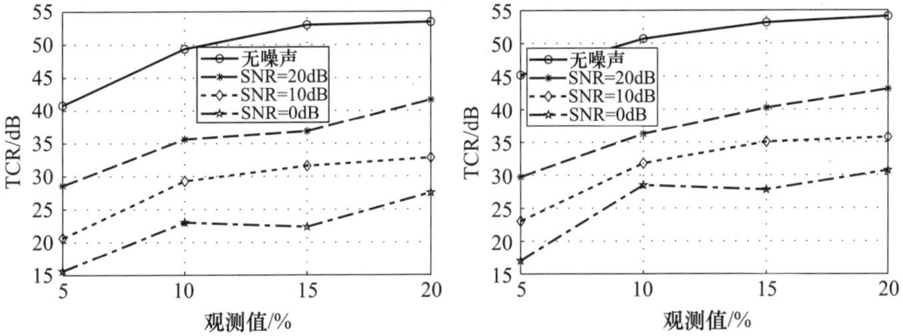

图 7－4　平均 TCR 是测量数量的函数。测量被不同 SNR 条件下的加性高斯白噪声破坏
(a) SMV；(b) MMV。

7.4.2　使用实际数据的实验结果

实际雷达数据是在美国宾夕法尼亚州 Villanova 大学先进通信中心的雷达成像实验室收集的。使用 Agilent ENA－5071B 型网络工作分析仪，其工作频率范围为 300kHz～8.5GHz，产生频率步进为 2.875MHz，频率范围为[0.7,3]GHz 的步进频率信号。通过安装 ETS－Lindgren3164－04 型喇叭天线，扫描仪工作带宽为 0.7～6GHz，然后以 0.022m 间隔水平移动扫描仪，合成一个 57－阵元的阵列。为了收集数据，一个 7.62m×7.62m 的房间被填充了射频吸收材料；有关房间布置、数据采集和成像系统指标的更多细节，请感兴趣的读者参考文献[14]。TWRI 系统被用来照射某个场景，该场景中有三个目标被放置在厚度为 0.14m、介电常数为 7.6632 的混凝土墙后的不同位置。图 7－5 显示有三个目标的真实场景图像，目标分别为二面体、球和三面体。图 7－5(b)给出了一个成像场景的示意图，描绘了目标在纵向距离－横向距离平面上的位置。采集的测量样本总数为 45657 个（801 个频率×57 个天线）。墙背后的感兴趣区域设为 4m×4m，像素大小设为 3.125m×3.125m，图像的大小为 128 像素×128 像素。对接收信号进行预处理，通过背景对消，抑制强的墙回波和在每个天线上的公共信号。如果无法获得背景信号，则可以使用不需要完整测量集的墙参数估计技术来抑制强墙面回波[25]。

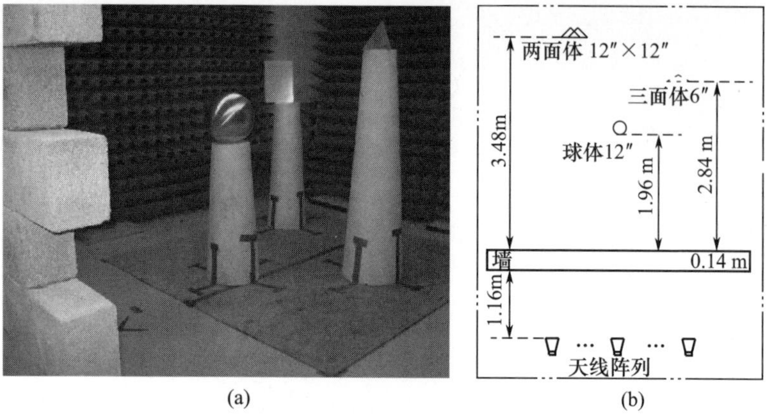

图 7-5　三个目标的真实场景图像

(a)放置了三个目标的真实场景,分别为一个二面体、一个球体以及一个三面体;

(b)成像场景的横截面示意图。

首先对每个极化通道的接收信号进行 DS 波束形成处理,得到三幅图像。图 7-6 描述了使用完整测量集重建的图像。所有的图像包含大量的杂波,但是在 HH 和 VV 同极化通道的图像中可以看到目标。图 7-7 显示从 15% 测量集中获得的图像,这些测量是从完整测量集中随机选取的。显然,随着测量数量的减少,所有图像中的杂波水平都会增加。

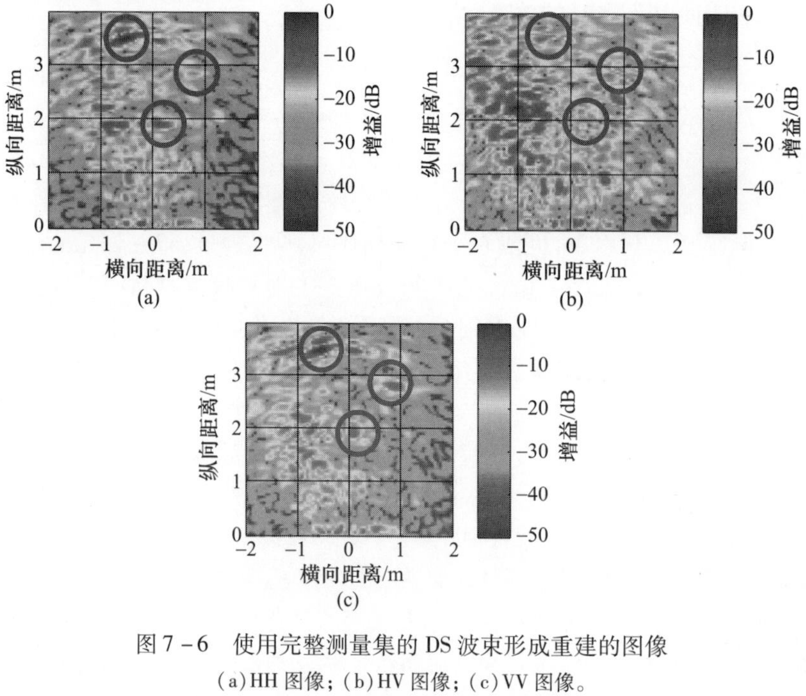

图 7-6　使用完整测量集的 DS 波束形成重建的图像

(a)HH 图像;(b)HV 图像;(c)VV 图像。

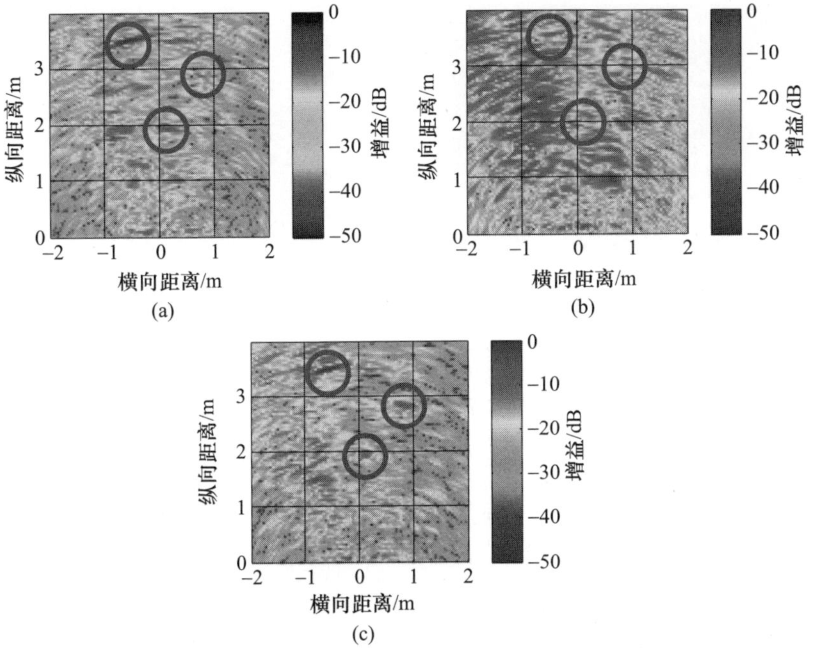

图 7－7　使用 15% 测量集的 DS 波束形成重建的图像
(a) HH 图像；(b) HV 图像；(c) VV 图像。

在其余实验中，CS 方法是在减少实际数据的测量上测试的。图 7－8 描绘了 SMV 模型用 15% 的测量产生的图像。我们可以看到某些目标在单极化图像中丢失了，而图 7－8(d) 中的组合图像含有很高的杂波。相比之下，图 7－9 说明由所提出的 MMV 算法产生的图像，其中所有图像都正确显示出目标，并且杂波电平相比 SMV 算法也大大降低。表 7－1 列出在不同测量百分比下使用 DS 波束形成、SMV 和 MMV 模型重建的组合图像的 TCR。再一次地，重建图像的质量随着测量数量的增加而提高，但是 MMV 方法总是比 DS 波束形成和 SMV 模型产生更高的 TCR。实验结果证实了所提出的成像方法的优势。

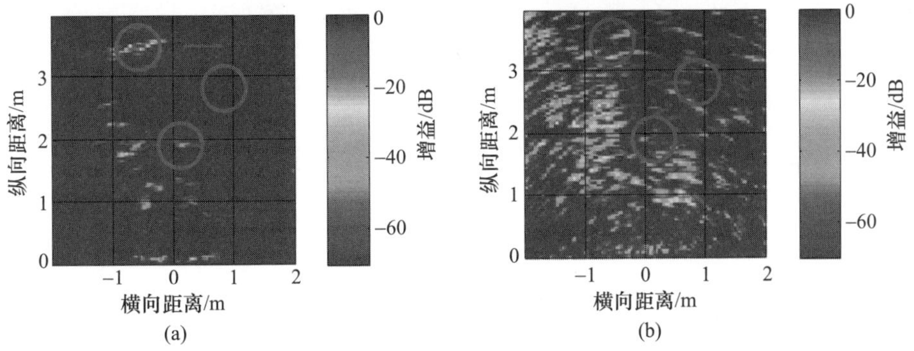

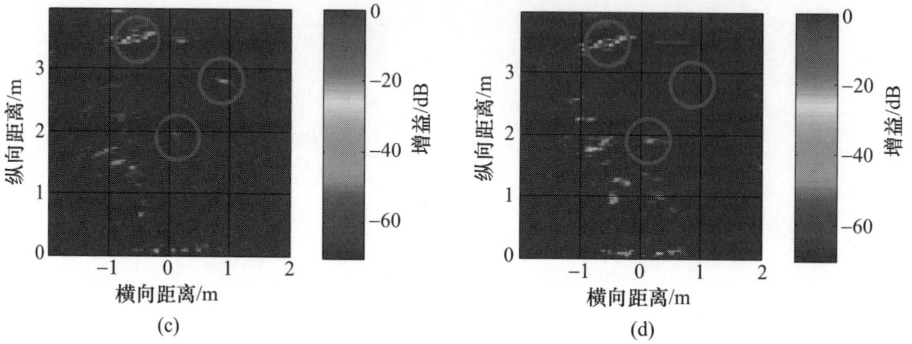

图 7－8　使用 15% 测量集的 SMV 方法重建的图像

(a) HH 图像；(b) HV 图像；(c) VV 图像；(d) 复合图像。

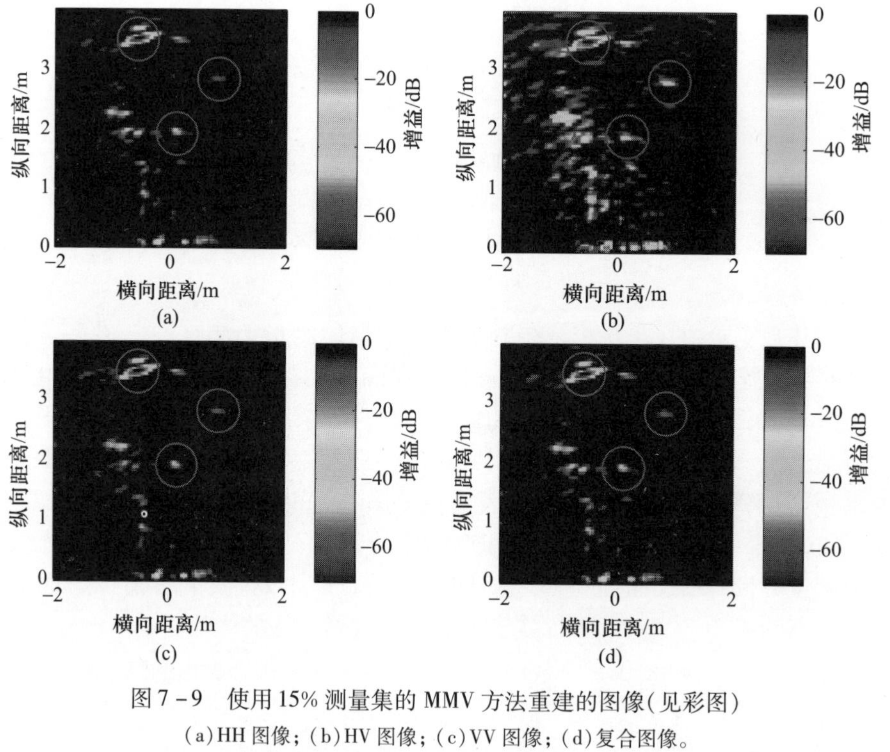

图 7－9　使用 15% 测量集的 MMV 方法重建的图像(见彩图)

(a) HH 图像；(b) HV 图像；(c) VV 图像；(d) 复合图像。

表 7－1　使用 DS 波束形成、SMV 和 MMV 模型重建的组合图像的 TCR

测量/%	5	10	15
DS/dB	5.2	6.7	7.9
SMV/dB	39.9	41.6	47.5
MMV/dB	44.7	46.4	50.6

7.5 总　　结

本章提出了一种基于压缩感知的多测量向量模型的 TWRI 图像形成算法。在 MMV 模型中，将不同极化通道得到的测量向量排列成测量矩阵的列，然后将其用于恢复稀疏矩阵的解，该稀疏矩阵解的列构成不同极化通道的图像。与单测量模型不同，多测量模型的每个测量向量都是独立处理的，或者换言之，所有测量被连接成一个测量向量。尽管在不同极化情况下，目标反射率存在差异，重建的通道图像应该理想地具有相同的稀疏支持，因为它们表示同一场景。利用不同测量向量之间的通道间相关性，MMV 模型在解矩阵的所有列上施予了相同的稀疏支撑集。此外，在所提出的方法中，所有通道测量向量被组合在一起形成一个复合向量，它用来重建场景的融合图像。因此，该方法可以看作联合的图像形成与融合处理过程。使用合成数据和真实数据进行了实验评估。对提出的方法与单观测向量 CS 模型以及传统的 DS 波束形成方法的性能进行了比较。实验结果表明，同 SMV 或 DS 波束形成相比，该方法具有更高的目标－杂波比。尤其是，MMV 图像往往具有更少的杂波和共享相同的支撑集。

参考文献

1. Special issue on sensing, sampling, and compression. *IEEE Signal Processing Magazine*, **25**(2), March 2008.
2. E. Aguilera, M. Nannini, and A. Reigber. Multisignal compressed sensing for polarimetric SAR tomography. *IEEE Geoscience and Remote Sensing Letters*, **9**(5):871–875, 2012.
3. F. Ahmad and M. G. Amin. Multi-location wideband synthetic aperture imaging for urban sensing applications. *Journal of the Franklin Institute*, **345**(6):618–639, 2008.
4. F. Ahmad, M. G. Amin, and S. A. Kassam. A beamforming approach to stepped-frequency synthetic aperture through-the-wall radar imaging. In *IEEE International Workshop on Computational Advances in Multi-Sensor Adaptive Processing*, Philadelphia, PA, pp. 24–27, 2005.
5. M. G. Amin and F. Ahmad. Compressive sensing for through-the-wall radar imaging. *Journal of Electronic Imaging*, **22**(2): Article 030901, 1–21, 2013.
6. M. G. Amin and K. Sarabandi. Special issue on remote sensing of building interior. *IEEE Transactions on Geoscience and Remote Sensing*, **47**(5):1267–1268, 2009.
7. M. G. Amin (Ed.). *Through-the-Wall Radar Imaging*. Boca Raton, FL: CRC Press, 2011.
8. E. Candes and J. Romberg. Sparsity and incoherence in compressive sampling. *Inverse Problems*, **23**:969985, 2006.
9. E. Candes, J. Romberg, and T. Tao. Robust uncertainty principles: Exact signal reconstruction from highly incomplete frequency information. *IEEE Transactions*

on Information Theory, **52**:489–509, 2006.
10. J. Chen and X. Huo. Theoretical results on sparse representations of multiple-measurement vectors. *IEEE Transactions on Signal Processing*, **54**(12):4634–4643, 2006.
11. S. R. Cloude. *Polarisation: Applications in Remote Sensing*. London, U.K.: Oxford University Press, 2010.
12. S. F. Cotter, B. D. Rao, K. Engan, and K. Kreutz-Delgado. Sparse solutions to linear inverse problems with multiple measurement vectors. *IEEE Transactions on Signal Processing*, **53**(7):2477–2488, 2005.
13. C. Debes, A. M. Zoubir, and M. G. Amin. Enhanced detection using target polarization signatures in through-the-wall radar imaging. *IEEE Transactions on Geoscience and Remote Sensing*, **50**(5):1968–1979, 2012.
14. R. Dilsavor, W. Ailes, P. Rush, F. Ahmad, W. Keichel, G. Titi, and M. Amin. Experiments on wideband through the wall imaging. In *Algorithms for Synthetic Aperture Radar Imagery XII, Vol. 5808 of Proceedings of SPIE*, pp. 196–209, March 28, 2005.
15. T. Dogaru and C. Le. Through-the-wall small weapon detection based on polarimetric radar techniques. ARL-TR-5041, 2009.
16. D. Donoho. Compressed sensing. *IEEE Transactions on Information Theory*, **52**:1289–1306, 2006.
17. A. C. Gurbuz, J. H. McClellan, and W. R. Scott. A compressive sensing data acquisition and imaging method for stepped frequency gprs. *IEEE Transactions on Signal Processing*, **57**(7):2640–2650, 2009.
18. Q. Huang, L. Qu, B. Wu, and G. Fang. UWB through-wall imaging based on compressive sensing. *IEEE Transactions on Geoscience and Remote Sensing*, **48**(3):1408–1415, 2010.
19. J. S. Lee and E. Pottier. *Polarimetric Radar Imaging: From Basics to Applications*. Boca Raton, FL: CRC Press, 2009.
20. A. A. Mostafa, C. Debes, and A. M. Zoubir. Segmentation by classification for through-the-wall radar imaging using polarization signatures. *IEEE Transactions on Geoscience and Remote Sensing*, **50**(9):3425–3439, 2012.
21. H. Rauhut, K. Schnass, and P. Vandergheynst. Compressed sensing and redundant dictionaries. *IEEE Transactions on Information Theory*, **54**:2210–2219, 2008.
22. C. H. Seng, A. Bouzerdoum, M. G. Amin, and S. L. Phung. Two-stage fuzzy fusion with applications to through-the-wall radar imaging. *IEEE Geoscience and Remote Sensing Letters*, **10**(4):687–691, July 2013.
23. V. H. Tang, A. Bouzerdoum, and S. L. Phung. Enhanced through-the-wall radar imaging using Bayesian compressive sensing. In *Compressive Sensing II, Vol. 8717 of Proceedings of SPIE*, Article 87170I, pp. 1–12, 2013.
24. V. H. Tang, A. Bouzerdoum, and S. L. Phung. Two-stage through-the-wall radar image formation using compressive sensing. *Journal of Electronic Imaging*, **22**(2): Article 021006, 1–10, 2013.
25. C. Thajudeen, A. Hoorfar, and W. Zhang. Estimation of frequency-dependent parameters of unknown walls for enhanced through-the-wall imaging. In *Proceedings of the IEEE International Symposium on Antennas and Propagation (AP-S/URSI)*, Spokane, WA, pp. 3070–3073, July 2011.
26. M. Thiel and K. Sarabandi. Ultrawideband multi-static scattering analysis of human movement within buildings for the purpose of stand-off detection and localization. *IEEE Transactions on Antennas and Propagation* **59**(4):1261–1268, 2011.
27. F. H. C. Tivive and A. Bouzerdoum. An improved svd-based wall clutter mitigation method for through-the-wall radar imaging. In *Proceedings of the 14th*

IEEE Workshop on Signal Processing Advances in Wireless Communications (SPAWC), Darmstadt, Germany, pp. 425–429, June 16–19, 2013.
28. F. H. C. Tivive, A. Bouzerdoum, and M. G. Amin. An svd-based approach for mitigating wall reflections in through-the-wall radar imaging. In *Proceedings of the IEEE Radar Conference (RadarCon 2011)*, Kansas City, MO, pp. 19–524, 2011.
29. J. Yang, A. Bouzerdoum, F. H. C. Tivive, and M. G. Amin. Multiple-measurement vector model and its application to through-the-wall radar imaging. In *Proceedings of the IEEE International Conference on Acoustics, Speech and Signal Processing (ICASSP)*, Prague, Czech Republic, pp. 2672–2675, 2011.
30. Y.-S. Yoon and M. G. Amin. Through-the-wall radar imaging using compressive sensing along temporal frequency domain. In *IEEE International Conference on Acoustics Speech and Signal Processing (ICASSP)*, Dallas, TX, pp. 2806–2809, 2010.
31. Y.-S. Yoon and M. G. Amin. Compressed sensing technique for high-resolution radar imaging. In *Signal Processing, Sensor Fusion, and Target Recognition XVII, Vol. 6968 of Proceedings of SPIE*, pp. 69681A 1–10, April 3, 2008.

第8章 稀疏感知的人体运动显示

Moeness G. Amin

本章主要讨论基于稀疏性的动目标显示。雷达成像系统可以通过物体的位置变化来识别生物目标。这个位置变化过程可以用雷达进行连续的或非连续的监测。目标随时间的位置变化可以用特定模型来表示,或者用特定的运动特性来表征。在这种情况下,通过利用雷达脉冲串估计相应的多普勒频率和高阶运动参数,可以得到目标的速度及其各阶导数,包括加速度。或者雷达可以在特定时刻照射场景来捕获不同位置上的目标。目标位置变化的检测是通过对不同时刻的数据或者图像进行对消实现的,这是动目标显示的基础。在这种动目标显示中,目标运动特征的细节将难以辨别并且与动目标显示是无关的。这些时刻可以间隔得很远,相隔几个脉冲,或者也可以是连续的,从而可以检测短暂的人体运动。无论是进行运动建模与表征,还是进行变化检测,我们将在本章中证明,由于目标在空间和速度中的稀疏性,运动或静止的目标都能够用数量明显减少的数据来定位。

8.1 引　言

穿墙雷达成像(TWRI)和城市感知的一个主要目标是检测和定位人员目标[1-7]。人属于有生命的对象,具有躯干和四肢的运动、呼吸以及心跳等特征。这些特征使生物目标有别于其他目标,并且它们也使目标检测能够利用散射雷达信号在时间上的相位变化信息。风扇、钟摆和其他无生命目标的运动仅表现为一种波动、旋转或者震动类型的运动,因此,可以很容易地将其与表征人体运动的或大或小的平移运动相区别。

对于城市感知环境,房间内的人通常不会产生固定的持续很长时间的多普勒频率。相反,挥手、手臂移动、身体摇摆和头部转动等定义了大多数的人体动作。从本质上讲,由人体运动引起的后向散射信号的相位变化不一定会引起多普勒频移。这是因为人体运动可以是突发的和高度不平稳的,产生一个随时间变化的相位,其变化率可能无法转换为单分量或多分量的正弦信号,从而无法被不同的单个多普勒频率滤波器捕获。此外,对应人体运动的频谱带宽可以覆盖整个雷达频段。在许多情况中,时频处理可以用来显示瞬时频率特征,并且代替多普勒滤波器[8-9]。然而,时间-多普勒频率信号表示和对应的微多普勒特征是复杂的,会导致很高的虚警概率,并且如果没有几十吉赫的载波频率,往往很难被检测到。但高频信号穿过外墙和内墙时会遭到很大的衰减。因此,无论非平稳雷达回波被认为是确定的还是随机的,在室内目标监视中引入微多普勒处理可能不是一个可行的办法[10]。

变化检测(CD)可以代替多普勒处理,其中人员检测是通过对场景的连续探测中获取的一些数据帧的对消来实现的[11-16]。变化检测可以抑制由外墙和内墙的强反射引起的严重杂波,并且移除封闭结构内的固定目标,从而使密集填充的场景变得稀疏[17]。利用这种稀疏性,可以在收集数据减少情况下进行处理,其反映为使用更少的天线单元、时间样本或频率步进,这由选择的发射波形决定。这些减少最终带来快速的数据获取和可行方法。

在本章中,我们将讨论结合了变化检测和多普勒信息的基于稀疏性的动目标显示。同时,基于压缩感知的雷达成像已经被证明是一种有效的工具[18-21]。其城市雷达应用在文献[22]中首次被提出,随后的工作见文献[23-24]。本章中所考虑的城市雷达感知的具体目标是检测和定位建筑物内的人员目标,同时明显减少提供的数据量。CD 被应用于无模糊距离的每个距离单元上的不同数据帧。请注意,这些帧可以是连续的,其适用于出现在同一个距离门上的突发性的短暂运动;也可以是非连续的,时间差相对较长的,其适用于目标的距离门发生变化的情况。然后使用 CS 技术和基于稀疏性的成像方法实现场景重建。我们关注的是正在发生平移运动的人员目标以及他们的四肢、头部和/或躯干的突然短暂运动。后者是在家庭、演讲厅、礼堂活动以及坐着的人员互动活动中的典型情况。针对每一种类型的运动,我们都建立一个合适的模型并定义相应的感知矩阵,然后用它们实现稀疏场景重建。

当目标位置是由少量运动参数表征的且被雷达以脉冲至脉冲进行监视的时候,就有可能在前向模型中引入共同的运动特征。这又允许我们使用一个减小的观测数据集,对静止和运动目标进行稀疏联合定位。我们的重点是减少在空间域以及快、慢时间域的观测数量。对于这种情况,可以使用超宽带(UWB)脉冲雷达,其中 UWB 信号紧时间支撑集可以通过时间波门选通来抑制前墙杂波。外墙抑制提高了稀疏性,并使 CS 用于墙后场景重建成为可能。

在本章中,我们使用 Villanova 大学先进通信中心的雷达成像设备在实验室环境收集实际数据,以证明了前述两种定位方案的有效性。对同时存在人员平移运动和短暂突发运动的稀疏目标场景进行成像。对于两类人体运动,同传统的基于后向投影的变化检测方法相比，表明：基于稀疏性的动目标显示，实现了数据量的大量减少，且不降低系统性能。

8.2 变化检测

8.2.1 基于后向投影的变化检测

在多部接收机同时接收的条件下，假设发射机是时间复用的。序贯发射操作是已知的三种 TWRI 系统的显著特征：第一种是陆军研究实验室建立的[25]；第二种是加拿大国防研究与发展中心建造的[26]；第三种是麻省理工学院林肯实验室的[13]。在时间复用假设下，可以建立单个有源发射机的信号模型。我们注意到，数据帧的时间间隔被假定为若干分之一秒，以使运动目标在每个数据收集间隔内看起来是静止的。根据发射机的数量、复用特性以及为提高信噪比(SNR)所用的相参积累周期，数据帧可以包含一个脉冲，或者跨过多个脉冲重复周期。

令 $s(t)$ 是用于探测场景的宽带基带信号。对于位于 $x_p=(x_p,y_p)$ 的单点目标情况，相位中心在 $x_{tm}=(x_{tm},0)$ 的第 m 个发射机的发射脉冲，被相位中心在 $x_{rm}=(x_{rm},0)$ 的第 n 个接收机接收：

$$z_{mn}(t)=a_{mn}(t)+b_{mn}(t),a_{mn}(t)=\sigma_p s(t-\tau_{p,mn})\exp(-\mathrm{j}\omega_c\tau_{p,mn}) \quad (8-1)$$

式中：σ_p 为目标的复反射率，假设其与频率和视角无关；ω_c 为载波频率；$\tau_{p,mn}$ 为信号在第 m 个发射机、目标 x_p 以及第 n 个接收机之间的传播时延；$b_{mn}(t)$ 为当第 m 个发射机有效时，静止背景对第 n 个接收机的回波贡献。对于穿墙传播，$\tau_{p,mn}$ 对应于包含穿墙前、穿墙及穿墙后的传播距离的时延分量。请注意，式(8-1)没有考虑雷达回波的墙壁衰减和自由空间路径损耗，而它们很容易增加到表达式中。

在其最简单形式中，变化检测是通过对两个数据帧的对应数据的相参对消来实现的，这两个数据帧可以是连续的，也可以是由一个或多个数据帧隔开的。对每一个距离单元都进行对消运算。CD 产生一个差分信号集合，由下式给出：

$$\delta z_{mn}(t)=z_{mn}^{(L+1)}(t)-z_{mn}^{(1)}(t)=a_{mn}^{(L+1)}(t)-a_{mn}^{(1)}(t) \quad (8-2)$$

式中：L 表示在两次采集时间之间的帧数。从固定背景返回的雷达回波分量在时间间隔内是相同的，因此被从差分信号中移除。我们假设杂波带宽为零，且限定其为零多普勒频率。值得注意的是，$L=1$ 表示两次采集发生在连续帧上的情况。使用式(8-1)和式(8-2)，第(m,n)个差分信号可以表示为

$$\delta z_{mn}(t)=\sigma_p s(t-\tau_{p,mn}^{(L+1)})\exp(-\mathrm{j}\omega_c\tau_{p,mn}^{(L+1)})-\sigma_p s(t-\tau_{p,mn}^{(1)})\exp(-\mathrm{j}\omega_c\tau_{p,mn}^{(1)}) \quad (8-3)$$

式中：$\tau_{p,mn}^{(1)}$和$\tau_{p,mn}^{(L+1)}$分别为在第一次和第二次数据采集期间，信号在第 m 个发射机、目标和第 n 个接收机之间传播引起的时延。为了形成监视场景的图像，对 M 个发射机和 N 个接收机的 MN 个差分信号做如下处理：把感兴趣区域在 x 和 y 中划分为数量有限的网格点，其中 x 和 y 分别表示横向距离和纵向距离。对 MN 个差分信号的时间延迟形式求和，得到位于像素 $x_q=(x_q,y_q)$ 的复合信号：

$$\delta z_q(t) = \sum_{m=0}^{M-1}\sum_{n=0}^{N-1}\delta z_{mn}(t+\tau_{q,mn}) = \sum_{m=0}^{M-1}\sum_{n=0}^{N-1}\left(a_{p,mn}^{(L+1)}(t+\tau_{q,mn}) - a_{p,mn}^{(1)}(t+\tau_{q,mn})\right) \tag{8-4}$$

式中：$\tau_{q,mn}$为对应于第(m,n)个差分信号的聚焦时延。注意到，在式(8-4)的求和操作中可以应用额外的加权来控制系统点扩展函数的旁瓣电平[27]。将式(8-3)代入式(8-4)中可以得到

$$\delta z_q(t) = \sum_{m=0}^{M-1}\sum_{n=0}^{N-1}\sigma_p\Big(s(t+\tau_{q,mn}-\tau_{p,mn}^{(L+1)})\exp(-\mathrm{j}\omega_c(\tau_{p,mn}^{(L+1)}-\tau_{q,mn})) - s(t+\tau_{q,mn}-\tau_{p,mn}^{(1)})\exp(-\mathrm{j}\omega_c(\tau_{p,mn}^{(1)}-\tau_{q,mn}))\Big) \tag{8-5}$$

然后，通过应用与 $s(t)$ 匹配的滤波器 $\delta z_q(t)$，并按照以下公式对滤波后的数据进行采样，得到在 x_q 像素处的复幅度图像值 $I(x_q)$ 为

$$I(x_q) = \delta z_q(t) * h(t)|_{t=0} \tag{8-6}$$

式中：$h(t)=s^*(-t)$是匹配滤波器的冲激响应，上标 * 表示负共轭；而 * 表示卷积运算符。对图像中的所有像素重复由式(8-4)~式(8-6)描述的处理过程，以生成场景的复合图像。一般的多目标情况可以通过对目标反射的叠加而得到。

在后向投影中，仅使用部分信号持续时间提供了一个图像，该图像质量同丢失数据的数量是成比例下降的[29]。由于固定背景去除过程将一个稠密填充场景转换成运动目标的一个稀疏场景，因此在 CS 框架下才可以减少数据量。

8.2.2　平移运动下的稀疏变化检测

对于目标正在发生平移运动的情况，考虑式(8-3)中的差分信号，以方便重现。使用时间差相对较长的两个非连续数据帧，即 $L\gg1$[28]。

$$\delta z_{mn}(t) = \sigma_p s(t-\tau_{p,mn}^{(L+1)})\exp(-\mathrm{j}\omega_c\tau_{p,mn}^{(L+1)}) - \sigma_p s(t-\tau_{p,mn}^{(1)})\exp(-\mathrm{j}\omega_c\tau_{p,mn}^{(1)}) \tag{8-7}$$

这种情况下，在两次数据采集之间，目标会改变其距离门的位置。如式(8-7)所示，运动目标将呈现为两个目标，一个对应第一个时间间隔内的目标位置，另一个对应在第二个数据帧期间的目标位置。需要注意的是，对于相参的变化检测方法，采用后向投影的或基于稀疏的成像技术，对应第一个数据帧的

参考位置处的成像目标均不能被抑制。此外，非相参 CD 方法则是计算两个数据帧的图像幅度之差，该方法允许通过零阈值操作来抑制参考图像[14]。然而，由于非相参方法要求场景重建在变化检测之前进行，这是因为稀疏成像依赖于相参 CD 来实现场景的稀疏化，而稀疏性的成像是不可行的，因此可将式(8-7)重写为

$$\delta z_{mn}(t) = \sum_{i=1}^{2} \tilde{\sigma}_i s(t - \tau_{i,mn}) \exp(-\mathrm{j}\omega_c \tau_{i,mn}) \tag{8-8}$$

式中：

$$\tilde{\sigma}_i \begin{cases} \sigma_p, i=1 \\ -\sigma_p, i=2 \end{cases} \text{和 } \tau_{i,mn} = \begin{cases} \tau_{p,mn}^{(L+1)}, i=1 \\ \tau_{p,mn}^{(1)}, i=2 \end{cases} \tag{8-9}$$

假设成像场景或目标空间，在横向距离和纵向距离上被划分为有限数量的网格点。如果我们在时刻$\{t\}_{k=0}^{K-1}$采样差分信号 $\delta z_{mn}(t)$，可以得到一个 $K \times 1$ 维向量 $\Delta \boldsymbol{z}_{mn}$，以及形成与空间采样网格对应的拼接的 $Q \times 1$ 维场景反射率向量 $\tilde{\boldsymbol{\sigma}}$，使用式(8-9)中建立的信号模型，可以得到一个线性方程组为

$$\Delta \boldsymbol{z}_{mn} = \boldsymbol{\Psi}_{mn} \tilde{\boldsymbol{\sigma}} \tag{8-10}$$

$\boldsymbol{\Psi}_{mn}$的第 q 列由与网格点 x_q 处目标对应的接收信号组成，以及第 q 列的第 k 个元素可以写为

$$\Delta \boldsymbol{z}_{mn} = [\boldsymbol{\Psi}_{mn}]_{k,q} = \frac{s(t_k - \tau_{q,mn}) \exp(-\mathrm{j}\omega_c \tau_{q,mn})}{\| s_{q,mn} \|_2}, k=0,1,\cdots,K-1, q=0,1,\cdots,Q-1 \tag{8-11}$$

式中：向量 $\boldsymbol{s}_{q,mn}$的第 k 个元素为 $s(t_k - \tau_{q,mn})$，这意味着式(8-11)右侧的分母是时域信号的能量。因此，$\boldsymbol{\Psi}_{mn}$的每一列都为单位范数。此外，注意式(8-10)中的 $\tilde{\boldsymbol{\sigma}}$ 是定义了场景反射率的加权指示向量，也就是说，如果在第 q 个网格点上有一个目标，则 $\tilde{\boldsymbol{\sigma}}$ 的第 q 个元素的值应该是 $\tilde{\boldsymbol{\sigma}}_q$，否则是 0。

式(8-10)和式(8-11)描述的变化检测模型允许在 CS 框架内进行场景重建。我们测量了一个其元素从 $\Delta \boldsymbol{z}_{mn}$中随机选取的 $\breve{L} < (K)$维的向量。新的测量可以表示为

$$\xi_{mn} = \boldsymbol{\Phi}_{mn} = \boldsymbol{\Phi}_{mn} \boldsymbol{\Psi}_{mn} \tilde{\boldsymbol{\sigma}} = \boldsymbol{A}_{mn} \tilde{\boldsymbol{\sigma}} \tag{8-12}$$

式中：$\boldsymbol{\Phi}_{mn}$为 $\breve{L} \times (K)$ 维测量矩阵；$\boldsymbol{A}_{mn} = \boldsymbol{\Phi}_{mn} \boldsymbol{\Psi}_{mn}$为 $L \times Q$ 维矩阵。文献[30]及其参考文献中报道了几种类型的测量矩阵。在文献[20]中，证明随机 ±1 元素的测量矩阵在相同的雷达成像性能下所要求的压缩测量数量最少，并允许一个相对简单的数据采集实现，因此，在图像重建中使用该测量矩阵。

给定 ξ_{mn}，且 $m=0,1,\cdots,M-1$，$n=0,1,\cdots,N-1$，可以通过求解下式来恢

复 $\tilde{\boldsymbol{\sigma}}$：

$$\hat{\tilde{\boldsymbol{\sigma}}} = \arg\min_{\tilde{\boldsymbol{\sigma}}} \| \tilde{\boldsymbol{\sigma}} \|_1 \quad \text{s. t.} \quad \boldsymbol{A}\tilde{\boldsymbol{\sigma}} \approx \xi \tag{8-13}$$

式中：

$$\boldsymbol{A} = [\boldsymbol{A}_{00}^{\mathrm{T}} \quad \boldsymbol{A}_{01}^{\mathrm{T}} \quad \cdots \quad \boldsymbol{A}_{(M-1)(N-1)}^{\mathrm{T}}]^{\mathrm{T}}, \boldsymbol{\xi} = [\boldsymbol{\xi}_{00}^{\mathrm{T}} \quad \boldsymbol{\xi}_{01}^{\mathrm{T}} \quad \cdots \quad \boldsymbol{\xi}_{(M-1)(N-1)}^{\mathrm{T}}]^{\mathrm{T}} \tag{8-14}$$

得到式(8－13)稀疏目标空间重建问题的一个稳定解的保证条件是：矩阵 $\boldsymbol{A}$ 要满足有限等距特性(RIP)，即来自矩阵 $\boldsymbol{A}$ 的 r 列的所有列子集实际上都是近似正交的，r 为 $\tilde{\boldsymbol{\sigma}}$ 信号的稀疏度[20－21,31]。一般来说，这一性质在计算上很难检验，因此，其他关于矩阵 $\boldsymbol{A}$ 的相关度量，如互相关性，常常通过 l_1 最小化来保证稳定的恢复。矩阵 $\boldsymbol{A}$ 的列的互相关性可以看作 Gram 矩阵 $\boldsymbol{A}^{\mathrm{H}}\boldsymbol{A}$ 的最大非对角项，其中 $\boldsymbol{A}$ 的列已经归一化。我们注意到式(8－13)中的问题可以用凸松弛、贪婪追踪或者各种组合算法来求解[31－33]。此外，对 RIP 条件具有鲁棒性的贝叶斯 CS 技术可用于式(8－10)中的线性模型[34]。在本章中，我们选择CoSaMP作为重构算法，主要因为它具有处理复杂计算的能力[33]。

式(8－13)和式(8－14)代表了一种基于稀疏性的变化检测策略。对于构成阵列孔径的所有发射机－接收机上的时间数据样本，可以随机选取一部分以减少数量。这两个方程也可以扩展，使减少的测量数据既包括空间样本，也包括时间样本。

8.2.3　短暂突发运动下的稀疏变化检测

假设连续的($L=1$)数据帧被用于变化检测，并且考虑这样一个场景：场景中人员的四肢、头部和/或躯干的突发短暂运动。在这种情况下，我们可以将目标模拟为在同一分辨率单元内的 P 个点散射体的簇，并且在连续的数据采集过程中，这些散射体中只有一小部分(如 P_1 个)在移动。例如，在圆桌会议上，在连续观察中人体的上半部分很可能会移动，特别是手，而腿部是保持静止的。使用式(8－1)，对应于第(m,n)个发射机－接收机对的第一个数据帧的基带接收信号可以表示为

$$z_{mn}^{(1)}(t) = \sum_{P=1}^{P} \sigma_p s(t-\tau_{p,mn}^{(1)}) \exp(-\mathrm{j}\omega_{\mathrm{c}}\tau_{p,mn}^{(1)}) + b_{(mn)}(t) \tag{8-15}$$

式中：σ_p 是第 p 个点散射体的复反射率。$\tau_{p,mn}^{(1)}$是在第一帧期间信号在第(m,n)个发射机－接收机对和第 p 个散射体之间传播引入的双程延迟。由于 P 个点散射体聚集在同一分辨率单元内，我们可以将式(8－15)重写为

$$z_{mn}^{(1)}(t) = \sigma_{mn}^{(1)}(t) s(t-\bar{\tau}_{mn}) \exp(-\mathrm{j}\omega_{\mathrm{c}}\bar{\tau}_{mn}) + b_{(mn)}(t) \tag{8-16}$$

式中：$\bar{\tau}_{mn}$为从第 m 个发射机至距离单元中心再回到第 n 个接收机的传播延迟，且有

$$\sigma_{mn}^{(1)} = \sum_{p=1}^{P} \sigma_p \exp(-j\omega_c \Delta\tau_{p,mn}^{(1)}) \tag{8-17}$$

是 $\Delta\tau_{p,mn}^{(1)} = \tau_{p,mn}^{(1)} - \bar{\tau}_{mn}$ 的净目标反射率。

令前 P_1 个散射体表示人体发生短暂运动的部分。于是，对应于第二个数据帧的第 m 个接收信号可以表示为

$$z_{mn}^{(2)}(t) = \sigma_{mn}^{(2)} s(t - \bar{\tau}_{mn}) \exp(-j\omega_e \bar{\tau}_{mn}) + b_{mn}(t) \tag{8-18}$$

它的净反射率 $\sigma_{mn}^{(2)}$ 由下式给出：

$$\sigma_{mn}^{(2)} = \sum_{p=1}^{P_1} \sigma_p \exp(-j\omega_c \Delta\tau_{p,mn}^{(2)}) + \sum_{p=P_1+1}^{P} \sigma_p \exp(-j\omega_c \Delta\tau_{p,mn}^{(1)}) \tag{8-19}$$

以及一个差分延迟集合 $\Delta\tau_{p,mn}^{(2)} = \{\tau_{p,mn}^{(2)} - \bar{\tau}_{mn}\}_{p=1}^{P_1}$，其对应于同一分辨率单元中 P_1 散射体的新位置。与这些连续数据测量相对应的差分信号由下式给出：

$$\delta z_{mn}(t) = z_{mn}^{(2)}(t) - z_{mn}^{(1)}(t) = (\sigma_{mn}^{(2)}(t) - \sigma_{mn}^{(1)}(t)) s(t - \bar{\tau}_{mn}) \exp(-j\omega_c \bar{\tau}_{mn}) =$$
$$\delta\sigma_{mn} s(t - \bar{\tau}_{mn}) \exp(-j\omega_c \bar{\tau}_{mn}) \tag{8-20}$$

式中：$\delta\sigma_{mn}$ 为在连续采集之间的反射率变化。

同样，使用式(8-20)的离散形式，得到线性方程组：

$$\Delta z_{mn} = \boldsymbol{\Psi}_{mn} \delta \tilde{\boldsymbol{\sigma}} \tag{8-21}$$

式中：$\boldsymbol{\Psi}_{mn}$ 已经在式(8-11)中定义；$\delta\boldsymbol{\sigma}_{mn}$ 为一个加权指示向量，其定义了第 m 个发射机工作时在第 n 个接收机上观测到的场景反射率的变化，也就是说，如果第 q 个网格点的目标反射率有变化，则 $\delta\boldsymbol{\sigma}_{mn}$ 的第 q 个元素的值将为 $\sigma_{q,mn}^{(2)}(t) - \sigma_{q,mn}^{(1)}(t)$，否则为0。对于式(8-21)中的信号模型，可以观察到场景反射率的变化取决于发射机和接收机的位置。因此，同视角独立的散射假设不再适用，并且每个发射机-接收机对的场景反射率都会发生变化。为了解决这个问题，可以采用子孔径形成复合图像[35]。在此方案中，发射和接收阵列被划分为子孔径。假设在这些子孔径的角度范围内是各向同性散射的，则可以得到子图像，然后将子图像组合成一个场景的单一合成图像。基于子孔径的场景重建可以在 CS 框架内使用式(8-21)的变化检测模型来实现。

假设 M 单元的发射阵列和 N 单元的接收阵列分别划分成 K_1 和 K_2 个不重叠的子孔径。K_1 和 K_2 的选择受局部各向同性要求的约束，即每个发射和接收子孔径应该对应于一个小视角的数据集(通常在几度的量级上)。在 CS 框架下，少量随机测量携带了足够多的信息来完整表示稀疏信号 $\delta\sigma^{(k_1,k_2)}$，$\delta\sigma^{(k_1,k_2)}$ 是对应于第 k_1 个发射子孔径和第 k_2 个接收子孔径的场景图像。因此，当第 k_1 个发射子孔径的第 m_{k_1} 个天线有效时，测量第 k_2 个接收子孔径的第 n_{k_2} 个天线的差分信号的一个 $\breve{L} < (K)$ 样本的随机子集。新的测量可以表示为矩阵的形式：

$$\xi_{m_{k_1}n_{k_2}}^{(k_1,k_2)}=\boldsymbol{\Phi}_{m_{k_1}n_{k_2}}^{(k_1,k_2)}\Delta z_{m_{k_1}n_{k_2}}^{(k_1,k_2)}K_2=\boldsymbol{\Phi}_{m_{k_1}n_{k_2}}^{(k_1,k_2)}\boldsymbol{\Psi}_{m_{k_1}n_{k_2}}^{(k_1,k_2)}\delta\boldsymbol{\sigma}^{(k_1,k_2)}=\boldsymbol{A}_{m_{k_1}n_{k_2}}^{(k_1,k_2)}\delta\boldsymbol{\sigma}^{(k_1,k_2)} \quad (8-22)$$

式中，$\boldsymbol{\Phi}_{m_{k_1}n_{k_2}}^{(k_1,k_2)}$ 为对应于第 k_2 个接收子孔径中的第 n_{k_2} 个天线位置的 $\breve{L}\times K$ 测量矩阵；矩阵 $\boldsymbol{A}_{m_{k_1}n_{k_2}}^{(k_1,k_2)}=\boldsymbol{\Phi}_{m_{k_1}n_{k_2}}^{(k_1,k_2)}\boldsymbol{\Psi}_{m_{k_1}n_{k_2}}^{(k_1,k_2)}$ 为 $\breve{L}\times Q$ 维矩阵。对于给定的 $\xi_{m_{k_1}n_{k_2}}^{(k_1,k_2)}$，$m_{k_1}=0,1,\cdots,\lceil M/K_1\rceil-1,n_{k_2}=0,1,\cdots,\lceil M/K_2\rceil-1$，可以通过求解下列方程来恢复 $\delta\sigma^{(k_1,k_2)}$：

$$\delta\hat{\boldsymbol{\sigma}}^{(k_1,k_2)}=\arg\min_{\alpha}\|\alpha\|_1 \text{ s. t. } \boldsymbol{A}^{(k_1,k_2)}\boldsymbol{\alpha}\approx\xi^{(k_1,k_2)} \quad (8-23)$$

式中：

$$\begin{cases}\boldsymbol{A}^{(k_1,k_2)}=[(\boldsymbol{A}_{00}^{(k_1,k_2)})^{\mathrm{T}}\quad(\boldsymbol{A}_{01}^{(k_1,k_2)})^{\mathrm{T}}\quad\cdots\quad(\boldsymbol{A}_{\lceil M/K_1\rceil-1,\lceil N/K_2\rceil-1}^{(k_1,k_2)})^{\mathrm{T}}]^{\mathrm{T}}\\ \xi^{(k_1,k_2)}=[(\xi_{00}^{(k_1,k_2)})^{\mathrm{T}}\quad(\xi_{01}^{(k_1,k_2)})^{\mathrm{T}}\quad\cdots\quad(\xi_{\lceil M/K_1\rceil-1,\lceil N/K_2\rceil-1}^{(k_1,k_2)})^{\mathrm{T}}]^{\mathrm{T}}\end{cases} \quad (8-24)$$

一旦重建了对应于所有 K_1 个发射子孔径和 K_2 个接收子孔径的子图像 $\delta\boldsymbol{\sigma}^{(k_1,k_2)}$，则复合图像 $\delta\boldsymbol{\sigma}$ 可以表示为

$$[\delta\hat{\boldsymbol{\sigma}}]_q=\arg\max_{k_1,k_2}|[\delta\hat{\boldsymbol{\sigma}}]_q| \quad (8-25)$$

式中：$[\delta\hat{\boldsymbol{\sigma}}]_q$ 和 $[\delta\hat{\boldsymbol{\sigma}}^{(k_1,k_2)}]_q$ 分别为复合图像和对应于第 k_1 个发射和第 k_2 个接收子孔径的子图像的第 q 个像素。计算发射机和接收机孔径间不同散射系数的替代方法包括群稀疏性，它可以使用贪婪算法、凸优化或贝叶斯 CS 技术来求解。

值得注意的是，上述的平移和突变两种运动模型可以结合起来描述基于更为一般运动特征的变化检测。

8.2.4　变化检测的实验结果

在 Villanova 大学的雷达成像实验室，一种穿墙宽带脉冲雷达系统被用来进行实际数据的采集。系统使用 0.7ns 脉冲来照射场景，如图 8－1 所示。脉冲被上变频到 3GHz 后进行发射，在接收端通过正交解调被下变频到基带。系统工作带宽为 1.5~4.5GHz，距离分辨率为 5cm。峰值发射功率为 25dBm。发射通过一个单喇叭天线（BAE－H1479 型）完成，其工作带宽为 1~12.4GHz 并被安装在一个三脚架上。采用阵元间距为 0.06m 的 Vivaldi 单元八元线阵列作为接收机，并放置在发射天线的右侧。发射机到最左边接收天线之间的中心间距为 0.28m，如图 8－2 所示。在 2×4 木柱框架上使用 1cm 厚的水泥板建造了一个 3.65m×2.6m 的墙体段。发射天线和接收阵列离墙的距离为 1.19m。脉冲重复频率（PRF）为 10MHz，即有 15m 的无模糊距离，其约为成像房间长度的 3 倍。尽管 PRF 很高，但系统的刷新频率为 100Hz。这是因为使用了等效时间采样[36]，以及接收阵列单元是通过多路复用器序贯访问，而不是同时接收的。

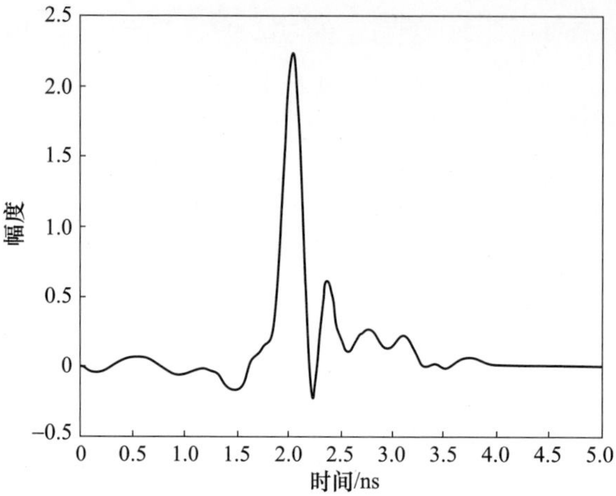

图 8 - 1　用于成像的宽带脉冲

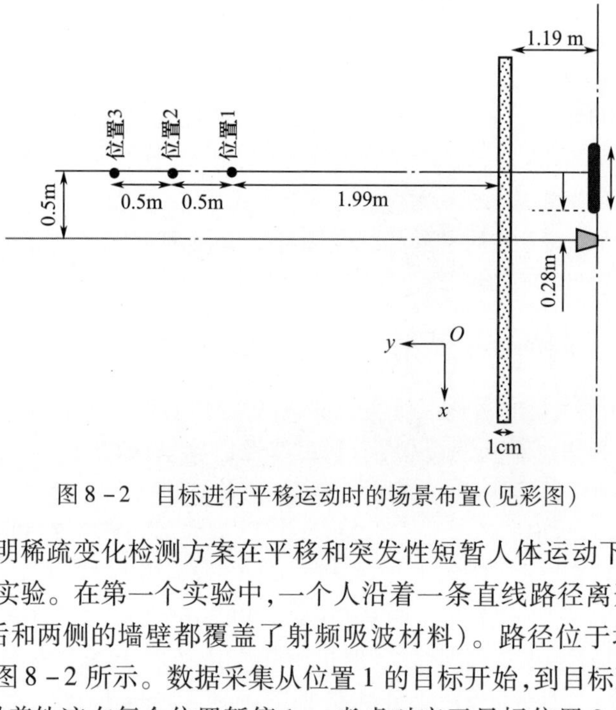

图 8 - 2　目标进行平移运动时的场景布置(见彩图)

为了说明稀疏变化检测方案在平移和突发性短暂人体运动下的性能,考虑两种不同的实验。在第一个实验中,一个人沿着一条直线路径离开一间空房间的墙壁(背后和两侧的墙壁都覆盖了射频吸波材料)。路径位于场景中心右侧 0.5m 处,如图 8 - 2 所示。数据采集从位置 1 的目标开始,到目标到达位置 3 时结束,目标沿着轨迹在每个位置暂停 1s。考虑对应于目标位置 2 和位置 3 的数据帧。每一帧由 20 个脉冲组成,其通过相参积累来提高 SNR。成像区域(目标空间)为 3m × 3m,中心为(0.5m,4m),在横向距离和纵向距离上划分为 61 × 61 个网格点,共产生 3721 个未知量。目标空间的空时响应由 8 × 1536 空时测量组成。图 8 - 3(a)显示了使用了所有 8 × 1536 个数据点的基于后向投影变化检测的场景图像。在此图和本节后继的所有图片中,用归一化为 0 的每幅图像中的最大强度值来描绘图像强度。可以观察到,当人体在两次数据采集期内改变其距离门位置时,它在图像中呈现为两个目标,并在其两个位置上被正确地定位。

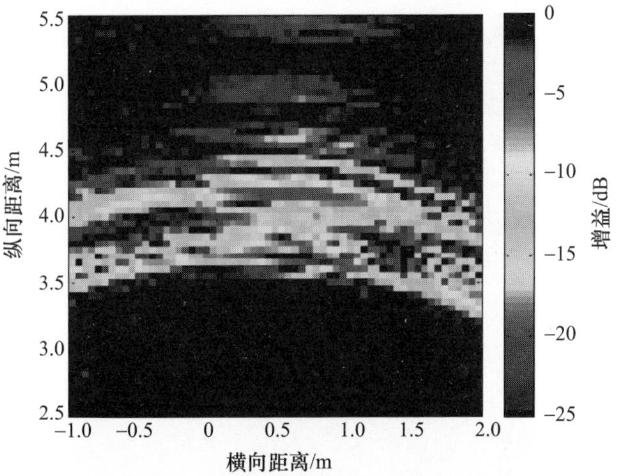

(a)

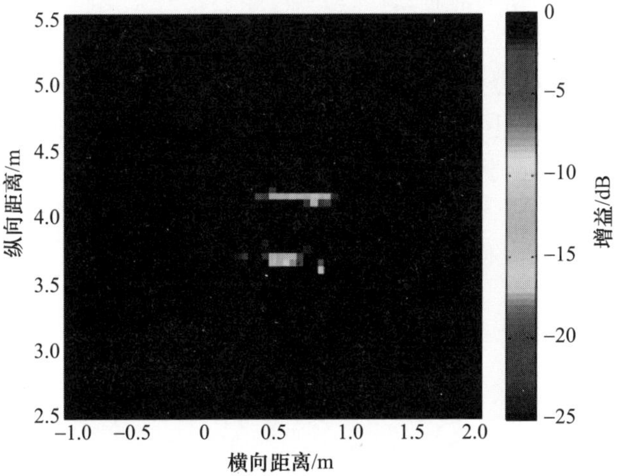

(b)

图 8 – 3 不同数据量对稀疏性变化检测技术的影响(见彩图)

(a)使用完整数据集的基于后向投影的变化检测图像;

(b)使用 5% 数据量的基于稀疏性的变化检测图像,在 100 次试验上平均。

对基于稀疏性的变化检测技术,在 8 个接收天线每个位置上,1536 个时间样本中只有 5% 的是随机选择的,从而得到 8 × 77 个空时测量数据。更具体地讲,在每个接收位置上得到 77 个时间样本,其作为 1536 点时域响应与 77 × 1536 测量矩阵的乘积,测量矩阵元素以 1/2 概率被随机选择为 ±1。根据 CS 理论,从

$O(r\log(Q))$个测量中可以恢复含有 Q 个未知量的 r－稀疏目标空间[37]。人体目标在横向距离上约占0.5m，纵向距离约占0.25m，所以占据了 10×5 个网格点。因此，对于所考虑的数据集，其中目标在变化检测之后呈现为两个目标，8×77个测量数据点满足 $O(r\log(Q))$个测量的这一要求。我们使用5%数据量的稀疏变化检测重建目标空间100次。对每一次试验，使用不同的随机测量矩阵来生成缩减后的测量集，接着进行基于稀疏的场景重建。对于100次实验中的每一次，还计算了矩阵 $\boldsymbol{A}$ 的列的互相关性，它是随机 ±1 元素值的测量矩阵 $\boldsymbol{\Phi}$ 与式(8－14)中定义的 $\boldsymbol{\Psi}$ 矩阵的乘积。$\boldsymbol{A}$ 的列互相关平均值等于0.892。图8－3(b)描绘了稀疏CD的100次实验的平均结果。在该图中，一个网格点的强度越高，则在100次重建实验中该网格点被填充的次数越多。可以观察到，平均来说，基于稀疏性的CD方法在两个位置上都可以准确地检测和定位到目标。此外，同图8－3(a)中基于后向投影的结果相比，图8－3(b)中的图像没有那么杂乱，这是因为式(8－13)中的 l_1 最小化被施加到稀疏解上造成的。

接下来，让人面墙而立。该场景中，人位于离雷达横向距离0.5m和纵向距离3.9m的位置上，如图8－4所示。收集数据时，目标起先直视墙壁，然后突然抬头往上看。当人移动头部时，肩部和胸部也会由轻微的移动和起伏。考虑两个20个脉冲的数据帧，每个数据帧对应于所考虑的两个头部位置。系统参数、目标空间的维数、网格点数以及后向投影和稀疏重建所用的空时测量数均与平移运动时的例子相同。图8－5显示了使用了全部数据量(相参积累后的)的基于后向投影的变化检测获得的目标空间图像。可以观察到，当目标向上看时，变化检测方法能够检测到目标反射率的累积变化，这是由于头部运动以及胸部伴随地轻微地向外和向上移动引起的。与图8－3(a)中的平移运动图像相比，突

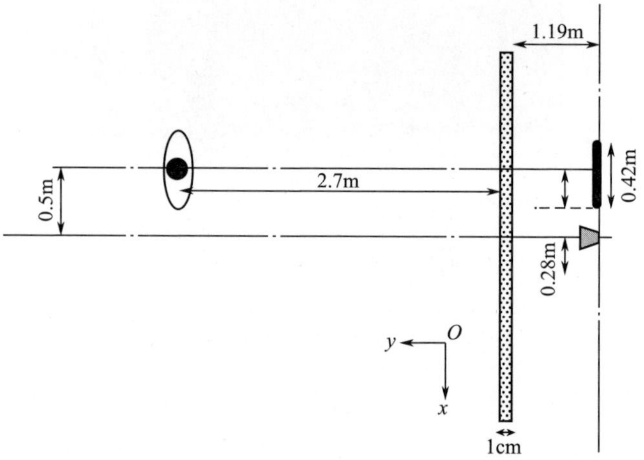

图8－4　目标存在突发瞬时运动时的场景布置

发性短暂运动的图像更加杂乱，这是因为只有身体的一小部分有轻微的运动，雷达回波在这种情况下要弱得多。

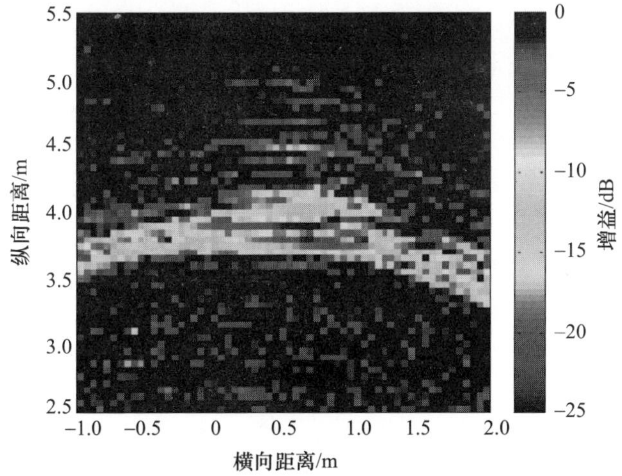

图 8－5　使用全部数据量，对经历突发瞬时运动的目标的基于后向投影的图像（见彩图）

我们在同样场景下获取了基于稀疏性的变化检测复合成像结果。这里使用了两个子孔径，每个子孔径由 4 个接收天线单元组成，并且仅使用了总数据量的 5%。也就是说，在每个子孔径内每个天线位置使用了 77 个时间样本。类似于平移运动的例子，我们进行了 100 次场景重建，图 8－6 给出了与式(8－25)子图像相结合的平均目标空间图像。可以观察到，基于稀疏性的变化检测方法使用大大减少的数据量，成功地检测和定位到了正在进行短暂运动的目标。

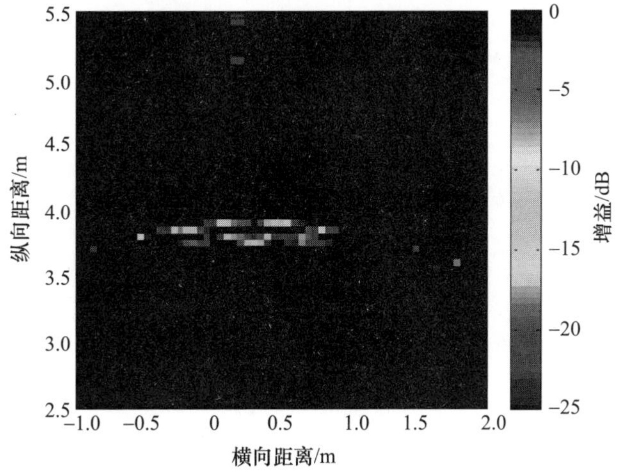

图 8－6　使用 5% 数据量，利用式(8－25)中提到的与子图像结合方法得到的基于稀疏分析的复合图像，图像是 100 次重建的平均（见彩图）

注意到,这里给出的工作只考虑了目标空间的稀疏性,并没有对重建过程中稀疏解的支持作任何进一步的假设。由于人是扩展目标,它们在穿墙图像中以簇的形式出现。因此,对应的稀疏解支持具有一个潜在的块结构[38,39]。今后的工作将集中在利用这种块稀疏性,进一步地减少稳定恢复所需要的压缩测量数量。

8.3 稀疏目标定位和运动参数估计

与变化检测方法不同,本章第二部分中的假设是雷达在连续地监视场景。如果发生运动,则运动特性用目标速度来表征。我们的目标是在任意时刻能够定位房间内的静止和运动的目标。

8.3.1 UWB 信号模型

同样,考虑一个 M 阵元的发射阵列和一个 N 阵元的接收阵列,这两个阵列都位于沿着 x 轴距一面均匀墙壁 y_{off} 远的位置上,如图 8-7 所示。请注意,尽管为了简单起见,假设阵列与前墙壁是平行的,但这并不是必需的。令 $\mathbf{x}_{\text{t}m}=(x_{\text{t}m},0)$ 和 $\mathbf{x}_{\text{r}n}=(x_{\text{r}n},0)$ 分别为第 m 个发射机和第 n 个接收机的相位中心。将发射信号表示为

$$s(t)=a(t)\exp(\mathrm{j}\omega_{\text{c}}t) \tag{8-26}$$

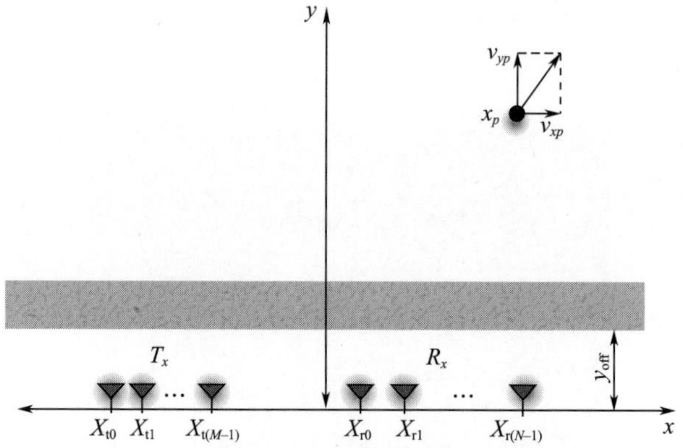

图 8-7 发射和接收几何关系(见彩图)

式中:$a(t)$ 为 UWB 基带信号;ω_{c} 为载波频率;T_{r} 为脉冲重复间隔。考虑每发射机 $\breve{K}$ 个脉冲的相参处理间隔,一个单点目标以恒定的水平和垂直速度分量 (v_{xp},v_{yp}) 缓慢地离开原点,如图 8-7 所示。在时间 $t=0$ 时,令目标位置为 $\mathbf{x}_p=(x_p,y_p)$。假设由发射机排序的定时间隔足够短,因此,在每个长度为 MT_{r}

的数据收集间隔内，目标看起来都是静止的。这意味着与第 $\breve{k}$ 个脉冲相对应的目标位置由下式确定：

$$x_p(\breve{k}) = (x_p + v_{xp}\breve{k}MT_{\mathrm{r}}, y_p + v_{yp}\breve{k}MT_{\mathrm{r}}) \tag{8-27}$$

由第 n 个接收机测量的与第 m 个发射机发射的第 $\breve{k}$ 个脉冲相对应的基带目标回波为

$$z^{p}_{mn\breve{k}}(t) = \sigma_p a(t - \breve{k}MT_{\mathrm{r}} - mT_{\mathrm{r}} - \tau_{p,mn}(\breve{k}))\exp(-\mathrm{j}\omega_{\mathrm{c}}\tau_{p,mn}(\breve{k})) \tag{8-28}$$

式中：$\boldsymbol{\sigma}_p$ 为目标的复反射率；$\tau_{p,mn}(\breve{k})$ 为第 $\breve{k}$ 个脉冲信号从第 m 个发射机到目标位置 $x_p(\breve{k})$ 再回到第 n 个接收机的传播时延。

对于穿墙传播，$\tau_{p,mn}(\breve{k})$ 包含了对应于传播距离在墙前、墙中和墙后的各个分量。在出现 P 个点目标的情况下，对应于目标的接收信号分量将是式(8-28)中单个目标回波的叠加，式中 $p=0,1,\cdots,P-1$。在该模型中，忽略了目标与多径回波之间的相互作用。值得注意的是，墙壁后面的任何静止目标都被包含在这个模型中，并对应于运动参数对 $(v_{xp}, v_{yp}) = (0,0)$。此外，请注意，假定了缓慢运动的目标在相参处理间隔内是保持在同一距离单元之内的。

另一方面，由于墙壁是镜面反射体，在第 n 个接收机处接收到的对应于第 m 个发射机发射的第 $\breve{k}$ 个脉冲的基带墙壁回波可以表示为

$$\boldsymbol{z}^{\mathrm{wall}}_{mn\breve{k}}(t) = \boldsymbol{\sigma}_{\mathrm{wall}} a(t - \breve{k}MT_{\mathrm{r}} - mT_{\mathrm{r}} - \tau_{\mathrm{wall},mn})\exp(-\mathrm{j}\omega_c\tau_{\mathrm{wall},mn}) + B^{\mathrm{wall}}_{mn\breve{k}}(t) \tag{8-29}$$

式中：$\boldsymbol{\sigma}_{\mathrm{wall}}$ 为墙壁复反射率；$\tau_{\mathrm{wall},mn}$ 为从第 m 个发射机到墙壁再返回接收机的传播延迟；$B^{\mathrm{wall}}_{mn\breve{k}}(t)$ 为由于在墙壁内的多次反射而引起的幅度衰减的墙壁混响(图 8-8)。

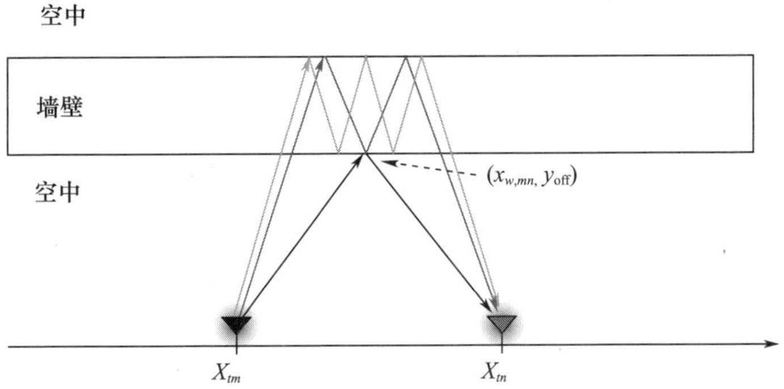

图 8-8　墙壁混响

传播时延 $\tau_{\mathrm{wall},mn}$ 为[38]

$$\tau_{\text{wall},mn}=\frac{\sqrt{(x_{\text{t}m}-x_{w,mn})^2+y_{\text{off}}^2}+\sqrt{(x_{\text{r}n}-x_{w,mn})^2+y_{\text{off}}^2}}{c} \tag{8-30}$$

式中:c 为在自由空间中的光速,并且

$$x_{w,mn}=\frac{x_{\text{t}m}+x_{\text{r}n}}{2} \tag{8-31}$$

是对应于第 m 个发射机和第 n 个接收机的在墙上的反射点,如图 8-8 所示。值得注意的是,因为墙是静止的,时延 $\tau_{\text{wall},mn}$ 并不随着脉冲的变化而变化。因此,式(8-29)中的表达式假设对于 $\breve{k}=0,1,\cdots,\breve{K}-1$ 的值是相同的。

结合式(8-28)和式(8-29),对应于第 m 个发射机有效时发射的第 $\breve{k}$ 个脉冲,第 n 个接收机收到的总基带信号为

$$z'_{mn\breve{k}}(t)=z^{\text{wall}}_{mn\breve{k}}(t)+\sum_{p=0}^{P-1}z^{p}_{mn\breve{k}}(t) \tag{8-32}$$

一般来说,墙后目标的回波,包括运动的和静止的,比墙前反射要弱得多,导致低的信杂比(SCR)。由于发射信号的 UWB 特性,通过在时域内关闭墙壁回波距离门的方式来改善这种情况是很自然的,从而提供对包含少量静止和运动目标的稀疏墙后场景的访问。因此,时间门控接收信号仅包含来自墙后的 P 个目标的贡献,以及没有通过门控被移除或者完全抑制的墙壁残留回波。本章假设通过门控可以有效地抑制墙壁杂波。因此,使用式(8-32),可以得到

$$z'_{mn\breve{k}}(t)=\sum_{p=0}^{P-1}z^{p}_{mn\breve{k}}(t) \tag{8-33}$$

8.3.2 基于后向投影的静止和运动目标定位

雷达图像通常是使用后向投影算法来形成的。然而,在观察到的场景中,运动目标的出现给传统的后向投影提出了一个问题。与静止目标不同,运动目标是散焦的,并在图像上变得模糊,这使得在后向投影图像中很难检测和定位到运动目标[39]。通常,处理运动目标的方法涉及多普勒辨别[40],以形成运动目标的聚焦图像。最简单的形式是在原始数据立体块的慢时间维上实现快速傅里叶变换(FFT),然后对每个多普勒单元的快时间和空域数据应用后向投影,如图 8-9 所示。

考虑由第 n 个接收机接收到的信号 $\{z_{mn\breve{k}}(t)\}_{\breve{k}=0}^{\breve{K}-1}$,其中第 m 个发射机在相干处理间隔内是有效的,以及 $z_{mn\breve{k}}(t)$ 由式(8-33)给出。在慢时间维对 $\{z_{mn\breve{k}}(t)\}_{\breve{k}=0}^{\breve{K}-1}$ 使用傅里叶变换的情况下,可以令得到的对应于第 l 个多普勒频率单元的信号用 $z^{l}_{mn}(t)$ 表示。为了产生第 l 个多普勒单元的距离和横向距离图像,对应所有 M 个发射机和 N 个接收机的信号 $z^{l}_{mn}(t)$ 被进行如下的处理。

感兴趣区域被划分为有限数量的像素,比如 Q。通过聚焦时延,得到位于

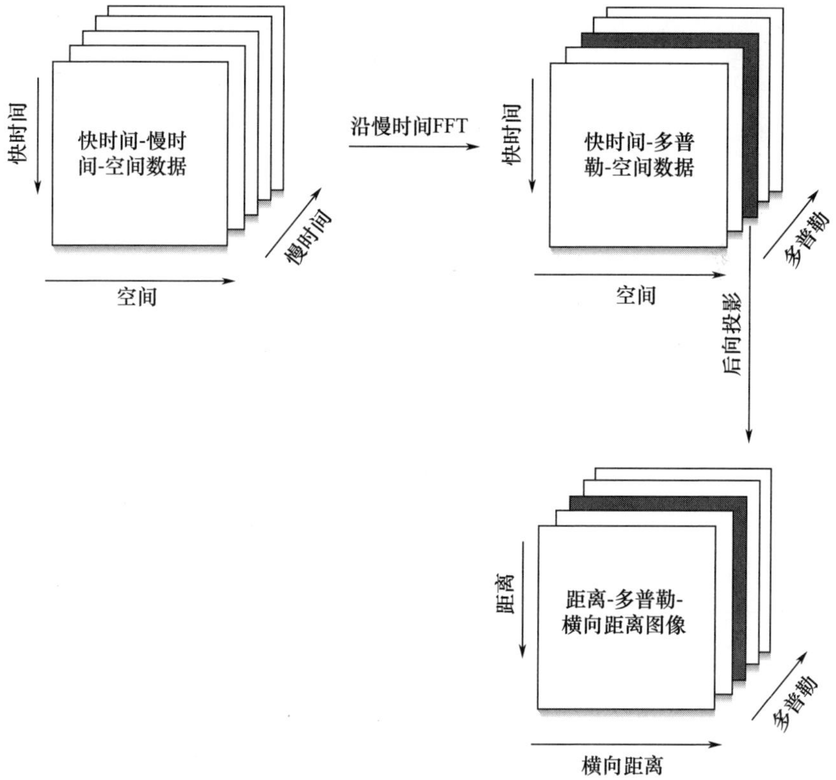

图 8-9　传统的基于后向投影成像方案的流程图

$\boldsymbol{x}_q=(x_q,y_q)$的第 q 个像素的复合信号，然后对结果进行求和，得

$$z_q^l(t)=\sum_{m=0}^{M-1}\sum_{n=0}^{N-1}z_{mn}^l(t+\tau_{q,mn}) \tag{8-34}$$

注意，聚焦时延 $\tau_{q,mn}$ 对应于第 m 个发射机、第 q 个像素和第 n 个接收机之间的双程信号传播时间。如果目标确实存在于第 q 个像素的位置，即 $x_q=x_p$，则聚焦时延使对应于不同发射机和接收机的所有信号对齐，从而使信号相干组合在一起。另一方面，如果在第 q 个像素上没有目标，则相同的聚焦时延将使各种信号在时间上错开，从而产生减小的组合输出。

与第 q 个像素对应的复幅度图像值可从式(8-34)获得，即

$$I^l(\boldsymbol{x}_q)=z_q^{'l}(t)\mid_{t=0} \tag{8-35}$$

式中：$z_q^{'l}(t)$为应用于相应多普勒单元的匹配滤波器输出。对于所有 Q 个像素都执行式(8-34)和式(8-35)描述的处理过程，以生成与第 l 个多普勒单元对应场景的复图像。

请注意，即使丢失了一些空间快时间-慢时间测量，也可能获得在视场中的目标的空间参数和运动参数。然而，在基于后向投影的场景重建方案中，仅仅使

用某些发射和接收单元、少数脉冲和/或部分的信号持续时间，就会降低图像质量。因此，CS 框架更适合于想要减少数据量的情况。

8.3.3 基于 CS 的静止和运动目标定位

本节为 CS 应用建立一个带感知矩阵的线性信号模型，并提出对封闭结构内的静止和运动目标进行联合定位的稀疏重建方案。

8.3.3.1 线性模型表示

观察场景在横向距离和纵向距离上被分为 Q 个像素的情况下，考虑分别有 N_{v_x} 和 N_{v_y} 个期望的水平和垂直速度的离散值。因此，在横向距离和纵向距离上有 Q 个像素的图像与所考虑的每个水平和垂直速度对相关联，从而产生一个四维目标空间。请注意，所考虑的速度包括(0,0)速度对，以包含静止目标。

在时间 $\{t_k\}_{k=0}^{K-1}$ 采样接收信号 $z_{mn\breve{k}}(t)$，得到一个 $K\times1$ 向量 $\boldsymbol{z}_{mn\breve{k}}$。对于第 l 个速度对 (v_{xl},v_{yl})，将横向距离和纵向距离图像向量化为一个 $Q\times1$ 场景反射率向量 $\boldsymbol{\sigma}(v_{xl},v_{yl})$。向量 $\boldsymbol{\sigma}(v_{xl},v_{yl})$ 是一个加权指示向量，定义了对应于第 l 个所考虑速度对的场景反射率；也就是说，如果在空间网格点 (x,y) 上存在一个运动参数为 (v_{xl},v_{yl}) 的目标，则 $\boldsymbol{\sigma}(v_{xl},v_{yl})$ 的对应元素的值是非零的，否则，它就为零。

应用式(8-28)和式(8-33)中所建立的信号模型，得到线性方程组：

$$\boldsymbol{z}_{mn\breve{k}}=\boldsymbol{\Psi}_{mn\breve{k}}(v_{xl},v_{yl})\boldsymbol{\sigma}(v_{xl},v_{yl}),l=0,1,\cdots,(N_{v_x}N_{v_y}-1)\tag{8-36}$$

式中：$\boldsymbol{\Psi}_{mn\breve{k}}(v_{xl},v_{yl})$ 为一个 $K\times Q$ 维矩阵。$\boldsymbol{\Psi}_{mn\breve{k}}(v_{xl},v_{yl})$ 的第 q 列由在像素 x_q 上的对应运动参数 (v_{xl},v_{yl}) 的目标的接收信号组成，并且第 q 列的第 k 个元素可以写为

$$[\boldsymbol{\Psi}_{mn\breve{k}}(v_{xl},v_{yl})]_{k,q}=a(t-\breve{k}MT_{\mathrm{r}}-mT_{\mathrm{r}}-\tau_{q,mn}(\breve{k}))\exp(-\mathrm{j}\omega_{\mathrm{c}}\tau_{q,mn}(\breve{k}))\tag{8-37}$$

式中：$\tau_{q,mn}(\breve{k})$ 为双程信号传播时延，对应 (v_{xl},v_{yl})，其为第 $\breve{k}$ 个脉冲从第 m 个发射机到第 q 个空间网格点再返回第 n 个接收机的传播时间。

把来自所有 MN 个发射与接收单元对的对应 $\breve{k}$ 个脉冲的接收信号样本堆叠起来，得到一个 $KMN\breve{K}\times1$ 维测量向量 $\boldsymbol{z}$，表示为

$$\boldsymbol{z}=\boldsymbol{\Psi}(v_{xl},v_{yl})\boldsymbol{\sigma}(v_{xl},v_{yl}),l=0,1,\cdots,(N_{v_x}N_{v_y}-1)\tag{8-38}$$

式中：

$$\boldsymbol{\Psi}(v_{xl},v_{yl})[\boldsymbol{\Psi}_{000}^{\mathrm{T}}(v_{xl},v_{yl})\quad\cdots\quad\boldsymbol{\Psi}_{(M-1)(N-1)(\breve{K}-1)}^{\mathrm{T}}(v_{xl},v_{yl})]^{\mathrm{T}}\tag{8-39}$$

最终，形成一个 $KMN\breve{K}\times QN_{v_x}N_{v_y}$ 维矩阵 $\boldsymbol{\Psi}$ 为

$$\boldsymbol{\Psi}=[\boldsymbol{\Psi}(v_{x0},v_{y0})\quad\cdots\quad\boldsymbol{\Psi}(v_{x(N_{v_x}N_{v_y}-1)},v_{y(N_{v_x}N_{v_y}-1)})]\tag{8-40}$$

得到线性矩阵方程：

$$z = \boldsymbol{\Psi}\boldsymbol{\sigma} \tag{8-41}$$

式中：$\boldsymbol{\sigma}$ 为拼接后的目标反射率向量，对应于可能考虑到的每一对速度组合。

8.3.2.2　CS 数据采集和场景重建

前面描述的模型允许在 CS 框架内进行场景重建。我们测量了从 z 中随机选取元素的一个 $\breve{L} < KMN\breve{K}$ 维向量。减小后的测量集可以表示为

$$\tilde{z} = \boldsymbol{\Phi}\boldsymbol{\Psi}\boldsymbol{\sigma} \tag{8-42}$$

式中：$\boldsymbol{\Phi}$ 为一个 $\breve{L} < KMN\breve{K}$ 维测量矩阵。为了同时在空间、慢时间和快时间维减少测量，矩阵 $\boldsymbol{\Phi}$ 的具体结构表示为

$$\boldsymbol{\Phi} = (\boldsymbol{\Phi}_1 \otimes \boldsymbol{I}_{J\breve{K}_1N_1}) \cdot (\boldsymbol{\Phi}_2 \otimes \boldsymbol{I}_{J\breve{K}_1M}) \cdot (\boldsymbol{\Phi}_3 \otimes \boldsymbol{I}_{JMN}) \cdot \mathrm{diag}(\Phi_4^{(0)}, \cdots, \Phi_4^{(MN\breve{K}-1)}) \tag{8-43}$$

式中："$\otimes$"为 Kronecker 乘积；$I \cdot$ 为单位矩阵，其下标指示它的维度；M_1、N_1 与 $\breve{K}_1$ 分别表示减少后的发射单元、接收单元、脉冲和快时间样本的数量，减少后的测量总数为 $\breve{L} = JM_1N_1\breve{K}_1$。$\boldsymbol{\Phi}_1$ 为一个 $M_1 \times M$ 维矩阵，$\boldsymbol{\Phi}_2$ 为一个 $N_1 \times N$ 维矩阵，$\boldsymbol{\Phi}_3$ 为一个 $\breve{K}_1 \times K$ 维矩阵，以及 $\Phi_4^{(i)}(i = 0, 1, \cdots, MN\breve{K}-1)$ 为一个 $J \times K$ 维矩阵，其分别用来确定减少后的发射单元、接收单元、脉冲和快时间样本的数量。$\boldsymbol{\Phi}_1$、$\boldsymbol{\Phi}_2$ 和 $\boldsymbol{\Phi}_3$ 中的每一个都是由从单位矩阵中随机选定的行组成的。降低矩阵维数的这些选择等于由完整部署的成像系统所提供的可用自由度的子集选择，任何其他矩阵结构都不会对任何的硬件简化或节省采集时间产生影响。另一方面，有 3 种不同的选择可用于在快时间上对每个脉冲的压缩采集。也就是说，矩阵 $\boldsymbol{\Phi}_4^{(i)}(i = 0, 1, \cdots, MN\breve{K}-1)$ 可以是：①一个高斯随机矩阵，其元素取自 $N(0,1)$；②一个随机矩阵，其元素是以 1/2 概率出现的 ±1；③一个由从单位矩阵中随机选择的行组成的矩阵。正如文献[20]中所讨论的，这 3 个选择为成像性能和硬件易得提供了折中。图 8-10 描绘了对于前两类随机矩阵的接收机硬件的一种可能实现方式，当 i_m 个发射单元有效时使用第 i_n 个接收单元，其中 $i_n \in \{0, 1, \cdots, N-1\}$，$i_m \in \{0, 1, \cdots, M-1\}$ 是随机选择的缩小的接收机和发射机集的索引。假设减少的脉冲数是以随机方式发射的，在接收机与发射机同步的条件下。进一步假设 $T_0, T_1, \cdots, T_{\breve{K}-1}$ 是在随机选择的 $\breve{K}_1$ 脉冲序列中进行连续发射的时间间隔，如图 8-10 所示。开关实现了移除墙壁回波的时间门控，并且时间门控信号被输入到后继的随机快时间测量系统中。每个脉冲先乘以快时间测量矩阵的每一列，然后对乘积进行积分。这两种运算可以通过微波混频器和

低通滤波器来实现。这样,系统中的后续采样操作可以提供没有墙壁回波的数据量减少的干净数据。

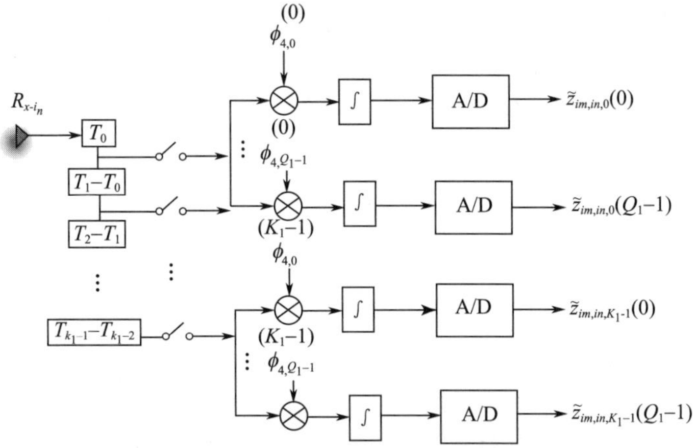

图 8 – 10　压缩超宽带穿墙雷达的接收机实现

在给定式(8 – 42)中减少的测量向量 $\tilde{z}$ 的情况下,可以通过求解下式来恢复 $\boldsymbol{\sigma}$:

$$\hat{\boldsymbol{\sigma}} = \arg\min_{\boldsymbol{\sigma}} \|\boldsymbol{\sigma}\|_1 \text{ s. t. } \boldsymbol{\Phi\Psi}\tilde{\boldsymbol{\sigma}} \approx \tilde{z} \quad (8-44)$$

式(8 – 44)中的问题可以用凸松弛、贪婪追踪或者各种组合算法来解决。这里对基于 CS 的重建使用正交匹配追踪(OMP)。可以注意到,重建向量可以重新排列成 $N_{v_x}N_{v_y}$ 个矩阵,每个矩阵对应 Q 个空间像素,以便对不同垂直和水平速度组合描述估计的目标反射率。对于(0,0)速度对,将会定位静止目标。

需进一步注意的是,如果墙壁杂波没有被完全抑制住,并且墙壁残留回波在强度上与目标回波相当时,则图像将包含由墙壁残留回波重建而产生的伪影。此外,在这种情况下,OMP 可能需要相对更多的迭代来恢复目标。

8.3.4　实验结果

测试场景如下。发射机与最左边接收天线之间的中心至中心距离为 0.3m。在 2×4 木柱框架上使用 1cm 厚的水泥板建造了一堵 3.65m×2.6m 的墙壁段。发射天线与接收阵列距离墙壁 1.19m 雷达的系统刷新率为 100Hz。

坐标系的原点选择在接收阵列的中心。墙后的场景由一个静止目标和一个移动目标组成。一个放置在 1m 高的泡沫塑料基座上的,直径为 0.3m 的金属球被当作静止目标。基座位于墙后 1.25m 处,中心为(0.49m,2.45m)。一个人近似沿着一条直线路径以 0.7m/s 的速度朝前墙壁走去,该路径位于发射机右侧 0.2m 处。前墙背后区域中的后面和右侧的墙壁用射频吸波材料覆盖,而左侧

2.44m 厚的混凝土侧墙以及地面没有覆盖。选择 15 个脉冲的相参处理间隔。

图像区域选择为 4m × 6m，中心在(−0.31m，3m)，并在横向距离和纵向距离上划分为 41 × 36 个像素。当人直接朝向雷达移动时，我们只考虑变化在 −1.4 ~ 0m/s之间、步进大小 0.7m/s 的垂直速度，故产生了 3 个速度像素。对于基于 CS 的重建，随机测量矩阵 $\boldsymbol{\Phi}_4^{(i)}$ 对于每个脉冲都是相同的。

通过时间门控从接收信号中移除前墙壁的回波之后，空间 − 慢时间 − 快时间数据块包含了 8 × 15 × 2048 个测量。全部的时间门控数据被用于基于后向投影方法的场景重建。获得的图像如图 8 − 11(a)，(b)所示，分别对应 0 与 14Hz 的多普勒单元。显然，在没有墙壁的情况下，该算法成功地检测和定位到了静止和运动目标。

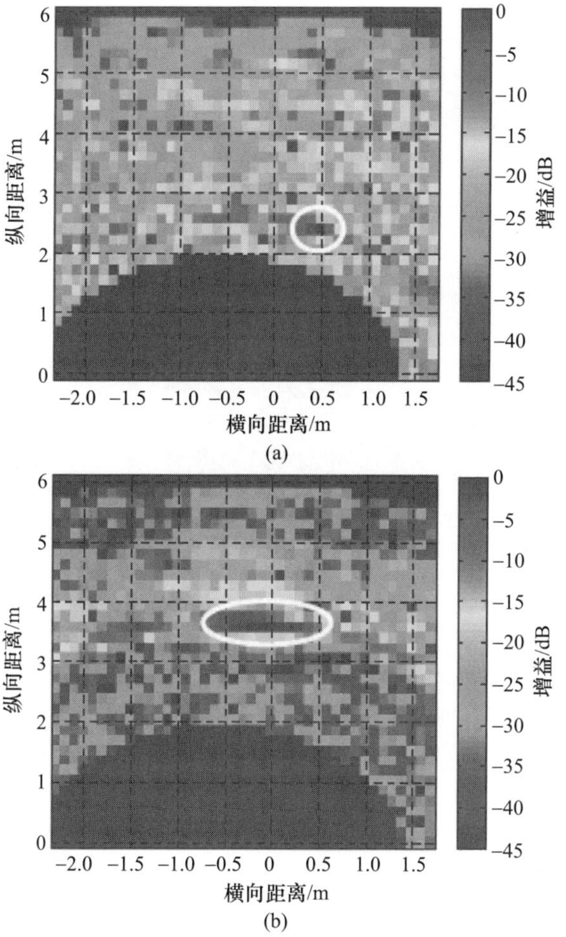

图 8 − 11　实验的后向投影结果

(a)对静止目标的时间门控后的后向投影结果；(b)对运动目标的时间门控后的后向投影结果。

图 8 - 12 提供了 OMP 重建的相应结果,其为 50 次试验的平均结果。在每次试验中,使用了所有 8 个接收器,随机选择 5 个脉冲(15 个中的 33%)和在快时间上选择 400 个高斯随机测量(2048 个中的 19.5%),这占总数据量的 6.5% 。OMP 的迭代次数设置为 4。图 8 - 12(a) ~ (c)是对应于 0、- 0.7m/s 和 - 1.4m/s速度的相应图像。很明显,在移除墙壁回波的条件下,即使减小了测量集,静止和运动目标均被正确地定位到了。

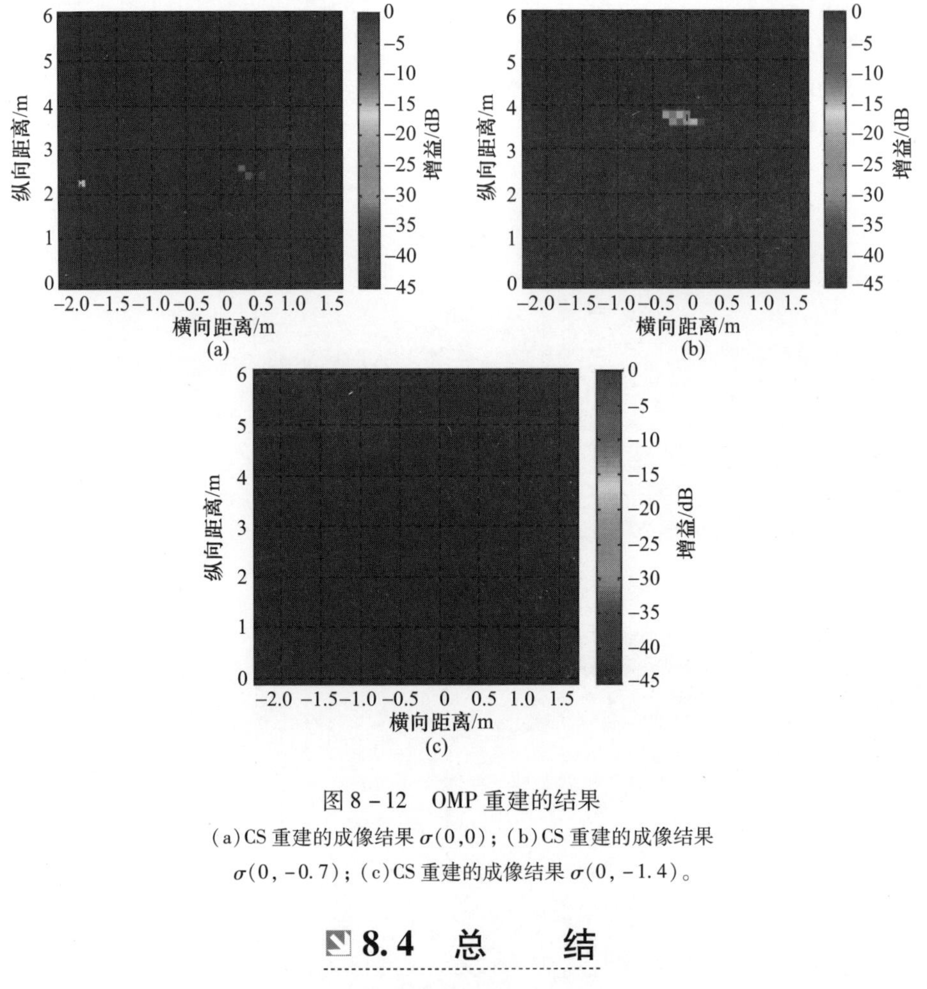

图 8 - 12　OMP 重建的结果

(a)CS 重建的成像结果 $\sigma(0,0)$;(b)CS 重建的成像结果 $\sigma(0,-0.7)$;(c)CS 重建的成像结果 $\sigma(0,-1.4)$。

8.4　总　　结

本章研究了两种不同的基于稀疏的运动目标定位方法。一种方法是基于变化检测的方法,另一种是基于运动特性建模与参数估计的方法。通过变化检测移除固定背景,把稠密场景转化为稀疏场景,使得 CS 和稀疏重建成为最有效的方法。此外,考虑了平移运动和短暂突发运动,并建立了合适的测量模型。这里只从点目标的角度讨论了稀疏性。由于人体是扩展目标，其在穿墙雷达图像中以簇的形式出现。因此，若要获得一种增强的成像解决方案，可以利用潜在的块结构。

当人体进行连续的平移运动时，目标在空间和速度上都变得稀疏。对于这种情况，本章提出了合适的线性模型及与其相关的感知矩阵。对纵向距离 - 横向距离速度空间实现了稀疏重建。实际数据的实验结果表明，通过稀疏正则化，在不降低系统性能的前提下使用减小的测量集，可以实现对静止和运动目标的联合定位。

参考文献

1. M.G. Amin (Ed.), *Through-the-Wall Radar Imaging*, CRC Press, Boca Raton, FL, 2011.
2. M. Amin and K. Sarabandi (Eds.), Special issue on remote sensing of building interior, *IEEE Transactions on Geoscience and Remote Sensing*, 47 (5), 1270–1420, 2009.
3. A. Martone, K. Ranney, and R. Innocenti, Automatic through the wall detection of moving targets using low-frequency ultra-wideband radar, in *Proceedings of the IEEE International Radar Conference*, Washington DC, pp. 39–43, May 2010.
4. S.S. Ram and H. Ling, Through-wall tracking of human movers using joint Doppler and array processing, *IEEE Geoscience and Remote Sensing Letters*, 5 (3), 537–541, 2008.
5. M. Amin (Ed.), Special issue on advances in indoor radar imaging, *Journal of Franklin Institute*, 345 (6), 556–722, 2008.
6. T. Dogaru and C. Le, Validation of Xpatch computer models for human body radar signature, U.S. ARL technical report ARL-TR-4403, March 2008.
7. C.P. Lai and R.M. Narayanan, Through-wall imaging and characterization of human activity using ultrawideband (UWB) random noise radar, in *Proceedings of the SPIE-Sensors and C3I Technologies for Homeland Security and Homeland Defense*, May 2005, Vol. 5778, pp. 186–195.
8. S.S. Ram, Y. Li, A. Lin, and H. Ling, Doppler-based detection and tracking of humans in indoor environments, *Journal of Franklin Institute*, 345 (6), 679–699, 2008.
9. I. Orovic, S. Stankovic, and M. Amin, A new approach for classification of human gait based on time-frequency feature representations, *Signal Processing*, 91 (6), 1448–1456, 2011.
10. M.G. Amin, Time-frequency spectrum analysis and estimation for nonstationary random processes, in *Time-Frequency Signal Analysis: Methods and Applications*, B. Boashash (Ed.), Longman-Cheshire, New York, 1992.
11. A.R. Hunt, Use of a frequency-hopping radar for imaging and motion detection through walls, *IEEE Transactions on Geoscience and Remote Sensing*, 47 (5), 1402–1408, 2009.
12. N. Maaref, P. Millot, C. Pichot, and O. Picon, A study of UWB FM-CW radar for the detection of human beings in motion inside a building, *IEEE Transactions on Geoscience and Remote Sensing*, 47 (5), 1297–1300, 2009.

13. T.S. Ralston, G.L. Charvat, and J.E. Peabody, Real-time through-wall imaging using an ultrawideband multiple-input multiple-output (MIMO) phased array radar system, in *Proceedings of the IEEE International Symposium on Phased Array Systems and Technology*, Boston, MA, October 2010, pp. 551–558.
14. M.G. Amin and F. Ahmad, Change detection analysis of humans moving behind walls, *IEEE Transactions on Aerospace and Electronic Systems*, 49 (3), 1869–1896, July 2013.
15. F. Soldovieri, R. Solimene, and R. Pierri, A simple strategy to detect changes in through the wall imaging, *Progress in Electromagnetics Research M*, 7, 1–13, 2009.
16. J. Moulton, S.A. Kassam, F. Ahmad, M.G. Amin, and K. Yemelyanov, Target and change detection in synthetic aperture radar sensing of urban structures, in *Proceedings of the IEEE Radar Conference*, Rome, Italy, May 2008.
17. M.G. Amin, F. Ahmad, and W. Zhang, A compressive sensing approach to moving target indication for urban sensing, in *Proceedings of the IEEE Radar Conference*, Kansas City, MO, May 2011.
18. R. Baraniuk and P. Steeghs, Compressive radar imaging, in *Proceedings of the IEEE Radar Conference*, Waltham, MA, April 2007, pp. 128–133.
19. M. Herman and T. Strohmer, High-resolution radar via compressive sensing, *IEEE Transactions on Signal Processing*, 57 (6), 2275–2284, 2009.
20. A. Gurbuz, J. McClellan, and W. Scott Jr., Compressive sensing for subsurface imaging using ground penetrating radar, *Signal Processing*, 89 (10), 1959–1972, 2009.
21. L.C. Potter, E. Ertin, T. Parker, and M. Cetin, Sparsity and compressed sensing in radar imaging, *Proceedings of the IEEE*, 98 (6), 1006–1020, 2010.
22. Y. Yoon and M.G. Amin, Compressed sensing technique for high-resolution radar imaging, in *Proceedings of SPIE*, 6968, 69681A–69681A-I0, 2008.
23. Q. Huang, L. Qu, B. Wu, and G. Fang, UWB through-wall imaging based on compressive sensing, *IEEE Transactions on Geoscience and Remote Sensing*, 48 (3), 1408–1415, 2010.
24. M. Leigsnering, C. Debes, and A.M. Zoubir, Compressive sensing in through-the-wall radar imaging, in *Proceedings of the IEEE International Conference on Acoustics, Speech, and Signal Processing*, Prague, Czech Republic, May 2011, pp. 4008–4011.
25. K. Ranney et al., Recent MTI experiments using ARL's synchronous impulse reconstruction (SIRE) Radar, in *Proceedings of the SPIE-Radar Sensor Technology XII*, April 2008, Vol. 6947, pp. 694708-1–694708-9.
26. P. Sevigny et al., Concept of operation and preliminary experimental results of the DRDC through-wall SAR system, *Proceedings of the SPIE-Radar Sensor Technology XIV*, April 2010, Vol. 7669, pp. 766907-1–766907-11.
27. F. Ahmad, Y. Zhang, and M.G. Amin, Three-dimensional wideband beamforming for imaging through a single wall, *IEEE Geoscience and Remote Sensing Letters*, 5 (2), 176–179, April 2008.
28. F. Ahmad and M. Amin, Through the wall human motion indicator using sparsity driven change detection, *IEEE Transactions on Geoscience and Remote Sensing*, 51 (2), 881–890, 2013.
29. L. He, S.A. Kassam, F. Ahmad, and M.G. Amin, Sparse multi-frequency waveform design for wideband imaging, in *Principles of Waveform Diversity and Design*, M. Wicks, E. Mokole, S. Blunt, R. Schneible, and V. Amuso (Eds.), SciTech Publishing, Raleigh, NC, 2010, pp. 922–938.

30. X.X. Zhu and R. Bamler, Tomographic SAR inversion by L_1-norm regularization—The compressive sensing approach, *IEEE Transactions on Geoscience and Remote Sensing*, 48 (10), 3839–3846, October 2010.
31. E. Candes, J.Romberg, and T. Tao, Stable signal recovery from incomplete and inaccurate measurements, *Communications in Pure and Applied Mathematics*, 59, 1207–1223, 2006.
32. R. Tibshirani, Regression shrinkage and selection via the LASSO, *Journal of the Royal Statistical Society: Series B*, 58, 267–288, 1996.
33. D. Needell and J.A. Tropp, CoSaMP: Iterative signal recovery from incomplete and inaccurate samples, *Applied and Computational Harmonic Analysis*, 26 (3), 301–321, May 2009.
34. S. Ji, Y. Xue, and L. Carin, Bayesian compressive sensing, *IEEE Transactions on Signal Processing*, 56 (6), 2346–2356, 2008.
35. M. Cetin and R.L. Moses, SAR imaging from partial-aperture data with frequency-band omissions, *Proceedings of SPIE*, 5808, 32–43, 2005.
36. Y. Yang and A. Fathy, Development and implementation of a real-time see-through-wall radar system based on FPGA, *IEEE Transactions on Geoscience and Remote Sensing*, 47 (5), 1270–1280, 2009.
37. M.T. Alonso, P. Loìpez-Dekker, and J.J. Mallorquí, A novel strategy for radar imaging based on compressive sensing, *IEEE Transactions on Geoscience and Remote Sensing*, 48 (12), 4285–4295, December 2010.
38. F. Ahmad, M.G. Amin, and J. Qian, Through-the-wall moving target detection and localization using sparse regularization, *Proceedings of SPIE*, 8365, 83650R, 2012.
39. M. Ferrara, J. Jackson, and M. Stuff, Three-dimensional sparse aperture moving-target imaging, *Proceedings of SPIE*, 6970, 697006, 2008.
40. M. Skolnik (Ed.), *Introduction to Radar Systems*, 3rd edn., McGraw Hill, New York, 2001.

第9章 基于压缩感知的微多普勒信号时频分析

Ljubiša Stanković、Srdjan Stanković、
Irena Orović和 Yimin D. Zhang

从含有快速运动部件的物体上返回的信号存在多普勒频率调制,这种现象称为微多普勒效应,它会产生时变的频谱分量。运动分析在城市感知中占有重要的地位,其涉及对目标的微多普勒特征的参数估计。城市雷达的一个目的是对不同类型的人体步态进行分类。同样重要的是,对由刚体引起的多个微多普勒分量进行分离。时频表示已被证明是分析这些信号的一个有力的工具。然而,当处理来自随机采样或者采样频率明显减小的数据时,即使数据没有受损或失真,时频分析所呈现的信息也可能会受到影响。采样模式的变化可归因于脉冲重复周期的变化,或者是为了避免距离或多普勒模糊,又或者可能是故意丢弃受到干扰严重污染的样本的结果。然而,基于压缩感知理论和实践的概念,可以研究这些问题。

在简要回顾了基本的压缩感知方法后,本章将给出用于分析和分离快速变化信号分量的各种方法。现考虑以下几种方法:①讨论压缩感知算法在模糊域的直接应用,以实现高分辨率的时频表示;②在处理丢失的样本时,研究基于数据和局部自相关函数的稀疏信号重构,后者可以是双线性乘积的结果,也可以是高阶估计的结果;③通过使用仿真和实际数据,证实基于压缩感知的时频方法在微多普勒效应雷达信号分析中的有效性。

9.1 引　　言

在过去20年里,为了提供有效的目标描述和识别,研究出了各种雷达信号分析和处理技术[1]。一般来说,在雷达数据分析中,我们处理的是微多普勒(微多普勒)分量和刚体分量。当目标包含一个或多个快速运动的部件时,微多普勒效应会出现在雷达成像中[2-8],这种影响可能会使雷达信号分析更复杂,或是降低雷达图像的可读性。微多普勒信号的频率随时间变化得范围很广,因此微多普勒可能

使刚体模糊，并难以被检测到。另一方面，微多普勒特征同时含有关于运动部件特征（类型、速度、大小等）的有用信息[9]。如果将微多普勒效应从雷达图像的刚体部分中分离出来，则更容易估计这些特征。因此，微多普勒提取引起了广泛的关注[8-11]。考虑到它们的性质和时变的频谱特性，大多数微多普勒数据属于一类需要联合时频（TF）分析的高度非平稳信号。对这些类型雷达信号的最有效的处理是在相参积累时间（CIT）之内的 TF 域[12-15]进行。然后，利用所得到的 TF 表示（TFR）来判断一个部件是属于刚体，还是属于快速运动的目标点。为了分离刚体和微多普勒效应，TF 分析还有效地结合了稳健处理方法[18-19]，如 L-统计量。

根据信号采集和重构的最新进展，雷达数据分析也可以从压缩感知（CS）理论中获益。CS 允许从少量随机选择的测量集中重建整个信号[20-38]。这对减少采集资源尤其重要（当潜在的信号有很高的采样率时，例如在雷达应用情况下）。抽取采样使单部雷达能够以低成本的方式处理多基地操作的多个天线集。在某些情况下，丢失的样本或观测量是从信号中分离出的不想要的信号分量构成的[9,10,20-31]。当打算丢弃被强干扰破坏的样本时，或者为了显示刚体部分而移除微多普勒分量时，就会出现这种情况。这些丢失的样本可以利用 CS 原理来恢复。如果忽略掉，丢失的样本会产生不利的副作用，这些副作用表现为频谱噪声，这会引起信号分量的遮蔽效应。CS 信号重构的适用性与信号稀疏性有关。更具体地说，我们需要识别一个合适的信号稀疏域和相应的线性变换，将采集到的信号映射到稀疏域。考虑使用联合变量域，如 TF 和模糊域，而不是常用的傅里叶变换（FT）域。请注意，包含刚体和微多普勒分量的雷达信号通常不是窄带信号，因此不能在频率变量上作为稀疏信号。

本章从两个方面观察了 CS 在 TF 分析中的应用。第一种是与 L-统计量相结合的短时傅里叶变换（STFT）等线性 TF 方法。在时间和频率上高度重叠的平稳和非平稳信号分量，使得传统的加窗或滤波方法难以将它们分离。L-统计量被应用于从 STFT 中移除微多普勒分量，从而在 TF 域中产生 CS 平稳数据。因此，CS 重建方法可用于恢复对应刚体信号分量的窄带信号。第二种方法是与二次分布有关的，其通过 Wigner 分布（WD）、模糊函数（AF）和瞬时自相关函数（IAF）之间的线性关系来考虑 CS 问题[39-40]。可以在时域或模糊域中获取减少的信号观测[26-27]。时域中的缺失样本对 WD 有一定的影响，但这种影响可以通过采用信号自适应核来解决。同时，可以选择一个小的模糊域测量集，并利用稀疏重建来获得无交叉项的、高度局部化的 TFR。

本章内容安排如下：9.2 节介绍了雷达数据的基本特性和常用的雷达信号模型；9.3 节讨论了雷达（微多普勒和刚体信号）中 TF 分析的基础；9.4 节介绍了信号稀疏的概念和 TF 域 CS 方法的基本观点（讨论了两种情况：由于采样率较低而丢失样本和因为去除不想要的信号分量而丢失样本）；9.5 节详细分析了

离散傅里叶变换(DTF)(即STFT的一个窗)和二次WD情况下的缺失样本效应;9.5节详细介绍了CS信号重构的应用(其中强调了两种重要的方法:一种是利用模糊域观测的稀疏TRF;另一种是线性变换和CS在信号分量分离中的应用)。

9.2 背　　景

在单基地雷达的场景中,相参雷达系统的发射信号到达目标后,并反射回雷达。回波信号包含关于运动目标的重要信息,可以采用不同的信号分析方法来显示。例如,回波信号的载波频率同发射频率相比出现了偏移。这种效应称为多普勒频移,其提供了关于目标速度的信息。除了目标的多普勒频率,还可以处理振动和旋转的目标部件(旋转天线、转子等),产生微多普勒(关于多普勒频率的边带)。因此,微多普勒特征带来了关于目标性质和状态的更多重要信息。一般来说,当目标产生某种非一致的运动时,雷达的反向散射回波将包含以特定特征形式反映的频率调制。因此,正如将在后面所示的,通过把非一致运动引入传统的多普勒分析,可以推导出微多普勒效应的数学模型。

9.2.1　时变微多普勒特征

考虑一种脉冲多普勒雷达,它以相参的 N 个线性调频(LFM)或扫频波形的形式发射信号[1,13]。相对于发射信号,从目标反射的接收信号被延迟了 $t_d=2d(t)/c$,其中 $d(t)$ 为目标与雷达的距离,c 为光速。该信号通过可能的距离补偿和其他预处理操作(如脉冲压缩)被解调到基带。为了分析横向距离非平稳性的影响,在连续的驻留时间内,只考虑点目标接收信号中的多普勒部分,这是在雷达文献[13]中通常所做的,接收信号表示为

$$s(t)=\sigma \mathrm{e}^{\mathrm{j}2d(t)\omega_0/c} \tag{9-1}$$

式中:σ 为目标的反射系数;ω_0 为雷达工作频率。LFM脉冲的重复时间用 T_r 表示。CIT为 $T_c=NT_r$,其中 N 为扫频脉冲数。对于点散射体系统,所接收到的信号可以建模为单个点散射体响应的总和[13]。在逆合成孔径雷达(ISAR)情况下,目的是根据目标相对于固定雷达的视角变化,获得目标的高分辨率图像。常见的ISAR成像模型假设所有点散射体在平移运动补偿之后都有相同的角运动。对应于 K 个刚体点的接收信号的多普勒部分可以写成[13-14]

$$s(t)=\sum_{i=1}^{K}\sigma_{\mathrm{B}i}\mathrm{e}^{\mathrm{j}2[R_{\mathrm{B}}(t)+x_{\mathrm{B}i}\cos((\theta_{\mathrm{B}}(t)))+y_{\mathrm{B}i}\sin((\theta_{\mathrm{B}}(t)))]\omega_0/c} \tag{9-2}$$

目标的平移和角运动分别用 $R_{\mathrm{B}}(t)$ 和 $\theta_{\mathrm{B}}(t)$ 表示。K 个点在坐标系中的初始位置为 $(x_{\mathrm{B}i},y_{\mathrm{B}i})$,坐标系的原点是目标旋转的中心。下标B表示刚体参数。对于每一个点,可使用近似关系 $d_i(t)=\sqrt{(R+x_i)^2+y_i^2}\approx R+x_i$ 得到 $d_{\mathrm{B}i}\approx R_{\mathrm{B}}(t)+x_{\mathrm{B}i}$

$\cos((\theta_B(t)) + y_{Bi}\sin(\theta_B(t))$[14]。

对于刚体点，在 CIT 持续时间内，$|\theta_B(t)| \ll 1$ 保持不变，满足 $\cos(\theta_B(t)) \approx 1$ 和 $\sin\theta_B(t) \approx \theta_B(t) = \omega_B t$，其中 ω_B 为实际的刚体旋转速率。运动补偿技术[15]可以消除平移运动的影响，即因子 $R_B(t) + x_{Bi}$，从而得到 $d_{Bi}(t) \sim y_{Bi}\omega_B t$。

前面的近似不能用于快速旋转(运动)的点，因为其角位置 $\theta_R(t)$ 在 CIT 内会发生明显改变。对于快速运动点，使用下标 R。假设有 P 个快速旋转点，它们围绕中心点 (x_{R0i}, y_{R0i})，依半径 A_{Ri} 旋转。这些点的坐标用 $x_p = x_{R0i} + A_{Ri}\sin(\theta_{Ri}(t))$ 和 $y_p = -y_{R0i} + A_{Ri}\cos(\theta_{Ri}(t))$ 来描述。因此，得到的这些散射体的坐标变化为 $x_p' = x_p\cos(\theta_{Ri}(t)) + y_p\sin(\theta_B(t))$ 和 $y_p' = -x_p\sin(\theta_{Bi}(t)) + y_p\cos(\theta_B(t))$。假设第 i 个快速旋转点的转速为 ω_{Ri} 且 $\theta_{Ri}(t) = \omega_{Ri}t$。利用前面对刚体的近似值，在补偿 $R_B(t)$ 和 x_{R0i} 之后，有

$$d_i(t) \approx y_{R0i}\omega_B t + A_{Ri}\sin(\omega_{Ri}t) \tag{9-3}$$

接收到的信号，包括刚体点和 P 个快速旋转的微多普勒点，可以写成

$$s(t) = \sum_{i=1}^{K}\sigma_{Bi}\mathrm{e}^{\mathrm{j}2y_{Bi}\omega_B t\omega_0/c} + \sum_{i=1}^{P}\sigma_{Ri}\mathrm{e}^{\mathrm{j}2[y_{R0i}\omega_B t + A_{Ri}\sin(\omega_{Ri}t)]\omega_0/c} \tag{9-4}$$

在振动点的情况下，可获得类似的接收信号形式。这些类型的信号在 Radon 变换域中可以被认为是稀疏的[16-17]。使用 $x_p = x_{R0i} + x_{arb}(t)$ 和 $y_p = y_{R0i} + y_{arb}(t)$，任何的任意运动都可以很容易地描述在前面的框架中，其中 $x_{arb}(t)$ 和 $y_{arb}(t)$ 表示相对于中心点的任意运动。

由于这里只考虑接收信号的多普勒部分，所以对雷达信号的分析简化为一维信号式(9-4)及其 FT 分析。如果计算对应于式(9-4)中刚体的某个点的信号的 FT，得到

$$S_{Bi}(\boldsymbol{\Omega}) = \mathrm{FT}\{\sigma_{Bi}\mathrm{e}^{\mathrm{j}2y_{Bi}\omega_B t\omega_0/c}\} = 2\pi\sigma_{Bi}\delta\left[\boldsymbol{\Omega} - \frac{2\omega_0}{c}\omega_B y_{Bi}\right]$$

这是其位置与横向距离坐标 y_{Bi} 成正比的 delta 函数。delta 脉冲位置也取决于载波频率和转速 ω_B。

与任意运动点对应的雷达信号的多普勒部分是一个频率调制(FM)信号，其瞬时频率(IF)为

$$\boldsymbol{\Omega}_{Ri}(t) = \frac{2\omega_0}{c}\left[y_{R0i}\omega_B + \frac{\mathrm{d}(x_{arb}(t))}{\mathrm{d}t}\right] \tag{9-5}$$

式(9-5)的假设与推导式(9-3)和式(9-4)时的相同。需要注意的是，精确关系式(9-2)可用于仿真，而紧凑形式(9-4)则不能，式(9-4)只适合进行定性分析。

9.2.2　人体步态建模

在过去的几年里，人体步态分析在许多应用中都受到了广泛关注。如监视、

识别和安全应用,与其他雷达应用一样,人体步态分析需要发射信号/波形并接收雷达回波,利用多普勒效应估计运动参数。人体的运动包括身体的各个组成部分,特别是手臂和腿,它们产生表现为微多普勒边带的高频调制,这些调制出现在与躯干平移运动相对应的多普勒频率周围。微多普勒分析通常用于运动分类。例如,在文献[41-44]中,人体行走被分为以下几类:自由手臂运动、部分手臂运动或无手臂运动,因为这三种类型在执法和国家安全行动中非常重要。

由于不同的人体部位以不同的速度运动,所以雷达回波信号随着距离变化而具有不同的相位变化。从摆臂返回的信号可以围绕躯干多普勒产生边带的频率调制量。接收的多普勒可以像式(9-1)中的一样来模拟,其中 σ 是所选反射点的反射率,$\phi(t)$是时变相位。对于振荡/振动物体,$\phi(t)=(2\omega_0 D_v/c)\sin(\omega_v t)$,其中参数 D_v 表示振动的幅度,或者是离运动中心的最大偏移。相应引入的微多普勒频率是相位的导数,并表示为

$$\Omega(t)=\frac{\mathrm{d}\phi(t)}{\mathrm{d}t}=\frac{2\omega_0}{c}D_v\omega_v\cos(\omega_v t) \qquad (9-6)$$

因此,在这种情况下,微多普勒表示在频率 ω_v 处的正弦时间函数。

9.3 微多普勒和刚体信号的时频分析

利用 FT 的频域雷达信号分析可以提供关于微多普勒分量存在的信息,因为它们表现为在中心频率周围的偏移量。然而,傅里叶域分析没有提供微多普勒谱分量的时域行为信息或旋转/振动过程的速率信息。因此,时变频谱分量应使用 TFR 进行分析。在 CIT 内,在更短的时间间隔内确定信号特征的最简单方法是对标准 FT 运用窗函数。得到的 STFT 定义为

$$\mathrm{STFT}(m,k)=\sum_{i=0}^{N-1}s(t)w(m-i)\mathrm{e}^{-\mathrm{j}2\pi ik/N} \qquad (9-7)$$

式中:$w(m)$为一个用于截断所考察信号的窗函数。STFT 的平方绝对值称为频谱图。窗口宽度为 M,即对 $-M/2\leqslant m\leqslant M/2-1$,$w(m)\neq 0$。应用中,窗口被零填充到总的信号持续长度 N,与原始信号样本数量相同,因此在 FT 中具有与 STFT 中相同的频率网格。然后,我们可以很容易地重建 FT,以接近或等于原始 FT 的密度,而不需要插值。通过在 STFT 中使用滞后窗口 $w(i)$,同原始 FT 相比,频率密度有所降低。通过在 m 上对所有低密度 STFT(复数)的求和,可以将密度恢复到原始的密度。当信号不是零填充的情况,重建公式为

$$\sum_{m=0}^{N-1}\mathrm{STFT}(m,k)=\sum_{i=0}^{N-1}s(i)\left[\sum_{m=0}^{N-1}w(m-i)\right]\mathrm{e}^{-\mathrm{j}2\pi k/N}=S_\omega(k) \qquad (9-8)$$

当对每个时刻 m(时间步长为1)计算 STFT 时,得到的窗口 $\sum_{m=0}^{N-1}w(m-i)$ 对于任

何窗口 $w(m)$ 都是常数。这意味着 CIT 间隔期间有归一化的等效矩形窗口意味着我们将能够通过使用窄窗口计算的低密度 STFT,以与原始 FT 中一样的密度重建 FT。这样,虽然在分析中使用了低密度的 STFT,但是可以恢复出高密度的雷达图像。分析不限于 STFT 计算中第一步的情况。对于步长等于半窗口宽度($M_w/2$)和汉宁、汉明、三角或矩形窗,将获得相同的结果窗口。对于步长等于 $M/4$,$M/8$,…,同样有效。

所提出的恢复 FT 的原中心的机制,结合了快速运动和刚性散射点的 TF 模式行为知识,得到了一种无微多普勒的、高度集中的雷达图像的算法[6,14]。在 CIT 内,刚体和快速运动点在雷达回波信号 TFR 中的表现是不同的。刚体信号在时间上几乎是恒定的(平稳的),而信号的快速变化微多普勒部分是高度非稳定的。信号的这一部分改变了其在频域中的位置。

为了更清楚地阐述,假设信号是从单点刚性散射体和单点快速旋转(微多普勒)散射体返回的。对于不同的微多普勒反射强度,分析两种情况。在第一种情况下,刚体的反射系数是 $\sigma_B=1$,而快速运动散射体的反射系数为 $\sigma_R=0.8$。所获信号的 STFT 表示如图 9-1(a)所示。第二种情况是具有强微多普勒,$\sigma_R=15$,以及 σ_B 与前面情况中的相同。该信号的 STFT 表示如图 9-1(e)所示。在这两种情况下,刚体部分在 CIT 内的所有 t 上都有恒定的多普勒频率,而快速旋转部分具有随时间变化的多普勒频率。如果在时间轴上进行排序,如图 9-1(b),(f)所示,我们将不会改变式(9-8)中求和的结果,因为加法是可交换的运算。通过在时间上对 STFT 值求和,从两对图中的任意一对,如图 9-1(a),(b)或者图 9-1(e),(f)所示,可以得到图 9-1(c),(g)中对应信号的原始 FT。请注意,任何 σ_R 值,从(和包括没有微多普勒的情况)$\sigma_R=0$ 到 $\sigma_R \gg \sigma_B$,都不会显著改变图形的模式。图 9-1(d),(h)中的结果将在下一节中解释。

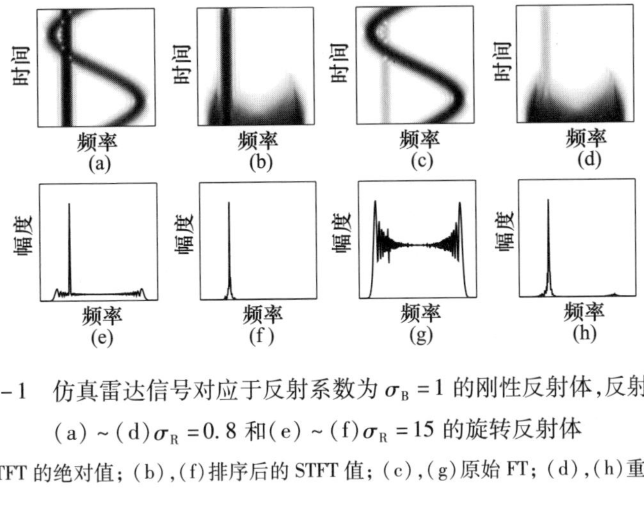

图 9-1　仿真雷达信号对应于反射系数为 $\sigma_B=1$ 的刚性反射体,反射系数 (a)~(d)$\sigma_R=0.8$ 和(e)~(f)$\sigma_R=15$ 的旋转反射体

(a),(e)STFT 的绝对值;(b),(f)排序后的 STFT 值;(c),(g)原始 FT;(d),(h)重建后的 FT。

9.3.1 因除去微多普勒而丢失 STFT 样本的情况

分离刚体和快速旋转部件的基本思想是,在 CIT 内,沿着时间轴对雷达回波信号的 STFT 值进行排序。由于刚体回波是平稳的,因此排序过程不会明显地改变其值的分布。然而,快速变化的信号微多普勒部分是高度非稳定的,在不同时刻占据不同的频率单元。对于每一个频率,其存在时间都是短暂的,但跨越了很宽的频率范围。因此,在沿时间轴对 STFT 进行排序后,信号的微多普勒部分在较宽的频率范围内具有很大的值,但是这仅对于少数的样本。通过对每个频率移除 STFT 排序后的几个最大值,可以去掉大部分或全部的微多普勒分量。在时间上对剩下的 STFT 值求和,就得到刚体分量的雷达频谱。

考虑 STFT 的一个 M(或者 $M-M_w$,如果信号没有零填充的话)元素集,对于给定频率 k,有

$$S_k(m)=\{\mathrm{STFT}(m,k),m=0,1,\cdots,M-1\}$$

对于给定频率 k,对 $S_k(m)$ 排序后,可以得到一个新的有序的元素集合 $O_k(m)\in S_k(m)$,使它们的绝对值满足 $|O_k(0)|\leqslant|O_k(1)|\leqslant\cdots\leqslant|O_k(M-1)|$。由于加法是一种可交换的运算,可使整个数据集得到:

$$\sum_{m=0}^{M-1}\mathrm{STFT}(m,k)=\sum_{m=0}^{M-1}O_k(m)=S(k)$$

对于每个 k,通过丢弃 O_k 的 $M_Q=M-M_A$ 个最大值,能产生 $S(k)$ 的一个估计,将其用 $S_{\mathrm{L}}(k)$ 表示为

$$S_{\mathrm{L}}(k)=\sum_{m=0}^{M_{\mathrm{A}}-1}O_k(m) \tag{9-9}$$

式中:$M_{\mathrm{A}}=\mathrm{int}[M(1-Q/100)]$,其中 $\mathrm{int}\left[\ \cdot\ \right]$ 为整数部分,Q 为所丢弃值的百分比。

为了解释这个过程,去掉前面例子中 STFT 的 40% 的最强值。这样就完全去除了 TFR 中的微多普勒分量。60% 的最低 STFT 值被留下,它们仅与刚体相对应。只从这些值中重建的 FT 如图 9-1(d),(h)所示,分别对于弱微多普勒和强微多普勒的情况。在两种情况中,刚体的 FT 都被成功地恢复,通过对剩余 60% 的 STFT 排序样本的求和。请注意,结果不受 σ_{R} 值的明显影响,因为对应于微多普勒特征的点被移除了,这意味着它们的值并不是那么重要。

在数据分析中,这种方法被称为 L-统计量方法,其基础是在分析其余数据之前,先去除一部分数据[18]。

由于剔除了一些 TFR 值,我们将分析式(9-9)中非完整求和的影响。这与把 L-统计量应用于噪声或无噪声数据的理论相同[18]。假设只使用在 $m\in D_k$ 中的点进行求和:

$$S_{\mathrm{L}}(k) = \sum_{m \in D_k} \mathrm{STFT}(m,k) \tag{9-10}$$

式中对于每个 k，D_k 是有 M_{A} 个元素的 $\{0,1,2,\cdots,M-1\}$ 的子集。在前面的分析框架内，这意味着存在一个高度集中的分量 $S(k)$，它被几个低集中度的值 $\sum_{m \notin D_k}\mathrm{STFT}(m,k)$ 所包围。请注意，$\mathrm{STFT}(m,k)$ 的幅度为 $S(k)$ 的幅度的 $1/M$，因为 $S(k)$ 是 M 个 STFT 值之和。通常，通过删除 m 中的 M_Q 个值，可以得到一个非常高度集中的脉冲，就像在 $S(k)$ 中的，以及 M_Q 个低度集中的 $\mathrm{STFT}(m,k)$ 分量，其分布在峰值 $S(k)$ 周围并且是对不同随机相位求和的结果。只有峰值是同相相加的。考虑以下几种情况：

(1) 对 $k=k_0$ 的情况，其对应于刚体点的位置：在这个频率上，所有的求和项都是相同的且等于 $W(0)$。因此，$S_{\mathrm{L}}(k)$ 的值不依赖于已除去样本的位置。它的值是 $S_{\mathrm{L}}(k_0)=(M-M_Q)W(0)$。

(2) 对 $k=l+k_0$ 的情况，其中 $l\neq 0$：所移除的项的形式是 $x_l(m)=W(l)\mathrm{e}^{\mathrm{j}2\pi ml/M}$。对于给定的 l，假设其取值是等概率地来自集合 $\phi_l=\{W(l)\mathrm{e}^{\mathrm{j}2\pi ml/M}, m=0,1,2,\cdots,M-1\}$。对于 $l\neq 0$，这些值的统计平均值为 $E\{x_1(m)\}=0$，导致 $E\{S_{\mathrm{L}}(l+k_0)\}=0$。

对任何 k 的统计平均值结果为

$$E\{S_{\mathrm{L}}(k)\}=(M-M_Q)W(0)\delta(k-k_0)$$

这一过程的高阶统计分析可以进行详细的描述，但它超出了本章讨论的范围。

例子：在对没有补偿加速度的刚体进行分析时，应该首先补偿留下的加速度。这在原始信号中是不可能的，因为微多普勒特征阻止我们这样做。然而，应用提出的微多普勒去除方法可以解决这个问题。可以使用一阶局部多项式傅里叶变换（LPFT），定义为[14]

$$\mathrm{LPFT}(t,\Omega) = \mathrm{STFT}\{s(\tau)\mathrm{e}^{-\mathrm{j}\alpha\tau^2}\} = \int_{-\infty}^{\infty} s(\tau)\omega(\tau-t)\mathrm{e}^{-\mathrm{j}(\Omega\tau+\alpha\tau^2)}\mathrm{d}\tau \tag{9-11}$$

其是带有附加项 $\exp(-\mathrm{j}\alpha\tau^2)$ 的 STFT，用于补偿信号的刚体部分的 LFM。参数 α 是事先不知道的，而假定是从集合 $\boldsymbol{A}=[-\alpha_{\max},\alpha_{\max}]$ 中取值的，其中 $\alpha_{\max}$ 是对应于最大预期加速度（正或负）的调频斜率。在本例中，我们使用 $\boldsymbol{A}=[-2,2]$，步长为 0.25。现在，$\hat{\alpha}$ 可以估计为是来自集合 A 中的值，对其可基于 LPFT 和 $Q=50\%$ 的 L－统计量获得了重建刚体（补偿后的 FT）的最高集中度。重建的 FT，通过使用 50% 的较低 LPFT 值，被表示为 $S_{L,\alpha}(k)$。其集中度使用 l_1 范数测量[45]，表示为

$$H(\alpha) = \sum_{k=0}^{M-1} |S_{\mathrm{L},\alpha}(k)| = \|S_{\mathrm{L},\alpha}(k)\|_1 \tag{9-12}$$

基于 $H(\alpha)$ 产生的 LPFT，用估计的最优值 $\hat{\alpha}=1.25$ 计算得，如图 9-2(e) 所示。式(9-11)中的 LFM 用 $\hat{\alpha}$ 补偿，在 TFR 中产生几乎恒定的频率。这样，我们成功地重建了刚体分量，并去除了微多普勒部分，如图 9-2(h) 所示。这个过程对 $\hat{\alpha}$ 不敏感，用相邻值 $\hat{\alpha}=1.0$ 和 $\hat{\alpha}=1.5$ 都获得了良好的结果。请注意，在不使用提议算法去除微多普勒的情况下，从原始信号中不可能估计出扫频率 $\hat{\alpha}$。

这里演示了在刚体分析中，如何简单地去除损坏样本以产生令人满意的结果。这是可能的，因为刚体信号的形式是简单的这一事实，刚体信号由傅里叶域中的几个非零值组成（没有或已有运动补偿）。对于这些类型的信号，可以说它们在 TF 域中是稀疏的。将在下一节中介绍的 CS 理论可以通过数量减少的可用测量来完全恢复稀疏信号。

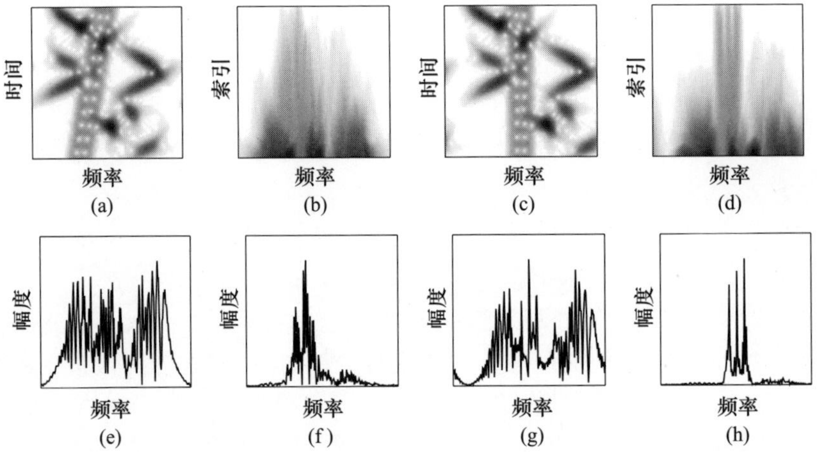

图 9-2　具有复杂微多普勒形式的加速度刚体

(a)没有运动补偿的信号的 TFR；(b)原始信号的排序 TFR；(c)运动补偿后信号的 TFR；(d)加速度补偿信号的排序 TFR；(e)分析信号的原始 FT；(f)无运动补偿的加速度刚体的重建 FT；(g)具有运动补偿的原始信号的 FT；(h)具有运动补偿的加速度刚体的重建 FT。

9.4　稀疏压缩感知的信号和时频分析

在实际应用（阵列信号处理、室内和 ISAR/SAR 成像、通信、遥感，以及生物医学和多媒体应用）中出现的大量信号在它们自己的或特定的变换域中都是稀疏的。信号稀疏性是指信号在合适的基上具有简洁表示的属性。通常，一个在特定域中 K 稀疏的信号可以用 M 个测量（$M>K$）来完全表征，尽管由 Shanon 奈奎斯特定理要求的样本总数远远大于 M。而且，整个信号可以通过应用各种优化算法(如凸优化和贪婪算法)从小的不完整的样本集中恢复。这个概念称为CS。CS 已经引起了新的数据采集设备的开发,其比满足香农-奈奎斯特采样定理的设备所需要的资源要少得多。恢复缺失样本的能力在信号处理方面开辟了广泛的应用领域,这些领域中我们面对着“错误的”或“不需要的”样本,它们可以被声明为缺失样本。后面讨论了两种可能丢失样本的场景:①由于降低采样率而产生的场景;②由于去除“不需要的分量”而产生的场景,如杂波和噪声。在这两种情况下,丢失样本会产生频谱噪声,这明显地恶化了信号分量和降低了频域与 TF 域中的信号稀疏性。本节对缺失样本效应进行了分析。

9.4.1　由于降低采样率而丢失样本的情况

当处理一个需要高采样率的信号时,根据采样定理,样本采集需要很大的数据存储和传输容量。在这些情况中,探讨以低得多的速率采样的可能性并接着重建信号的其余部分,以便分析和表征,是非常有利的。为了达到这一目的,通常需要随机采样和识别出稀疏的信号域。

CS 的数学基础在于它可以从一个欠定的线性方程组中精确地重建稀疏信号,并且可以通过凸优化以高效的计算方式进行重构。一个离散的信号:

$$\boldsymbol{x}=[x(0)\quad x(1)\quad \cdots\quad x(N-1)]^{\mathrm{T}}$$

是稀疏的,如果在变换域 $\boldsymbol{X}$ 中的分量数是由线性变换矩阵 $\boldsymbol{\Psi}$ 定义的,即

$$\boldsymbol{x}=\boldsymbol{\Psi X}$$

满足 $\|\boldsymbol{X}\|_0=K\ll N$,其中 N 为在采集域中的样本数。因为 $\boldsymbol{X}$ 的稀疏性(对于 $K\ll N$,其非零值的集合非常小)可以通过求解以下优化问题来恢复它的值:

$$\min\|\boldsymbol{X}\|_0\quad \text{s. t.}\quad \boldsymbol{y}=\boldsymbol{AX}\tag{9-13}$$

式中:$\boldsymbol{y}$ 为一个来自 $\boldsymbol{x}$ 的观测或测量向量,而组合矩阵 $\boldsymbol{A}=\boldsymbol{\Phi\Psi}$ 称为表示字典或 CS 矩阵,其中 $\boldsymbol{\Phi}$ 模拟测量过程。

然而,用 L_0 范数求解式(9-13)实际上是不可行的。这也意味着,在稀疏信号中,任何由分析信号中的极小的噪声引起的小的非零值,都将被计作一个非零变换值[20-21,45]。相反,可以使用 L_1 范数来考虑它的凸松弛解:

$$\min\|\boldsymbol{X}\|_1\quad \text{s. t.}\quad \boldsymbol{y}=\boldsymbol{AX}\tag{9-14}$$

其可以通过线性或二次规划技术来高效地求解。当矩阵 $\boldsymbol{A}$ 和 $\boldsymbol{X}$ 稀疏性满足一定条件时,式(9-13)和式(9-14)具有相同的唯一解。

因此,重要的是选择合适的信号稀疏域,这是通过线性变换与数据采集域关联起来的。稀疏域也与信号特征有关,并且随信号类别的不同而变化。例如,当考虑窄带信号时,常用的域之一是傅里叶变换(FT)域。然而,非典型的窄带信号不能在频率变量上表示成稀疏的。宽带非平稳信号在时频(TF)域中通常很稀疏,但在 FT 域中却不是,如宽带 FM 信号。在这种情况下,稀疏性依赖于时频

表示(TFR)的选择,这对信号重建效率至关重要。

基于非平稳信号 TF 稀疏性的 CS 概念与原始数据集的情况一样,应提供 IF 和微多普勒特征估计。在某些情况下,信号相位非线性很难估计,最简单的解决方法是使用 STFT。因此,从假设有一个在时域中不完整的数据集开始,CS 的思想是在由不同窗口位置定义的重叠间隔上实现稀疏信号重建,以提供 TF 信号表示。作为最简单的 CS 重建解决方案之一,可以采用正交匹配追踪(OMP)[47]。OMP 是一种贪婪算法,它为式(9-14)中定义的最小化问题提供了一个近似解。在每次迭代中,它都会搜索测量和字典矩阵之间的最大相关性。因此,通过迭代,它选择一定数量的字典矩阵列,其中这个数量由给定的迭代数定义。随后,在前面选择的所有的列张成的子空间中,实现最小二乘优化。

有趣的是,从 OMP 第一次迭代中得到的 IF 估计与频谱图中最高峰值所在位置提供的估计相同[48]。如果要实现对频谱图的任何改进,就必须进行更多次数的迭代。考虑用随机选择的 45% 的测量表示的 chirp 信号的情况。初始 STFT,根据式(9-7)计算的,在每个 n 附近使用 M 个样本。OMP 在 15 次迭代中重建 STFT,表示为 $\mathrm{STFT_R}(n,k)$,如图 9-3 所示。请注意,OMP 并不是总能提供良好的重建,特别是当测量数较少时。通过使用二次分布如 S-方法可以改善结果,定义如下:

$$\mathrm{SM}(n,k) = \sum_{i=-L}^{L} \mathrm{STFT_R}(n,k+i)\mathrm{STFT_R^*}(n,k-i)$$

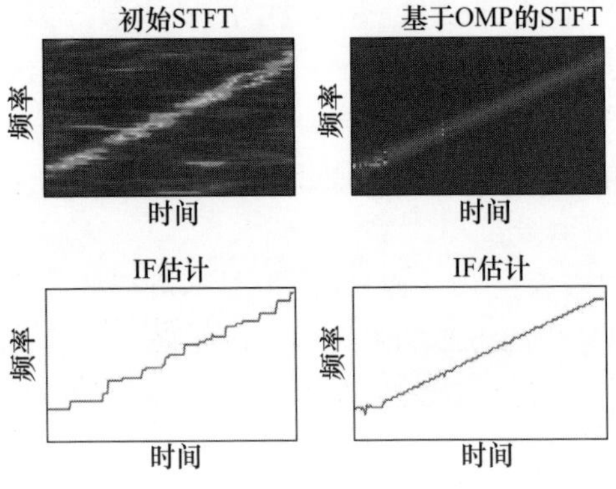

图 9-3 TFR 和使用 STFT OMP 的 IF 估计

在这种情况下,基于 OMP 的 S-方法(即应用于基于 OMP 的 STFT 恢复的 S-方法)将提供与没有丢失数据(图 9-4)时的标准 STFT 的 S-方法几乎相同的 IF 估计结果,因为 S-方法可以像 WD 情况一样提供理想的 chirp 表示,只要在 STFT 中自身项上完全求和的 L 足够大。在这里,只有少量的样本将产生结果,同在 WD 情况中一样。

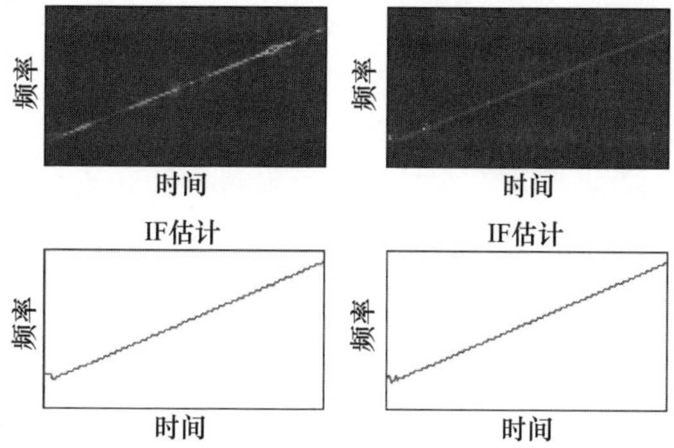

图9-4　TFR和使用OMP S-方法的IF估计

类似的方法也适用于与人体步态特征相对应的雷达数据[48]。OMP用于在缺失样本下恢复微多普勒特征。为了验证该方法,在临界奈奎斯特速率下对数据进行均匀采样,然后进行数据样本移除。在完整数据上采用频谱图的运动特征描绘了详细的躯干和肢体运动,如图9-5(a)所示。在丢失样本的情况下,频谱图的性能受到严重有噪的和杂乱的运动TF特征的影响。基于OMP的结果从随机样本中成功地重建人体运动特征(图9-5(b))。

9.4.2　FT(STFT)域缺失样本的分析

丢失的样本,无论它们是随机采样方案的产物还是L-统计量的结果,在非均匀采样数据序列的频谱分析中均会产生旁瓣。问题是:为了使噪声对信号重建性能的影响小,我们能够承受缺失多少样本。在这里,我们从噪声的角度分析了缺失样本对变换域值的影响。作为一个基本的出发点,这里将首先观察使用FT进行频谱分析的情况,FT是STFT的核心(其是加窗信号的FT),同样还有许多其他TFR。

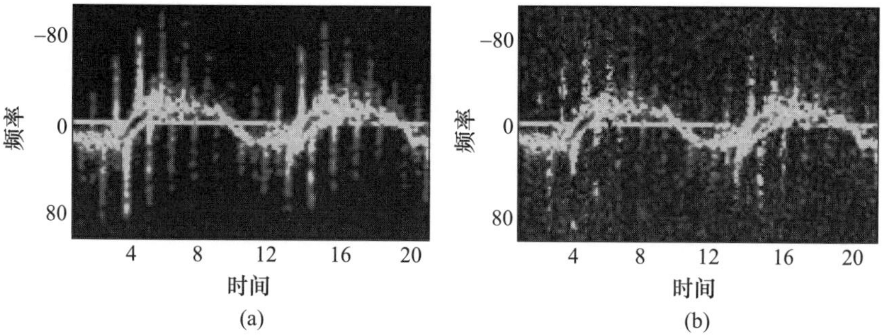

图9-5　不同采样条件下重建的人体运动特征(见彩图)
(a)临界采样信号的STFT;(b)来自随机欠采样信号的基于OMP的TFR。

结果表明，当使用 FT 时，丢失的样本可以用一种新的噪声来描述，这会使信号表示恶化。增加缺失样本的数量会增加相应的噪声水平，降低信号的稀疏度。因此，信号分量检测变得更加困难。解决这个问题需要将缺失样本数与频谱噪声统计量关联起来。这种关系对于分析稀疏信号重建算法中的初始步骤（变换）也是至关重要的。

考虑一个 N 个信号值 $s(1), s(2), \cdots, s(N)$ 的集合，它们属于由振幅 A_i 和频率 $k_i(i=1,2,\cdots,K)$ 定义的有 K 个正弦频率分量的稀疏信号，该信号的 DFT 被定义为

$$S(k) = \sum_{n=0}^{n-1} \sum_{i=1}^{K} A_i \exp(-\mathrm{j}2\pi(k-k_i)n/N)$$

现在可以观察到以下的值：

$$\begin{aligned} \boldsymbol{x} &= \{x(n), n=0,1,\cdots,N-1\} \\ &= \{A_i \exp(-\mathrm{j}2\pi(k-k_i)n/N), n=0,1,\cdots,N-1\} \end{aligned}$$

式中：假设 $\sum_{i=0}^{N-1}\boldsymbol{x}(i)=0$。此外，考虑一个来自 $\boldsymbol{x}$ 的有 $M \leqslant N$ 个可用样本的集合，对应于 CS 信号 $\boldsymbol{y}=\{y(1), y(2), \cdots, y(M)\}$。因此，有 $M_Q=N-M$ 个数量的样本不可用，或者它们是在 L－统计量应用于有噪声信号的情况下被丢弃了。最初可以观察到一个简单的情况，其中只存在一个分量：$K=1, A_1=1, k=k_1$。在可用样本集上的 DFT 可以写成如下形式：

$$F(k) = \sum_{n=1}^{M} y(n) = \sum_{n=1}^{N} \{\boldsymbol{x}(n) - \varepsilon(n)\}$$

其中在缺失样本的位置，噪声可以被模拟为

$$\varepsilon(n) = x(n) = \exp\{\mathrm{j}2\pi(k-k_1)n/N\}$$

否则，$\varepsilon(n)=0$ 因此，干扰 $\varepsilon(n)$ 实际上包含一个 $M_Q=N-M$ 缺失信号值的集合。显然，$E\{F_{k=k_1}\}=M$，而 $E\{F_{k\neq k_1}\}=0$ 成立。F 中的噪声方差可以计算如下：

$$\mathrm{var}(F) = E\{[y(1)+\cdots+y(M)]\cdot[y(1)+\cdots+y(M)]^*\} = M\frac{N-M}{N-1}$$

式中 $(\cdot)^*$ 表示复共轭，并且使用了以下等式：

$$\begin{cases} E\{x(i)x^*(i)\} = E\{y(i)y^*(i)\} = 1 \\ E\{x(i)x^*(j)\} = E\{y(i)y^*(j)\} = -\dfrac{1}{N-1}, i\neq j \end{cases}$$

接下来，我们提供信号位置处和非信号位置处的 DFT 值之比。从 $F_{k\neq k_1}$ 的绝对值是瑞利分布的假设出发，有

$$R_{95} = \left|\frac{F_{k\neq k_1}}{F_{k=k_1}}\right| < \frac{\sqrt{6}\sigma}{M} = \sqrt{\frac{3(N-M)}{M(N-1)}}$$

其概率为 0.95，其中 $\sigma^2=\mathrm{var}(F)$。因此，随机变量 $|F_{k\neq k_1}|$ 超过 $\sqrt{6}\sigma$ 的概率为 0.05。取决于 M 的值，伴随 DFT 样本 $F_{k\neq k_1}$ 的噪声幅度电平将以 0.05 的概率为 $|F_{k\neq k_1}|\sqrt{3(N-M)/M(N-1)}$。该分析可以用于定义 M，以使得噪声低于信号分量。这样可以确保要么在 CS 初始变换中，要么在 L－估计量变换中能够检测到信号分量。对于可用样本的不同数量 M，多分量信号的 DFT 如图 9－6 所示，其中 $N=512$。

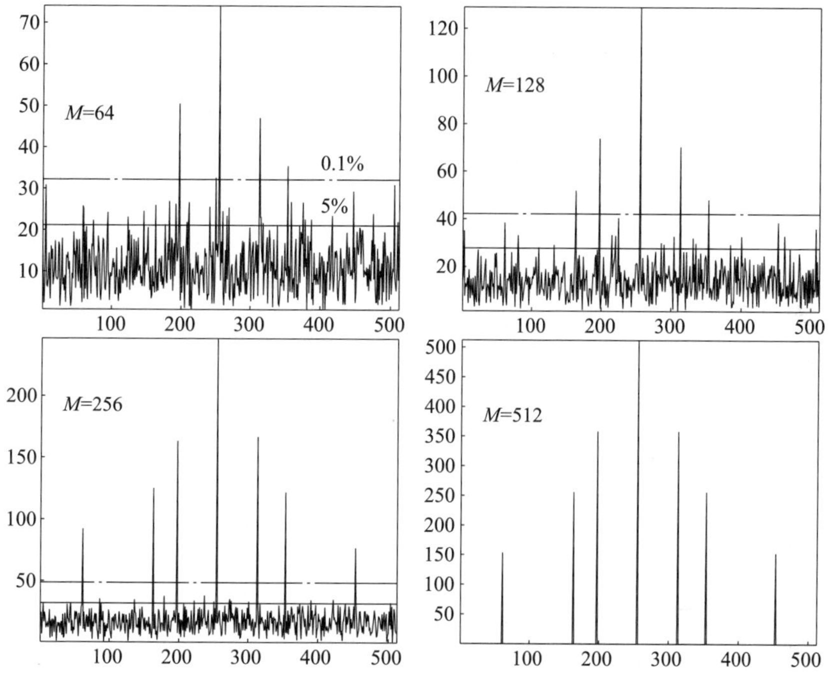

图 9－6　对于不同 M 的多分量信号的 DFT 的示图。阈值 R_{95} 用水平实线画出

在多分量信号的情况下，变量 $x(n)$ 以下列形式给出：

$$x(n)=\sum_{i=1}^{K}A_i\exp(-\mathrm{j}2\pi(k-k_i)n/N)$$

对于特定的 n。M 个可用随机位置样本 $\boldsymbol{y}=\{y(1),y(2),\cdots,y(M)\}\subset\{x(1),x(2),\cdots,x(N)\}$ 的平均值由 $E\{F\}=\sum_{i=1}^{K}MA_i\delta(k-k_i)$ 给出，而非信号位置处和信号位置处的 DFT 值的方差可以根据下式计算：

$$\begin{cases}\sigma_\varepsilon^2=\mathrm{var}(F_{k\neq k_i})=M\dfrac{N-M}{N-1}\displaystyle\sum_{j=1}^{K}A_j^2\\ \sigma_s^2=\mathrm{var}(F_{k=k_i})=M\dfrac{N-M}{N-1}\displaystyle\sum_{j=1,j\neq i}^{K}A_j^2\end{cases}$$

如上所述，非信号位置的 DFT 值是瑞利分布的。后面，它们将称为单独噪声值。使用瑞利分布，现在可以定义低于某个特定值 T 的单独噪声的 DFT 值的概率：

$$P(T) = 1 - \int_T^{\infty} \frac{2z}{\sigma_\varepsilon^2} \exp(-z^2/\sigma_\varepsilon^2)\mathrm{d}z = 1 - \exp(-T^2/\sigma_\varepsilon^2)$$

因此，所有单独噪声 DFT 值低于 T 的概率为 $P(T)^{(N-K)}$。在估计信号分量时，当 DFT 信号值在 T 和 $T+\mathrm{d}T$ 范围内时会出现误差，而至少有一个单独噪声值高于 T。通过假设第 i 个信号分量的 DFT 值等于 MA_i，可以定义误差概率（第 i 个信号分量的错误检测概率）的近似形式为

$$P_\mathrm{e} = 1 - \left(1 - \exp\left(-\frac{M^2 A_i^2}{\sigma_\varepsilon^2}\right)\right)^{N-K}$$

在某些情况下，使用 $M^2A_i^2 - \sigma_s^2$ 代替 $M^2A_i^2$ 可获得更好的近似。

文献[33]也对采样和混叠之间的关系进行了分析，它的基础是在引入 CS 范式和观点之前所研究的傅里叶随机采样问题，证明了在处理随机采样间隔时，不像均匀采样的情况，混叠不是对原始频谱的周期重复。采样间隔的随机分布产生噪声基底形式的混叠，其功率与信号频谱功率成正比。混叠噪声功率与原始信号的频谱占用成正比。如果原始频谱是稀疏的，则混叠噪声功率就不会占主要部分，从而可以成功地重建信号。该离散随机采样理论是对通常在实际中很难实现的标准连续时间随机抽样的扩展。因此，离散随机抽样提供了设计更可行的硬件采样解决方案的可能性，可以集成到现有的标准模数转换器中[33]。该硬件可以用明显低于奈奎斯特率的平均采样率来高效采样和重建频谱稀疏信号。

9.4.3 缺失样本对双线性时频分布的影响

本节分析缺失样本对二次 TF 分布的影响，例如广泛使用的 WD[40]。与 STFT 的不同之处在于，取代时域信号，我们处理的是 IAF，其关于时间滞后的 FT 变为 WD。丢失的数据样本产生 IAF 中的缺失项，从而引起虚影，其同加性噪声相似，扩散在整个 WD 上，从而恶化了 TFR。考虑一个离散时间信号 $x(n)$，$n=1,2,\cdots,N$，其包含了 FM 信号的一个或多个分量。假设观察到 $x(n)$ 中的 M 个样本（$M \leqslant N$）。用 $y(n)$ 表示为有 $M_Q = N - M$ 个缺失样本的观测向量，其在时间上是随机均匀分布的。因此，使用缺失样本掩码 Δn 可以表示丢失的数据：

$$x_m(n) = x(n) \cdot \Delta(n) = \sum_{i=1}^{M_Q} x(n_i)\delta(n-n_i), n_i \notin \mathbf{S} \tag{9-15}$$

式中：$\mathbf{S}$ 为势 $\mathrm{card}\{\mathbf{S}\} = M$ 的观察时刻集合。因此，观察到的数据可以表示为

$$y(n) = x(n) - x_m(n) = x(n) - \sum_{i=1}^{M_Q} x(n_i)\delta(n-n_i) \tag{9-16}$$

$x(n)$的 IAF 被定义为

$$C_{xx}(n,m)=x(n+m)x^*(n-m) \tag{9-17}$$

式中：m 是时滞量。将 $R(n)=1(n)-\Delta(n)$记为观察掩码，其中 $1(n)=1,\forall n$，是全 1 函数。于是，$y(n)$的 IAF 计算为

$$C_{yy}(n,m)=y(n+m)y^*(n-m)=C_{xx}(n,m)C_{RR}(n,m) \tag{9-18}$$

式中：$C_{xx}(n,m)$和 $C_{RR}(n,m)$分别是 $x(n)$和 $R(n)$的 IAF。特殊地，$C_{RR}(n,m)$可以表示为

$$C_{RR}(n,m)=C_{11}(n,m)+C_{\Delta\Delta}(n,m)-C_{1\Delta}(n,m)-C_{\Delta 1}(n,m) \tag{9-19}$$

式中：$C_{11}(n,m)$和 $C_{\Delta\Delta}(n,m)$分别为 $1(n)$和 $\Delta(n)$的 IAF；$C_{1\Delta}(n,m)$和 $C_{\Delta 1}(n,m)$为 $\Delta(n)$和 $1(n)$之间的两个 IAF 交叉项。由于丢失的数据样本，掩码 IAF 的差可以表示为

$$C_D(n,m)=C_{11}(n,m)-C_{RR}(n,m) \tag{9-20}$$

$$=C_{1\Delta}(n,m)+C_{\Delta 1}(n,m)-C_{\Delta\Delta}(n,m) \tag{9-21}$$

实际上，由于零填充，IAF 受到窗口大小的影响。沿着 m 维的矩形窗口长度取决于 n 并表示为

$$Q_m(n)=N-|N+1-2n|,n=1,2,\cdots,N \tag{9-22}$$

考虑到这一点，如果 N 是偶数，则 N－样本函数 $1(n)$在 $C_{11}(n,m)$中将有$N^2/2$个非零项，或者如果 N 是奇数，则有$(N^2+1)/2$ 项。在不失去一般性的情况下，在这里考虑偶数值 N。在这种情况下，当存在 M_Q 个缺失数据样本时，$C_D(n,m)$的单位值元素数量可以很好地近似为$\tilde{M}_Q\approx M_QN-M_Q^2/2$。由于缺失数据采样的位置在时间上是随机均匀分布的，所以缺失 IAF 项的位置在 n 和 m 上也可以考虑是随机均匀分布的。那么，对于一个特定的 n，$C_{yy}(n,m)$中的缺失项数量为

$$K_m(n)=\frac{\tilde{M}_Q}{N^2/2}Q_m(n)\approx\frac{2M_QN-M_Q^2}{N^2}Q_m(n) \tag{9-23}$$

IAF$C_{yy}(n,m)$关于滞后坐标 m 的 FT 是 WD：

$$W_{yy}(n,k)=\mathrm{FT}_m[C_{yy}(n,m)]=\sum_{m\notin S_m(n)}C_{xx}(n,m)\mathrm{e}^{-\mathrm{j}4\pi km} \tag{9-24}$$

式中：$\boldsymbol{S}_m(n)$是势为 $\mathrm{card}\{\boldsymbol{S}_m(n)\}=L_m(n)=Q_m(n)-K_m(n)$时对特定 n 的非零 m 元素的集合，并且 m 值的边界是由 $-[Q_m(n)-1]/2$ 和$[Q_m(n)-1]/2$ 限制的。利用 n 和 m 中缺失项的均匀分布，可以直接验证 $E[W_{yy}(n,k)]=\zeta W_{xx}(n,k)$，其中 $\zeta=L_m(n)/Q_m(n)=M^2/N^2$。也就是说，对于每个 n 和 k，$W_{yy}(n,k)$是 $W_{xx}(n,k)$的无偏估计量，乘上一个比例因子 ζ。$W_{yy}(n,k)$表示为

$$W_{yy}(n,k)=W_{xx}(n,k)-W_D(n,k) \tag{9-25}$$

式中：$W_D(n,k)$为在 WD 中由缺失数据样本导致的虚影。然后，根据这个讨论，

得到 $E[W_D(n,k)]=(1-\zeta)W_{xx}(n,k)$。因为 $W_{xx}(n,k)$ 是确定的，有

$$\mathrm{var}[W_{yy}(n,k)]=\mathrm{var}[W_D(n,k)]=\sum_{m\notin S_m(n)}|C_{xx}(n,m)|^2-\frac{K_m(n)}{Q_m^2(n)}|W_{xx}(n,k)|^2 \tag{9-26}$$

可以得出结论，缺失数据样本会产生随机分布在整个 TF 域上的扩展伪像，且总体方差随着缺失数据样本数量的增加而增大。类似的分析适用于模糊函数，其是 WD 的对偶域表示[40]。请注意，在零填充情况中 $\mathrm{var}[W_{yy}(n,k)]$ 随 n 变化，并且当 n 大约为 $N/2$ 时，观察到大的方差，此时大量的样本被丢弃。

9.5 时频域 CS 重构

本节涵盖在联合可变域(如 TF 和 AF 域)中进行非平稳信号重建的不同场景和可能性。根据上一节的分析考虑两个有趣的案例。第一个是利用 AF、IAF 和 WD 等双线性变换域来表示 CS 问题，旨在重建稀疏 TFR。第二个探讨了利用 DFT 和 STFT 相结合的方法从一般的非稀疏和非平稳信号(出现在雷达中)中进行稀疏分量的完全重构的可能性。

9.5.1 双线性变换信号重建

前一节中已经证明缺失样本的影响在 WD 域中反映为加性噪声。噪声分布在整个 TF 平面上。另一方面，通常出现在 WD 中的大多数干扰都可以在称为 AF 域的对应域中得到缓解。因此，下面首先建立基于 AF 的 CS 问题，并证明该方法可以有效地处理交叉项和强冲激噪声。同时，应用 CS 重建来恢复 IAF 样本是可能的，这将产生高质量的 TFR。

9.5.1.1 基于模糊域的 CS

CS 在 AF 和 TF 域中的应用是从 Flandrin 和 Borgnat 开始的[25]。WD 是 AF 的二维(2D)DFT：

$$\mathrm{AF}(\theta,m)=\frac{1}{N}\sum_{k=1}^{N}\sum_{n=1}^{N}\mathrm{WD}(n,k)\mathrm{e}^{-\mathrm{j}2\pi(n\theta-km)/N} \tag{9-27}$$

在经典的 TF 分析中，低通核被乘以 AF 来衰减交叉项。不使用经典的具有低通特性的降低干扰的核[45]，而选择原点周围的几个 AF 样本来组成减少的观测[25]，从而形成“CS AF”。通常，稀疏假设定义如下：含有 K 个分量的信号的 $N\times N$ 表示至多应有 $K\times N$ 个非零点。因为通常处理的是多分量信号，所以衰减或去除交叉项必须丢弃远离原点的模糊域点。因此，AF 域成为首选的观察域：远离原点的 AF 值被认为是不可用的，而独立项所在的原点周围的一个小区域

被认为是可用的 AF 值。假设 WD 为变换域,信号在该域中是稀疏的。在这种情况下,稀疏信号重建技术(L_1范数重建算法)将提供无交叉项的高分辨率 TFR,从而允许精确的 IF 估计[46]。因此,得到想要的 TF(矩阵 TFR 的元素为 TFR(n,k))是应用标准 CS 最小化过程的结果,标准 CS 最小化过程是以下面的线性规划形式定义的:

$$\min\sum_{k=1}^{N}\sum_{n=1}^{N}|\mathrm{TFR}(n,k)| \quad \text{s.t.} \quad \frac{1}{N}\sum_{k=1}^{N}\sum_{n=1}^{N}\mathrm{TFR}(n,k)\mathrm{e}^{-\mathrm{j}2\pi(n\theta-km)/N}=y_{\mathrm{c}}$$

对于(θ,m)中的 M 个选择点。在矩阵形式中,该关系可以重新表示为

$$\min\|\mathbf{TFR}\|_1 \quad \text{s.t.} \quad \boldsymbol{y}_{\mathrm{c}}=\boldsymbol{A}\cdot\mathbf{TFR}$$

式中:$\boldsymbol{y}_{\mathrm{c}}$ 为包含可用 AF 值的向量;$\boldsymbol{A}$ 为从二维 DFT 矩阵中丢弃同缺失 AF 值相关的元素后,所获得的相应 CS 矩阵。

例子:考虑由 chirp 和正弦调制分量组成的多分量信号:

$$s(n)=\exp[\mathrm{j}(16/5\cos(3/2\pi n)+6\cos(\pi n)+12\pi n)]+\exp[-\mathrm{j}(5\pi n^2+20\pi n)]+v(n)$$

式中:$v(n)$ 为高斯噪声。为了提供更快的计算,这里考虑小尺寸 60×60(3600 点)的 TFR。在模糊域中的中心区域大小为 7×7(总点数的 1.4%),它被当作是可用的 AF 值。在稀疏表示中所得到的非零点数量大约为 130(从不同实验中估计的),这是 TF 域中总点数的一小部分。原始的 WD 和 AF 分别如图 9-7(a),(b)所示。所得到的稀疏表示如图 9-7(c)所示。可以观察到 CS 方法不仅给出了信号功率位置,而且在抑制交叉项的同时,还提高了 TF 信号分辨率。

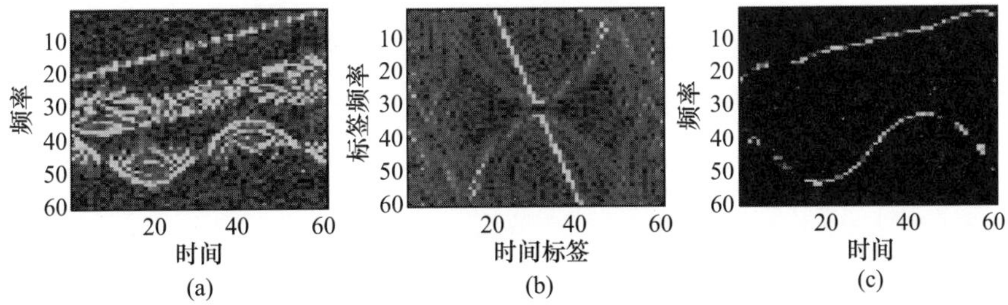

图 9-7　使用不同方法时的 TFR(见彩图)

(a) Wigner 分布;(b)模糊函数;(c)得到的稀疏 TFR。

9.5.1.2　IAF 重建产生的稀疏 TFR

类似于模糊域中 TF 交叉项的处理,可以通过在 IAF 域中应用核来减少由于缺失样本造成的伪像。因此,可以通过抑制缺失数据伪像和不想要的交叉项来构建较少杂乱的 TF 分布(TFD)。在这种情况下,最好的核是只保留信号特征

而把其他区域都过滤掉的核。其中一个选择是自适应最优核(AOK)[49],它在AF域中提供信号自适应滤波能力。TFD重建是基于与IAF和WD相关的FT基础上的。为了便于说明,这里使用了一个双分量FM信号,其中两个多项式相位分量的瞬时相位定律分别表示为

$$\begin{cases}\phi_1(n)=0.05n+0.05n^2/N+0.1n^3/N^2\\ \phi_2(n)=0.15n+0.05n^2/N+0.1n^3/N^2\end{cases} \tag{9-28}$$

对于 $t=1,2,\cdots,N$,其中 $N=128$,并且50%(或64个样本)的数据是丢失的。两个多项式相位信号分量具有相同的功率。WD中的伪影在频率轴上均匀分布,但在时间轴的中心部分出现得更强(图9-8(a))。从AOK获得的TFD如图9-8(b)所示。很明显,此核类型大大减轻了缺失数据的伪影。

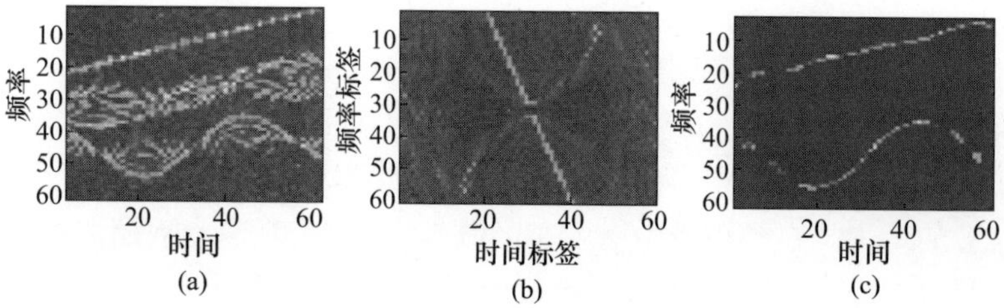

图9-8 从WD、AOK和OMP获得的TFD
(a)WD;(b)AOK;(c)OMP。

将 $\boldsymbol{x}_c(n)=[C_{xx}(n,m),\forall m]$ 表示为包含沿 m 维与时间 n 对应的所有IAF项的向量,$\boldsymbol{X}_c(n)$ 作为一个FT向量,收集同一时间 n 的所有TFD元素。请注意,$\boldsymbol{x}_c(n)$ 因丢失数据而有缺失项,并可能因应用核而被平滑。于是,这两个向量用逆DFT(IDFT)联系起来,表示为

$$\boldsymbol{x}_c(n)=\boldsymbol{\Psi}\boldsymbol{X}_c(n),\ \forall n \tag{9-29}$$

式中:$\boldsymbol{\Psi}$ 为实现IDFT的矩阵。通过移除零或值可忽略的IAF元素,可以构造一个向量 $\boldsymbol{y}_c(n)$,其变为

$$\boldsymbol{y}_c(n)=\boldsymbol{A}\boldsymbol{X}_c(n) \tag{9-30}$$

式中:$\boldsymbol{A}$ 为从IFT矩阵 $\boldsymbol{\Psi}$ 中删除相应行后得到的CS矩阵。由于信号在TF域中是稀疏表示的,所以可以通过稀疏信号恢复技术重构 $\boldsymbol{X}_c(n)$:

$$\min\|\boldsymbol{X}_c(n)\|_1 \quad \text{s.t.} \quad \boldsymbol{y}_c(n)=\boldsymbol{A}\boldsymbol{X}_c(n) \tag{9-31}$$

对所有 n,重复这个过程。例如,同前面的例子一样,可以在每个时刻 n 应用OMP。通过利用稀疏信号重构方法,可以对从观测的有缺失样本的二分量FM信号中获得的TFD结果进行了描述。图9-8(c)显示了在应用AOK之后,使用IAF的OMP算法重建的TFD,并且对每个时刻都使用了两次迭代。在这种情况下,重建结果显示TFD具有非常小的杂波。

9.5.1.3 冲激噪声中的稳健模糊域 CS

现在考虑在出现噪声的情况下处理模糊域观测的能力。首先假设模糊度域测量受到大量冲激噪声的严重影响。在模糊域(作为观测域)中遇到冲激噪声时,最根本的问题是稀疏 TFR 的精确重建。在这些情况中,标准 CS 重建技术将不再能够提供理想的结果。因此可以通过利用稳健统计量来消除噪声。这样,就可以将噪声模糊域观测直接映射到无噪声稀疏 TFR 上。在不应用核函数的情况下,该方法显著地消除了噪声脉冲和交叉项的影响。观测向量是从 AF 获得的一个测量集合:

$$\boldsymbol{y} = \{\mathrm{AF}(\theta,m) \mid (\theta,m) \in \boldsymbol{\Omega}\} \tag{9-32}$$

其中,为了避免交叉项,测量再次取自原点周围的一个狭窄模糊区域 Ω。此外,获得的变换域矩阵作为一个 2D DFT。

然而,在存在噪声的情况下,尤其是当模糊域的测量值被冲激噪声破坏时,就会出现问题。也就是说,线性测量严重恶化,原始信息被扩散在整个域中的大噪声幅值中掩盖。损坏的样本将导致标准重建算法在恢复精确稀疏 TFR 的尝试中失败。一种解决方法是定义一个不基于线性投影的稳健测量过程,以避免冲激噪声。在我们的情况中,有一个预定义的测量,它是由原点周围的模糊域掩码定义的。因此,这里提出了一种将稳健统计量引入模糊域 CS 重建技术的解决方案。也就是说,寻求提供一个初始变换域向量的无噪声版本,或者换句话说,对 TF 域的稳健初始变换。一种有效的鲁棒的方法是以 L－估计和 α 裁剪滤波器的概念为基础的。L－估计被定义为有序统计量的线性组合,并且甚至对于混合噪声类型也能够使用。L－统计量方法涉及先对数据样本排序,然后剔除最高值。

最小化问题可以表述如下:

$$\mathrm{TFR} = \arg\min_{\theta} \|\boldsymbol{X}_L\|_1 \quad \text{s. t.} \quad \boldsymbol{y} - \boldsymbol{A}\boldsymbol{X}_L = 0 \mid_{(\theta,m)\in\Omega} \tag{9-33}$$

式中:$\boldsymbol{A}$ 是对应于模糊区域 $\boldsymbol{\Omega}$ 的 CS 矩阵,而初始变换为

$$\boldsymbol{x}_{L0} \sum_{i=1}^{M_a} L_i(\theta,m),M_a = N(1-2\alpha)+4\alpha \tag{9-34}$$

AF 样本的排序向量乘以相应的 2D DFT 基函数,表示为 $L_i(\theta,m)$。其写成

$$L_i(\theta,m) = \mathrm{sort}\{\mathrm{AF}(\theta,m)\exp(-\mathrm{j}2\pi mk/N)\exp(-\mathrm{j}2\pi\theta l/N)\}$$

式中:$(\theta,m) \in \Omega$ 和 $\mathrm{card}\{\Omega\} = N$。注意排序操作是以幅度非递减顺序进行的。为了消除噪声,这里丢弃了 $L(\theta,m)$ 中值最高的 $2\alpha(M-2)$ 个元素,而平均值是在剩余的值上计算的。因此,所提出的改进方法可以看作基于 L－统计量的 L_1 范数最小化。

为了说明该方法的优点,让我们在模糊域中观察一个噪声测量集。这里处

理的是一个非稳态的多分量信号，除了噪声外，每个分量对之间的强交叉项可能会使单个分量的功率分布模糊。该信号由两个余弦频率调制分量组成：

$$s(n) = \exp(j(16/5\cos(3/2\pi n) + 6\cos(\pi n) + 6\pi n)) + \exp(j(16/5\cos(3/2\pi n - 3\pi/2) + 6\cos(\pi n - 3\pi/2) - 14\pi n))$$

原始信号 AF 和 WD 分别如图 9－9(a)，(b)所示。在 AF 域中，有 10% 的测量被强噪声峰破坏。标准 ℓ_1 重构直接应用于噪声测量的结果如图 9－9(c)所示，我们可能会观察到它受到噪声的严重破坏。然而，基于 L－统计量的最小化提供了无交叉项和无噪声的结果，如图 9－9(b)所示。

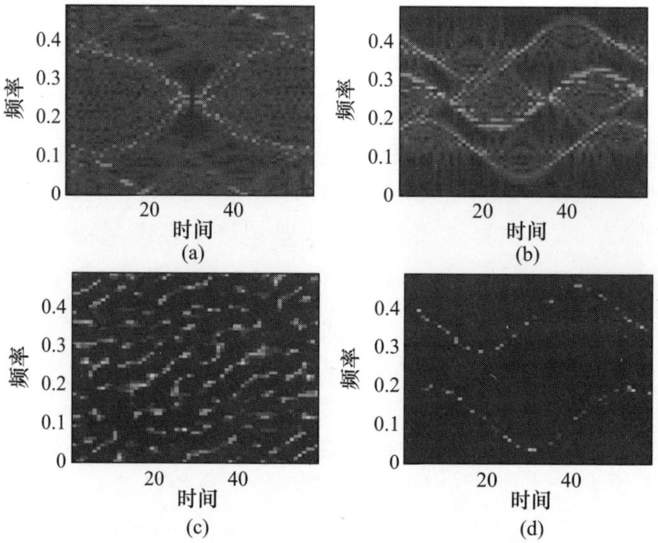

图 9－9　使用不同的方法与 TF 重建结果对比

(a)原始信号的标准模糊域表示；(b)原始信号的标准 WD；
(c)来自模糊域含噪测量集的稀疏 TF 重建结果；(d)使用所提出的方法得到的稀疏 TF 重建结果。

9.5.2　线性变换压缩感知重建

本小节处理这样一类问题，样本或观测丢失不是因为放宽了奈奎斯特采样限制造成的，而是由于试图使需要的与不需要的非平稳信号分量分离而造成的。如果各自的 TF 特征位于公共 TF 区域或遇到几个 TF 交叉点，则在 TF 域中的分离变得很困难。也就是说，重要的信号分量在 TF 平面上通常是重叠的，这进一步意味着，在 AF 中这些分量将被认为是单一的。模糊域分析[50]，包括常见的基于 CS 的，不能处理这一类型的信号。这种情况产生 TF 掩蔽困难，并使 TF 合成方法无效。针对潜在问题的 CS 方法是基于这样一个前提：缺失样本是不想要的样本，这些样本由于干扰贡献而被排除考虑。

这里的主要目标是使用 CS 方法恢复受高度非稳态信号污染的窄带信号。在这种情况下,使用傅里叶基来实现期望的稀疏表示。选择 TF 域中的样本,以利于局部和全局稀疏的正弦信号。采用 STFT 方法揭示了平稳和非平稳信号的局部行为。与所有窗口上的非平稳信号对应的 TF 区域被识别出来并从考虑中排除,因而当作缺失观测。为了成功地去除这些区域,使用基于 L－统计量的分析。图 9－10 给出了一个简化的例子,其中微多普勒是由 4 个连续反射的旋转部件和几个旋转闪烁的部件引起的。在不同的 TF 点,稀疏(刚体)信号与非平稳分量相交(图 9－10)。我们删除大量重叠的点或间隔,并且仅保留那些属于窄带信号的 TF 观察[51]。

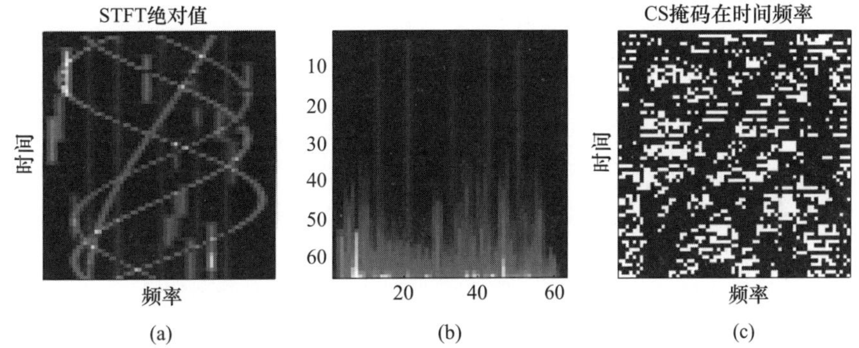

图 9－10　雷达信号的 TRF,在给定的距离上,对应于 5 个刚体点,4 个快速旋转反射体,以及几个在短时间间隔内反射闪烁的点

(a)相参积累时间内的频谱图;(b)对每个频率(横向距离)沿着时间的排序频谱图值;(c)使用 60% 省略值的 L－统计量方法后,在 TF 平面中显示可用(白色)和省略(黑色)值的矩阵(TF 分析中使用汉宁窗)。

所分析的问题可以叙述如下。考虑一个复合信号:

$$x(n) = x_{sp}(n) + x_{ns}(n) \tag{9-35}$$

式中:$x_{sp}(n)$ 为平稳的和稀疏的信号部分;$x_{ns}(n)$ 为高度非稳定的部分。这种信号组合是由从运动目标返回的雷达信号启发的,其中刚体和微多普勒分量都可以存在。因此,该信号的 DFT 可以定义为

$$\begin{cases} X(k) = X_{sp}(k) + X_{ns}(k) \\ X_{sp}(k) \neq 0, k \in \{k_{01}, k_{02}, \cdots, k_{0K}\}, K \ll N \end{cases} \tag{9-36}$$

式中:N 为信号样本的总数。因此,$X_{sp}(k)$ 在 k 中是平稳的和稀疏的,而 $X_{ns}(k)$ 是非平稳的和非稀疏的,并且即使对于所有频率 k 也可以假定是非零值。在上述信号模型中,信号的稀疏和非平稳部分在频率上明显重叠。此外,$X_{ns}(k)$ 中的某些特定频率分量可能比 $X_{sp}(k)$ 中相应的要强得多。在某些频率上的非平稳分量 $k_j \neq k_{0i}(i = 1, 2, \cdots, K)$ 也可能比期望频率下的总信号分量强得多,也就是是

说，$|X_{ns}(k_j)| \gg |X(k_{0i})|$。

在处理遵循式(9-36)模型的信号时，经典频谱分析工具是无法实现信号分离的，即使假设期望信号 $k_{01},k_{02},\cdots,k_{0K}$ 的频率是已知的。例如，考虑一个理想的陷波滤波器(其逆形式)应用到一个事先已知的期望频率(实际上并非如此)上。当干扰出现在与期望分量相同的频率时，即使使用理想的陷波滤波器也不能滤除干扰。在这种情况下，由滤波器输出得到的信号幅度将是不正确的值，这将在本例中说明。另一方面，还假设在大量时间样本中信号 $x_{sp}(n)$ 的稀疏部分和高度非平稳部分 $x_{ns}(n)$ 是重叠的，即对于任何(或全部) n，$x(n) \neq x_{sp}(n)$ 可以成立。这使得在很短时间内完成时域信号分离是十分困难的。这阻碍了CS算法在时域上的应用。最后，由于我们实际上拥有完整的数据集，因此可以考虑应用基于 ℓ_1 范数的稳健处理方法，这种处理方法仍然无法提取出稀疏部分，因为与偶尔更强的非平稳部分的时间和频率重叠。

高度非平稳的信号分量要求TF信号表示为

$$\rho_x(n,k) = \rho_{sp}(n,k) + \rho_{ns}(n,k) \tag{9-37}$$

式中：$\rho_x(n,k)$ 为线性TF表示(二次表示会产生交叉项)。我们处理一般的情况，其中 $\rho_{sp}(n,k)$ 和 $\rho_{ns}(n,k)$ 在TF平面中的许多点 (n,k) 上重叠。重叠区域中的大量干扰值可能比对应它们的稀疏信号要强得多。重建期望的稀疏信号被认为是不可能的，除非移除重叠值。一种有效的方法是应用针对TF问题制定的CS方法。注意，只要可用数据的数量大于信号的稀疏度，就会得到令人满意的结果。

在TF分析中，使用基于STFT的最简单的表示。从上述问题描述可以看出，主要挑战在于正确选择STFT域中的信号观测，避免所有干扰，并建立TF与傅里叶域之间的线性关系。这里，L-统计量适合适当地选择TF区域。它涉及按照给定频率沿着时间轴排序数据样本，然后删除其中的一些。如果在TF表示中只有特定频率的非平稳分量，那么很明显，沿该频率除去最高值实际上可以消除不想要的非平稳干扰。对于非平稳干扰和期望稀疏正弦分量贡献的频率线，最高值对应于共同或重叠的区域。移除频率线上的大部分最高值也将消除干扰的贡献。另一种可能的情况是，当非平稳信号和稀疏信号的幅值相同时，相反的相位在交点处产生低值。在这种情况下，除了最高值之外，解决方案是删除一些最低值。因此，可以通过保持排序值的中间部分来避免干扰的污染。分别对于每个频率 $k=k_i$，L-统计量被用于 $\rho_x(n,k)$：

$$L\rho_x(n,k) = O_{k_i}(p),\ p \in [\alpha N, \beta N]$$

式中：$O_{k_i}(p) = \mathrm{sort}_n\{\rho_x(n,k_i)\}$，$n,p \in [\alpha N,\beta N]$；$L$ 为L-估计算子；而参数 α 和 β 被定义为 $0 \leqslant \alpha \leqslant \beta \leqslant 1$。这意味着对于每个 k，而不是原始的 N 个点，$n=0,1,\cdots,N-1$，在进一步的计算中，有一个任意时间间隔集合，其中变换值 $N_1(k),N_2(k),\cdots,N_B(k)$。这些间隔将被称为频率相关的任意定位时间

间隔。出现在这些间隔内的信号值可以被认为是可用的 CS 测量，只包含信号的平稳和稀疏部分。也就是说，在 L－统计量之后，有 $L\rho_{\mathrm{ns}}(n,k) \ll L\rho_{\mathrm{sp}}(n,k)$，$n \in [N_1(k), N_2(k), \cdots, N_B(k)]$，其中属于非平稳的和稀疏分量的 L－统计量输出 $L\rho_x(n,k)$ 分别表示为 $L\rho_{\mathrm{ns}}(n,k)$ 和 $L\rho_{\mathrm{sp}}(n,k)$。注意，$L\rho_{\mathrm{ns}}(n,k)$ 是可以忽略的，而 $L\rho_{\mathrm{sp}}(n,k)$ 表示可用的稀疏信号 TF 值。例如，对于给定的 k，使用 $Q=70\%$ $(Q=100(1-\beta+\alpha))$ 丢弃值的 L－统计量，意味着间隔 $N_1(k), N_2(k), \cdots, N_B(k)$ 的总持续时间仅为原观测的 30%，对于给定的频率，这些间隔内的稀疏信号 TF 值是可用的。

9.5.2.1　基于 CS 方法的重建

考虑长度为 N 的离散时间信号 $x(n)$ 及其 DFT$X(k)$。当使用宽度为 M 的矩形窗口时，式(9－7)中定义的 STFT 可以写成矩阵形式：

$$\mathrm{STFT}_M(n) = \boldsymbol{W}_M \boldsymbol{x}(n) \tag{9-38}$$

式中的 $\mathrm{STFT}_M(n)$ 和 $\boldsymbol{x}(n)$ 是向量：

$$\begin{cases} \mathrm{STFT}_M(n) = [\mathrm{STFT}(n,0) \quad \cdots \quad \mathrm{STFT}(n,M-1)]^{\mathrm{T}} \\ \boldsymbol{x}(n) = [x(n) \quad x(n+1) \quad \cdots \quad x(n+M-1)]^{\mathrm{T}} \end{cases} \tag{9-39}$$

并且 $\boldsymbol{W}_M$ 是系数为 $W(m,k)=\exp(-\mathrm{j}2\pi km/M)$ 的 $M \times M$DFT 矩阵。考虑非重叠的连续数据段，将在时刻 $n+M$ 计算下一个 STFT，其为 $\mathrm{STFT}_M(n+M) = \boldsymbol{W}_M \boldsymbol{x}(n+M)$。假设 N/M 为整数，在时刻 $n+N-M$ 的最后一个 STFT 表示为 $\mathrm{STFT}_{N-M}(n+N-M) = \boldsymbol{W}_M \boldsymbol{x}(n+N-M)$。把所有 STFT 向量组合到一个方程中，得到

$$\begin{bmatrix} \mathrm{STFT}_M(0) \\ \mathrm{STFT}_M(M) \\ \vdots \\ \mathrm{STFT}_M(N-M) \end{bmatrix} = \begin{bmatrix} \boldsymbol{W}_M & \boldsymbol{0}_M & \cdots & \boldsymbol{0}_M \\ \boldsymbol{0}_M & \boldsymbol{W}_M & \cdots & \boldsymbol{0}_M \\ \vdots & \vdots & \ddots & \vdots \\ \boldsymbol{0}_M & \boldsymbol{0}_M & \cdots & \boldsymbol{W}_M \end{bmatrix} \boldsymbol{x} \tag{9-40}$$

$$\mathrm{STFT} = \boldsymbol{W}_{M,N} \boldsymbol{x}$$

为了避免记号混淆，这里再次强调 $\mathrm{STFT}(n,k)$ 表示在给定时间 n 和频率 k 的标量 STFT 值，而具有一个参数和一个索引的粗体记号 $\mathrm{STFT}_M(n)$ 表示 STFT 值（对给定时刻 n 的 M 个频率）向量。最后，无参数的粗体记号 STFT 表示对所有频率 k 和所有时刻 n 的 STFT 值的向量。向量 $\boldsymbol{x}$ 是信号向量，因为

$$\boldsymbol{x} = [\boldsymbol{x}^{\mathrm{T}}(0) \quad \boldsymbol{x}^{\mathrm{T}}(M) \quad \cdots \quad \boldsymbol{x}^{\mathrm{T}}(N-M)]^{\mathrm{T}} = [x(0) \quad x(1) \quad \cdots \quad x(N-1)]^{\mathrm{T}}$$

在傅里叶域中表示上述向量，$\boldsymbol{x} = \boldsymbol{W}_N^{-1} \boldsymbol{X}$，其中 $\boldsymbol{W}_N^{-1}$ 表示 $N \times N$ 维 DFT 矩阵，$\boldsymbol{x}$ 是 DFT 向量，可以得到了 STFT 和 DFT 值之间的关系式如下：

$$\mathrm{STFT} = \boldsymbol{\Psi X} \tag{9-41}$$

在这种情况下，变换矩阵定义为 $\boldsymbol{\Psi} = \boldsymbol{W}_{M,N}\boldsymbol{W}_N^{-1}$，它将 $\boldsymbol{X}$ 中的全局频率信息映射为 STFT 中的局部频率信息。如 9.2 节所述，通过使用 L－统计量移除一个 TF 点集合，只保留了观测向量 STFT 中的几个元素。这是按以下方式完成的。对于每个频率 k，在时间上形成一个 STFT 向量，如

$$\boldsymbol{S}_k(n) = \{\mathrm{STFT}(n,k), n = 0,1,\cdots,N-1\} \tag{9-42}$$

在对 $\boldsymbol{S}_k(n)$ 的元素进行排序后，可以得到新的有序元素集：

$$\boldsymbol{O}_k(n) \in \boldsymbol{S}_k(n)$$

满足

$$|\boldsymbol{O}_k(0)| \leqslant \cdots \leqslant |\boldsymbol{O}_k(N-1)| \tag{9-43}$$

高值和低值元素的百分比 Q 不被考虑。如前所述，这些值捕获大多数干扰 TF 样本。剩余的 STFT 值属于期望的正弦信号。

用 $\mathrm{STFT}_{\mathrm{CS}}$ 表示可用 STFT 值的向量。通过省略同所删除的 STFT 值对应的 $\boldsymbol{\Psi} = \boldsymbol{W}_{M,N}\boldsymbol{W}_N^{-1}$ 的行，形成相应的 CS 矩阵 $\boldsymbol{A}$，其将稀疏 DFT 向量 $\boldsymbol{X}$ 与 $\mathrm{STFT}_{\mathrm{CS}}$ 相关联起来。每一行对应一个时间点和频率点 (n,k)。我们认为减少的观测值、稀疏的 DFT 域和线性关系为 CS 问题提供了必要的基础。目标是重建原始的稀疏平稳信号，因为它产生最集中的 DFT$X(k)$。因此，相应的最小化问题可以定义如下：

$$\min \|\boldsymbol{X}\|_1 = \min \sum_{k=0}^{N-1} |X(k)| \quad \text{s.t.} \quad \mathrm{STFT}_{\mathrm{CS}} = \boldsymbol{AX} \tag{9-44}$$

只要损坏的样本被丢弃，并且保留了关于期望信号的足够多的信息，则允许恢复的丢弃样本量对性能并没有很大的限制。

文献[38]给出了这类分析的一个特例，当 $\mathrm{STFT} = \boldsymbol{x}$ 时 $M = 1$，用来从强冲激噪声干扰中分离出信号的平稳稀疏部分。

ℓ_1 范数用在式(9－69)的最小化中，作为一种比计算非零分量数量的 ℓ_0 范数更简单的实现形式。ℓ_p 范数且 $0 \leqslant p \leqslant 1$ 被用来对文献[45]中的 TRF 参数进行优化。

这里提供一个非常简单的例子，来说明信号和干扰的 TF 定位是如何使信号恢复成为可能的。考虑稀疏信号：

$$\begin{aligned} x(n) &= x_{\mathrm{sp}}(n) + x_{\mathrm{ns}}(n) \\ &= [-2.2500 + \mathrm{j}2, -5.2374 + \mathrm{j}2.1768, -3 - \mathrm{j}1.25, 4.2374 + \\ &\quad \mathrm{j}1.1768, -1.75, 1.2374 - \mathrm{j}0.1768, 5 + \mathrm{j}2.25, 3.7626 + \mathrm{j}1.8232]^{\mathrm{T}} \end{aligned}$$

其中的大部分样本都受到强干扰（对应于雷达图像中一个简化的两点刚体）的严重破坏。如果在时域中应用一个直接的 DFT 计算或者任何形式的 L－统计量，我

们将无法得到一个可用在 CS 恢复方法中的结果。在时域上，只有两个没有被破坏的样本，这对 CS 重建是不够的。这些结果如图 9－11(a)和图 9－11(b)所示。但是，如果使用 $M=2$ 的 STFT 计算，然后删除 STFT 异常值(它们当中有 3 个，分别是 $\mathrm{STFT}_2(0,0)$、$\mathrm{STFT}_2(6,0)$ 和 $\mathrm{STFT}_2(4,1)$，图 9－11(a))，我们在 TF 域中得到一个 CS 公式，即

$$\begin{bmatrix} \mathrm{STFT}_2(0,1) \\ \mathrm{STFT}_2(2,0) \\ \mathrm{STFT}_2(2,1) \\ \mathrm{STFT}_2(4,0) \\ \mathrm{STFT}_2(6,1) \end{bmatrix} = \boldsymbol{A} \begin{bmatrix} X(0) \\ X(1) \\ X(2) \\ \vdots \\ X(7) \end{bmatrix}$$

这些问题可以用 CS 方法来解决。例如，如果通过将这三个 STFT 值设置为 0 来进行初始重构(图 9－11(c))，那么将得到一个很好的初始结果。可以很容易地得出结论：信号的稀疏部分由在频率 $k_{01}=3$ 和 $k_{02}=5$ 上的 $K=2$ 个分量组成，如图 9－11(c)所示。可以通过改变 STFT 系数的值(设置为零)来实现简单的恢复，以便最小化 $\|\boldsymbol{X}\|_1$。最小值 $\|\boldsymbol{X}\|_1$ 是使用 $\mathrm{STFT}(0,0)=0.5126+\mathrm{j}0.1768i$，$\mathrm{STFT}(6,0)=-1.2374+\mathrm{j}0.0732$ 和 $\mathrm{STFT}(4,1)=-1.2374-\mathrm{j}0.1768i$ 获得的。因此，信号 $x(n)$ 稀疏部分的恢复 DFT 是 $\boldsymbol{X}_{\mathrm{sp}}=[0,0,0,8,0,6,0,0]$(图 9－11(d))。它对应于信号 $x_{\mathrm{sp}}(n)=\exp(\mathrm{j}2\pi 3n/8)+0.75\exp(\mathrm{j}2\pi 5n/8)$ 的精确原始稀疏部分。得到这个简单结果的另一种方法是将 $k\neq 3$ 和 $k\neq 5$ 的所有 $X(k)$ 设置为零，并使用 5 个剩余的 STFT 值求解有 $X(3)$ 和 $X(5)$ 两个未知数的系统。

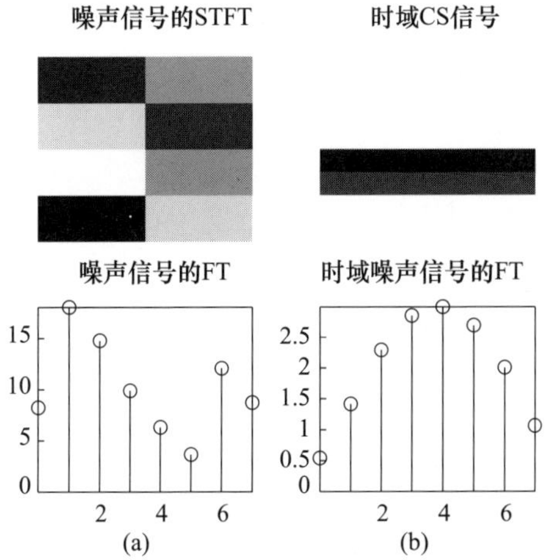

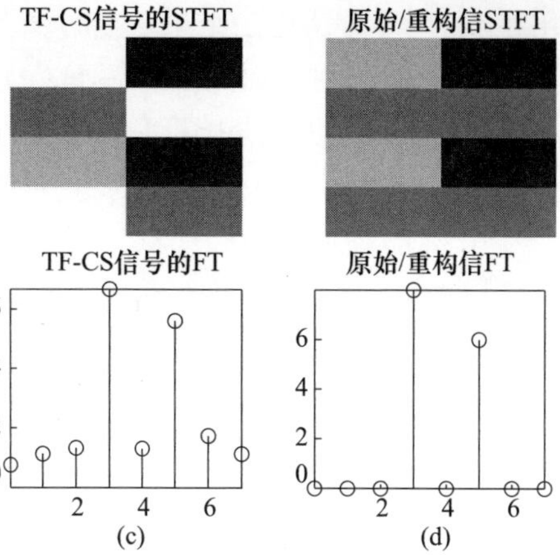

图 9-11　说明了基于 STFT 的 CS 计算

(a)有噪声信号的结果；(b)时域中的 CS 信号；(c)TF-CS 信号；(d)重建结果。

9.5.3　重叠的窗口

通常对于持续时间 N 的信号 $x(n)$,可以使用任意持续时间的任意窗口 $w(m)$。在 STFT 计算中的时间步长 M_s 也可以是任意的。根据信号 DFT 的 STFT 为

$$\begin{aligned}\mathrm{STFT}\,(n,k) &= \sum_{m=0}^{M-1} w(m)\left[\frac{1}{N}\sum_{p=0}^{N-1} X(p)\,\mathrm{e}^{\mathrm{j}2\pi p(m+n)/M}\right]\mathrm{e}^{\mathrm{j}2\pi mk/M} \\ &= \frac{1}{N}\sum_{p=0}^{N-1} X(p)\,\mathrm{e}^{\mathrm{j}2\pi pn/N} W(k-pM/N) = \boldsymbol{\Psi}_n \boldsymbol{X} \qquad (9-45)\end{aligned}$$

式中：$W(k)=\sum_{m=0}^{N-1} w(m)\mathrm{e}^{-\mathrm{j}2\pi mk/N}$ 和矩阵 $\boldsymbol{\Psi}_n$ 系数由 $\boldsymbol{\Psi}_n(k,p)=\frac{1}{N}W(k-pM/N)\mathrm{e}^{\mathrm{j}2\pi pn/N}$ 来定义。

STFT 的一种矩阵表示是 STFT = $\boldsymbol{\Psi X}$,其中时间步长为 M_s。注意,每个 STFT 实际上是信号样本的加权线性组合。这些组合仅在不重叠的 STFT 情况下是线性独立的。在重叠 STFT 的情况下,它们变成相互有关的,因为相同的信号样本被用来计算几个 STFT 值。例如,使用步长 $M/4$ 而不是 M,可以得到 $4N$ 个 STFT 值,其中相同的样本涉及 4 个(重叠)不同的 STFT。这进一步意味着,如果只有一个样本被干扰破坏了,那么在同一行中的几个 TF 值均会被移除。

为了消除包含了 $x_{ns}(n)$ 的 STFT 的非平稳部分,我们对于每一个频率均删除 $Q\%$ 的 STFT 值。然后用相应的 $\boldsymbol{A}$ 和 STFT_{CS} 继续求解类似于式(9-44)的 CS 问题。

如果想在 STFT 中保持住同信号的原始 DFT 一样的频率网格,那么窗口应该零填充至 N,在式(9-45)中 $M=N$。零填充将提供,对于在 DFT 网格上的每

一个恒定频率 k_{0i} 的信号分量，在 TF 平面上存在一条频率－方向直线，其中它的 STFT 值对于所有考虑的时刻具有相同且恒定的相位。用这种方法计算 STFT 会增加方程的数量。然而，可以使用 OMP 方法得到高效的 CS 解决方案，通过将丢失的 STFT 值设置为零来获得初始恢复的信号值[6,32]。

考虑一个由四个平稳的正弦波所组成的信号：

$$x(n)=e^{j256\pi n/N}+1.2e^{-j256\pi n/N+j\pi/8}+0.7e^{j512\pi n/N+j\pi/4}+e^{-j256\pi n/N-j\pi/3}$$

以短持续时间的脉冲和强的瞬态信号作为干扰：

$$x_{ch}(n)=\sum_{i=1}^{I_C}A_i e^{j\omega_i n}e^{-(n-n)^2/d_i^2}$$

这种情况可以在 TF 域中的 CS 框架内表示。原始信号的 STFT 如图 9－12(a)所示。对排序后的 STFT 值执行 L－统计量方法，去除60% 的最大值和10% 的最小值($Q=70\%$)后，结果如图 9－12(b)所示，其相当于 STFT 的 CS 形式。删掉的 STFT 值用黑色表示(图 9－12(c))。重建时根据图 9－12(d)给出的 STFT 的 CS 值进行的。

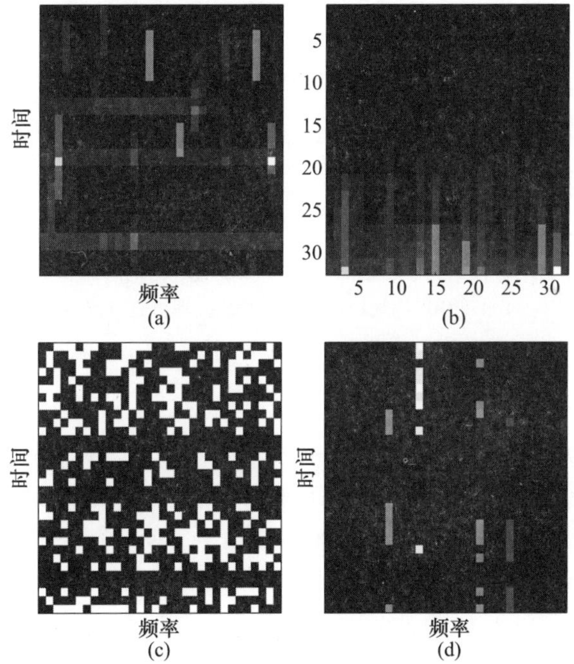

图 9－12　对信号的 STFT 进行 CS 掩码处理的结果

(a)带有时域冲激扰动的复合信号的 STFT；(b)它的排序值；(c)对应于基于 L－统计量的 STFT 值的 CS 掩码；(d)在 STFT 绝对值上应用 CS 掩码后所保留的 STFT 值。

得到了信号稀疏部分的 DFT(图 9－13(c))，同时保留了幅度和相位。原始信号的 DFT 如图 9－13(a)所示。在求解式(9－44)时,DFT 是通过使用 ℓ_2 范数来代替 ℓ_1 范数而得到的,如图 9－13(b)所示。

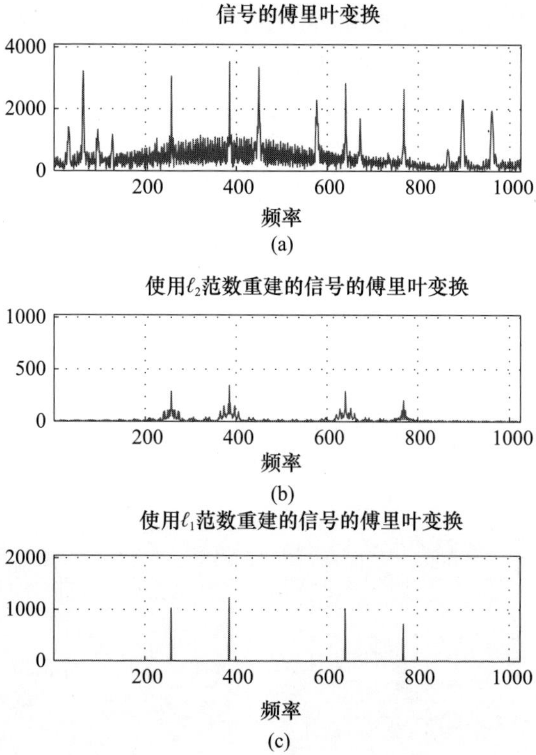

图 9－13 基于 L－统计量和 STFT 的 CS 值重构信号的傅里叶变换

(a)原始信号的 DFT; (b)在应用 L－统计量后的数据集上,利用 ℓ_2 范数在 TF 域中重建的信号;
(c)基于所提出的 STFT 的 CS 值的方法重建信号的 FTm。

下面,我们使用相同的例子来证明所提出的算法对 Q 值选择的灵敏度很低。即在应用中可以成功地使用范围非常宽的 Q 值。因此,在去除了大部分非平稳干扰的情况下,CS 算法提供了有效的信号重构。但是,如果删除了超过 85%～90% 的值,就没有足够的信息来重建信号。使用期望的和重建的傅里叶变换之间的 MSE,测量了各种 Q 值的影响。该结果如图 9－14 所示(对于提出的基于 ℓ_1 的 CS 和对于 ℓ_2 重建)。观察到 MSE 会随着干扰去除量的增加而减小,在$Q=50\%$ 和$Q=80\%$ 之间几乎是可以忽略的。也就是说,在这个 Q 值范围内,干扰是可以忽略的,而对于基于 CS 的重建,我们仍然有足够的有用信息。由于缺少有效 CS 算法应用所需要的信号信息,继续增加 $Q(Q\geqslant 80\%)$会进一步增大 MSE。因此可以得出这样的结论:一种好的选择是最高 Q 值,对于它仍然可以使用 CS 重建。

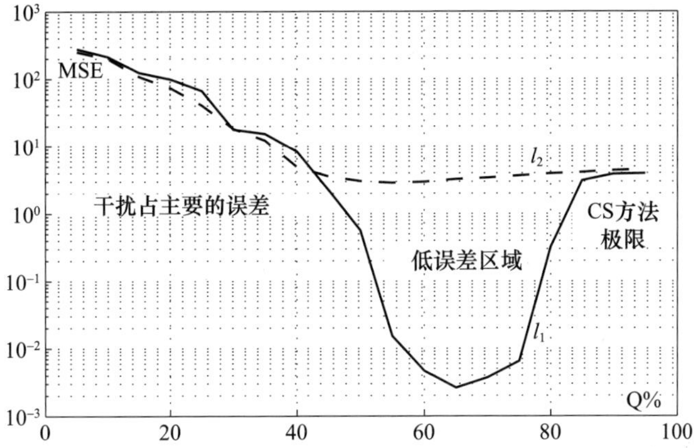

图 9 - 14　使用所提出的基于 ℓ_1 的方法(实线)和基于 ℓ_2 的方法(粗线)得到的在期望的和重建的 FT 之间的 MSE,对于不同的 Q 参数值。提供的是用样本数 N 归一化的 MSE 值

ℓ_2 范数下的结果是作为前面的最小化问题的最小二乘解而得到的。应用的是在 L - 统计量后保留的数据集上的 ℓ_2 范数。它可以写成这样的形式:

$$\mathrm{STFT}_{\mathrm{CS}} = \boldsymbol{AX} \text{ 或 } \boldsymbol{A}^{\mathrm{H}}\mathrm{STFT}_{\mathrm{CS}} = \boldsymbol{A}^{\mathrm{H}}\boldsymbol{AX}$$

式中:

$$\boldsymbol{X} = (\boldsymbol{A}^{\mathrm{H}}\boldsymbol{A})^{-1}\boldsymbol{A}^{\mathrm{H}}\mathrm{STFT}_{\mathrm{CS}}$$

式中:H 为 Hermitian 转置。用 ℓ_2 范数得到的结果可以用做 OMP 算法中的初始表示。文献[6]的结果也可以用作这个意义上的初始表示。

很明显,当使用 CS 时,MSE 显著降低(图 9 - 13)。在该仿真示例中,由于信号的准确值是已知的,所以可以对精度进行简单的后验检验。利用限等距特性(RIP)[52]来考虑精确的稀疏信号恢复。使用稀疏信号的平方 ℓ_2 范数(能量)和可用的测量定义恢复的充分条件。一般来说,准确的恢复取决于信号和样本(测量)位置。例如,只需要使用几个样本,就能够以很高的概率准确地恢复单个离散正弦波。但是,精确的恢复是不能保证的,即使对于大量可用的样品。例如,以 1024 个样本中的 512 个(每隔一个样本取一个),我们甚至不能检测到高频离散正弦波。可以类似于文献[32],实现一个简单的随机分析结果。

通常,如果干扰分量涵盖全部所考虑的时间间隔,并且如果它不是准平稳的,那么应该使用一个合适的窗口函数来在频域定位干扰。在本例中,考虑了使用汉宁本地化窗口的情况,在重叠 STFT 计算中。数据和重建结果如图 9 - 10 所示。稀疏信号以下面的形式给出:

$$x_{\mathrm{sp}}(n) = \mathrm{e}^{\mathrm{j}640\pi n/N} + 0.8\mathrm{e}^{-\mathrm{j}\pi/8} + 1.2\mathrm{e}^{-\mathrm{j}768\pi n/N + \mathrm{j}\pi/4} + 1.2\mathrm{e}^{\mathrm{j}152\pi n/N + \mathrm{j}\pi/4} + 1.2\mathrm{e}^{-\mathrm{j}120\pi n/N + \mathrm{j}\pi/4}$$

其中，$N=2048$。干扰由4个正弦调制信号和22较短持续时间信号组成，短时间信号的形式为 $A_i\exp(\mathrm{j}\omega_i n/N+j\phi_i)\exp(-[(n-n_{0i})/d_i]^p)$。假设22个分量的不同振幅都在 $A_i=1$ 和 $A_i=5.5$ 之间，以持续时间（用 d_i 定义）。一些干扰项出现在与信号（平稳的）分量相同的频率 ω_i 上。同时还存在标准偏差 $\sigma=0.25$ 的加性噪声。用宽度 $M=64$ 的汉宁窗计算 STFT。在 TF 分析中，还可以使用零填充到整个信号长度的汉宁窗口，以提供精细的频率网格[6]。使用步长 $M_s=32$ 计算 STFT，即步长为重叠窗口长度的一半。STFT 绝对值如图9－10（a）所示。对这些值进行排序并执行 L－统计量（图9－10（b）），在 $Q=70\%$ 的丢弃样本条件下。CS 掩码如图9－10（c）所示，而应用 CS 方法到 STFT（有 CS 掩码）的结果如图9－15所示。

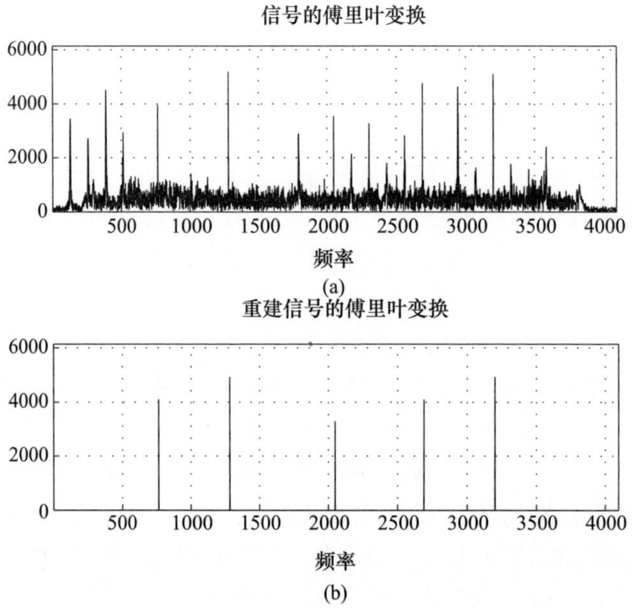

图9－15　基于 STFT 的 CS 值的方法重建信号的傅里叶变换

（a）原始复合信号的 DFT；（b）基于所提出的 STFT 的 CS 值的方法重建信号的傅里叶变换。

9.6　总　　结

本章给出了各种基于稀疏的快速变化微多普勒分量的分析与分离方法。分析的基础是刚体信号是瞬时窄带的，即频域稀疏的，而微多普勒信号是宽带的。考虑了 CS 算法在模糊域和局部自相关函数域的直接应用，以实现多普勒和微多普勒信号分量的精确时频特征估计。用仿真和实际数据说明了基于压缩感知的时频方法在具有微多普勒效应的雷达信号分析中的有效性。

参考文献

1. V. C. Chen, *The Micro-Doppler Effect in Radar*, Artech House, Norwood, MA, 2011.
2. V. C. Chen, F. Li, S.-S. Ho, and H. Wechsler, Analysis of micro-Doppler signatures, *IEE Proc. Radar Sonar Navig.*, 150(4), 271–276, Aug. 2003.
3. F. Totir and E. Radoi, Superresolution algorithms for spatial extended scattering centers, *Dig. Signal Process.*, 19(5), 780–792, Sept. 2009.
4. M. Martorella, Novel approach for ISAR image cross-range scaling, *IEEE Trans. Aerosp. Electron. Syst.*, 44(1), 281–294, Jan. 2008.
5. T. Thayaparan, L. Stanković, M. Daković, and V. Popović, Micro-Doppler parameter estimation from a fraction of the period, *IET Signal Process.*, 4(3), 201–212, Jan. 2010.
6. L. Stankovic, T. Thayaparan, M. Dakovic, and V. Popovic-Bugarin, Micro-Doppler removal in the radar imaging analysis, *IEEE Trans. Aerosp. Electron. Syst.*, 49(2), 1234–1250, Apr. 2013.
7. M. Martorella and F. Berizzi, Time windowing for highly focused ISAR image reconstruction, *IEEE Trans. Aerosp. Electron. Syst.*, 41(3), 992–1007, July 2005.
8. T. Sparr and B. Krane, Micro-Doppler analysis of vibrating targets in SAR, *IEE Proc. Radar Sonar Navig.*, 150(4), 277–283, Aug. 2003.
9. B. Lyonnet, C. Ioana, and M. G. Amin, Human gait classification using micro–Doppler time–frequency signal representations, in *Proc.IEEE Radar Conf.*, Washington, DC, pp. 915–919, May 2010.
10. T. Thayaparan, S. Abrol, and E. Riseborough, Micro-Doppler feature extraction of experimental helicopter data using wavelet and time–frequency analysis, in *Proc. Int. Conf. Radar Systems*, Toulouse, France, October 19–22, 2004.
11. L. Stanković, T. Thayaparan, and I. Djurović, Separation of target rigid body and micro-Doppler effects in ISAR imaging, *IEEE Trans. Aerosp. Electron. Syst.*, 41(4), 1496–1506, Oct. 2006.
12. S. L. Marple, Special time–frequency analysis of helicopter Doppler radar data, in *Time–Frequency Signal Analysis and Processing*, ed. B. Boashash, Elsevier, New York, 2004.
13. V. C. Chen and H. Ling, *Time–Frequency Transforms for Radar Imaging and Signal Analysis*, Artech House, Boston, MA, 2002.
14. L. Stankovic, M. Dakovic, and T. Thayaparan, *Time–Frequency Signal Analysis with Applications*, Artech House, Boston, MA, 2013.
15. Y. Wang, H. Ling, and V. C. Chen, ISAR motion compensation via adaptive joint time–frequency techniques, *IEEE Trans. Aerosp. Electron. Syst.*, 38(2), 670–677, 1998.
16. L. Stankovic, T. Thayaparan, and I. Djurovic, Separation of target rigid body and micro-Doppler effects in ISAR imaging, *IEEE Trans. Aerosp. Electron. Syst.*, 42(7), 1496–1506, Oct. 2006.
17. M. Dakovic and L. Stankovic, Estimation of sinusoidally modulated signal parameters based on the inverse Radon transform, in *Proc. ISPA 2013*, Trieste, Italy, Sept. 2013.
18. I. Djurović, L. Stanković, and J. F. Bohme, Robust L-estimation based forms of signal transforms and time–frequency representations, *IEEE Trans. Signal Proc.*, 51(7), 1753–1761, July 2003.
19. P. J. Huber, *Robust Statistics*, John Wiley, New York 1981.
20. E. Candès, J. Romberg, and T. Tao, Robust uncertainty principles: Exact sig-

nal reconstruction from highly incomplete frequency information, *IEEE Trans. Inform. Theory*, 52(2), 489–509, 2006.
21. D. Donoho, Compressed sensing, *IEEE Trans. Inform. Theory*, 52(4), 1289–1306, 2006.
22. D. Angelosante, G.B. Giannakis, and E. Grossi, Compressed sensign of time-varying signals, in *Proc. Int. Conf. Digital Signal Processing*, pp. 1–8, 2009.
23. S. Stankovic, I. Orovic, and E. Sejdic, *Multimedia Signals and Systems*, Springer, New York, 2012.
24. R. Baraniuk, Compressive sensing, *IEEE Signal Proc. Mag.*, 24(4), 118–121, 2007.
25. P. Flandrin and P. Borgnat, Time–frequency energy distributions meet compressed sensing, *IEEE Trans. Signal Proc.*, 58(6), 2974–2982, 2010.
26. S. Stankovic, I. Orovic, and M. Amin, Compressed sensing based robust time–frequency representation for signals in heavy-tailed noise, in *Proc. ISSPA*, Montreal, Quebec, Canada, July 2012.
27. I. Orovic, S. Stankovic, and M. Amin, Compressive sensing for sparse time–frequency representation of nonstationary signals in the presence of impulsive noise, in *Proc. SPIE Defense, Security and Sensing*, Baltimore, MD, April 2013.
28. F. Ahmad and M. G. Amin, Through-the-wall human motion indication using sparsity-driven change detection, *IEEE Trans. Geosci. Remote Sens.*, 51(2), 881–890, 2013.
29. Y. Yoon and M. G. Amin, Compressed sensing technique for high-resolution radar imaging, in *Proc. SPIE*, 6968, 6968A1–6968A10, 2008.
30. E. Sejdic, A. Cam, L.F. Chaparro, C.M. Steele, and T. Chau, Compressive sampling of swallowing accelerometry signals using TF dictionaries based on modulated discrete prolate spheroidal sequences, *EURASIP J. Adv. Signal Proc.*, 101, 2012. doi:10.1186/1687-6180-2012-101.
31. L. Stankovic, I. Orovic, S. Stankovic, and M. Amin, Compressive sensing based separation of nonstationary and stationary signals overlapping in time–frequency, *IEEE Trans. Signal Proc.*, 61(18), 4562–4572, 2013.
32. L. Stankovic, S. Stankovic, and M. Amin, Missing samples analysis in signals for applications to L-estimation and compressive eensing, *Signal Process.*, 94, 401–408, 2014.
33. C. Luo and J. H. McClellan, Discrete random sampling theory, in *Proc. IEEE ICASSP*, Vancouver, British Columbia, Canada, pp. 5430–5434, May 2013.
34. S. Stankovic, I. Orovic, and M. Amin, L-statistics based modification of reconstruction algorithms for compressive sensing in the presence of impulse noise, *Signal Process.*, 93(11), 2927–2931, Nov. 2013.
35. S. Stankovic and I. Orovic, An ideal OMP based complex-time distribution, in *Proc. Mediterranean Conf. Embedded Computing*, Budva, Montenegro, pp. 109–112, June 2013.
36. A. Tarczynski and N. Allay, Spectral analysis of randomly sampled signals: suppression of alising and sampler jitter, *IEEE Trans. Signal Proc.*, 52(12), 3324–3334, Dec. 2004.
37. P. Babu and P. Stoica, Spectral analysis of nonuniformly sampled data – A review, *Dig. Signal Proc.*, 20, 359–378, 2010.
38. L. Stankovic, S. Stankovic, I. Orovic, and M. Amin, Robust time–frequency analysis based on the L-estimation and compressive sensing, *IEEE Signal Proc. Lett.*, 20(5), 499–502, 2013.
39. Y. D. Zhang and M. G. Amin, Compressive sensing in nonstationary array pro-

cessing using bilinear transforms, in *Proc. IEEE Sensor Array and Multichannel Signal Processing Workshop*, Hoboken, NJ, June 2012.
40. Y. D. Zhang, M. G. Amin, and B. Himed, Reduced interference time–frequency representations and sparse reconstruction of undersampled data, in *Proc. European Signal Proc. Conf.*, Marrakech, Morocco, Sept. 2013.
41. B. G. Mobasseri and M. G. Amin, A time–frequency classifier for human gait recognition, in *Proc. SPIE Symposium on Defense, Security, and Sensing*, Orlando, FL, April 2009.
42. S. S. Ram, C. Christianson, Y. Kim, and H. Ling, Simulation and analysis of human microDopplers in through-wall environments, *IEEE Trans. Geosci. Remote Sensing*, 48, 2015–2023, April 2010.
43. I. Orovic, S. Stankovic, and M. Amin, A new approach for classification of human gait based on time–frequency feature representations, *Signal Process.*, 91(6), 1448–1456, 2011.
44. F. Tivive, A. Bouzerdoum, and M. G. Amin, A human gait classification method based on radar Doppler spectrograms, *EURASIP J. Adv. Signal Process.*, 2010, Article ID 389716, 2010.
45. L. Stanković, A measure of some time–frequency distributions concentration, *Signal Process.*, 81(3), 621–631, March 2001.
46. S. Stankovic, I. Orovic, and C. Ioana, Effects of Cauchy integral formula discretization on the precision of IF estimation: Unified approach to complex-lag distribution and its L-form, *IEEE Signal Proc. Lett.*, 16(4), 307–310, 2009.
47. J. A. Tropp and A. C. Gilbert, Signal recovery from random measurements via orthogonal matching pursuit, *IEEE Trans. Inform. Theory*, 53(12), 4655–4666, 2007.
48. B. Jokanovic, M. Amin, and S. Stankovic, Instantaneous frequency and time–frequency signature estimation using compressive sensing, in *Proc. SPIE Defense, Security and Sensing*, Baltimore, MD, April 2013.
49. D. L. Jones and R. G. Baraniuk, An adaptive optimal-kernel time–frequency representation, *IEEE Trans. Signal Proc.*, 43(10), 2361–2371, Oct. 1995.
50. M. G. Amin, A. Belouchrani, and Y. Zhang, The spatial ambiguity function and its applications, *IEEE Signal Proc. Lett.*, 7(6), 138–140, 2000.
51. J. Lerga, V. Sucic, and B. Boashash, An efficient algorithm for instantaneous frequency estimation of nonstationary multicomponent signals in low SNR, *EURASIP J. Adv. Signal Process.*, ASP/725189, Jan. 2011.
52. E. J. Candes and T. Tao, Near-optimal signal recovery from random projections: Universal encoding strategies? *IEEE Trans. Inform. Theory*, 52(12), 5406–5425, Dec. 2006.

第10章 基于稀疏表示的城市目标跟踪①

Phani Chavali 和 Arye Nehorai

为了在时变的多径环境中跟踪目标,本章提出了一种基于稀疏性的新算法。信号的传播信道可由一个维度有限的时变系统函数来描述,由此可建立接收信号的稀疏测量模型。基于这个稀疏的测量模型,我们能够利用由环境提供的时延-多普勒联合分集信息。本章把多目标跟踪的问题重新整理为一个分块的支撑向量集的恢复问题。接着,本章导出了错误支撑向量集出现的概率的上界。根据这个上界,我们将证明扩频信号波形是理想的发射波形。另外,若发射的信号是扩频信号,则稀疏测量模型的字典矩阵将表现出特殊的结构。利用这种结构,可以将接收到的信号投影到字典的行空间,从而得到运算量更小的支撑向量集恢复算法。数值仿真表明,与其他也使用稀疏重建的跟踪方法相比,本章提出的方法具有更好的性能。而且,该算法花费的时间也要少得多。

10.1 引　　言

在密集的城市环境中跟踪多个移动目标是一个复杂却重要的课题。城市环境主要给传统的雷达系统带来了两个挑战(Krolik 等,2006),即目标将被高层建筑物遮挡,以及目标信号将被环境中存在的许多散射体信号掩盖。传统雷达系统是针对视线(LOS)传播环境设计的,若直接应用在城市环境中,将遭受严重的性能下降。为了克服遮挡掩盖问题,可以让雷达保持陡峭的观测角。当然,这样做就会显著地降低雷达覆盖的观测面积(Krolik 等,2006)。另外,Krach 和Weigel(2009)、Rigling(2008)等人提出,可以将没有按视线传播的信号作为干扰处理,以此减轻多散射体的影响和雷达性能下降。最近,越来越多的研究开始关心如何在多径环境下获得更好的性能(Chakraborty 等,2010;

① 这项工作由美国国防部支持 AFOSR 补助号 FA9550-11-1-0210,ONR 补助号 N000141310050。

Chavali 和 Nehorai,2010)。若环境中存在多个散射体,则相应的传播信道会使得信号的时延出现展宽,并且移动目标与这些散射体的相对运动也会在信道中引入时间的变化,最终表现为多普勒的展宽。因此,含有许多散射体的城市环境具有时变多径信道的特征。实际上,信号的时延展宽和多普勒展宽为跟踪问题提供了额外的分集特性。若采用可以利用该分集特性的算法,则可以显著地提高跟踪系统的性能。

在没有多径和杂波的情况下,传统的单个目标的跟踪方法是将接收到的信号通过一组滤波器,每个滤波器将对应特定时延和多普勒频率(Levano 和 Mozeson,2004)。这组匹配滤波器输出的峰值将对应目标的时延和多普勒频率,通常认为这个对应值即是目标时延和多普勒的测量值。除了匹配滤波之外,有的系统还会使用波束形成以获得目标的方位角和俯仰角信息。以上这些测量值通常将会交给贝叶斯滤波器,以估计出未知的目标状态。这里的贝叶斯滤波器可以是扩展卡尔曼滤波器,抑或是粒子滤波器(Arulampalam 等,2002)等。如果存在多个目标,在状态估计之前,所有的测量值都需要关联到某一个目标上,否则此测量值就会被认为是虚警。这个步骤称为数据关联。这之后,将分别基于各个目标的测量值去估计各个目标的状态。估计要么以全局的方式进行,即使用一个滤波器同时估计所有目标的联合状态向量;要么在各个目标的基上面进行,即同时使用多个滤波器并行的进行处理。目前有不少方法可以获得较好的局部最优解,如可能性数据关联滤波器(Bar - Shalom 和 Tse,1975);联合概率数据关联滤波器(Fortman 等,1983);多重假设跟踪滤波器(Reid,1979);概率多重假设跟踪滤波器(PMHT)(Gauvrit 等,1997);以及最近的蒙特卡洛方法,例如文献Vermaak等(2005)、Särkkä 等(2004)、Chavali 和 Nehorai(2013)中提到的方法;还有随机有限集方法(Mahler,2007)。类似的思想已经被广泛地应用到多径环境下的目标跟踪问题中(Algeier 等,2008)。其中,经多条路径到达雷达的测量值将会被确定为有效测量值或是虚警测量值,这个判断取决于测量值是否只是由目标引起的。

最近,稀疏建模在雷达领域引起了广泛的关注(Herman 和 Strohmer,2009)。在雷达的应用背景下,可以将每个目标都表示为时延 - 多普勒域中的一个点,从而利用稀疏模型来重建出包含目标的整个场景。可以这么做的原因在于,目标的数量通常远小于预设网格点的数量。因而目标场景可以看成一个稀疏的信号,该信号可以通过搜寻稀疏信号的支撑向量集①来重建。若采用稀疏模型,我们将直接处理接收信号,而不再需要使用匹配滤波器了。除了基于稀疏性的估计算法之外,基于稀疏性的跟踪算法也获得了越来越多的关注。在基于稀疏性

① 向量 x 的支撑向量集被定义为向量非零元素的索引集,即 $\mathrm{supp}(x)=\{i \mid x_i \neq 0\}$。

的跟踪中，除了支撑集系数会随时间而变化，稀疏信号的支撑向量集本身也会随时间变化。这种结构其实有利于进一步提高重建的精度。最近，对最小二乘 - CS残差（Vaswani，2010），KF - CS 残差（Vaswani，2008）和修正 - CS 残差（Vaswani 和 Lu，2010）的研究指出，与传统的稀疏模型相比，时变稀疏模型只需要更少的测量值，因而这些方法的重建速度也明显更快。

在本章中（Chavali 和 Nehorai，2012），我们首先把多径传播信道建模成一个时变的线性系统，从而为跟踪问题设计出一个有限维的测量模型。这个测量模型可以同时表示系统中的时延和多普勒展宽。模型的维度将具有物理含义，其表示环境引起的额外的分集信息。接着，使用稀疏模型，将多目标跟踪问题转化为一个块稀疏信号的支撑向量集的恢复问题。要注意的是，我们在每一个时刻都将跟踪问题作为一个估计问题来处理，但每次都需要更新稀疏模型。此外，本章还介绍了一种计算量较低的支撑向量集恢复算法。这个算法会将接收信号向量投影到字典的行空间中①。块稀疏模型的字典由不同时延和多普勒频偏的发射波形构成。若发射的是扩频信号，我们会证明此时稀疏模型的字典具有特殊的结构，且将提出一种高效的支撑向量集恢复算法。我们将此算法称为基于投影（PB）的支撑向量集恢复算法。在目标跟踪中将使用 PB 算法。并且，通过数值仿真证明，与标准的稀疏信号重建跟踪算法相比，使用 PB 算法的目标跟踪耗时更少，同时能得到良好的跟踪性能。

此外，我们将导出稀疏目标场景中错误支撑向量集出现的总体误差概率的上界。根据这个上界，可以发现扩频信号波形非常适用于此处的场景。分集信息是由时延和多普勒展宽引起的。因而，扩频信号良好的时宽带宽特性对于完整地获取分集信息而言至关重要。

本章后面的内容安排如下。10.2 节中将描述信号模型、状态模型和测量模型。时变多径信道被建模为一个线性的时变系统，而我们将使用时变系统响应的采样值来表示回波信号。10.3 节利用目标场景中的稀疏度设计了一个块稀疏测量模型。这里将采用类似于 Sen 和 Nehorai（2011）的方法，对时延 - 多普勒平面进行采样以获得块稀疏测量模型（Eldar 和 Kuppinger，2010）。10.4.1 节简要介绍了现有的稀疏信号支撑向量集重建方法。10.4.2 节为了说明多径建模和使用扩频信号的优点，推导了总体误差概率的上界以获得最优的支撑向量集恢复算法。10.4.3 节将描述 PB 支撑向量集恢复算法。10.5 节将给出几个数值仿真结果。最后在 10.6 节进行了总结。

---

① 稀疏模型的字典对应于通过离散感兴趣的变量获得的过完备的基函数集合。

10.2 系统模型

10.2.1 多径环境模型

考虑一个在城市环境中工作的单站脉冲雷达系统,如图 10-1 所示。假设雷达天线是全向的,则天线在所有方向上的发射功率相等,并且能够从所有方向接收信号。雷达会发射已知的电磁信号以探测目标的图像信息。发射信号在到达目标之前,将在前向传播信道中传播。到达目标后,目标将在发射信号激励下产生响应,从而产生一个调制的信号,并经由后向散射将该响应信号发射到环境中。这个调制的信号将在反向传播信道中传播,并最终由雷达接收机接收。然后,雷达对接收信号进行处理以获得目标的信息。这就是多径环境下标准的雷达系统工作模型(Bell,1993;Jin 等,2010)。

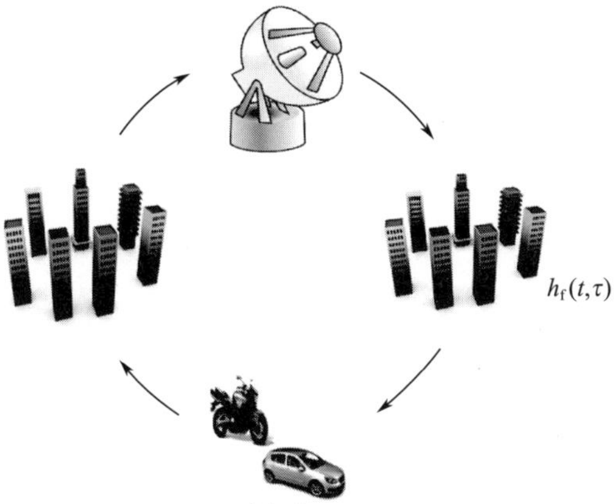

图 10-1　前向、反向传播信道与目标的示意图(见彩图)

若不考虑由周围环境引起的时变的多径效应,除了传播损耗之外,前向和反向传播信道不会对回波信号有任何影响。在这种情况下,只有目标会引起接收波形改变。反映目标特性的电磁波信号可以建模为目标的相对位置、速度以及雷达散射截面积(RCS)的函数(Peebles,1998)。如果使用点目标的假设,反射的信号可以表示为

$$r(t)=\alpha s(t-\tau_d)e^{j2\pi v_d t} \tag{10-1}$$

式中:$s(t)$为发射波形;$r(t)$为目标的后向散射回波;α 为未知的 RCS;τ_d 为信号往返的时延;v_d 为由于目标和雷达相对运动引起的多普勒频移。

为了简单起见,一开始我们假设在感兴趣的区域中只存在一个目标。多个目标的情况将在 10.2.4 节中讨论。不失一般性地,设雷达位于位置(0,0)。在

这个假设下可以得到

$$\tau_{\mathrm{d}}=\frac{2}{c}\sqrt{x^{2}+y^{2}} \tag{10-2}$$

$$v_{\mathrm{d}}=\frac{2f_{\mathrm{c}}}{c}\frac{x\dot{x}+y\dot{y}}{\sqrt{x^{2}+y^{2}}} \tag{10-3}$$

式中：(x,y)和$(\dot{x},\dot{y})$分别为目标在二维平面上的位置和运动速度；f_{c}为载波频率；c为电磁波传播速度。

而若在时变的多径信道情况下，接收波形将受前向传播信道、目标特性以及反向传播信道的联合影响。由于电磁波的传播符合叠加原理，所以将正向传播信道和反向传播信道建模为线性时变系统是合理的（Bell，1993）。将前向传播信道和反向传播信道的时变系统响应分别记作$h_{\mathrm{f}}(t,\tau)$和$h_{\mathrm{r}}(t,\tau)$，则接收信号可以表示为

$$\begin{aligned}y(t)&=h_{\mathrm{r}}(t,\tau)*r(t)*h_{\mathrm{f}}(t,\tau)+w(t)=\\&\int h(t,\tau)r(t-\tau)\mathrm{d}\tau+w(t)\end{aligned} \tag{10-4}$$

式中：$y(t)$为时变多径信道环境下的接收波形；$h(t,\tau)$为在t时刻下时延为τ的整个多径信道的响应，$h(t,\tau)=h_{\mathrm{r}}(t,\tau)*h_{f}(t,\tau)$；$\omega(t)$为循环对称的加性复高斯白噪声。

对$h(t,\tau)$进行傅里叶变换，则信号$y(t)$可以表示为

$$y(t)=\iint H(f,\tau)r(t-\tau)\mathrm{e}^{\mathrm{j}2\pi ft}\mathrm{d}\tau\mathrm{d}f+w(t) \tag{10-5}$$

式中：$H(f,\tau)$是$h(t,\tau)$在时间τ处的傅里叶变换。这里可以假设$h(t,\tau)$是广义平稳的高斯随机过程，其随机变量为t，且对于时延为τ_1和τ_2的不同散射体而言，其响应是不相关的。这种具有广义平稳和不相关散射体特性的模型实际上已经广泛用于描述时变的系统响应（Bello，1963）。基于上述假设，可由Wiener－Khinchin定理（Proakis，2001）给出功率谱密度$H(f,\tau)$，其表示时变多径信道随时间和频率变化的平均输出功率函数为

$$\Psi(f,\tau)=E[|H(f,\tau)|^{2}] \tag{10-6}$$

在$\Psi(f,\tau)$大于0的条件下，时延τ和频率f（双边带频率）的取值范围分别为信道的时延展宽（T_{d}）和多普勒展宽（B_{d}）。时延展宽的倒数即相关带宽（B_{c}），而多普勒展宽的倒数为相关时宽（T_{c}）。相关时宽和相关带宽分别表示在时间和频率的尺度上，由信道引起的变化在多少范围内可以视为常数。换言之，对于两个频点f_1和f_2，若有$|f_1-f_2|\leqslant B_{\mathrm{c}}$，且对于两个时刻$\tau_1$和$\tau_2$，有$|\tau_1-\tau_2|\leqslant T_{\mathrm{c}}$，那么可以认为功率谱密度满足$\Psi(f_1,\tau_1)=\psi(f_2,\tau_2)$（Proakis，2001）。此时，可以分辨率$\Delta\tau$和$\Delta f$分别对变量$\tau$和$f$进行采样，以获得式（10－5）在$\tau\times f\in[0,T_{\mathrm{d}}]\times[-B_{\mathrm{d}}/2,B_{\mathrm{d}}/2]$下的有限维表示。具体来说，每个大小为$\Delta\tau\times\Delta f$的时

延－多普勒网格代表着所有时延和多普勒落在该网格中的路径测量值的集合。

$$y(t)=\sum_{q=-Q/2}^{Q/2-1}\sum_{p=0}^{p-1}\boldsymbol{H}(p,q)r(t-p\Delta\tau)\mathrm{e}^{\mathrm{j}2\pi q\Delta ft}+\omega(t) \tag{10-7}$$

式中：$Q=\lfloor B_{\mathrm{d}}/\Delta f\rfloor$；$p=\lceil T_{\mathrm{d}}/\Delta\tau\rceil$。在具有丰富散射体的环境下，如城市环境中，每一个网格点都至少包含一条路径。此外，如果采样的分辨率 $\Delta\tau>T_{\mathrm{c}}$ 且 $\Delta f>B_{\mathrm{c}}$，则系数 $\boldsymbol{H}(p,q)$ 就将彼此独立（Sayeed 和 Aazhang，1999）。因此，定义 $\boldsymbol{h}=\mathrm{vec}(\boldsymbol{H})$，向量 $\boldsymbol{h}$ 是一个多维高斯随机向量，且其元素相互独立。下面，将 $\boldsymbol{h}$ 记作信道状态向量，将 $\boldsymbol{H}$ 记作信道状态矩阵。为简单起见，本章中假设处理间隔和信号能量是确定的，从而，雷达可以在没有任何误差的情况下，估计出每段跟踪周期内的信道状态向量。该假设等同于接收机已知信道状态信息。

观察式（10－7）可以发现，接收信号是具有独立时移（多径）和频移（多普勒）的目标的后向散射信号的线性组合。因此，式（10－7）的表达提供了两种额外的分集信息：时延分集和多普勒分集。类似的表示也应用在与衰落无线信道有关的通信问题中（Sayeed 和 Aazhang，1999）。

10.2.2　信号模型

本节将描述信号模型。设雷达在每一段跟踪周期内发射一个相干的脉冲串信号，信号中包含 L 个脉冲，脉冲重复间隔为 t_{p}。这里使用脉冲串信号是因为其可以使得雷达接收机不模糊地估计出距离和多普勒（Levanon 和 Mozeson，2004）。发射信号可以写为

$$s(t)=\sqrt{E}\sum_{l=0}^{L-1}a_l(t-lt_{\mathrm{p}}),0\leqslant t\leqslant t_i \tag{10-8}$$

式中：$\mathrm{a}_l(\mathrm{t})$ 为第 l 个脉冲的单位能量的发射波形；E 为每个脉冲的能量。

每个脉冲都使用扩频信号波形（Proakis，2001）。除了少数的几篇汇报（Dobrosavljevic和 Dukic，1996；Wang 等，1997），在雷达背景下研究使用扩频信号波形的文献并不太多。我们将在后面的章节中证明，扩频波形非常有利于挖掘由环境引起的时延－多普勒分集信息，并且将使得稀疏模型的字典出现一种特殊的结构。扩频波形 $a(t)$ 具有如下形式：

$$a(t)=\sum_{g=0}^{G-1}a_g v(t-gt_{\mathrm{c}}),\text{且}\sum_{g=0}^{G-1}a_g a_{g-k}\approx 0,k\neq g \tag{10-9}$$

式中：t_{c} 为码片时间；$v(t)$ 为时间长度为 t_{c} 的矩形波形；G 为每个脉冲内的码片数量；$\{a_g,g=0,\cdots,G=1\}$ 为对应于扩频波形 $a(t)$ 的扩频编码。

波形对应的带宽为 $B=1/t_{\mathrm{c}}$。有好些种编码序列可以用于形成扩频信号，如伪随机编码序列、黄金编码序列等。已经有大量的文献研究过这些编码序列的性质和设计问题（Gold，1967；Sarwate 和 Pursley，1980）。

10.2.3 状态空间模型

考虑在二维平面中运动的 K 个目标,并将第 k 个目标的位置和速度分别记为(x^k,y^k)和$(\dot{x}^k,\dot{y}^k)$。则目标在时刻 i 的状态可由向量 $\boldsymbol{\theta}_i^k=[x_i^k \quad y_i^k \quad \dot{x}_i^k \quad \dot{y}_i^k]^{\mathrm{T}}$ 表示,而目标状态随时间演变的方程为

$$\boldsymbol{\theta}_{i+1}^k=\boldsymbol{F}^k\boldsymbol{\theta}_i^k+\boldsymbol{v}_j^k \tag{10-10}$$

式中:$\boldsymbol{F}^k$ 为第 k 个目标的状态转移矩阵。假设所有目标以恒定速度沿着线性的轨迹运动,则状态转移矩阵 $\boldsymbol{F}^k(k=1,2,\cdots,K)$ 可以写为

$$\boldsymbol{F}^k=\begin{bmatrix}1 & 0 & t_i & 0\\ 0 & 1 & 0 & t_i\\ 0 & 0 & 1 & 0\\ 0 & 0 & 0 & 1\end{bmatrix} \tag{10-11}$$

式中:t_i 为系统采样时间,其对应于每一次处理之后到下一次处理的时间间隔。此处,t_i 即跟踪周期,其以指标 i 构成序列。假设在状态模型中,v^k 的误差服从零均值高斯分布,且其协方差矩阵满足文献(Bar - Shalom 等,2001)中给出的形式:

$$\boldsymbol{\Sigma}_{\mathrm{v}}^k=\boldsymbol{\varepsilon}^k\begin{bmatrix}\frac{1}{3}t_i^3 & 0 & \frac{1}{2}t_i^2 & 0\\ 0 & \frac{1}{3}t_i^3 & 0 & \frac{1}{2}t_i^2\\ \frac{1}{2}t_i^2 & 0 & t_i & 0\\ 0 & \frac{1}{2}t_i^2 & 0 & t_i\end{bmatrix} \tag{10-12}$$

式中:$\boldsymbol{\varepsilon}^k$ 为第 k 个目标的噪声强度。那么,将所有目标的状态向量合并到一起,总的目标状态方程如下:

$$\boldsymbol{\theta}_{i+1}=\boldsymbol{F}\boldsymbol{\theta}_i+\boldsymbol{v}_i \tag{10-13}$$

式中:$\boldsymbol{\theta}_i=[(\boldsymbol{\theta}_i^1)^{\mathrm{T}},(\boldsymbol{\theta}_i^2)^{\mathrm{T}},\cdots,(\boldsymbol{\theta}_i^K)^{\mathrm{T}}]^{\mathrm{T}}$ 为 $4K\times1$ 的联合目标状态向量;$\boldsymbol{F}=\mathrm{blkdiag}\{\boldsymbol{F}^1,\boldsymbol{F}^2,\cdots,\boldsymbol{F}^K\}$ 为 $4K\times4K$ 的总的状态转移矩阵;$\boldsymbol{v}_i=[(\boldsymbol{v}_i^1)^{\mathrm{T}},(\boldsymbol{v}_i^2)^{\mathrm{T}},\cdots,(\boldsymbol{v}_i^K)^{\mathrm{T}}]^{\mathrm{T}}$ 为协方差矩阵 $\boldsymbol{\Sigma}_{\mathrm{V}}=\mathrm{blkding}\{\boldsymbol{\Sigma}_{\mathrm{V}}^1,\boldsymbol{\Sigma}_{\mathrm{V}}^2,\cdots,\boldsymbol{\Sigma}_{\mathrm{V}}^K\}$ 的 $4K\times1$ 的加性噪声向量。

10.2.4 测量模型

将式(10-1)和式(10-8)代入式(10-7)中,则由单个目标引起的接收信号可以表示为

$$\tilde{y}(t)=\sqrt{E}\sum_{q=-Q/2}^{Q/2-1}\sum_{p=0}^{p-1}\tilde{\alpha}\boldsymbol{H}(p,q)\times\sum_{l=0}^{L-1}a_l(t-lt_{\mathrm{p}}-p\Delta\boldsymbol{\tau}-\boldsymbol{\tau}_{\mathrm{d}})\mathrm{e}^{\mathrm{j}2\pi v_{\mathrm{d}}(t-p\Delta\tau)}\mathrm{e}^{\mathrm{j}2\pi q\Delta ft}+w(t)$$

$$\approx \sqrt{E}\sum_{q=-Q/2}^{Q/2-1}\sum_{p=0}^{p-1}\tilde{\alpha}\boldsymbol{H}(p,q)\sum_{l=0}^{L-1}a_l(t-lt_{\mathrm{p}}-p\Delta\tau-\tau_{\mathrm{d}})\mathrm{e}^{\mathrm{j}2\pi v_{\mathrm{d}}lt_{\mathrm{p}}}\mathrm{e}^{\mathrm{j}2\pi q\Delta flt_{\mathrm{p}}}+w(t) \tag{10-14}$$

由于其是窄带的脉冲,所以在每一段 $a(t)$ 内,$\mathrm{e}^{\mathrm{j}2\pi v_{\mathrm{d}}t}$ 这一项可以近似为 $\mathrm{e}^{\mathrm{j}2\pi v_{\mathrm{d}}lt_{\mathrm{p}}}$(常数),而 $\mathrm{e}^{\mathrm{j}2\pi q\Delta ft}$ 可以近似为 $\mathrm{e}^{\mathrm{j}2\pi q\Delta flt_{\mathrm{p}}}$。并且与其他几项相比,$\mathrm{e}^{-\mathrm{j}2\pi v_{\mathrm{d}}p\Delta\tau}$ 的变化是十分微小的,因而可以忽略。上标"~"用于强调此处的信号和散射系数是对应单个目标的情况。当有多个目标时,由所有目标引起的接收信号可以表示为

$$y(t)=\sum_{K=1}^{K}\sqrt{E}\sum_{q=-Q/2}^{Q/2-1}\sum_{p=0}^{p-1}\tilde{\alpha}^{k}\boldsymbol{H}(p,q)\times\sum_{l=0}^{L-1}a_l(t-lt_{\mathrm{p}}-p\Delta\tau-\tau_{\mathrm{d}}^{k})\mathrm{e}^{\mathrm{j}2\pi v_{\mathrm{d}}^{k}lt_{\mathrm{p}}}\mathrm{e}^{\mathrm{j}2\pi q\Delta flt_{\mathrm{p}}}+w(t) \tag{10-15}$$

式中:τ_{d}^{k}、v_{d}^{k}、$\tilde{\alpha}^{k}$ 分别为第 k 个目标的时延、多普勒和 RCS。相对于雷达与目标之间的距离而言,目标之间的距离非常小,因此可以假设对所有的目标,信道的状态矩阵都是一样的。

10.3　稀疏模型

在本节中,我们提出了针对式(10-15)的稀疏测量模型。考虑式(10-15)中的接收信号,并将时延-多普勒平面离散化表示到网格点上,则每个目标的时延和多普勒都会落入某个特定的网格点内,即对 $k=1,2,\cdots K$,有

$$\begin{cases}\tau_{\mathrm{d}}^{k}=m_1^{k}\Delta\tau\\ v_{\mathrm{d}}^{k}=m_2^{k}\Delta v\end{cases} \tag{10-16}$$

式中:m_1^k 和 m_2^k 分别为第 k 个目标的离散时延和多普勒的指标。如果时延-多普勒平面在时延维度总共有 M_1 个离散点,在多普勒维度共有 M_2 个点,那么整个感兴趣的区域中就有 $M=M_1M_2$ 个网格点,则第 k 个目标的接收信号可以表示为

$$\tilde{y}^{k}(t)=\sqrt{E}\sum_{q=-Q/2}^{Q/2-1}\sum_{p=0}^{p-1}\tilde{\alpha}^{k}\boldsymbol{H}(p,q)\times\sum_{l=0}^{L-1}a_l(t-lt_{\mathrm{p}}-p\Delta\tau-m_1^{k}\Delta\tau)\mathrm{e}^{\mathrm{j}2\pi(m_2^{k}\Delta f+q\Delta f)lt_{\mathrm{p}}}+w(t) \tag{10-17}$$

以 $f_{\mathrm{s}}=B$ 的采样率对接收信号进行采样,则在每一个码片上可以得到一个采样点。在每个脉冲中考虑参考点①周围的 N 个采样样本。时延-多普勒网格上选择的采样分辨率与信号的采样分辨率一致,即 $\Delta\tau=1/f_{\mathrm{s}}$ 和 $\Delta f=1/t_i$。所以,得到的离散时间信号为

$$\tilde{y}^{k}(nt_{\mathrm{s}})=\sqrt{E}\sum_{q=-Q/2}^{Q/2-1}\sum_{p=0}^{p-1}\tilde{\alpha}^{k}\boldsymbol{H}(p,q)\times\sum_{l=0}^{L-1}a_l(nt_{\mathrm{s}}-lt_{\mathrm{p}}-pt_{\mathrm{s}}-m_1^{k}t_{\mathrm{s}})\mathrm{e}^{\mathrm{j}2\pi(m_2^{k}+q)l\frac{t_{\mathrm{p}}}{t_i}}+w(t) \tag{10-18}$$

① 参考点的选择可以是任意的。在本章中,它被选为第一个目标的预测状态的位置。

式(10－18)的矩阵形式为

$$\tilde{\boldsymbol{y}}^{k}=\sqrt{E}\sum_{q=-Q/2}^{Q/2-1}\sum_{p=0}^{p-1}\tilde{\alpha}^{k}\boldsymbol{H}(p,q)\underbrace{(\boldsymbol{F}(q,m_2^k)\otimes\boldsymbol{J}(p,m_1^k))\boldsymbol{s}+\boldsymbol{w}}_{\Phi(p,q,m_1^k,m_2^k)} \tag{10-19}$$

式中：$\tilde{\boldsymbol{y}}^{k}$ 为对应第 k 个目标的 $LN\times1$ 的接收信号向量；$\boldsymbol{F}(q,m_2^k)$ 为定义为 $\mathrm{diag}\{1,\mathrm{e}^{\mathrm{j}2\pi(q,m_2^k)/L},\cdots,\mathrm{e}^{\mathrm{j}2\pi(q,m_2^k)(L-1)/L}\}$ 的 $L\times L$ 的多普勒调制矩阵；$\boldsymbol{J}(p,m_1^k)$ 为定义为$[\boldsymbol{0}^{\mathrm{T}}_{(m_1^k+p)\times G}\quad \boldsymbol{I}_G\quad \boldsymbol{0}^{\mathrm{T}}_{(N-G-m_1^k-p)\times G}]^{\mathrm{T}}$ 的 $N\times G$ 的时移矩阵；$\boldsymbol{s}$ 为由扩频编码 a 堆叠 L 次的 $LG\times1$ 的列向量，其具有形式$[a^{\mathrm{T}},a^{\mathrm{T}},\cdots,a^{\mathrm{T}}]^{\mathrm{T}}$；$\boldsymbol{w}$ 为零均值和协方差矩阵为 $\boldsymbol{\sigma}_w^2\boldsymbol{I}_{LN}$ 的 $LN\times1$ 的加性复高斯白噪声向量。

为了获得式(10－19)，这里其实假定了接收到的所有采样样本的波形 $\tilde{y}^{k}(t)$ 落在大小为 N 的采样窗口内。可以进一步简化式(10－19)为

$$\tilde{\boldsymbol{y}}^{k}=\tilde{\alpha}^{k}\sqrt{E}\boldsymbol{\Phi}_k\boldsymbol{h}+\boldsymbol{w} \tag{10-20}$$

式中：$\boldsymbol{\Phi}_k=[\boldsymbol{\Phi}(1,1,m_1^k,m_2^k),\cdots,\boldsymbol{\Phi}(p,q,m_1^k,m_2^k),\cdots,\boldsymbol{\Phi}(P,Q,m_1^k,m_2^k)]$，为 $LN\times PQ$ 的矩阵；$\boldsymbol{h}$ 为定义为 $\mathrm{vec}(\boldsymbol{H})$ 的 $PQ\times1$ 的向量，其中 $\boldsymbol{H}$ 为元素为$[\boldsymbol{H}]_{\mathrm{pq}}=\boldsymbol{H}(p,q)$ 的 $P\times Q$ 的矩阵，且 $\boldsymbol{h}\sim\mathbb{C}\boldsymbol{N}(0,\boldsymbol{\Sigma}_h)$。

当有 K 个目标时，由所有目标引起的接收信号可以写为

$$\tilde{y}^{k}(t)=\sqrt{E}\sum_{k=1}^{K}\sum_{q=-Q/2}^{Q/2-1}\sum_{p=0}^{p-1}\tilde{\alpha}^{k}\boldsymbol{H}(p,q)\times\sum_{l=0}^{L-1}a_l(t-lt_{\mathrm{p}}-p\Delta\tau-m_1^k\Delta\tau)\mathrm{e}^{\mathrm{j}2\pi(m_2^k\Delta f+q\Delta f)lt_{\mathrm{p}}}+w(t) \tag{10-21}$$

如前所述，m_1^k 和 m_2^k 表示第 k 个目标的离散时延和离散多普勒的指标，并且 $M=M_1M_2$ 是感兴趣区域中的网格点总数。通常，目标 K 的数量远小于网格点 M 的数量，即($K\ll M$)。因此，可以将依目标的求和表达式改写为在网格点上的求和表达式，从而简化式(10－21)。为了改写求和方式，将所有包含目标的网格点构成集合 $\mathcal{K}$ 提出来，定义：

$$\alpha^{m}=\begin{cases}\tilde{\alpha}^{k},m\in\mathcal{K}\\0,m\notin\mathcal{K}\end{cases}$$

基于这个定义，以及 $m_1=(m-1)\mathrm{mod}M_1$，$m_2=\lfloor(m-1)/M_1\rfloor$，并且每个目标都位于某个网格点 m 上，则可以将式(10－21)重写为稀疏测量模型：

$$y(t)=\sqrt{E}\sum_{m=1}^{M}\sum_{q=-Q/2}^{Q/2-1}\sum_{p=0}^{p-1}\alpha^{m}\boldsymbol{H}(p,q)\times\sum_{l=0}^{L-1}a_l(t-lt_{\mathrm{p}}-p\Delta\tau-m_1\Delta\tau)\mathrm{e}^{\mathrm{j}2\pi(q+m_2)\Delta flt_{\mathrm{p}}}+w(t) \tag{10-22}$$

同样如前所述，以向量形式表达接收到的信号：

$$\boldsymbol{y}=\sum_{m=1}^{M}\alpha^{m}\sqrt{E}\boldsymbol{\Phi}_m\boldsymbol{h}+\boldsymbol{w} \tag{10-23}$$

进一步简化式(10-23)有

$$\boldsymbol{y}=\sqrt{E}\boldsymbol{\Phi}\zeta+\boldsymbol{w} \tag{10-24}$$

式中:$\boldsymbol{\Phi}$ 为 $LN\times MPQ$ 的块稀疏模型字典矩阵,其定义为 $\boldsymbol{\Phi}=[\boldsymbol{\Phi}_1\quad\cdots\quad\boldsymbol{\Phi}_m\quad\cdots\quad\boldsymbol{\Phi}_M]$;$\zeta$ 为定义为 $\zeta=[a^1\boldsymbol{h}^{\mathrm{T}}\quad\cdots\quad a^M\boldsymbol{h}^{\mathrm{T}}]^{\mathrm{T}}=\boldsymbol{a}\otimes\boldsymbol{h}$ 的 $MPQ\times 1$ 的块稀疏向量(Eldar和 Kuppinger,2010)。

这里应该注意,我们并没有将信道向量合并到模型的字典矩阵中,而是将其并入到未知向量 ζ 中。这种建模背后的目的是保证字典矩阵满足一种特殊的结构。注意到字典矩阵的每一列是一组对应特定时延-多普勒的传输信号,由此字典矩阵会呈现一种特殊的结构特性,我们将以定理的形式来表述。但在这之前,先引入符号 $\boldsymbol{D}_K^{\xi}$。

设 $\boldsymbol{D}_1,\boldsymbol{D}_2,\cdots,\boldsymbol{D}_u$ 都表示阶数为 V 的对角矩阵,并且令 $\boldsymbol{D}=\mathrm{diag}\{\boldsymbol{D}_1,\boldsymbol{D}_2,\cdots,\boldsymbol{D}_u\}$ 为块对角矩阵。$\boldsymbol{D}_K^{\xi}$ 将表示一个矩阵,其由如下方式构成。将 $\boldsymbol{D}$ 中所有矩阵 $\boldsymbol{D}_1,\boldsymbol{D}_2,\cdots,\boldsymbol{D}_u$ 的对角元素分别移动到其第 ξ 个次对角线上。若 ξ 为正,则移动到相应主对角元素下方的次对角线上;若 ξ 为负,则移动到上方。此外,将块对角矩阵 $\boldsymbol{D}$ 中所有的对角矩阵移动到对应于 $\boldsymbol{D}$ 的主对角线的第 K 个次对角矩阵中。若 K 为正,则移到下方;反之,则移到上方。因此,上标表示 $\boldsymbol{D}_1,\boldsymbol{D}_2,\cdots,\boldsymbol{D}_u$ 的元素相对于其各自主对角线的偏移量,而下标表示矩阵 $\boldsymbol{D}_1,\boldsymbol{D}_2,\cdots,\boldsymbol{D}_u$ 相对于 $\boldsymbol{D}$ 的主对角线的偏移量。下面给出一个例子。

例:设

$$\boldsymbol{D}=\begin{bmatrix} d_{11} & 0 & 0 & 0 & 0 & 0\\ 0 & d_{12} & 0 & 0 & 0 & 0\\ 0 & 0 & d_{13} & 0 & 0 & 0\\ 0 & 0 & 0 & d_{21} & 0 & 0\\ 0 & 0 & 0 & 0 & d_{22} & 0\\ 0 & 0 & 0 & 0 & 0 & d_{23}\end{bmatrix}=\begin{bmatrix}\boldsymbol{D}_1 & \boldsymbol{0}\\ \boldsymbol{0} & \boldsymbol{D}_2\end{bmatrix}$$

则矩阵 $\boldsymbol{D}_1^1$ 将按如下方式导出。由于下标为 1,所以块对角线矩阵 $\boldsymbol{D}$ 中的矩阵 $\boldsymbol{D}_1$ 和 $\boldsymbol{D}_2$ 被移动到主对角线之下的第一个次对角线位置。此外,$\boldsymbol{D}_1$ 的对角线元素被移动到第一个次对角线,如下:

$$\boldsymbol{D}_1^1=\begin{bmatrix} 0 & 0 & 0 & 0 & 0 & 0\\ 0 & 0 & 0 & 0 & 0 & 0\\ 0 & 0 & 0 & 0 & 0 & 0\\ 0 & 0 & 0 & 0 & 0 & 0\\ d_{11} & 0 & 0 & 0 & 0 & 0\\ 0 & d_{12} & 0 & 0 & 0 & 0\end{bmatrix}=\begin{bmatrix}\boldsymbol{0} & \boldsymbol{0}\\ \tilde{\boldsymbol{D}}_1^1 & \boldsymbol{0}\end{bmatrix}$$

类似地

$$\boldsymbol{D}_{-1}^{-1}=\begin{bmatrix}0&0&0&0&d_{11}&0\\0&0&0&0&0&d_{12}\\0&0&0&0&0&0\\0&0&0&0&0&0\\0&0&0&0&0&0\\0&0&0&0&0&0\end{bmatrix}=\begin{bmatrix}\boldsymbol{0}&\tilde{\boldsymbol{D}}_1^{-1}\\\boldsymbol{0}&\boldsymbol{0}\end{bmatrix}$$

其中

$$\tilde{\boldsymbol{D}}_1^{1}=\begin{bmatrix}0&0&0\\d_{11}&0&0\\0&d_{12}&0\end{bmatrix},以及\ \tilde{\boldsymbol{D}}_1^{-1}=\begin{bmatrix}0&d_{11}&0\\0&0&d_{12}\\0&0&0\end{bmatrix}$$

定理 10.1

如果 $L\geqslant(M_2+Q)/2$ 且 $\sum_{g=0}^{G-1}a_g a_{g-k}=0,k\neq g$ 则字典 $\boldsymbol{\Phi}$ 满足

$$\boldsymbol{\Phi}_m^{\mathrm{H}}\boldsymbol{\Phi}_n=\boldsymbol{D}_{K_{M1}(n,m)}^{\xi_{M1}(n,m)} \tag{10-25}$$

式中

$$\xi_{M_1}(n,m)=\lfloor(n-1)/M_1\rfloor-\lfloor(m-1)/M_1\rfloor$$
$$K_{M_1}(n,m)=\{(n-1)\mathrm{mod}M_1\}-\{(m-1)\mathrm{mod}M_1\}$$
$$\boldsymbol{D}=\mathrm{blkdiag}\ \underbrace{(L\boldsymbol{I}_p,\cdots,L\boldsymbol{I}_p)}_{Q倍}$$

证明:根据字典 $\boldsymbol{\Phi}$ 的定义,

$$[\boldsymbol{\Phi}_m^{\mathrm{H}}\boldsymbol{\Phi}_n]_{ij}=a^H\sum_{l=0}^{L-1}\mathrm{e}^{\frac{\mathrm{j}2\pi l}{L}\xi_{M_1}(n,m)+\xi_p(j,i)}(J(K_{M_1}(n,m),K_p(j,i))a) \tag{10-26}$$

①首先,考虑 $m=n$ 的情况,即在同一个分块范围内。在这种情况下,$\xi_{M_1}(n,m)=0$且 $k_{M_1}(n,m)=0$。因此,

$$[\boldsymbol{\Phi}_m^{\mathrm{H}}\boldsymbol{\Phi}_m]_{ij}=\sum_{l=0}^{L-1}\mathrm{e}^{\frac{\mathrm{j}2\pi l\xi_p(j,i)}{L}}\sum_{g=0}^{G-1}a_g^*a_{g-K_p(j,i)} \tag{10-27}$$

当 $\xi_p(j,i)\neq0$ 时,即有$\lfloor(j-1)/P\rfloor-\lfloor(i-1)/P\rfloor\neq0$,其对应于所有的不在 $PQ\times PQ$ 矩阵 $\boldsymbol{\Phi}_m^{\mathrm{H}}\boldsymbol{\Phi}_m$ 中主对角线上的 $P\times P$ 的子矩阵,我们有:

$$[\boldsymbol{\Phi}_m^{\mathrm{H}}\boldsymbol{\Phi}_m]_{ij}=0 \tag{10-28}$$

当 $\xi_p(j,i)=0$ 时,即有$[(j-1)/P]-[(i-1)/P]=0$,其对应于所有在 $PQ\times PQ$ 矩阵 $\boldsymbol{\Phi}_m^{\mathrm{H}}\boldsymbol{\Phi}_m$ 中主对角线上的 $P\times P$ 的子矩阵。此时我们再分别考虑两种可能。第一种,$K_p(j,i)=0$,在这种情况下,

$$[\boldsymbol{\Phi}_m^{\mathrm{H}}\boldsymbol{\Phi}_m]_{ij}=L\sum_{g=0}^{G-1}a_g^*a_g=L \tag{10-29}$$

由于 $\xi_p(j,i)=0$,对应于情况 $i=j$,或者等价于矩阵 $\boldsymbol{\Phi}_m^{\mathrm{H}}\boldsymbol{\Phi}_m$ 的所有对角元

素皆为 L。当 $K_p(j,i)\neq 0$ 或者等价地，$i\neq j$ 时，

$$[\boldsymbol{\Phi}_m^{\mathrm{H}}\boldsymbol{\Phi}_m]_{ij}=L\sum_{g=0}^{G-1}a_g^* a_{g-(j-i)}\approx 0 \tag{10-30}$$

因此，对于 $m=n$，有 $\boldsymbol{\Phi}_m^{\mathrm{H}}\boldsymbol{\Phi}_n=L\boldsymbol{I}$。

②接着，我们考虑 $m\neq n$ 的情况。在这种情况下，当且仅当 $\xi_{M_1}(n,m)=-\xi_p(j,i)$ 或者等效的 $\xi_{M_1}(n,m)=\xi_p(j,i)$ 时，$\xi_{M_1}(n,m)+\xi_p(j,i)=0$。其对应于第 $\xi_{M_1}(n,m)$ 条对角线上的所有 $P\times P$ 的子矩阵。对于其他的 i、j 而言，由于 $L\geqslant(M_2+Q)/2$ 且 $\xi_{M_1}(n,m)+\xi_p(j,i)\neq 0$，我们有 $[\boldsymbol{\Phi}_m^{\mathrm{H}}\boldsymbol{\Phi}_m]_{ij}=0$。这个对 L 的约束基本上消除了多普勒估计出现模糊的可能性。当 $\boldsymbol{K}_{M_1}(n,m)=\boldsymbol{K}_p(j,i)$ 时，在每一个沿着第 $\xi_{M_1}(n,m)$ 条对角线的子矩阵中，有 $k_{M_1}(n,m)+k_p(j,i)=0$。其对应于每个子矩阵内的沿着第 $\boldsymbol{K}_{M_1}(n,m)$ 条对角线的指标数。对于所有这些指标，$[\boldsymbol{\Phi}_m^{\mathrm{H}}\boldsymbol{\Phi}_m]_{ij}=L$。而当 $\boldsymbol{K}_{M_1}(n,m)+\boldsymbol{K}_p(j,i)\neq 0$ 时，$[\boldsymbol{\Phi}_m^{\mathrm{H}}\boldsymbol{\Phi}_m]_{ij}=0$。由此得证。

10.4　基于稀疏性的多目标跟踪

目标跟踪需要估计每个跟踪周期 i 中目标的状态，即在时间轴上所有目标的位置和速度。在数学上，常用一个观测模型来描述观测值和未知状态之间的关系，另外，用一个状态模型来描述状态的变化情况。实际上，跟踪将利用当前时刻以前的所有观测值来对当前时刻的状态进行预测。关于跟踪问题的详细讨论，读者可以参阅相关文献（Bar－Shalom 等，2011）。我们常使用的是一类基于贝叶斯的滤波算法，例如卡尔曼滤波或粒子滤波器（Kay，1993；Arulampalam 等，2002）；他们分两个阶段来求解跟踪问题，即预测和更新。在预测阶段，系统根据之前的结果求得当前时刻 i 的目标状态的预测值，即 $\tilde{\boldsymbol{\theta}}_i$。在更新阶段，使用时刻 i 的测量值来更新目标状态的预测值，以获得目标状态的估计 $\hat{\boldsymbol{\theta}}_i$。在每个跟踪周期内将重复此过程。

在基于稀疏性的跟踪过程中，需要首先计算出每个目标的预测状态 $\tilde{\boldsymbol{\theta}}_i^k=[\tilde{x}_i^k\quad \tilde{y}_i^k\quad \tilde{\dot{x}}_i^k\quad \tilde{\dot{y}}_i^k]^{\mathrm{T}}$，然后再计算出每个目标的状态估计。首先利用式（10－24）给出的 i 时刻的测量值，获得块稀疏信号 ζ① 的支撑向量集。接着根据块稀疏信号的支撑向量集，使用式（10－16）计算得到每个目标的时延和多普勒的估计。最后，使用以下等式获得每个目标的目标状态估计：

---

① 块稀疏向量支撑集定义为具有非零范数的块集合 bsupp(a)，即 bsupp$(a)=\{l\mid \|a[l]\|_{l_2}\neq 0\}$，其中 $a[l]$ 表示向量 $\boldsymbol{a}$ 的元素的第 l 个块。

$$\begin{cases}(\hat{x}_i^k,\hat{y}_i^k)=\dfrac{c\hat{\tau}_{\mathrm{d},i}^k}{2}\tilde{\boldsymbol{u}}_i^k \\ (\hat{\dot{x}}_i^k,\hat{\dot{y}}_i^k)=\dfrac{c\hat{\tau}_{\mathrm{d},i}^k}{2f_{\mathrm{c}}(\tilde{\dot{\boldsymbol{u}}}_i^k)^{\mathrm{T}}\tilde{\boldsymbol{u}}_i^k}\tilde{\dot{\boldsymbol{u}}}_i^k\end{cases} \tag{10-31}$$

式中：$\hat{\tau}_{\mathrm{d},i}^k$和$\hat{v}_{\mathrm{d},i}^k$分别为时刻$i$下的第$k$个目标的时延和多普勒估计；$\tilde{\boldsymbol{u}}_i^k$和$\tilde{\dot{\boldsymbol{u}}}_i^k$分别为时刻$i$下的第$k$个目标的位置和速度单位方向向量，即

$$\begin{cases}\tilde{\boldsymbol{u}}_i^k=\left(\dfrac{\tilde{x}_i^k}{\sqrt{(\tilde{x}_i^k)^2+(\tilde{y}_i^k)^2}},\dfrac{\tilde{y}_i^k}{\sqrt{(\tilde{x}_i^k)^2+(\tilde{y}_i^k)^2}}\right) \\ \tilde{\dot{\boldsymbol{u}}}_i^k=\left(\dfrac{\tilde{\dot{x}}_i^k}{\sqrt{(\tilde{\dot{x}}_i^k)^2+(\tilde{\dot{y}}_i^k)^2}},\dfrac{\tilde{\dot{y}}_i^k}{\sqrt{(\tilde{\dot{x}}_i^k)^2+(\tilde{\dot{y}}_i^k)^2}}\right)\end{cases} \tag{10-32}$$

由此，多目标的跟踪问题归结为估计块稀疏信号ζ的支撑向量集的问题。重建稀疏信号ζ可以使用下面任意一种标准的稀疏信号重建技术，然后再使用阈值方法找出ζ的支撑向量集。

10.4.1 标准的稀疏信号重建技术

典型的稀疏模型具有$\boldsymbol{y}=\boldsymbol{\Phi x}+\boldsymbol{w}$的形式，其中$\boldsymbol{y}$为$N\times 1$的测量向量，$\boldsymbol{\Phi}$是由基向量构成的$N\times M$字典，$\boldsymbol{x}$是$M\times 1$稀疏向量，稀疏度为$K$，$K\ll M$，$\boldsymbol{w}$是加性噪声。目前有许多种稀疏信号重建算法，这些算法都大致可以分为3类。在没有噪声的情况下，可以通过求解下式来恢复信号$\boldsymbol{x}$：

$$P_0:\arg\min_x\|x\|_{\ell_0}\quad \text{s.t.}\quad \boldsymbol{y}=\boldsymbol{\Phi x}$$

然而，P_0是一个非凸的优化问题，它具有NP难题的特性因而难以求解(Natarajan，1995)。通常，使用凸松弛方法将P_0问题中的0范数转化为ℓ_1范数或者ℓ_p范数来求解。由此获得解的方法即属于凸松弛的这一类。基追踪(BP)(Chen等，1998)将求解如下问题：

$$\mathrm{BP}:\arg\min_x\|\boldsymbol{x}\|_{\ell_1}\quad \text{s.t.}\quad \boldsymbol{y}=\boldsymbol{\Phi x}$$

在存在噪声的情况下，通常使用一种称为基追踪去噪(BPDN)的改进基追踪方法(Candés等，2006；Chen等，1998)。BPDN将求解如下问题，

$$\mathrm{BPDN}:\arg\min_x\|\boldsymbol{x}\|_{\ell_1}\quad \text{s.t.}\quad \|(\boldsymbol{y}-\boldsymbol{\Phi x})\|_{l_2}\leqslant\varepsilon$$

其中，$\varepsilon>0$是基于噪声水平的待定参数。Dantzig选择器(DS)(Candésand Tao，2007)是最近提出的另一种凸松弛优化方法，其求解如下优化问题：

$$\mathrm{DS}:\arg\min_x\|\boldsymbol{x}\|_{\ell_1}\quad \text{s.t.}\quad \|\boldsymbol{\Phi}^{\mathrm{H}}(\boldsymbol{y}-\boldsymbol{\Phi x})\|_{l_\infty}\leqslant\mu$$

式中：$\mu>0$是待定参数。当字典的列都是归一化的，并且加性噪声的标准差已知时，可以令参数ε和μ为$\sqrt{2\log N}\sigma$(Chen等，1998)。第二类重建方法即通过

对局部最优解进行贪婪迭代以搜索 P_0 的解。正交匹配追踪（OMP）（Tropp，2004；Tropp 和 Gilbert，2007）和压缩采样匹配追踪（CoSaMP）（Needell 和 Tropp，2009）就属于这一类。当连续几次迭代得到的估计值之间的差的平方低于预定阈值时，算法终止。第三类方法即引入信号 $\boldsymbol{x}$ 的先验信息来保证稀疏性，并通过求解 MAP 估计问题来恢复信号 $\boldsymbol{x}$。这种类型中最常见的方法是贝叶斯压缩感知（BCS）（Ji 等，2008）和稀疏贝叶斯学习（SBL）（Wipf 和 Rao，2004）。为了增强稀疏性，先验信息的选择与问题本身是相关的。因此，不存在一个普适的先验分布可以保证在任意模型下都获得好的效果。

使用这些标准稀疏信号重建算法来重建多径目标场景通常会耗费巨大的计算量，因为它们涉及高维的向量和矩阵运算。因此，这些重建算法不太适用于需要实时处理的目标跟踪问题。在 10.4.3 节中，我们描述了一种利用字典结构特性的 PB 支撑向量集恢复算法。PB 支撑向量集恢复算法只包含一个简单的单步运算，其不再需要使用凸优化求解或是迭代的贪婪搜索。

10.4.2 多径环境的影响

本节将分析时变多径信道和发射的信号对于支撑向量集恢复算法性能影响。如第 10.4 节中所述，多目标的跟踪问题等价于一个支撑向量集恢复问题。具体来说，我们的目标是估计出集合 $\mathcal{K}$，其元素对应着式（10.24）中块稀疏向量中的非零块 $\tilde{\xi}$。由于有 K 个目标，所以存在 $S=\binom{M}{K}$ 个可能的位置，这些位置对应 $\tilde{\xi}$ 中的非零块。设 S 表示包含所有的非零块的可能位置的集合。每当对应于某个真实目标的指标被关联到其他目标的指标上时，对目标的时延和多普勒估计会出现误差。为了研究算法的性能，Tang 和 Nehorai（2010）将多重假设检验问题的全局错误概率作为一种描述性能的参数。在这种算法框架下，每个假设都对应于一个候选的支撑向量集。将这些假设记为 $\mathcal{H}_0,\mathcal{H}_1,\cdots,\mathcal{H}_s$，则

$$\begin{cases}\mathcal{H}_0:\mathrm{bsup}\ \mathrm{p}(\zeta)=S_0\\ \vdots\\ \mathcal{H}_s:\mathrm{bsup}\ \mathrm{p}(\zeta)=S_s\end{cases}\tag{10-33}$$

式中：集合 S_m 为第 m 种可能的目标位置集合。通常情况下，对任意的重建算法来评估全局错误概率是不可行的。因此，基于最大似然的决策准则，可以把全局错误概率的上界用做最优值。如果认为所有的假设都是一致的，那么最优决策如下（Trees，2001）：

$$m^*=\arg\max_m p(\boldsymbol{y}|\mathcal{H}_m)\tag{10-34}$$

以下定理给出了描述错误检测的支撑向量集出现概率的上界。

定理 10.2 对于式(10-23)定义的稀疏信号模型,总体误差概率 p_K^M 的上界为

$$p_K^M \leqslant \frac{1}{2S}\sum_{m=1}^{S}\sum_{\substack{n=1\\n\neq m}}^{S}\prod_{\rho=1}^{PQ}\frac{1}{1+\lambda_\rho(m,n)} \tag{10-35}$$

式中 $\lambda_1(m,n),\cdots,\lambda_{KPQ}(m,n)$ 是 $KPQ\times KPQ$ 的矩阵 $\boldsymbol{\Lambda}(m,n)$ 的特征值。$\boldsymbol{\Lambda}(m,n)$ 的定义为 $\boldsymbol{\Lambda}(m,n)=\mathrm{SNR}/2L\sum_{\zeta}\Delta\tilde{\boldsymbol{\Phi}}_{m,n}^{\mathrm{H}}\Delta\tilde{\boldsymbol{\Phi}}_{m,n}$,信噪比 $\mathrm{SNR}=EL/\sigma^2$,σ 是加性高斯白噪声 w 的标准差,$\sum_{\zeta}=\mathrm{diag}\{\alpha^1,\alpha^2,\cdots,\alpha^K\}\otimes\sum_{h}$,$\Delta\tilde{\boldsymbol{\Phi}}_{m,n}=\tilde{\boldsymbol{\Phi}}_n-\tilde{\boldsymbol{\Phi}}_m$,且 $\tilde{\boldsymbol{\Phi}}_m$ 是由 m 个假设中对应非零位置的 K 个块构成的。

证明:对于式(10-23)描述的系统模型,首先考虑二元的情况,即只有两个支撑向量集;其指标分别为 m 和 n,也即 ζ 的块支撑向量集合为 $\boldsymbol{S}_m$ 和 $\boldsymbol{S}_n$。定义将支撑向量集 $\boldsymbol{S}_m$ 错误地关联到 $\boldsymbol{S}_n$ 中的概率为 $P_c(m\rightarrow n|m)$。我们将把这个概率作为基于最大似然的假设检验问题的最优值的评价指标。对于二元的情况,给定 $\mathrm{bsup\,p}(\zeta)=\boldsymbol{S}_m$,那么式(10-23)可以写为

$$\boldsymbol{y}=\sqrt{E}\,\tilde{\boldsymbol{\Phi}}_m\tilde{\boldsymbol{\zeta}}+\boldsymbol{w} \tag{10-36}$$

式中:$\tilde{\boldsymbol{\Phi}}_m$(注意与之前使用的 $\boldsymbol{\Phi}_m$ 区别)为对应块稀疏向量 $\boldsymbol{\zeta}$ 中非零位置的 K 个 $NL\times PQ$ 的块构成的;$\tilde{\boldsymbol{\zeta}}$ 为移除块稀疏向量 $\boldsymbol{\zeta}$ 中零元素后的向量。

使用式(10-34)给出的最优决策准则,错误关联支撑向量集的概率为

$$P_{\mathrm{c}}(m\rightarrow n|m)=P_{\mathrm{r}}\{P(\boldsymbol{y}|\mathrm{bsupp}(\zeta)=\boldsymbol{S}_n)>\mathrm{P}(\boldsymbol{y}|\mathrm{bsupp}(\zeta)=\boldsymbol{S}_m)|m\} \tag{10-37}$$

式中:下标 c 强调了错误概率是取决于 $\tilde{\boldsymbol{\zeta}}$ 的。在假设 $\mathcal{H}_m$: bsupp($\tilde{\boldsymbol{\zeta}}=S_m$ 下,$y\sim\mathbb{C}N(\sqrt{\mathrm{E}}\tilde{\boldsymbol{\Phi}}_m\tilde{\zeta},\Sigma)$。所以,在给定 $\tilde{\boldsymbol{\zeta}}$ 的条件下,错误概率为

$$\begin{aligned}P_{\mathrm{c}}(m\rightarrow n\mid m)&=\Pr\{\mathrm{e}^{-(\boldsymbol{y}-\sqrt{E}\tilde{\boldsymbol{\Phi}}_n\tilde{\zeta})^{\mathrm{H}}\boldsymbol{\Sigma}^{-1}(\boldsymbol{y}-\sqrt{E}\tilde{\boldsymbol{\Phi}}_n\tilde{\boldsymbol{\zeta}})}\geqslant\\&\quad\mathrm{e}^{-(\boldsymbol{y}-\sqrt{E}\tilde{\boldsymbol{\Phi}}_m\tilde{\zeta})^{\mathrm{H}}\boldsymbol{\Sigma}^{-1}(\boldsymbol{y}-\sqrt{E}\tilde{\boldsymbol{\Phi}}_m\tilde{\boldsymbol{\zeta}}}\mid m\}=\\&\quad\Pr\{\sqrt{E}\boldsymbol{y}^{\mathrm{H}}\Sigma^{-1}\Delta\tilde{\boldsymbol{\Phi}}_{m,n}\tilde{\boldsymbol{\zeta}}+\sqrt{E}\tilde{\boldsymbol{\zeta}}^{\mathrm{H}}\Delta\tilde{\boldsymbol{\Phi}}_{m,n}^{\mathrm{H}}\Sigma^{-1}\boldsymbol{y}\geqslant\\&\quad E\tilde{\boldsymbol{\zeta}}^{\mathrm{H}}\tilde{\boldsymbol{\Phi}}_n^{\mathrm{H}}\Sigma^{-1}\tilde{\boldsymbol{\Phi}}_n\tilde{\boldsymbol{\zeta}}-E\tilde{\boldsymbol{\zeta}}^{\mathrm{H}}\tilde{\boldsymbol{\Phi}}_m^{\mathrm{H}}\Sigma^{-1}\tilde{\boldsymbol{\Phi}}_m\tilde{\boldsymbol{\zeta}}\mid m\}\end{aligned}$$

然而 $\boldsymbol{y}^{\mathrm{H}}\boldsymbol{\Sigma}^{-1}\Delta\tilde{\boldsymbol{\Phi}}_{m,n}\tilde{\boldsymbol{\zeta}}+\tilde{\boldsymbol{\zeta}}^{\mathrm{H}}\Delta\tilde{\boldsymbol{\Phi}}_{m,n}^{\mathrm{H}}\Sigma^{-1}\boldsymbol{y}$ 服从均值为 $\sqrt{E}\tilde{\boldsymbol{\zeta}}^{\mathrm{H}}\tilde{\boldsymbol{\Phi}}_m^{\mathrm{H}}\Sigma^{-1}\Delta\tilde{\boldsymbol{\Phi}}_{m,n}\tilde{\boldsymbol{\zeta}}+\sqrt{E}\tilde{\boldsymbol{\zeta}}^{\mathrm{H}}\Delta\tilde{\boldsymbol{\Phi}}_{m,n}^{\mathrm{H}}\Sigma^{-1}\tilde{\boldsymbol{\Phi}}_m\tilde{\boldsymbol{\zeta}}$,协方差矩阵为 $\tilde{\boldsymbol{\zeta}}^{\mathrm{H}}\Delta\tilde{\boldsymbol{\Phi}}_{m,n}^{\mathrm{H}}\Sigma^{-1}\Delta\tilde{\boldsymbol{\Phi}}_{m,n}\tilde{\boldsymbol{\zeta}}$ 的复正态分布。

因此，

$$P_c(m\rightarrow n\mid m)=\Pr\{\sqrt{E}(\boldsymbol{y}^{\mathrm{H}}\Sigma^{-1}\Delta\tilde{\boldsymbol{\Phi}}_{m,n}\tilde{\boldsymbol{\zeta}}+\tilde{\boldsymbol{\zeta}}^{\mathrm{H}}\Delta\tilde{\boldsymbol{\Phi}}_{m,n}^{\mathrm{H}}\Sigma^{-1}\boldsymbol{y})\geqslant$$
$$(\tilde{\boldsymbol{\zeta}}^{\mathrm{H}}\tilde{\boldsymbol{\Phi}}_n^{\mathrm{H}}\Sigma^{-1}\tilde{\boldsymbol{\Phi}}_n\tilde{\boldsymbol{\zeta}}-\tilde{\boldsymbol{\zeta}}^{\mathrm{H}}\tilde{\boldsymbol{\Phi}}_m^{\mathrm{H}}\Sigma^{-1}\tilde{\boldsymbol{\Phi}}_m\tilde{\boldsymbol{\zeta}}\mid m\}=$$
$$Q\left(\sqrt{E\tilde{\boldsymbol{\zeta}}^{\mathrm{H}}\Delta\tilde{\boldsymbol{\Phi}}_{m,n}^{\mathrm{H}}\Sigma^{-1}\Delta\tilde{\boldsymbol{\Phi}}_{m,n}\tilde{\boldsymbol{\zeta}}}\right)\tag{10-38}$$

式中：$Q(\gamma)$是定义为 $Q(\gamma)=\int_{x=\gamma}^{\infty}1/\sqrt{2\pi}\,\mathrm{e}^{-\frac{x^2}{2}}\mathrm{d}x$ 的互补误差函数。使用上界 $Q(\gamma)\leqslant 1/2\mathrm{e}^{-\gamma^2/2}$（Wozencraft 和 Jacobs，1965），可得

$$P_c(m\rightarrow n\mid m)<\frac{1}{2}\mathrm{e}^{\frac{E\tilde{\zeta}^{\mathrm{H}}\Delta\tilde{\boldsymbol{\Phi}}_{m,n}^{\mathrm{H}}\Sigma^{-1}\Delta\tilde{\boldsymbol{\Phi}}_{m,n}\tilde{\boldsymbol{\zeta}}}{2}}\tag{10-39}$$

由于 $\tilde{\boldsymbol{\zeta}}\sim\mathbb{C}N_{KPQ}(0,\Sigma_\zeta)$，通过在分布上平均，可得 $P_c(m\rightarrow n|m)$的无条件概率分布函数：

$$P(m\rightarrow n\mid m)<\frac{1}{2}\int\mathrm{e}^{\frac{-E\tilde{\zeta}^{\mathrm{H}}\Delta\tilde{\boldsymbol{\Phi}}_{m,n}^{\mathrm{H}}\Sigma^{-1}\Delta\tilde{\boldsymbol{\Phi}}_{m,n}\tilde{\boldsymbol{\zeta}}}{2}}\frac{1}{(\pi)^{KPQ}\mid\Sigma_\zeta\mid}\mathrm{e}^{-\tilde{\zeta}^{\mathrm{H}}\Sigma_\zeta^{-1}}\tilde{\boldsymbol{\zeta}}\,\mathrm{d}\tilde{\boldsymbol{\zeta}}=$$
$$\frac{1}{2}\frac{\mid\Sigma_\zeta^{-1}\mid}{\mid E\Delta\tilde{\boldsymbol{\Phi}}_{m,n}^{\mathrm{H}}\Sigma^{-1}\Delta\tilde{\boldsymbol{\Phi}}_{m,n}+2\Sigma_\zeta^{-1}\mid}\times$$
$$\int\frac{\mid E\Delta\tilde{\boldsymbol{\Phi}}_{m,n}^{\mathrm{H}}\Sigma^{-1}\Delta\tilde{\boldsymbol{\Phi}}_{m,n}+2\Sigma_\zeta^{-1}\mid}{2(\pi)^{KPQ}}\mathrm{e}^{-\tilde{\zeta}^{\mathrm{H}}\left(\frac{E\Delta\tilde{\boldsymbol{\Phi}}_{m,n}^{\mathrm{H}}\Sigma^{-1}\Delta\tilde{\boldsymbol{\Phi}}_{m,n}+2\Sigma_\zeta^{-1}}{2}\right)\tilde{\zeta}}\mathrm{d}\tilde{\boldsymbol{\zeta}}=$$
$$\frac{1}{2}\frac{1}{\mid\mathrm{E}\Sigma_\zeta\Delta\tilde{\boldsymbol{\Phi}}_{m,n}^{\mathrm{H}}\Sigma^{-1}\Delta\tilde{\boldsymbol{\Phi}}_{m,n}/2+\boldsymbol{I}\mid}\tag{10-40}$$

现在，可以将边界联合起来获得全局错误概率：

$$P_{\mathrm{err}}=\sum_{m=1}^{S}\Pr\{\mathrm{err}\mid m\}P(m)=\frac{1}{S}\sum_{m=1}^{S}\Pr\{\bigcup_{n\neq m}P(m\rightarrow n\mid m)\}<$$
$$\frac{1}{S}\sum_{m=1}^{S}\sum_{\substack{n=1\\n\neq m}}^{S}P(m\rightarrow n\mid m)<\frac{1}{2S}\sum_{m=1}^{S}\sum_{\substack{n=1\\n\neq m}}^{S}\frac{1}{\mid E\Sigma_\zeta\Delta\tilde{\boldsymbol{\Phi}}_{m,n}^{\mathrm{H}}\Sigma^{-1}\Delta\tilde{\boldsymbol{\Phi}}_{m,n}/2+\boldsymbol{I}\mid}\tag{10-41}$$

记 $\boldsymbol{\Lambda}(m,n)=E\Sigma_\zeta\Delta\tilde{\boldsymbol{\Phi}}_{m,n}^{\mathrm{H}}\Sigma^{-1}\Delta\tilde{\boldsymbol{\Phi}}_{m,n}/2$，且 $\lambda_1(m,n),\lambda_2(m,n),\cdots,\lambda_{KPQ}(m,n)$是 $\boldsymbol{\Lambda}(m,n)$的特征值。那么

$$P_{\mathrm{err}}<\frac{1}{2S}\sum_{m=1}^{S}\sum_{\substack{n=1\\n\neq m}}^{S}\prod_{\rho=1}^{KPQ}\left(\frac{1}{1+\lambda_\rho(m,n)}\right)\tag{10-42}$$

这里需要注意几点。首先，由于需要对以指数形式增加的大量的项进行求和，性

能指标 P_K^M 可能难以计算。尽管如此，它为描述支撑向量集恢复算法对信号和信道的依赖程度提供了依据。P_K^M 与乘积 $PQ=T_dB_dTB$ 成反比。对于一个给定的信号形式，即给定 TB 时，P_K^M 随乘积 T_dB_d 的增加而减小。这个优点是源于联合的时延－多普勒分集，而联合的时延－多普勒分集是由时变多径信道引起的观测模型中的固有特征。利用模型中的联合分集信息，可以显著地提升性能。对于一个给定的信道，即 T_dB_d 给定，则 P_K^M 随着发射信号时宽－带宽积 TB 的增大而减小。为了最大化 PQ，同时更好地利用模型中的分集信息，应当使用能够最大化时宽－带宽积的信号形式。对于非扩频信号，其时宽和带宽是相关的。若是增加其信号时长，由多普勒展宽带来的分集信息将会减小，而若是增加信号带宽，由时延展宽带来的分集信息又会丢失。但对于扩频信号而言，我们可以单独地控制时宽和带宽。具体来说，时宽－带宽积可以与参数 G 成正比，而 G 在理论上可以任意大。因此，对于基于稀疏的多径场景下的跟踪问题而言，扩频信号是最佳的。

第二，特征值 λ_ρ 取决于字典 $\boldsymbol{\Phi}$，而 $\boldsymbol{\Phi}$ 又依赖于发射的扩频信号序列。这里实际导出了一个信号优化问题。通过求解以下优化问题，可以在每个跟踪周期内确定要发射的最佳信号序列：

$$a^* = \arg\min^{a}\sum_{m=1}^{S}\sum_{\substack{n=1\\n\neq m}}^{S}\left(\frac{1}{1+\lambda_{min}(m,n,a)}\right)^{KPQ} \tag{10-43}$$

式中：$\lambda_{\min}(a)$ 对应之前定义的矩阵 $\boldsymbol{\Lambda}$ 的最小的特征值。尽管如此，在本章中，我们不会讨论波形设计的问题。

最后，要注意定理 10.2 给出的上界不是在任意 SNR 的条件下都成立。这是由于求和中包含大量的项，这会致使在某些 SNR 下导出的 P_K^M 的值比实际的更大。在这种情况下，这个上界就没有意义了。

10.4.3 PB 支撑向量集恢复算法

本节讨论了 PB 支撑向量集恢复算法。PB 算法是一种单次运算的用于搜索块稀疏向量的支撑向量集的方法。首先，如 10.3 节所述，在离散的时延－多普勒平面上为稀疏模型构建字典矩阵 $\boldsymbol{\Phi}$。接着，将接收到的信号向量投影到字典的行空间中，且计算出投影向量分布在每个块上的能量。投影 $\boldsymbol{z}$ 可以表示为

$$\boldsymbol{z}=(\boldsymbol{I}_M\otimes\boldsymbol{h}^{\mathrm{H}})\boldsymbol{\Phi}^{\mathrm{H}}\boldsymbol{y} \tag{10-44}$$

接着，我们可以通过向量 $\boldsymbol{z}$ 的最大值对应的指标来确定 $\boldsymbol{\zeta}$ 的块支撑向量集。下面我们将说明该算法的有效性。在无噪声的情况下，

$$\boldsymbol{z}=(\boldsymbol{I}_M\otimes\boldsymbol{h}^{\mathrm{H}})\boldsymbol{\Phi}^{\mathrm{H}}\boldsymbol{y}=\sqrt{E}(\boldsymbol{I}_M\otimes\boldsymbol{h}^{\mathrm{H}})\boldsymbol{\Phi}^{\mathrm{H}}\boldsymbol{\Phi}\boldsymbol{\zeta} \tag{10-45}$$

将 $\boldsymbol{\zeta}$ 写为 $\boldsymbol{\zeta}=\boldsymbol{a}\otimes\boldsymbol{h}$，并将 z 的第 r 个元素表示为

$$z_r = \sqrt{E}\boldsymbol{h}^{\mathrm{H}}\sum_{k\in K}\alpha^k\boldsymbol{\Phi}_r^{\mathrm{H}}\boldsymbol{\Phi}_k\boldsymbol{h} \tag{10-46}$$

由于 $\alpha^m=0, m\in\mathcal{K}$，所以其他项的求和为零。

对于 $r\in\mathcal{K}$，式(10-46)简化为

$$\begin{aligned} z_r &= \alpha^r\sqrt{E}\boldsymbol{h}^{\mathrm{H}}\boldsymbol{\Phi}_r^{\mathrm{H}}\boldsymbol{\Phi}_r\boldsymbol{h} + \sqrt{E}\boldsymbol{h}^{\mathrm{H}}\sum_{k\in\mathcal{K}-\{r\}}\alpha^{\mathrm{k}}\boldsymbol{\Phi}_r^{\mathrm{H}}\boldsymbol{\Phi}_k\boldsymbol{h} \\ &= \alpha^{\mathrm{r}}\sqrt{\mathrm{E}}\mathrm{L}\boldsymbol{h}^{\mathrm{H}}\boldsymbol{h} + \sqrt{E}\sum_{k\in\mathcal{K}-\{r\}}\alpha^k\boldsymbol{h}^{\mathrm{H}}\boldsymbol{D}_{\kappa}^{\xi}\boldsymbol{h} \end{aligned} \tag{10-47}$$

根据定理 10.1，可以将 $\boldsymbol{\Phi}_r^{\mathrm{H}}\boldsymbol{\Phi}_k$ 表示为 $\boldsymbol{\Phi}_r^{\mathrm{H}}\boldsymbol{\Phi}_k=\boldsymbol{D}_{\kappa}^{\xi}$，其中 ξ 表示 $\xi_{M_1}(k,r)$，K 表示为 $\boldsymbol{K}_{M_1}(k,r)$。展开 $\boldsymbol{D}_{\kappa}^{\xi}$ 的表达，使用 10.3 节中的记号：

$$\boldsymbol{h}^{\mathrm{H}}\boldsymbol{D}_{\kappa}^{\xi}\boldsymbol{h} = L\sum_{i=1}^{Q-\mathcal{K}}\sum_{j=1}^{P-\xi}h_{i+\kappa,j+\xi}^{*}h_{ij} \tag{10-48}$$

由于 h_{ij}是独立的高斯随机变量，因而对不同的 i 和 j，它们是不相关的。因此，按照大数定理，式(10-48)中的和接近零。于是对 $r\in\mathcal{K}$，有

$$z_r=\alpha^r\sqrt{E}L\boldsymbol{h}^{\mathrm{H}}\boldsymbol{h} \tag{10-49}$$

而对于 $r\in\mathcal{K}$，式(10-46)简化为

$$\begin{aligned} z_r &= \sqrt{E}\boldsymbol{h}^{\mathrm{H}}\sum_{k\in\mathcal{K}}\alpha^k\boldsymbol{\Phi}_r^{\mathrm{H}}\boldsymbol{\Phi}_k\boldsymbol{h} \\ &= \sqrt{E}L\sum_{k\in\mathcal{K}}\alpha^k\sum_{i=1}^{Q+1-\mathrm{K}(\mathrm{kappa})}\sum_{j=1}^{P+1-\xi}h_{i+k,j+\xi}^{*}h_{ij}\approx 0 \end{aligned} \tag{10-50}$$

因此，在没有噪声的情况下，对应于块稀疏向量 ζ 的支撑向量集的指标与对应于向量 $\boldsymbol{z}$ 中非零元素的指标是完全相同的。当系统有噪声时，$\boldsymbol{z}$ 将不再稀疏，但 $\boldsymbol{z}$ 中绝对值最大的 K 个元素的位置对应着块稀疏向量的支撑向量集的位置。注意，这里假设目标 K 的数量是先验已知的。在确定块稀疏向量的支撑向量集 ζ 之后，使用式(10-16)可以计算得到每个目标的时延和多普勒估计，而后每个目标的准确位置和速度可由式(10-31)得到。为了将每个非零项与特定目标相关联，可以使用最小二乘方法求解式(10-24)以获得 ζ。当 ζ 已知后，就可以估计目标的 RCS，即 $\alpha^k(k=1,2,\cdots,K)$。再由 RCS 的值，就可以将每个目标分别与 K 个绝对值最大的非零项中的某项关联。只要噪声在一定的界限内，保证向量 $\boldsymbol{z}$ 不会在不对应目标的位置出现尖峰，那么所提出的算法可以完美地实现目标场景重建。这个过程将在每个跟踪周期 i 中重复执行以获得目标状态。整个跟踪方法的流程见算法 10-1。

就计算复杂度与其他跟踪方法相比，使用本章所提出的 PB 支撑向量集恢复算法来进行跟踪耗费更少的计算量。这个方法在计算量上具有优势主要是来源于 PB 支撑向量集恢复算法不需要进行凸优化求解或是迭代的贪婪寻优。同

时，就跟踪的性能相比，该方法也将优于其他跟踪方法。这是由于投影 z 是由所有路径上的能量经相干叠加处理得到的。因此，该算法充分地利用了问题中固有的联合时延 - 多普勒分集信息。

算法 10 - 1 用于多径环境中目标跟踪的 PB 支撑向量集恢复算法

1: **for** $i=1:N_{\mathrm{TI}}$，执行
2: 计算 $\tilde{\boldsymbol{\theta}}_i=\boldsymbol{F}\hat{\boldsymbol{\theta}}_{i-1}$；
3: 使用 $\tilde{\boldsymbol{\theta}}_i$ 构建字典 $\boldsymbol{\Phi}_i$；
4: 构建一个 $M\times 1$ 的向量 $z_i=(\boldsymbol{I}_M\otimes\boldsymbol{h}_i^{\mathrm{H}})\boldsymbol{\Phi}_i^{\mathrm{H}}\boldsymbol{y}_i$；
5: 找到支撑向量集 $\{s_k \mid \lvert z_{i,s_k}\rvert > \lvert z_{i,r}\rvert, r\in\{1,2,\cdots,M\}, r\neq s_k, k=1,2,\cdots,K\}$；
6: 使用 s_k，计算 $\hat{\tau}_{k,i,d},\hat{v}_{k,i,d},k=1,2,\cdots,K$。
7: 由式(10 - 31)和式(10 - 32)计算目标状态的估计
8: **end for**

10.5 数值仿真结果

本节给出了几个数值仿真的实例，以说明所提跟踪方法的性能和其在计算量上的优势。对于基于支撑向量集恢复算法的跟踪方法而言，这些例子还显示了时变多径建模对方法性能的影响。

模拟场景如下：在感兴趣的区域有两个轨迹交叉的目标($K=2$)。第一个目标的初始位置为(1200,900)m，以(18,24)m/s 的恒定速度移动；第二个目标的初始位置为(900,1559)m，以(15, -26)m/s 的恒定速度移动。初始化参数是在跟踪过程前经估计得到的。这里可以使用很多方法来获得初值，例如基于最大似然的估计(Altes,1979)、基于波束成形的估计(Xu 等,2008)、贝叶斯估计(Min 等,2010)和基于稀疏度的估计等。有兴趣的读者可以参考这些文献以了解更多信息。两个目标都沿着线性的轨迹移动，因此它们的状态转移方程可由式(10 - 10)描述，建模误差的协方差矩阵由式(10 - 12)给出，其中 $\varepsilon^1=\varepsilon^2=4$。跟踪周期的长度($t_i$)为 0.5s。第一个目标的 RCS, $\tilde{\alpha}^1$ 为 1，而第二个目标的 RCS, $\tilde{\alpha}^2$ 为 1.4。

发射波形的载波频率 f_c 为 1GHz，每个脉冲的带宽 B 为 100MHz。在每个跟踪周期中，包含 $L=4$ 个脉冲。而在每个脉冲中，使用从长度为 $G=16$ 的由伪随机噪声序列生成的扩频波形。由于这里并没有对发射信号进行优化，或是引入脉冲间的分集信息，所以在所有 4 个脉冲和 20 个跟踪周期中都使用相同的信号波形。在每个跟踪周期中，矩阵 $\boldsymbol{H}$ 的元素是相互独立的，由复数高斯分布生成。

这些元素的幅度值将经过尺度变换，使得其方差随着时延以指数的方式衰减。令 PQ 为 6。在每个跟踪周期中，我们使用以第一个目标的预测状态为中心的，每个脉冲包含 300 个采样点（$N=300$）的窗口。使用如此大的窗口是因为当两个目标随时间推移彼此远离时，我们需要如此大的窗口以容纳所有目标的接收信号向量。$\boldsymbol{w}$ 的元素是独立的，且由复高斯分布生成，对其幅度进行尺度变换以保证信噪比为

$$\mathrm{SNR}=\frac{EL}{\sigma_w^2} \tag{10-51}$$

在性能方面，我们将把 PB 跟踪方法与使用 BPDN、DS 和 BCoSaMP 算法来进行支撑向量集恢复的其他稀疏跟踪方法比较。对每个目标来说，时延 - 多普勒平面都被划分为 $M_1=5$ 和 $M_2=5$ 个网格点，网格大小为 $\Delta\tau=1/f_s$ 和 $\Delta f=1/t_i$。这意味着在 x 和 y 方向上，位置和速度估计的分辨率分别为 1.5m 和 0.3m/s。对于使用 BPDN 或是 DS 来进行支撑向量集恢复的方法，其先要求解如 10.4.1 节中的优化问题，然后再划定阈值以判决出稀疏向量。之后，对应于最大的 K 个值的位置的向量将作为支撑向量集（注意，这里假设已知信号的稀疏度）。我们将使用 MATLAB 的 CVX 工具包（Grant 和 Boyd，2009）来解决凸优化问题，并且基于噪声方差来选择待定参数，其中噪声方差被假设为已知的。但需要注意的是，这两种算法都不会使用该问题中块稀疏信号的额外信息。这里还使用了一种与 Sen 和 Nehorai（2011）、Eldar 和 Kuppinger（2010）中算法类似的 BCoSaMP 算法来求解支撑向量集恢复问题。BCoSaMP 算法会利用到问题中有关块稀疏的额外信息。

所有的仿真经过 50 次蒙特卡洛平均，仿真中使用的 SNR 为 25dB。

图 10 - 2 给出了距离和速度估计中累积的均方根误差（RMSE）。图10 - 3 绘制了两个目标的实际轨迹与使用不同方法得到的估计轨迹。

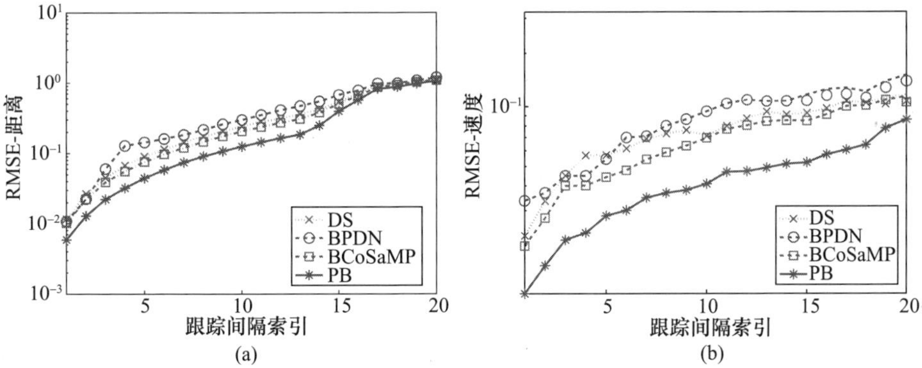

图 10 - 2 各种跟踪算法的均方根误差（见彩图）

（a）距离的 RMSE；（b）速度的 RMSE。

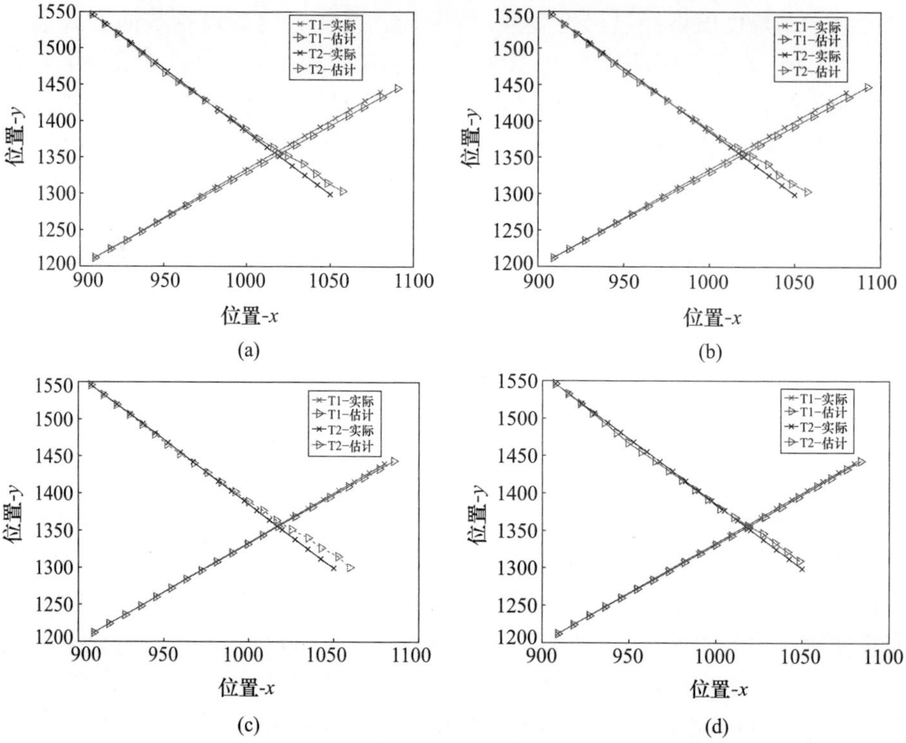

图 10-3 实际轨迹与使用各种跟踪算法获得的估计轨迹的对比
(a)基于 Dantzig 选择器的跟踪;(b)基于 BPDN 的跟踪;
(c)基于 BCoSaMP 的跟踪;(d)基于投影的跟踪。

可以观察到,对于所有的基于稀疏度的方法,距离和速度估计的 RMSE 分别低于 2m 和 1m/s。但使用 PB 支撑向量集恢复算法获得的速度估计的 RMSE 要更好一点。此外,应该注意到基于 DS 和 BPDN 的方法在选择待定参数时假设噪声方差是已知的①各种算法的用时情况见表 10-1。

表 10-1 各种基于稀疏性的跟踪算法的平均 CPU 运算时间

	DS	BPDN	BcoSaMP	PB
5×5 网格	8.56	7.04	2.78	2.16
9×9 网格	94.2	19.42	10.31	6.20

第二组仿真说明了性能提升是由于在模型中利用了联合的时延-多普勒分集信息。

图 10-4 给出了错误概率的上界随 SNR 与 P、Q 值变化的情况。可以看

① 译者注:实际中是未知的,且难以精确测量。

出,随着乘积 PQ 的增加,错误概率的上界显著降低。这是由于城市环境中的联合时延和多普勒分集提供了额外的自由度。但是,对于 $PQ=1$ 的情况,这个上界就没有意义了,其会超出当前考虑的信噪比的可行范围。为了获得有效的上界,必须增加 SNR。在图 10-5 中,给出使用各种不同的 P、Q 值的 PB 跟踪获得的实际距离和速度的 RMSE。可以看到,当 $PQ=1$ 时,RMSE 将会增加且变得无界。对于同样的 SNR 而言,在时变多径信道模型下,算法性能明显更好。

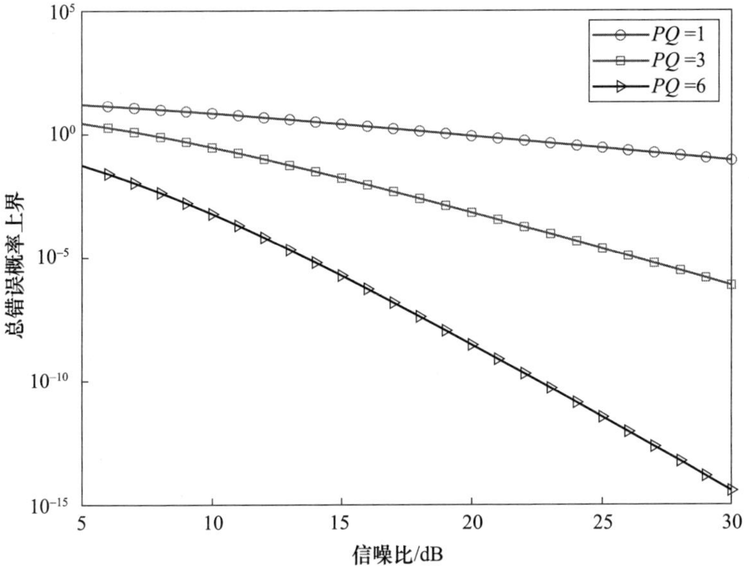

图 10-4　最佳重建的错误概率上界(见彩图)

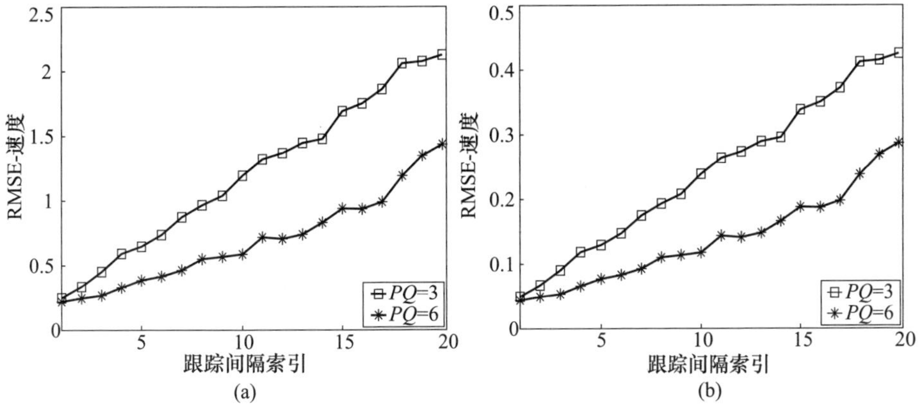

图 10-5　各种 PQ 下的均方根误差

(a)距离的 RMSE;(b)速度的 RMSE。

10.6 总 结

本章考虑了时变多径信道下的多目标的跟踪问题。通过考虑描述信道特征的时变系统函数的有限维表示,提出了一个稀疏的信号模型。在将时延－多普勒平面离散化以后,目标场景可以表示为一个稀疏的信号,且跟踪问题可以转换为一个支撑向量集的恢复问题。

接着,本章为最优的基于最大似然的支撑向量集恢复算法导出了错误概率的上界。利用这个上界,我们指出,支撑向量集恢复算法的性能将取决于发射信号的时宽－带宽积,因此,扩频信号波形是最优的,其时宽和带宽都可以独立地设置。若使用扩频信号,块稀疏模型的字典将具有特殊的结构。这里利用这种特殊结构,提出了一种新的 PB 支撑向量集恢复算法。由于 PB 支撑向量集恢复算法不涉及迭代搜索或是求解凸优化问题,所以使用该算法进行目标跟踪耗费较少的计算量。此外,在噪声为加性且有界的情况下,PB 算法可以精确地重建目标场景,而且,相应的跟踪性能会优于其他采用标准的稀疏信号重建算法来跟踪的方法。数值仿真的结果表明,与基于标准稀疏信号重建的跟踪方法相比,所提跟踪算法花费的时间更少,并且在目标的位置和速度估计上,其可以获得更低的均方误差(MSE)。

参考文献

V. Algeier, B. Demissie, W. Koch, and R. Thoma, State space initiation for blind mobile terminal position tracking, *EURASIP Journal on Advances in Signal Processing*, 2008, January 2008. doi: 10.1155/2008/394219, Article ID:394219. http://asp.eurasipjournals.com/content/pdf/1687-6180-2008-394219.pdf.

R. A. Altes, Target position estimation in radar and sonar, and generalized ambiguity analysis for maximum likelihood parameter estimation, *Proceedings of IEEE*, 67 (6), 920–930, June 1979.

M. S. Arulampalam, S. Maskell, N. J. Gordon, and T. Clapp, A tutorial on particle filters for online nonlinear/non-Gaussian Bayesian tracking, *IEEE Transactions on Signal Processing*, 50 (2), 174–188, February 2002.

Y. Bar-Shalom, X. -R. Li, and T. Kirubarajan, *Estimation with Applications to Tracking and Navigation*. New York: Wiley, 2001.

Y. Bar-Shalom and E. Tse, Tracking in a cluttered environment with probabilistic data association, *Automatica*, 11 (5), 451–460, 1975.

Y. Bar-Shalom, P. Willet, and X. Tian, *Tracking and Data Fusion: A Handbook of Algorithms*, 3rd edn. Storrs, CT: YBS Publishing, 2011.

M. R. Bell, Information theory and radar waveform design, *IEEE Transactions on Information Theory*, 39 (5), 1578–1597, September 1993.

P. Bello, Characterization of randomly time-variant linear channels, *IEEE Transactions on Communications*, 11 (4), 360–393, December 1963.

E. Candés, J. Romberg, and T. Tao, Stable signal recovery from incomplete and inaccurate information, *Communications of Pure and Applied Mathematics*, 59, 1207–1233, August 2006.

E. J. Candés and T. Tao, The Dantzig selector: Statistical estimation when p is much larger than n, *Annals of Statistics*, 35 (6), 2313–2351, 2007.

B. Chakraborty, Y. Li, J. J. Zhang, T. Trueblood, A. Papandreou-Suppappola, and D. Morrell, Multipath exploitation with adaptive waveform design for target tracking in urban terrain, in *International Conference on Acoustics, Speech, and Signal Processing*. Dallas, TX, March 14–19, 2010, pp. 3894–3897.

P. Chavali and A. Nehorai, Cognitive radar for target tracking in multipath scenarios, in *Proceedings of the International Waveform Diversity and Design (WDD) Conference*, Niagara Falls, Canada, August 2010, pp. 110–114.

P. Chavali and A. Nehorai, A low-complexity multi-target tracking algorithm in urban environments using sparse modeling, *Signal Processing*, 92 (9), 2199–2213, September 2012.

P. Chavali and A. Nehorai, Concurrent particle filtering and data association using game theory for tracking multiple maneuvering targets, *IEEE Transactions on Signal Processing*, 61 (20), 4934–4948, 2013.

S. Chen, D. Donoho, and M. Saunders, Atomic decomposition by basis pursuit, *SIAM Journal on Scientific Computing*, 20 (1), 33–61, 1998.

Z. S. Dobrosavljevic and M. L. Dukic, A method of spread spectrum radar polyphase code design by nonlinear programming, *European Transactions on Telecommunications*, 7 (3), 239–242, May 1996.

Y. C. Eldar and P. Kuppinger, Block sparse signals: Uncertainty relations and efficient recovery, *IEEE Transactions on Signal Processing*, 58 (6), 3042–3054, June 2010.

T. Fortman, Y. Bar-Shalom, and M. Scheffe, Sonar tracking of multiple targets using joint probabilistic data association, *IEEE Journal of Oceanic Engineering*, 8, 173–184, 1983.

H. Gauvrit, J. -P. L. Cadre, and C. Jauffret, A formulation of multitarget tracking as an incomplete data problem, *IEEE Transactions on Aerospace and Electronic Systems.*, 33, 1242–1257, October 1997.

R. Gold, Optimal binary sequences for spread spectrum multiplexing, *IEEE Transactions on Information Theory*, 13, 619–621, 1967.

M. Grant and S. Boyd, CVX: Matlab software for disciplined convex programming. Stanford University. http://stanford.edu/boyd/cvx, web page and software, June 2009.

M. A. Herman and T. Strohmer, High-resolution radar via compressive sensing, *IEEE Transactions on Signal Processing*, 57 (6), 2275–2284, June 2009.

S. Ji, Y. Xue, and L. Carin, Bayesian compressive sensing, *IEEE Transactions on Signal Processing*, 56, 2346–2356, June 2008.

Y. Jin, J. M. Moura, and N. O'Donoughue, Time reversal in multiple-input multiple-output radar, *IEEE Journal of Selected Topics in Signal Processing*, 4 (1), 210–225, February 2010.

S. M. Kay, *Fundamentals of Statistical Signal Processing, Estimation Theory*, Vol. 1. Englewood Cliffs, NJ: Prentice-Hall, 1993.

B. Krach and R. Weigel, Markovian channel modeling for multipath mitigation in navigation receivers, in *European Conference on Antennas and Propagation*, Berlin, Germany, March 2009, pp. 1441–1445.

J. L. Krolik, J. Farrell, and A. Steinhardt, Exploiting multipath propagation for GMTI in urban environments, in *IEEE Conference on Radar*, Verona, NY, IEEE, April

24–27, 2006, pp. 65–68.
N. Levanon and E. Mozeson, *Radar Signals*. New York: Wiley, 2004.
R. P. S. Mahler, *Statistical Multisource-Multitarget Information Fusion*. Norwood, MA: Artech House, Inc., 2007.
J. Min, R. Niu, and R. S. Blum, Bayesian target location and velocity estimation for MIMO radar, *IET Radar, Sonar and Navigation*, 60972152, 1–10, 2010.
B. K. Natarajan, Sparse approximate solutions to linear systems, *SIAM Journal on Computing*, 24 (2), 227–234, 1995.
D. Needell and J. A. Tropp, CoSaMP: Iterative signal recovery from incomplete and inaccurate samples, *Applied and Computational Harmonic Analysis*, 26, 301–321, May 2009.
P. Z. Peebles, *Radar Principles*. New York: Wiley, 1998.
J. G. Proakis, *Digital Communications*, 4th edn. New York: McGraw-Hill, 2001.
D. B. Reid, An algorithm for tracking multiple targets, *IEEE Transactions on Automatic Control*, AC-24, 843–854, 1979.
B. D. Rigling, Urban RF multipath mitigation, *IET Radar, Sonar and Navigation*, 2 (6), 419–425, December 2008.
S. Särkkä, A. Vehtari, and J. Lampinen, Rao-Blackwellized Monte-Carlo data association for multiple target tracking, in *Proceedings of the Seventh International Conference on Information Fusion*, Stockholm, Sweden, June 2004, pp. 583–590.
D. Sarwate and M. Pursley, Crosscorrelation properties of pseudorandom and related sequences, *Proceedings of the IEEE*, 68 (5), 593–619, May 1980.
A. Sayeed and B. Aazhang, Joint multipath-Doppler diversity in mobile wireless communications, *IEEE Transactions on Communications*, 47 (1), 123–132, January 1999.
S. Sen and A. Nehorai, Sparsity-based multi-target tracking using OFDM radar, *IEEE Transactions on Signal Processing*, 59 (4), 1902–1906, April 2011.
G. Tang and A. Nehorai, Performance analysis for sparse support recovery, *IEEE Transactions on Information Theory*, 56, 1383–1399, March 2010.
H. L. V. Trees, *Detection, Estimation and Modulation Theory*, Vol. 1. New York: Wiley, 2001.
J. A. Tropp, Greed is good: Algorithmic results for sparse approximation, *IEEE Transactions on Information Theory*, 50, 2231–2242, October 2004.
J. A. Tropp and A. C. Gilbert, Signal recovery from random measurements via orthogonal matching pursuit, *IEEE Transactions on Information Theory*, 53, 4655–4666, December 2007.
N. Vaswani, Kalman filtered compressed sensing, in *Proceedings of the 15th IEEE International Conference on Image Processing*, San Diego, CA, 2008, pp. 893–896.
N. Vaswani, Ls-cs-residual (ls-cs): Compressive sensing on least squares residual, *IEEE Transactions on Signal Processing*, 58 (8), 4108–4120, 2010.
N. Vaswani and W. Lu, Modified-cs: Modifying compressive sensing for problems with partially known support, *IEEE Transactions on Signal Processing*, 58 (9), 4595–4607, 2010.
J. Vermaak, S. Godsill, and P. Perez, Monte-Carlo filtering for multi-target tracking and data association, *IEEE Transactions on Aerospace and Electronic Systems* 41 (1), 309–332, January 2005.
Y. Wang, X. Li, and Y. Wang, Novel spread-spectrum radar waveform,*Proceedings of SPIE, Radar Sensor Technologies*, 3066, 186–193, June 1997.
D. P. Wipf and B. Rao, Sparse Bayesian learning for basis selection,*IEEE Transactions on Signal Processing*, 52, 2153–2164, August 2004.

J. M. Wozencraft and I. M. Jacobs, *Principles of Communication Engineering*, 1st edn. London, U.K.: Wiley, 1965.

L. Xu, J. Li, and P. Stoica, Target detection and parameter estimation for MIMO radar systems, *IEEE Transactions on Aerospace and Electronic Systems*, 44 (3), 927–939, July 2008.

第11章

城市环境中车辆的稀疏孔径三维成像

Emre Ertin

机载雷达系统现在可以在很大的方位角度下不断地扫描大范围的场景。这种新的数据采集方法使得在城市场景中对车辆进行三维合成孔径雷达(SAR)成像成为可能。车辆的广角三维重建有很多潜在应用,如自动目标识别(ATR)和指纹识别等。机载平台从每个脉冲中获得的后向散射数据,可以看作场景三维傅里叶变换中的一维的线。飞行路径上所有的雷达回波,描述了场景三维傅里叶域中一个圆锥面上的数据。若想使用传统的傅里叶处理方法来生成高分辨的三维图像,需要在方位角和俯仰角上密集对雷达回波数据进行采样。因此,此种成像方法会要求采集的数据时间要足够长,同时也需要大容量的存储空间来存储这些数据,在实际中这会带来昂贵的造价。这些缺点激励我们更多地去考虑基于稀疏采样的数据收集策略。因为与传统的方法相比,稀疏采样只需原来的一小部分数据,就可以获得和传统方法差不多分辨率的图像。在本章中,我们将首先综述之前提出的三维重建技术,它们也将使用由稀疏孔径提供的数据。接着,详细地介绍稀疏正则化最小二乘法在任意的广角稀疏孔径三维雷达重建中的应用。最后,基于 GOTCHA 的数据,对这几种方法进行了综合比较。

11.1 引　言

本章将研究使用广角稀疏合成孔径雷达数据来进行目标三维重建的问题。此问题的提出是为了应对监视和安全领域愈发严峻的挑战,主要针对城市环境中的车辆,包括车辆的检测以及运动目标监视两个子问题。机载合成孔径雷达能够以很大的方位角不断地扫描大范围的场景,比如一座城市,因而我们可以使用这种新的数据采集方法来实现大范围的目标重建。广角三维重建所提供的额外信息还可以用在自动目标识别或是身份识别等应用中。

设机载雷达传感器沿着飞行路径运动,同时发射宽带脉冲波形并接收从场景返回的后向散射数据。机载平台在每个脉冲中获得的后向散射数据,可以看作场景的三维傅里叶变换中的一条直线;而整个飞行路径上的雷达回波,描述了三维傅里叶域上一个圆锥面上的情况。使用传统的傅里叶处理方法生成高分辨三维图像需要在方位角和俯仰角上密集的对雷达数据进行采样,而且,由于飞机必须多次飞过以获取俯仰维度的数据,此种成像方法会需要很长的时间,并需要大容量的存储空间来存储回波数据,所以实际中造价昂贵。这也是为什么我们会更多地考虑使用稀疏采样的数据收集策略。与传统方法相比,稀疏采样只需传统方法的一小部分数据,就可以获得有与之差不多分辨率的图像。尽管如此,稀疏采样重建的效果也会受到分辨率、旁瓣或是两者共同的影响。

本章将研究最近提出的基于稀疏孔径采样数据的三维重建技术[1-11]。其中,雷达传感器将在沿路径的几次行程中,分别从几个略微不同的俯仰角来采集信息。这些技术依赖于物理中的散射现象,并利用了雷达场景中信号的稀疏性(在重建的空间中)。人造的目标通常由少数的几个孤立的散射中心组成;主要的目标回波是来自于由不同介电特性的电磁电导材料构成的角反射器或反射板等物体。重建可以使用图像域中的稀疏性来约束。本章将讨论在压缩感知领域被广泛使用的 L_p 范数正则化最小二乘法(LS)的三维版本,以及多基线干涉合成孔径雷达(IFSAR)方法在广角情况下的扩展方法。其中,多基线干涉合成孔径雷达方法的基础实际上是在高度维度上的频谱估计方法。

广角成像与传统的为小角度采集结构设计的成像技术不同。传统方法中,各向同性的散射假设可以很好地近似真实场景。然而,在广角的场景下,广角度范围上的散射具备典型的各向异性性质,这与传统雷达成像中各向同性的散射点假设是违背的。因此,我们需要通过使用不相干的子孔径成像来处理广角情况下各向异性散射的问题。一般在各个窄角度的子孔径上,仍然假设散射是各向同性的。

下面将首先引述广角 SAR 数据采集的系统模型,并讨论在稀疏圆迹合成孔径雷达(CSAR)数据中直接应用传统傅里叶成像方法的缺点。本章将使用 AFRL GOTCHA CSAR 的数据[12]以获得经验结果。GOTCHA CSAR 的数据是全极化的,其由八次完整的圆形运动轨迹组成,每一圈中雷达所处的俯仰角略微不同。在 GOTCHA 数据采集中使用的雷达的中心频率为 9.6GHz,带宽为 640MHz。之后,根据实验的经验结果,提出了一种基于 CSAR 测量算子的逆的稀疏正则化三维成像方法;并且讨论了这种方法的计算复杂度。然后讨论针对此问题的多基线 IFSAR 方法,并考虑了阵列内插方法和离散傅里叶变换(DFT)峰值检测方法。以上这几种情况都给出了实验的结果。为了获得准确的重建结果，在最后总结中还将讨论实际中需要考虑的问题，如数据配准，自动对焦等。

11.2 系统模型

本节将介绍圆迹合成孔径雷达（CSAR）数据采集的系统模型，并简要介绍如何使用传统傅里叶成像技术来处理 CSAR 数据。假设 SAR 系统在一个圆周的轨迹上采集相干的后向散射数据 $g_{i,p}(f_k)$。其方位角为 $\{\phi_i\}$ 并覆盖了 $[0,2\pi]$ 的区域，其各条轨迹具有不同的俯仰角度 $\{\theta_p\}_{p=1}^{P}$。图 11－1 显示了多圆迹 CSAR 数据采集几何关系。雷达中心发射频率为 f_c，带宽为 B 的宽带信号。这个信号是频率调制的信号或步进频率信号，当然也可以使用其他形式的宽带信号。这里假设发射机离目标足够远，这样波面的曲率就可忽略不计，使用平面波的模型来进行重建。这种假设是合理的，因为实际中一般成像的场景尺寸将远小于场景到雷达的距离。

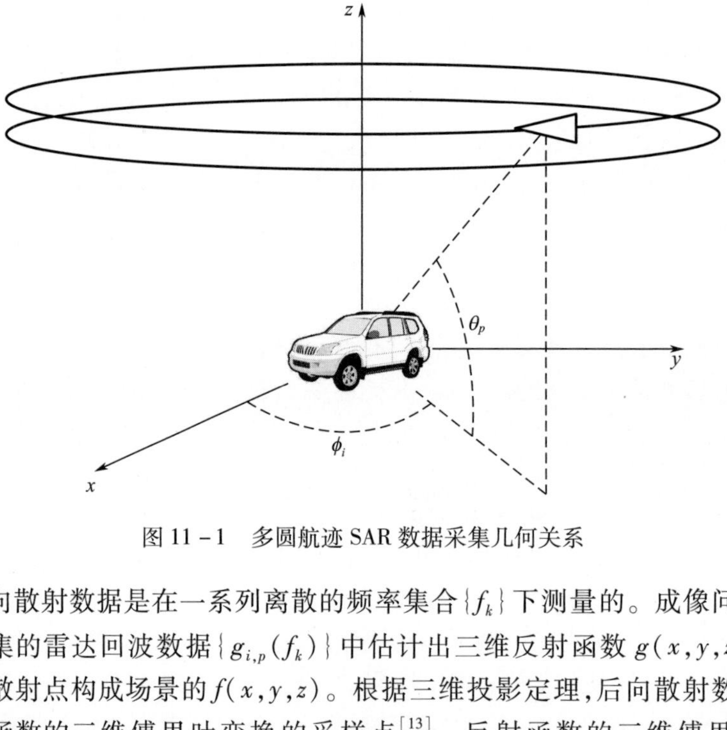

图 11－1　多圆航迹 SAR 数据采集几何关系

后向散射数据是在一系列离散的频率集合 $\{f_k\}$ 下测量的。成像问题即从雷达采集的雷达回波数据 $\{g_{i,p}(f_k)\}$ 中估计出三维反射函数 $g(x,y,z)$，其对应着由散射点构成场景的 $f(x,y,z)$。根据三维投影定理，后向散射数据实际是反射函数的三维傅里叶变换的采样点[13]。反射函数的三维傅里叶变换 $G(k_x,k_y,k_z)$ 为

$$G(k_x,k_y,k_z) = \int g(x,y,z)\mathrm{e}^{-\mathrm{j}(k_x x+k_y y+k_z z)}\,\mathrm{d}\boldsymbol{r} \tag{11-1}$$

式中：$\boldsymbol{r}=(x,y,z)$是空间坐标向量。从而，在点$(k_x^{i,p,k},k_y^{i,p,k},k_z^{i,p,k})$的位置处，雷达测量值$\{g_{i,p}(f_k)\}$将对应二维圆锥面上$G(k_x,k_y,k_z)$的采样点：

$$\begin{cases} k_x^{i,p,k}=\dfrac{4\pi f_k}{c}\cos(\theta_p)\cos(\phi_i) \\ k_y^{i,p,k}=\dfrac{4\pi f_k}{c}\cos(\theta_p)\sin(\phi_i) \\ k_z^{i,p,k}=\dfrac{4\pi f_k}{c}\sin(\theta_p) \end{cases}$$

对每个圆锥面上计算得到的数据按高度进行切片，第 p 片对应的逆傅里叶变换即广角的立体图像$\boldsymbol{I}_p(x,y,z)$。所有立体图像$\boldsymbol{I}_p(x,y,z)$的和最终可以形成相干的广角立体图像$\boldsymbol{I}(x,y,z)$：

$$\boldsymbol{I}(x,y,z)=\sum_p \boldsymbol{I}_p(x,y,z) \tag{11-2}$$

注意到，$\boldsymbol{I}_p(x,y,z)$的任何一个二维切片都包含由雷达以俯仰角θ_p运行一圈得到的所有信息。因此，可以使用地平面图像$\boldsymbol{I}_p(x,y,0)$来重组所有二维切片：

$$\boldsymbol{I}_p(x,y,z)=F_{(x,y)}^{-1}\left[F_{(x,y)}\left[\boldsymbol{I}_j(x,y,0)\mathrm{e}^{-\mathrm{j}\sqrt{k_x^2+k_y^2}\tan(\theta_p)z}\right]\right] \tag{11-3}$$

从而，来自每个俯仰角θ_p的二维地平面图像$\boldsymbol{I}_p(x,y,0)$足以构建相干的立体图像$\boldsymbol{I}(x,y,0)$。然而，对雷达回波而言，广角图像集合$\boldsymbol{I}_p(x,y,0)$不是最有效的数据表示形式，因为它需要很大的空间采样率来避免在轨迹上空间采样的混叠，其应满足

$$\delta_x<\frac{c}{4\cos(\theta)(f_c+B/2)} \tag{11-4}$$

即对于 X 波段雷达来说，需要的空域奈奎斯特采样率为 1cm。此外，360°的成像还需要与分布在整个圆轨迹中的各向同性的散射点相匹配。为了最小化 CSAR 数据的存储空间，在提供与离散的方位角度上的散射体匹配的图像结果的同时，我们采用图像序列$\{\boldsymbol{I}_{p,m}(x,y,0)\}_m$。该图像序列中的每个图像都是滤波器的输出结果，该滤波器与方位角上的有限持续窗口$\mathcal{W}_m(\phi)$内的反射体相匹配。第 m 个子孔径图像构造如下：

$$\boldsymbol{I}_{p,m}(x,y,0)=F_{(x,y)}^{-1}\left[F\left(k_x,k_y\sqrt{k_x^2+k_y^2}\tan(\theta_p)\right)\mathcal{W}_m\left(\mathrm{arc\ tan}\frac{k_x}{k_y}\right)\right] \tag{11-5}$$

其中，方位窗函数$\mathcal{W}_m(\phi)$定义为

$$\mathcal{W}_m(\phi)=\begin{cases} W\left(\dfrac{\phi-\phi_m}{\Delta}\right), & -\Delta/2<\phi<\Delta/2 \\ 0, & \text{其他} \end{cases} \tag{11-6}$$

式中：ϕ_m为第 m 个窗口的中心方位角；Δ为假设的方位持续角度；窗口函数$W(\cdot)$为一个可逆的锥形窗口，其可以减小交界处的旁瓣。这里需要注意的是，

与360°的成像不同,每一幅图都可以在基带上表示从而可以用更低的采样率且不会混叠。每一幅基带图像 $\boldsymbol{I}_{p,m}^{B}(x,y,z)$ 可由下式计算得到:

$$\boldsymbol{I}_{p,m}^{B}(x,y,0)=\boldsymbol{I}_{p,m}(x,y,0)\mathrm{e}^{-\mathrm{j}(k_x^0(m)x+k_y^0(m)y)} \tag{11-7}$$

其中心频率$(k_x^0(m)+k_y^0(m))$由孔径中心 ϕ_m、平均俯仰角 $\bar{\theta}$ 和中心频率 f_c 决定:

$$\begin{cases} k_x^0(m)=\dfrac{4\pi f_c}{c}\cos(\bar{\theta})\cos(\phi_m) \\ k_y^0(m)=\dfrac{4\pi f_c}{c}\cos(\bar{\theta})\sin(\phi_m) \end{cases}$$

对于小的方位窗 Δ,每幅图像 $\boldsymbol{I}_{p,m}^{B}(x,y,0)$ 的奈奎斯特采样率将由雷达带宽决定,这会大大降低 CSAR 数据所需的存储空间。需要注意的是,采样的要求降低是子孔径成像的结果,而不是基带处理的结果。子孔径成像将二维谱限制在与雷达带宽成正比的贴片上。相比之下,全方位360°的 CSAR 图像以中心频率和一定的半径在傅里叶域中构成一个圆环状的分布,其需要更高的采样率。

我们注意到,基带调制中的中心频率$(k_x^0(m)+k_y^0(m))$与俯仰角 θ_p 无关。使用同样的中心频率将保留高度切片之间的相对相位信息。而这些对应不同圆迹的 $\boldsymbol{I}_{p,m}(x,y,0)$ 间的相对相位信息是求解目标高度维度信息并产生三维图像的关键。这个问题将在11.4和11.5节中进行详细讨论。

这里可以通过对子孔径点扩散函数(PSF)[14]进行去卷积来改善图像序列 $\{\boldsymbol{I}_{p,m}^{B}(x,y,0)\}_m$。接着,可以用许多不同的方法来绘制图像。一种方法是使用由 Moses 和 Potter 提出的广义似然比检验(GLRT)成像[15]。GLRT 图像 $\boldsymbol{I}_{\mathrm{G}}(x,y,z)$ 可以通过在子孔径图像上取最大值来获得:

$$\boldsymbol{I}_{\mathrm{G}}(x,y,z)=\max_m\left|\sum_p \boldsymbol{I}_{p,m}^{B}(x,y,z)\right| \tag{11-8}$$

11.3 三维 SAR 的实例研究:AFRL GOTCHA 的立体 SAR 数据集

为了在本章中提供三维成像技术的实例结果,我们使用了 AFRL GOTCHA CSAR 的数据集[12],它是全极化的,由8次完整的圆形运动轨迹(360°)组成,每个运动轨迹位于不同俯仰角 θ_p;GOTCHA 数据集中使用的雷达的中心频率为9.6GHz,即中心波长为 $\lambda_c=0.031$,带宽为640MHz。图11-2显示了全局坐标系中8次测量的运动轨迹,其中,z 坐标代表相距地平面的高度,单位为米。该图也显示了每个路径的俯仰角的变化情况。

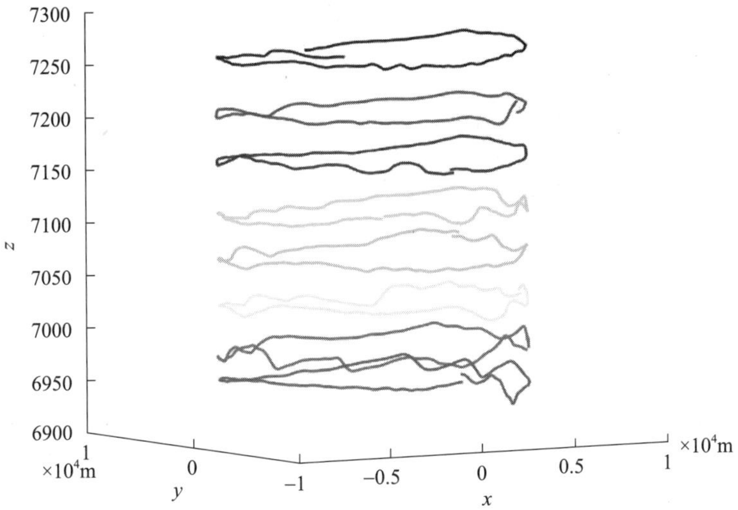

图 11－2　GOTCHA CSAR 收集数据对应的 8 次运动轨迹

定义从雷达到目标构成的倾斜平面上的高度维度记为 z_S，而全局坐标系中相对于地平面的高度定义为 z_G，如果数据在 z_S 中均匀采样，则在各自坐标系中，相应的高度维的分辨率 ρ 由下式给出：

$$\rho_S = \frac{\lambda_c}{2\theta_{ext}}\mathrm{m}, \rho_G = \frac{\lambda_c \cos(\theta)}{2\theta_{ext}}\mathrm{m} \tag{11-9}$$

并且在高度维上产生的空间混叠将发生在：

$$\mathrm{Alias}_S = \frac{\lambda_c}{2\Delta\theta}\mathrm{m}, \mathrm{Alias}_G = \frac{\lambda_c \cos(\theta)}{2\Delta\theta}\mathrm{m} \tag{11-10}$$

式中：θ_{ext}为俯仰角孔径的大小。对于 GOTCHA 的数据集，使用所有 8 次理想路径得到的图像，$\Delta\theta = 0.18°$，$\theta_{ext} = 1.29°$，倾斜的俯仰平面角度 $\theta = 45°$，那么在高度维上的分辨率为 $\rho_S = 0.69\mathrm{m}$ 和 $\rho_G = 0.49\mathrm{m}$，而在高度维上产生的混叠分别为 $\mathrm{Alias}_S = 4.97\mathrm{m}$ 和 $\mathrm{Alias}_G = 3.51\mathrm{m}$。注意到由于实际飞行路径的高度会变化，在高度维上是不可能进行均匀采样的。因而 SAR 成像器的 PSF 通常不具有类似 sinc 函数的结构。其带来的影响就是，PSF 函数的旁瓣具有不可忽略的幅度值，其会限制分辨率使其低于均匀采样假设情况下导出的极限值。图 11－3 给出针对福特金牛座旅行车的传统立体 SAR 成像结果。车的侧面与 y 轴平行，而车头位于 y 轴最小值的位置。图像显示出汽车的轮廓，但汽车的引擎盖曲面偏移到了后方穹顶形状的部分。非线性的飞行路径成像导致 PSF 在倾斜面的高度维出现了很强的旁瓣，其表现为汽车上方和下方出现了物体，因而降低了成像质量。

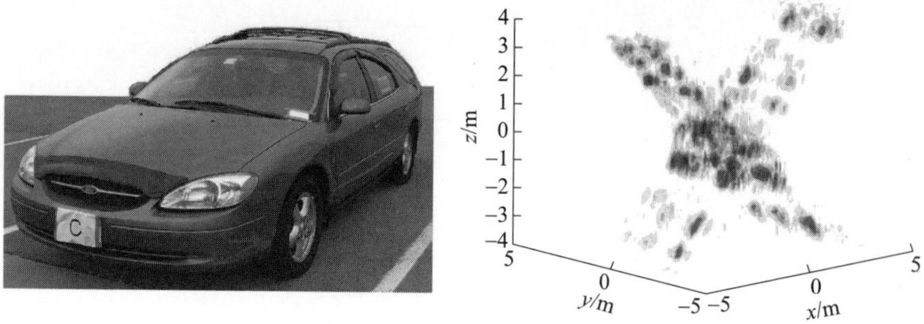

(a) (b)

图 11 - 3　一辆福特金牛座旅行车的照片以及三维的后向投影成像结果
（成像是基于 8 次 GOTCHA 数据得到的）
(a)福特金牛座旅行车的照片;(b)三维 GLRT 合成孔径雷达图像。

11.4　稀疏正则化三维重建的直接方法

本节给出了三维成像的直接方法,其适用于目前所有的数据采集方式,包括在城市场景中比较感兴趣的稀疏采集方式。这种方法[1,5]假设在三维的重建空间中非零的后向散射点是稀疏的,从而可以用稀疏重建技术来表示和求解这个反演问题。稀疏重建问题将具有如下的形式,即一个 L_p 范数的正则化最小二乘问题,其正则化项将使得问题的解趋于稀疏。这种稀疏重建的成像算法将尽可能地使图像域的散射模型与秩 k 信号空间的测量数据相匹配,与此同时使用正则化项作为惩罚项以限制非零体素点的数量。该算法还假定,对于不同的方位角和信号频率,对每个散射中心的响应回波的复幅度都是近似恒定的。与 11.5 节中提出的适用于直线路径合成孔径的算法相比,本节中介绍的方法对孔径合成的几何结构没有任何先验假设。令 $\boldsymbol{C}=\{(x_n,y_n,z_n)\}_{n=1}^{N}$ 为图像重建空间中的 N 个体素点集合。为了快速计算,这些体素点的位置通常均匀地分布在空间中。$M\times N$ 的数据测量矩阵可表示为

$$\boldsymbol{\Phi}=[\mathrm{e}^{-\mathrm{j}(k_{x,m}x_n+k_{y,m}y_n+k_{z,m}z_n)}] \tag{11-11}$$

式中:m 为秩 k 信号空间中 M 次测量的频率值的行数;n 为 N 个体素点在网格 C 中对应的列数。

在散射中心幅度响应不随方位角和雷达带宽变化的假设下,由散射中心模型得到的测量(子孔径)数据可以写成矩阵形式:

$$\boldsymbol{y}=\boldsymbol{\Phi x}+\boldsymbol{n} \tag{11-12}$$

式中:$\boldsymbol{x}$ 为一个维度为 N 的向量化表示的三维图像,其代表雷达观测的场景。如果场景中位于(x_j,y_j,z_j)位置存在散射点的话,那么对应的 $\boldsymbol{x}$ 的第 j 行不

为0；反之，该行元素为0。向量 $\boldsymbol{x}$ 通过 $\boldsymbol{I}_{(x_j,y_j,z_j)}=\boldsymbol{x}_j$ 可以映射成一个三维图像 $\boldsymbol{I}_{(x_j,y_j,z_j)}$。$\boldsymbol{\Phi}$ 的第 j 列实际对应了 (x_j,y_j,z_j) 处的散射点的单位振幅响应。噪声向量 $\boldsymbol{n}$ 为 M 维独立同分布的循环复高斯噪声向量，其均值为0，方差为 σ_n^2，测量向量 $\boldsymbol{y}$ 是在有噪声的秩 k 信号空间中的 M 维测量值。需要重建出的图像，即 $\boldsymbol{x}$，是稀疏优化问题要求的解[16-17]：

$$\boldsymbol{x}^*=\arg\min_{x}\{\|\boldsymbol{y}-\boldsymbol{\Phi x}\|_2^2+\lambda\|\boldsymbol{x}\|_p^p\} \tag{11-13}$$

式中：L_p 的范数记作 $L\cdot L_p(0<p\leqslant1)$；$\lambda$ 为稀疏惩罚加权因子。有许多算法可以求解式(11-13)，如在 $p=1$ 的情况下[18-21]或更一般地，在 $0<p\leqslant1$ 的情况下[17,22]。需要注意的是，式(11-1)中的模型假设散射体在各极化方式下都是各向异性的，因此我们需要分别对每一个窄角度的子孔径和极化方式成像，之后再使用式(11-8)进行非相干的联合处理。文献[6]中提出了另外一种对多幅图像联合重建的方法，其也可以用在这里同时重建各子孔径的图像。

基于 CSAR GOTCHA 的场景设定，我们从两个聚焦视角对以丰田凯美瑞汽车停泊位置为中心的目标场景进行三维重建。在 ℓ_p 范数的正则化最小二乘重建中，子孔径大小为5°且不存在重叠，利用式(11-8)联合处理总共72个子孔径的图像。重建图像的体素点在三个维度上的间隔都为0.1m。车顶和凯美瑞图像在 (x,y,z) 坐标系中重建的尺寸大小分别为 $[-2,2)\times[-2,2)\times[-2,2)$ 和 $[5,5)\times[-5,5)\times[-5,5)$（单位：m）。如图11-4所示的结果，选择的参数 $p=1$，$\lambda=10$，这样图像将取得较好的重建效果。对于每一幅图而言，仅显示归一化能量较高的前40dB的体素点。为了突出车辆结构，图像使用标准差为 $\sigma=0.1\text{m}$ 的高斯核函数进行平滑插值。在三维视图中，汽车前部下方和汽车侧面的明显虚像是由聚焦过程中未完全去除的相邻车辆的散射引起的。

图11-4　从 GOTCHA 数据集中得到的民用车辆的 L_p 范数正则化最小二乘重建结果（三维图、侧视图和俯视图，$p=1$ 和 $\lambda=10$）（见彩图）

11.4.1　算法和计算注意事项

一般而言，三维问题的稀疏正则化直接反演需要较大的内存和计算资源。在仿真中，我们使用迭代的 MM 算法[17]去求解式(11-13)，该算法适用于 $0<p\leqslant1$ 的情况。在算法的每次迭代中，优化得到一个优函数 $J(x,x^{(k)})$，其代表

原始代价函数的下界。随着迭代的进行,每次迭代得到的最优解的序列将收敛到原优化问题的解。优函数 $J(x,x^{(k)})$ 的定义为

$$J(x,x^{(k)}) = \| \boldsymbol{y} - \boldsymbol{\Phi x} \|_2^2 + \lambda \sum_{i=1}^{N} h(\boldsymbol{x}_i,\boldsymbol{x}_i^{(k)}) \tag{11-14}$$

式中:上标(k)表示迭代次数;下标 i 表示向量 $\boldsymbol{x}$ 的元素位置,且

$$h(\boldsymbol{x}_i,\boldsymbol{x}_i^{(k)}) = |\boldsymbol{x}_i^{(k)}|^p + \mathrm{Re}\{p\boldsymbol{x}_i^{(k)}|\boldsymbol{x}_i^{(k)}|^{p-2}(\boldsymbol{x}_i - \boldsymbol{x}_i^{(k)})\} + \frac{1}{2}p|\boldsymbol{x}_i^{(k)}|^{p-2}|\boldsymbol{x}_i - \boldsymbol{x}_i^{(k)}|^2 \tag{11-15}$$

文献[17]中给出了解的序列:

$$\boldsymbol{x}^{k+1} = \arg\min J(\boldsymbol{x},\boldsymbol{x}^{(k)}) \tag{11-16}$$

$$= \left[\boldsymbol{\Phi}^{\mathrm{H}}\boldsymbol{\Phi} + \frac{\lambda}{2}\boldsymbol{D}(\boldsymbol{x}^{(k)})\right]^{-1}\boldsymbol{\Phi}^{\mathrm{H}}\boldsymbol{y} \tag{11-17}$$

式中:$\boldsymbol{D}(\boldsymbol{x}^{(k)}) = \mathrm{diag}\{p|\boldsymbol{x}_i^{(k)}|^{p-2}\}$,其最终收敛到 L_p 范数正则化 LS 问题的解。对于这里考虑的图像重建问题,共轭梯度(CG)算法[16]提供了一种计算效率更高的用于求解式(11-17)中矩阵的逆的方法。基于这个方法,我们使用具有两层迭代的算法:外层迭代用于求解 $\boldsymbol{x}^{(k)}$,而内层迭代使用 CG 算法求解矩阵的逆。为了获得正确的解,需要对两层迭代设定合适的终止条件。典型地来说,外层迭代的终止准则是两次迭代结果得到的目标函数的值相对变化较小,而内层迭代 CG 算法的终止准则是残差的相对幅值较小。

实际上,在此处内层迭代在经过傅里叶算子的几次迭代后就会达到终止条件。在实验中,这种类型的算法会比分裂 Bregman 迭代方法[21]更快。令 Δ_x、Δ_y、Δ_z 分别为均匀立方形网格 $\boldsymbol{C}$ 中的体素点之间的间距。那么 $\boldsymbol{C}$ 中的坐标点将是由(x,y,z)坐标系下一段轴上对应的所有点的排列组成的。且 C 将在场景中定义了一个均匀的三维网格。如果假设秩 k 空间中的采样都落在一个以原点为中心的均匀的三维频率网格上,则可以使用计算效率很高的三维快速傅里叶变换(FFT)来实现 $\boldsymbol{\Phi x}$ 运算。但通常情况下,测得的秩 k 空间样本不会分布在均匀的网格上,因此不能直接使用 FFT。为了得到可能解,先内插秩 k 空间中的样本,并对内插后的样本使用标准的 FFT 运算。另一种计算效率很高的方法是使用第 2 类非均匀 FFT(NUFFT)作为 $\boldsymbol{\Phi}$ 算子,直接在秩 k 空间的非均匀网格上处理数据[23-24]。非均匀 FFT 算法在计算 $\boldsymbol{\Phi}$ 的时候引入了一个插值步骤,而非先内插再进行 FFT 运算,内插只会执行一次。对于迭代算法而言,由于其需要对 $\boldsymbol{\Phi}$ 反复地计算,因此 NUFFT 的方法会更好。由于孔径尺寸与带宽成比例关系,为了在空间域中获得均匀的采样,使用简单的最近邻插值法就可以了。

在算法迭代中,比如此处使用的算法中,只需要存储数据向量 $\boldsymbol{y}$、本次迭代的 $\boldsymbol{x}$ 的值以及与 $\boldsymbol{x}$ 相同维度的梯度值就可以了。例如,重建一个车辆大小的场

景,需要 $N = 256^3 \approx 1.7 \times 10^7$ 个体素点。因此,重建一辆车至少要 3 个大小为 1.7×10^7 的向量,并以双精度复数变量的形式存储。对于使用 CG 方法进行矩阵求逆的算法,还需要存储维度为 N 的一个共轭向量。同样的情况下,若使用 Newton – Raphson 算法中,需要存储一个尺寸为 $N \times N$ 的 Hessian 矩阵。在恢复算法的每次迭代中,还需计算 $\boldsymbol{\Phi}$ 及其伴随矩阵。当问题的规模变大时,这些计算将耗费巨大,并且可能无法实现计算,除非使用诸如 FFT 的快速算法。具体来说,由于 $\boldsymbol{\Phi}$ 是一个 $M \times N$ 的矩阵,所以在每次求值中,$\boldsymbol{\Phi x}$ 运算需要 MN 次乘加。就本节中的例子而言,这些 M 值的平均值是 10^5,因而需要 $MN \approx 10^{12}$ 次乘加运算。相比之下,经过初始插值步骤之后,$\boldsymbol{\Phi x}$ 的 FFT 实现需要复杂度为 $O(D^3 \log(D^3))$ 的运算,其中 D 是图像维度的最大采样数。对于成像的而言,令 $D = 256$,使用 FFT 实现的计算量将减少 10^3 量级。

11.5　多高度 IFSAR

本节对于多圆航迹合成孔径雷达,将讨论一种基于参数的高分辨率三维重建方法。文献[25 – 26]已经研究了多基线的 IFSAR 的一般情况,即使用线性的数据收集几何关系。在这里讨论圆迹合成孔径雷达系统中三维目标重建的参数化谱估计技术。

多次重复路径的 IFSAR 算法的输入是在俯仰角 θ_p 以及给定的子孔径中心 ϕ_m 处的一组基带调制地平面图像 $\{\boldsymbol{I}_{p,m}^{B}(x,y,0)\}_p$。为了简便起见,不失一般性地令 $\phi_m = 0$,且将图像序列记为 $\{\boldsymbol{I}_{p,m}^{B}(x,y)\}$。在每个分辨率单元 (x,y) 中,设存在有限个散射中心,且重新确定目标场景反射系数 $g(x,y,z)$ 为

$$g_q(x,y) = g(x,y,h_q(x,y)) \tag{11-18}$$

式中:$g_q(x,y)$ 为位于 $(x,y,h_q(x,y))$ 第 q 个散射中心的反射系数。通常,每个分辨单元上散射中心的数量是随空间变化的,并且需要根据数据进行估计。从而在俯仰角 θ_i 情况下的地平面图像可以表示为

$$\boldsymbol{I}_p(x_l,y_l) = s(x,y) * \sum_{q=1}^{Q(x_l,y_l)} g(x,y)\mathrm{e}^{-\mathrm{j}k_x^0 \tan(\theta_p) h_q(x,y)} \mathrm{e}^{-\mathrm{j}k_x^0 x} \tag{11-19}$$

式中:$s(x,y)$ 为在成像中所使用的二维加窗函数的逆傅里叶逆变换;$k_x^0 = (4\pi f_c / c)\cos(\bar{\theta})$ 为基带调制中使用的中心频率;$Q(x_l,y_l)$ 为分辨单元 (x_l,y_l) 中散射中心的数量。地面位置 $(x,y,h_q(x,y))$ 和图像坐标 (x_l,y_l) 存在如下转换关系:

$$\begin{cases} x_l = x + \tan(\theta_p) h_q(x,y) \\ y_l = x_l \end{cases} \tag{11-20}$$

假设多次经过同一位置时俯仰角的差异足够小,那么每一次圆航迹测量得到的

散射中心$(x,y,h_q(x,y))$都会落到相同的分辨单元(x_l,y_l)上。不失一般性地，可以考虑第$P+1$个圆迹在俯仰角$\theta_p=\bar{\theta}+p\Delta\theta$位置，其中$p=-P/2,\cdots,P/2$。从而每一个圆迹对应的基带图像可以被建模为

$$\boldsymbol{I}_p(x_l,y_l)=\sum_{q=1}^{Q(x_l,y_l)}\tilde{g}_q(x_l,y_l)\mathrm{e}^{-\mathrm{j}k_x^0\tan(\theta_p)h_q(x_l,y_l)} \tag{11-21}$$

式中：$\tan(\theta_p)$可以近似为

$$\tan(\theta_p)\approx\tan(\bar{\theta})+\frac{1}{\cos^2(\bar{\theta})}p\Delta\theta \tag{11-22}$$

那么复指数模型的总和可以重写为

$$\boldsymbol{I}_p(x_l,y_l)=\sum_{q=1}^{Q(x_l,y_l)}\tilde{g}_q(x_l,y_l)\mathrm{e}^{-\mathrm{j}k_q(x_l,y_l)p} \tag{11-23}$$

其中，复常数$\mathrm{e}^{-\mathrm{j}k_x^0\tan(\bar{\theta})h_q(x_l,y_l)}$被吸收到散射系数$\tilde{g}_q(x_l,y_l)$中，频率因子$k_q$由下式给出：

$$k_q(x_l,y_l)=\frac{4\pi f}{c\cos(\bar{\theta})}\Delta\theta h_q(x_l,y_l) \tag{11-24}$$

之后则可以将频率估计值$\hat{k}_q$通过下式转换成高度估计值：

$$\hat{h}_q=\hat{k}_q\frac{c\cos(\bar{\theta})}{4\pi f_c\Delta(\theta)} \tag{11-25}$$

再之后，可以将估计的每个散射中心的位置$(x_l,y_l,h_p(x_l,y_l))$通过式(11-20)映射到图像坐标上中的平均俯仰角$\bar{\theta}$处，即

$$\begin{cases}x=x_l-\tan(\bar{\theta})h_p(x_l,y_l)\\ y=y_l\end{cases} \tag{11-26}$$

在噪声中估计复指数信号的参数是谱估计和阵列信号处理中一个基本的问题[27]。如果不同复指数的数量已知，则有许多具有高分辨率的频率估计方法可以使用。而复指数求和信号模型的模型阶数选择方法已经被广泛地研究过了[28-29]。

一般来说，CSAR飞行路径的俯仰角间距不相等。例如，对于GOTCHA CSAR的数据，空军研究实验室(AFRL)[12]设定的是45°的俯仰角来收集8次完整圆迹下的数据。每个圆迹中有一个预设为(理想情况下)$\Delta\theta=0.18°$的俯仰角度差。但实际的飞行轨迹与预设的路径不同，其俯仰角分别为44.27°、44.18°、44.1°、44.01°、43.92°、43.53°、43.01°和43.06°。此外，在每次的轨迹中，随着飞机的盘旋，俯仰角也是变化的。图11-5显示了一个10°的方位窗中俯仰角的变化情况。

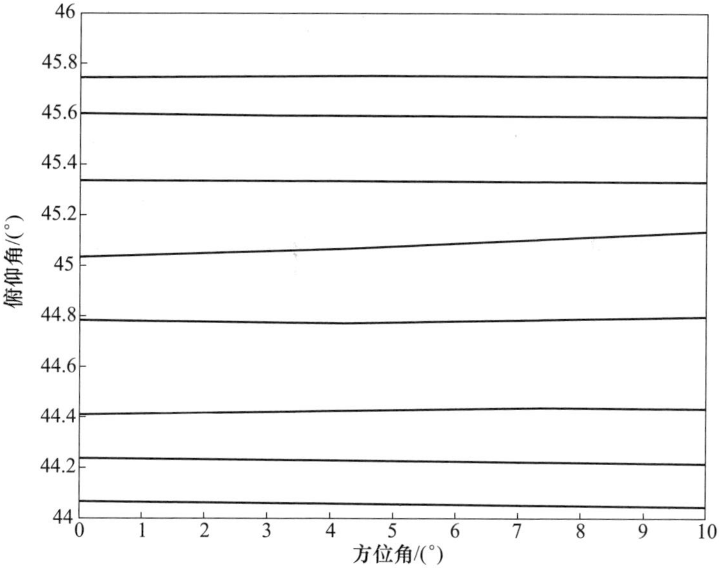

图 11－5　在 10°的方位窗内俯仰角的变化情况

在短的、不均匀采样中对多个复指数信号进行谐波恢复是十分重要的。诸如 MUSIC 之类常见的方法却并不容易实现，因为常常只有一个快拍的数据可用于估计协方差矩阵。

11.5.1 节和 11.5.2 节将简述两种频谱估计方法，其都适用于具有近似平行飞行路径的 CSAR 系统。第一种技术是基于 CSAR 数据插值的，针对均匀分布的垂直网格的稀疏正则化最小二乘方法；接着使用诸如 ESPRIT[30] 之类的传统频谱估计方法来得到采样的协方差矩阵。第二种是基于观测结果的，即大多数像素点在高度维度只有一个散射中心。因此，可以建立这样的系统模型，即每一个分辨体素中包含一个单散射体，由此可以对数据使用非均匀 DFT 以获得计算效率很高的最大似然估计。

11.5.1　m－IFSAR 的稀疏正则化插值法

按以下方法可以解决非均匀采样数据的频谱估计问题。首先，通过插值得到均匀的网格，接着再使用基于均匀采样数据的经典方法。这类方法称为内插阵列法，其通过内插真实阵列的输出来获得一个均匀虚拟阵列的输出[31－32]。最简单的插值方法是对规律分布的网格常用的线性插值。但我们将在仿真实例中看到，简单的线性插值会导致性能下降。在这里，我们提出了一种新的基于稀疏正则化重建单脉冲图像 $\boldsymbol{I}_{\Phi}(r,h)$ 的内插阵列方法。其中，单脉冲图像对相同方位角 $\boldsymbol{\Phi}$、不同俯仰角 $\{\theta_p\}$ 上接收的回波进行相干处理后得到的。距离 (r) 和高度(h)是在倾斜平面坐标系下测量的。

单脉冲图像 $\boldsymbol{I}_{\Phi}(r,h)$ 与场景中的反射系数函数在方位角 $\boldsymbol{\Phi}$ 平面的投影 $g_{\Phi}(r,h)$ 的关系为

$$\boldsymbol{I}_{\Phi}(r,h)=\boldsymbol{\Phi}_{\Phi}g_{\Phi}(r,h)+n(r,h) \tag{11-27}$$

式中:$\boldsymbol{\Phi}_{\Phi}$ 为对应方位角 Φ 处,与高度间隔相关的系统 PSF 卷积矩阵;$n(r,h)$ 为噪声和建模误差。

我们需要求解一个去卷积的问题,即在给定卷积核 $\boldsymbol{\Phi}_{\Phi}$ 的情况下,根据测量的单脉冲图像 $\boldsymbol{I}_{\Phi}(r,h)$ 重建出场景中的反射系数函数 $g_{\Phi}(r,h)$。卷积核 $\boldsymbol{\Phi}_{\Phi}$ 在这里起了低通滤波器的作用,并且不具有有界的逆的性质;因此,在 $g_{\Phi}(r,h)$ 没有任何边界限制的情况下,这里的去卷积问题是病态的[33]。我们再次考虑第 11.4 节中所述的 majorization – maximization 方法,该方法增强了重建过程中的稀疏性。具体来说,我们将获得增强的单脉冲图像,其通过最小化下式得到:

$$\hat{g}_{\Phi}(r,h)=\arg\min\{\|\boldsymbol{I}_{\Phi}-\boldsymbol{\Phi}_{\Phi}g\|_2^2+\lambda\|g\|_p\} \tag{11-28}$$

最小化式中的第一项保证了重建结果与式(11 – 27)观测数据的一致性;而最小化式中的第二项则使得方程趋向于得到在 $p\leqslant1$ 的范数下的稀疏解 g。实标量参数 λ 控制两个因子的相对权重,并且可由期望的信杂比来确定[14]。式(11 – 28)中的无约束优化问题可以使用第 11.4.1 节中讨论的迭代算法高效地求解位置和幅度信息,且可以据此得到子孔径图像中主要的散射中心的位置和幅度。文献[34,35]已经提出了求解式(11 – 28)的多种方法,这里不再赘述。

对增强的图像 $\hat{\boldsymbol{g}}_{\Phi}(r,h)$ 作傅里叶逆变换将得到等距虚拟阵列下的信号相位信息。通过内插后,就可以使用式(11 – 23)中给出的复指数模型,并采用频谱估计方法来检测和求解散射中心在倾斜平面坐标系下的高度维度上的每一个像素点(x_l,y_l)。这里,我们采用一种简单的阶数选择方法,即基于采样向量 $\{\boldsymbol{I}_p(x_l,y_l)\}_p$ 的协方差矩阵特征值阈值来估计模型的阶数 $Q(x_l,y_l)$。基于该模型阶数,我们再使用 ESPRIT 方法[30]从样本协方差矩阵的信号特征向量中估计频率 $k_q(x_l,y_l)$。

下面,我们将介绍如何对圆迹合成孔径雷达中的数据集 AFRL GOTCHA CSAR 使用稀疏正则化内插阵元法。这里,我们将数据按方位角划分为以 $\boldsymbol{\Phi}_m\in\{0°,10°,\cdots,350°\}$ 为中心,宽度 $\Delta=10°$ 的 36 个不重叠的窗口。雷达极化方式为 VV,中心频率为 9.6GHz,带宽为 640MHz。对于每一个子孔径窗口,我们创建了一个包含 32 条路径的虚拟阵列,该虚拟阵列均匀分布覆盖了这个子孔径中 SAR 传感器运动的高度范围。使用稀疏正则化插值方法,我们可以把沿着非线性飞行路径收集的历史相位数据插值为虚拟阵列收集的数据,如图11 – 6所示。为了构建单脉冲图像,我们利用关于目标尺寸的先验知识将单脉冲图像的

高度和范围限制在 5m 以内，然后对 32 条虚拟的路径和每个子孔径，分别使用经典的后向投影算法来构建地平面图像。接着，对图像中归一化幅度值最大的 20dB 内的所有像素点，使用基于 ESPRIT 的参数化谱估计方法，构建出三维的点分布。这些点代表了观测场景中的强散射点。最后，来自每个子孔径窗口的三维点云将被旋转并叠加到一个公共参考系中。

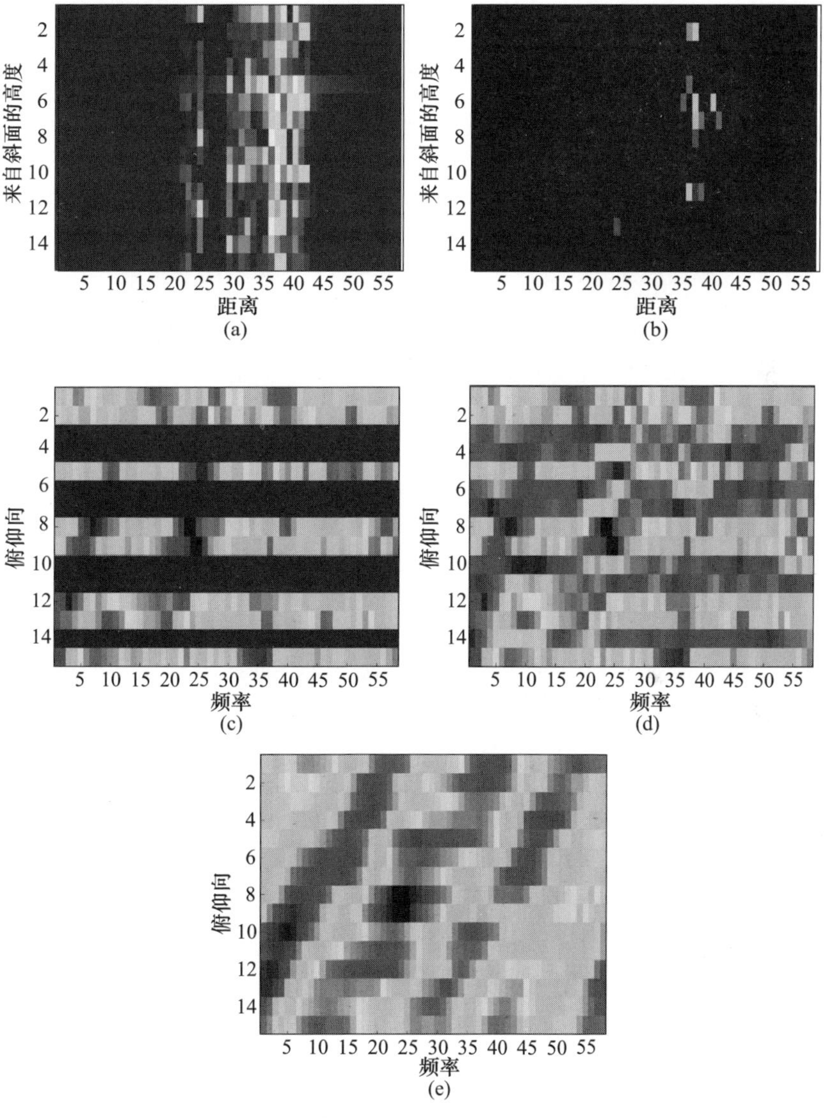

图 11 -6　来自 8 次间隔高度非均匀路径的单脉冲图像

(a)原始的；(b)稀疏正则增强的以及其相应的历史相位信息；

(c)原始的；(d)线性内插的；(e) $\lambda = 0.1$ 且 $p = 1.0$ 下稀疏正则化内插的。

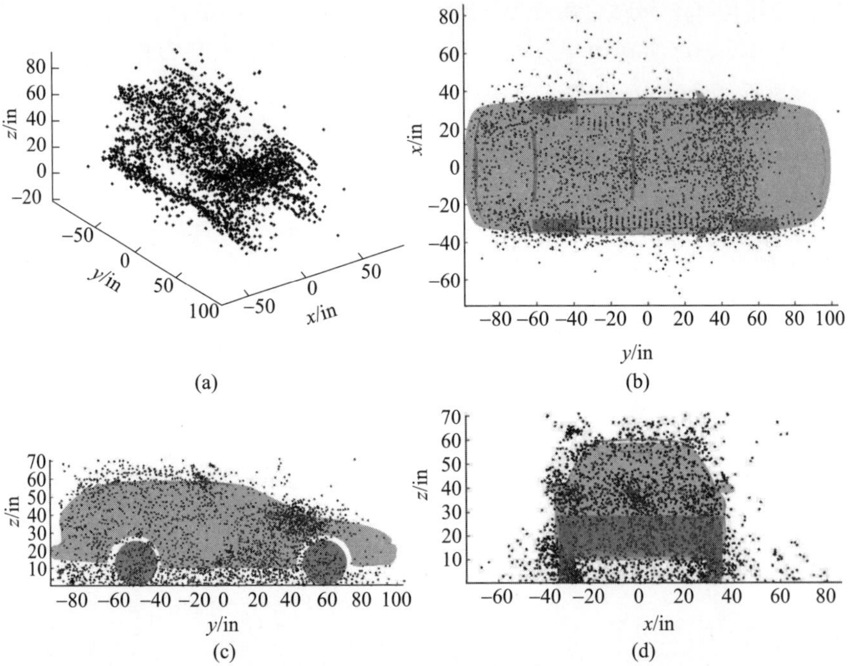

图 11－7　使用了多圆迹合成孔径雷达数据的福特金牛座旅行车三维重建图①

（a）三维视角；（b）俯视图；（c）侧视图；（d）前视图。

图 11－7 显示了最终的车身重建图像，其中我们将重建的散射点与汽车的 CAD 模型图像重叠在一起进行比较。从图中可以看出，重建出的点云分布聚集环绕着 CAD 的模型，其中地平面与车辆相交处构成立面的强回波（由于双反射机制）以及引擎盖曲面（由于单反射机制）的强回波清晰可见。需要注意的是，此处汽车是停在光滑的沥青面上，周围没有其他车辆或建筑，因而不存在多径的问题。

11.5.2　m－IFSAR 的 DFT 峰值检测法

对许多车辆来说，水平成像的几何关系设计保证了每个图像像素（x_l, y_l）中仅存在少数的散射体。最近在使用 CSAR 仿真得到的 X 波段车辆数据的研究中[3]，估计的模型阶数在大多数情况下为 $Q=1$。因此，式（11－23）中给出的复指数信号模型是稀疏的，典型的情况是，其在高度维上只存在 1 个散射中心。这个发现会给计算带来显著的优势。因为对于只包含单个指数的信号，在白噪声中，其频率的最大似然估计可由数据的傅里叶变换的最高峰值给出，即使在非均匀采样情况下，也能简单地使用傅里叶变换来估计出频率。据此，可以把非均匀采样傅里叶变换值

① 横轴和纵轴单位为英寸（in），1in＝25.4mm。

的峰值对应位置作为像素点(x_l,y_l)的位置$k_q(x_l,y_l)$的估计，并用式(11－26)计算其高度。而傅里叶变换在峰值处的复幅度值就是散射中心幅度的估计值。

我们注意到，使用这种多轨迹 IFSAR 的方法，原始的三维问题被转换为一个二维问题和一个一维问题的组合。首先，在每个方位角子孔径和每个俯仰角上形成二维图像。然后，叠加 P 个俯仰角的图像，并在感兴趣的像素位置选择 P 个值构成向量，再对每一个 $P\times 1$ 的向量进行一维处理。这种方法降低了处理成本，其根源在于利用了圆迹合成孔径雷达特别的稀疏测量的几何结构。

在更一般的情况下，对于多轨迹 IFSAR 方法，重建的散射中心不会聚集起来落在高度维的网格上。为了得到均匀网格上立体图像，首先应将数据在各个维度上均匀地插值。根据经验结果我们发现使用标准差为网格间距的高斯核来进行插值，可以得到非常可观的图像结果。

图 11－8 显示了使用多轨迹 IFSAR 方法对丰田凯美瑞汽车的 CSAR GOTCHA 数据进行处理的结果。而之前提到的，用于对比的直接稀疏正则化方法的结果如图 11－4 所示。图像显示了归一化后最高的 20dB 以内的点。雷达采用的是 VV 极化的信号。在计算中，假设散射中心是高于地平面的；因此，与 L_p 正则化最小二乘重建不同的是，车辆下方不存在非零元素。与 L_p 正则化最小二乘重建一样，该方法同样形成一组 72 幅子孔径图像，每幅对应 5°的方位角范围，然后再在图像域使用式(11－8)对子孔径重建图像进行联合处理。

与 L_p 正则化最小二乘重建相比，多轨迹 IFSAR 重建将图像填充得更密实。这是由于采用的傅里叶成像技术具有相对较低的纵向和横向分辨率。空域信息的扩展问题是实际应用中特有的。但就可视效果而言，这种扩展的结果反而是令人满意的，尤其利于得到更具可视化效果的多轨迹 IFSAR 重建图像。不过，在其他的一些应用中，例如在 ATR 中，精细的三维特征分辨是需要的，此时 L_p 正则化最小二乘重建更加适用。

图 11－8　基于 GOTCHA 数据集的民用车辆广角多轨迹 IFSAR 重建（三维图、侧视图和俯视图）（见彩图）

11.6　实际运用中的注意事项：自动对焦和数据配准

本章已经讨论了几种利用目标的稀疏性来进行三维目标重建的方法。所有这些方法都能从多圆迹合成孔径雷达数据中重建出高分辨的立体图像。这其中使用的数据是正确的配准且相位相干的。尽管通过改进的采集平台校准系统和更精准的时钟可以减小许多系统误差，但剩下的系统误差仍然会降低图像质量。许多的系统误差，比如平台位置误差，将以脉冲间或是各条圆迹间的相位误差的形式表现出来。振荡器比例因子误差可能会导致二维图像的不同区域出现平移。放大器热效应或与方向有关的天线增益可能会影响不同圆迹测量数据的增益。合成孔径雷达对相位一致性的要求很高，因此这些误差也必须要很小。例如，Jakowatz 等人[36]建议相位误差不应当超过 $\pi/4$，这将等效于较小的相对距离误差；此时，脉冲之间的这些误差是可以接受的，仍然可以自动对焦。自动对焦旨在从雷达数据中估计出上述误差并进行补偿。尽管针对一次圆迹内的数据有几种有效的方法，比如相位梯度自动对焦[36]等，但是在宽的方位角上针对连续的散射体，无法使用显著的点来进行对焦，因而我们仍然需要其他的三维自动对焦方法。最近的文献[38－40]提出了圆迹路径间的自动对焦方法。这些方法可以表示为在空间频率域的一组线性滤波器，且对每一条路径 p 有

$$H_p(k_x,k_y)=\mathrm{e}^{c_p+\mathrm{j}\theta_p+\mathrm{j}2\pi(x_pk_x+y_pk_y)} \tag{11-29}$$

式中：c_p 为增益常数项；θ_p 为相位常数项；(x_p,y_p) 为频域中的线性相位项，或根据傅里叶变换定理等效为在图像域中 (x_p,y_p) 位置引起的相移。

图像域的滤波器可以表示为 $h_p(x,y)=F^{-1}\{H_p(k_x,k_y)\}$。从而在空间域中，应用配准滤波器可以写为

$$\bar{\boldsymbol{I}}_p(x,y;\boldsymbol{\Theta})=\boldsymbol{I}_p(x,y)*h_p(x,y,\boldsymbol{\Theta}) \tag{11-30}$$

自动对焦问题可以被转化为联合优化问题。对于 P 条不同高度的圆迹路径，式(11－29)的配准滤波器涉及一个向量参数：

$$\boldsymbol{\Theta}=[c_1\cdots c_{p-1}\cdots\theta_1\cdots\theta_{p-1}\cdots(x,y)\cdots(x_{p-1},y_{p-1})]^{\mathrm{T}} \tag{11-31}$$

式中：p 条路径中的某一条的配准参数是保持不变的或固定到地面的校准特征上以避免模糊。自动对焦问题就是找到 $\boldsymbol{\Theta}^*$，使得用来评估多轨迹数据一致性的目标函数 $C(\{\bar{\boldsymbol{I}}_p(x,y;\boldsymbol{\Theta})\})$ 在其参量的各个维度上达到同时最小：

$$\boldsymbol{\Theta}^*=\arg\min_{\boldsymbol{\Theta}}C(\{\bar{\boldsymbol{I}}_p(x,y;\boldsymbol{\Theta})\}) \tag{11-32}$$

文献[38－40]中的多轨迹间三维自动对焦方法在优化的准则方面有所不同。Kragh[39]使用立体图像中归一化的体素点能量的 Rényi 熵作为三维对焦的优化度量：

$$S_\alpha(g)=\frac{1}{1-\alpha}\log\sum_{n=1}^{N}q_n^\alpha \tag{11-33}$$

式中：$a>0$ 为熵的阶数参数。为了计算在整个立体图像上的熵，令 $\boldsymbol{g}=(g_1,g_2,\cdots,g_N)$ 为由 $\bar{\boldsymbol{I}}(x,y;\boldsymbol{\Theta})$ 图像采样点构成的向量；其中 $\bar{\boldsymbol{I}}(x,y;\boldsymbol{\Theta})$ 是使用式

(11-2)由聚焦后的地平面图像得到的。而 $q_n = |g_n|^2 / \sum_n |g_n|^2$ 是归一化的体素点能量。使用 $\alpha = 2$ 的图像的 Rényi 熵将给出用于自动对焦的二次熵准则:

$$C(\{\bar{\boldsymbol{I}}_p(x,y;\boldsymbol{\Theta})\}) = 2\log\sum_{n=1}^{N}|g_n|^4 + 2\log\sum_{n=1}^{N}|g_n|^2 \quad (11-34)$$

Elkin[38]则使用了最小二乘的优化准则,将图像的和作为优化值。其中使用了每个高度维上的一阶模型假设,从而在图像的每个像素点(x,y)处会得到在高度(x,y)位置的单个散射点:

$$C(\{\bar{\boldsymbol{I}}_p(x,y;\boldsymbol{\Theta})\}) = \sum_{x,y}\sum_{p}|\boldsymbol{I}_p * h_p(x,y,\boldsymbol{\Theta})|^2 - \frac{1}{P}\left|\sum_{p}(\boldsymbol{I}_p * h_p(\boldsymbol{\Theta}))_{(x,y)}\mathrm{e}^{-\mathrm{j}k_x^0\tan(\theta_p)z^*(x,y)}\right|^2 \quad (11-35)$$

Boss 等人[40]提出了一种三维自动对焦方法。该方法是基于最大化成像场景中由主要散射体计算得到的相干系数,如下式所示:

$$C(\{\bar{\boldsymbol{I}}_p(x,y;\boldsymbol{\Theta})\}) = \sum_{x,y}\frac{\left|\sum_{p}(\boldsymbol{I}_p * h_p(\boldsymbol{\Theta}))_{(x,y)}\mathrm{e}^{-\mathrm{j}k_x^0\tan(\theta_p)z^*(x,y)}\right|^2}{p\sum_{p}|\boldsymbol{I}_p * h_p(x,y,\boldsymbol{\Theta})|^2} \quad (11-36)$$

注意到,对于典型的配准问题,配准图像的总能量是恒定的;因此,最小二乘准则可简化为

$$\boldsymbol{\Theta}^* = \arg\max_{\boldsymbol{\Theta}}\sum_{x,y}\left|\sum_{p}(\boldsymbol{I}_p * h_p(\boldsymbol{\Theta}))_{x,y}\mathrm{e}^{-\mathrm{j}k_x^0\tan(\theta_p)z^*(x,y)}\right|^2 \quad (11-37)$$

这相当于使配准图像的离散傅里叶变换的幅值最大化(或等效于相干系数的分子的求和)。其结果就是,最小二乘配准将强调高幅值像素点的相干性,这对于一些特定场景是很有用的;而相干系数度量则更适于配准与目标相关的一系列像素点(例如,一个目标包含多个像素点的情况),其将以相同的权重最大化像素点之间的互相关。

参考文献

1. E. Ertin, L. C. Potter, and R. L. Moses, Enhanced imaging over complete circular apertures, in *Fortieth Asilomar Conference on Signals, Systems and Computers (ACSSC 06)*, October 29–November 1, 2006, pp. 1580–1584.
2. E. Ertin, C. D. Austin, S. Sharma, R. L. Moses, and L. C. Potter, GOTCHA experience report: Three-dimensional SAR imaging with complete circular apertures, in *Algorithms for Synthetic Aperture Radar Imagery XIV*, E. G. Zelnio and F. D. Garber, Eds., Orlando, FL, April 9–13, 2007, SPIE Defense and Security Symposium.
3. E. Ertin, R. L. Moses, and L. C. Potter, Interferometric methods for 3-D target reconstruction with multi-pass circular SAR, *IET Radar, Sonar and Navigation*,

4 (3), 464–473, 2010.
4. C. D. Austin and R. L. Moses, Wide-angle sparse 3D synthetic aperture radar imaging for nonlinear flight paths, in *IEEE National Aerospace and Electronics Conference (NAECON) 2008*, July 16–18, 2008, pp. 330–336 .
5. C. D. Austin, E. Ertin, and R. L. Moses, Sparse multipass 3D SAR imaging: Applications to the GOTCHA data set, in *Algorithms for Synthetic Aperture Radar Imagery XVI*, E. G. Zelnio and F. D. Garber, Eds., Orlando, FL, April 13–17, 2009, SPIE Defense and Security Symposium.
6. N. Ramakrishnan, E. Ertin, and R. Moses, Enhancement of coupled multichannel images using sparsity constraints, *IEEE Transactions on Image Processing*, 19 (8), 2115–2126, August 2010.
7. C. D. Austin, E. Ertin, and R. L. Moses, Sparse signal methods for 3-D radar imaging, *IEEE Journal of Selected Topics in Signal Processing*, 5 (3), 408–423, 2011.
8. K. E. Dungan and L. C. Potter, 3-D imaging of vehicles using wide aperture radar, *IEEE Transactions on Aerospace and Electronic Systems*, 47 (1), 187–199, 2011.
9. A. Budillon, A. Evangelista, and G. Schirinzi, Three-dimensional SAR focusing from multipass signals using compressive sampling, *IEEE Transactions on Geoscience and Remote Sensing*, 49 (1), 488–499, 2011.
10. X. Zhu and R. Bamler, Super-resolution power and robustness of compressive sensing for spectral estimation with application to spaceborne tomographic SAR, *IEEE Transactions on Geoscience and Remote Sensing*, 50 (1), 247–258, January 2012.
11. X. Zhu and R. Bamler, Demonstration of super-resolution for tomographic SAR imaging in urban environment, *IEEE Transactions on Geoscience and Remote Sensing*, 50 (8), 3150–3157, August 2012.
12. C. H. Casteel, L. A. Gorham, M. J. Minardi, S. Scarborough, and K. D. Naidu, A challenge problem for 2D/3D imaging of targets from a volumetric data set in an urban environment, in *Algorithms for Synthetic Aperture Radar Imagery (Proc. SPIE Vol. 6568)*, E. G. Zelnio and F. D. Garber, Eds., Orlando, FL, April 9–13, 2007. SPIE Defense and Security Symposium.
13. C. V. Jakowatz and P. A. Thompson, A new look at spotlight mode synthetic aperture radar as tomography: Imaging 3D targets, *IEEE Transactions on Image Processing*, 4 (5), 699–703, May 1995.
14. R. Moses, L. Potter, and M. Çetin, Wide angle SAR imaging, in *Algorithms for Synthetic Aperture Radar Imagery XI (Proc. SPIE Vol. 5427)*, E. G. Zelnio, Ed., Orlando, FL, April 2004. SPIE Defense and Security Symposium.
15. R. L. Moses and L. C. Potter, Noncoherent 2D and 3D SAR reconstruction from wide-angle measurements, in *13th Annual Adaptive Sensor Array Processing Workshop*, MIT Lincoln Laboratory, Lexington, MA, June 2005.
16. M. Cetin and W. C. Karl, Feature enhanced synthetic aperture radar image formation based on nonquadratic regularization, *IEEE Transactions on Image Processing*, 10, 623–631, April 2001.
17. T. Kragh and A. Kharbouch, Monotonic iterative algorithms for SAR image restoration, in *IEEE 2006 International Conference on Image Processing*, Atlanta, GA, October 2006, pp. 645–648.
18. M. Figueiredo, R. Nowak, and S. Wright, Gradient projection for sparse reconstruction: Application to compressed sensing and other inverse problems, *IEEE Journal of Selected Topics in Signal Processing*, 1 (4), 586–597, December 2007.
19. A. Beck and M. Teboulle, A fast iterative shrinkage-thresholding algorithm for linear inverse problems, *SIAM Journal of Imaging Sciences*, 2 (1), 183–202, 2009.

20. I. Daubechies, M. Defrise, and C. D. Mol, An iterative thresholding algorithm for linear inverse problems with a sparsity constraint, *Communications on Pure and Applied Mathematics*, 57 (11), 1413–1467, 2004.
21. T. Goldstein and S. Osher, The split Bregman method for L1-regularized problems, *SIAM Journal on Imaging Sciences*, 2 (2), 323–343, 2009.
22. R. Saab, R. Chartrand, and O. Yilmaz, Stable sparse approximations via nonconvex optimization, in *33rd International Conference on Acoustics, Speech, and Signal Processing (ICASSP)*, March 30–April 4, 2008, Las Vegas, NV, 2008.
23. L. Greengard and J. Y. Lee, Accelerating the nonuniform fast Fourier transform, *SIAM Review*, 43 (3), 443–454, 2004.
24. J. Fessler and B. Sutton, Nonuniform fast Fourier transforms using min-max interpolation, *IEEE Transactions on Signal Processing*, 51 (2), 560–574, February 2003.
25. S. Xiao and D. C. Munson, Spotlight-mode SAR imaging of a three-dimensional scene using spectral estimation techniques, in *Proceedings of the IEEE International Geoscience and Remote Sensing Symposium (IGARSS 98)*, vol. 2, Seattle, WA, 1998, pp. 624–644.
26. F. Gini and F. Lombardini, Multibaseline cross-track SAR interferometry: A signal processing perspective, *IEEE AES Magazine*, 20 (8), 71–93, August 2005.
27. P. Stoica and R. Moses, *Spectral Estimation of Signals*, Prentice Hall, Upper Saddle River, NJ, 2005.
28. M. Wax and T. Kailath, Detection of signals by information theoretic criteria, *IEEE Transactions on Acoustics, Speech and Signal Processing*, 33, 387–392, April 1985.
29. D. N. Lawley, Tests of significance of the latent roots of the covariance and correlation matrices, *Biometrica*, 43, 128–136, 1956.
30. R. Roy and T. Kailath, ESPRIT—Estimation of signal parameters via rotational invariance techniques, *IEEE Transactions on Acoustics, Speech and Signal Processing*, 37 (7), 984–995, 1989.
31. B. Friedlander, The root-MUSIC algorithm for direction finding in interpolated arrays, *Signal Processing*, 30 (1), 15–19, January 1993.
32. F. Bordoni, F. Lombardini, F. Gini, and A. Jacabson, Multibaseline cross-track SAR interferometry using interpolated arrays, *IEEE Transactions on Aerospace and Electronic Systems*, 41 (4), 1472–1481, October 2005.
33. H. Stark, Ed., *Image Recovery: Theory and Application*, Academic Press, Orlando, FL, 1987.
34. S. Wright, R. Nowak, and M. Figueiredo, Sparse reconstruction by separable approximation, *IEEE International Conference on Acoustics, Speech and Signal Processing (ICASSP 2008)*, Las Vegas, NV, pp. 3373–3376, March 2008.
35. K. Herrity, R. Raich, and A. Hero, Blind deconvolution for sparse molecular imaging, *IEEE International Conference on Acoustics, Speech and Signal Processing (ICASSP 2008)*, Las Vegas, NV, pp. 545–548, March 2008.
36. C. V. Jakowatz Jr., D. E. Wahl, P. H. Eichel, D. C. Ghiglia, and P. A. Thompson, *Spotlight-Mode Synthetic Aperture Radar: A Signal Processing Approach*, Kluwer Academic Publishers, Boston, MA, 1996.
37. M. Ferrara, J. A. Jackson, and C. Austin, Enhancement of multi-pass 3D circular SAR images using sparse reconstruction techniques, in *Algorithms for Synthetic Aperture Radar Imagery XVI*, E. G. Zelnio and F. D. Garber, Eds., Orlando, FL, April 13–17, 2009, SPIE Defense and Security Symposium.
38. F. L. Elkin, Autofocus for 3D imaging, in *Algorithms for Synthetic Aperture Radar Imagery (Proc. SPIE Vol. 6970)*, E. G. Zelnio and F. D. Garber, Eds., Orlando, FL,

April 2008.
39. T. J. Kragh, Minimum-entropy autofocus for three-dimensional SAR imaging, in *Algorithms for Synthetic Aperture Radar Imagery XVI (Proc. SPIE Vol. 7337)*, E. G. Zelnio and F. D. Garber, Eds., Orlando, FL, April 2009.
40. N. Boss, E. Ertin, and R. Moses, Autofocus for 3d imaging with multipass SAR feature extraction algorithm for 3D scene modeling and visualization using monostatic SAR, in *Algorithms for Synthetic Aperture Radar Imagery XVII (Proc. SPIE Vol. 7699)*, E. G. Zelnio and F. D. Garber, Eds., Orlando, FL, April 2010. Academic Publishers, Boston, MA, 1996.

第 12 章 基于压缩感知的 MIMO 城市雷达

Yao Yu、Athina Petropulu 和 Rabinder N. Madan

摘　　要

得益于 MIMO 通信系统的发展，近年来，MIMO 雷达也受到了相当多的关注。与相控阵雷达所有的传输天线都发射一样的波形不同，MIMO 雷达从其天线中发射多个独立或相关的波形。这将提高目标的角度和多普勒分辨率，降低最小可检测速度以及截获概率。这些优点使得 MIMO 雷达在军事和民事应用中具有很大的潜力，其可以很好地应用在国土防卫、医药和海洋科学领域。

本章介绍了一类使用压缩感知技术（CS）的 MIMO 雷达，即压缩感知 MIMO 雷达（CS－MIMO 雷达）。其概念最初是在文献[9－12]中提出的。CS－MIMO 雷达利用了目标空间中目标的稀疏性，从而在测量值减少很多的条件下获得和原 MIMO 雷达一样的高分辨率，或是在测量值个数相当的情况下显著提高性能。其所需数据数量的减少可以缩减采集时间，并同时减少所需带宽和功耗。

目前，军事和民事的应用都对组网雷达越来越感兴趣。组网雷达的天线被安置在传感器上，并通过无线链路将探测结果发送给融合中心。然而，可靠的监控系统需要从一系列的传感器处收集、传输和融合大量的数据，由此在带宽和传输功率方面带来很高的通信开销。CS－MIMO 雷达则是组网雷达很好的候选技术，因为它们大大减少了每个传感器的测量值的数量，同时也减少了网络传输的数据量。

12.1　引　　言

MIMO 雷达系统由多个发射天线和接收天线组成。在分布式[1－3]和共置式[4－6]两种不同的天线阵列形式下，MIMO 雷达系统都具有一定的优越性。在分布式的情况下,相对于发射天线到目标的距离而言,发射天线之间的距离彼此相距较远。MIMO 雷达系统从各个天线发射独立的探测信号,这些信号各自沿独立的路径传播,因而每个回波信号都携带有关于目标的独立信息。对目标的回波信号进行联合处理能带来分集增益,从而提高 MIMO 雷达的目标参数估计效果。在共置天线阵列的场景中,相对于距离目标而言,发射和接收天线彼此距离很近。这使得所有天线都观测到目标的同一表面。在这种阵列形式下,可以利用发射和接收天线引起的相位差来形成长的虚拟阵列,其阵元的数量等于发射和接收天线(节点)数量的乘积。因此,MIMO 雷达在 DOA 估计和参数识别方面可以实现卓越的分辨率。

在 CS - MIMO 雷达中,发射天线发射不相关的波形。每个接收天线采用压缩采样获得目标回波信号样本,并将其发送到信息融合中心。对于在场景中稀疏分布的少量目标而言,基于采样样本,信息融合中心会将其抽象为一个稀疏信号的重建问题,并通过求解这个问题得到目标的信息。

CS - MIMO 雷达可以通过极少的样本实现 MIMO 雷达的高分辨率,这个优势意味着可以缩短数据采集时间,而且将节省接收天线和信息融合中心之间通信阶段的带宽和功耗。这些优点使 CS - MIMO 雷达非常适于有限能量,非基地设施的场景。例如,天线存在于电池供电的移动节点上的场景。

本章将探讨共置式 MIMO 雷达。12.2 节将给出该问题的数学抽象表达、假设以及在理想条件下的解。12.3 节讨论了实际中至关重要的一些问题,如计算复杂度、杂波队系统的影响以及频率/相位的同步问题。12.4 节描述了一些优化的 CS - MIMO 雷达设计技术,使得我们可以进一步提升雷达性能。最后,在 12.5 节中,介绍了 CS - MIMO 技术在穿墙雷达中的应用。

12.2 共置式 CS - MIMO 雷达

本节将探讨如何使用共置式 CS - MIMO 雷达来进行目标信息提取,即估计回波方向(DOA)、目标的距离和运动速度。

12.2.1 问题的数学抽象表达与求解

假设 MIMO 雷达系统中包含 M_t 个发射天线和 N_r 个接收天线,均匀地分布在一个平面圆盘上,如图 12 - 1 所示。该圆盘的半径与天线到目标的距离相比是很小的。在远场条件下,有 K 个慢速移动的目标。不失一般性的,可以假设天线和目标都在一个平面上。在极坐标系下,采用(r_i^t,α_i^t)和(r_i^r,α_i^r)分别表示第 i 个发射天线和接收天线的位置。所有节点的时间和相位是同步的,因此所有接收天线接收的信号可用相干的联合处理来提取目标信息。为简单起见,这里假设环境中不存在杂波。杂波条件下的情况将在 12.3.3 节中进行讨论。

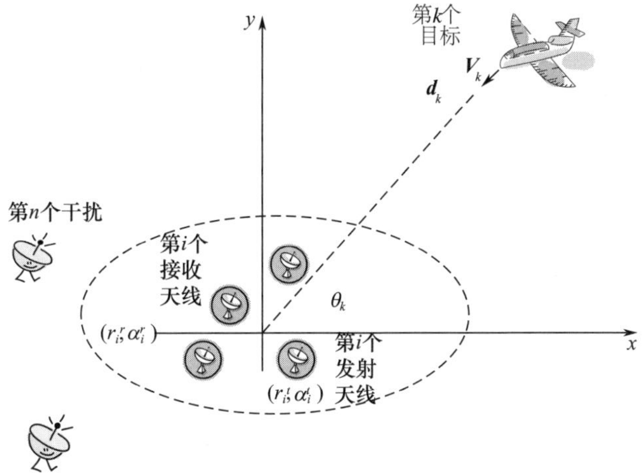

图 12-1　共置式 MIMO 雷达

由于天线之间的距离相对于目标与天线之间的距离要小得多,可以将目标看成点目标,由其质心来表示。记第 k 个目标的方位角为 θ_k,其径向运动速度恒为 v_k。目标与雷达的距离为 $d_k(t)=d_k(0)-v_k t$,其中 $d_k(0)$ 为初始时刻目标与天线之间的距离。在远场假设下,$d_k(t)\gg r_i^{(t/r)}$,第 i 个(发射/接收)天线和第 k 个目标之间的距离可近似表示为

$$d_{ik}^{(t/r)}(t)\approx d_k(t)-\eta_i^{(t/r)}(\theta_k)=d_k(0)-v_k t-\eta_i^{(t/r)}(\theta_k) \tag{12-1}$$

式中:$\eta_i^{(t/r)}(\theta_k)=r_i^{(t/r)}\cos(\theta_k-\alpha_i^{(t/r)})$。

每一个发射天线发射的脉冲的持续时长为 T_p,脉冲重复频率(PRI)为 T。令 $x_i(t)e^{j2\pi ft}$ 为脉内的连续时域波形,其中 $x_i(t)$ 是窄带信号,f 是载频。则第 l 个天线在第 m 个脉冲内接收到的目标基带解调回波信号为

$$\begin{aligned} z_{lm}(t) &= \sum_{k=1}^{K}\sum_{i=1}^{M_t}\beta_k x_i\left(t-(m-1)T-\frac{d_{ik}^{t}(t)+d_{lk}^{r}(t)}{c}\right)e^{-j2\pi f\frac{d_{ik}^{t}(t)+d_{lk}^{r}(t)}{c}}+n_{lm}(t)\approx \\ &\sum_{k=1}^{K}\sum_{i=1}^{M_t}\beta_k x_i(t-(m-1)T-\frac{2d_k(0)}{c}e^{-j2\pi f\frac{d_{ik}^{t}(t)+d_{lk}^{r}(t)}{c}}+n_{lm}(t) \\ & l=1,2,\cdots,M_r,m=1,2,\cdots,N_p \end{aligned} \tag{12-2}$$

式中:$(\beta_k,k=1,2,\cdots,K)$ 为目标的反射系数;$n_{lm}(t)$ 为干扰。这里假定的干扰与发射波形是相互独立的,其可能是热噪声或者其他干扰信号。

根据点目标假设,所有接收天线将看到目标的同一表面,因而反射系数 β_k 对所有的发射、接收天线对而言是一样的。在前面提到的公式中,第 k 个目标引起的时延在一个脉冲时间内是不变的,且对所有的天线而言也是相同的。可以如此近似的原因是,天线阵列是共置式的且针对的是慢运动目标。

第 l 个接收天线对回波信号进行压缩的采样，每个脉冲将得到 M 个采样点（接收机的原理图如图 12－2 所示）。L 表示一个脉冲持续时间内以 T_s 为间隔（快时间）进行采样得到的发射波形的采样点数量，即有 $T_p = LT_s$。如图 12－2 所示，压缩感知接收机使用一组函数 $\boldsymbol{\Phi}_l^i(t)\,(i=1,2,\cdots,M)$ 对连续时间域的接收信号进行左乘变换；然后对结果进行积分和采样以得到 M 个新的采样样本。在图 12－2 中，典型的 $\boldsymbol{\Phi}_l^i(t)\,(i=1,2,\cdots,M)$ 函数是由高斯或伯努利离散时间序列转化的连续时间信号构成的。

在第 m 个脉冲期间，由第 i 个天线以上述方式收集的样本可以以向量形式表示为

$$\boldsymbol{r}_{lm} \triangleq \boldsymbol{\Phi}_l[z_{lm}((m-1)T+0T_s),\cdots,z_{lm}((m-1)T+(L+\tilde{L}-1)T_s)]^{\mathrm{T}} = \sum_{k=1}^{K}\beta_k \mathrm{e}^{\mathrm{j}2\pi p_{lmk}}\boldsymbol{\Phi}_l\boldsymbol{D}(f_k)\boldsymbol{C}_{\tau k}\boldsymbol{X}\boldsymbol{v}(\theta_k)+\boldsymbol{\Phi}_l\boldsymbol{n}_{lm} \tag{12-3}$$

式中：$\boldsymbol{\Phi}_l \in C^{M\times(L+\tilde{L})}$ 为一个矩阵，它的第 i 行由 $(L+\tilde{L})$ 个以 T_s 为采样间隔采样的函数 $\boldsymbol{\Phi}_l^i(t)$ 的样本组成；$P_{lmk} = -2d_k(0)/c+\boldsymbol{\eta}_l^r(\theta_k)f/c+f_k(m-1)T$，其中 $f_k = 2v_k f/c$ 是第 k 个目标的多普勒频移；$\boldsymbol{X}\in \boldsymbol{C}^{L\times M_t}$ 包含 M_t 个发射天线的发射波形，其每一列是发射导向向量 $\boldsymbol{v}(\theta_k)=[\mathrm{e}^{\mathrm{j}\frac{2\pi f}{c}\eta_l^r(\theta_k)} \quad \cdots \quad \mathrm{e}^{\mathrm{j}\frac{2\pi f}{c}\eta_{M_t}^t(\theta_k)}]^{\mathrm{T}}\in \boldsymbol{C}^{M_t}$；$\boldsymbol{\tau}_k=[2d_k(0)/cT_s]$，以及 $\boldsymbol{C}_{\tau_k}=[0_{L\times\tau_k} \quad \boldsymbol{I}_L \quad 0_{L\times(\tilde{L}-\tau_k)}]^{\mathrm{T}}\in \boldsymbol{C}^{(L+\tilde{L})\times L}$，这里假设目标的回波信号完全落入长度为 $(L+\tilde{L})T_s$ 的采样窗口内，且 T_s 足够小，使得时延中的取整误差可以忽略，即$x_i(t-\tau_k)\approx x_i(t-\lfloor 2d_k(0)/cT_s\rfloor)$；$\boldsymbol{D}(f_k)=\mathrm{diag}\{[\mathrm{e}^{\mathrm{j}2\pi f_k 0T_s},\cdots,\mathrm{e}^{\mathrm{j}2\pi f_k(L+\tilde{L}-1)T_s}]\}\in C^{(L+\tilde{L})\times(L+\tilde{L})}$，对于慢速运动的目标，可以忽略一个脉冲内的多普勒频移，因此 $\boldsymbol{D}(f_k)$ 可被简化为单位矩阵的形式；$\boldsymbol{n}_{lm}\in \boldsymbol{C}^{(L+\tilde{L})\times 1}$ 是第 m 个脉冲期间内在第 l 个接收器处的干扰，包括其他的干扰信号和热噪声。

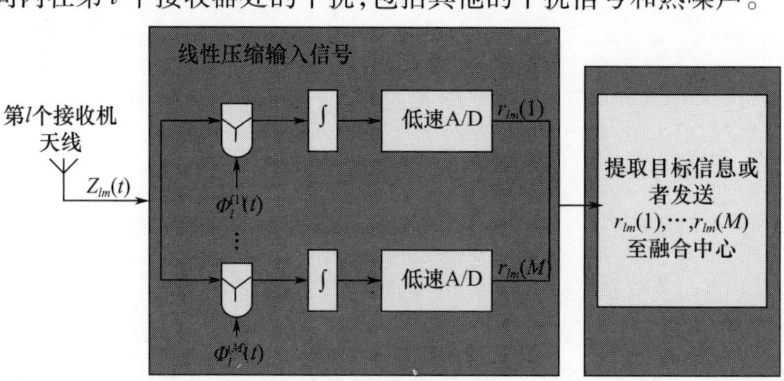

图 12－2　压缩接收机

分别在一个细密的网格上离散地表达角度空间、速度空间和距离空间，即

$[\tilde{a}_1,\cdots,\tilde{a}_{N_a}]$、$[\tilde{b}_1,\cdots,\tilde{b}_{N_b}]$、$[\tilde{c}_1,\cdots,\tilde{c}_{N_c}]$，如图 12－3 所示。以角度、距离和速度的顺序来组成网格点(a_n,b_n,c_n)，$n=1,\cdots,N_aN_bN_c$。基于这个表达，网格点$(\tilde{a}_{n_a},\tilde{b}_{n_b},\tilde{c}_{n_c})$可以映射到点$(a_n,b_n,c_n)$上，其中$n=(n_b-1)n_an_c+(n_c-1)n_a+n_a$。我们假设离散误差足够小，以使得所有目标都对应地落在某个网格点上。那么，式(12－3)可以改写为

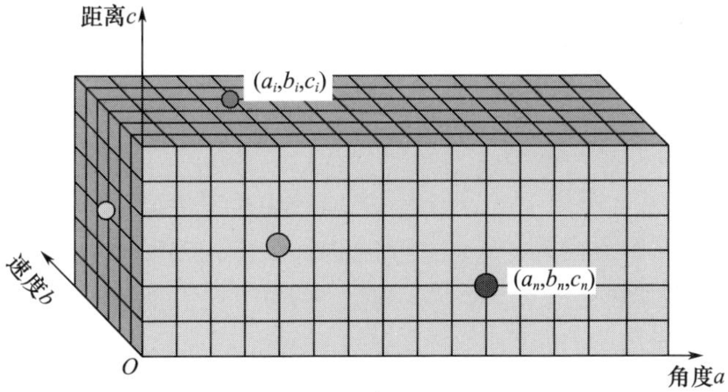

图 12－3　搜索空间中的稀疏目标表示

$$\boldsymbol{r}_{lm}=\boldsymbol{\Phi}_l\left(\sum_{n=1}^{N}s_n\mathrm{e}^{\mathrm{j}2\pi q_{lmn}}\boldsymbol{D}\left(\frac{2b_nf}{c}\right)\boldsymbol{C}_{\lfloor\frac{2c_n}{cT_s}\rfloor}\boldsymbol{X}\boldsymbol{v}(a_n)+\boldsymbol{n}_{lm}\right) \tag{12-4}$$

式中

$$s_n=\begin{cases}\text{目标的反射系数，如果有目标在}(a_n,b_n,c_n)\\0,\text{没有目标在}(a_n,b_n,c_n)\end{cases} \tag{12-5}$$

$$N=N_aN_bN_c$$

$$q_{lmn}=\frac{-2c_nf}{c}+\frac{\eta_l^{\mathrm{r}}(a_n)f}{c}+\frac{2b_nf(m-1)T}{c} \tag{12-6}$$

我们可以更精简地重写上述等式为

$$\boldsymbol{r}_{lm}=\boldsymbol{\Theta}_{lm}\boldsymbol{s}+\boldsymbol{\Phi}_l\boldsymbol{n}_{lm} \tag{12-7}$$

其中

$$\boldsymbol{s}=[s_1\quad s_2\quad\cdots\quad s_N]^{\mathrm{T}} \tag{12-8}$$

$$\boldsymbol{\Theta}_{lm}=\boldsymbol{\Phi}_l\underbrace{\left[\mathrm{e}^{\mathrm{j}2\pi q_{lm1}}\boldsymbol{D}\left(\frac{2b_1f}{c}\right)\boldsymbol{C}_{\lfloor\frac{2c_1}{cT_s}\rfloor}\boldsymbol{X}\boldsymbol{v}(a_1),\cdots,\mathrm{e}^{\mathrm{j}2\pi q_{lmN}}\boldsymbol{D}\left(\frac{2b_Nf}{c}\right)\boldsymbol{C}_{\lfloor\frac{2c_N}{cT_s}\rfloor}\boldsymbol{X}\boldsymbol{v}(a_N)\right]}_{\Psi_{lm}}\in\boldsymbol{C}^{M\times N} \tag{12-9}$$

如果目标数量很小，那么 $\boldsymbol{s}$ 将包含大量零元素。非零元素的位置则将对应目标的角度、速度和距离。

接收天线将其采样发送到融合中心。融合中心联合处理由 N_{r} 个接收天线发送来的 N_{p} 个脉冲的采样，从而得到

$$\hat{\boldsymbol{r}} \triangleq [\boldsymbol{r}_{11}^{\mathrm{T}} \quad \cdots \quad \boldsymbol{r}_{1N_{\mathrm{p}}}^{\mathrm{T}} \quad \cdots \quad \boldsymbol{r}_{N_{\mathrm{r}},N_{\mathrm{p}}}^{\mathrm{T}}]^{\mathrm{T}}$$
$$= \boldsymbol{\Phi\Psi s} + \boldsymbol{n} \tag{12-10}$$

式中：

$$\begin{cases} \boldsymbol{\Psi} = [(\boldsymbol{\Psi}_{11})^{\mathrm{T}} \quad \cdots \quad (\boldsymbol{\Psi}_{1N_{\mathrm{p}}})^{\mathrm{T}} \quad \cdots \quad (\boldsymbol{\Psi}_{N_{\mathrm{r}}N_{\mathrm{p}}})^{\mathrm{T}}]^{\mathrm{T}} \in \mathrm{C}^{(\mathrm{L}+\tilde{\mathrm{L}})N_{\mathrm{r}}N_{\mathrm{p}} \times N} \\ \boldsymbol{\Phi} = \mathrm{diag}\{[\boldsymbol{\Phi}_1 \quad \cdots \quad \boldsymbol{\Phi}_1 \quad \cdots \quad \boldsymbol{\Phi}_2 \quad \cdots \quad \boldsymbol{\Phi}_2 \quad \cdots \quad \boldsymbol{\Phi}_{N_{\mathrm{r}}} \quad \cdots \quad \boldsymbol{\Phi}_{N_{\mathrm{r}}}]\} \in C^{N_{\mathrm{r}}N_{\mathrm{p}}M \times (L+\tilde{L})N_{\mathrm{r}}N_{\mathrm{p}}} \end{cases} \tag{12-11}$$

且

$$\boldsymbol{n} = [(\boldsymbol{\Phi}_1\boldsymbol{n}_{11})^{\mathrm{T}} \quad \cdots \quad (\boldsymbol{\Phi}_1\boldsymbol{n}_{1N_{\mathrm{p}}})^{\mathrm{T}} \quad \cdots \quad (\boldsymbol{\Phi}_{N_{\mathrm{r}}}\boldsymbol{n}_{N_{\mathrm{r}}N_{\mathrm{p}}})^{\mathrm{T}}]^{\mathrm{T}} = C^{N_{\mathrm{r}}N_{\mathrm{p}}M \times 1} \tag{12-12}$$

利用式(12－10)，从 $\boldsymbol{r}$ 恢复出 $\boldsymbol{s}$ 是一个稀疏信号估计的问题，$\boldsymbol{\Theta}$ 即为感知矩阵。假设向量 $\boldsymbol{s}$ 中只有 K 个元素是非零的，其中 K 远小于 $\boldsymbol{s}$ 的维度。那么对于满足一些特定条件的 $\boldsymbol{\Theta}$，可以恢复出 $\boldsymbol{s}$。对于一般的感知矩阵，在无噪声情况下，如果任取数量少于 K 的列组成集合，其中各列都是正交的，那么精确恢复是可能的。这个条件可通过测不准原理(Uniform Uncertainty Principle，UUP)进行数学描述[15－18]。

基于之前定义的测量矩阵 $\boldsymbol{\Phi}_l(l=1,2,\cdots,N)$，离散化的角度、速度、距离空间以及天线的位置和波形矩阵 $\boldsymbol{X}$ 的信息，融合中心可以构造出 $\boldsymbol{\Theta}$，并持续获得 $\boldsymbol{s}$ 的估计值，即 $\hat{\boldsymbol{s}}$。估计可通过使用现有的压缩感知算法，包括匹配追踪算法[19－22]和凸松弛(基追踪)算法[23－25]来实现。例如，利用 Dantzig 选择器，可以通过求解下式来获得估计值：

$$\hat{\boldsymbol{s}} = \min \|\boldsymbol{s}\|_1 \quad \mathrm{s.t.} \quad \|\boldsymbol{\Theta}^{\mathrm{H}}(\boldsymbol{r} - \boldsymbol{\Theta s})\|_\infty < \mu \tag{12-13}$$

恢复算法正确检测目标的能力取决于目标的数量和信噪比。对于具有特定阵元间距的线性阵列，如文献[26]所述，只要目标数量小于上限 $K_{\max}$，并且信号噪声大于某个下限 $\mathrm{SNR}_{\min}$，则通过求解 ℓ_1 正则化最小二乘问题，目标会以高概率被检测出来。文献[26]中还给出了 $K_{\max}$ 和 $\mathrm{SNR}_{\min}$ 的关于天线数目和网格大小的准确函数表达。

仿真实例 12.1：

考虑一个具有 $\mathrm{SNR}_{\min}$ 个发射天线和 $\mathrm{SNR}_{\min}$ 个接收天线的 MIMO 雷达系统。天线均匀随机地分布在半径为 10m 的平面圆盘上，如图 12－1 所示。发射的波形具有单位功率且是 Hadamard 正交的。接收信号上叠加了单位功率的零均值高斯噪声。SNR 被定义为接收节点处热噪声功率的倒数，设置为 0dB。载波频率 $f=5\mathrm{GHz}$。设有两个目标，分别位于角度 θ_1 和 $\theta_1+0.4°$。设搜索空间在 θ_1 附近，为 $\theta_1+[-6°:0.2°:6°]$。总共进行 500 次独立实验，每次实验随机生成 θ_1。图 12－4 显示了在一次实验中，对应角度网格点的反射系数幅度估计值，即 $\|\boldsymbol{s}_i\|(i=1,2,\cdots,61)$。我们把压缩感知方法与 Capon 方法(详见 12.3.3 节)和匹

配滤波方法(MFM)进行比较。MFM 获得的目标位置指示向量的估计如下:

$$\hat{\boldsymbol{s}} = \left| \sum_{l=1}^{N_r} \sum_{m=1}^{N_p} \boldsymbol{z}_{lm}^{\mathrm{H}} \boldsymbol{\Psi}_{lm} \right| \tag{12-14}$$

其中,$\boldsymbol{z}_{lm} = [z_{lm}((m-1)T+0T_s),\cdots,z_{lm}((m-1)T+(L+\tilde{L}-1)T_s)]^{\mathrm{T}}$ 是由第 i 个接收天线和第 m 个脉冲获得的,以 T_s 为采样间隔采样得到的数据。

对于图 12-4 的结果,发送序列的长度为 $L=16$,所有这 3 种方法都使用全部的 16 个快时间采样样本。图 12-4 清楚地表明,在三种方法中,CS 方法具有最低的旁瓣和最窄的主瓣。需要注意的是,这里使用 CS 方法来进行压缩;其目的是为了说明在相同数量样本的条件下,CS 方法与其他方法相比能提高角度的分辨率。在同样的场景下,图 12-5 给出了基于上述方法进行角度估计的接收机工作特性曲线(ROC)。这是基于 500 次独立实验得到的。在每次实验中,θ_1、发射/接收天线位置和噪声信号都是随机生成的。图 12-5 展现了 $L=16$ 和 $L=48$两种情况下的结果。再一次地,三种方法都使用全部的 L 个快时间采样样本,但不使用 CS 方法进行压缩采样。这里的检测概率(PD)是所有目标都被检测出来的实验数所占总实验次数的百分比。虚警概率(PFA)则是虚假目标被检测出来的情况所占百分比。从图中可以发现当所有方法使用 16 个快时间采样样本时,CS 方法具有最佳性能。而当使用的样本数量为 CS 方法的 3 倍时,Capon 方法有接近 CS 方法的性能表现。此外,当目标反射系数未知时,为 MFM 方法设定合适的检测阈值是很困难的。但 CS 方法没有这一问题,因为它总是得到十分尖锐干净的估计值,如图 12-4 所示。

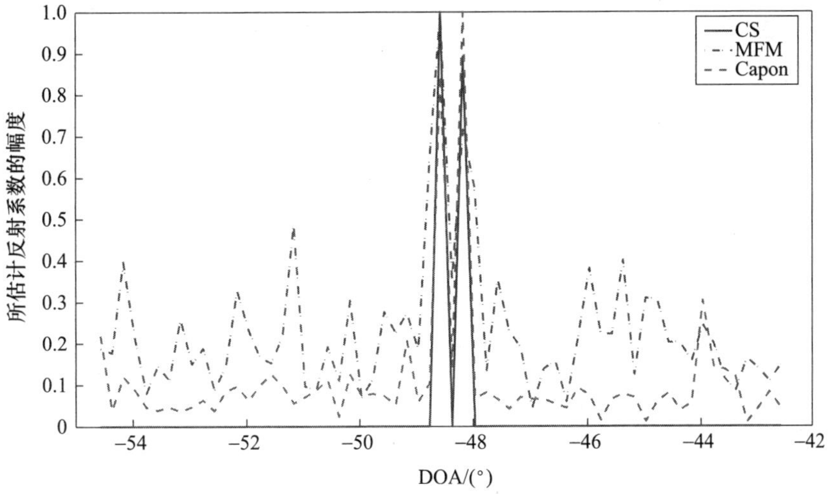

图 12-4　使用 16 个样本点的 CS、Capon 和 MEM 方法 DOA 估计结果(见彩图)

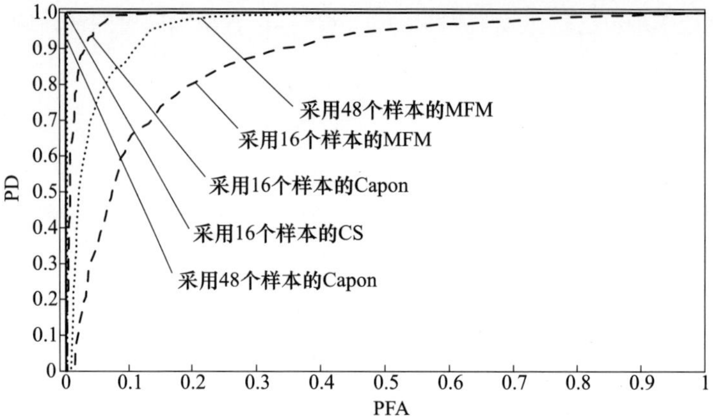

图 12－5　$M_t = N_r = 8$ 时，CS、Capon 和 MFM 方法的 ROC 表现

图 12－6 给出了 $M_t = 8$ 个发射天线和 $N_r = 5$ 个接收天线条件下，CS 和 MFM 方法获得的角度－距离联合估计 ROC 曲线。发射波形序列的长度为 $L = 30$，48，而采样周期为 $T_s = 10^{-7}$s。角度－距离估计是基于 500 次随机独立实验得到的，且接收/发射天线在所有实验中具有固定的位置。每次实验分别在方位角[－3°，3°]和距离[1000m，1150m]内随机生成三个目标。搜索采用的距离－角度空间网格为[－3°，－2.7°，…，3°]×[1000m，1050m，…，1150m]。CS 接收机使用高斯随机测量矩阵来压缩接收到的信号。如图 12－6(a)，(b)所示，在样本数量相同、单目标以及目标具有单位反射系数的情况下，CS 方法只比 MFM 方法略好。这是因为如图 12－4 所示的波纹不足以掩盖单个目标产生的单峰。当 SNR 低且接收到的样本数量不足时，即如 SNR = －10dB 和 $M = 20$ 时，单个目标的 ROC 曲线表明 CS 方法的性能也会显著下降。图 12－6(c)，(d)展现了反射系数 $\beta = 1$ 和 0.7 两种情况下两个目标的 ROC 曲线。在这种情况下，MFM 方法的波纹可能掩盖较弱的目标。而 CS 方法却能获得远好于 MFM 方法的效果，即使只用更少数量的样本也是如此。然而，CS 方法相对于 MFM 方法的性能优势随着信噪比的降低而减小，如图 12－6(d)所示。另外，MFM 方法也需要更多的样本来保证性能。

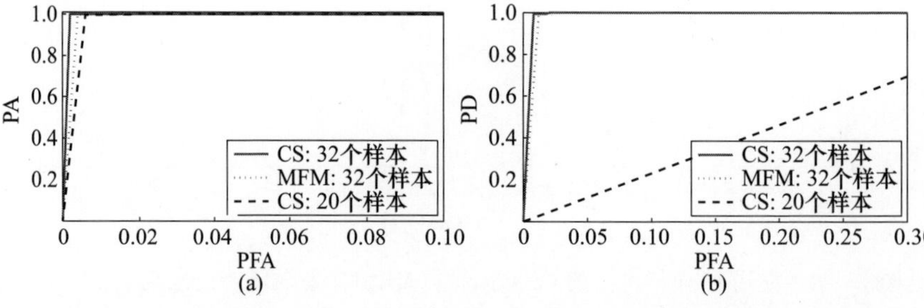

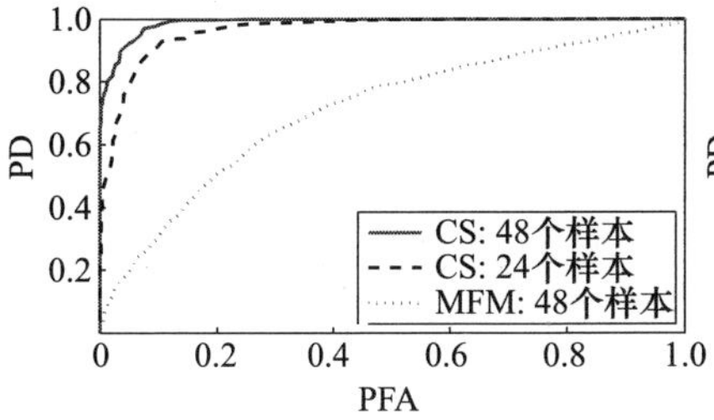

(c)

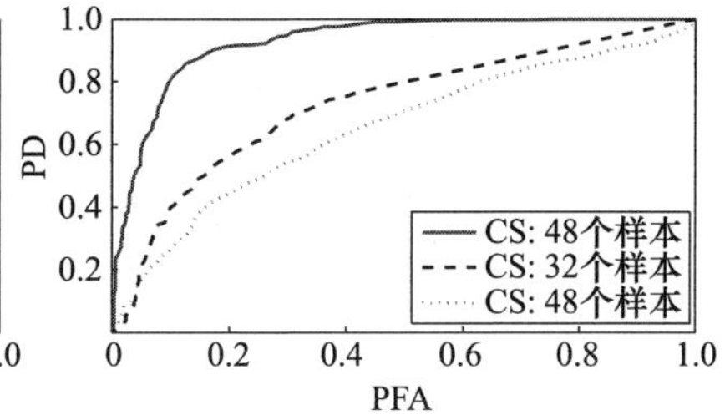

(d)

图12-6　$M_t = 8, N_r = 5$ 条件下，CS、Capon和MFM方法的距离-DOA估计ROC表现（见彩图）

(a) SNR = 0dB，单个目标；(b) SNR = -10dB，单个目标；
(c) SNR = 0dB，两个目标；(d) SNR = -10dB，两个目标。

12.3　CS-MIMO雷达中的挑战性问题

在本节中，我们将讨论与CS-MIMO雷达相关的一些问题，并提出可能的解决方案。

12.3.1　基失配和分辨率

和MUSIC、Capon等大多数基于谱的方法一样，CS-MIMO雷达是在一个离散的搜索空间中搜索目标。因此，它会受到稀疏的数学模型和物理模型不匹配的影响。这个问题称作基失配[27]。在基失配的情况下，未落在网格点上的目标可能不会被与其最近的网格点表示。可以通过在搜索空间划分更细密的网格来降低失配误差，同时这会带来分辨率的提升。但是，细密网格会使搜索空间中毗邻网格点对应的目标回波具有高度相关性。这将与测不准原理(UUP)的条件相悖。因而，必须谨慎地选取网格间距以平衡分辨率和性能要求。一般而言，可以通过增加发射和接收天线来提高角度分辨率，或是使用更多的测量值来保证UUP并获得高分辨率[15,17]。

12.3.2　复杂度

CS-MIMO雷达的复杂度取决于CS算法；匹配追踪算法和基追踪算法的计算复杂度分别为 $O(N^2)$ 和 $O(N^3)$，其中 N 为网格数量。当MIMO雷达系统需要估计目标的角度、速度和距离时，需要离散表达一个三维的空间，这将产生大量的网格点，由此会带来难以实现的巨额计算复杂度。此外，利用精细网格来实现高分辨率的要求还会进一步提高计算复杂度。可以通过解耦合降低维度的方式减少计算复杂度，即分别在角度-距离空间和速度空间来估计目标。从而原始的三维问题转化成一个二维问题加上一个一维问题。特别地，也可以首先使用粗网格进行初始的角度多普勒估计，然后对初始估计周围的网格点进行细化(图 12-7)[28]。限制候选的角度-多普勒空间范围将减少构造基矩阵所需的网格点，从而降低 CS-MIMO 的复杂度。

12.3.3 杂波剔除：CS-Capon

CS-MIMO 雷达的优点在于利用了目标在目标空间中的稀疏性。然而，目标稀疏特性在杂波的影响下会减弱。因为杂波与目标的回波是高度相关的。因此，在任何 CS 恢复过程之前都需要进行杂波抑制。当杂波的部分信息可用时，例如已知其多普勒或到达角度，那么抑制杂波的问题将变得简单一些。

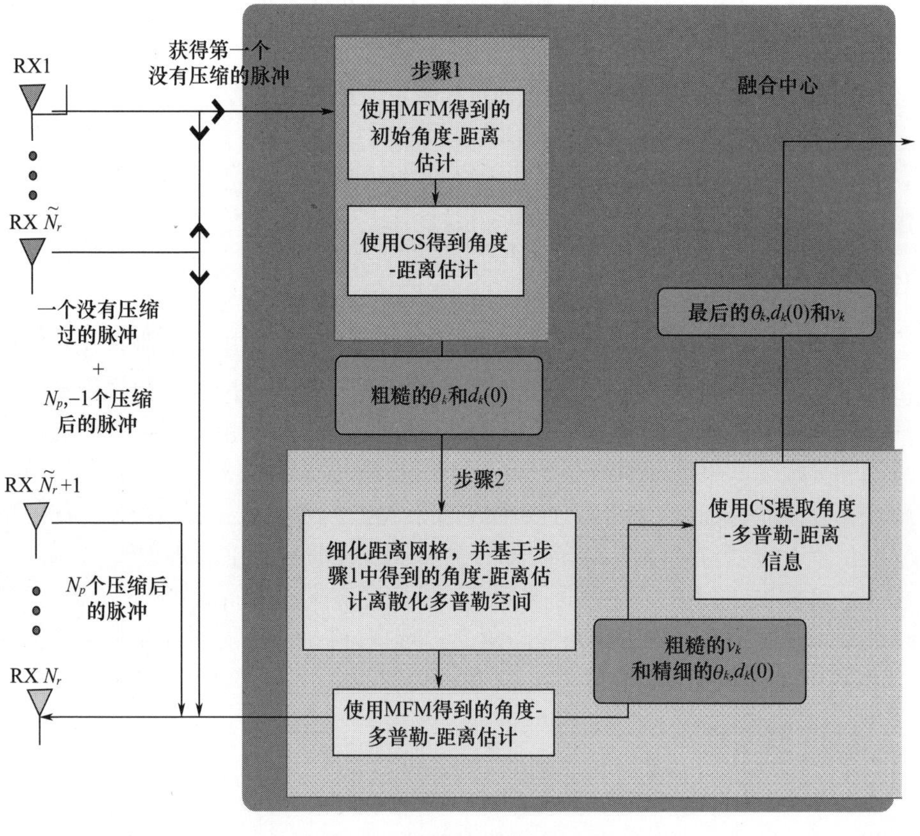

图 12-7 解耦合方案的原理图

在杂波协方差已知的情况下，文献[29]提出了 CS-Capon 方法。该方法应用 Capon 波束成形来处理压缩后的数据，然后再使用 CS 理论进行目标估计。下面将简单介绍这种方法。

为了简化问题，这里忽略波形中的时延，也即假设目标落在同一个距离门单元内。此外，假设目标的位置是固定的，因而只需要估计目标的 DOA。N_r 个接收天线收到的信号可以表示为

$$\boldsymbol{Z}^{T}=\sum_{k=1}^{K}\beta_k\boldsymbol{v}_r(\theta_k)\boldsymbol{v}^{T}(\theta_k)\boldsymbol{X}^{T}+\boldsymbol{N} \tag{12-15}$$

式中：$\boldsymbol{Z}$ 为 N_r 个接收天线的接收信号，其第 i 列是第 i 个接收天线收到的信号；$\boldsymbol{v}_r(\theta_k)$ 为方向 θ_k 的接收导向向量；$\boldsymbol{v}(\theta_k)$ 为方向 (θ_k) 的发射导向向量；N 为杂波矩阵，其协方差矩阵 $\boldsymbol{R}_N$ 是已知的。

Capon 方法产生一组波束形成的权重 $\boldsymbol{w}$，其抑制杂波的同时保持来自期望角度 θ 的信号不失真。波束形成加权 $\boldsymbol{w}$ 可以被表示为

$$\min_{w}\ \boldsymbol{w}^{H}\boldsymbol{R}_N\boldsymbol{w}\quad \text{s.t.}\ \ \boldsymbol{w}^{H}\boldsymbol{v}_r(\theta)=1 \tag{12-16}$$

式(12-16)的解为

$$\boldsymbol{w}(\theta)=\frac{\boldsymbol{R}_N^{-1}\boldsymbol{V}_r(\theta)}{\boldsymbol{v}_r^{H}(\theta)\boldsymbol{R}_N^{-1}\boldsymbol{V}_r(\theta)} \tag{12-17}$$

因此，如果对压缩后的接收信号 $\boldsymbol{Y}=\boldsymbol{\Phi Z}$ 应用 $\boldsymbol{w}(\theta)$，则将保留来自 θ 的接收信号而将杂波剔除掉。令离散的角度网格为 $[a_1,a_2,\cdots,a_N]$，令 $\boldsymbol{w}_n$ 表示离散方向 a_n 的 Capon 波束成形向量。那么，CS-Capon 方法的步骤如下（图 12-8）：

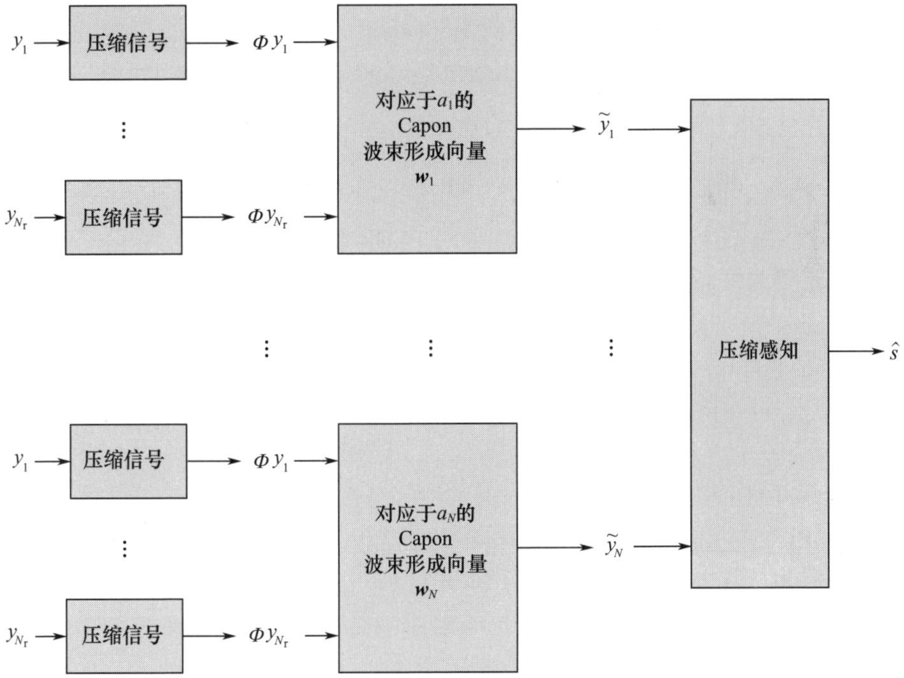

图 12-8　CS-Capon 方法框图

（1）使用 Capon 波束成形向量 $\boldsymbol{w}_n(n=1,2,\cdots,N)$ 对压缩后的信号 $\boldsymbol{Y}$ 加权得

$$\boldsymbol{y}_n=(\boldsymbol{w}_n^{\mathrm{H}}\boldsymbol{Y}^{\mathrm{T}})^{\mathrm{T}}=\boldsymbol{Y}\boldsymbol{w}_n^*=\boldsymbol{\Theta}_n\boldsymbol{s}+\boldsymbol{\Phi}\boldsymbol{Z}\boldsymbol{w}_n^*,n=1,2,\cdots,N \quad (12-18)$$

式中：$\boldsymbol{\Theta}_n=\boldsymbol{\Phi}\boldsymbol{X}[\boldsymbol{v}(a_1)\boldsymbol{v}_{\mathrm{r}}^{\mathrm{T}}(a_1)\boldsymbol{w}_n^*,\cdots,\boldsymbol{v}(a_N)\boldsymbol{v}_{\mathrm{r}}^{\mathrm{T}}(a_N)\boldsymbol{w}_n^*]$；$\boldsymbol{s}$ 是一个稀疏向量，其非零元素的指标表示了目标的位置。

（2）将 $\boldsymbol{y}_n(n=1,2,\cdots,N)$ 拼接成一个向量，并用矩阵压缩这个长向量，即

$$\tilde{\boldsymbol{y}}=\tilde{\boldsymbol{\Phi}}[\tilde{y}_1^{\mathrm{T}} \quad \cdots \quad \tilde{y}_N^{\mathrm{T}}]^{\mathrm{T}}=$$

$$\underbrace{\tilde{\boldsymbol{\Phi}}[\tilde{\boldsymbol{\Theta}}_1^{\mathrm{T}} \quad \cdots \quad \tilde{\boldsymbol{\Theta}}_N^{\mathrm{T}}]^{\mathrm{T}}}_{\tilde{\boldsymbol{\Theta}}}\boldsymbol{s}+\underbrace{\tilde{\boldsymbol{\Phi}}[\boldsymbol{w}_1^{\mathrm{H}}\boldsymbol{Z} \quad \cdots \quad \boldsymbol{w}_N^{\mathrm{H}}\boldsymbol{Z}]^{\mathrm{T}}}_{\tilde{\boldsymbol{Z}}}=\tilde{\boldsymbol{\Theta}}\boldsymbol{s}+\tilde{\boldsymbol{Z}} \quad (12-19)$$

这一步中，使用压缩矩阵 $\tilde{\boldsymbol{\Phi}}$ 处理的目的是减少问题维度，从而节省计算成本。

（3）对式（12－19）应用任意的压缩感知算法。

与没有杂波抑制的 CS 方法相比，上述方案能够显著增加信杂噪比（SCNR）[29]，从而在存在强杂波的情况下获得改善的角度估计，其改善可由 ROC 表示出来。然而，如 Capon 方法一样，如果目标与强杂波位于相同的位置，则 CS－Capon 方法就无法获得如此良好的性能了。

仿真实例 12.2：

考虑与仿真实例 12.1 相同的天线设置。载波频率为 $f=5\mathrm{GHz}$。发射天线则使用 $L=128$ 个具有单位功率的 Hadamard 正交波形。接收信号上叠加了单位功率的零均值高斯噪声。SNR 为 0dB。杂波信号是由位于 DOA 角度空间[－30°：60/1500°：30°]中的 3000 个反射点反射的回波总和构成的。每个杂波反射点的反射系数为 0.15。测量矩阵 $\boldsymbol{\Phi}\in R^{M\times L}$ 取为 $M=50$ 的随机高斯矩阵。

图 12－9 显示了接收天线的数量对 SCNR 的影响。SCNR 是由 100 次独立实验获得的平均值。在每次实验中，发射/接收天线随机布置在半径为10m 的平面圆盘上。图中还画出了波束形成接收向量 $\tilde{\boldsymbol{y}}_n(n=1,2,\cdots,N)$ 的最大和最小 SCNR。在仿真中，反射系数为[1,1,1]的 $K=3$ 个目标在 DOA 网格[－30°：1°：30°]上随机生成。发射天线的数量设置为 $N_{\mathrm{t}}=20$。对于每个 N_{r}，执行 100 次仿真并计算平均的 SCNR。由图 12－9 可以看出，没有波束成形时，接收信号的 SCNR 约为－10dB，且其不随 N_{r} 的增加而变化。使用波束成形时，当 $N_{\mathrm{r}}=50$ 时，CS－Capon 估计器的 SCNR 约为 20dB，并且随着 N_{r} 的增加而增加。这表明 CS－Capon 方法可以使得 SCNR 的性能显著提升，即抑制强杂波。我们还可以在图 12－9 中看到，CS－Capon 估计器的 SCNR 落在最大和最小 SCNR 中间的位置。这是因为 CS－Capon 估计器的 SCNR 是在整个的观测角度空间上平均过的。

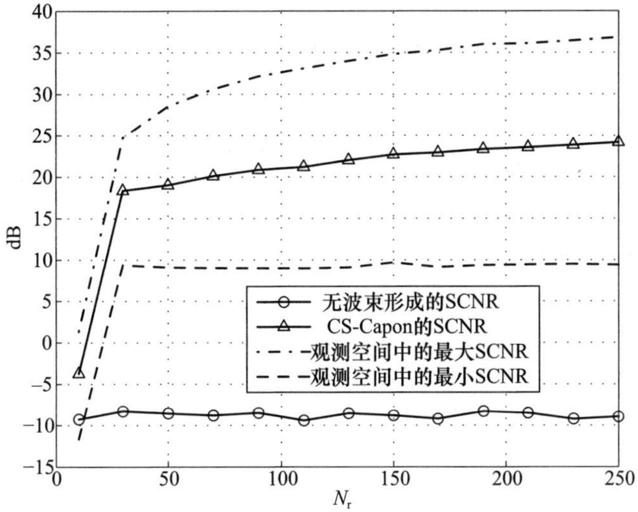

图 12－9　$N_t=20$ 条线下，含有/不含有波束形成的 SCNR 比较

图 12－10 绘制了基于 500 次随机、独立实验获得的角度估计的 ROC 曲线。在每次实验中，在角度网格[－8°：－8°＋0.2°：8°]上分别随机生成具有随机反射系数[1，0.45，0.8]的 $K=3$ 个目标。在仿真中，$N_t=20$，$N_r=30$，$L=256$ 且每个接收天线压缩采集 20 个测量值。测量矩阵采用的是随机高斯矩阵。由图可以看出，CS－Capon 方法胜过 CS 方法和 Capon 方法。值得注意的是，如果目标的反射系数相同，那么 Capon 方法的表现会与 CS－Capon 方法相似。当三个目标的反射系数不同时，Capon 产生的波纹可能掩盖掉反射系数较小的目标。

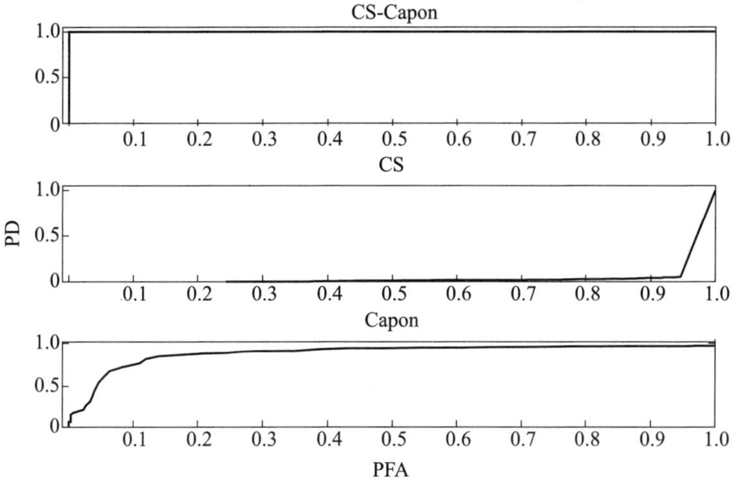

图 12－10　$N_t=20$，$N_r=30$ 时的 CS－Capon 和 Capon 方法的 ROC

12.3.4 相位同步

在发射和接收天线未与融合中心物理上联通，从而需要采用无线方式进行通信的情况下，相干处理会受到载波相位误差和由天线振荡器引入的频率偏移的影响。在这种情况下，需要在发射、接收天线之间定期地同步。同步问题是目前需要相干处理的分布式系统中的一个主要问题。

相位同步有两种基本方法，即闭环方法和开环方法。闭环方法[30-32]是由融合中心主导的，且使分布式的节点最低限度地参与其中；开环方法[33-35]则主要是基于分布式节点之间的信息交换来实现同步的。在开环方法中，融合中心只是简单地向节点广播一个未调制的正弦信标。

12.4 CS-MIMO 雷达进阶技术

本节描述了三种可以提高 CS-MIMO 雷达检测性能的进阶技术，即功率分配，波形设计和测量矩阵设计。

12.4.1 功率分配

功率分配方案以最佳方式在发射天线之间分配系统总发射功率。对于分布式的 CS-MIMO 雷达，文献[13]中提出了一种功率分配方案。其旨在给定总发射功率的情况下，最大化最小的目标回波，从而减少弱目标丢失的概率。该方案通过使用从先前接收到信号所获得的 $\boldsymbol{s}$ 估计（见式（12-8））来确定下一组发射脉冲的发射功率。令 p_i 表示分配给第 i 个发射天线的功率，并且搜索空间中的网格的数量为 i，则最优的 i 可以通过求解以下优化问题找到：

$$\max_{p_i} \min_{k} \sum_{i=1}^{M_t} \sum_{l=1}^{N_r} P_i |\boldsymbol{s}_k^{il}|^2 \tag{12-20}$$

在 $\sum_{i=1}^{M_t} P_i = P_t$ 的条件下。这个问题可以在融合中心求解，且计算得到的 P_i 将被发送到发射天线用于下一组脉冲发射。

另一种功率分配方法同时适用于分布式和共置式的 CS-MIMO 雷达[14,36-37]。其是通过最小化不同搜索单元（或网格点）对应的目标回波之间的相关，或等效的小化感知矩阵的列的相关性（参见式（12-11）），最终获得 P_i。由于 UUP 准则要求感知矩阵要尽可能是正交的以保证性能，所以功率分配应当使感知矩阵的 Gram 矩阵 $\boldsymbol{\Theta}^{\mathrm{H}}\boldsymbol{\Theta}$ 和单位矩阵之间的差最小化。令 $\boldsymbol{p} = [p_1 \quad p_2 \quad \cdots \quad p_{M_t}]^{\mathrm{T}}$，$p_m$ 是第 m 个发射天线允许的最大发射功率，这个问题可以表述为

$$\min_{\boldsymbol{p}} \sum_{k \neq k'} |\boldsymbol{u}_{k'}^{\mathrm{H}} \boldsymbol{u}_k|^2 + \sum_k |\boldsymbol{u}_k^{\mathrm{H}} \boldsymbol{u}_k - P_{\mathrm{t}} N_{\mathrm{r}}|^2 \quad \text{s. t.} \quad \boldsymbol{1}^{\mathrm{T}} \boldsymbol{p} = P_{\mathrm{t}}, \boldsymbol{p} \geqslant \boldsymbol{0}_{M_{\mathrm{t}} \times 1}, \boldsymbol{p} < P_m \boldsymbol{1}_{M_{\mathrm{t}} \times 1} \tag{12-21}$$

式中：$\boldsymbol{u}_k$ 为感知矩阵的第 k 列。

根据式(12－21)，那些提供了更多目标信息的发射天线将被分配更多的功率，而那些对目标检测贡献较小的发射天线则被消减掉。与均匀的能量分配方式相比(Uniform Power Allocation，UPA)，使用这种方式不仅能提高目标检测的精度，还减少了活动的发射天线数目。

下面详细阐述共置式 CS－MIMO 雷达的功率分配方法。为了简单起见，只考虑目标位置是固定的且其各自都只位于一个距离门单元内。我们的目的只是改进 DOA 估计。因此，式(12－3)中描述的模型可以简化为

$$\boldsymbol{r}_l \approx \sum_{k=1}^{K} \beta_k \mathrm{e}^{\mathrm{j}\frac{2\pi f}{c}\eta_l^r(\theta_k)} \boldsymbol{\Phi X v}(\theta_k) + \boldsymbol{\Phi n}_l \tag{12-22}$$

这里，所有接收天线使用相同的测量矩阵来压缩信号，目标检测仅使用一个脉冲。

将角度空间表示成 N 个离散的角度$[a_1, a_2, \cdots, a_N]$，结合 N_{r} 个接收天线的输出，我们有

$$\boldsymbol{r} = \boldsymbol{\Theta s} + \boldsymbol{n} \tag{12-23}$$

式中：$\boldsymbol{\Theta}$ 是感知矩阵，其第 k 列为

$$\boldsymbol{u}_k = [\mathrm{e}^{\mathrm{j}2\pi(\eta_l^r(a_k)f)/c}, \cdots, \mathrm{e}^{\mathrm{j}2\pi(\eta_{N_{\mathrm{r}}}^r(a_k)f)/c}]^{\mathrm{T}} \otimes (\boldsymbol{\Phi X V}(a_k)\tilde{\boldsymbol{p}}) \tag{12-24}$$

式中：$\boldsymbol{V}(a_k) = \mathrm{diag}\{\boldsymbol{v}(a_k)\}$，且 $\tilde{\boldsymbol{p}} = \sqrt{\boldsymbol{p}}$。

这里有

$$|\boldsymbol{u}_{k'}^{\mathrm{H}} \boldsymbol{u}_k|^2 = u_{kk'} |\tilde{\boldsymbol{p}}^{\mathrm{H}} \boldsymbol{B}_{kk'} \tilde{\boldsymbol{p}}|^2 = u_{kk'}[(\tilde{\boldsymbol{p}}^{\mathrm{H}} \boldsymbol{Br}_{kk'} \tilde{\boldsymbol{p}})^2 + (\tilde{\boldsymbol{p}}^{\mathrm{H}} \boldsymbol{Bi}_{kk'} \tilde{\boldsymbol{p}})^2] \tag{12-25}$$

式中：$u_{kk'} = \left| \sum_{l=1}^{\mathrm{N_r}} \mathrm{e}^{\mathrm{j}2\pi \frac{(\eta_l^r(a_k) - \eta_l^r(a_{k'}))f}{c}} \right|$，$\boldsymbol{B}_{kk'} = \boldsymbol{V}^{\mathrm{H}}(a_{k'}) \boldsymbol{X}^{\mathrm{H}} \boldsymbol{\Phi}^{\mathrm{H}} \boldsymbol{\Phi X V}(a_{k'})$，$\boldsymbol{Br}_{kk'} = \dfrac{\boldsymbol{B}_{kk'} + \boldsymbol{B}_{kk'}^{\mathrm{H}}}{2}$，$\boldsymbol{Bi}_{kk'} = \dfrac{\boldsymbol{B}_{kk'} + \boldsymbol{B}_{kk'}^{\mathrm{H}}}{2j}$。

容易看出，除非 $k = k'$，否则 $\boldsymbol{B}_{kk'}$ 不是一个半正定(PSD)矩阵，因此目标函数是非凸的。尽管如此，我们可以通过以下技巧使目标函数变成凸的：

$$(\tilde{\boldsymbol{p}}^{\mathrm{T}} \boldsymbol{Br}_{kk'} \tilde{\boldsymbol{p}})^2 = \left(\tilde{\boldsymbol{p}}^{\mathrm{T}} \underbrace{\left(\boldsymbol{Br}_{kk'} + \frac{b}{P_{\mathrm{t}}}\boldsymbol{I}\right)}_{\boldsymbol{Cr}_{kk'}} \tilde{\boldsymbol{p}} - b\right) = (\tilde{\boldsymbol{p}}^{\mathrm{T}} \boldsymbol{Cr}_{kk'} \tilde{\boldsymbol{p}})^2 + \tilde{\boldsymbol{p}}^{\mathrm{T}} \underbrace{\left(-2b\boldsymbol{Cr}_{kk'} + \frac{b}{P_{\mathrm{t}}}\boldsymbol{I}\right)}_{\boldsymbol{Dr}_{kk'}} \tilde{\boldsymbol{p}} + \boldsymbol{C}_{\mathrm{r}} \tag{12-26}$$

式中：b 和 d 是使 $\boldsymbol{Cr}_{kk'}$ 和 $\boldsymbol{Dr}_{kk'}$ 成为半正定矩阵的非负实数标量，即 $b/P_t+\lambda_{\min}(\boldsymbol{Br}_{kk'})\geqslant 0$ 和 $d/P_t+\lambda_{\min}(-2b\boldsymbol{Cr}_{kk'})\geqslant 0$。$\boldsymbol{C}_r$ 是不影响目标函数优化的一个常量。

式（12－26）是凸的，因为 $\boldsymbol{Cr}_{kk'}$ 和 $\boldsymbol{Dr}_{kk'}$ 都是半正定矩阵。对 $(\tilde{\boldsymbol{p}}^{\mathrm{T}}\boldsymbol{Bi}_{kk'}\tilde{\boldsymbol{p}})^2$ 用相同的技巧处理，可以得到

$$(\tilde{\boldsymbol{p}}^{\mathrm{T}}\boldsymbol{Bi}_{kk'}\tilde{\boldsymbol{p}})^2=(\tilde{\boldsymbol{p}}^{\mathrm{T}}\boldsymbol{Ci}_{kk'}\tilde{\boldsymbol{p}})^2+\tilde{\boldsymbol{p}}^{\mathrm{T}}(\boldsymbol{Di}_{kk'})\tilde{\boldsymbol{p}}+\boldsymbol{C}_i \tag{12-27}$$

同样地，目标函数式（12－21）中的第二项可以写为

$$|\boldsymbol{u}_{k'}^{\mathrm{H}}\boldsymbol{u}_k-P_tN_r|^2=N_r(\tilde{\boldsymbol{p}}^{\mathrm{T}}(\boldsymbol{B}_{kk}-\boldsymbol{I})\tilde{\boldsymbol{p}})^2=(\tilde{\boldsymbol{p}}^{\mathrm{T}}\boldsymbol{C}_{kk}\tilde{\boldsymbol{p}})^2+\tilde{\boldsymbol{p}}^{\mathrm{T}}(\boldsymbol{D}_{kk})\tilde{\boldsymbol{p}}+\boldsymbol{C} \tag{12-28}$$

那么式（12－21）的目标函数可以转化为凸函数，式（12－21）的问题就变成了

$$\min_{\tilde{\boldsymbol{p}}}\sum_{k\neq k'}(\tilde{\boldsymbol{p}}^{\mathrm{T}}\boldsymbol{Cr}_{kk'}\tilde{\boldsymbol{p}})^2+(\tilde{\boldsymbol{p}}^{\mathrm{T}}\boldsymbol{Ci}_{kk'}\tilde{\boldsymbol{p}})^2+\tilde{\boldsymbol{p}}^{\mathrm{T}}(\boldsymbol{Ci}_{kk'}+\boldsymbol{Di}_{kk'})\tilde{\boldsymbol{p}}+$$
$$\sum_k(\tilde{\boldsymbol{p}}^{\mathrm{T}}\boldsymbol{C}_{kk}\tilde{\boldsymbol{p}})^2+\tilde{\boldsymbol{p}}^{\mathrm{T}}(\boldsymbol{D}_{kk})\tilde{\boldsymbol{p}}\quad \text{s. t.}\quad \tilde{\boldsymbol{p}}^{\mathrm{H}}\tilde{\boldsymbol{p}}=P_t,\ \tilde{\boldsymbol{p}}\geqslant 0_{M_t\times 1},\ \tilde{\boldsymbol{p}}\leqslant\sqrt{P_m}\boldsymbol{1}_{M_t\times 1} \tag{12-29}$$

观察式（12－29）的约束条件，可以发现第一个约束是非凸的。为了解决这个问题，可以采用迭代的方式获得式（12－29）的解，在每次迭代中，用其局部的仿射来近似代替这个约束，即

$$(\tilde{\boldsymbol{p}})^{\mathrm{T}}\tilde{\boldsymbol{p}}\approx(\tilde{\boldsymbol{p}}^j)^{\mathrm{T}}\tilde{\boldsymbol{p}}^j+2(\tilde{\boldsymbol{p}}^j)^{\mathrm{T}}(\tilde{\boldsymbol{p}}-\tilde{\boldsymbol{p}}^j) \tag{12-30}$$

式中：$(\tilde{\boldsymbol{p}}^j)$ 是第 j 次迭代中 $\tilde{\boldsymbol{p}}$ 的估计。

迭代将按如下步骤进行。

（1）初始化 $\tilde{\boldsymbol{p}}^{(0)}=[1\quad 1\quad \cdots\quad 1]^{\mathrm{T}}$；

（2）第 j 次迭代时，求解下式得到 $\tilde{\boldsymbol{p}}^j$：

$$\min_{\tilde{\boldsymbol{p}}}\sum_{k\neq k'}|\boldsymbol{u}_{k'}^{\mathrm{H}}\boldsymbol{u}_k|^2+\sum_k|\boldsymbol{u}_{k'}^{\mathrm{H}}\boldsymbol{u}_k-P_tN_r|^2\quad \text{s. t.}\quad (\tilde{\boldsymbol{p}}^{(j-1)})^{\mathrm{H}}\tilde{\boldsymbol{p}}^{(j-1)}+$$
$$2(\tilde{\boldsymbol{p}}^{(j-1)})^{\mathrm{H}}(\tilde{\boldsymbol{p}}-\tilde{\boldsymbol{p}}^{(j-1)})=P_t,\ \tilde{\boldsymbol{p}}\geqslant\boldsymbol{0}_{M_t\times 1},\ \tilde{\boldsymbol{p}}\leqslant\sqrt{P_m}\boldsymbol{1}_{M_t\times 1}$$

（3）若 $\|\tilde{\boldsymbol{p}}^{(j)}-\tilde{\boldsymbol{p}}^{(j-1)}\|_2<\varepsilon$，迭代结束且输出 $\tilde{\boldsymbol{p}}=\tilde{\boldsymbol{p}}^{(j)}$。否则，继续进行迭代。

基于测量矩阵 $\boldsymbol{\Phi}$，每个接收天线都可以使用压缩接收机。因为测量矩阵是一个满秩矩阵，它的实现可能会增加模拟电路的复杂性。因此，实际中可以跳过线性压缩的步骤，直接使用一个单位矩阵作为测量矩阵，在接收天线处收集少量的采样值。如果发射天线的发射波形正交，即 $\boldsymbol{X}^{\mathrm{H}}\boldsymbol{X}=\boldsymbol{I}$，则 $\boldsymbol{B}_{kk}$ 是一个对角矩阵。那么式（12－21）可以被简化为如下的一个简单凸问题：

$$\min_{p} \boldsymbol{p}^{\mathrm{T}}\left(\sum_{k\neq k'} \boldsymbol{u}_{kk'}\boldsymbol{b}_{kk'}^{*}\boldsymbol{b}_{kk'}^{\mathrm{T}}\right)\boldsymbol{p} \quad \text{s. t.} \quad \mathbf{1}_{M_t\times 1}^{\mathrm{T}}\boldsymbol{p}=P_t, \boldsymbol{p}\geqslant 0, \boldsymbol{p}\leqslant P_m\mathbf{1}_{M_t\times 1} \tag{12-31}$$

式中：$\boldsymbol{b}_{kk'}^{\mathrm{T}}$ 是 $\boldsymbol{B}_{kk'}$ 的对角元素。

仿真实例 12.3：

考虑与仿真实例 12.1 相同的天线布置情况。在每次实验中，发射和接收天线的位置均匀地随机产生。载波频率为 $f=5\mathrm{GHz}$。传输的波形是具有单位功率的长度为 $L=32$ 的正交 Hadamard 序列。SNR 设置为 0dB。3 个目标在角度网格[0°：0.1°：5°]上随机均匀放置。总发射功率设置为 M_t，每个天线的最大发射功率为 9W。测量矩阵 $\boldsymbol{\Phi}$ 是单位矩阵。如式（12－13）所示，使用 Dantzig 选择器来提取目标角度信息。

进行多次独立实验，在每次实验中，发射和接收天线的位置都按均匀分布随机生成。图 12－11 显示了对应优化的功率分配（OPA）方案时，感知矩阵的列之间的平均相关性。结果由 100 次独立实验得到。$M_t=5,10,15,20,25,30$。为了方便比较，均匀功率分配（UPA）和随机功率分配（RPA）的相应结果也在同一图中给出。从图中可以看出，OPA 方案可以减少式（12－21）中的第一项，其表示感知矩阵列 $\boldsymbol{u}_k$ 和 $\boldsymbol{u}_{k'}$ 的互相关值的根的和，记为 SCSM。图 12－11 还说明了，可以通过增加接收天线的数量来减少 SCSM。

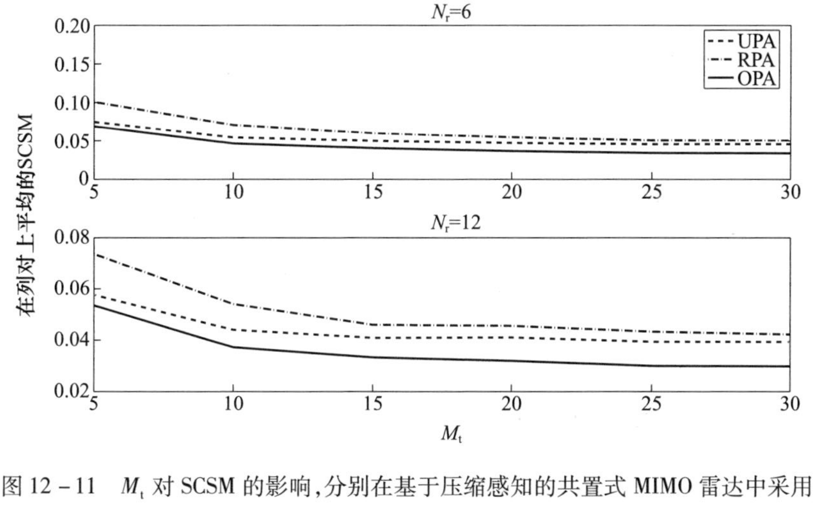

图 12－11　M_t 对 SCSM 的影响，分别在基于压缩感知的共置式 MIMO 雷达中采用优化的（OPA）、均匀的（UPA）和随机的（RPA）功率分配方式，情况一，$N_r=12$；情况二，$N_r=12$；在这两种情况下，$L=32$

图 12－12 给出了基于 1000 次独立实验获得的角度估计的 ROC 曲线。在每次实验中，在角度网格上随机生成三个目标。SNR＝－10dB，0dB，不同数量的发射/接收天线的情况如图 12－12 所示。可以看出，与 UPA 方案相比，OPA 方案可以提高 ROC 性能。并且，增加接收天线的数量可以提高检测性能。由于

增加接收天线的数量并不能提高 SNR,所以性能增益是来自感知矩阵的改进,如图 12-11 所示。在低 SNR 情况下,发射/接收天线数量增加带来的性能增益将更加突出。这是因为使用更多的发射/接收天线实际增加了天线孔径。此外,发射天线数量的增加也等效地提高了接收天线处的接收信号的 SNR,因为在我们仿真中每个发射天线的发射功率是一定的。

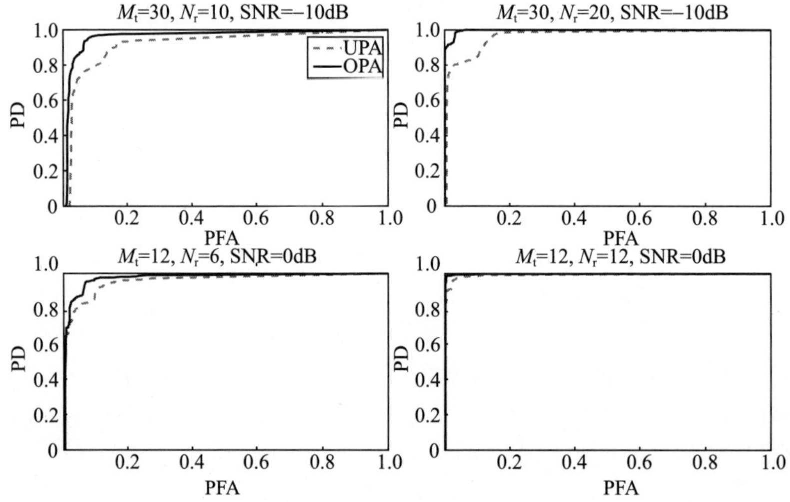

图 12-12 $M_t=12, L=32$ 时,功率分配下的角度估计的接收机工作特性曲线

除了性能改进之外,OPA 方案还减少了活动的发射天线数量。例如,在 $M_t=20$ 和 $N_r=12$ 的情况下,在实验 500 次中,平均有 6 个发射天线的功率小于 0.0001W。这表明 OPA 方案只需要 14 个发射天线进行活动,而 UPA 方案需要所有 20 个发射天线。图 12-13(a)给出了在一次实验中分配功率小于 0.0001W 的发射天线的分布图;图中标出了不需要的天线;图 12-13(b)显示了这种情况下的功率分配结果。

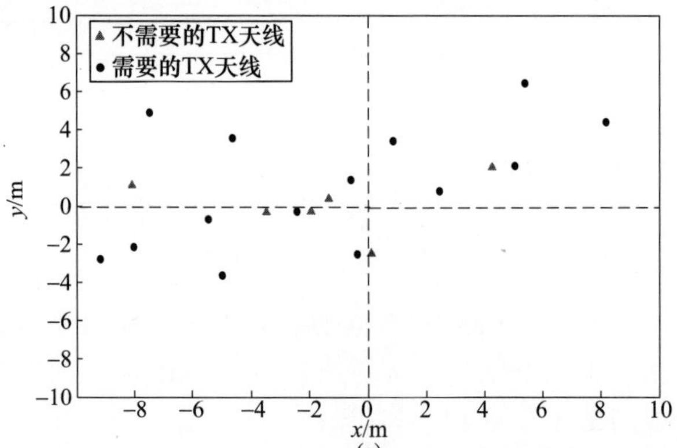

(a)

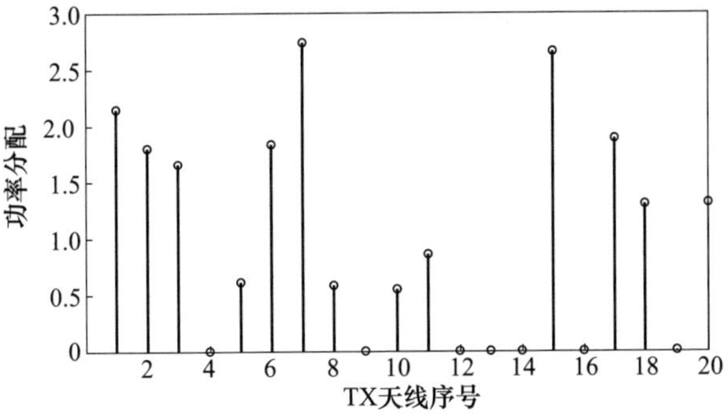

(b)

图 12－13　在 $M_t=20, N_r=12, L=32$ 条件下，共置式 CS－MIMO 雷达的发射天线分布
(a)发射天线分布；(b)功率分配。

12.4.2　共置式 CS－MIMO 雷达的波形设计

按照优化功率分配的方式，还可以通过在总发射功率一定的约束条件下最小化感知矩阵的 Gram 矩阵和单位矩阵之间的差来设计发射波形。在这种情况下，感知矩阵的第 k 列变为

$$\boldsymbol{u}_k=\left[\mathrm{e}^{\mathrm{j}2\pi\frac{\eta_l^r(\theta_k)f}{c}},\cdots,\mathrm{e}^{\mathrm{j}2\pi\frac{\eta_{N_r}^r(\theta_k)f}{c}}\right]\otimes(\boldsymbol{\Phi}\tilde{\boldsymbol{V}}(a_k)\boldsymbol{x}) \qquad (12-32)$$

式中：$\tilde{\boldsymbol{V}}(a_k)=\boldsymbol{I}_L\otimes\boldsymbol{v}^{\mathrm{T}}(a_k)$，$\boldsymbol{x}=\mathrm{vec}(\boldsymbol{X}^{\mathrm{T}})$。

我们建模出以下优化问题：

$$\min_{x}\sum_{k\neq k'}|\boldsymbol{u}_{k'}^{\mathrm{H}}\boldsymbol{u}_k|^2+\sum_{k}|\boldsymbol{u}_k^{\mathrm{H}}\boldsymbol{u}_k-P_tN_r|^2 \quad \text{s. t.} \quad \boldsymbol{x}^{\mathrm{H}}\boldsymbol{x}=P_t \qquad (12-33)$$

这个问题可以按照 12.4.1 节中描述的优化功率分配方法来求解。然而，波形涉及的变量数远远大于功率分配中的变量数。即功率分配的变量数目为 M_t，而波形设计为 M_tL。此外，式(12－33)不是凸的，因此不存在全局最小值，且得到的波形会取决于所使用的初始波形。尽管如此，如以下仿真实例所示，这种方法仍然可以提升性能。

仿真实例 12.4：

考虑与仿真实例 12.1 相同的天线布置。使用 $M_t=10$ 个发射天线和 M_tL 个接收天线。载波频率为 $f=5\mathrm{GHz}$，SNR 设置为 0dB。角度网格[0,°0.2°,…,2°]上存在三个目标。总发射功率设置为 M_t。初始向量 $\boldsymbol{x}^{(0)}$ 是长度为 $L=16$ 的单位功率的正交 Hadamard 波形。测量矩阵 $\boldsymbol{\Phi}$ 为 $M=\mathrm{round}(0.7L)$ 的高斯随机矩阵，这意味着每个接收天线将传输 $M=11$ 个采样样本到融合中心。如式(12－13)所示，使用 Dantzig 选择器来提取目标角度信息。所提出的波形设计方法产生的角度估计的 ROC 曲线如图 12－14 所示。其中，由于波形设计而引起的性能改善是显而易见的。图 12－15 显示了在一次实验中,从式(12－33)获得的 4 个发射天线的局部最优波形。

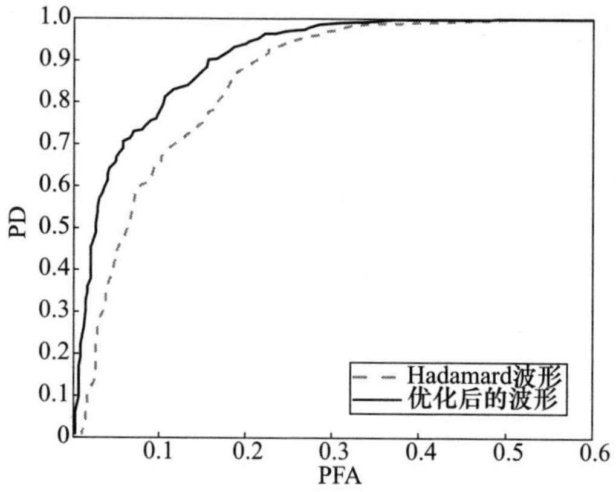

图 12－14　应用波形设计的压缩感知共置式 MIMO 雷达的角度估计 ROC 曲线

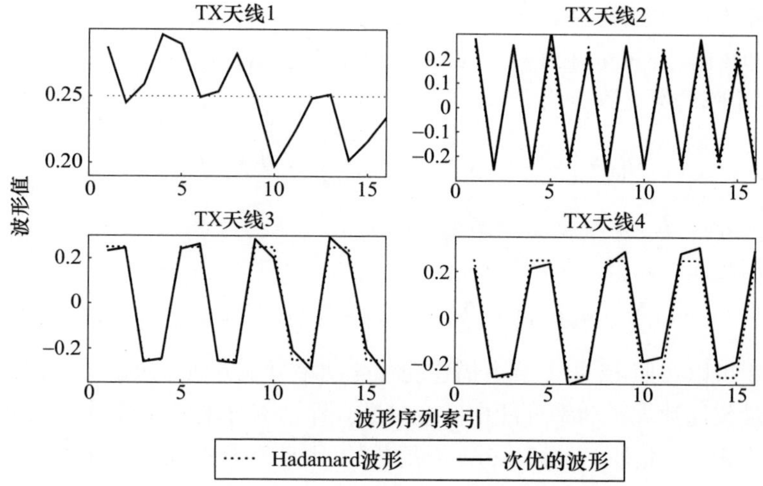

图 12－15　四个发射天线的局部最优波形和初始波形(基于压缩感知的共置式 MIMO 雷达在一次实验中的结果)

12.4.3　测量矩阵设计

本节将讨论测量矩阵的设计,以提高共置式 CS－MIMO 雷达的检测性能。

一般而言,影响 CS 性能的因素有两个。第一个因素是感知矩阵的相关性。UUP 准则要求感知矩阵的相干性(CSM)要低,以保证精确地恢复稀疏信号。第二个因素是信号与干扰比。例如,如果基矩阵服从 UUP,并且我们关心的信号 $\boldsymbol{s}$ 足够稀疏,那么 Dantzig 选择器估计误差的平方将以很高概率满足[25]:

$$\|\hat{\boldsymbol{s}}-\boldsymbol{s}\|_{\ell^2}^2 \leqslant \boldsymbol{C}^2 2\log N \times \left(\sigma^2+\sum_i^N \min\left(s^2(i),\sigma^2\right)\right) \tag{12-34}$$

式中：$\boldsymbol{C}$ 为常数；$\hat{\boldsymbol{s}}$ 为 $\boldsymbol{s}$ 的估计。从式（12-34）可以很容易地看出，干扰功率的增加会降低 Dantzig 选择器的性能。

12.4.3.1　基于减少 CSM 和增加 SIR 的测量矩阵设计

测量矩阵设计的目标是减少 CSM，并同时增加 SIR。感知矩阵 $\boldsymbol{\Theta}$ 对应第 k 个和第 k' 个网格点的两列的相关性为

$$\mu_{kk'}(\boldsymbol{\Theta})=\frac{\left|\sum_{m=1}^{N_{\mathrm{p}}}\sum_{l=1}^{N_{\mathrm{r}}} \mathrm{e}^{\mathrm{j}2\pi(q_{lmk}-q_{lmk'})}\boldsymbol{u}_{k'}^{\mathrm{H}}\boldsymbol{\Phi}^{\mathrm{H}}\boldsymbol{\Phi}\boldsymbol{u}_k\right|}{N_{\mathrm{r}}N_{\mathrm{p}}\sqrt{\boldsymbol{u}_k^{\mathrm{H}}\boldsymbol{\Phi}^{\mathrm{H}}\boldsymbol{\Phi}\boldsymbol{u}_k\boldsymbol{u}_{k'}^{\mathrm{H}}\boldsymbol{\Phi}^{\mathrm{H}}\boldsymbol{\Phi}\boldsymbol{u}_{k'}}} \tag{12-35}$$

式中：$\boldsymbol{u}_k=C_{\lfloor 2c_k/cT_p/L\rfloor}\boldsymbol{X}\boldsymbol{v}(a_k)$（$\boldsymbol{C}_{\tau_k}$ 的定义见 12.2.1 节）。设第 m 个脉冲内第 l 个接收天线收到的干扰波形为高斯分布，即 $n_{lm}(t)\sim\mathcal{CN}(0,\sigma^2)$。另外，假设在各个接收天线之间和脉冲之间的噪声波形都是相互独立的。那么

$$\mathrm{SIR}=\frac{\sum_{i=1}^{K}|\beta_i|^2\boldsymbol{u}_{k_i}^{\mathrm{H}}\boldsymbol{\Phi}^{\mathrm{H}}\boldsymbol{\Phi}\boldsymbol{u}_{k_i}}{\sigma^2\mathrm{Tr}(\boldsymbol{\Phi}^{\mathrm{H}}\boldsymbol{\Phi})} \tag{12-36}$$

CSM 和 SIR 对 CS 方法性能影响的精确描述是未知的。文献[40]通过优化 CSM 和 SIR 的倒数的线性组合来获得测量矩阵。CSM 可以由多种方式来定义。其中一种定义是感知矩阵中任意两列互相关的最大值。对于均匀的感知矩阵而言，这种定义是很有效的，但其难以描述当感知矩阵大多数列的互相关较小时的感知矩阵特性[41]。此外，最大化互相关最大值的过程，将增加一些本来互相关较低的列的相关性。接下来，我们将使用 CSM（SCSM）的和作为度量来设计测量矩阵。

通过最小化 SCSM 和 SIR 的线性组合，我们抽象出如下优化问题：

$$\min_{\boldsymbol{\Phi}}\left(\sum_{k\neq k'}u_{kk'}^2(\boldsymbol{\Theta})+\lambda\frac{1}{\mathrm{SIR}}\right) \tag{12-37}$$

式中：λ 为一个正的加权，反映了 SCSM 和 SIR 之间的权衡折中。

式（12-37）的问题是非凸的。因此为了得到一个解，首先将（12-37）看作 $\boldsymbol{B}=\boldsymbol{\Phi}^{\mathrm{H}}\boldsymbol{\Phi}$ 的优化问题。进一步的将感知矩阵的列的范数设为 1，即 $N_{\mathrm{r}}N_{\mathrm{p}}\boldsymbol{u}_k^{\mathrm{H}}\boldsymbol{\Phi}^{\mathrm{H}}\boldsymbol{\Phi}\boldsymbol{u}_k=1, k=1,2,\cdots,N$；这将大大简化 $\mu_{kk'}(\boldsymbol{\Theta})$ 和 1/SIR 的表达式。现在，式（12-37）可以重写为

$$\begin{gathered}\min_{B}\sum_{k=1}^{N-1}\sum_{k'=k+1}^{N}\left|\sum_{m=1}^{N_{\mathrm{p}}}\sum_{l=1}^{N_{\mathrm{r}}}\mathrm{e}^{\mathrm{j}2\pi(q_{lmk'}-q_{lmk})}\boldsymbol{u}_{k'}^{\mathrm{H}}\boldsymbol{B}\boldsymbol{u}_k\right|^2+\lambda\mathrm{Tr}\{\boldsymbol{B}\}\\ \text{s.t.}\quad N_{\mathrm{r}}N_{\mathrm{p}}\boldsymbol{u}_k^{\mathrm{H}}\boldsymbol{B}\boldsymbol{u}_k=1, k=1,2,\cdots,N, B\geqslant 0\end{gathered} \tag{12-38}$$

这是一个关于 $\boldsymbol{B}$ 的凸问题。一旦得到 $\boldsymbol{B}$，基于特征分解 $\boldsymbol{B}=\boldsymbol{V}\Sigma\boldsymbol{V}^{\mathrm{H}}$，就可以得到式(12－37)的解：

$$\boldsymbol{\Phi}_{\#1}=\sqrt{\tilde{\Sigma}}\,\tilde{\boldsymbol{V}}^{\mathrm{H}} \tag{12-39}$$

式中：$\tilde{\Sigma}$ 为对角矩阵，其对角线元素为 Σ 的非零特征值；$\tilde{\boldsymbol{V}}$ 为相应的特征列向量组成的矩阵。将 $N(N-1)/2$ 个辅助变量引入到式(12－38)中，即 $t_{kk'}(k=1,2,\cdots,N-1,k'=k+1,k+2,\cdots,N)$。可以得到

$$\begin{aligned}&\min_{B,t_{kk'}}\sum_{k=1}^{N-1}\sum_{k'=k+1}^{N}t_{kk'}+\lambda\mathrm{Tr}\{B\}\quad \text{s. t.}\quad N_{\mathrm{r}}N_{\mathrm{p}}\boldsymbol{u}_k^{\mathrm{H}}\boldsymbol{B}\boldsymbol{u}_k=1,k=1,2,\cdots,N,\\&|\boldsymbol{u}_{k'}^{\mathrm{H}}\boldsymbol{B}\boldsymbol{u}_k|^2\leqslant t_{kk'},k=1,2,\cdots,N-1,k'=k+1,k+2,\cdots,N,\quad \boldsymbol{B}\geqslant 0\end{aligned} \tag{12-40}$$

然后式(12－40)可以转化为一个半正定规划问题(SDP)，如下所示：

$$\begin{aligned}&\min_{t,B}\mathbf{1}_{1\times\frac{N(N-1)}{2}}\boldsymbol{t}+\boldsymbol{a}^{\mathrm{T}}\mathrm{vec}(\boldsymbol{B})\quad \text{s. t.}\quad \boldsymbol{A}^{\mathrm{T}}\mathrm{vec}(\boldsymbol{B})=\mathbf{1}_{N\times 1}\\&\boldsymbol{F}_{kk'}\geqslant 0,k=1,2,\cdots,N-1,k'=k+1,k+2,\cdots,N,\quad \boldsymbol{B}\geqslant 0\end{aligned} \tag{12-41}$$

其中，$\boldsymbol{t}$ 由 $N(N-1)$ 个辅助变量 $t_{kk'}$ 组成，$\boldsymbol{A}$ 包含 $\mathrm{vec}((\boldsymbol{u}_k\boldsymbol{u}_k^{\mathrm{H}})^{\mathrm{T}})N_{\mathrm{r}}N_{\mathrm{p}}$ 且其第 k 列为

$$\boldsymbol{a}=[\overbrace{\lambda,0_{1\times(L+\tilde{L})},\lambda,0_{1\times(L+\tilde{L})},\cdots,0_{1\times(L+\tilde{L})}\lambda}^{(L+\tilde{L})\lambda s}]^{\mathrm{T}}$$

且有

$$\boldsymbol{F}_{kk'}(t)=\begin{bmatrix}t_{kk'} & \mathrm{vec}[(\boldsymbol{u}_k\boldsymbol{u}_{k'}^{\mathrm{H}})^{\mathrm{T}}]^{\mathrm{T}}\mathrm{vec}(\boldsymbol{B})\\ \mathrm{vec}[(\boldsymbol{u}_k\boldsymbol{u}_{k'}^{\mathrm{H}})^{\mathrm{T}}]^{\mathrm{T}}\mathrm{vec}(\boldsymbol{B})^{\mathrm{H}} & 1\end{bmatrix} \tag{12-42}$$

这里可以使用多个软件包来求解式(12－41)问题，如 Sedumi[38] 和 CVX[39]。

12.4.3.2 仅基于 SIR 改善的测量矩阵设计

求解式(12－41)要求极高的计算量。此外，其解只适用于特定的基矩阵。为了避免这两个缺点，可以仅针对 SIR 改进来设计测量矩阵[12]。这个方案中需要两个重要假设：

(1)如果 $2vfT_{\mathrm{p}}/c\ll 1$，则假设一个脉冲内的多普勒频移可以忽略掉。该假设将简化基矩阵，因为它允许我们忽略掉基矩阵中的多普勒信息。

(2)对于足够大的 $\tilde{M}$ 而言，$1/\tilde{M}\sum_{i=1}^{\tilde{M}}a_ix_iy_i\approx E(a_ix_iy_i)=0$。其中：$x_i,y_i\sim\mathcal{N}(0,1/\tilde{M})$，且是独立同分布的；$a_i$ 与 x_i、$y_i(i=1,2,\cdots,\tilde{M})$是不相关的。这个假设将被用来简化 SIR 表达式。

如文献[12]所示，在测量矩阵上引入以下特殊结构，可以降低设计问题的

维度：

$$\boldsymbol{\Phi}_{\#2}=\boldsymbol{\Phi}\boldsymbol{W}^{\mathrm{H}} \tag{12-43}$$

式中：$\boldsymbol{\Phi}$ 为一个 $M\times\tilde{M}$（$M\leqslant\tilde{M}$）的零均值高斯随机矩阵；$\boldsymbol{W}$ 为一个 $(L+\tilde{L})\times\tilde{M}$ 的待定的判断矩阵，其满足 $\mathrm{diag}\{\boldsymbol{W}^{\mathrm{H}}\boldsymbol{W}\}=[1\quad\cdots\quad1]^{\mathrm{T}}$。

可以选择矩阵 $\boldsymbol{W}$ 来提高接收机中 CS 方法的检测性能。矩阵 $\boldsymbol{\Phi}_{\#2}$ 压缩信号而不增加 CSM。如文献[40]中所述，与常规的测量矩阵相比，使用适当的 $\boldsymbol{W}$，$\boldsymbol{\Phi}_{\#2}$ 确实能带来更高的 CSM。接下来，我们将讨论 $\boldsymbol{W}$ 的选择。

假设由第 k 个目标引起的时延服从离散的均匀分布，也即 $p(\tau_k=k)=1/(\tilde{L}+1)(k=0,1,\cdots,\tilde{L})$，用节点位置的分布替代确定的节点位置，那么第 k 个目标回波的平均 SIR 可以近似为

$$\overline{\mathrm{SIR}}_k=\frac{|\beta_k|^2}{\sigma^2\tilde{M}}\sum_{\tau=0}^{\tilde{L}}\frac{1}{\tilde{L}+1}T_{\mathrm{r}}\{\boldsymbol{W}^{\mathrm{H}}\boldsymbol{Q}_{\tau}\boldsymbol{W}\}=\frac{|\beta_k|^2}{\sigma^2\tilde{M}}\frac{1}{\tilde{L}+1}T_{\mathrm{r}}\{\boldsymbol{W}^{\mathrm{H}}\boldsymbol{C}\boldsymbol{W}\} \tag{12-44}$$

式中：

$$\begin{cases}\boldsymbol{Q}_{\tau_k}=\boldsymbol{C}_{\tau_k}\boldsymbol{X}\boldsymbol{X}^{\mathrm{H}}\boldsymbol{C}_{\tau_{k'}}^{\mathrm{H}}\\ \boldsymbol{C}=\sum\limits_{\tau=0}^{\tilde{L}}\boldsymbol{Q}_{\tau}=[\boldsymbol{C}_0\boldsymbol{X},\cdots,\boldsymbol{C}_{\tilde{L}}\boldsymbol{X}][\boldsymbol{C}_0\boldsymbol{X},\cdots,\boldsymbol{C}_{\tilde{L}}\boldsymbol{X}]^{\mathrm{H}}\end{cases} \tag{12-45}$$

因此，最大化 $\overline{\mathrm{SIR}}_k$ 的优化问题可以写成

$$\boldsymbol{W}^*=\max_{W,M}\overline{\mathrm{SIR}}_k\quad \text{s. t.}\quad \mathrm{diag}\{\boldsymbol{W}^{\mathrm{H}}\boldsymbol{W}\}=[1,\cdots,1]_{\tilde{M}\times1}^{\mathrm{T}} \tag{12-46}$$

上述问题的解 $\boldsymbol{W}^*$ 包含了对应于 $\boldsymbol{C}$ 的最大特征值的特征向量的列。该解可能导致病态的感知矩阵。因此，考虑到所有可能的延迟，一个可行的 $\boldsymbol{W}$ 如下：

$$\boldsymbol{W}=[\boldsymbol{C}_0\boldsymbol{X},\cdots,\boldsymbol{C}_{\tilde{L}}\boldsymbol{X}] \tag{12-47}$$

文献[40]说明了与高斯测量矩阵相比，$\boldsymbol{\Phi}_{\#2}$ 能够使 SIR 提高但不会明显地增大 CSM。

12.4.3.3　$\boldsymbol{\Phi}_{\#1}$ 与 $\boldsymbol{\Phi}_{\#2}$

$\boldsymbol{\Phi}_{\#1}$ 与 $\boldsymbol{\Phi}_{\#2}$ 的优缺点总结如下：

（1）复杂度：求解 $\boldsymbol{\Phi}_{\#1}$ 涉及一个复杂的优化问题，且倚赖于特定的基矩阵，而 $\boldsymbol{\Phi}_{\#2}$ 仅需要知道所有可能的离散时延。因此，构造 $\boldsymbol{\Phi}_{\#1}$ 与 $\boldsymbol{\Phi}_{\#2}$ 具有更高的计算复杂度。

（2）性能：$\boldsymbol{\Phi}_{\#1}$ 旨在降低感知矩阵的相关性并同时增强 SIR。CSM 和 SIR 之间的折中使得 $\boldsymbol{\Phi}_{\#1}$ 具有比 $\boldsymbol{\Phi}_{\#2}$ 更低的 SIR。因此，在干扰较小的情况下，$\boldsymbol{\Phi}_{\#1}$ 的性

能要好于 $\boldsymbol{\Phi}_{\#2}$，而在存在强干扰的情况下，$\boldsymbol{\Phi}_{\#1}$应该表现得较差。

仿真实例 12.5：

考虑与仿真实例 12.1 相同的天线布置情况，其中天线个数 $M_t = N_r = 4$。发射天线发送长度 $L = 128$ 的 Hadamard 波形。一个干扰机位于角度 7°的方向，发射未知的高斯随机波形。由于获得 $\boldsymbol{\Phi}_{\#1}$需要很高的计算复杂度，考虑一个小范围少网格点的网格[0°，1°]×[10010m，10090m，10，100m，10，090m]，相邻角度－距离网格点的间距为[0.2°，15m]。设三个目标被随机分布在这个网格上。仅使用一个脉冲的数据，并进行角度－距离估计。

图 12－16 比较了使用 $\boldsymbol{\Phi}_{\#1}$、$\boldsymbol{\Phi}_{\#2}$和高斯随机测量矩阵（GRMM）的 CS－MIMO 雷达，以及使用 MFM 方法的 MIMO 雷达的 ROC 性能。ROC 是基于 100 次独立、随机实验得到的。基于 CS 的方法使用了 $M = 20$ 个样本，而基于 MFM 的方法使用 100 个样本。仿真给出了在不同 SNR 和干扰信号功率的条件下的结果。可以看出，无论在弱或者强干扰的情况下，与 GRMM 相比，具有 Hadamard 波形的 $\boldsymbol{\Phi}_{\#1}$和 $\boldsymbol{\Phi}_{\#2}$都可以提高检测精度。需要注意的是，3 种测量矩阵在 SNR＝10dB 和 $\beta = 0$ 时得到差不多的性能。这是因为干扰足够小从而使得所有的测量矩阵都表现良好。这里也可以看出，MFM 不如 CS 方法，尽管它使用了远比 CS 方法更多的测量值。

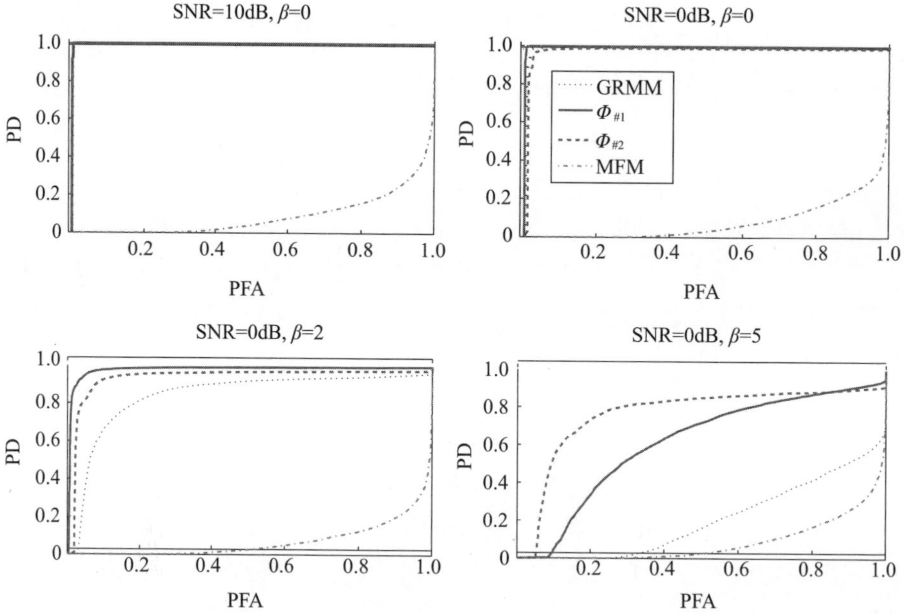

图 12－16 使用 $\boldsymbol{\Phi}_{\#1}$、$\boldsymbol{\Phi}_{\#2}$和 GRMM 的 CS－MIMO 雷达，以及使用 MFM 的 MIMO 雷达的 ROC 曲线对比（$M_t = N_r = 4$ 和 $\lambda = 1.5$）（见彩图）

12.5　穿墙雷达中的应用

穿墙雷达(TWR)可以感知到障碍物后方,甚至建筑物内部的物体或者人。在很多民事和军事的应用中,穿墙雷达对于情景感知的作用是不可或缺的,比如用于监视或检测自然灾害中被困于废墟中的幸存者。

文献[42,43]对 MIMO 穿墙雷达进行了研究。文献中提到,多个在空间中分布的天线可以提供不同的视角来观测场景,使得我们可以减轻由障碍物引起的干扰,从而增强室内环境中目标的可检测性。文献[44]还提出了 CS - MIMO 穿墙雷达,与 MIMO 穿墙雷达相比,其可以减少采样数量和数据采集时间,且发射天线以时分复用方式发射信号。下面将提出一种用于穿墙雷达的 CS - MIMO 雷达技术。其发射天线同时发射不同的波形,从而可以进一步减少采集时间。

考虑一个线性的 M_t 个阵元的发射阵列和 N_r 个阵元的接收阵列,它们都平行于墙壁,与墙的距离分别为 $\boldsymbol{t}_{off}$ 和 $\boldsymbol{r}_{off}$,如图 12 - 17 所示。令 $(x_i^t, -\boldsymbol{t}_{off})$ 和 $(x_i^r, -\boldsymbol{r}_{off})$ 分别表示第 i 个发射和接收天线的位置。设墙壁是均匀的,厚度为 d 且介电常数为 ε,其位于 x 轴上。K 个固定的点目标在墙后面,其位置用 (x_k, y_k) $(k=1,2,\cdots,K)$ 表示。宽带信号 $x_i(t)$ $(i=1,2,\cdots,M_t)$ 以随机步进频率的方式发射,即脉冲载波频率为 $f_n = f_0 + C_n B/(N_s)$ $(n=1,2,\cdots,N_p)$,其中 f_0 是中心频率,B 是带宽,C_n 是 $0 \sim N_s - 1$ 之间的随机整数。

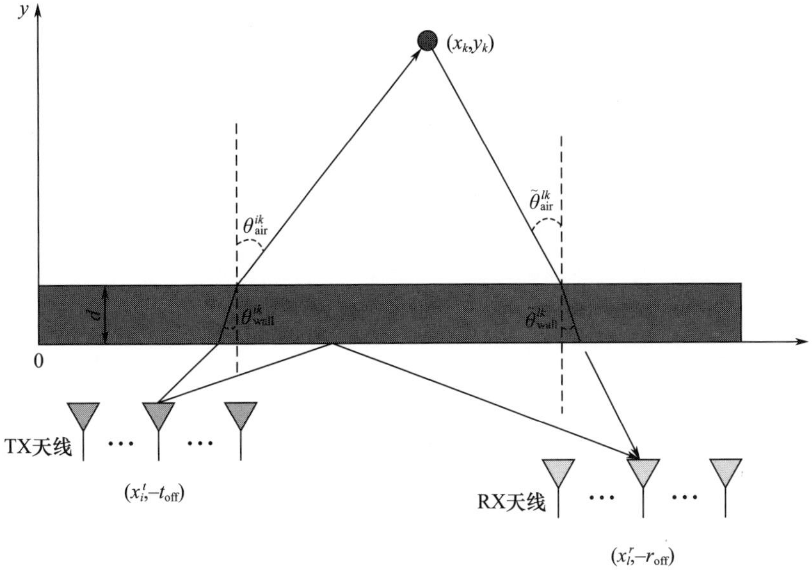

图 12 - 17　穿墙壁传播和墙面反射的几何关系示意图(见彩图)

为简单起见只考虑壁前反射和单一的一条传播路径(图 12-17)。因此,需要估计的参量为 x_k 和 $y_k(k=1,2,\cdots,K)$。在接收天线处接收到的信号由目标回波和墙杂波组成,如下:

(1)目标回波:在第 m 个脉冲期间内第 l 个接收天线接收的基带目标回波信号可以表示为

$$z_{lm}^{\text{target}}(t) = \sum_{k=1}^{K}\sum_{i}^{M_t}\beta_k x_i(t-\tau_{ilk})\mathrm{e}^{\mathrm{j}2\pi f_m \tau_{ilk}} \tag{12-48}$$

式中:β_k 为第 k 个目标的复反射系数;τ_{ilk} 为第 k 个目标在发射、接受天线对(i,l)上引起的传播时延。

令 θ_{air}^{ik} 和 $\tilde{\theta}_{\text{wall}}^{lk}$ 分别表示对应于第 k 个目标和第 i 个发射/接收天线的入射角和折射角,τ_{ilk} 可以表示为

$$\tau_{ilk} = \frac{t_{\text{off}}+y_k-d}{\cos(\theta_{\text{air}}^{ik})c} + \frac{d\sqrt{\varepsilon}}{\cos(\theta_{\text{wall}}^{ik})c} + \frac{t_{\text{off}}+y_k-d}{\cos(\tilde{\theta}_{\text{air}}^{lk})c} + \frac{d\sqrt{\varepsilon}}{\cos(\tilde{\theta}_{\text{wall}}^{lk})c} \tag{12-49}$$

一旦找到目标和天线之间沿着 x 轴和 y 轴的距离$(\Delta x,\Delta y)$,就可以通过求解以下非线性方程来获得角度入射角 θ_{air} 和折射角 θ_{wall}:

$$\frac{\theta_{\text{air}}}{\theta_{\text{wall}}} = \sqrt{\varepsilon} \tag{12-50}$$

$$\Delta x = (\Delta y - d)\tan(\theta_{\text{air}}) + d\tan(\theta_{\text{wall}}) \tag{12-51}$$

(2)墙杂波:在第 m 个脉冲期间内由于第 l 个接收天线处,由于壁前反射引起的接收信号可以表示为

$$z_{lm}^{\text{wall}}(t) = \sum_{l=1}^{N_r}\sum_{i=1}^{M_t}\beta_{\text{wall}}x_i(t-\tau_{il}^{\text{wall}})\mathrm{e}^{\mathrm{j}2\pi f_m \tau_{il}^{\text{wall}}} \tag{12-52}$$

式中:β_{wall} 为壁前面的复反射系数;τ_{il}^{wall} 为一对发射、接收天线(i,l)的传播时延,在文献[43]中给出了其表达式:

$$\tau_{il}^{\text{wall}} = \frac{\sqrt{(x_i^{\text{t}}-x_{il})^2+t_{\text{off}}^2}}{c} + \frac{\sqrt{(x_l^{\text{r}}-x_{il})^2+r_{\text{off}}^2}}{c} \tag{12-53}$$

式中:

$$x_{il} = \frac{x_i^{\text{t}}r_{\text{off}}+x_l^{\text{r}}r_{\text{off}}}{t_{\text{off}}+r_{\text{off}}} \tag{12-54}$$

因此,第 m 个脉冲期间内的第 l 个接收天线的接收信号可以表示为

$$z_{lm}(t) = z_{lm}^{\text{target}}(t)z_{lm}^{\text{wall}}(t) + n_{lm}(t) \tag{12-55}$$

式中:$n_{lm}(t)$表示干扰。

将二维成像区域离散为 N 个网格点,即$[(x_n,y_n)](n=1,2,\cdots,N)$,令 s_n 表示第 n 个网格点上的系数。接收信号 $z_{lm}(t)$可以重新写为所有的网格点上的目

标回波的线性组合，即

$$z_{lm}(t)=\sum_{n=1}^{N}\sum_{i=1}^{M_t}s_n x_i(t-\tau_{iln})\mathrm{e}^{-\mathrm{j}2\pi f_m\tau_{iln}}+z_{lm}^{\mathrm{wall}}(t)+n_{lm}(t) \tag{12-56}$$

式中：τ_{iln}为一对发射、接收天线(i,l)在第n个网格点的传播时延，等于

$$\tau_{iln}=\frac{t_{\mathrm{off}}+y_n-d}{\cos(\theta_{\mathrm{air}}^{in})c}+\frac{d\sqrt{\varepsilon}}{\cos(\theta_{\mathrm{wall}}^{in})c}+\frac{r_{\mathrm{off}}+y_n-d}{\cos(\tilde{\theta}_{\mathrm{air}}^{ln})c}+\frac{d\sqrt{\varepsilon}}{\cos(\tilde{\theta}_{\mathrm{wall}}^{ln})c} \tag{12-57}$$

如果第k个目标位于(x_n,y_n)，则系数s_n等于β_k；否则，s_n等于零。

第l个接收机在每个脉冲重复周期T内通过测量矩阵$\boldsymbol{\Phi}_l$获得M个线性的压缩测量值。将第l个接收天线上第m个脉冲期间内采集的所有压缩样本拼接成一个向量$\boldsymbol{r}_{lm}$，其满足

$$\begin{aligned}\boldsymbol{r}_{lm}&=\sum_{n=1}^{N}\sum_{i=1}^{M_t}s_n\boldsymbol{\Phi}_l\boldsymbol{C}_{\tau_{iln}}x_i\mathrm{e}^{\mathrm{j}2\pi f_m\tau_{iln}}+\boldsymbol{\Phi}_l z_{lm}^{\mathrm{wall}}+\boldsymbol{\Phi}_l\boldsymbol{n}_{lm}=\\&\boldsymbol{\Phi}_l\boldsymbol{\Psi}_{lm}\boldsymbol{s}+\boldsymbol{\Phi}_l\boldsymbol{z}_{lm}^{\mathrm{wall}}+\boldsymbol{\Phi}_l\boldsymbol{n}_{lm}\end{aligned} \tag{12-58}$$

式中：$x_i(i=1,2,\cdots,M_t)$是时间间隔为T_{s}，长度为L的发射波形序列，因此脉冲持续时间$T_{\mathrm{p}}=LT_{\mathrm{s}}$；$\boldsymbol{C}_\tau=[\boldsymbol{0}_{L\times\lfloor\frac{\tau}{T_s}\rfloor}\quad \boldsymbol{I}_L\quad \boldsymbol{0}_{L\times(\tilde{L}-\lfloor\frac{\tau}{T_s}\rfloor)}]$的大小为$(\tilde{L}+L)\times L$；$\boldsymbol{\Phi}_l$为第$l$个接收节点上的$M\times(\tilde{L}+L)$的测量矩阵；$\boldsymbol{z}_{lm}^{\mathrm{wall}}=[z_{lm}^{\mathrm{wall}}(0T_{\mathrm{s}}+(m-1)T),\cdots,z_{lm}^{\mathrm{wall}}((L+\tilde{L}-1)T_{\mathrm{s}}+(m-1)T)]^{\mathrm{T}}$；$\boldsymbol{n}_{lm}=[n_{lm}(0T_{\mathrm{s}}+(m-1)T),\cdots,n_{lm}((L+\tilde{L}-1)T_{\mathrm{s}}+(m-1)T)]^{\mathrm{T}}$；$\boldsymbol{s}=[s_1\quad\cdots\quad s_N]^{\mathrm{T}}$为目标的位置指示向量；$\boldsymbol{\Psi}_{lm}=[\sum_{i}^{M_t}\boldsymbol{C}_{\tau_{il1}}\boldsymbol{x}_i\mathrm{e}^{-\mathrm{j}2\pi f_m\tau_{il1}}\quad\cdots\quad\sum_{i}^{M_t}\boldsymbol{C}_{\tau_{ilN}}\boldsymbol{x}_i\mathrm{e}^{-\mathrm{j}2\pi f_m\tau_{ilN}}]$。$LT_{\mathrm{s}}$为成像区域的最大时延，这里我们假设目标回波完全落入长度为$(\tilde{L}+L)T_{\mathrm{s}}$的采样窗内。

联合N_{r}个接收天线上的N_{p}个脉冲的输出结果，融合中心收到的信号可以写为

$$\boldsymbol{r}\hat{=}[\boldsymbol{r}_{11}^{\mathrm{T}}\quad\cdots\quad\boldsymbol{r}_{1N_{\mathrm{p}}}^{\mathrm{T}}\quad\cdots\quad\boldsymbol{r}_{N_{\mathrm{r}}N_{\mathrm{p}}}^{\mathrm{T}}]^{\mathrm{T}}=\boldsymbol{\Phi}\boldsymbol{\Psi}\boldsymbol{s}+\boldsymbol{n} \tag{12-59}$$

式中：

$$\boldsymbol{\Psi}=[(\boldsymbol{\Psi}_{11})^{\mathrm{T}}\quad\cdots\quad(\boldsymbol{\Psi}_{1N_{\mathrm{p}}})^{\mathrm{T}}\quad\cdots\quad(\boldsymbol{\Psi}_{N_{\mathrm{r}}N_{\mathrm{p}}})^{\mathrm{T}}]^{\mathrm{T}}\in C^{(L+\tilde{L})N_{\mathrm{r}}N_{\mathrm{p}}\times N}$$

$$\boldsymbol{\Phi}=\mathrm{diag}\{[\boldsymbol{\Phi}_1\quad\cdots\quad\boldsymbol{\Phi}_1\quad\boldsymbol{\Phi}_2\quad\cdots\quad\boldsymbol{\Phi}_2\quad\cdots\quad\boldsymbol{\Phi}_{N_{\mathrm{r}}}\quad\cdots\quad\boldsymbol{\Phi}_{N_{\mathrm{r}}}]\}\in C^{N_{\mathrm{r}}N_{\mathrm{p}}M\times(L+\tilde{L})N_{\mathrm{r}}N_{\mathrm{p}}} \tag{12-60}$$

且

$$\boldsymbol{n}=[(\boldsymbol{\Phi}_1(\boldsymbol{z}_{11}^{\mathrm{wall}}+n_{11}))^{\mathrm{T}}\quad\cdots\quad(\boldsymbol{\Phi}_1(\boldsymbol{z}_{1N_p}^{\mathrm{wall}}+n_{1N_{\mathrm{p}}}))^{\mathrm{T}}\quad\cdots\quad(\boldsymbol{\Phi}_1(\boldsymbol{z}_{N_{\mathrm{r}}N_{\mathrm{p}}}^{\mathrm{wall}}+n_{N_{\mathrm{r}}N_{\mathrm{p}}}))^{\mathrm{T}}]\in C^{N_{\mathrm{r}}N_{\mathrm{p}}M\times 1} \tag{12-61}$$

墙的壁面会引起非常强烈的反射,从而掩盖墙壁后面的目标。因此,去除或减轻壁面反射是穿墙雷达成像的一个关键的预处理步骤。从接收信号中去除墙杂波的典型方法包括背景相减法[45],子空间投影法[43]或时间门选通法[44]。之后,可以采用现有的 CS 算法[19-25],从无杂波的数据中轻松地求解出目标指标集 $\boldsymbol{s}$。其非零项的位置将对应目标所在的网格点。

虽然在这里只考虑了单路径的传播和墙体反射,但是这个思路可以扩展到多层墙面反射和多径的情况中。

仿真实例 12.6:

考虑与图 12-17 相同的天线布置。中心载波频率为 $f_0=1\text{GHz}$,步进频率带宽 $B=6\text{GHz}$,频率段数 $N_s=60$。发射和接收天线沿 x 轴按 $1.5\lambda=0.45\text{m}$ 间距均匀分布。发射和接收天线阵列的距离墙的距离分别为 1m 和 1.5m。最左端的发射和接收天线都位于笛卡儿坐标系的原点。传输的波形是 $L=8$,$T_s=0.5\text{ns}$的正交 Hadamard 序列。一堵均匀的墙壁沿着位于 x 轴分布,它的厚度为 $d=0.2\text{m}$,介电常数为 $\varepsilon=4$,且反射系数为 $\beta_{\text{wall}}=50$。3 个目标分别位于位置(0.171,0.325)m、(1.89,1.356)m 和(1.13,0.85)m 且反射系数分别为 0.5、1 和 1.6。墙后的成像区域尺寸为 2m × 2m,离散表达为$[0,0.02,\cdots,2]\text{m}\times[0,0.22,\cdots,2.2]\text{m}$。通过时间门选通的方法去除墙壁杂波,测量矩阵由单位矩阵的 M 个相等间隔的行构成。这种类型的测量矩阵能够降低采样率而不会使硬件变得更复杂。发射天线的发射信号在每个脉冲内具有单位能量;并且 SNR 为热噪声方差的倒数,此处为 0dB。目标的指标集可以通过求解以下凸出问题得到:

$$\min\|\boldsymbol{s}\|_1 \quad \text{s.t.} \quad \|(\boldsymbol{r}-\boldsymbol{\Phi\Psi s})\|_2<\sigma \tag{12-62}$$

图 12-18 显示了 MIMO 穿墙雷达在一次实验中,分别由压缩感知成像方法和 MFM 成像方法重构出的图像。发射天线的数量固定为 $M_t=6$。对于 MFM① 成像方法,图 12-18 的第二行和第三行分别给出了没有阈值和阈值为 0.1 的图像。第一个子图中给出了真实的图像用于对比。可以发现,在给定相同的参数集($N_r=2,N_p=8,M=10$)的条件下,CS 成像方法将产生干净和准确的图像,而 MFM 成像方法重建的图像则较为模糊。且在 MFM 中,反射系数为 0.5 的目标还被淹没在噪声背景中。在这种情况下,进行阈值处理也无法让背景变得干净。当三个参数增加到($N_r=2,N_p=8,M=10$)时,MFM 成像方法可以得到与 CS 成像方法相似的成像效果,但其分辨率仍较差。图 12-18 充分地说明 CS-MIMO 穿墙雷达优于 MFM-MIMO 穿墙雷达:CS-MIMO 穿墙雷达采用较少的接收天线、较低的采样速率(或采样点数)和更少的采集时间(或脉冲数),其还具有更

---

① 译者注:原文为 MEM,此处应为 MFM。

好的性能。

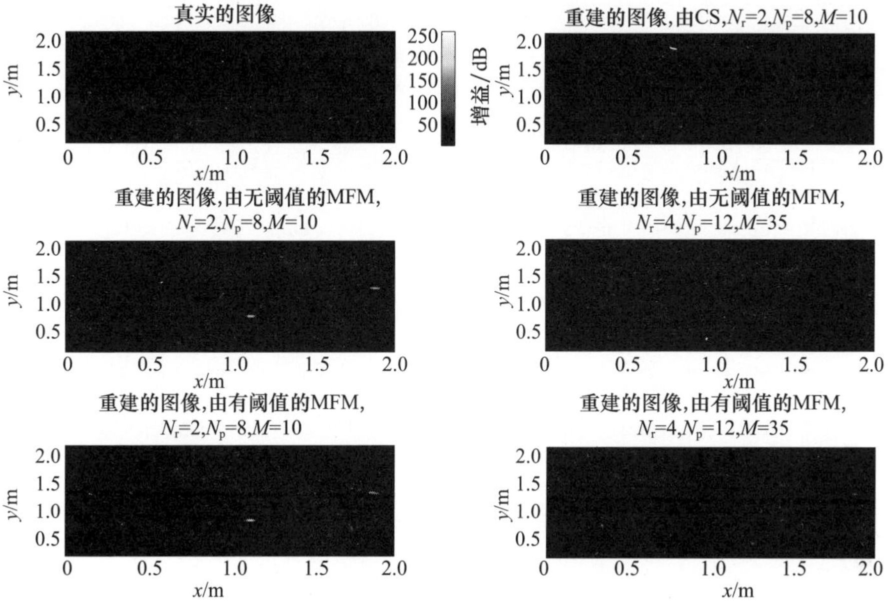

图 12－18　由 CS 和 MFM 方法重建的图像(见彩图)

致　谢

这项工作得到 ONR 的支持,资助号为 ONR－N00014－07－1－0500 和 ONR－N00014－12－1－0036。

参考文献

1. E. Fishler, A. Haimovich, R. Blum, D. Chizhik, L. Cimini, and R. Valenzuela, MIMO radar: An idea whose time has come, in *Proceedings of the IEEE Radar Conference*, Philadelphia, PA, pp. 71–78, April 2004.
2. E. Fishler, A. Haimovich, R. Blum, L. Cimini, D. Chizhik, and R. Valenzuela, Performance of MIMO radar systems: Advantages of angular diversity, in *Proceedings of the 38th Asilomar Conference on Signals, Systems, and Computers*, Pacific Grove, CA, pp. 305–309, November 2004.
3. A.M. Haimovich, R.S. Blum, and L.J. Cimini, MIMO radar with widely separated antennas, *IEEE Signal Processing Magazine*, 25 (1), 116–129, January 2008.
4. P. Stoica and J. Li, MIMO radar with colocated antennas, *IEEE Signal Processing Magazine*, 24 (5), 106–114, September 2007.
5. J. Li, P. Stoica, L. Xu, and W. Roberts, On parameter identifiability of MIMO radar, *IEEE Signal Processing Letters*, 14 (12), 968–971, December 2007.

6. L. Xu, J. Li, and P. Stoica, Radar imaging via adaptive MIMO techniques, in *Proceedings of the European Signal Processing Conference*, Florence, Italy, September 2006.
7. M.I. Skolnik, *Radar Handbook*. New York: McGraw-Hill, 1990.
8. W.D. Wirth, *Radar Techniques Using Array Antennas*. London, U.K.: Institution of Electrical Engineers, 2001.
9. A.P. Petropulu, Y. Yu, and H.V. Poor, Distributed MIMO radar using compressive sampling, in *Proceedings of the 42nd Asilomar Conference on Signals, Systems, and Computers*, Pacific Grove, CA, pp. 203–207, November 2008.
10. C.Y. Chen and P.P. Vaidyanathan, Compressed sensing in MIMO radar, in *Proceedings of the 42nd Asilomar Conference on Signals, Systems, and Computers*, Pacific Grove, CA, pp. 41–44, November 2008.
11. T. Strohmer and B. Friedlander, Compressed sensing for MIMO radar—Algorithms and performance, in *Proceedings of the 43rd Asilomar Conference on Signals, Systems, and Computers*, Pacific Grove, CA, pp. 464–468, November 2009.
12. Y. Yu, A.P. Petropulu, and H.V. Poor, MIMO radar using compressive sampling, *IEEE Journal of Selected Topics in Signal Processing*, 4 (1), 146–163, February 2010.
13. S. Gogineni and A. Nehorai, Target estimation using sparse modeling for distributed MIMO radar, *IEEE Transactions on Signal Processing*, 59 (11), 5315–5325, November 2011.
14. Y. Yu and A.P. Petropulu, A study on power allocation for widely separated CS-based MIMO radar, in *Proceedings of SPIE 8365, Compressive Sensing*, 83650S (June 8, 2012). doi:10.1117/12.919734.
15. E.J. Candes, J.K. Romberg, and T. Tao, Stable signal recovery from incomplete and inaccurate measurements, *Communications on Pure and Applied Mathematics*, 59 (8), 1207–1223, August 2006.
16. D.L. Donoho, Compressed sensing, *IEEE Transactions on Information Theory*, 52 (4), 1289–1306, April 2006.
17. E. Candes and T. Tao, Decoding by linear programming, *IEEE Transactions on Information Theory*, 51 (12), 4203–4215, December 2005.
18. E.J. Candes, Compressive sampling, in *Proceedings of the International Congress of Mathematicians*, Madrid, Spain, 2006.
19. J.A. Tropp and A.C. Gilbert, Signal recovery from random measurement via orthogonal matching pursuit, *IEEE Transactions on Information Theory*, 53 (12), 4655–4666, December 2007.
20. D. Needell and R. Vershynin, Signal recovery from incomplete and inaccurate measurements via regularized orthogonal matching pursuit, *IEEE Journal of Selected Topics in Signal Processing*, 4 (2), 310–316, April 2010.
21. D. Needell and R. Vershynin, Uniform uncertainty principle and signal recovery via regularized orthogonal matching pursuit, *Foundations of Computational Mathematics*, 9 (3), 317–334, April 2009.
22. D. Needell and R. Vershynin, COSAMP: Iterative signal recovery from incomplete and inaccurate samples, *Applied and Computational Harmonic Analysis*, 26 (3), 301–321, April 2008.
23. J.A. Tropp, Just relax: Convex programming methods for identifying sparse signals in noise, *IEEE Transactions on Information Theory*, 52 (3), 1030–1051, March 2006.
24. E.J. Candes and J. Romberg, ℓ_1-MAGIC: Recovery of sparse signals via convex programming. http://www.acm.caltech.edu/l1magic/, October 2008.

25. E. Candes and T. Tao, The Dantzig selector: Statistical estimation when p is much larger than n, *Annals of Statistics*, 35 (6), 2313–2351, December 2007.
26. T. Strohmer and B. Friedlander, Analysis of sparse MIMO radar. https://www.math.ucdavis.edu/strohmer/papers/2012/sparsemimo.pdf, 2012.
27. Y. Chi, L.L. Scharf, A. Pezeshki, and A.R. Calderbank, Sensitivity to basis mismatch in compressed sensing, *IEEE Transactions on Signal Processing*, 59 (5), 2182–2195, May 2011.
28. Y. Yu, A.P. Petropulu, and H.V. Poor, CSSF MIMO radar: Compressive-sensing and step-frequency based MIMO radar, *IEEE Transactions on Aerospace and Electronic Systems*, 48 (2), 1490–1504, April 2012.
29. Y. Yu, S. Sun, and A.P. Petropulu, A capon beamforming method for clutter suppression in colocated compressive sensing based MIMO radars, in *Proceedings of SPIE 8717, Compressive Sensing II*, 87170J (May 31, 2013). doi:10.1117/12.2015635.
30. G. Barriac, R. Mudumbai, and U. Madhow, Distributed beamforming for information transfer in sensor networks, in *Proceedings of the 2004 International Symposium on Information Processing in Sensor Networks*, Berkeley, CA, pp. 81–88, April 2004.
31. R. Mudumbai, J. Hespanha, U. Madhow, and G. Barriac, Distributed transmit beamforming using feedback control, *IEEE Transactions on Information Theory*, 56 (1), 411–426, January 2010.
32. I. Thibault, A. Faridi, G.E. Corazza, A.V. Coralli, and A. Lozano, Design and analysis of deterministic distributed beamforming algorithms in the presence of noise, *IEEE Transactions on Communications*, 61 (4), 1595–1607, April 2013.
33. D.R. Brown and H.V. Poor, Time-slotted round-trip carrier synchronization for distributed beamforming, *IEEE Transactions on Signal Processing*, 56, 5630–5643, 2008.
34. R.D. Preuss and D.R. Brown, Two-way synchronization for coordinated multicell retrodirective downlink beamforming, *IEEE Transactions on Signal Processing*, 59, 5415–5427, 2011.
35. W. Hao, G. Qiang, and F. Li, Effects of carrier synchronization on link throughput of distributed beamforming, in *Proceedings of the IEEE 21st International Symposium on Personal Indoor and Mobile Radio Communications (PIMRC)*, Istanbul, Turkey, pp. 2111–2116, 2010.
36. Y. Yu and A.P. Petropulu, Power allocation for CS-based colocated MIMO radar systems, in *The Seventh IEEE Sensor Array and Multi-channel Signal Processing Workshop (SAM)*, Hoboken, NJ, June 2012.
37. Y. Yu, S. Sun, R. Madan, and A.P. Petropulu, Power allocation and waveform design for the compressive sensing based MIMO radar, to appear in *IEEE Transactions on Aerospace and Electronic Systems*.
38. SeDuMi, Optimization over symmetric cones, CORAL lab, Department of Industrial and Systems Engineering, Lehigh University. http://sedumi.ie.lehigh.edu/.
39. M. Grant and S. Boyd, CVX: Matlab software for disciplined convex programming, version 2.0 beta. http://cvxr.com/cvx, September 2012.
40. Y. Yu, A.P. Petropulu, and H.V. Poor, Measurement matrix design for compressive sensing based MIMO radar, *IEEE Transactions on Signal Processing*, 59 (11), 5338–5352, November 2011.
41. J.A. Tropp, Greed is good: Algorithmic results for sparse approximation, *IEEE Transactions on Information Theory*, 50 (10), 2231–2242, October 2004.
42. B. Boudamouz, P. Millot, and C. Pichot, Through the wall radar imaging with MIMO beamforming processing—Simulation and experimental results, *American Journal of Remote Sensing*, 7–12, January 2013. doi:10.11648/j. ajrs.20130101.12.

43. F. Ahmad and M.G. Amin, Wall clutter mitigation for MIMO radar configurations in urban sensing, in *11th International Conference on Information Sciences, Signal Processing and their Applications (ISSPA)*, Montreal, QC, Canada, pp. 1165–1170, July 2012.
44. J. Qian, F. Ahmad, and M.G. Amin, Joint localization of stationary and moving targets behind walls using sparse scene recovery, *Journal of Electronic Imaging*, 22 (2), 021002–021002, April 2013. doi:10.1117/ 1.JEI.22.2.021002.
45. F. Ahmad and M.G. Amin, Multi-location wideband synthetic aperture imaging for urban sensing applications, *Journal of the Franklin Institute*, 345 (6), 618–639, September 2008.

第13章 压缩感知与噪声雷达

Mahesh C. Shastry、Ram M. Narayanan
和 Muralidhar Rangaswamy

摘　　要

压缩感知技术非常适合应用在噪声雷达系统中。广义地来讲，压缩感知适用于噪声雷达的成像；尤其适用于城市遥感的场景。噪声雷达是指一种发射信号波形类似于随机噪声波形的无线电频率成像系统。近年来，噪声雷达已经成功地应用在城市遥感场景中，如穿墙雷达（Amin，2011）。与此同时，压缩感知领域的最新进展为我们提供了克服噪声雷达波形设计、采样和带宽限制等挑战的新技术。本章将综述与这些问题有关的文献，并提出新的结果。这些结果使我们能够利用压缩感知和稀疏性来改进噪声雷达系统。我们把压缩感知噪声雷达成像问题建模成为一个包含循环随机系统矩阵的线性求逆问题。通过使用毫米波超宽带噪声雷达系统获得的实验数据，说明该模型的可行性。我们最主要的贡献在于开发了压缩采样噪声雷达成像的理论和算法以及检测策略。本章引入了一种基于极值统计量的方法，该方法通过经验地估计出残差分布来起作用，其中的残差分布是用估计算法实例统计得到的。需要说明的是，从统计的角度，虚警将被看作压缩检测问题中的罕见事件。因而，可以通过少量的压缩感知的恢复数据来外推残差的分布，从而校正压缩感知噪声雷达系统。对于开发面向实际应用的压缩感知噪声雷达系统而言，很有必要开发便捷的方法来校准系统，并且表征恢复的效果。

13.1　引　　言

噪声雷达成像可以看作一个线性求逆问题。在典型的雷达系统中，发射天线发射电磁波到自由空间，之后由接收天线获得经由目标反射的回波信号。目标的信息是通过比较发射信号和回波信号来提取的。本章使用术语目标场景或目标环境来描述未知目标所处的空间区域；分别用术语发射波形、接收（或反射）波形来描述发射和接收电磁场的时间序列。发射和接收波形将会被离散化处理，同时，场景中的目标位置也被离散到距离门单元中。我们考虑最基本的雷达成像问题，即用非相干的噪声雷达来获得一维距离像。

雷达系统最基本也是最广泛的应用，就是估计目标场景中的一维距离像、估计目标的速度以及进行目标检测。很多年来，传统的雷达系统基本都使用模拟信号处理系统来成像。这么做的主要原因是希望发射信号可以尽量使用大的带宽，因为大带宽信号对于实现高分辨率的图像至关重要。在雷达出现的最开始60年里，系统硬件一直缺乏强大的采样能力和数字信号处理能力，从而制约了数字信号处理在雷达系统中的应用。直到20世纪90年代，数字雷达接收机才在雷达成像应用中逐渐普及。这在很大程度上要归功于高效的高速率模拟数字转换器（ADC）和数字信号处理硬件的发展。尽管如此，模拟数字转换器技术的发展速度还是跟不上数字信号处理硬件计算能力的增长。从模拟到数字系统的转变，使得我们能够在接收机上实现更先进的信号处理技术以提升雷达系统的性能。图13－1给出了从1975—2010年间模拟数字转换器技术的发展历程（此图基于2010的研究得出）（Jonsson，2010），其数据点显示了对应不同年份不同有效量化位数（ENOB）的模拟数字转换器的采样速率。这张图也展现了模拟数字转换器在采样速率和量化位数两者上的折中设计。如图所示，目前可用的最佳的12位量化模拟数字转换器也最多以1010次/s的速度进行采样。因此，采样宽带模拟信号的高造价制约了高分辨雷达的发展。

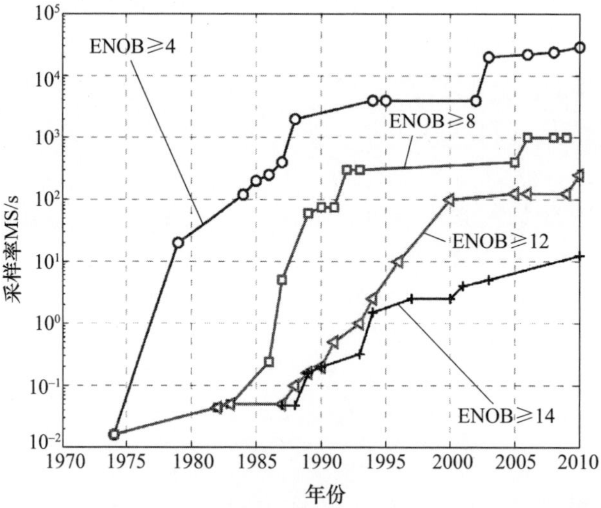

图13－1　1975—2010年间模拟/数字转换器（ADC）的发展状况（Jonsson，2010）。ENOB代表量化有效位数，即可以实现的量化电平数（见彩图）

噪声雷达技术涉及发射类似于随机噪声波形的连续波。传统的方法是使用匹配滤波器对接收到的信号进行非相干处理,从而实现距离检测。使用噪声雷达来进行成像的想法最早在 Horton(1959)中提出。经过的十来年的发展(Narayanan 等,1998),噪声雷达的趋势已是采用超宽带的信号波形。超宽带信号被定义为具有 500MHz 以上绝对带宽或是带宽超过信号载频 20% 的信号。本章将采用 500MHz 以上绝对带宽的定义。信号的超宽带特性使得我们可以获得更高的距离分辨率。雷达的测距问题涉及将目标场景建模为一个线性滤波器。若将滤波器的传递函数记作 $s(t)$,那么对于给定的发射信号 $\Psi(t)$ 以及加性噪声 $n(t)$,回波信号可以写作

$$f(t)=\Psi(t)*s(t)+n(t) \tag{13-1}$$

式中:“ * ”表示线性卷积运算。之前的噪声雷达信号处理主要是基于匹配滤波器的方法,该方法的前提是发射信号与其自身的延时信号是正交的。如果我们将信号模型离散化,则可以得到

$$\boldsymbol{f}=\boldsymbol{\Psi}\boldsymbol{s}+\boldsymbol{n} \tag{13-2}$$

式中:$\boldsymbol{f},\boldsymbol{s},\boldsymbol{n}\in\mathbb{R}^N$,且 $\boldsymbol{\Psi}\in\mathbb{R}^{N\times N}$。基于正交性的假设,恢复出的目标场景可以表示为

$$\boldsymbol{s}_{\mathrm{CR}}^{*}=\boldsymbol{\Psi}^{-1}\boldsymbol{f}=\boldsymbol{\Psi}^{\mathrm{T}}\boldsymbol{f} \tag{13-3}$$

匹配滤波器的优点在于其具有低成本和低处理时延的特性。我们仅仅需要计算回波信号和发射信号的互相关,就可以获得目标的图像。

本章针对噪声雷达成像的问题,提出了一种与传统匹配滤波器不同的基于优化问题的处理方法。对于任一向量 $\boldsymbol{v}=[v_1\ v_2\cdots\ v_N]$,定义 ℓ_2 范数为 $\|\boldsymbol{v}\|_2=\sum_{i=1}^{N}|v_i|^2$。定义 ℓ_1 范数为 $\|\boldsymbol{v}\|_1=\sum_{i=1}^{N}|v_i|$。使用压缩感知的框架,可以恢复得到欠定线性方程组的稀疏解。因此可以将信号模型推广,令系统矩阵 $\boldsymbol{A}=\boldsymbol{\Phi\Psi}\in R^{M\times N}$。这样的系统矩阵对应着的信号采样速率是由信息带宽决定的,而不再是信号带宽。原问题会被映射成最小化一个带有加性 ℓ_1 正则项的最小二乘的代价函数(如 $\min_s\|\boldsymbol{f}-\boldsymbol{\Psi}\boldsymbol{s}\|_{l_2}$)的问题。虽然与互相关处理比较起来,最小二乘处理更加耗时也难以实现实时处理,但是这个模型提高了雷达系统的性能。如 13.2 节所述,通过最小二乘的表达,能够利用信号的稀疏性来提高其采样效率。但由于基于最小二乘与稀疏的方法包含了非线性和迭代的恢复过程,其性能更加难以被分析。此外,目标恢复将需要相当大的计算成本。13.3 节利用一种高效的数据驱动检测算法来克服以上问题。最后,使用带宽 500MHz 的毫米波噪声雷达的实验数据,我们验证了所提出的理论和经验结果的有效性。

13.1.1　压缩感知雷达成像研究现状

随机噪声雷达(Horton,1959)发射由随机过程生成发射波形。为了获得

高的分辨率，其趋势是使用超宽带的发射波形（Narayanan 等，1998）。在噪声雷达中，采用随机生成的波形使得信号在一定程度上能免受拦截和干扰。早期的随机波形雷达使用模拟信号处理来检测目标。而如今越来越多的噪声雷达系统使用数字信号处理技术来进行实时成像（Chen 等，2012）。无论是在一般地穿墙雷达成像，还是在特定的城市遥感应用场景中，噪声雷达都已被视作非常有效的技术（Narayanan，2008）。数字噪声雷达系统使用高速率的模拟数字转换器，但模数转换器的采样速率限制了系统的最高分辨率。为了突破这个瓶颈，我们利用了压缩感知原理。Yoon 和 Amin（2010）首先报道了压缩感知在步进频率穿墙雷达成像中的应用。在探地雷达方面，使用压缩感知的步进频率雷达系统也已经实现（Gurbuz 等，2009；Suksmono 等，2010）。Bar - Ilan 和 Elder（2014）将 Xampling（Mishali 等，2011）框架应用于脉冲雷达，开发了使用多普勒聚焦的距离 - 速度联合雷达成像雷达系统。Ender（2010）则给出了使用跳频脉冲波形的压缩感知雷达成像结果。与以上工作不同的是，我们的实验将使用非相干的超宽带连续波噪声雷达来成像。连续的噪声状信号波形具有即时宽带的优良特性。此外，这种波形对于加性噪声、干扰和截获而言具有较好的鲁棒性（Narayanan 等，1998）。

使用随机的发射波形这个特点使得噪声雷达非常适合应用压缩感知。Baraniuk和 Steeghs（2007）在关于随机解调器的问题中首先提出了在压缩雷达成像中使用随机波形。压缩感知估计器的信号恢复性能取决于系统矩阵满足的条件。两个最常研究的条件分别是约束等距准则（Restricted Isometry Property，RIP）和互相关性（Candes 等，2006；Donoho，2006）。如本章所述的压缩噪声雷达成像问题涉及循环随机系统矩阵。但与标准随机矩阵对比，压缩感知中循环随机矩阵的适用性研究少了很多。在随机解调器的文献中，Romberg（2009）演示了使用特殊设计的循环随机系统矩阵，能够用 $O(S\log^3 N)$ 个采样点以概率 $1-O(n^{-1})$ 恢复出信号。Haupt 等人研究了在压缩信道估计的背景下的伯努利随机循环矩阵（Haupt 等，2010）。他们表明，基于系统矩阵的约束等距准则，托普利茨随机矩阵的 $O(S\log^2 N)$ 个测量值足以使 Dantzig 选择器（Candes 等，2006）恢复算法得到稳定的恢复结果。Rauhut 等（Rauhut 等，2012）得出了循环矩阵的 RIP，表明 $O(\max((S\log N)^{1.5}, S\log^2(S\log^2 N)))$ 个测量值能保证稳定的恢复效果。Herman和 Strohmer 针对高分辨雷达成像推导了矩阵互相关的结果（Herman 和 Strohmer，2009）并提出了将 Alltop 序列作为窄带近似下的发射波形的使用。他们同时提到了随机波形在高分辨率雷达成像中的有效性。Shastry 等（2013b）还提到了噪声波形也可以用于目标匹配波形设计。通过利用本用于测距的超宽带随机波形雷达系统，我们对该方法进行了扩展。目前，噪声雷达系统的优点就在于它们的简单性。我们将分析与压缩感知雷达成像相关的实际问题，以推动该领域在现实中的应用。仿真结果表明测量值个数会渐近地向压缩感知给出的最优值 $O(S\log N)$ 靠拢(Shastry 等,2010)。

本章的部分内容已载于会议出版物(Shastry 等,2010,2012,2013a)。

本章总结如下:

(1)本章将压缩感知问题整理为一个包含循环随机矩阵的线性系统求逆问题。第 13.2 节将使用这个线性系统模型来研究噪声雷达成像的理论。接着,使用了噪声雷达的实验数据验证了这个循环随矩阵模型的合理性。在之后,通过理论和实验分析了压缩感知的性能。我们首先在文献中,以实验验证了从超宽带噪声雷达的压缩采样中恢复数据的可行性。并且设计实验使用毫米波雷达验证了压缩感知噪声雷达的实用性。

(2)在压缩感知的噪声雷达系统中,目标恢复是通过非线性的凸优化求解器实现的。而这使得目标检测的问题变得复杂。首先,尽管目标场景中的目标是稀疏的,但雷达得到的测量值却很少满足稀疏性。没有考虑这种稀疏度不匹配的情形会导致性能下降。其次,在非线性的恢复中,很难得出检测和虚警概率在理论上的封闭表达式。而虚警概率和恢复信号的统计分布对于决定检测阈值是必需的。第 13.3 节基于极值统计理论,提出了一种数据驱动的右尾分布估计算法。为了有效地推导出与虚警概率相关的经验分布以及检测阈值,我们拟合出一个广义的帕累托分布来逼近检测变量的右尾分布。并用实际的噪声雷达系统的实验数据测试了我们的算法。

13.2　压缩感知随机波形雷达基础

13.2.1　压缩感知雷达

雷达成像中的距离估计涉及线性系统的求逆问题。令 $\Psi(t)$ 为发射波形,$s(t)$ 为目标场景,且 $n(t)$ 为噪声,那么回波信号 $f(t)$ 可以被建模为

$$f(t) = \int_{-\infty}^{\infty} \Psi(\tau - t)s(\tau)\mathrm{d}\tau + n(t) \tag{13-4}$$

这个线性卷积的离散表达可以写为

$$f_i = \sum_k \psi_{i-k}s_k + \boldsymbol{n}_i \tag{13-5}$$

$$\boldsymbol{f} = \boldsymbol{\Psi}\boldsymbol{s} + \boldsymbol{n} \tag{13-6}$$

式中:$\boldsymbol{f},\boldsymbol{s},\boldsymbol{n} \in \mathbb{R}^N$;$\boldsymbol{\Psi} \in \mathbb{R}^{N\times N}$。在实际情况中,典型的向量 $\boldsymbol{s}$ 是稀疏的。对于有限时长的信号,可以通过 Toeplitz 线性系统矩阵 $\hat{\boldsymbol{\Psi}}$ 精确地表出这个方程,即 $\hat{\boldsymbol{f}} = \hat{\boldsymbol{\Psi}}\boldsymbol{s} + \boldsymbol{n}$。为了简化分析,通过一个循环系统矩阵 $\boldsymbol{\Psi}$ 来近似这个线性系统的精确

表达。在实验中用循环矩阵代替 Toeplitz 矩阵是合理的。因为,在数据记录一开始就出现了非零元素。从物理角度讲,这是由于我们使用了超宽带的波形。在系统中,500MHz 的带宽使得即便是几个微秒采集的数据就获得了与典型系统相比更大范围的信息。而最终,信号的重构误差对于有限时长信号处理而言是固有的(Oppenheim 等,1999)。这种类型的误差只能通过增大问题的维度来克服。对于这种近似,将会在第 13.2.3 节中通过实验来阐明。

在稀疏的目标场景中,压缩感知理论允许我们近乎奢侈的对 $y(t)$ 进行欠采样处理。欠采样处理可以被写成用一个测量矩阵进行左乘运算。测量矩阵为 $\boldsymbol{\Phi}=\boldsymbol{R}_{\boldsymbol{\Omega}}\in\mathbb{R}^{M\times N}$,其中 $\boldsymbol{R}_{\boldsymbol{\Omega}}$ 是由单位矩阵的行构成,而这些行的行号是从集合 $\boldsymbol{\Omega}=\{1,2,\cdots,N\}$ 中抽取的。从而有

$$\boldsymbol{y}=\boldsymbol{R}_{\boldsymbol{\Omega}}(\boldsymbol{f}+\boldsymbol{n})=\boldsymbol{R}_{\boldsymbol{\Omega}}\boldsymbol{\Psi}\boldsymbol{s}+\boldsymbol{R}_{\boldsymbol{\Omega}}\boldsymbol{n},\boldsymbol{y}\in\mathbb{R}^{M} \tag{13-7}$$

压缩感知雷达测距的性能取决于矩阵 $\boldsymbol{R}_{\boldsymbol{\Omega}}\boldsymbol{\Psi}\hat{=}\boldsymbol{A}\in\mathbb{R}^{M\times N}$的性质。假设连续的目标场景已经被离散为 N 个网格,其中只有少部分距离门单元上存在目标。这个假设可以通过实验的结果来验证有效性。那么,期望获得的解的稀疏度按假设将具有 $\|s\|_{l_0}\leqslant S$ 的特点。其中 $S\ll N$。定义量 $\rho\hat{=}S/M$ 和 $\delta\hat{=}M/N$。如果矩阵 $\boldsymbol{A}$ 满足所给定稀疏度的特定条件,那么上述问题就可以转化为如下一个优化问题,也即基追踪去噪(BPDN):

$$\mathrm{BPDN}(\rho,\delta,\sigma):\min_{s\in\mathbb{R}^N}\|\boldsymbol{s}\|_1\quad \mathrm{s.t.}\quad \|\boldsymbol{y}-\boldsymbol{A}\boldsymbol{s}\|_2\leqslant\sigma \tag{13-8}$$

我们从压缩感知问题的表达式(Tropp 和 Wright,2010)中选择这个特定的形式,是因为其非常有利于实际实现。特别是 σ 的值天然地与系统的信噪比相关。实际的雷达系统能够通过测量无目标区域的回波信号能量来估测这个值。即便在系统难以估测无目标区域回波能量的情况下,这个值也能通过信噪比估计(Pauluzzi 和 Beaulieu,2000)获得。因而,雷达系统总能获得 σ 的近似估计。

常见的用于分析压缩感知的 RIP 方法和互相关方法,都无法提供估计残差的准确描述。因而,使用文献(Candes 等,2006)中的不等式,我们推导了估计残差的上确界,从而描述压缩感知方法得到估计的残差特性。为了在实际中应用压缩感知,还需要对残差进行更多的分析。从这一点出发,本章提出了使用状态转换图(Shastry 等,2010)来表征雷达系统。

13.2.2 循环矩阵的相关性

在实际压缩传感系统中,如第 13.2.4 节所述,发射波形不可能完全理想。尽管对于压缩感知信号恢复的理论分析而言,假设发射波形为离散的独立同分布随机过程是非常方便的。但是在实际中,由于硬件的非理想特性,我们需要考虑随机过程相关性的影响。可以将发射波形建模为一个独立同分布随机过程的

相关 $p\tilde{s}i(t)$，以及用传递函数 $h(t)$ 来表示带限的非理想特性，那么

$$\Psi(t) = \tilde{\Psi}(t) * h(t) \tag{13-9}$$

$$\boldsymbol{\Psi} = \tilde{\boldsymbol{\Psi}} * \boldsymbol{H} \tag{13-10}$$

为了量化相关性带来的影响，我们使用系统矩阵的变换点扩散函数（TPSF）。理想情况下，为了保证信号恢复，希望归一化的 Gram 矩阵 $\boldsymbol{G}$ 的非对角元素尽可能小。因而，考虑误差度量：

$$\mathcal{X}(\boldsymbol{G}) = \sum_{i \neq j} |G_{i,j}|^2 \tag{13-11}$$

图 13-2 绘制出了在不同值 $\boldsymbol{G} = \boldsymbol{\Psi H}_l$ 下的 $\mathcal{X}(\boldsymbol{G})$ 值，其中 l 示滤波器的功率谱的宽度。我们用特征参数 $l = \| p_h(f) \|_{l0}$ 描述矩阵 $\boldsymbol{H}_l$，其中 $P_h(f)$ 是信号的功率谱。当 l 的取值很大时，意味着信号波形的频谱是平的，并且波形中的随机变量是不相关的。而较小的取值意味着窄带的随机过程，也即该波形具有高的相关性。一个有意思的结论是，无论发射波形的相关性如何，压缩感知总是鲁棒的。这与我们在第 13.2.4 节中实验得到的结果相符合。即便是使用低通滤波器，仅仅得到 70% 发射波形的频谱，在图 13-2 中 $\mathcal{X}$ 结果仍然与信号不相关的情形差不多。

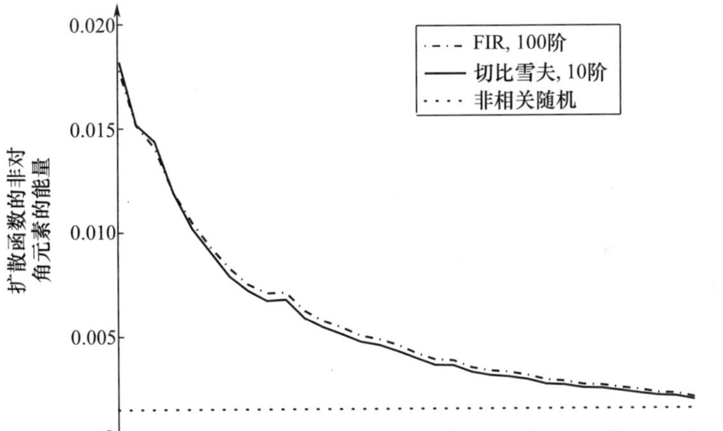

图 13-2　滤波对 TPSF 的影响，y 轴代表 $\mathcal{X}(\boldsymbol{G})$，可以看出，如果随机发射波形高度相关（窄滤波器），压缩感知的性能将恶化

13.2.3　实验

本节使用一部毫米波雷达来测试噪声雷达使用压缩感知的效果。信号的带宽是 500MHz。一段发射信号的采样结果如图 13-3 所示。ADC 的采样率为 1010 次/s。系统使用两个锥形天线来发射和接收信号。天线的主瓣宽度为 1°。

锥形天线与一个功率放大器级联。实验的场景是在户外。图 13 - 4 给出了实验的场景图。我们测试了系统在 14 ~ 33m 范围的成像能力。我们用角反射器和圆柱形的散射体作为目标。

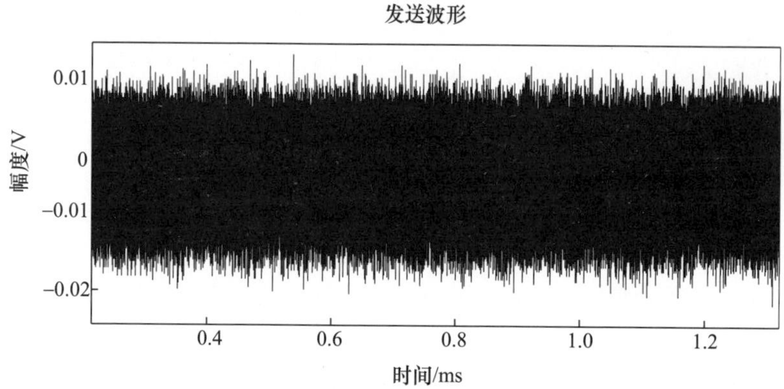

图 13 - 3　时域的发射信号波形(以 1GS/s 采样),使用噪声雷达的设定来产生信号

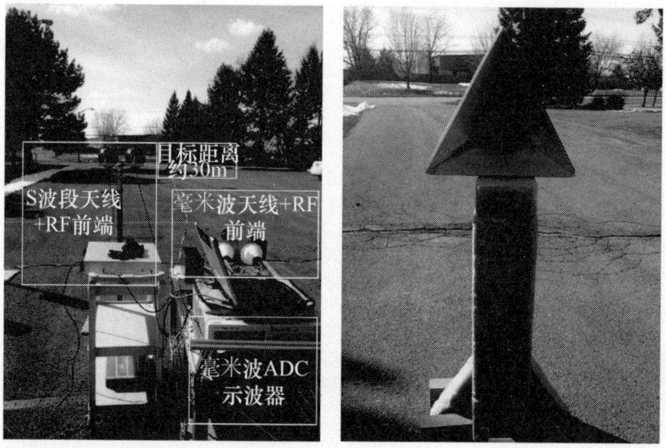

图 13 - 4　雷达系统和目标的照片(见彩图)

13.2.4　实验数据分析

当生成循环系统矩阵的波形是独立同分布的随机变量时,使用循环矩阵来进行压缩感知信号恢复是可行的。我们的实验结果表明:①如图 13 - 5 所示,实际系统中的波形是相关的,其是由图 13 - 6 中的正态分布导出的;②面对系统矩阵相关的问题,压缩感知信号恢复具有一定的鲁棒性。硬件导致的相关性会恶化信号恢复的性能。可以从图 13 - 2 中发现,当相关性不是太高的时候,性能恶化不会特别严重。观察图 13 - 7 到图 13 - 11 中信号恢复的精度,同样可以得到这个结论。

13.2.5 成像性能

本节比较了压缩感知信号恢复与传统的相关处理方法、最小二乘方法的性能。可以看到,即便是压缩感知只使用了 25% 的采样点,其性能仍然与最小二乘($s_{LS}^* = \boldsymbol{\Psi}^{-1}\boldsymbol{f}$)和相关处理($s_{CR}^*$在式(13-3)中)相当。接下来会详细描述实验场景和相关的实验分析。在后面的描述中,目标场景指代天线波束内整个电磁场的总和。

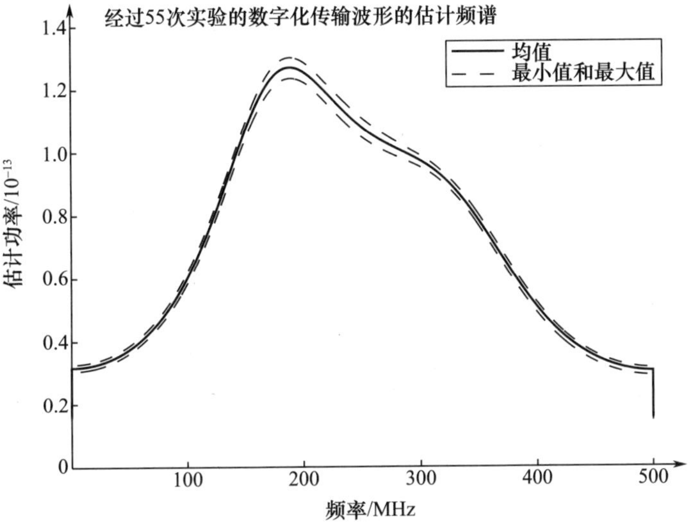

图 13-5　毫米波发射波形的功率谱估计(使用协方差估计器)

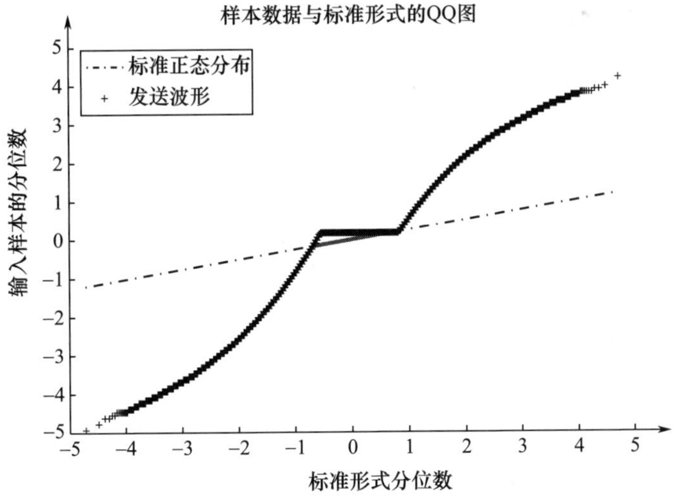

图 13-6　毫米波雷达归一化发射波形与标准正态分布的 QQ 图

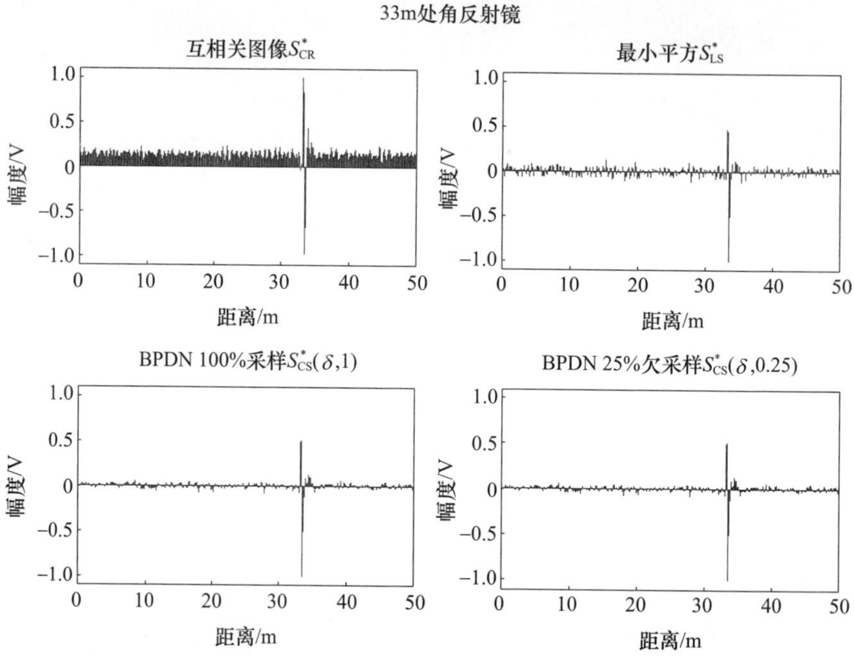

图 13－7　距离 33m(毫米波雷达)的角反射器

(1)目标场景中包含一个距离天线 33m 的角反射器。恢复信号如图 13－7 所示。我们使用角反射器,是由于大部分的散射能量会沿天线的视线路径返回。这个实验是为了说明将压缩感知噪声雷达成像问题建模成为一个循环随机矩阵求逆问题是可行的。

(2)两个圆柱形的反射器被放在大约 14m 位置。以第一个圆柱为参考,第二个圆柱放在距离第一个圆柱 0. 6m 和 0. 3m 的实验,分别如图 13－8 和图 13－9 所示。我们可以发现压缩感知噪声雷达的分辨率与传统的互相关处理方法是相当的。而在两个角反射器的场景下也能获得很好的结果。此时是设定角反射器位于 33m 附近,图 13－10 和图 13－11 分别显示了两者相距 0. 3m 和 6m 的情况。

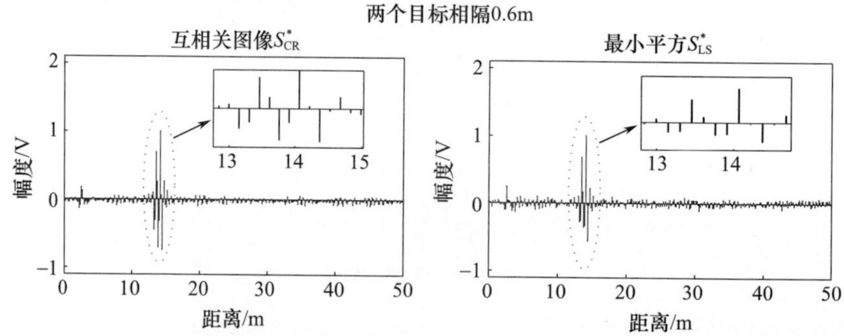

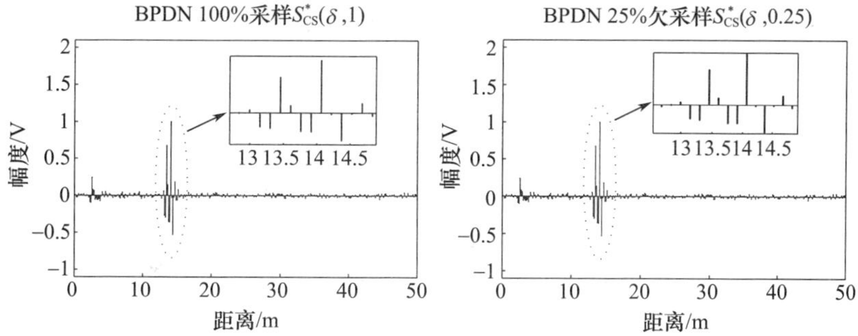

图 13－8　在 14m 处的两个相距 0.6m 的圆柱形目标的图像(此时对 500MHz 的自由空间电磁波而言,物理的分辨率就是 0.6m)

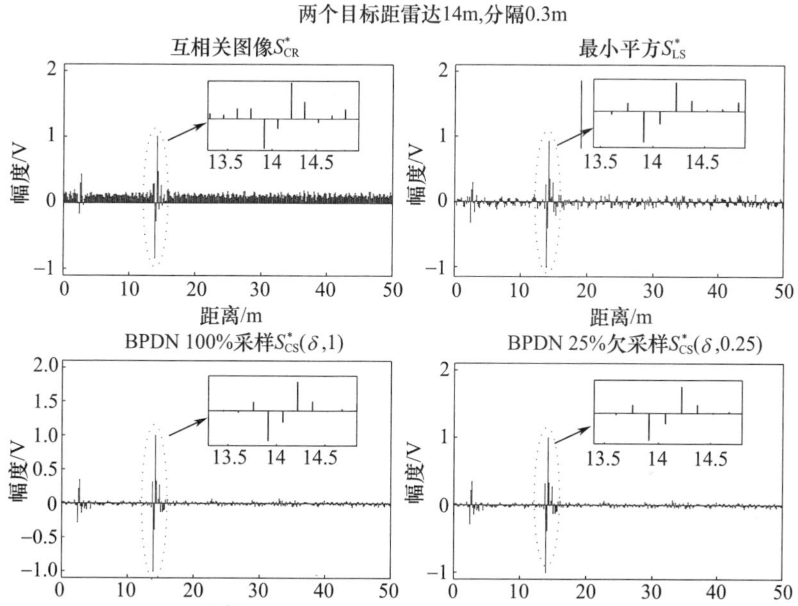

图 13－9　在 14m 处的两个相距 0.3m 的圆柱形目标的图像

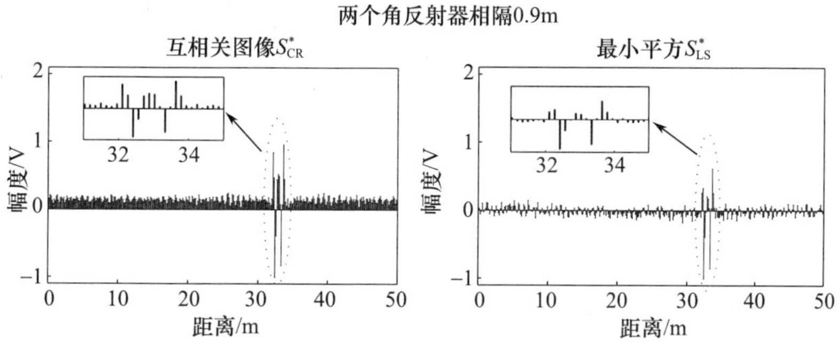

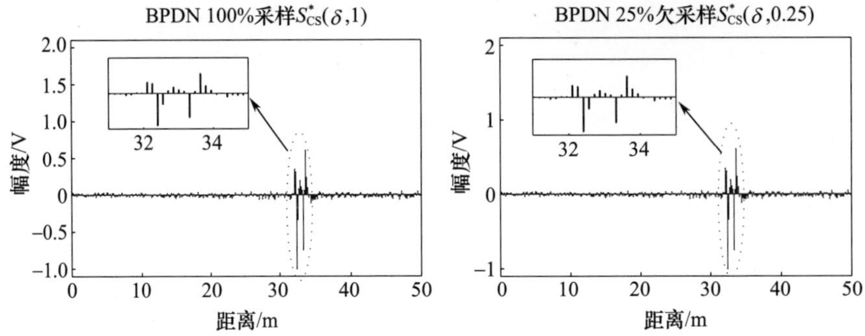

图 13－10　相距约 0.9m 的两个角反射器，其距离雷达 33m

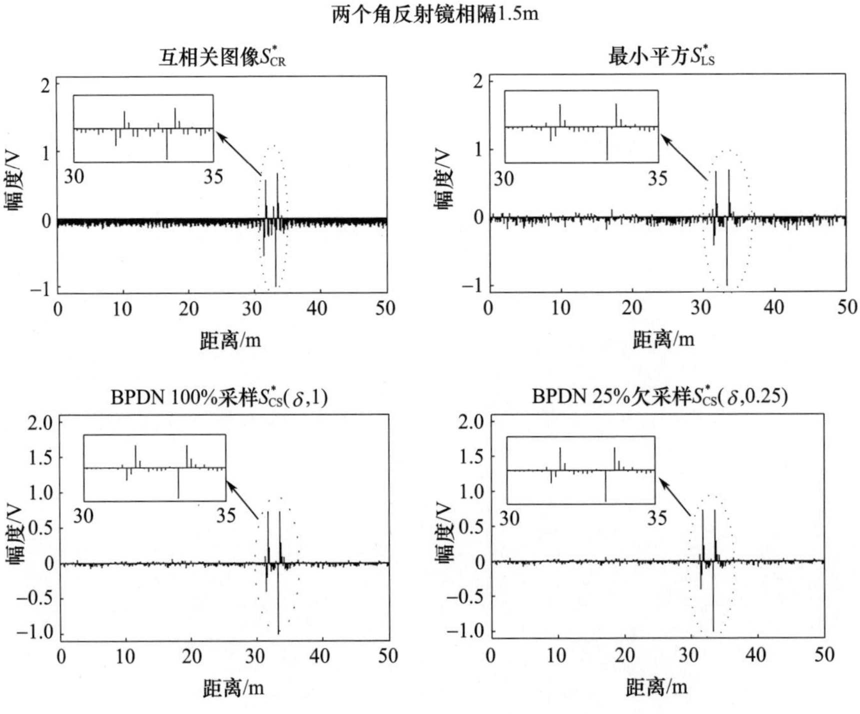

图 13－11　相距约 1.5m 的两个角反射器，其距离雷达 33m

13.3　压缩感知噪声雷达的检测策略

13.3.1　压缩感知检测

目标检测是雷达系统的一个基本任务。针对常规的雷达系统，有很多可用的经典检测策略（Richards，2005）。在常规雷达系统的检测问题中，理论分析是适用的。推导出的检测阈值被证明是非常有效的。提升检测性能主要通过优化与信噪比相关的目标函数来实现。而在压缩感知雷达成像检测中,整体的理论分析相当困难,我们先考虑恢复出向量的每一个元素的检测问题。恢复出的信号向量由下式给出:

$$\hat{\boldsymbol{s}} = \arg\min_{\boldsymbol{s}\in\mathbb{R}^N} \|\boldsymbol{s}\|_1 \quad \text{s. t.} \quad \|\boldsymbol{y}-\boldsymbol{A}\boldsymbol{s}\|_{l_2}\leqslant\sigma \tag{13-12}$$

检测问题就是寻找一个阈值,以此来判定恢复向量中的每一个元素的位置上是否存在目标。统计检验中的零假设代表在这个位置上不存在目标,对于向量的第 k 个点 $\boldsymbol{s}(k)$:

$$\mathcal{H}_0^{(k)}\ :\ \boldsymbol{s}(k)=0 \tag{13-13}$$

$$\mathcal{H}_1^{(k)}\ :\ \boldsymbol{s}(k)\neq 0 \tag{13-14}$$

将这个假设应用到恢复出的信号向量 $\hat{\boldsymbol{s}}$ 上,能够得到每一个 $\hat{\boldsymbol{s}}(k)$ 的发现和虚警概率:

$$P_{\mathrm{D}}^{(k)}=\Pr[\hat{\boldsymbol{s}}(k)>\xi\,|\,H_1^{(k)}] \tag{13-15}$$

$$P_{\mathrm{FA}}^{(k)}=\Pr[\hat{\boldsymbol{s}}(k)>\xi\,|\,H_0^{(k)}] \tag{13-16}$$

式中:$P_{\mathrm{FA}}^{(k)}$ 和 $P_{\mathrm{D}}^{(k)}$ 分别代表在第 k 个位置上目标的虚警概率和发现概率。

检测是通过比较信号、图像与阈值的大小来实现的。而在这里,我们关注的是在目标场景中恢复出的每个点的对应值,从而检测出主要的目标。一般而言,设计一个检测器,最重要的任务就是推导阈值与虚警概率、发现概率的关系。在稀疏雷达成像的文献中,常采用固定的阈值来检测和发现主要的目标。需要注意的是,在稀疏的目标场景中,由于大部分的距离门单元上不存在目标,因而对检测而言,虚警会带来相当大的影响。

尽管如此,将压缩感知雷达成像应用于传统的雷达系统,仍然是一个非常值得研究的问题。最早的是 Davenport 等在 2010 年从信号处理角度研究了这个问题。文中提出使用一个基于充分统计量 $\boldsymbol{z}^{\mathrm{T}}(\boldsymbol{A}\boldsymbol{A}^{\mathrm{T}})^{-1}\boldsymbol{A}\hat{\boldsymbol{s}}$ 的阈值来实现检测。然而,这个阈值是对总体的度量,其并不适用于作为每一个点的阈值。Davenport 等提出的检测器所采用的渐进结果也是基于一个假设推导的,即系统矩阵是高斯随机的。在压缩感知的检测器设计和分析这方面,最新的文献是 Anitori 等在 2013 报道的。他们提出使用复数的近似消息传递算法来得到恢复信号误差分布的闭合表达式。然而,对循环随机矩阵而言,近似消息传递算法无法保证收敛到精确和稳定的解。因此,我们开发了一种基于数据驱动方法来实现压缩感知噪声雷达中的阈值检测。

13.3.2 压缩感知信号恢复误差统计

当系统矩阵为随机循环矩阵时,压缩感知恢复信号的残差分布没有理论上的结果。本节采用实验检验的方法来研究用正态分布来近似压缩感知的恢复信号的合理性。我们考察对应恢复信号 $\hat{\boldsymbol{s}}$ 为零元素的这些指标集点，即 $i\ :\ \boldsymbol{s}_i=0$。这也等价于研究虚警目标。为了测试数据的高斯性，我们使用了柯尔莫诺夫－斯米尔诺夫（KS）检验，并绘制了分位数分位图（即 QQ 图）。KS 检验测试了数据分布为标准正态分布下零假设。我们通过减去均值和除以标准差将数据归一化，之后，把这些归一化数据的累积分布函数（CDF）与标准正态分布比较。KS 检验的结果见表 13－1。QQ 图 13－12 和图13－13比较了实测数据和理论估计的分位数。实测数据偏离直线的差指示了数据的非高斯特性。这两个实验说明，用高斯分布来建模恢复信号残差是不合适的。这就排除了使用采样数据的均值和方差来计算检测阈值、虚警概率和发现概率。为了完整地描述出压缩感知的检测阈值的特性，我们需要先对潜藏的分布有一个相对准确的概念。

表 13－1　归一化数据与标准正态分布的 Kolmogorov－Smirnov 实例测试表

数据类型	空假设：标准正常	P 值
合成	拒绝	0
数据集 1	拒绝	0
数据集 2	拒绝	0
数据集 3	拒绝	0
数据集 4	拒绝	0

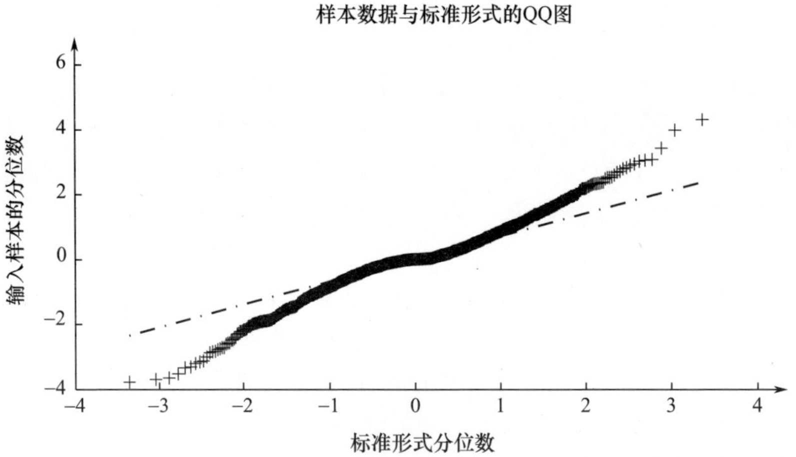

图 13－12　合成的归一化数据的 QQ 图。标记"＋"表示 $\hat{s}_i$ 的元素点的统计特性，其中 i 为 $\boldsymbol{s}_i=0$ 的指标集。可以发现该标记严重偏离了参考线，因而数据不能采用高斯模型

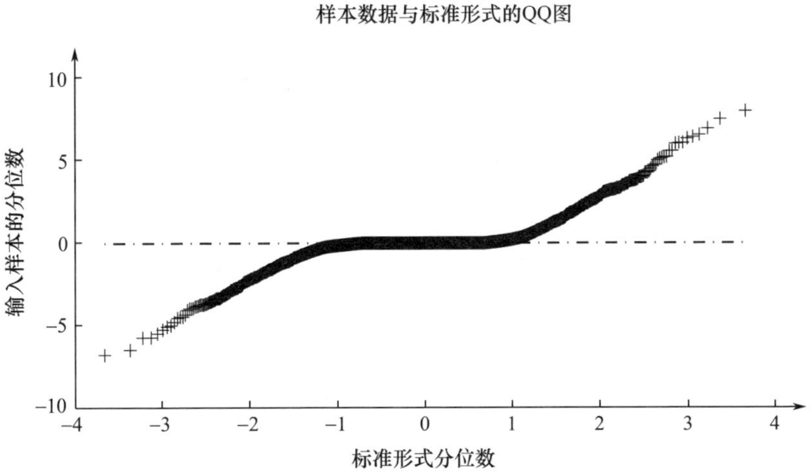

图 13－13　一组实验数据恢复信号的 QQ 图。标记"＋"表示 $\hat{\boldsymbol{s}}_i$ 的元素点的统计特性，其中 i 为 $\boldsymbol{s}_i=0$ 的指标集。如果数据分布是标准正态的，那么该标记就应当与参考线一致

当采用凸优化的方法来进行信号恢复时，比如基于 l_1 范数的恢复方法，由于估计算法的非线性和迭代特性，以及每一次迭代中随机的演进，都会使得推导残差分布的理论表达式非常困难。当然，可以采用蒙特卡洛方法蛮力求解来逼近检测阈值，但凸优化求解器的高计算代价使得这个方法难以实现。对于一个期望的虚警概率 P_{FA}，BPDN 所用的采样点数应该至少在 $100/P_{FA}$ 的数量级上，以此才能保证计算出的阈值有足够高的精度。但是，按这个准则的要求去对比压缩感知雷达系统和传统的雷达系统是有问题的，压缩感知反而会需要更多的采样点。因为虚警概率低至 10^{-4} 数量级的雷达系统是非常常见的。

雷达信号处理文献（Broadwater 和 Chellappa，2010）扩展了蒙特卡洛仿真方法以研究小概率事件。其中一种方法就是使用机制理论来估计概率（Ozturk等，1996；Broadwater 和 Chellappa，2010）。我们提出了一种基于极值理论的方法，并将其用于压缩感知噪声雷达的检测问题。极值理论关心的是随机系统中小概率事件。其基本的结果涉及有序随机变量的极值的统计特性。这个理论已经在金融、气候科学和地球物理建模方面有了应用。在电子工程领域，最早是由 Ozturk 等人（1996）在检测理论的问题中使用了极值理论。在压缩感知的问题中，我们提出从求解凸优化问题的少量采样点中外推罕见事件的发生概率。我们使用数量可控的凸优化问题的采样点，来产生压缩感知的统计特性以确定(p,δ)的多个值。这些值将被用来计算满足较小虚警概率 P_{FA}（$P_{FA}<10^{-4}$）的阈值。

13.3.3 压缩感知检测的阈值估计

我们采用一种数据驱动的方法来估计压缩感知检测的阈值。根据稀疏度假设,恢复出的向量的大部分元素应当为0。因此,我们从恢复向量中先验已知的一少部分为0位置的假设开始。确定非零系数的准确数量是一个经典的模型阶数选择问题。然而,对于基于 l_1 范数的优化的信号恢复而言,这个问题迄今还是开放的。在实际雷达系统中,一个主观的方法是通过肉眼检测目标场景,确定没有目标的位置。定义 $\{1,2,\cdots,N\}$ 的子集 $\mathbf{Z} \hat{=} \{k : \mathbf{s}(k)=0\}$,其为我们已知的没有目标的位置。通过观察集合 $\mathbf{Z}$ 中元素在不同 ξ 下凸优化求解器结果的统计特性,我们能够得到虚警概率。记 $k_z^{(i)}$ 为 $\{1,2,\cdots,N\}$ 在 i 时刻的元素,对于每一个 $k_z \in \mathbf{Z}$:

$$P_{\mathrm{FA}} = \mathbb{P}[s^*(k_z^{(i)}) > \xi] \tag{13-17}$$

假设随机变量 $s^*(k_z^{(i)})$ 的概率密度函数为 $p_z(x)$;那么我们可以计算虚警概率 P_{FA}:

$$P_{\mathrm{FA}}(\xi) = \int_{\xi}^{\infty} p_z(x)\,\mathrm{d}x \tag{13-18}$$

如果我们使用蒙特卡洛仿真来估计这些概率的分布,对于一个给定的 P_{FA},我们为了估计出满足要求的参量,需要做 Q 次实验,$Q \gg 1/P_{\mathrm{FA}}$。由于每个 $s^*(k_z^{(i)})$ 是由凸优化求解解算的,这个数量级的实验次数也就意味着采用蒙特卡洛方法进行蛮力求解是不现实的。在这个问题上,我们沿着之前一些研究的思路(Ozturk 等人,1996;Broadwater 和 Chellappa,2010),使用广义帕累托分布(Generalized Pareto Distribution,GPD)来估计右尾分布和虚警概率。GPD 的累积分布函数为

$$G(x) \hat{=} 1 - \left(1 + \frac{\gamma x}{\zeta}\right)^{-\frac{1}{\gamma}} \tag{13-19}$$

其中

$$-\infty < \gamma < \infty, \zeta > 0, 0 > \gamma x \leqslant -\zeta \tag{13-20}$$

调整参数,GPD 可以表示其他很多分布,比如,当 $\gamma = 0$ 时,其转化为指数分布;而当 $\gamma = -1$ 时,其转化为均匀分布。如 Pickands(1975)所证明的,GPD 能表示一般的未知的右尾分布:

$$\lim_{n\to\infty} \mathbb{P}[\sup_{0 \geqslant x < \infty} |\mathbb{P}[Y > y + u | Y \geqslant u] - 1 + G(y)| > \varepsilon] = 0 \tag{13-21}$$

$$\forall \varepsilon > 0 \tag{13-22}$$

注意到,给出的条件期望为

$$F_u(y) = \mathbb{P}[Y \leqslant y + u | Y > u] = \frac{F(u+y) - F(u)}{1 - F(u)} \tag{13-23}$$

设 $z=u+y$，得

$$F(z)=F_u(z-u)(1-F(u))+F(u) \tag{13-24}$$

进而定义 $\alpha \hat{=} 1-F(u)$，得

$$F(z)=\alpha F_u(z-u)+(1-\alpha) \tag{13-25}$$

然后，基于式(13－21)，可以估计 $F_u(z-u)$ 的极限，得

$$F_u(z-u)=G(z)=1-\left(1+\frac{\gamma}{\zeta}(z-u)\right)^{\frac{1}{\gamma}} \tag{13-26}$$

$$F(z)=\alpha\left(1-\left(1+\frac{\gamma}{\zeta}(z-u)\right)^{\frac{1}{\gamma}}\right)+(1-\alpha) \tag{13-27}$$

$$=1-\alpha\left\{1+\frac{\gamma}{\zeta}(z-u)\right\}^{\frac{1}{\gamma}} \tag{13-28}$$

应用广义帕托雷分布来估计罕见事件概率的一般策略是首先设定参数 α，然后使用式(13－27)估计未知分布的尾端。一个典型的参数设置是 $\alpha=0.1$，对于 u 的值而言，我们可以通过蒙特卡洛仿真来计算。阈值 u 的值应该满足表示百分之100$(1-\alpha)$的数据。之后，拟合给定的数据，参数方程能够获得 γ 和 ζ 的值。按照 Ozturk 等在 1996 年提出的方法，并使用求解最大似然问题的 Nelder－Mead 算法：

$$(\hat{\zeta},\hat{\gamma})=\arg\min_{\gamma,\zeta}\left(\alpha Q\log\zeta+\left(1+\frac{1}{\gamma}\right)\sum_{i=1}^{\alpha Q}\left(1+\frac{\gamma z_i}{\zeta}\right)\right) \tag{13-29}$$

随后，虚警概率与阈值的关系就可以基于 GPD 的估计来推导，其表达如下：

$$P_{\mathrm{FA}}=\alpha\left\{1+\frac{\hat{\gamma}}{\hat{\zeta}}(\tau-u)\right\}^{-\frac{1}{\gamma}} \tag{13-30}$$

$$\tau=u+\frac{\hat{\zeta}}{\hat{\gamma}}\left(\left(\frac{P_{\mathrm{FA}}}{\alpha}\right)^{-\hat{\gamma}}-1\right) \tag{13-31}$$

13.3.4　GPD 和压缩感知

上一节给出了广义帕托雷分布的一些结论，本节将会把这些结论应用在压缩感知中。假设凸优化求解器的重构误差服从一个未知的分布，我们想基于这个分布来估计出准确的阈值并保证较低的虚警概率。使用广义帕托雷分布的好处是推导出的结论基本上是独立的，不会受到诸如目标场景 $\boldsymbol{s}$、噪声 $\boldsymbol{\eta}$ 以及残差 $\boldsymbol{s}-\hat{\boldsymbol{s}}$ 等参量的分布类型影响。我们推导压缩感知阈值的方法如下：

阈值可由虚警概率的函数计算得到：

$$\tau^{(\mathrm{CS})}(P_{\mathrm{FA}}) = u + \frac{\hat{\zeta}}{\hat{\gamma}}\left(\left(\frac{P_{\mathrm{FA}}}{\alpha}\right)^{-\hat{\gamma}} - 1\right) \tag{13-32}$$

随着虚警概率 P_{FA} 和阈值 τ 的关系建立，我们就可以从非零值的统计结果中推导出检测概率，从而描述出接收机的特性。

13.3.5 基于 GPD 的阈值估计计算复杂度

在本文中，压缩感知信号恢复采用了凸优化方法来求解。尽管有一些计算效率更高的方法，但凸优化方法能给出恢复精度最高的结果(Tropp 和 Wright，2010)。不过最近提出的近似消息传递算法(AMP)(Donoho 等，2009)是一个例外，其性能在理论上与凸优化相当。尽管如此，这个理论上的性能保证只适用于高斯随机系统矩阵，而压缩感知对系统矩阵的特性是非常敏感的。目前而言，在循环矩阵条件下，近似消息传递算法的性能尚不清楚。

这里使用 l_1 谱投影梯度算法(SPGL1)(van den Berg 和 Friedlander，2008)来求解基追踪去噪(BPDN)问题。SPGL1 算法的每一次迭代都需要计算矩阵和向量的积。若每一次标量运算的复杂度为 $O(1)$ 的话，那么问题的计算复杂度就为 $O(MN)$。与循环系统矩阵相乘的操作包含 $O(N\log N)$ 次运算。虽然 SPGL1 算法的迭代次数是未知的，但与之相似的 ParNes 算法(Gu 等，2012)需要 $O(\sqrt{1/\sigma})$ 次迭代收敛到解。因此我们可以估算基于凸优化求解的 BPDN 问题具有的算法复杂度为 $O(M\log N\sqrt{1/\sigma})$。

假设使用了 N_{mc} 次 SPGL1 的结果，那么获得残差的累积分布函数所需要计算量为 $O(M_{mc}N\log N\sqrt{1/\sigma})$。在估计概率密度函数的过程中，我们也希望从两个方面降低计算复杂度，即减少试验次数 N_{mc}，以及求解维数较低的问题，以减小 N 的值。假设期望达到的虚警概率为 $\tilde{P}_{\mathrm{FA}}$，那么为了准确地估计出相应的阈值，我们需要大约 $\tilde{N}_{mc}=10/\tilde{P}_{\mathrm{FA}}$ 次试验。因此，求解 SPGL1 的阈值的计算量就变为 $O(\tilde{N}_{mc}N\log N\sqrt{1/\sigma})$。综上所述，针对很小的虚警概率 P_{FA}，使用广义帕累托分布来外推右尾分布的方法，使我们可以在较小的 N_{mc} 和 N 下获得阈值的估计。

在实际的系统中，我们的目标是以尽可能少的时延估计出检测阈值。在估计阈值的计算速度上，改善系数达到 $(1/\gamma_{mc}\gamma_s)\sim10^4$ 意味着非常大的进步。这是因为对于 10000 维的问题，每一次 SPGL1 的求解都会花费大概 300s 的时间，如图 13-14 所示。对于蒙特卡洛仿真而言，基于凸优化的信号恢复算法的计算复杂度是一个巨大的障碍。在图 13-14 中，我们给出了计算代价随问题维度变化的函数。这些数据是基于 SBGL1 算法的 MATLAB 实现(van den Berg 和 Friedlander，2007)在 Inteli72.8GHz 处理器，8GB 的 RAM 的系统中运行得到的。

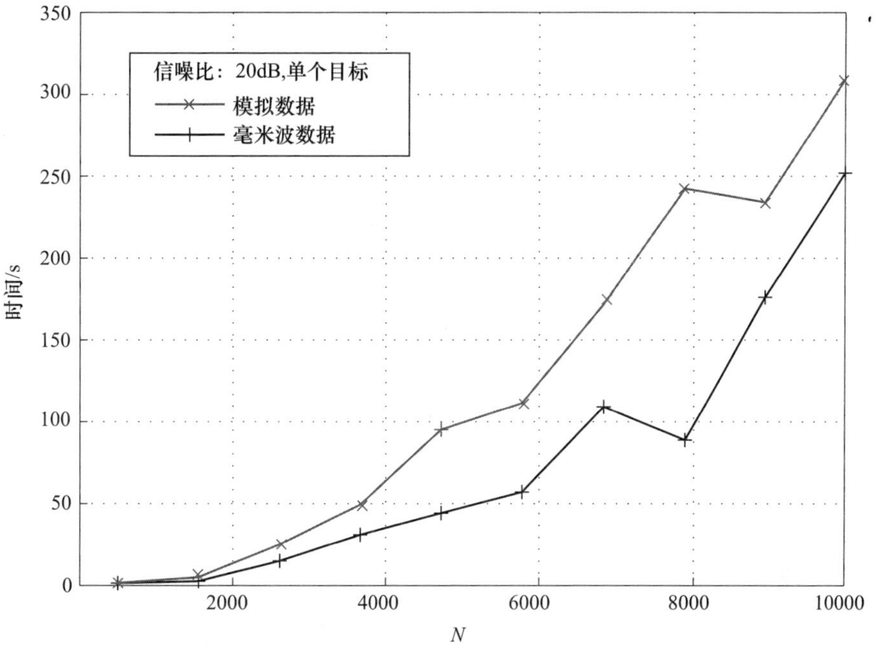

图 13 – 14　SPGL1 凸优化信号恢复算法的计算复杂度。算法运行时间是在 Inteli72.8GHz 处理器,8GB 的 RAM 的系统中仿真得到的(见彩图)

求解一次 10000 维的问题将花费大概 5min 的时间。而 10000 维的问题可以为概率在 0.01 数量级的事件提供足够多的出现机会。但如果我们采用蛮力解算蒙特卡洛仿真方法,为了仿真出概率为 10^{-3} 到 10^{-2} 的事件,花费的时间将远远超过 5min。因此,从计算量的角度上讲,利用蒙特卡洛方法仿真更低概率事件的思路是行不通的。这也可以直接导出,使用蛮力解算蒙特卡洛方法来估计低虚警概率下的阈值是不切实际的。

13.3.5.1　基于广义帕累托分布的阈值估计性能分析

本节将说明算法 13.1 的有效性,其结果是由合成的压缩感知噪声雷达数据经 SPGL1 凸优化求解器解得的。图 13 – 15 绘制了残差的绝对值累积分布函数图。其中,残差数据是由相对较小的值 $Q = 5 \times 10^4$ 次训练数据给出的。这些数据也导出了这个虚警概率 P_{FA} 下广义帕累托分布的参数。我们需要谨慎选取 α 的值,其必须基于训练数据中可靠的非零值个数。过高的 α 意味着训练数据包含了太多远离右尾分布的采样点。而若 α 取得太小,训练数据的样本数就会显得太少。比较训练和实验中的数据,这种基于广义帕累托分布的外推法得到的结果看起来是一致的。

算法 13.1 基于广义帕累托分布的右尾分布、P_{FA}和阈值估计

使用帕累托分布将 P_{FA}的估计值作为压缩感知阈值的一个函数。

输入:$\boldsymbol{X}$ 和 $\boldsymbol{s}$。

输出:帕累托分布的参数 $\tilde{\gamma}^{(CS)}$ 和 $\hat{\zeta}$。

For $j \in Z$ do

For $i = 1 \to Q$ do

求解 BPDN(ρ,δ,σ)给出的凸优化问题;

把恢复出的 $\hat{\boldsymbol{s}}$ 的全部元素组成训练集,即包含 $\boldsymbol{T} = \{1,2,\cdots,N\}$,如果可能的话,选择出已知检验假设为真值的点构成集合,即 $\boldsymbol{T} = \{i:s_i = 0\}$;

End For

使用点 $\boldsymbol{r}(j):j \in T$,构成分布 $\hat{P}_{r(j)}(x) = \sum_{t=1}^{Q} 1_{r(k_2^{(t)})}(x)$;

End For

设置 $\alpha = 0.1$,选择 $u = r(b)$ 使得$\#\{t:r(t) > r(b)\} = \lfloor \alpha Q \rfloor$,并且定义

$\boldsymbol{T} \hat{=} \{t:r(t) > r(b)\}$,使得序列 $z^{(u)}$ 满足 $\forall j, z_j^{(u)} \in \boldsymbol{T}$;

利用 Nelder – Mead 求解优化问题 $\min_{\gamma,\zeta} \alpha Q \log\zeta + \left(1 + \frac{1}{\gamma}\right) \sum_{i=1}^{\alpha Q} \log\left(1 + \frac{\gamma}{\zeta}(z_i^{(u)} - u)\right)$的最大似然函数,从而估计出帕累托分布的参数 u 和 ζ。优化问题的解记为 $\hat{\gamma}^{(CS)}$ 和 $\hat{\zeta}^{(CS)}$。

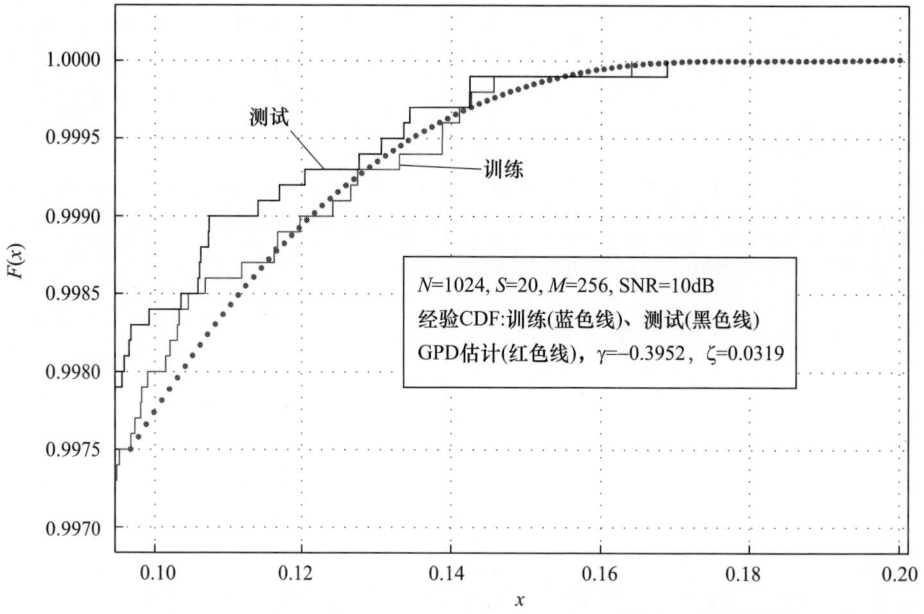

图 13 – 15 算法 13.1 基于广义帕累托分布外推经验残差数据的累积分布函数的结果,以 $N = 1024$ 进行压缩恢复(见彩图)

广义帕累托分布的估计结果是由 50 次算法 13.1 的独立实验得到的。从这些估计中，我们可以利用式(13－32)计算出不同虚警概率下的阈值。图 13－16 绘制了 50 次实验的平均的概率密度函数，其估计为

$$P_{\tau}(x)=\sum_{i=1}^{50}1_{\hat{\boldsymbol{T}}}(x)$$

式中：$\hat{\boldsymbol{T}}$ 为所有元素都大于 $\hat{\tau}$ 的集合，而 $\hat{\tau}$ 是估计出的阈值。当 $x\in\hat{\boldsymbol{T}}$ 时，指示函数 $1_{\hat{\boldsymbol{T}}}(x)$ 的值取值 1，否则为 0。在仿真中，我们使用了 MATLAB 中的 ksdensity函数。图中画出了每种 P_{FA} 下阈值的中位数。随着所期望的 P_{FA} 降低，未知的阈值可能距离训练数据越远。因此，可以看到估计参数的方差增大，即估计出的阈值具有更高的不确定性。我们可以使用中位值作为有效估计值，即便期望的虚警概率低至 10^{-8}，中位值仍然是有意义的。

应用我们的阈值估计算法到第 13.2 节中的实验数据上。完整的接收信号和发射信号具有 105 个采样点(每秒十亿次采样)。我们将整个数据记录按 4096 个点一份分成小块。对其中一份数据，我们使用基于 1 范数的压缩感知恢复算法来获得雷达目标的图像。之后，利用非零值位置的部分知识来构建一个集合，其包含 $\hat{s}_i$ 中 $s_i=0$ 的点。对于集合中没有对应目标的位置，使用算法 13.1 来估计右尾分布。通过与估计出的经验数据的累积分布函数比较，该算法的性能得到了验证。我们将多次实验的结果结合，经验地构建了扩展的概率分布函数。这些值的精确重构如图 13－17 所示。

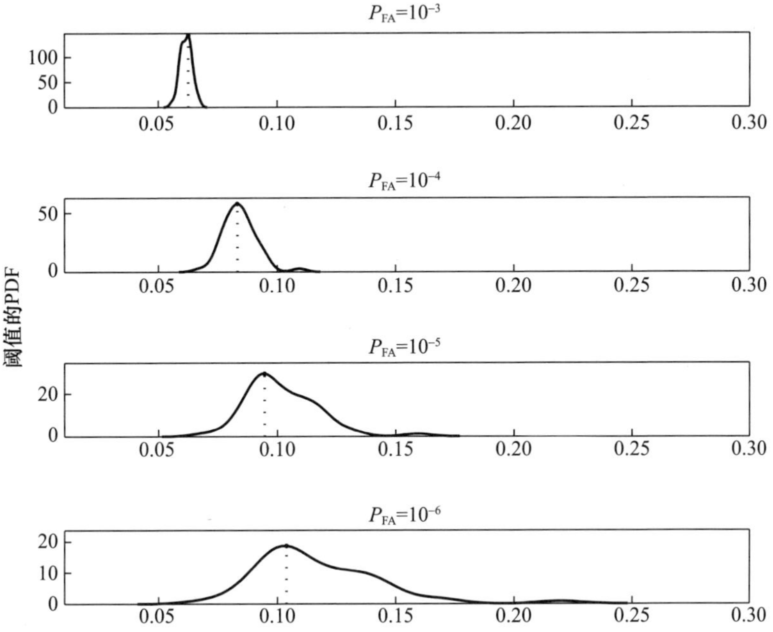

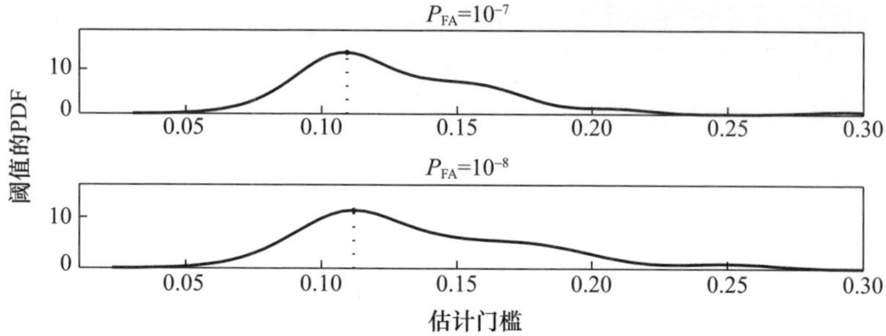

图 13-16 不同的期望虚警概率条件下，阈值估计值的概率分布图。压缩感知信号恢复的参数为 $S=10$，$M=256$，$N=1024$，SNR = 10dB，P_{FA}的估计值是在 $\alpha=0.01$ 的情况下得到的，阈值估计值的概率密度函数是由 50 次算法 13.1 的实验得到的

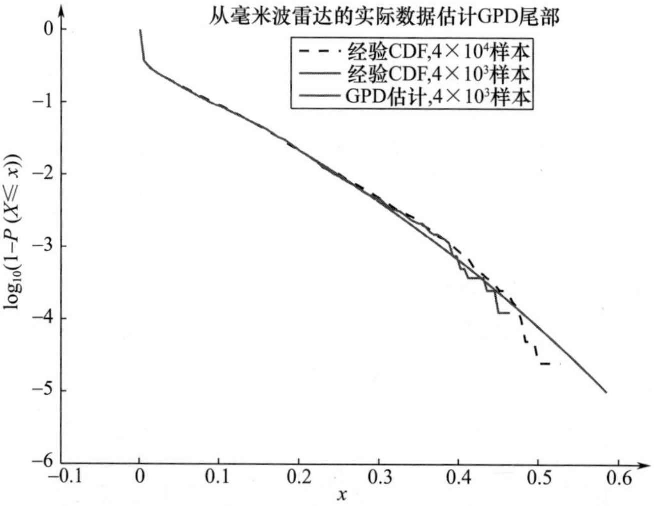

图 13-17 实际数据的尾端估计，可以观察到经验的概率密度函数与 GPD 估计出的右尾分布符合得很好，目标场景包含一个在 100 ft[①] 位置的角反射器，数据是由如 13.2 节中所述的毫米波雷达经过多次成像得到的（见彩图）

13.4 总结及展望

13.4.1 压缩感知噪声雷达成像与检测

本章从理论论证、数值仿真、实验和统计的波形匹配度的角度设计了实际的压缩感知雷达系统。尽管如预期的一样存在非理想性，与传统雷达系统相比，压

① 英尺，1ft≈0.305m。

缩感知雷达仍具有相当的优势。我们基于极值理论估计了压缩感知恢复信号误差的右尾分布。以广义帕累托分布族的形式导出了右尾分布的闭合表达。通过噪声雷达的实验数据,成功验证了所提算法的有效性,同时表明了以压缩感知噪声雷达系统替代或升级传统噪声雷达系统是可行的。

13.4.2　仍然存在的问题

从压缩感知噪声雷达发展的角度,这里提出了两个重要的问题:

(1)需要研究近似消息传递法(Bayati 和 Montanari,2011)基于压缩感知的循环矩阵的扩展方法。这将为我们推导阈值的统计特性提供方法。

(2)需要设计适用于高速压缩感知采样应用(如超宽带噪声雷达)的采样系统。当前的系统可以被用来实现更高的分辨率,但对一般的实际应用系统而言,有必要设计出欠采样的硬件系统。其主要的挑战是跟踪每个采样得到样本的索引值和时间戳。

参 考 文 献

Amin, M. G. 2011. *Through-the-Wall Radar Imaging.* Boca Raton, FL: CRC Press.

Anitori, L. et al. 2013. Design and analysis of compressed sensing radar detectors. *IEEE Transactions on Signal Processing* 61 (4): 813–827.

Bar-Ilan, O. and Y. C. Eldar. 2014. Sub-Nyquist radar via Doppler focusing. *IEEE Transactions on Signal Processing* 62 (7): 1796–1811.

Baraniuk, R. and P. Steeghs. 2007. Compressive radar imaging. In *2007 IEEE Radar Conference,* Waltham, MA, pp. 128–133.

Bayati, M. and A. Montanari. 2011. Dynamics of message passing on dense graphs, with applications to compressed sensing. *IEEE Transactions on Information Theory* 57 (2): 764–785.

van den Berg, E. and M. P. Friedlander. 2007. SPGL1: A solver for large-scale sparse reconstruction. http://www.cs.ubc.ca/labs/scl/spgl1.

van den Berg, E. and M. P. Friedlander. 2008. Probing the Pareto frontier for basis pursuit solutions. *SIAM Journal on Scientific Computing* 31 (2): 890–912.

Broadwater, J. B. and R. Chellappa. 2010. Adaptive threshold estimation via extreme value theory. *IEEE Transactions on Signal Processing* 58 (2): 490–500.

Candes, E. J., J. Romberg, and T. Tao. 2006. Robust uncertainty principles: Exact signal reconstruction from highly incomplete frequency information. *IEEE Transactions on Information Theory* 52 (2): 489–509.

Chen, P.-H. et al. 2012. A portable real-time digital noise radar system for through-the-wall imaging. *IEEE Transactions on Geosciences and Remote Sensing* 50 (10): 4123–4134.

Davenport, M. A. et al. 2010. Signal processing with compressive measurements. *IEEE Journal of Selected Topics in Signal Processing* 4 (2): 445–460.

Donoho, D. L. 2006. Compressed sensing. *IEEE Transactions on Information Theory* 52 (4): 1289–1306.

Donoho, D. L., A. Maleki, and A. Montanari. 2009. Message-passing algorithms for compressive sensing. *Proceedings of the National Academy of Sciences* 106 (45): 18914–18919.

Ender, J. H. G. 2010. On compressive sensing applied to radar. *Signal Processing* 90 (5): 1402–1414.

Gu, M., L.-H. Lim, and C. J. Wu. 2012. PARNES: A rapidly convergent algorithm for accurate recovery of sparse and approximately sparse signals. *Numerical Algorithms* 64 (2): 1–27.

Gurbuz, A. C., J. H. McClellan, and W. R. Scott. 2009. A compressive sensing data acquisition and imaging method for stepped frequency GPRs. *IEEE Transactions on Signal Processing* 57 (7): 2640–2650.

Haupt, J. et al. 2010. Toeplitz compressed sensing matrices with applications to sparse channel estimation. *IEEE Transactions on Information Theory* 56 (11): 5862–5875.

Herman, M. and T. Strohmer. 2009. High-resolution radar via compressed sensing. *IEEE Transactions on Signal Processing* 57 (6): 2275–2284.

Horton, B. M. 1959. Noise modulated distance measuring system. *Proceedings of the IRE* 47 (5): 821–828.

Jonsson, B. E. 2010. A survey of A/D-converter performance evolution. In *17th IEEE International Conference on Electronics, Circuits, and Systems (ICECS)*, Athens, Greece, pp. 766–769.

Mishali, M. et al. 2011. Xampling: Analog to digital at sub-Nyquist rates. *IET Circuits, Devices & Systems* 5 (1): 8–20.

Narayanan, R. M. et al. 1998. Design, performance, and applications of a coherent ultra-wideband random noise radar. *Optical Engineering* 37 (6): 1855–1869.

Narayanan, R. M. 2008. Through-wall radar imaging using UWB noise waveforms. *Journal of the Franklin Institute* 345 (6): 659–678.

Oppenheim, A. V., R. W. Schafer, and J. R. Buck. 1999. *Discrete-time Signal Processing*, 2nd edn. Upper Saddle River, NJ: Prentice-Hall, Inc.

Ozturk, A., P. R. Chakravarthi, and D. D. Weiner. 1996. On determining the radar threshold for non-Gaussian processes from experimental data. *IEEE Transactions on Information Theory* 42 (4): 1310–1316.

Pauluzzi, D. R. and N. C. Beaulieu. 2000. A comparison of SNR estimation techniques for the AWGN channel. *IEEE Transactions on Communications*, 48 (10): 1681–1691.

Pickands III, J. 1975. Statistical inference using extreme order statistics. *The Annals of Statistics* 3 (1): 119–131.

Rauhut, H., J. Romberg, and J. A. Tropp. 2012. Restricted isometries for partial random circulant matrices. *Applied and Computational Harmonic Analysis* 32 (2): 242–254.

Richards, M. A. 2005. *Fundamentals of Radar Signal Processing*. New York: McGraw-Hill.

Romberg, J. 2009. Compressive sensing by random convolution. *SIAM Journal on Imaging Sciences* 2 (4): 1098–1128.

Shastry, M. C., R. M. Narayanan, and M. Rangaswamy. 2010. Compressive radar imaging using white stochastic waveforms. In *2010 International Waveform Diversity and Design Conference*, Niagara Falls, Canada.

Shastry, M. C., R. M. Narayanan, and M. Rangaswamy. 2013a. Characterizing detection thresholds using extreme value theory in compressive noise radar imaging. In *SPIE Defense, Security, and Sensing Conference*, Baltimore, MD.

Shastry, M. C., R. M. Narayanan, and M. Rangaswamy. 2013b. Waveform design for compressively sampled ultrawideband radar. *Journal of Electronic Imaging* 22 (2): 021011–021011.

Shastry, M. C. et al. 2012. Analysis and design of algorithms for compressive sensing based noise radar systems. In *2012 IEEE Seventh Sensor Array and Multichannel Signal Processing Workshop (SAM)*, Hoboken, NJ, pp. 333–336.

Suksmono, A. B. et al. 2010. Compressive stepped-frequency continuous-wave ground-penetrating radar. *IEEE Geoscience and Remote Sensing Letters* 7 (4): 665–669.

Tropp, J. A. and S. J. Wright. 2010. Computational methods for sparse solution of linear inverse problems. *Proceedings of the IEEE* 98 (6): 948–958.

Wu, Y. and J. Li. 1998. The design of digital radar receivers. *IEEE Aerospace and Electronic Systems Magazine* 13 (1): 35–41.

Yoon, Y.-S. and M. G. Amin. 2010. Through-the-wall radar imaging using compressive sensing along temporal frequency domain. In *2010 IEEE International Conference on Acoustics Speech and Signal Processing (ICASSP)*, Dallas, TX, pp. 2806–2809.

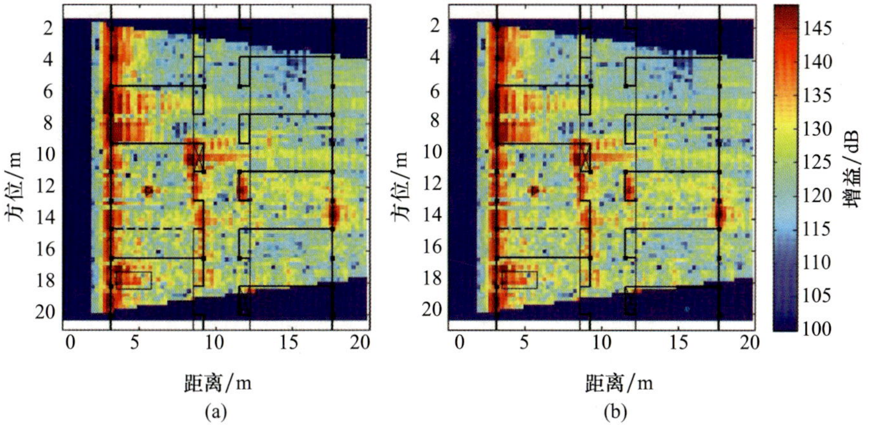

图 2-7　用调整到点状散射体的匹配滤波器获得的 B-scan 图

(a) VV 极化；(b) HH 极化。

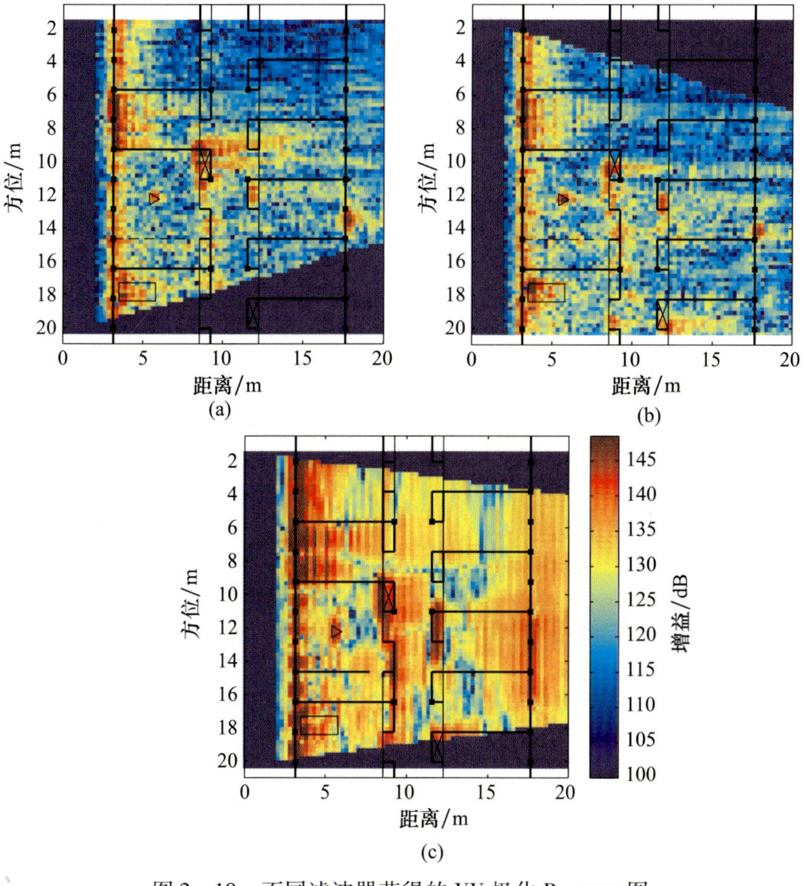

图 2-10　不同滤波器获得的 VV 极化 B-scan 图

(a) 前向匹配滤波器；(b) 后向匹配滤波器；(c) 线性相位匹配滤波器。

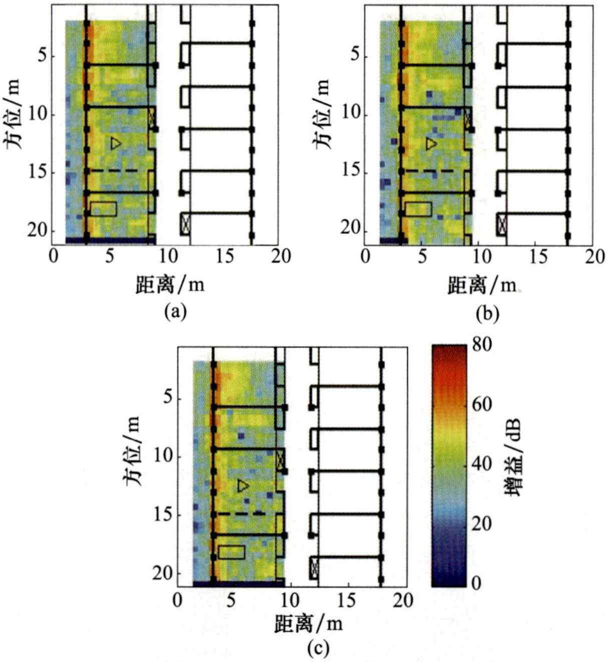

图 2-14　VV 极化下，用 OCD 获得的等效 B-scan 图

(a)前视部分；(b)后视部分；(c)线性相位部分。

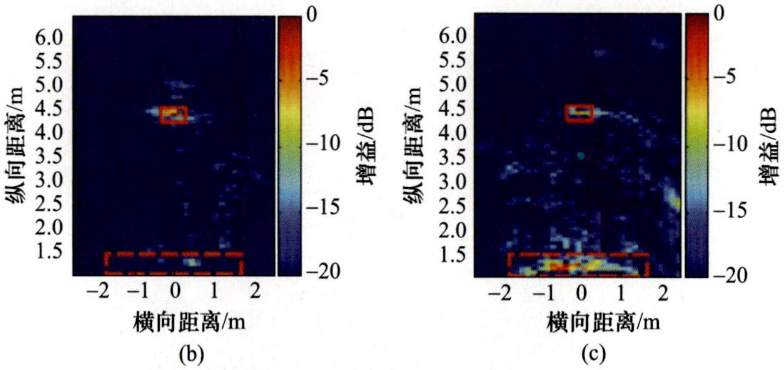

图 4-2　三种成像结果的对比

(b)背景相减后的基于波束形成的成像结果；

(c)基于子空间投影的墙体杂波抑制后波束形成成像结果。

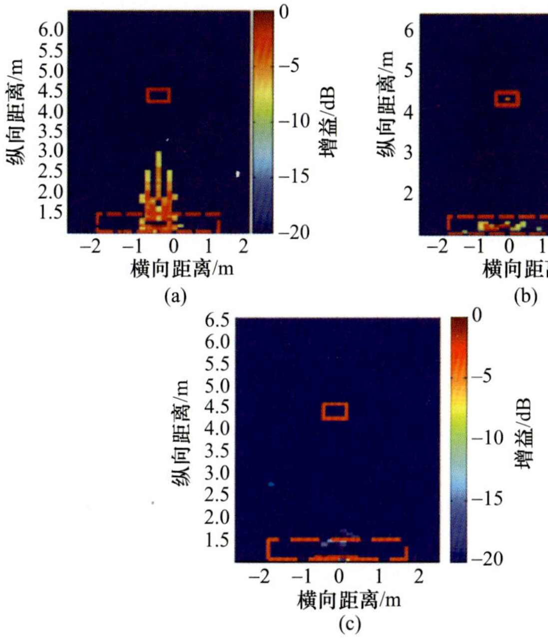

图 4-3　采用不同数据得到的成像结果

(a)使用全部原始数据的基于 CS 的成像结果；(b)每个天线上采用相同的频点,利用 10.2% 的数据基于 CS 的 100 次实验平均后的成像结果；(c)每个天线上采用不同的频点,利用 10.2% 的数据基于 CS 的 100 次实验平均后的成像结果。

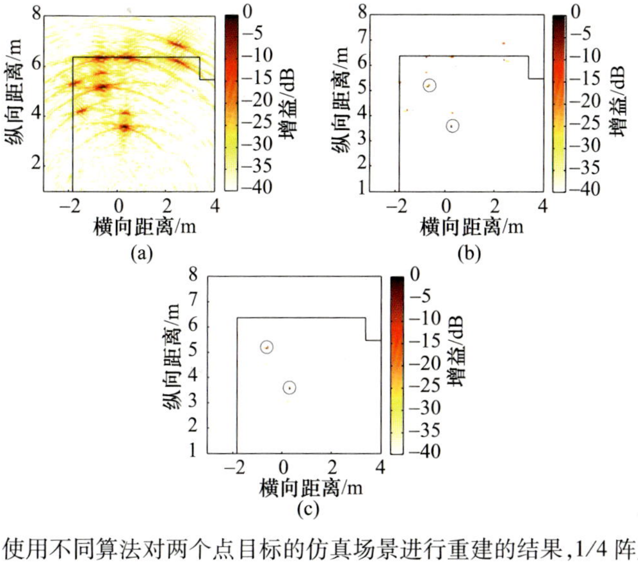

图 5-8　使用不同算法对两个点目标的仿真场景进行重建的结果,1/4 阵元和 1/8 频率测量用于场景重建得到(b)和(c),(a)是完整数据的波束形成图像

(a)常规 DSBF；(b)常规 CS；(c)组稀疏 CS。

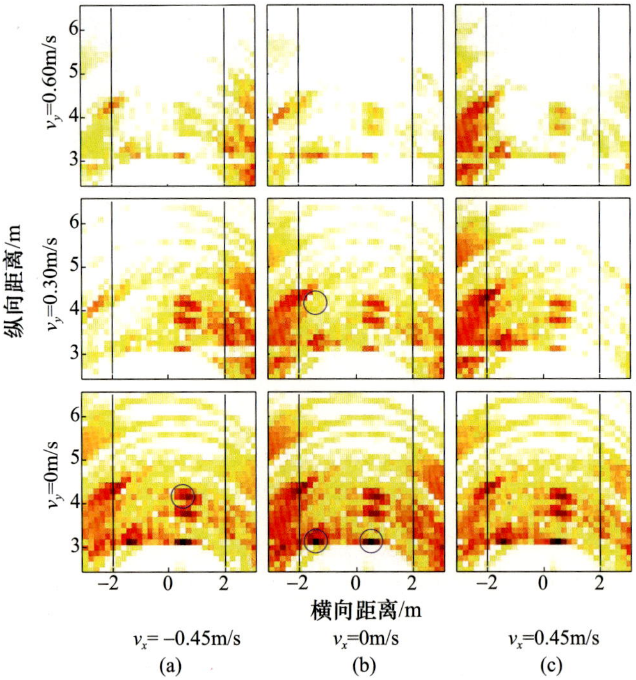

图 5－10　使用完整数据的延迟求和波束形成结果

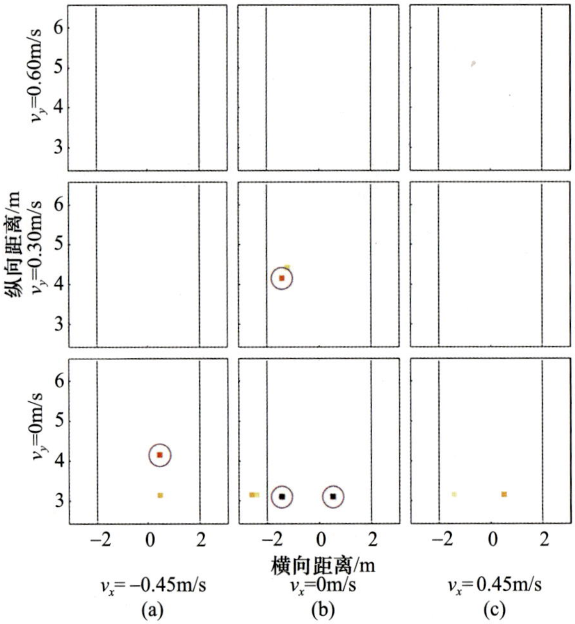

图 5－11　采用 7.8% 的测量值的 CS 重建结果

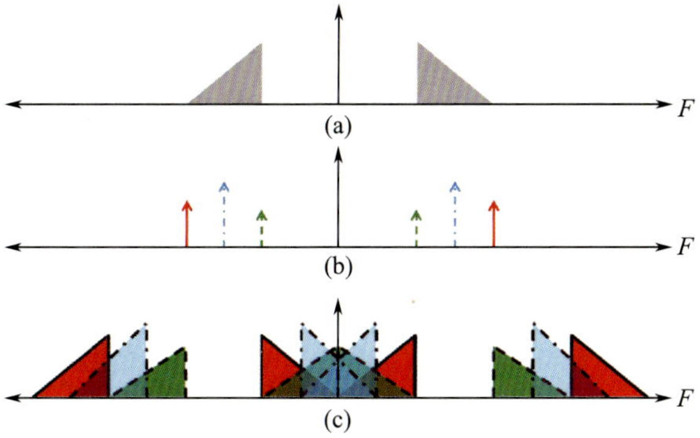

图 6-3　信号和测量核函数的频域卷积

(a)原始信号的频谱；(b)测量核函数的频谱；(c)信号和测量核函数的时域乘积后的频谱。

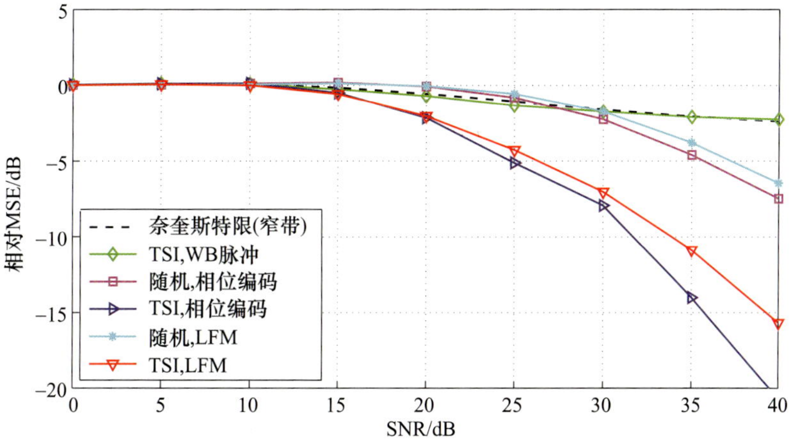

图 6-10　非顺序采样结构、目标姿态在 20°～50°间先验信息下的自由空间重建性能

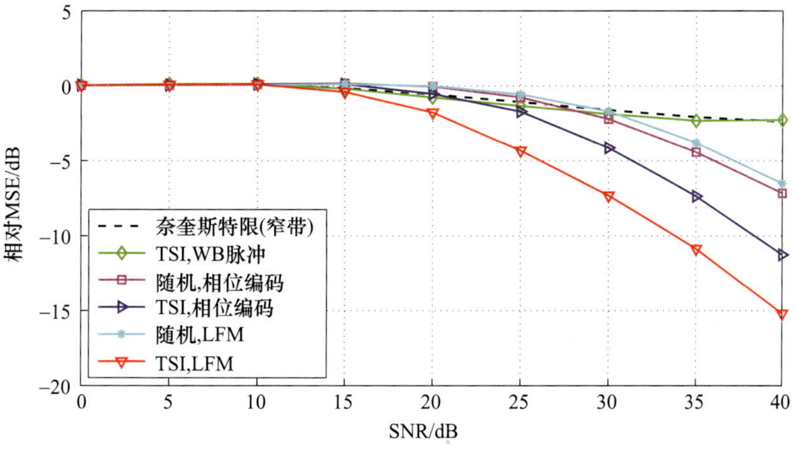

图 6-11　采用顺序采样结构、目标姿态在 20°～50°间先验信息下的自由空间重建性能

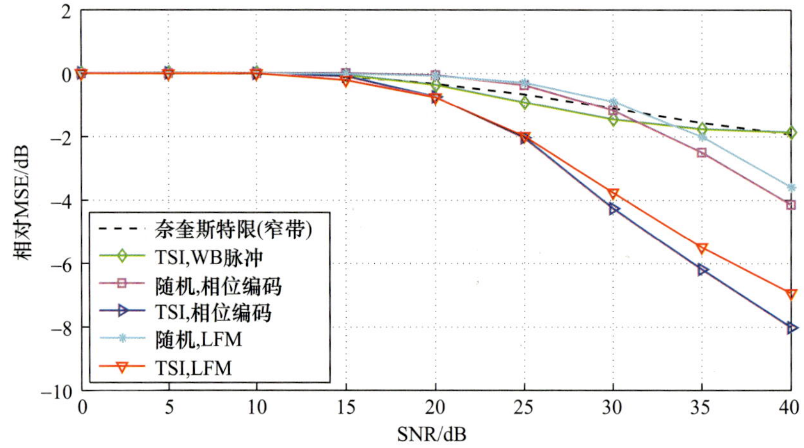

图 6－12　位于墙后方并且靠近不确定厚度和介电常数的墙壁的物体的重建性能。目标姿态先验 pdf 窗口取为 20°～50°

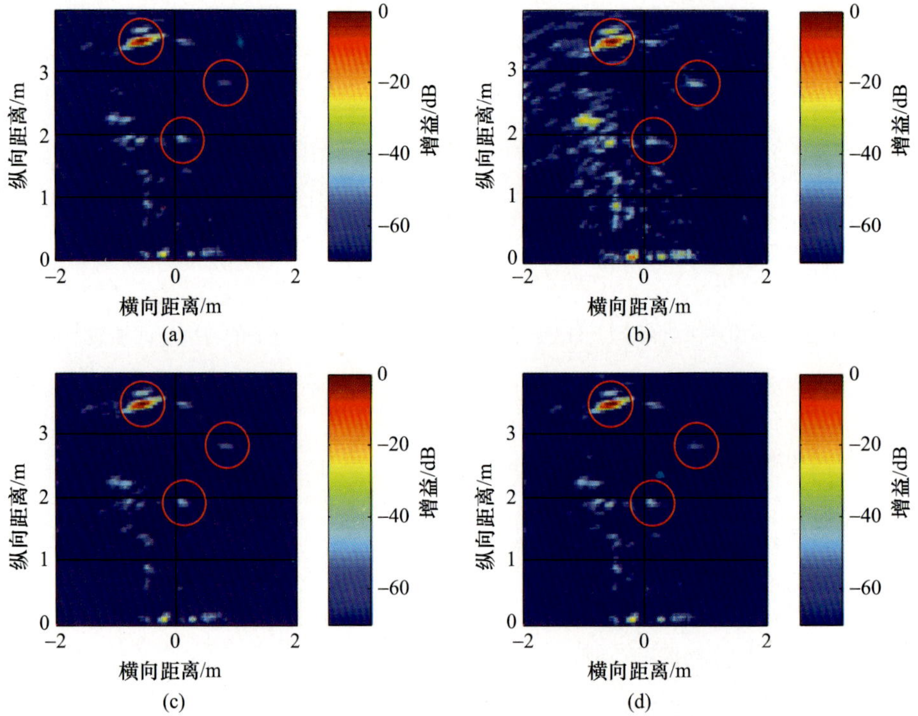

图 7－9　使用 15% 测量集的 MMV 方法重建的图像

(a) HH 图像；(b) HV 图像；(c) VV 图像；(d) 复合图像。

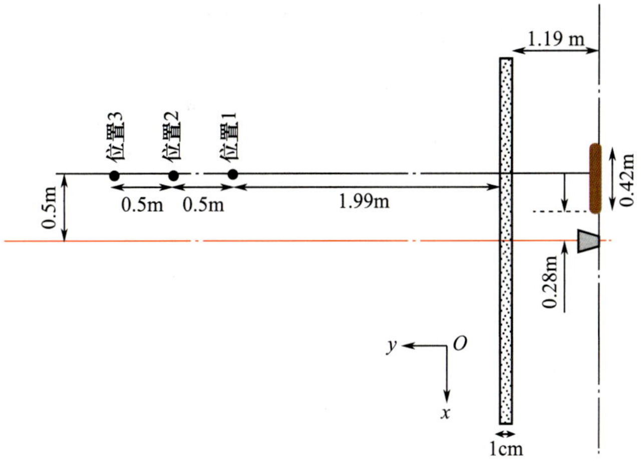

图 8－2　目标进行平移运动时的场景布置

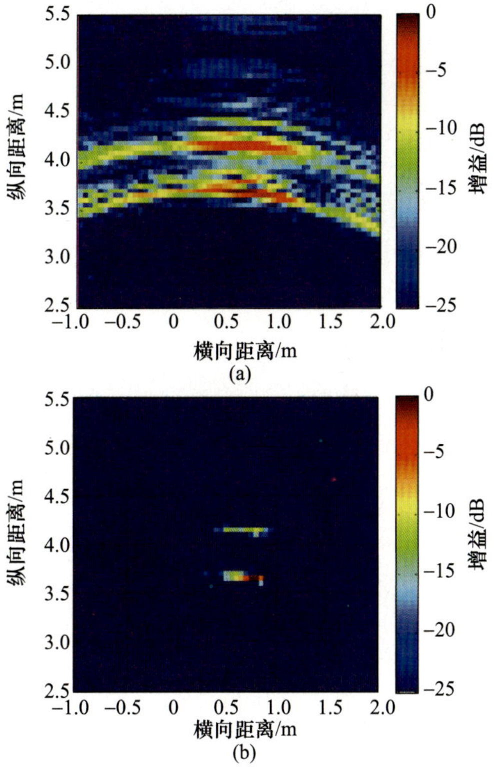

图 8－3　不同数据量对稀疏性变化检测技术的影响

(a)使用完整数据集的基于后向投影的变化检测图像；

(b)使用 5% 数据量的基于稀疏性的变化检测图像，在 100 次试验上平均。

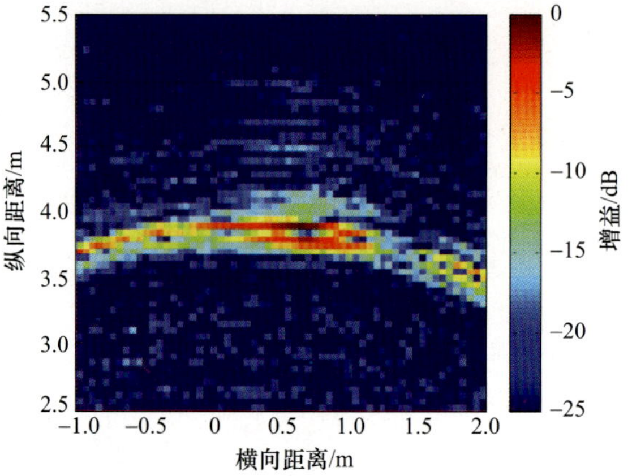

图 8－5　使用全部数据量，对经历突发瞬时运动的目标的基于后向投影的图像

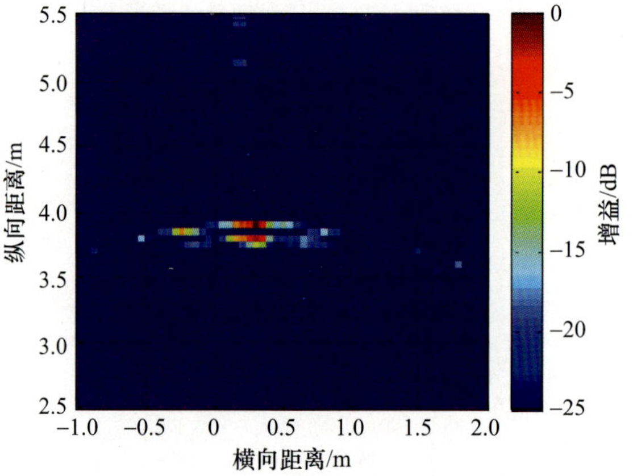

图 8－6　使用 5% 数据量，利用式(8－25)中提到的与子图像结合方法得到的基于稀疏分析的复合图像，图像是 100 次重建的平均

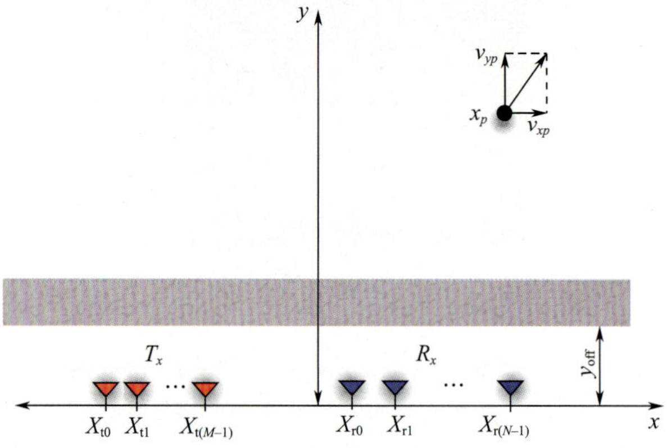

图 8－7　发射和接收几何关系

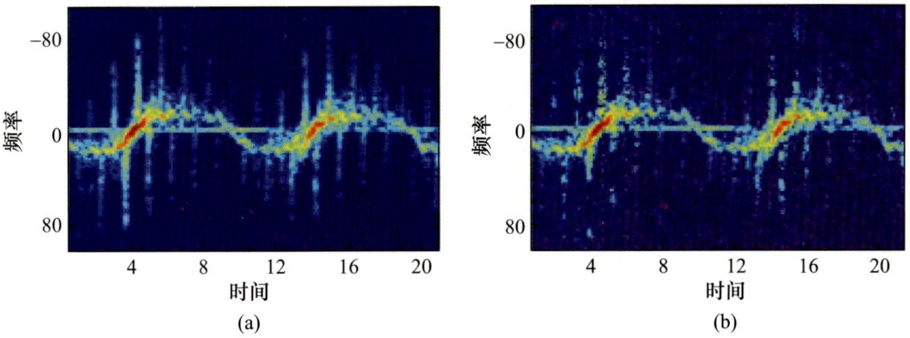

图 9－5　不同采样条件下重建的人体运动特征

(a)临界采样信号的 STFT；(b)来自随机欠采样信号的基于 OMP 的 TFR。

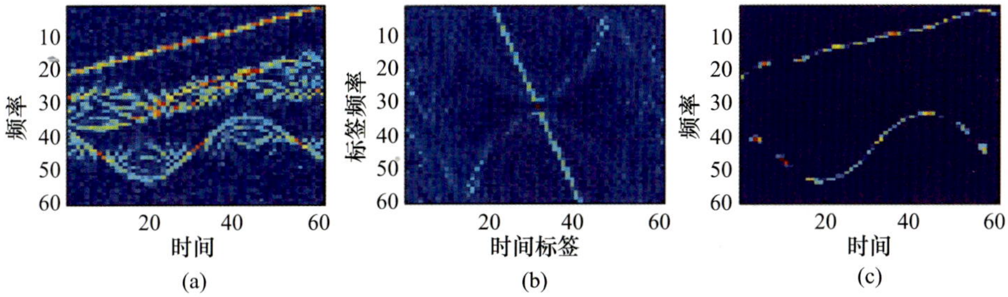

图 9－7　使用不同方法时的 TFR

(a)Wigner 分布；(b)模糊函数；(c)得到的稀疏 TFR。

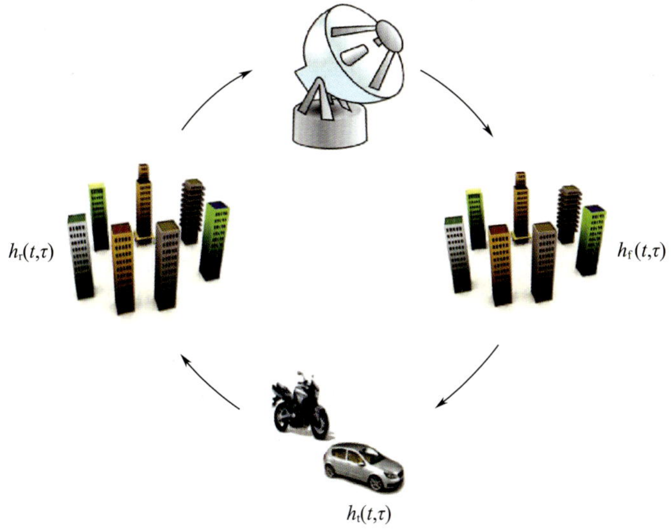

图 10－1　前向、反向传播信道与目标的示意图

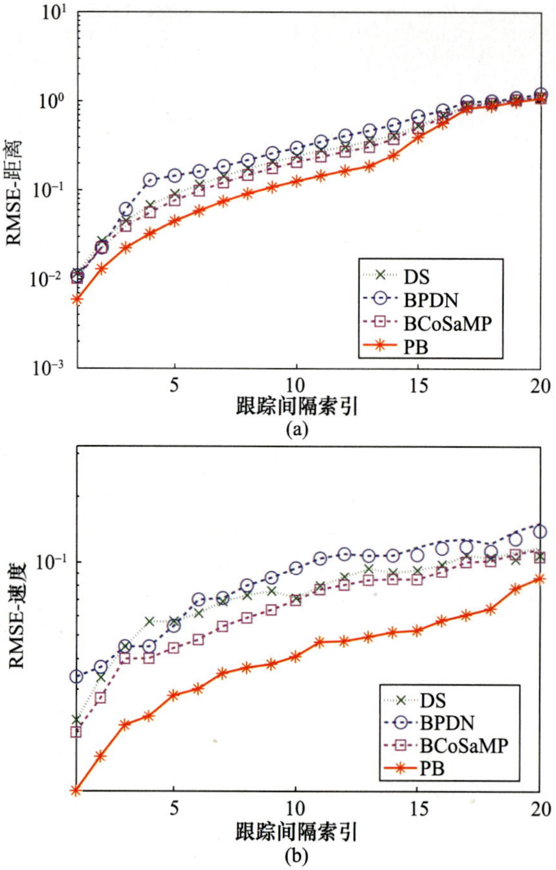

图 10－2　各种跟踪算法的均方根误差

(a)距离的 RMSE；(b)速度的 RMSE。

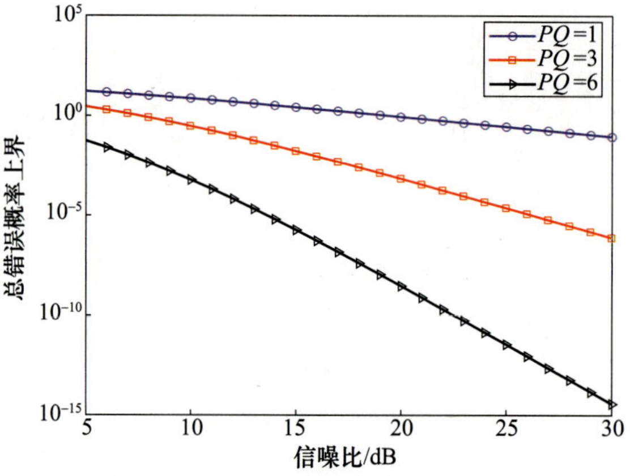

图 10－4　最佳重建的错误概率上界

图 11－4　从 GOTCHA 数据集中得到的民用车辆的 L_p 范数正则化最小二乘重建结果（三维图、侧视图和俯视图，$p=1$ 和 $\lambda=10$）

图 11－8　基于 GOTCHA 数据集的民用车辆广角多轨迹 IFSAR 重建（三维图、侧视图和俯视图）

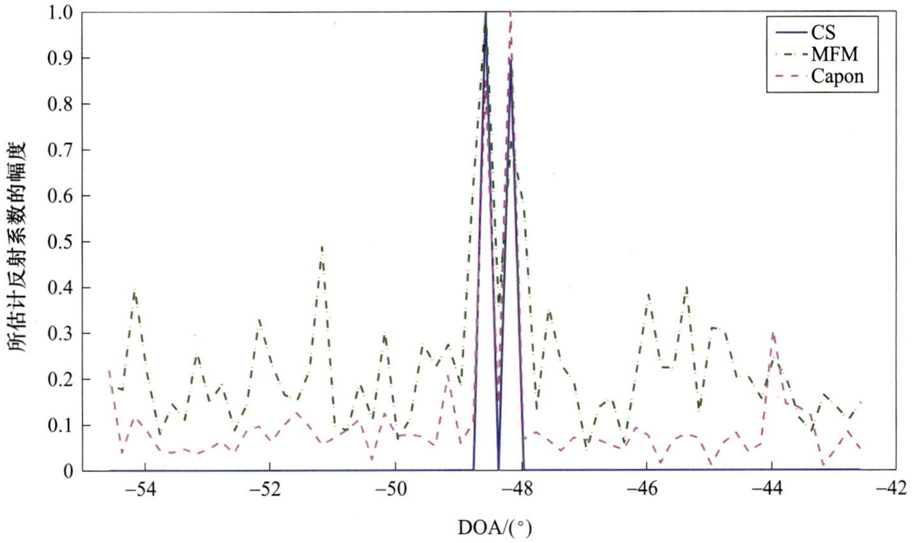

图 12－4　使用 16 个样本点的 CS、Capon 和 MEM 方法 DOA 估计结果

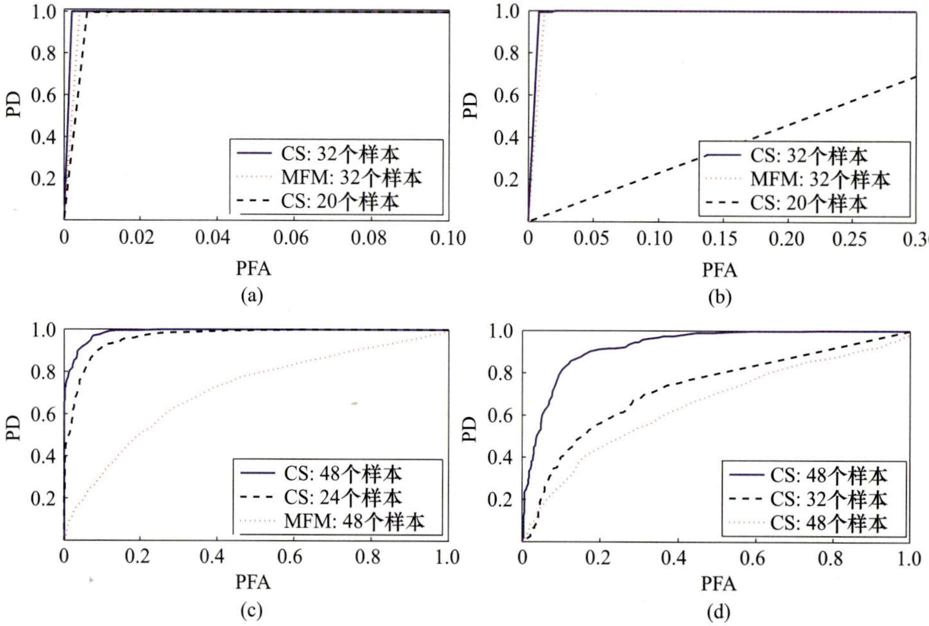

图 12－6　$M_t=8$，$N_r=5$ 条件下，CS、Capon 和 MFM 方法的距离－DOA 估计 ROC 表现

(a) SNR = 0dB，单个目标；(b) SNR = －10dB，单个目标；

(c) SNR = 0dB，两个目标；(d) SNR = －10dB，两个目标。

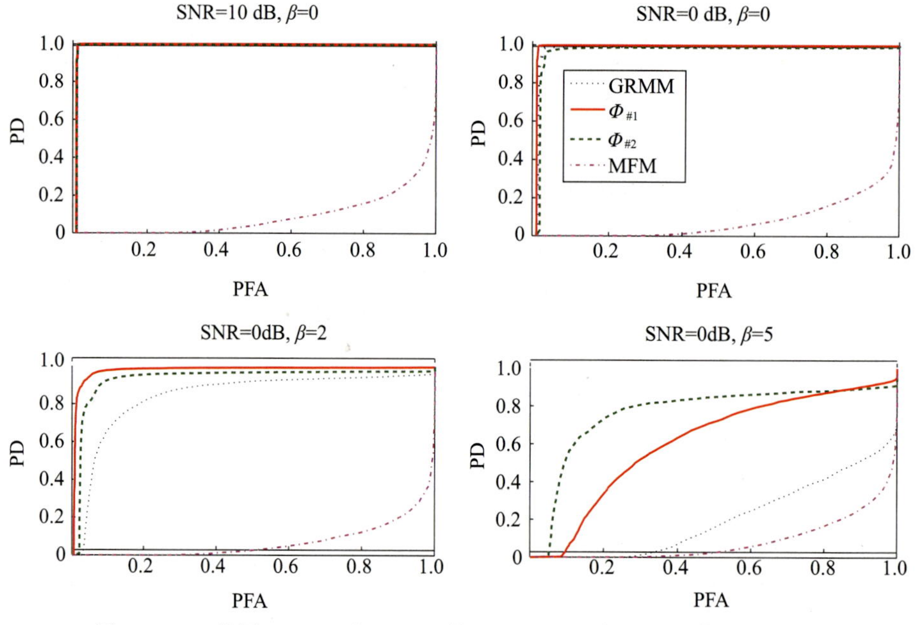

图 12－16　使用 $\boldsymbol{\Phi}_{\#1}$、$\boldsymbol{\Phi}_{\#2}$ 和 GRMM 的 CS－MIMO 雷达，以及使用 MFM 的 MIMO 雷达的 ROC 曲线对比（$M_t=N_r=4$ 和 $\lambda=1.5$）

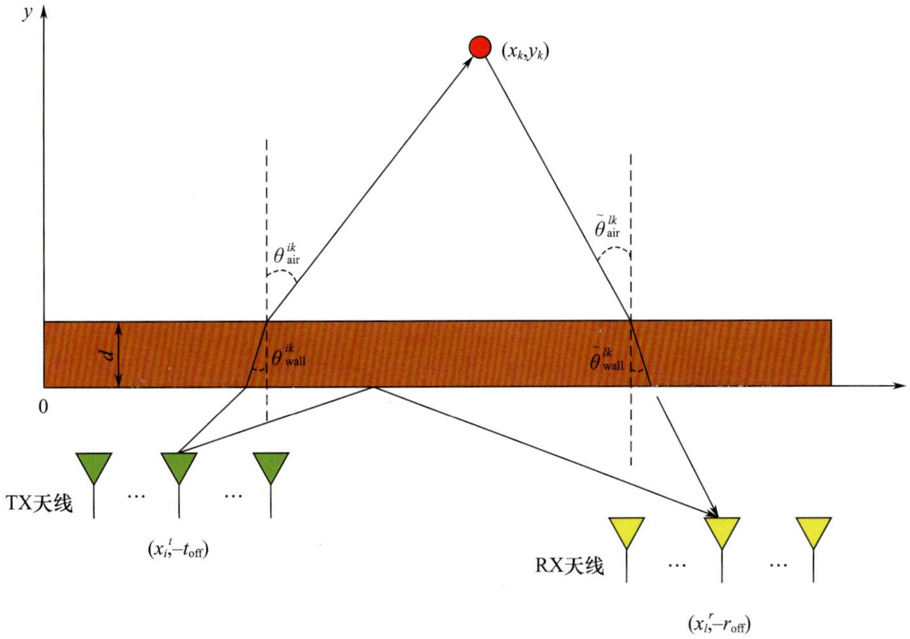

图 12－17　穿墙壁传播和墙面反射的几何关系示意图

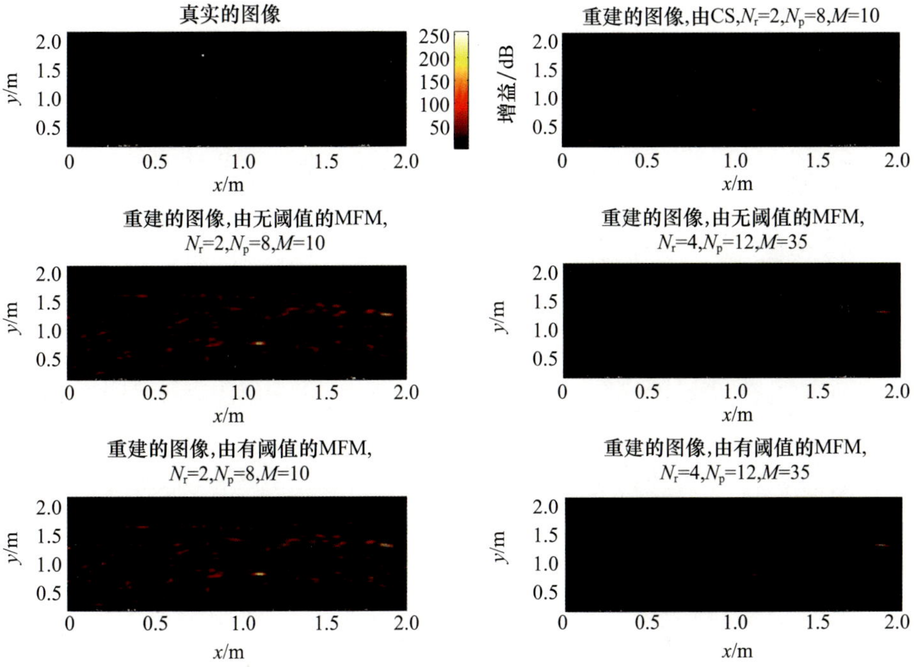

图 12－18　由 CS 和 MFM 方法重建的图像

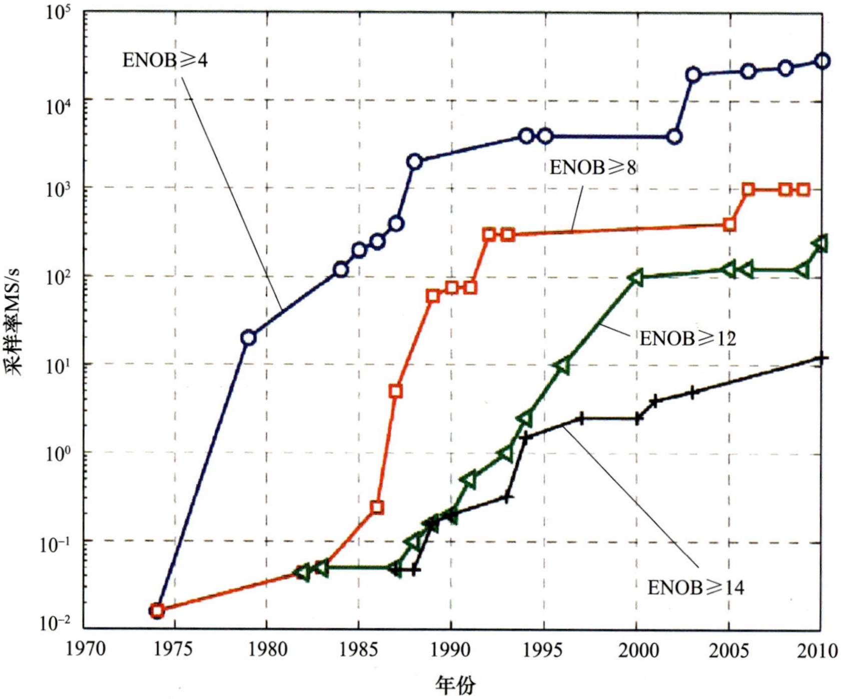

图 13－1　1975—2010 年间模拟/数字转换器(ADC)的发展状况(Jonsson,2010)。ENOB 代表量化有效位数,即可以实现的量化电平数

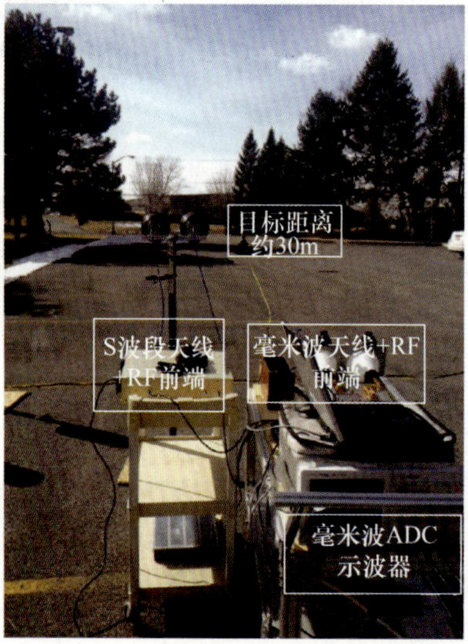

图 13－4　雷达系统和目标的照片

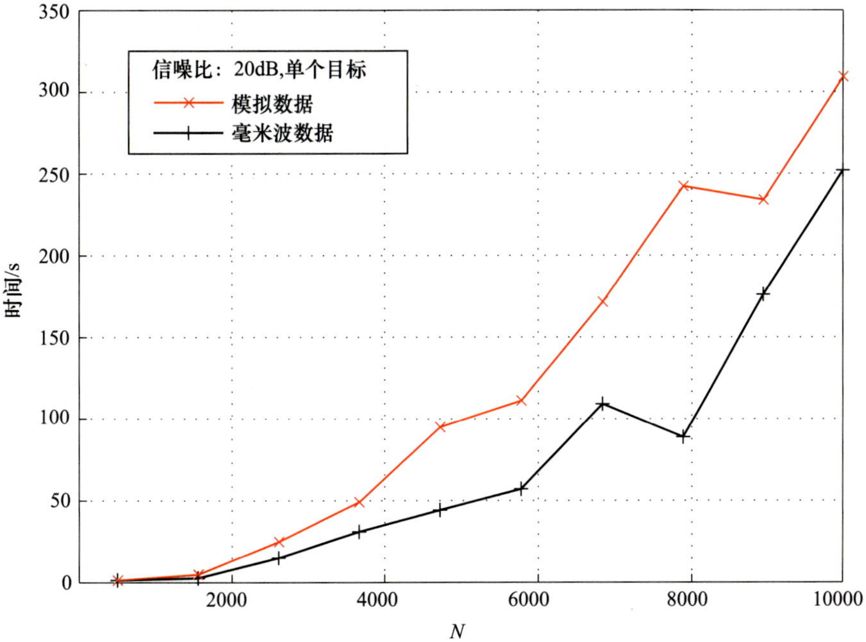

图 13－14　SPGL1 凸优化信号恢复算法的计算复杂度。算法运行时间是在 Inteli72. 8GHz 处理器,8GB 的 RAM 的系统中仿真得到的

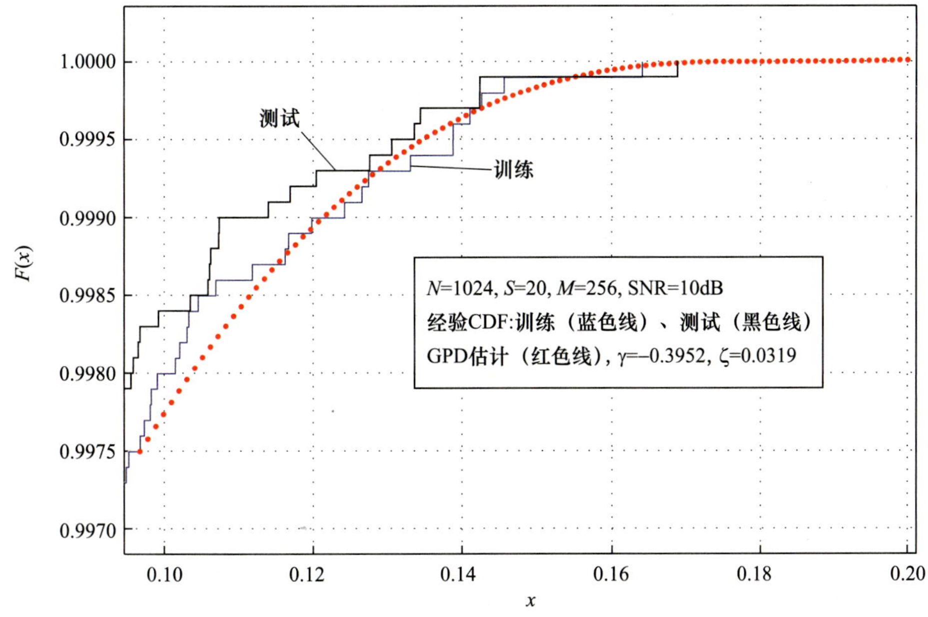

图 13－15　算法 13. 1 基于广义帕累托分布外推经验残差数据的累积分布函数的结果,以 $N=1024$ 进行压缩恢复

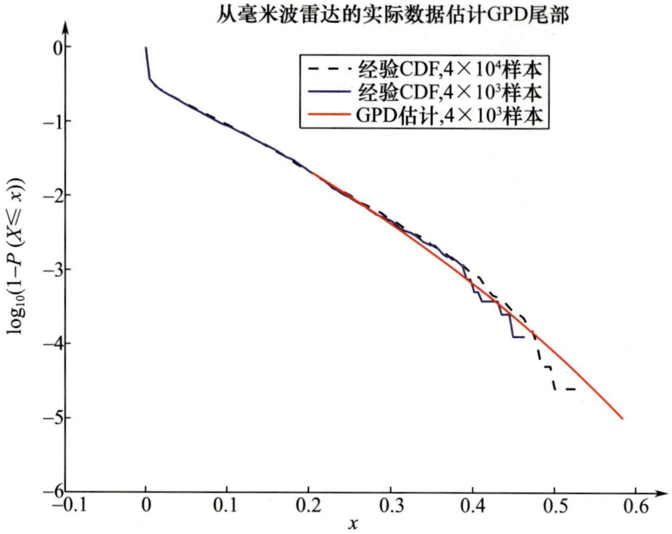

图 13-17　实际数据的尾端估计,可以观察到经验的概率密度函数与 GPD 估计出的右尾分布符合得很好,目标场景包含一个在 100ft 位置的角反射器,数据是由如 13.2 节中所述的毫米波雷达经过多次成像得到的